PLC 控制系统设计、安装与调试

（第 6 版）

主　编　李可成　陶　权
副主编　周雪会　池昭就　邵长春　覃贵礼　尤光辉
参　编　谢　彤　庞广富　钟朝露　谢　雨　辛华健
　　　　蓝伟铭　全鸿伟　甘　景　黄文政　邓超文
　　　　刘先黎　曲宏远　林　新
主　审　杨　铨　吴柳宁

北京理工大学出版社
BEIJING INSTITUTE OF TECHNOLOGY PRESS

内 容 简 介

本书以西门子 S7-1200/1500 PLC 为学习机型，教材内容以任务为单元，以编程指令应用为主线，借助大量典型案例讲解 PLC 编程方法和技巧；通过分析工艺控制要求，进行硬件配置和软件编程，系统调试与实施，由浅入深、循序渐进实现价值塑造、能力培养、知识传授三位一体的课程教学目标。

本书按模块进阶、项目导向、任务驱动编写，把西门子 S7-1200/1500 PLC 内容整合成入门篇、进阶篇、精通篇三个模块，六个项目，20 个任务。每个任务包含"任务信息页+任务工单页+知识学习页+工作准备页+设计决策页+任务实施页+检查评价页"链条闭环。受篇幅所限，拓展提高页制作成电子版，读者可通过扫描二维码学习。

本书配套有 3D 虚拟仿真工厂软件（Factory IO）和部分案例的虚仿动画视频，供参考学习。

本书可作为高职高专电气自动化技术、生产过程自动化技术、工业机器人技术、机电一体化技术、机械制造及自动化等专业的 PLC 课程教材，也可供从事 PLC 应用系统设计、调试和维护的工程技术人员自学或作为培训教材使用。

版权专有　侵权必究

图书在版编目（CIP）数据

PLC 控制系统设计、安装与调试 / 李可成，陶权主编.
6 版. -- 北京：北京理工大学出版社，2025.1.
ISBN 978-7-5763-5059-3

Ⅰ. TM571.61

中国国家版本馆 CIP 数据核字第 202555GS04 号

责任编辑：王培凝	文案编辑：边亚伟
责任校对：周瑞红	责任印制：施胜娟

出版发行 /	北京理工大学出版社有限责任公司
社　　址 /	北京市丰台区四合庄路 6 号
邮　　编 /	100070
电　　话 /	（010）68914026（教材售后服务热线）
	（010）63726648（课件资源服务热线）
网　　址 /	http://www.bitpress.com.cn
版 印 次 /	2025 年 1 月第 6 版第 1 次印刷
印　　刷 /	河北盛世彩捷印刷有限公司
开　　本 /	787 mm×1092 mm　1/16
印　　张 /	29.5
字　　数 /	658 千字
定　　价 /	96.00 元

图书出现印装质量问题，请拨打售后服务热线，负责调换

前　言

【数智技术背景】

在全球制造业加速向数字化、智能化转型的背景下，工业自动化技术已成为推动产业升级的核心引擎。PLC（可编程逻辑控制器）作为工业控制系统的"常青树"，其应用场景从传统机械控制向智能工厂、工业物联网等新兴领域快速延伸，技术内涵不断扩展。然而，当前职业教育领域的 PLC 教材普遍存在内容滞后、知识体系碎片化、教学手段单一等问题，难以适应智能制造对复合型技术人才的需求。推进教材的数智化建设是职业教育适应产业变革、创新人才培养模式的关键突破点，通过构建"知识图谱驱动知识重构、AI 技术赋能教学创新"的双轮体系，不仅能为智能制造领域输送高素质技术技能人才，更能为职业教育教材数字化转型提供可推广的实践范式。

【教材建设理念】

本书由一线教师、职教名师、技能大赛评委以及企业工程师精英组成多元团队，根据职业教育国家教学标准要求，紧扣人才培养方案和课程标准，以服务智能制造产业发展为导向，聚焦岗位能力对接、可编程控制器系统应用编程职业技能等级标准证书制度、现代电气控制系统安装与调试等职业技能大赛标准编写，同时贯彻落实党的二十大精神进教材，把建设制造强国、精益求精的工匠精神、爱岗敬业的劳动精神和安全规范的职业素养作为主线贯穿教材始终，构建显性知识传授与隐性价值塑造协同育人模式，形成协同育人效应，用教材为学生打好"中国底色"。

【五大创新特色】

1. 八维一体：本书对接岗位能力和课程标准，采用"模块进阶+项目导向+任务驱动"结构设计，按照"任务驱动+多元编写+思政元素+数字资源+引导问题+虚拟仿真+岗课赛证+分层教学"思路进行编写，教材内容引入最新的国家在线精品课程教学成果，融合岗课赛证，把思政案例融入教材的"小贴士、小哲理"等栏目，结合案例教学将"制造强国、工匠精神、劳动精神"等思政元素贯彻于教材的全过程。

2. 八页一务：遵循职教特色和学生学习规律，依据入门篇、进阶篇、精通篇 3 个模块，设计了智能产线传送带 PLC 控制、智能仓储系统 PLC 控制等 6 个典型工作项目，开发了 20 个任务，每个任务包含"任务信息页+任务工单页+知识学习页+工作准备页+设计决策页+任务实施页+检查评价页"完整闭环，实现从"认知-实践-进阶-提升"的完整能力培养链条。

3. 数智融合：引入数智化升级后的国家在线精品课程最新建设成果，在教材中增加知识（技能）图谱、问题图谱和能力图谱，通过任务知识图谱构建知识点与技能点的逻辑关联，结合企业案例设计问题图谱，形成系统性能力图谱，全面提升学生解决复杂工程问题的能力。教材运用 AI 技术开发虚拟仿真资源，引入 3D 虚拟仿真工厂软件 Factory IO，开发了 PLC 应用的 3D 虚拟仿真工程教学项目案例，模拟智能制造产线真实场景，解决了 PLC 教学中由于缺少现场工业控制对象使得指令学习枯燥乏味、梯形图编程思路模糊、程序分析抽象难懂的教学痛点问题，让学生身临其境般体验工业现场场景，提升课堂教学效果。

4. 引导问题：全书采用工作页式编写，以项目为纽带、任务为载体、引导问题为导向，以完成任务工单为核心；教师开发工单流程和引导问题，引导学生查阅资料，驱动学生自主学习、探究学习，学生自主完成任务工单内容。工作页把教材变成了学材，形成教材和学习者之间深层互动，以教材为桥梁形成师生学习共同体，实现了以学生为中心的地位革命，助力课堂革命。

5. 资源丰富：本书对应的"PLC 应用技术"是国家在线精品课程，经过知识图谱升级改造，建设了丰富的课程资源包，有视频类资源、文本类资源、虚仿类资源、素材类资源等能学辅教，支撑学生的线上线下混合学习，致力于打造成"教师好教、学生好学、资源好用"的新形态一体化教材。

"PLC 应用技术"课程网站：

https://coursehome.zhihuishu.com/courseHome

本书由广西工业职业技术学院李可成、陶权担任主编；广西工业职业技术学院周雪会、广西玉柴机器股份有限公司池昭就、柳州铁道职业技术学院邵长春、广西职业技术学院覃贵礼、浙江机电职业技术大学尤光辉担任副主编；广西工业职业技术学院谢彤、庞广富、钟朝露、谢雨、辛华健、曲宏远、甘景、黄文政、邓超文，柳州职业技术大学蓝伟铭，广西水利电力职业技术学院全鸿伟，广西玉柴机器股份有限公司刘先黎，柳州铁道职业技术学院林新参编。全书由广西工业职业技术学院杨铨、东风柳州汽车有限公司吴柳宁主审。

在本书的编写过程中，参考了有关资料、视频和文献，在此向相关的作者表示衷心的感谢。由于编者水平有限和时间仓促，书中不妥之处在所难免，恳请广大读者批评指正。

编　者

2024 年 7 月

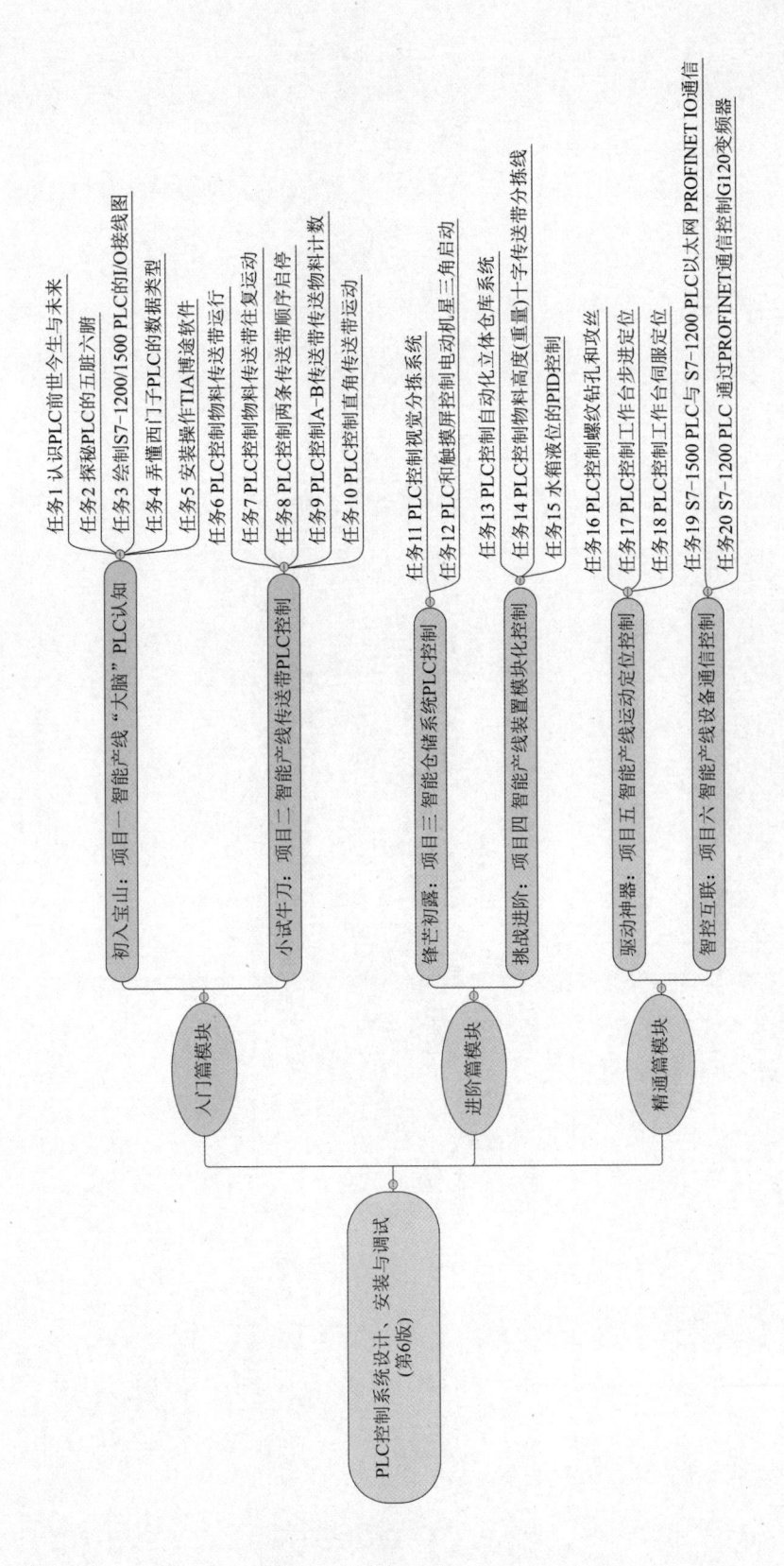

PLC控制系统设计、安装与调试（第6版）

入门篇模块

初入宝山：项目一 智能产线"大脑"PLC认知
- 任务1 认识PLC前世今生与未来
- 任务2 探秘PLC的五脏六腑
- 任务3 绘制S7-1200/1500 PLC的I/O接线图
- 任务4 弄懂西门子PLC的数据类型
- 任务5 安装操作TIA博途软件

小试牛刀：项目二 智能产线传送带PLC控制
- 任务6 PLC控制物料传送带运行
- 任务7 PLC控制物料传送带往复运动
- 任务8 PLC控制两条传送带顺序启停
- 任务9 PLC控制A-B传送带传送物料计数
- 任务10 PLC控制直角传送带运动

进阶篇模块

锋芒初露：项目三 智能仓储系统PLC控制
- 任务11 PLC控制视觉分拣系统
- 任务12 PLC和触摸屏控制电动机星三角启动
- 任务13 PLC控制自动化立体仓库系统

挑战进阶：项目四 智能产线装置模块化控制
- 任务14 PLC控制物料高度（重量）十字传送带分拣生线
- 任务15 水箱液位的PID控制

精通篇模块

驱动神器：项目五 智能产线运动定位控制
- 任务16 PLC控制螺纹钻孔和攻丝
- 任务17 PLC控制工作台步进定位
- 任务18 PLC控制工作台伺服定位

智控互联：项目六 智能产线设备通信控制
- 任务19 S7-1500 PLC与S7-1200 PLC以太网PROFINET IO通信
- 任务20 S7-1200 PLC通过PROFINET通信控制G120变频器

目 录

入门篇模块

项目一　智能产线"大脑"PLC 认知 ··· 3
　任务 1　认识 PLC 前世今生与未来 ··· 3
　任务 2　探秘 PLC 的五脏六腑 ··· 25
　任务 3　绘制 S7-1200/1500 PLC 的 I/O 接线图 ······························· 45
　任务 4　弄懂西门子 PLC 的数据类型 ·· 61
　任务 5　安装操作 TIA 博途软件 ··· 75
项目二　智能产线传送带 PLC 控制 ·· 89
　任务 6　PLC 控制物料传送带运行 ··· 89
　任务 7　PLC 控制物料传送带往复运动 ······································· 109
　任务 8　PLC 控制两条传送带顺序启停 ······································· 135
　任务 9　PLC 控制 A-B 传送带传送物料计数 ································· 157
　任务 10　PLC 控制直角传送带运动 ·· 171

进阶篇模块

项目三　智能仓储系统 PLC 控制 ··· 185
　任务 11　PLC 控制视觉分拣系统 ··· 185
　任务 12　PLC 和触摸屏控制电动机星三角启动 ······························· 205
项目四　智能产线装置模块化控制 ·· 229
　任务 13　PLC 控制自动化立体仓库系统 ······································· 229
　任务 14　PLC 控制物料高度（重量）十字传送带分拣线 ····················· 253
　任务 15　水箱液位的 PID 控制 ·· 279

精通篇模块

项目五　智能产线运动定位控制 ··· 321
　任务 16　PLC 控制螺纹钻孔和攻丝 ·· 321

任务17　PLC控制工作台步进定位 …………………………………………… 351
　　任务18　PLC控制工作台伺服定位 …………………………………………… 379
项目六　智能产线设备通信控制 …………………………………………………… 413
　　任务19　S7-1500 PLC与S7-1200 PLC以太网PROFINET IO通信 ………… 413
　　任务20　S7-1200 PLC通过PROFINET通信控制G120变频器 ……………… 437
参考文献 ……………………………………………………………………………… 464

入门篇模块

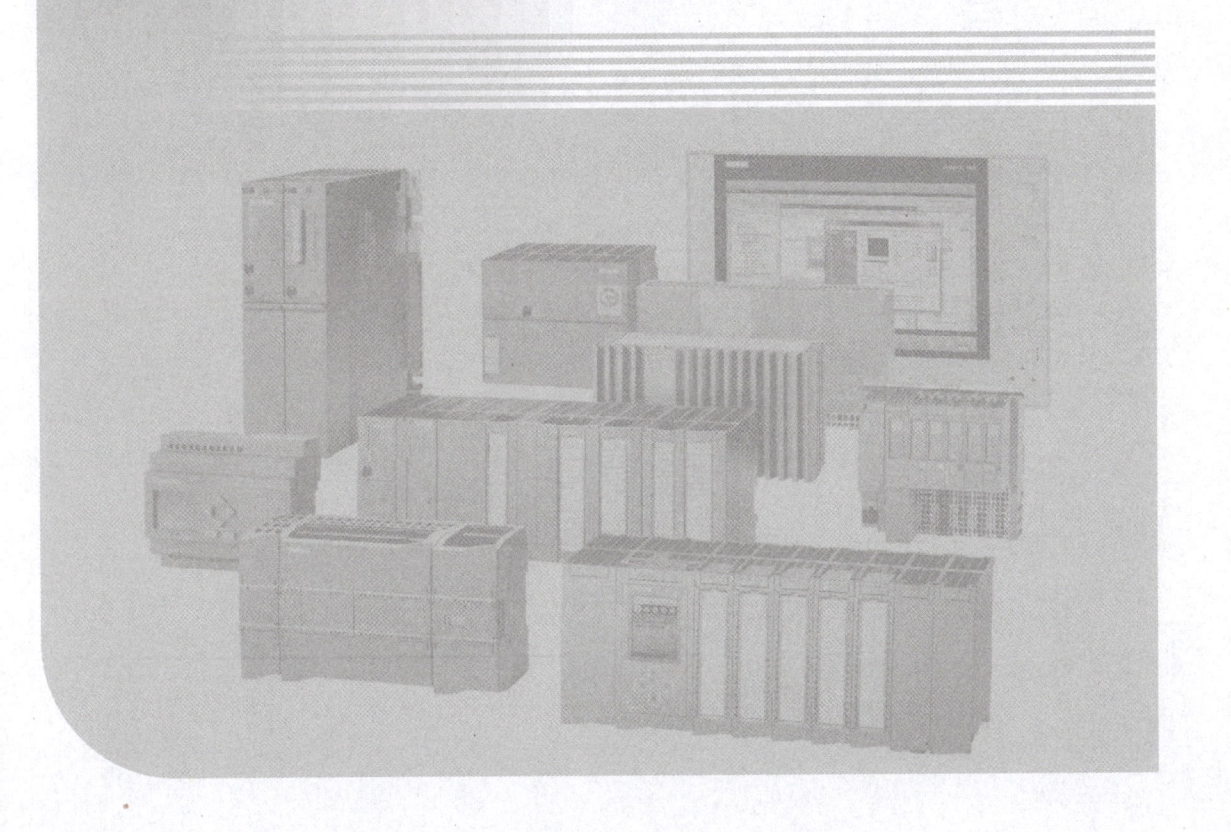

入门模块图谱

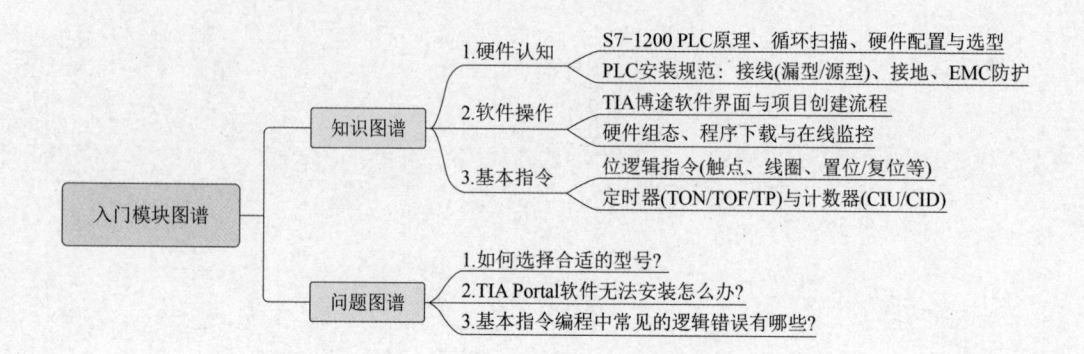

- **知识图谱**
  - 1. 硬件认知
    - S7-1200 PLC原理、循环扫描、硬件配置与选型
    - PLC安装规范：接线(漏型/源型)、接地、EMC防护
  - 2. 软件操作
    - TIA博途软件界面与项目创建流程
    - 硬件组态、程序下载与在线监控
  - 3. 基本指令
    - 位逻辑指令(触点、线圈、置位/复位等)
    - 定时器(TON/TOF/TP)与计数器(CIU/CID)

- **问题图谱**
  - 1. 如何选择合适的型号？
  - 2. TIA Portal软件无法安装怎么办？
  - 3. 基本指令编程中常见的逻辑错误有哪些？

项目一 智能产线"大脑"PLC认知

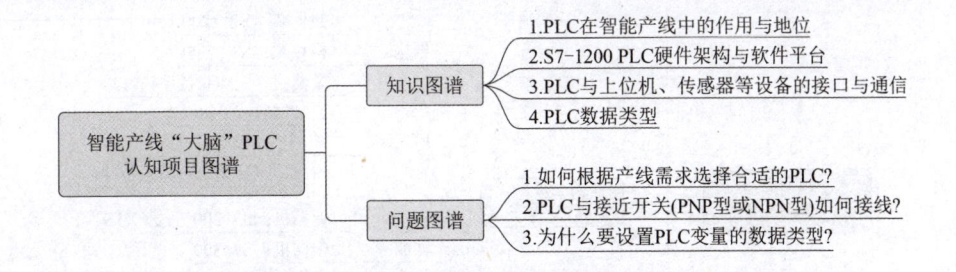

```
                          ┌─ 知识图谱 ─┬─ 1.PLC在智能产线中的作用与地位
                          │            ├─ 2.S7-1200 PLC硬件架构与软件平台
智能产线"大脑"PLC ──┤            ├─ 3.PLC与上位机、传感器等设备的接口与通信
认知项目图谱             │            └─ 4.PLC数据类型
                          │
                          └─ 问题图谱 ─┬─ 1.如何根据产线需求选择合适的PLC?
                                       ├─ 2.PLC与接近开关(PNP型或NPN型)如何接线?
                                       └─ 3.为什么要设置PLC变量的数据类型?
```

任务1 认识PLC前世今生与未来

任务信息页

学习目标

1. 弄清PLC的含义,了解PLC的产生过程,厘清PLC的类型。
2. 知晓PLC的应用场合。
3. 能概述课程学习内容和学习要求。
4. 了解国产PLC的发展现状,树立科技报国信念。

工作情景

自1969年第一台PLC诞生之日起,PLC就与工业结下了"不解之缘",经过近半个世纪的发展,在"工业3.0"时代,PLC已经成为工业自动化系统中的核心元件,在工业控制层扮演着最"接地气"的角色,在各大中型企业的生产中得到了广泛的应用;在"工业4.0"时代,当人们谈论智能制造、智能工厂、工业互联网这些"高大上"概念的时候,始终要回到落地层面——面对PLC。可以说PLC技术仍然是工业控制界的常青树,"工业4.0"和《中国制造2025》的提出,让PLC站在了新的发展起点,PLC作为设备和装置的控制器,除了传统逻辑、顺序等控制功能之外,还承担着"工业4.0"和智能制造赋予的新任务。学好PLC技术,是自动化类专业学生的标配。

项目一　智能产线"大脑"PLC认知

知识图谱

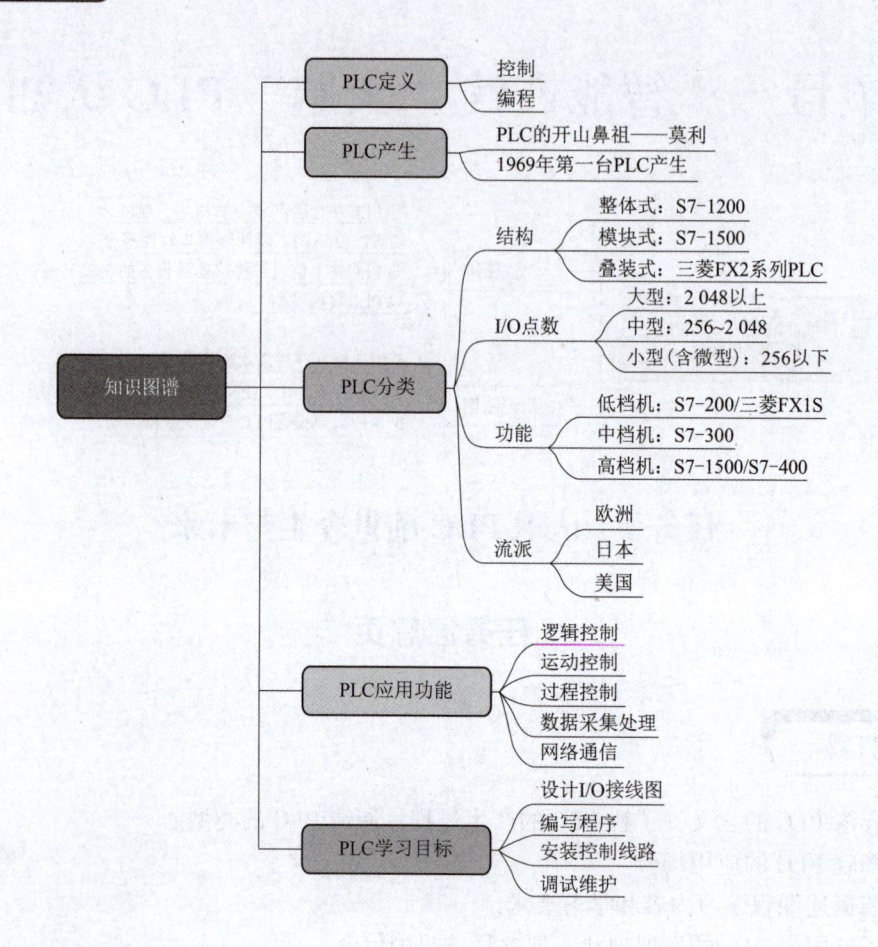

- 知识图谱
  - PLC定义
    - 控制
    - 编程
  - PLC产生
    - PLC的开山鼻祖——莫利
    - 1969年第一台PLC产生
  - PLC分类
    - 结构
      - 整体式：S7-1200
      - 模块式：S7-1500
      - 叠装式：三菱FX2系列PLC
    - I/O点数
      - 大型：2 048以上
      - 中型：256~2 048
      - 小型（含微型）：256以下
    - 功能
      - 低档机：S7-200/三菱FX1S
      - 中档机：S7-300
      - 高档机：S7-1500/S7-400
    - 流派
      - 欧洲
      - 日本
      - 美国
  - PLC应用功能
    - 逻辑控制
    - 运动控制
    - 过程控制
    - 数据采集处理
    - 网络通信
  - PLC学习目标
    - 设计I/O接线图
    - 编写程序
    - 安装控制线路
    - 调试维护

问题图谱

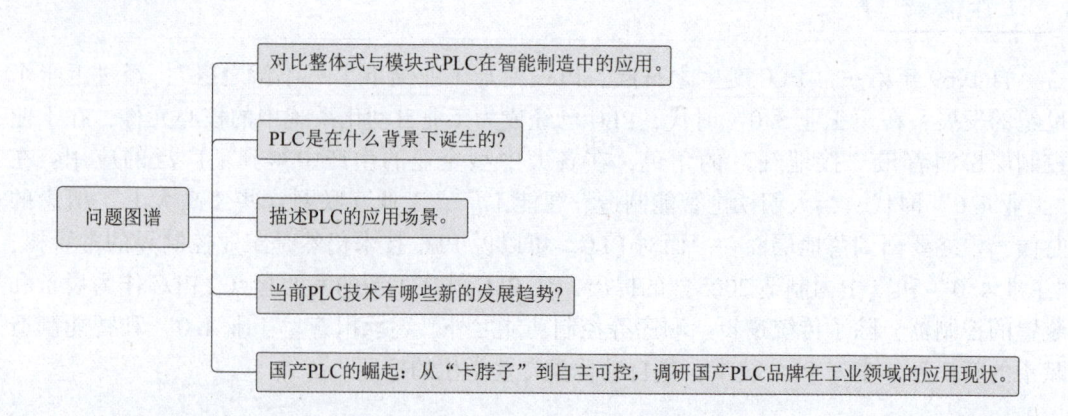

- 问题图谱
  - 对比整体式与模块式PLC在智能制造中的应用。
  - PLC是在什么背景下诞生的？
  - 描述PLC的应用场景。
  - 当前PLC技术有哪些新的发展趋势？
  - 国产PLC的崛起：从"卡脖子"到自主可控，调研国产PLC品牌在工业领域的应用现状。

任务工单页

任务背景

某企业公司由于技术升级，准备大批量使用 S7-1200/1500 PLC 作为生产设备的控制器，需要大量懂得 S7-1200/1500 PLC 技术的工作人员，现准备对员工进行培训，要求员工通过学习任务，认识 S7-1200/1500 PLC，为今后使用 S7-1200/1500 PLC 打下良好的基础。

任务要求

网上搜索 PLC 相关的网站，查找收集有关 PLC 的资料，完成以下调研任务。

1. 完成四种流派 PLC 调查

如表 1-1 所示，填写表格。

两种国外 PLC：西门子 PLC 和三菱 PLC。

两种国内 PLC：汇川 PLC 和和利时 PLC。

表 1-1　四家 PLC 厂家调研表

PLC 型号	生产厂家	I/O 点数	类型 I/O 点数	类型 结构形式	参考价格/元
西门子 S7-1215C					
三菱 FX2-32MT					
和利时 LM3105					
汇川 H2U-2416MR					

2. 问题讨论

分组调研国产 PLC 现状，撰写报告并分享。

项目一 智能产线"大脑"PLC 认知

知识学习页

引子

如图 1-1 所示的工业机器人为什么能按一定节拍顺序组装汽车？

PPT 课件

图 1-1　工业机器人汽车生产线

如图 1-2 所示的自动化生产线为什么能按要求传送物料？

图 1-2　自动化生产线

如图 1-3 所示的电梯为什么能按楼层平稳自动升降？

图 1-3　电梯装置

如图1-4所示的高楼大厦广告彩灯为什么能按一定规律闪亮？

图1-4　高楼大厦广告彩灯

如图1-5所示的音乐喷泉为什么能按一定规律变化？

图1-5　音乐喷泉

因为这些应用场合都有一个工业控制界的常青树——PLC控制器！各种品牌的PLC外形如图1-6所示。

图1-6　PLC外形图

《中国制造2025》把智能制造作为自动化和信息化深度融合的主攻方向，智能制造的根基在于强大的工业自动化，可编程逻辑控制器（Programmable Logic Controller，PLC）不仅仅是机械装备和生产线的控制器，而且还是制造信息的采集器和转发器，无论是工业物联网快速普及，还是云服务逐渐进入制造业，都需要PLC提供直接与MES、ERP等上层管理软件信息系统的连接接口，PLC已成智能制造的先行官，是现代工业控制的核心，在各大中型企业的生产中得到了广泛的应用。

PLC应用技术是自动化专业群的一门重要专业核心课程，具备设计、编程、安装、调试和维护PLC控制系统的能力，已经成为现代工业对自动化技术人员的基本要求。

通过本门课程的学习，同学们可以体验PLC应用，感受PLC技术，揭开神秘的PLC世界。

1. PLC的前世——PLC的故事

PLC是一种以逻辑和顺序方式控制机器动作的控制器，是计算机技术与继电控制技术结合起来的现代化自动化控制装置。

PLC是在传统的顺序控制器的基础上引入了微电子技术、计算机技术、自动控制技术和通信技术而形成的一代新型工业控制装置，它实质上是一台用于工业控制的专用计算机，与一般计算机的结构相似，如图1-7所示。

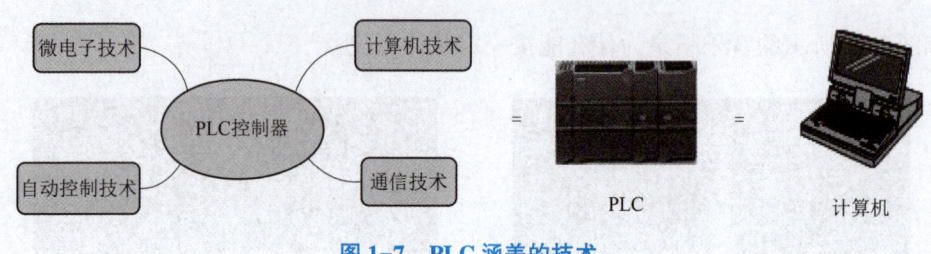

图1-7　PLC涵盖的技术

追溯PLC的前世，就不得不谈PLC领域的开山鼻祖——迪克·莫利，如图1-8所示。

图1-8　PLC之父——迪克·莫利（Dick Morley）

PLC的前世今生

1969年，迪克·莫利先生发明了世界上第一台投入商业生产的PLC——Modicon 084，并成功将其应用于通用汽车生产线上。正是由于PLC的诞生，人类工业里程开始从落后的电气与自动化时代迈入电子信息化时代，开启了以PLC为核心的工业控制的全新时代，推动了工业自动化的进步，因此正式踏入"工业3.0"时代，如图1-9所示，而迪克·莫利也因此被世人尊称为PLC之父。

在此后50多年的时间中，PLC实现了工业控制领域从接线逻辑到存储逻辑的飞跃；功能从弱到强，实现了从逻辑控制到数字控制的进步；应用领域从小到大，实现了从单体设备简单控制到胜任运动控制、过程控制及集散控制等各种领域的跨越。今天的PLC正在成为工业控制界的主流控制设备，可谓是工业控制界的常青树，即使是在工业转型升级的智能制造时代，它仍然能够胜任各种控制要求和通信要求。PLC作为设备和装置的控制器，除了传统逻辑、顺序等控制功能之外，还承担着"工业4.0"和智能制造赋予的新任务。

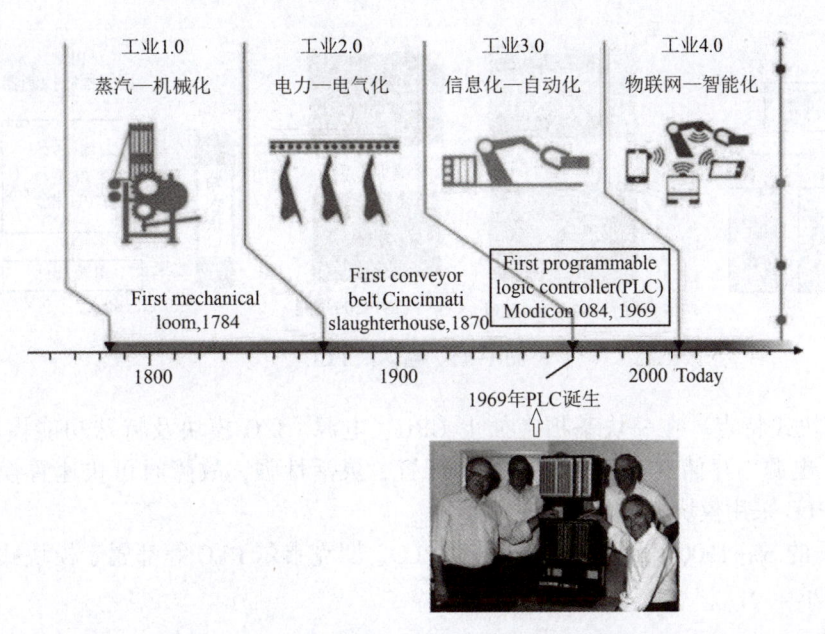

图 1-9 PLC 出现，进入"工业 3.0"时代

2. PLC 种类

PLC 种类有很多，通过 PLC 的种类特点了解不同品牌的 PLC。PLC 分类如图 1-10 所示。

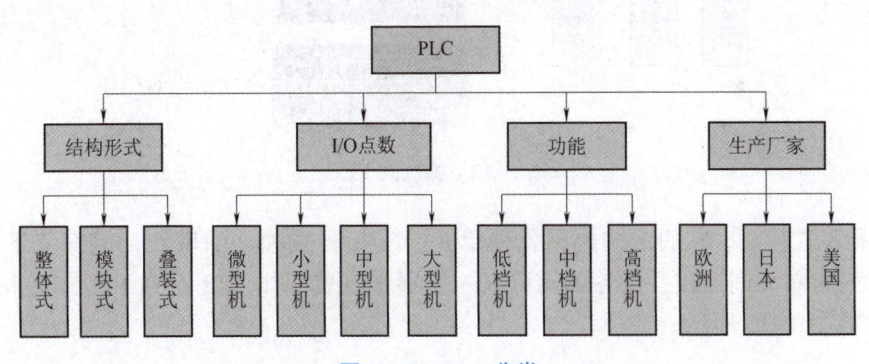

图 1-10 PLC 分类

（1）结构形式分为整体式、模块式、叠装式 PLC。

1）整体式特点。结构紧凑，它将所有的电路（CPU、I/O 接口、电源、存储器）都装入一个模块内，构成一个整体，这样体积小巧、成本低，安装方便，小型、超小型 PLC 都属于这种结构形式。

三菱 FX2 系列、欧姆龙 C 系列、西门子 S7-200 系列、西门子 S7-1200 系列 PLC 等都属于整体式，如图 1-11 所示。

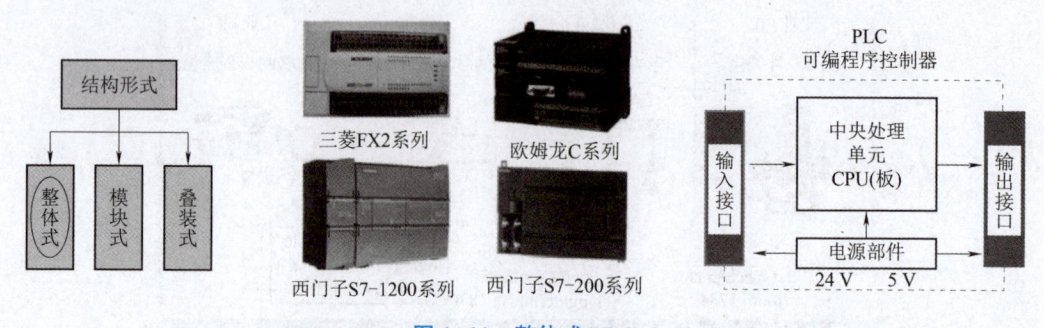

图 1-11 整体式 PLC

2）模块式特点。在一块基板上插上 CPU、电源、I/O 模块及特殊功能模块，CPU、I/O 接口、电源、存储器以模块形式组合配置，灵活性强，故障时可快速置换。一般中型、大型 PLC 采用模块式。

西门子的 S7-1500 PLC、三菱 Q 系列 PLC、罗克韦尔 PLC 等都属于模块式结构，如图 1-12 所示。

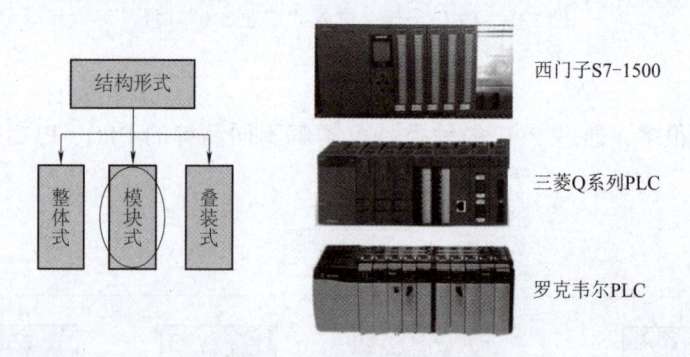

图 1-12 模块式 PLC

3）叠装式特点。它的结构也是各种单元、CPU 自成独立的模块，但安装不用基板，仅用电缆进行单元间连接，且各单元可以一层层地叠装。如 FX2 系列 PLC 扩展时就属于叠装式，如图 1-13 所示。

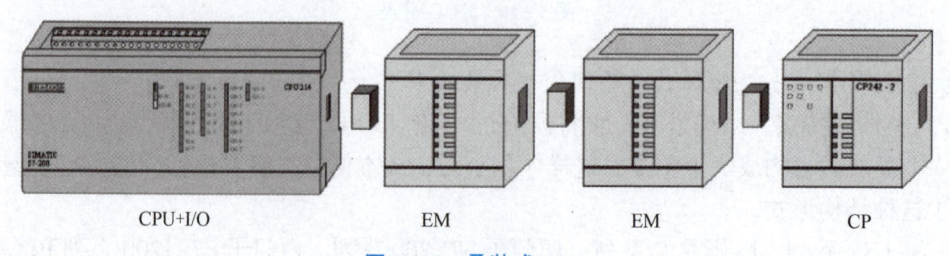

图 1-13 叠装式 PLC

（2）PLC 根据 I/O 点数分为大型机、中型机、小型机、微型机。

1）大型机特点。I/O 点数为 2 048 以上，如西门子 S7-400 系列、A-B 公司罗克韦尔

SLC 5/05 系列等，如图 1-14 所示。大型机具有强大的计算、网络结构和通信联网能力，适用于设备自动化控制、过程自动化控制和过程监控系统等。

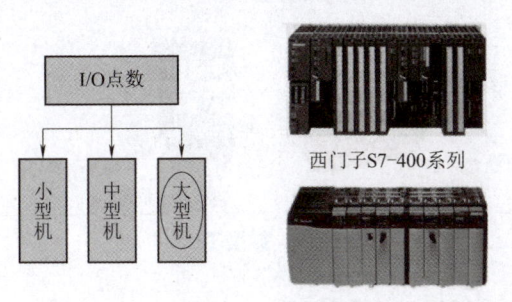

图 1-14 大型 PLC

2）中型机特点。I/O 点数为 256~2 048，如西门子 S7-1500 系列、西门子 S7-300 系列、三菱 Q 系列等，如图 1-15 所示，中型机适用于复杂的逻辑控制系统以及连续生产过程控制场合。

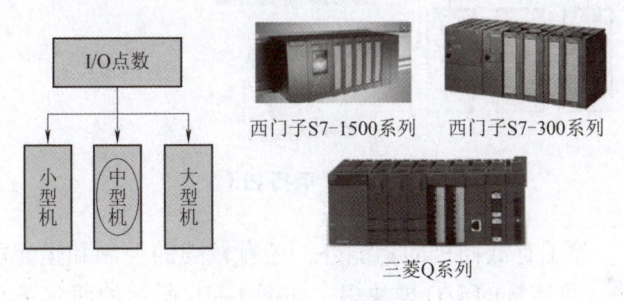

图 1-15 中型 PLC

3）小型机特点。I/O 点数为 24~256，西门子 S7-1200 系列、欧姆龙 C 系列、三菱 FX 系列、松下 FP0 系列等为小型机，如图 1-16 所示。小型 PLC 的特点是体积小、价格低，适合应用在单机或小型 PLC 的控制系统。

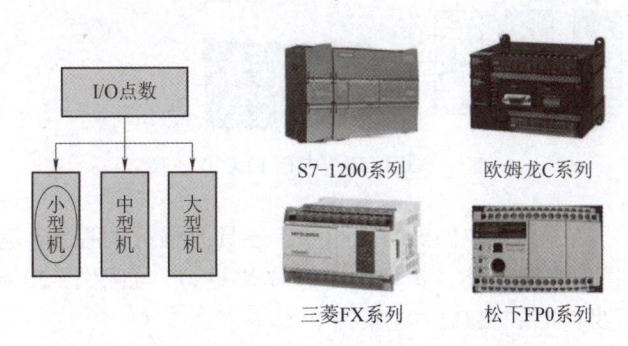

图 1-16 小型 PLC

4）微型机特点。一般 I/O 点数在 24 以下，只有逻辑控制、定时、计数控制等功能。

如西门子 LOGO!、三菱 FX1S 系列等，如图 1-17 所示，特点是体积小，安装不占空间，价格便宜。

西门子LOGO!　　三菱FX1S系列

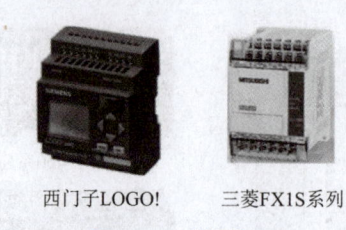

图 1-17　微型 PLC

（3）PLC 根据功能分为低档机、中档机、高档机。

1）低档机特点。具有逻辑运算、定时、计数、数据传送等基本功能，如图 1-18 所示的西门子 S7-200 系列、三菱 FX1S 系列。

西门子S7-200系列

三菱FX1S系列

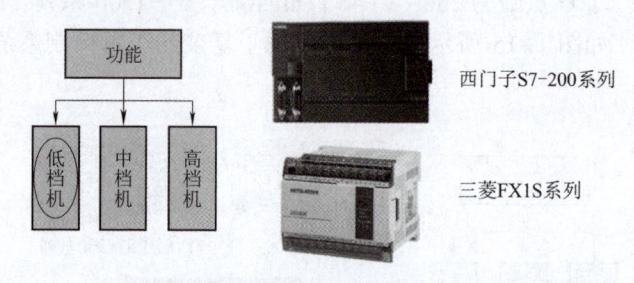

图 1-18　低档 PLC

2）中档机特点。除了有低档机的功能外，还有较强的控制和运算能力、远程 I/O 通信功能，工作速度快，可连接的 I/O 模块多，如图 1-19 所示的西门子 S7-300 系列 PLC、三菱 Q 系列 PLC。

西门子S7-300系列

三菱Q系列

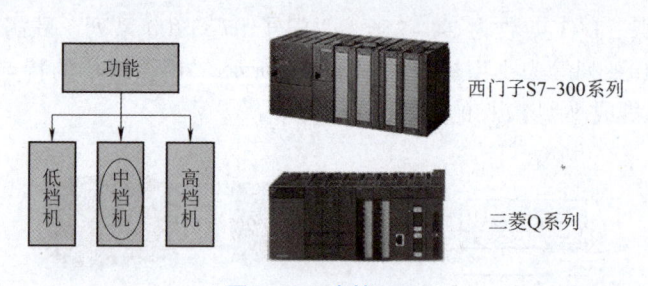

图 1-19　中档 PLC

3）高档机特点。除了具有中档机的功能外，还具有强大的控制、运算（矩阵、特殊函数、智能运算）、通信联网功能，扩展的 I/O 模块更多，如图 1-20 所示的西门子 S7-400 系列、A-B 公司罗克韦尔 SLC 5/05 系列 PLC 等。

（4）PLC 的生产厂家主要是欧洲、美国、日本等地域的厂家。

欧洲厂家主要是德国西门子、法国施耐德等公司，如图 1-21 所示。

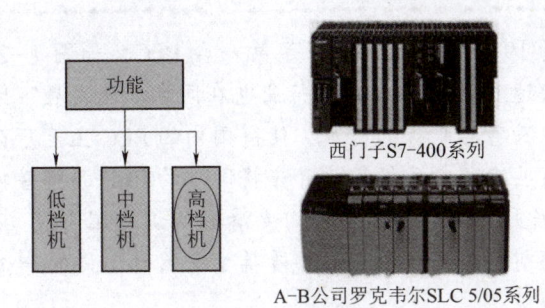

图 1-20　高档 PLC

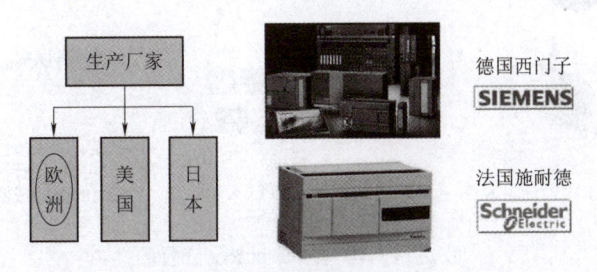

图 1-21　欧洲主要 PLC 厂家

美国厂家主要是 A-B 公司罗克韦尔、通用电气（GE）公司，如图 1-22 所示。

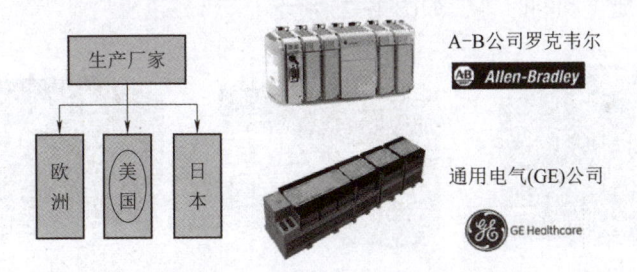

图 1-22　美国主要 PLC 厂家

日本厂家主要是三菱电机、欧姆龙、松下等公司，如图 1-23 所示。

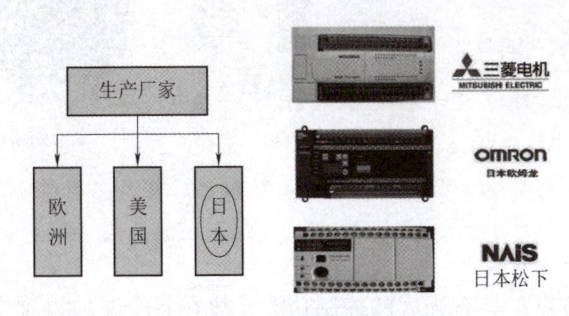

图 1-23　日本主要 PLC 厂家

13

小贴士：中国于 1977 年成功研制出了第一台 PLC，如图 1-24 所示。近年来，随着中国工业化的快速发展，国内 PLC 行业也在同期加速发展，因为价格优势、需求优势、兼容性强以及售后服务的进步，使得国内的 PLC 生产厂商有了与欧美国家一决高下的资本，有些工程师已经逐步开始将国外的 PLC 品牌替换为国产品牌，国产 PLC 也在逐步占据更大的市场，同学们要清醒认识我国 PLC 应用在世界中的地位，不卑不亢，砥砺前行，弯道超车，开辟属于中国自动化的一条路，为祖国的科技事业贡献自己的力量。

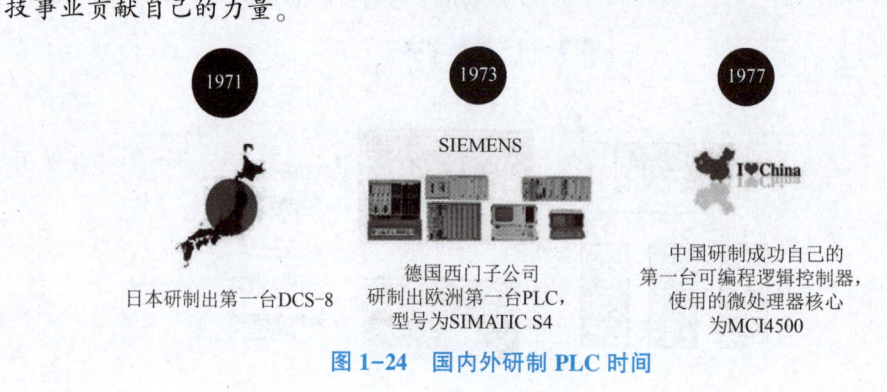

1971 日本研制出第一台DCS-8

1973 德国西门子公司研制出欧洲第一台PLC，型号为SIMATIC S4

1977 中国研制成功自己的第一台可编程逻辑控制器，使用的微处理器核心为MCI4500

图 1-24 国内外研制 PLC 时间

目前国产 PLC 厂商主要集中在中国台湾、深圳以及江浙一带。例如：永宏、台达、汇川、南大傲拓、信捷、和利时等，如图 1-25 所示。

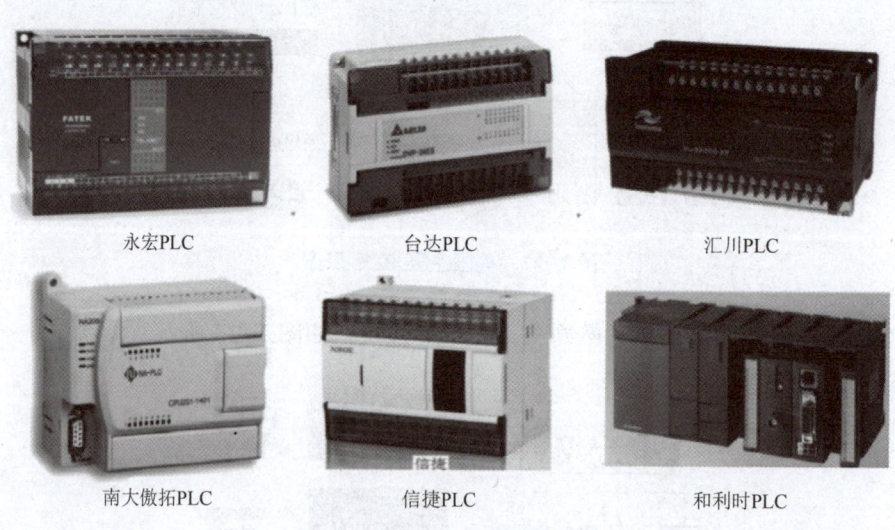

永宏PLC　　台达PLC　　汇川PLC

南大傲拓PLC　　信捷PLC　　和利时PLC

图 1-25 国内主要 PLC 厂家

3. PLC 的功能与应用领域

PLC 有以下五个特点，具有强大的控制功能，故在各个领域得到广泛的应用。
（1）可靠性高，抗干扰能力强。

(2) 通用性强，控制程序可变，使用方便。
(3) 功能强，适应面广。
(4) 编程简单，容易掌握。
(5) 体积小，质量轻，功耗低，维护方便。

PLC 应用

PLC 有三大量：开关量、模拟量、脉冲量，其控制功能有脉冲量控制、模拟量控制、通信控制、开关量控制 4 种，如图 1-26 所示。

(1) 脉冲量控制。脉冲量是在 0 和 1 之间不断变化的数字量，运用于步进和伺服的运动控制。

(2) 模拟量控制。模拟量是连续变化的物理量，如温度、压力、液位、流量等，模拟量一般用于 PID 运算。

(3) 通信控制。PLC 和其他设备如触摸屏、变频器、伺服控制、机器人、机器视觉等连接有"I/O"连接（开关量、模拟量）和通信连接两种，当输入点与输出点比较多时，浪费 PLC 的"I/O"口，故一般用通信方式连接。

(4) 开关量控制。开关量只有 0 和 1 两种状态，应用于逻辑控制，这是 PLC 最基本的应用。

图 1-26 PLC 的 4 种控制功能

目前，PLC 在国内外已广泛应用于钢铁、石油、化工、电力、建材、机械制造、汽车、轻纺、交通运输、环保及文化娱乐等各个行业，如图 1-27 所示，随着其性能价格比的不断提高，应用的范围也在不断扩大。

4. PLC 的未来——工业互联网时代的 PLC

PLC 是"工业 3.0"时代的产物，如图 1-28 所示。在"工业 3.0"时代，PLC 作为设备和装置的控制器，具有传统的逻辑控制、顺序控制、运动控制、安全控制功能。

项目一 智能产线"大脑"PLC 认知

棉纺、化纤、织造、非织造布、印染

包装、制袋、填充、灌装、封口、贴标、打包

冶金、建材、能源、市政、空调、工程机械

汽车制造、轨道交通、电梯

图 1-27 衣食住行产品与 PLC 息息相关

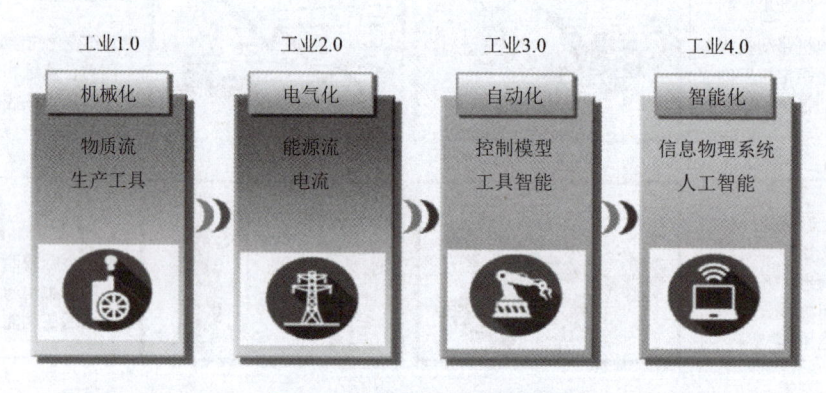

图 1-28 工业 1.0~4.0 发展

在"工业 4.0"的大背景下,工业互联网、智能制造和人工智能不断发展,为 PLC 的未来提供了广阔的发展空间。在工业互联网时代,PLC 将走向融合、走向开放、走向高能、走向统一,如图 1-29 所示。

(1) 在产品规模方面,向两极化发展。

一极是小型化,速度更快、性价比更高的单机控制,如 LOGO!;另一极是高速、高性能、大容量的大型 PLC,如 S7-1500 PLC。

(2) 工业互联网为 PLC 提供广阔的发展空间。

随着云计算、机器学习和大数据等 IT 技术和工业控制领域 OT 技术的不断融合,工业互联网和智能制造已经成为未来工业生产的大趋势。PLC 连接控制多种设备,将数据分析、处理、传递到上层的信息系统,成为工厂与车间的控制中枢。

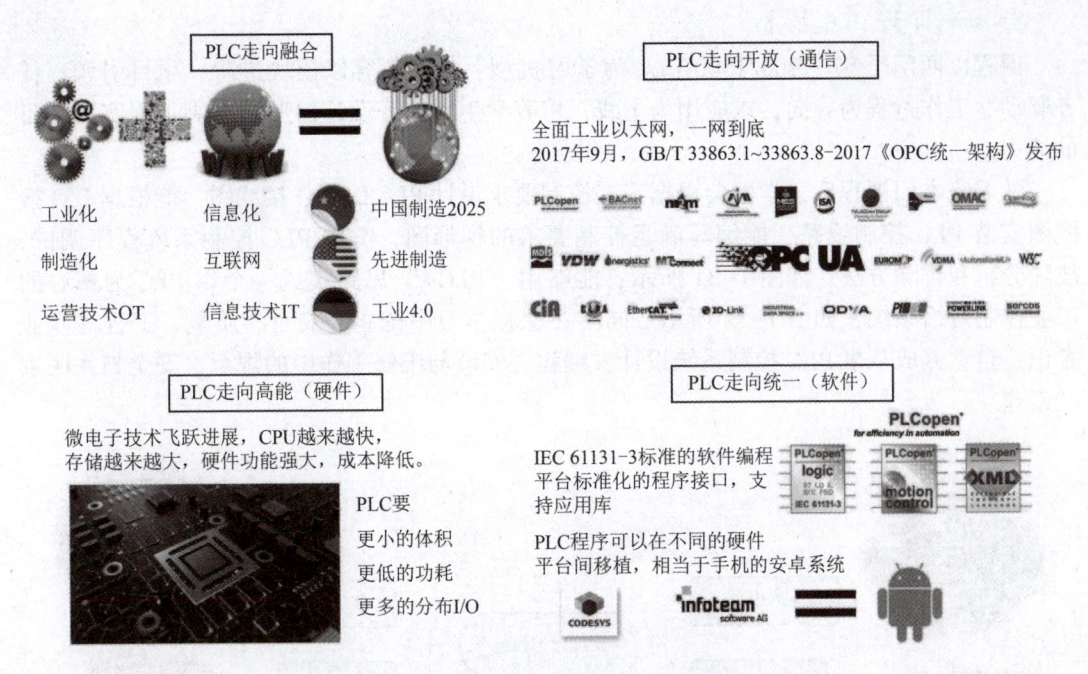

图 1-29 工业互联网时代的 PLC

在工业互联网时代，预计 PLC 未来将有以下发展趋势。

第一，支持 PLC 直连云端，并嵌入人工智能模块，从 PLC 发展为工业智能控制器。

第二，从端到云，PLC 在云端运行，通过将物联接口标准化和应用云化，采用软件定义的 PLC 与工业互联网平台直接相通，实现 PLC 的远程控制。

第三，从外到内，PLC 不再有独立外置于电气柜的必要，而是可以植入到机器内部，甚至以 PCB 板的形式，成为机器内部的一个"器官"。

(3) 编程语言多样化、标准化。

IEC（国际电工委员会）是为电子技术所有领域制定全球标准的国际组织，IEC 61131 是 PLC 的国际标准，其中第三部分 IEC 61131-3 是 PLC 的编程语言标准。

PLC 有 5 种编程语言，如图 1-30 所示。

S7-1200 只有梯形图（LAD）、功能块图（FBD）和结构化控制语言（SCL）这 3 种编程语言。

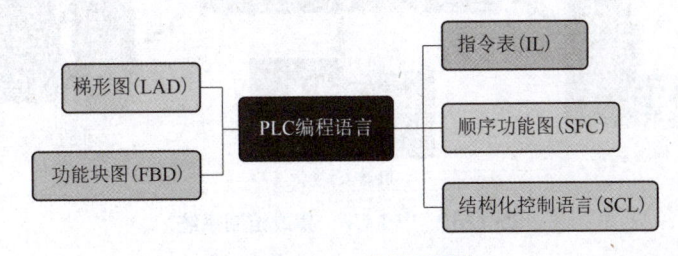

图 1-30 PLC 的编程语言

5. 如何学好 PLC 技术

课程以西门子 S7-1200/1500 PLC 为学习机型，教学内容以模块进阶、项目引领、任务驱动、工作过程为导向，以应用为主线，培养学生用指令设计梯形图解决工程实践项目的能力。

学习完本门课程后，学生会根据工艺控制要求设计 PLC 的 I/O 接线图，能根据 I/O 接线图安装 PLC 控制线路，能编写满足控制要求的梯形图，掌握 PLC 控制系统程序调试、故障分析和排除方法，如图 1-31 所示；能够用"PLC+"思路集成一个以 PLC 为核心的工业控制网络系统，如图 1-32 所示。同时在课程学习中树立起安全、质量、工程等职业意识，自觉养成从事 PLC 控制系统设计、编程、安装与维修工作中的规范、安全与文明生产素养。

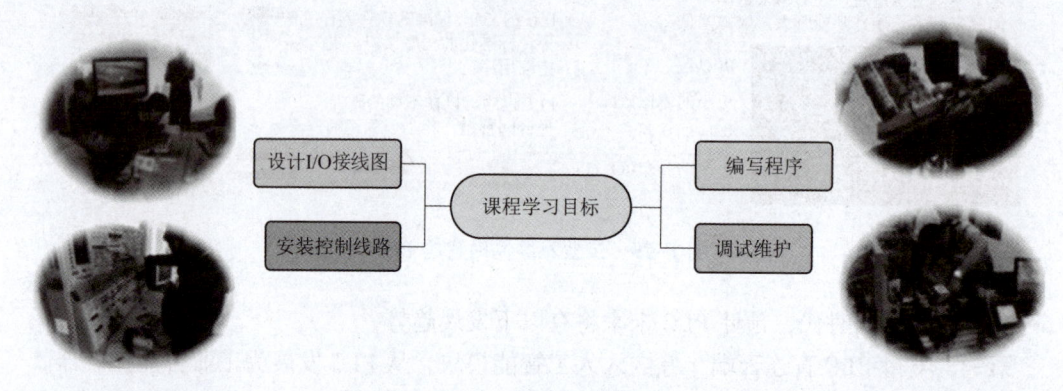

图 1-31 课程学习目标

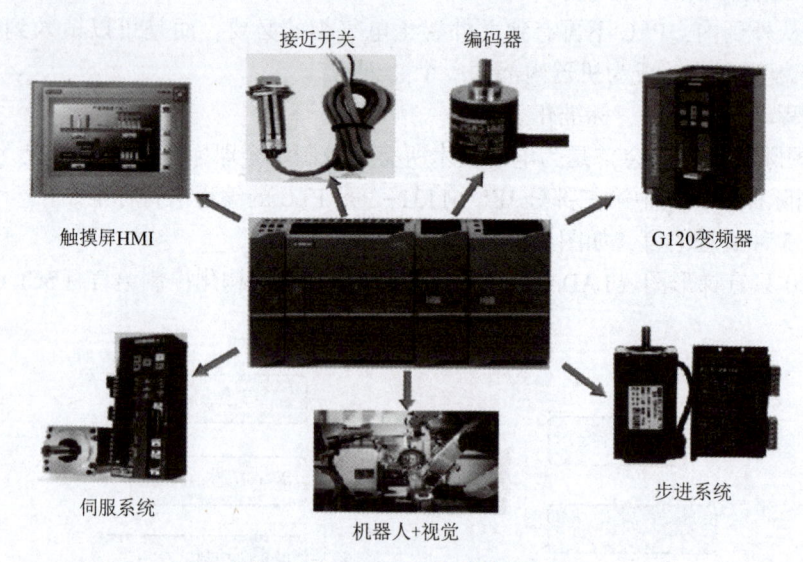

图 1-32 "PLC+"集成控制系统

6. PLC 网络学习资源

（1）智慧树《PLC 应用技术》国家在线精品开放课程网站（https://coursehome.zhihuishu.com/courseHome）。

（2）中国工控网 PLC 频道（http://www.gkong.com/sort/plc/）。

（3）西门子 PLC、变频器、HMI 视频网站（http://www.ad.siemens.com.cn/service/elearning/default.html）。

可编程控制器系统应用编程 1+X 证书标准

项目一 智能产线"大脑"PLC认知

工作准备页

认真阅读任务工单要求，理解工作任务内容，明确工作任务的要求，获取任务的技术资料，回答以下问题。

引导问题1：PLC 的含义是_____。

引导问题2：PLC 之父是_____。

引导问题3：S7-1200 PLC 结构形式属于_____式，S7-1500 PLC 结构形式属于_____式。

引导问题4：CPU 为 1215 的 PLC 是 24 点表示_____。

引导问题5：学习完本门课程后，你应该懂得_____、_____、_____。

引导问题6：选择题。

1. PLC 一般由（　　）组成。

A. CPU 模块、I/O 模块、存储器模块、电源模块

B. CPU 模块、I/O 模块

C. CPU 模块、存储器模块、通信模块

D. CPU 模块、I/O 模块、存储器模块

2. S7-1200 属于（　　）PLC。

A. 微型　　　B. 小型　　　C. 中型　　　D. 大型

3. 整体式 PLC 是把（　　）。

A. CPU、I/O 接口、电源、存储器以模块形式组合在一起

B. CPU、I/O 接口、电源、存储器连成一个整体

C. 各种单元、CPU 自成独立的模块，用电缆进行单元间连接

D. CPU、I/O 接口、存储器以模块形式组合在一起

引导问题7：问题讨论。

请你谈一谈在工业互联网时代 PLC 的发展趋势。

_____
_____
_____
_____
_____

设计决策页

1. 填写 4 家 PLC 厂家调研表。

表 1-2 4 家 PLC 厂家调研表

PLC 型号	生产厂家	I/O 点数	类型 I/O 点数	类型 结构形式	参考价格/元
西门子 S7-1215C					
三菱 FX2-32MT					
和利时 LM3105					
汇川 H2U-2416MR					

2. 分组调研国产 PLC 的现状，撰写报告并进行分享。

（1）主要国产 PLC 厂家：

（2）国产 PLC 厂家优点：

（3）国产 PLC 厂家不足：

3. 对比国外与国内 PLC 现状，谈一谈你的体会。

任务实施页

方案展示

1. 各小组派代表阐述 PLC 厂家调研和国产 PLC 现状。

2. 各组对其他组的汇报方案提出不同的看法。

3. 教师结合大家完成的方案进行总结点评。

检查评价页

展示评价

各组展示任务工单设计决策方案,进行小组自评、组间互评及教师考核评价,完成任务考核评价表(表1-3)的填写。

表1-3 任务考核评价表

评价项目	评价标准	分值	自评30%	互评30%	师评40%	合计
职业素养(30分)	分工合理,制订计划能力强,严谨认真	5				
	爱岗敬业、安全意识、责任意识、服从意识	5				
	团队合作、交流沟通、互相协作、分享能力	5				
	现场汇报思路清晰,表达流畅	5				
	保质保量完成工作页相关任务	5				
	能采取多种手段收集信息,解决问题	5				
专业能力(60分)	调研表填写完整	20				
	国产PLC现状分析报告全面	20				
	国外与国内PLC现状分析体会深入	20				
创新意识(10分)	创新性思维和精神	5				
	创新性观点和方法	5				

任务 2　探秘 PLC 的五脏六腑

任务信息页

学习目标

1. 识别 S7-1200 的硬件组成。
2. 能分清输入/输出接口外接设备。
3. 认识 CPU 模块技术规范。
4. 理解 PLC 循环扫描工作方式。

工作情景

某公司要设计安装一个口罩机生产线系统，如图 2-1 所示，口罩机生产线是一个典型的机电一体系统，如果你是公司的一名技术人员要进行 PLC 设备选型，你必须清楚 PLC 的品牌、CPU 性能、输入/输出模块的选择、I/O 点数量、参数、结构、型号、价格等。

图 2-1　口罩机生产线

口罩机生产线

项目一 智能产线"大脑"PLC认知

知识图谱

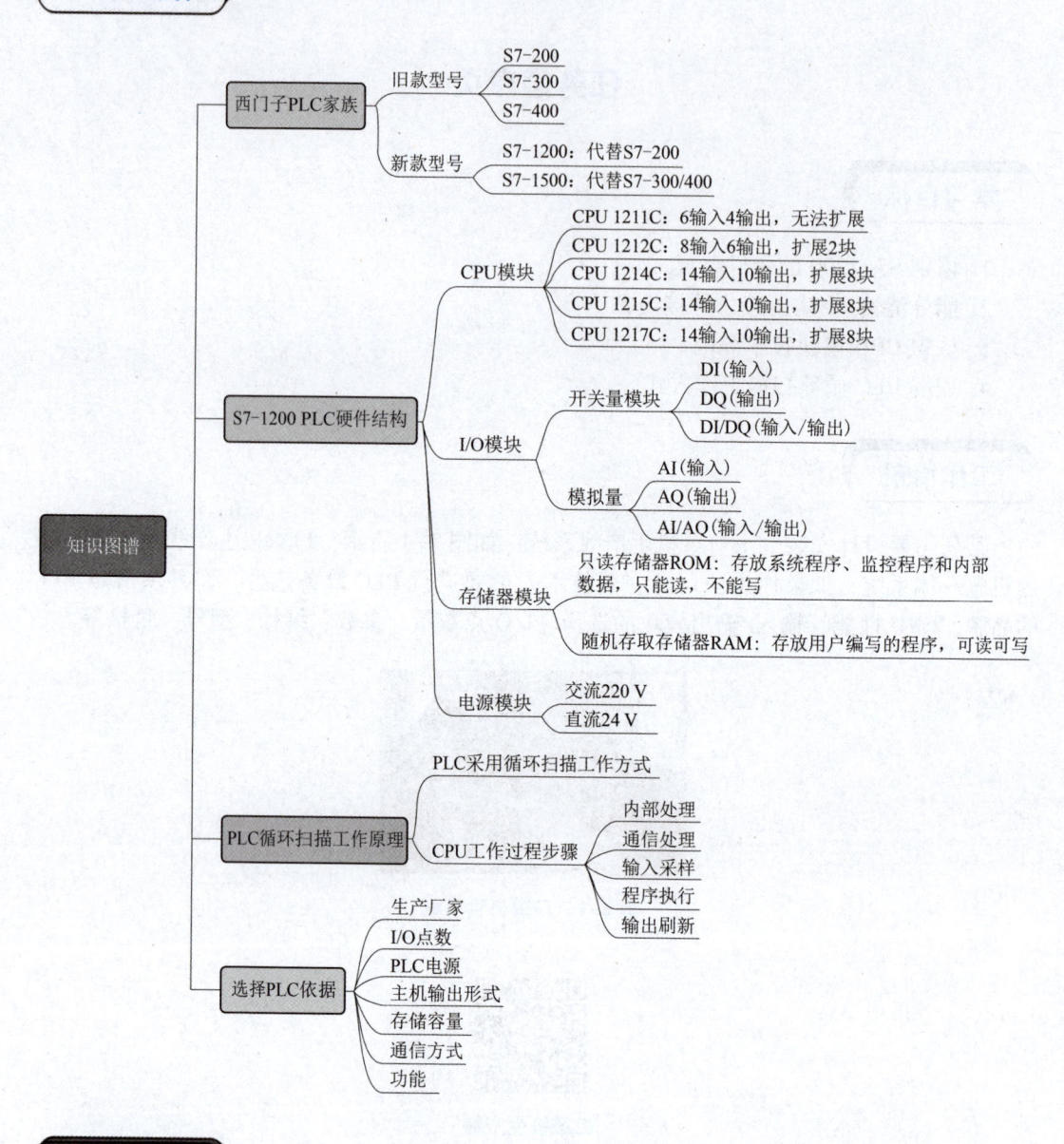

- 知识图谱
  - 西门子PLC家族
    - 旧款型号
      - S7-200
      - S7-300
      - S7-400
    - 新款型号
      - S7-1200：代替S7-200
      - S7-1500：代替S7-300/400
  - S7-1200 PLC硬件结构
    - CPU模块
      - CPU 1211C：6输入4输出，无法扩展
      - CPU 1212C：8输入6输出，扩展2块
      - CPU 1214C：14输入10输出，扩展8块
      - CPU 1215C：14输入10输出，扩展8块
      - CPU 1217C：14输入10输出，扩展8块
    - I/O模块
      - 开关量模块
        - DI（输入）
        - DQ（输出）
        - DI/DQ（输入/输出）
      - 模拟量
        - AI（输入）
        - AQ（输出）
        - AI/AQ（输入/输出）
    - 存储器模块
      - 只读存储器ROM：存放系统程序、监控程序和内部数据，只能读，不能写
      - 随机存取存储器RAM：存放用户编写的程序，可读可写
    - 电源模块
      - 交流220 V
      - 直流24 V
  - PLC循环扫描工作原理
    - PLC采用循环扫描工作方式
    - CPU工作过程步骤
      - 内部处理
      - 通信处理
      - 输入采样
      - 程序执行
      - 输出刷新
  - 选择PLC依据
    - 生产厂家
    - I/O点数
    - PLC电源
    - 主机输出形式
    - 存储容量
    - 通信方式
    - 功能

问题图谱

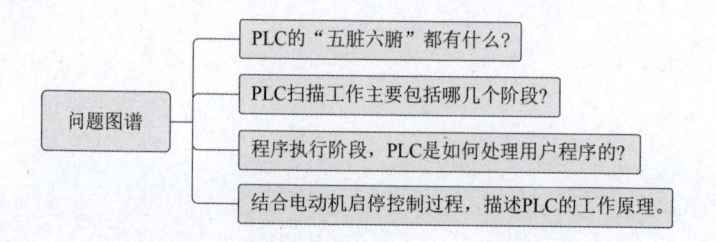

- 问题图谱
  - PLC的"五脏六腑"都有什么？
  - PLC扫描工作主要包括哪几个阶段？
  - 程序执行阶段，PLC是如何处理用户程序的？
  - 结合电动机启停控制过程，描述PLC的工作原理。

任务工单页

控制要求

某公司要设计一个恒压供水装置,如图 2-2 所示,系统要求有输入点 16 个,输出点 11 个,其中有 1 个模拟量输入点,有 1 个模拟量输出点。要用 PLC 控制,如果你是公司的一名技术人员,请选择 PLC 厂家、CPU 模块、PLC 输入模块点数、PLC 输出模块点数和型号等。

图 2-2 恒压供水装置

任务要求

根据恒压供水装置的 I/O 点数,结合博途软件的信号模块选择,填写表 2-1。

表 2-1 PLC 参数

选择 CPU 型号	I/O		点数	本体	扩展模块
	开关量	输入			
		输出			
	模拟量	输入			
		输出			

项目一 智能产线"大脑"PLC认知

知识学习页

1. 西门子 PLC 家族

说到西门子 PLC 产品，大家都能说出哪些耳熟能详的型号？近年来，随着技术的发展，西门子公司不断推出 PLC 系列新产品，S7-1200/1500 是西门子新一代的 PLC，S7-1200 是 S7-200 的升级换代产品，S7-1500 是 S7-300/400 的升级换代产品，S7-1200/1500 的 CPU 均有 PROFINET 以太网接口，通过该接口可以与计算机、人机界面（HMI）、PROFINET I/O 设备和其他 PLC 通信，S7-1200 与 S7-200 价格差不多，S7-1500 的性价比高于 S7-300/400。与 S7-300/400 相比，S7-1500 已成为新设备控制系统的首选。西门子系列 PLC 如图 2-3 所示。

图 2-3 西门子系列 PLC

PPT 课件

S7-1200 PLC 硬件结构

LOGO! 是西门子控制器家族中体积最小的控制器，只有定时、计数、计时等功能，但 LOGO! 控制器却是"小身材，大应用"，LOGO! 控制器可以使控制柜结构更紧凑，体积更小，在工业领域和住宅建筑领域用得比较多。

西门子 S7 家族产品 PLC 的 I/O 点数、运算速度、存储容量、网络通信能力与功能趋势如图 2-4 所示。

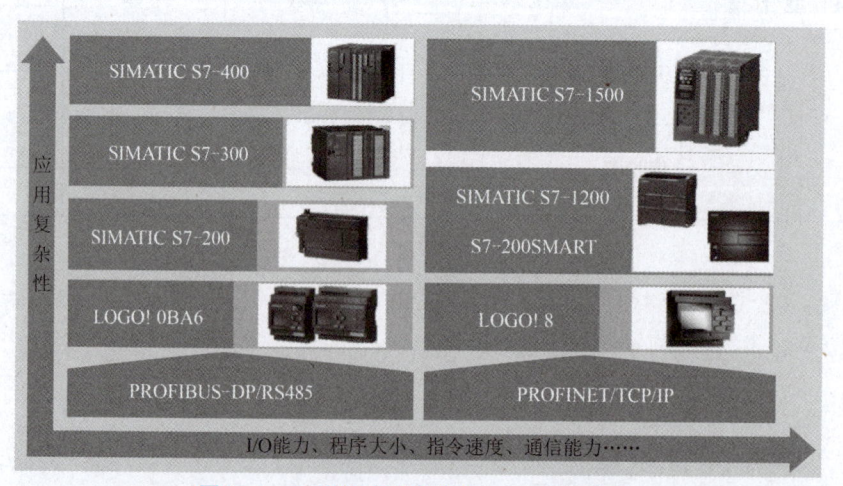

图 2-4 S7 家族产品参数与 PLC 功能趋势

如图 2-5 所示，S7-1200 覆盖了 S7-200 的全部功能和 S7-300 的部分功能，S7-1500 覆盖了 S7-400 和 S7-300 的部分功能。

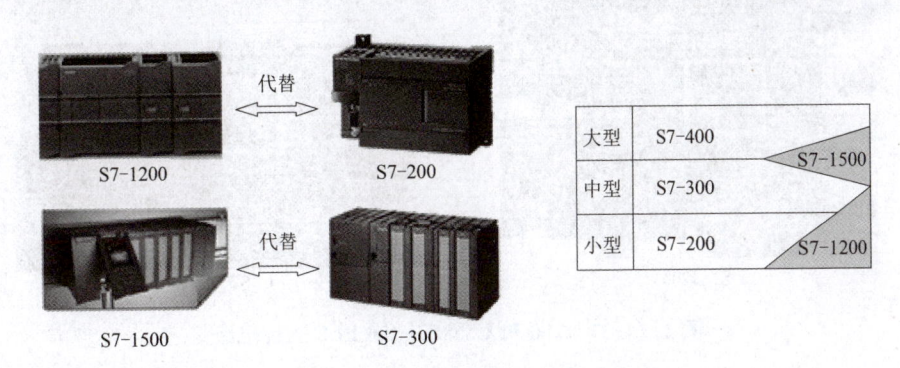

图 2-5　S7 家族产品 PLC 功能比较

2. S7-1200 PLC 硬件结构

S7-1200 和 S7-1500 使用同一种编程软件 TIA 博途，指令和功能几乎完全相同，区别是内存大小和 CPU 的速度。

S7-1500 系列 PLC 是西门子公司推出的高端 PLC 产品，将会逐渐取代目前市场上的 S7-300/400 系列 PLC。

PLC 由微处理器（CPU）模块、输入/输出（I/O）模块、存储器、电源等组成，PLC 结构示意图如图 2-6 所示，S7-1200 PLC 和 S7-200 PLC 内部电路如图 2-7 所示，S7-1200 PLC 外形如图 2-8 所示。

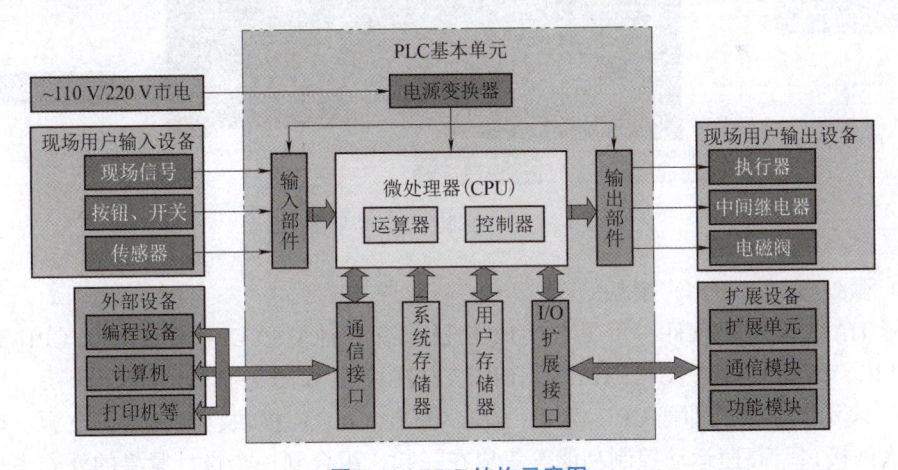

图 2-6　PLC 结构示意图

图 2-7　S7-1200 PLC 和 S7-200 PLC 内部电路

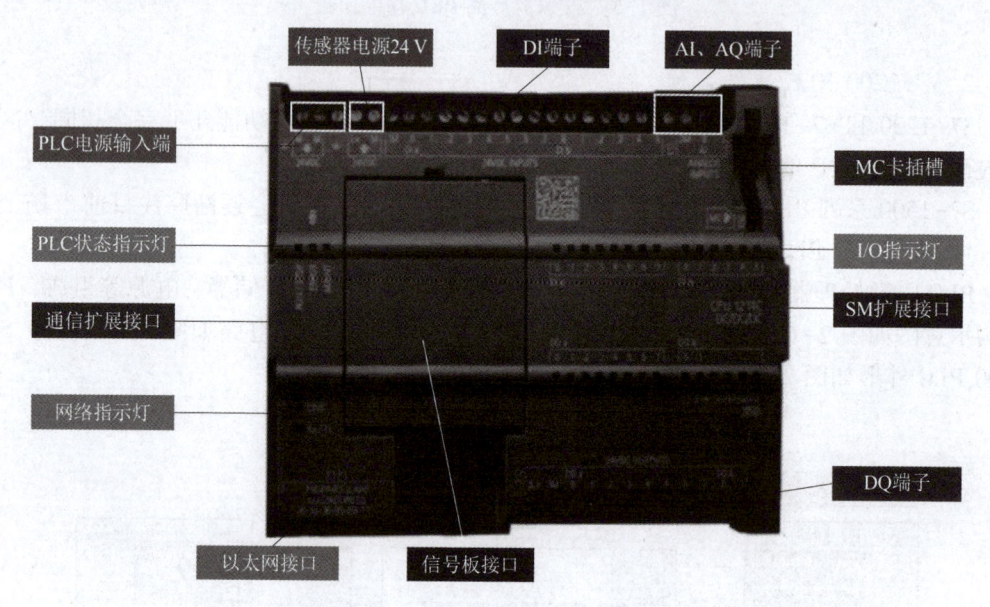

图 2-8　S7-1200 PLC 外形图

（1）微处理器（CPU）模块。

打开 TIA 博途编程软件，可见 S7-1200 目前有 8 种型号 CPU 模块，如 CPU 1211C、CPU 1212C、CPU 1214C、CPU 1215C、CPU 1217C 等，如图 2-9 所示。

"C"表示紧凑型，即把 CPU 模块、输入/输出（I/O）模块、存储器、电源、PROFI-NET 以太网接口、高速运动控制功能等集成在一起，组合到一个设计紧凑的外壳中。

CPU 相当于人的大脑和心脏，它不断采集输入信号，执行用户程序，刷新系统的输出，存储器用来存储程序和数据。

S7-1200 集成的 PROFINET 接口用于与编程计算机、HMI（人机界面）、其他 PLC 或其他设备通信。此外，它还通过开放的以太网协议支持与第三方设备的通信。

CPU 的规范表如表 2-2 所示。

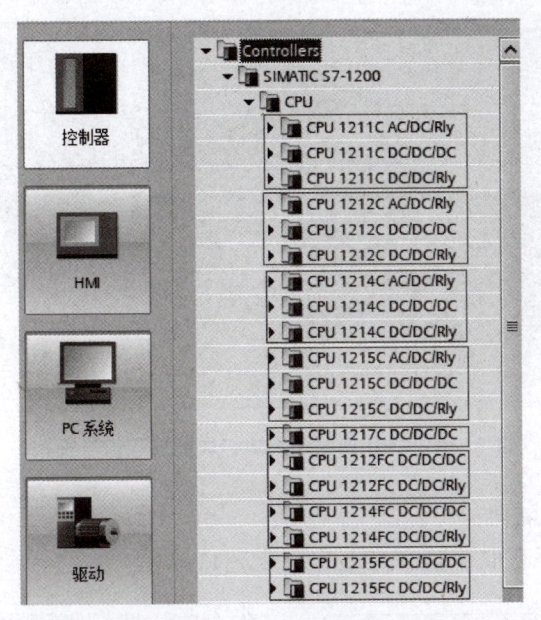

图 2-9　CPU 模块

表 2-2　CPU 规范表

型号	CPU 1211C	CPU 1212C	CPU 1214C	CPU 1215C	CPU 1217C
开关量点数	6入4出	8入6出	14入10出	14入10出	14入10出
信号模块（SM）	0	2	8	8	8
信号板（SB）、通信板（CB）	1	1	1	1	1
左侧扩展通信模块（CM）	3	3	3	3	3
存储容量	30 KB	50 KB	75 KB	100 KB	125 KB
以太网接口	1	1	1	2	2

1）CPU 的特性。

CPU 模块及周边扩展通信和信号模块如图 2-10 所示。

①集成输出 24 V 电源可供传感器和编码器使用，也可做输入回路的电源。

②每个 CPU 都有集成的 2 个模拟量输入（0~10 V），输入电阻 100 kΩ，10 位分辨率。其中 CPU 1215C 有 2 个模拟量输入，2 个模拟量输出。

③每一种都可根据需要进行扩展，CPU 的正面可增加 1 个信号板（SB），左侧可扩展 3 个通信模块（CM），右侧最多可扩展 8 个信号模块（SM）。注意 CPU 1211C 右侧不能扩展。

④4 个时间延迟与循环中断，分辨率为 1 ms。

⑤可以扩展 3 个通信模块和 1 个信号板，CPU 可以用信号板扩展一路模拟量输出或高速数字量输入/输出。

31

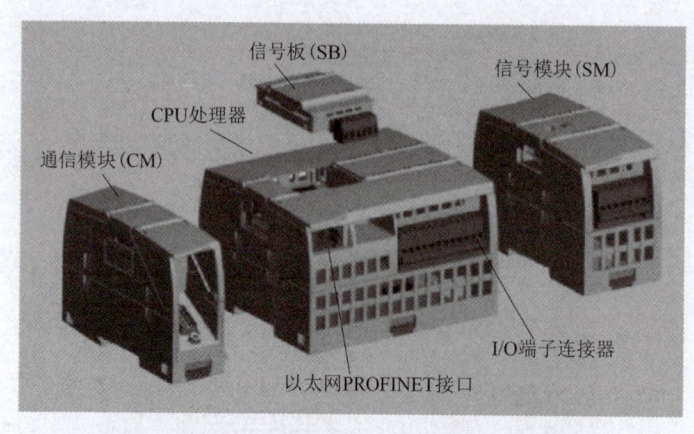

图 2-10　CPU 模块及周边扩展通信和信号模块

2）CPU 内部的存储器。

只读存储器和随机存取存储器的特点如图 2-11 所示。

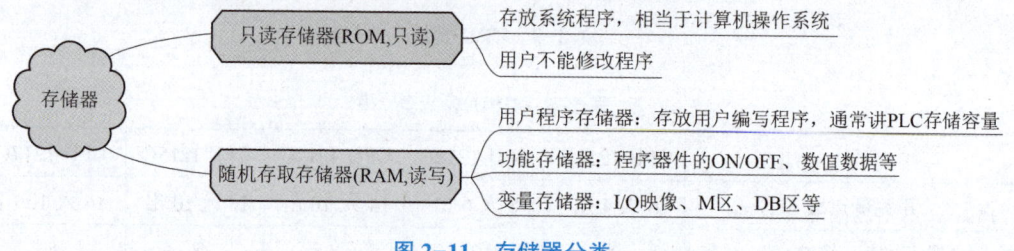

图 2-11　存储器分类

只读存储器（ROM），它内部的数据只能读，不能写，断电后可以保存数据。ROM 一般用来存放系统程序。

随机存取存储器（RAM），其特点是访问速度快、价格低、可读可写，但是断电后数据无法保存。

闪存/可擦除存储器（Flash ROM/EPROM），它的特点是数据可读可写，访问速度慢，非易失性，断电后可保存。闪存一般用来存放用户程序和数据，SIMATIC 的存储卡 MC 就属于这一类，MC 卡作用是传送程序、清除密码、更新硬件等；S7-1200 中 MC 卡是选用件，不是必用件，无 MC 卡时，PLC 用户程序存放在装载存储器中。

装载存储器相当于内存，用于保存用户程序、数据和组态。工作存储器相当于硬盘，用于存储 CPU 运行时的用户程序和数据。保持存储器，用于在 CPU 断电时存储单元的过程数据，保证断电不丢失。三种存储器的 CPU 内存参数如表 2-3 所示。

表 2-3　CPU 内存参数

型号	CPU 1211C	CPU 1212C	CPU 1214C	CPU 1215C	CPU 1217C
工作存储器容量	30 KB	50 KB	75 KB	100 KB	125 KB
装载存储器容量	1 MB	1 MB	4 MB	4 MB	4 MB

续表

型号	CPU 1211C	CPU 1212C	CPU 1214C	CPU 1215C	CPU 1217C
保持存储器容量	10 KB	10 KB	10 KB	10 KB	10 KB

S7-1200 PLC 的存储卡（相当于 U 盘）如图 2-12 所示，有三种功能。

①可以作为外部装载存储器。

②利用该存储卡将某一个 CPU 内部的程序复制到一个或多个 CPU 内部的装载存储区。

③24 MB 存储卡可以作为固件更新卡，升级 S7-1200 的固件。

注意以下几点：

①S7-1200 内部有装载存储器，所以该存储卡并不是必需的。

②将存储卡插到一个正在运行的 CPU 中会造成 CPU 停机。

③插入存储卡并不能增加装载存储器的空间。

图 2-12　S7-1200 PLC 的存储卡

CPU 提供了各种专用存储区，如输入过程映像区（I 区）、输出过程映像区（Q 区）、位存储区（M 区）、数据块存储区（DB 区）等，如图 2-13 所示。

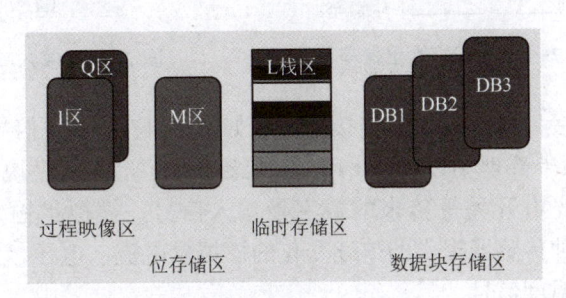

图 2-13　CPU 的存储区

3）CPU 供电方式。

根据供电方式和输入/输出方式的不同，CPU 分为三类：AC/DC/RLY、DC/DC/RLY 和 DC/DC/DC。前两个字母，表示 CPU 的供电方式，AC 表示交流电供电，DC 表示直流电供电；中间的字母表示数字量的输入方式，只有 DC 一种，表示直流电输入。最后的字母表示数字量输出方式，RLY 表示继电器（Relay）输出，DC 表示晶体管输出，如图 2-14 所示。

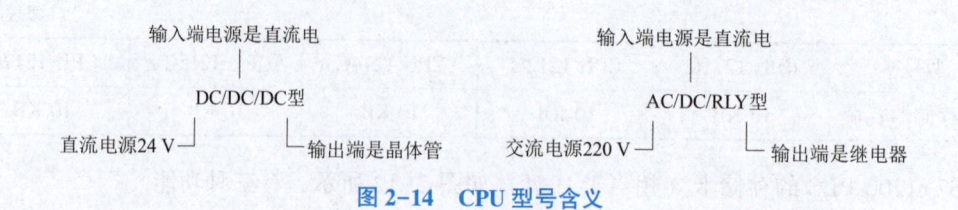

```
输入端电源是直流电                    输入端电源是直流电
         │                                    │
      DC/DC/DC型                          AC/DC/RLY型
         │                                    │
直流电源24 V─┘  └─输出端是晶体管    交流电源220 V─┘  └─输出端是继电器
```

图 2-14　CPU 型号含义

（2）输入/输出（I/O）模块。

输入（Input）模块和输出（Output）模块简称为 I/O 模块，数字量（又称为开关量）输入模块和数字量输出模块简称为 DI 模块和 DQ 模块，模拟量输入模块和模拟量输出模块简称为 AI 模块和 AQ 模块，如图 2-15 所示，它们统称为信号模块，简称为 SM。

当集成在本体的 I/O 点数不够用时，可以用扩展信号模块，如图 2-16 所示，安装在 CPU 模块的右边，扩展能力最强的 CPU 可以扩展 8 个信号模块，增加的数字量和模拟量输入/输出点最高达到 256 个点。

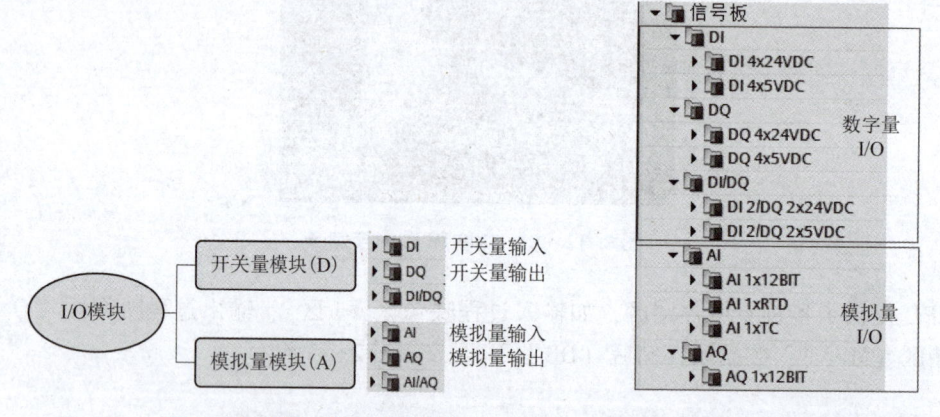

```
              ┌─开关量模块(D)── DI       开关量输入
              │                DQ       开关量输出
   I/O模块 ───┤                DI/DQ
              │
              └─模拟量模块(A)── AI       模拟量输入
                               AQ       模拟量输出
                               AI/AQ
```

```
▼ 信号板
  ▼ DI
    ▶ DI 4x24VDC
    ▶ DI 4x5VDC
  ▼ DQ
    ▶ DQ 4x24VDC            数字量
    ▶ DQ 4x5VDC              I/O
  ▼ DI/DQ
    ▶ DI 2/DQ 2x24VDC
    ▶ DI 2/DQ 2x5VDC
  ▼ AI
    ▶ AI 1x12BIT
    ▶ AI 1xRTD              模拟量
    ▶ AI 1xTC                I/O
  ▼ AQ
    ▶ AQ 1x12BIT
```

图 2-15　输入/输出信号模块　　　　图 2-16　输入/输出扩展信号模块

输入接口和输出接口与外部信号连接示意图如图 2-17 所示，信号模块是系统的"眼、耳、手、脚"，是联系外部现场设备和 CPU 的桥梁。数字量输入模块用来接收从按钮、限位开关、接近开关、光电开关等传来的数字量输入信号。模拟量输入模块用来接收电位器、测速发电机和各种传感器提供的连续变化的模拟量电流、电压信号，或者直接接收热电阻、热电偶提供的温度信号。

数字量输出模块用来控制接触器、电磁阀、电磁铁、指示灯、数字显示装置和报警装置等输出设备，模拟量输出模块用来控制电动调节阀、变频器等执行器。

CPU 模块内部的工作电压一般是 DC 5 V，而 PLC 的外部输入/输出信号电压一般较高，例如 DC 24 V 或 AC 220 V。从外部引入的尖峰电压和干扰噪声可能损坏 CPU 中的元器件，或使 PLC 不能正常工作。在实际应用中，用光耦合器、小型继电器等器件来隔离 PLC 的内部电路和外部的输入/输出电路。信号模块除了传递信号外，还有电转换与隔离的作用。

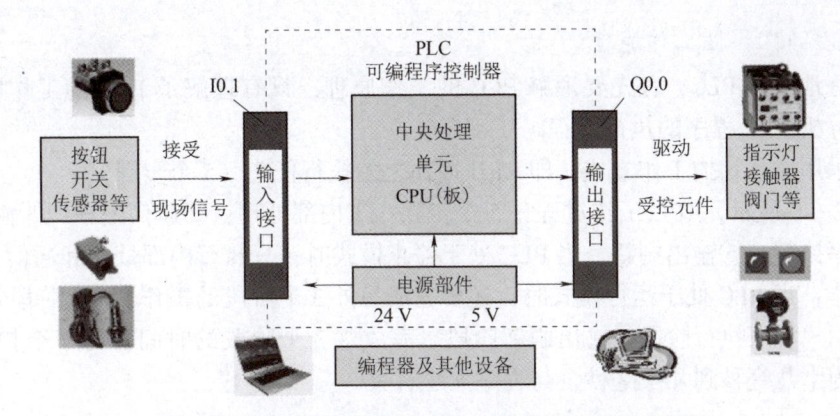

图 2-17 输入接口和输出接口与外部信号连接示意图

(3) 信号板（SB）。

信号板设计是 S7-1200 PLC 的一个亮点，使用嵌入式安装，能扩展少量的 I/O 点（数字量 DI、DQ 和模拟量 AI、AQ 等），如 2 点 DI 输入，2 点 DQ 输出，提高控制系统的性价比，如图 2-18 所示。

图 2-18 信号板

(4) 通信模块。

如图 2-19 所示，通信模块安装在 CPU 模块的左边，最多可以添加 3 块通信模块，可以使用点对点通信模块、PROFIBUS 模块、GPRS 远程通信模块等。

通信模块	类型及作用
CM1241	RS-485/RS-422/RS-232
CM1243-5	PROFIBUS-DP 主站
CM1242-5	PROFIBUS-DP 从站
CP1242-7	GPRS

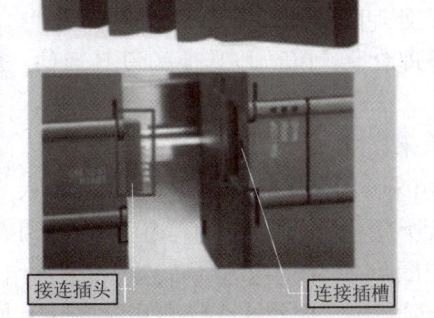

图 2-19 通信模块连接

3. PLC 循环扫描工作原理

要熟练地应用 PLC，首先要理解 PLC 的工作原理，只有理解了 PLC 的工作原理，才能理解和分析 PLC 程序的执行过程。

PLC 采用循环扫描工作方式，即 CPU 周而复始执行任务（5 个步骤）。

如图 2-20 所示，CPU 工作过程分 5 个步骤：①内部处理；②通信处理；③输入采样；④用户程序执行；⑤输出刷新。当 PLC 处于停止模式时，只执行内部处理和通信处理 2 个阶段的操作；当 PLC 处于运行模式时，还要完成另外 3 个阶段的操作，3 个阶段是输入采样阶段、用户程序执行阶段、输出刷新阶段。完成这 3 个阶段的时间称为 1 个扫描周期，时间一般为十几毫秒到几十毫秒，与程序大小有关。

图 2-20 CPU 工作过程 5 个步骤

PLC 循环扫描工作原理

（1）内部处理阶段。

在内部处理阶段，PLC 检查 CPU 内部的硬件是否正常，将监控定时器复位，以及完成一些其他内部工作。

（2）通信处理阶段。

在通信处理阶段，PLC 与其他的设备通信，响应编程器键入的命令，更新编程器的内容。

（3）输入采样阶段。

输入/输出采样示意图如图 2-21 所示，输入/输出映像区示意图如图 2-22 所示。

依次读入所有输入状态（I0.0、I0.1 等）和数据，并将它们存入输入映像区中的相应单元内（对应图 2-21 中的过程①）。输入采样结束后，转入用户程序执行和输出刷新阶段。在这两个阶段中，即使输入状态和数据发生变化，I/Q 映像区中的相应单元的状态和数据也不会改变。

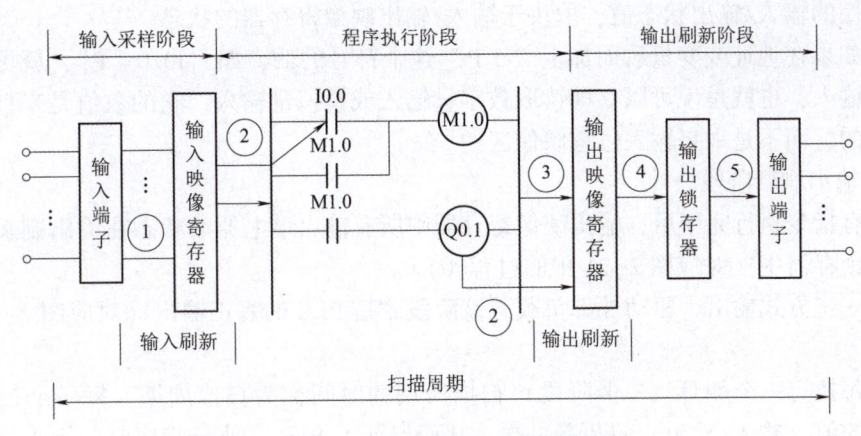

图 2-21　输入/输出采样示意图

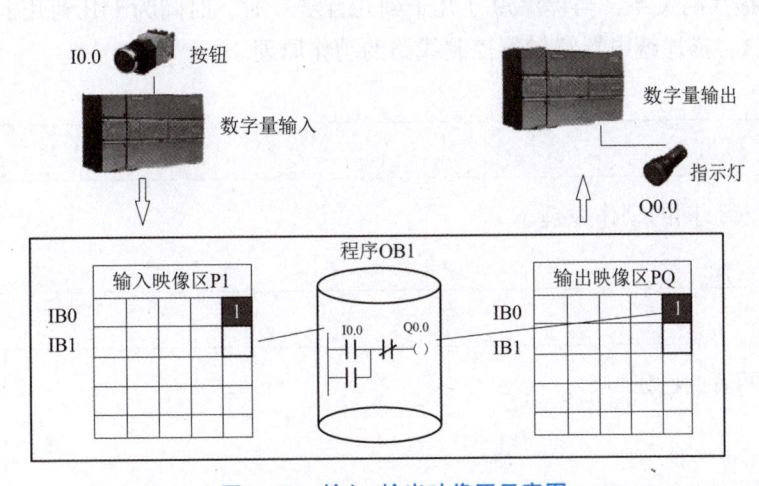

图 2-22　输入/输出映像区示意图

因此，如果输入是脉冲信号，则该脉冲信号的宽度必须大于一个扫描周期，才能保证在任何情况下，该输入均能被读入。

（4）用户程序执行阶段。

进入程序执行阶段后，PLC 会执行程序，从输入映像寄存器中调用 I0.0 的状态，来进行逻辑运算，从而得到 Q0.1 等元件线圈是否接通的结果（对应图 2-21 中的过程②）。

把 Q0.1 等状态存入输出映像寄存器中，之后进入输出阶段。CPU 在下一个扫描周期开始时，先将过程映像区的内容复制到物理输出点，然后再驱动外部负载动作（对应图 2-21 中的过程③）。

PLC 总是按自上而下的顺序依次扫描用户程序。在扫描梯形图时，按先左后右、先上后下的顺序进行逻辑运算，逻辑运算的结果存于映像寄存器。

上面的逻辑运算结果会对下面的逻辑运算起作用；而下面的逻辑运算结果只能到下一个扫描周期才能对上面的逻辑运算起作用。

注意：在程序执行阶段，I/Q 的读取通过 I/Q 映像寄存器，而不是实际的 I/Q，执行程序时所用的输入/输出状态值，取决于输入/输出映像寄存器的状态。

但是如果在地址或变量后面加上"：P"这个符号的话，如"I0.0：P"，就可以立即访问外设输入，也就是说可以立即读取数字量输入或模拟量输入，它的数值是来自被访问的输入点的，而不是来自输入过程映像区的。

（5）输出刷新阶段。

在所有指令执行完毕后，输出映像寄存器中所有输出继电器的状态在输出刷新阶段转存到输出锁存器中（对应图2-21中的过程④）。

通过一定方式输出，驱动外部负载，该阶段才是PLC的真正输出（对应图2-21中的过程⑤）。

PLC每执行一个循环（3个阶段）扫描所用的时间称为扫描周期，每一个扫描周期内，外设的值（输入/输出）只更新一次，从而保证了PLC在执行程序时，不受外界信号变化的影响。扫描周期的时间不是固定的，与用户程序的长短、指令的种类和CPU执行指令的速度有很大的关系，当程序短（几十到几百步）时，时间为十几到几十毫秒。

问题讨论1：描述继电器接触器控制线路的动作原理。

_____

_____

描述PLC梯形图的动作原理。

_____

_____

描述以上两者的区别。

_____

_____

问题讨论2：说出"I0.0"与"I0.0：P"的区别。

_____

_____

4. PLC的基本性能指标（选择PLC依据）

（1）生产厂家：进口还是国产。

（2）I/O点数：I/O点数是PLC可以接收的输入/输出信号的总和，是衡量PLC性能的重要指标。I/O点数越多，外部可接的输入设备和输出设备就越多，控制规模就越大。PLC的I/O点数应该有适当的余量，通常根据统计的输入/输出点数，再增加10%~20%的可扩展余量后，作为输入/输出点数估算数据。

（3）PLC电源：有交流220 V、直流24 V，电源模块的电流必须大于CPU模块、I/O模块以及其他模块电流的总和。

（4）主机输出形式：继电器、晶体管、晶闸管。

（5）通信方式：CC-Link/LT、RS-232、RS-485、PROFINET、PROFIBUS 等，可根据使用者要求参考 PLC 的选型样本。

（6）功能：可扩展能力大小。

（7）存储容量：PLC 的存储器由工作存储区、装载存储区（存储用户程序、数据）和保持存储区 3 部分组成，表征系统提供给用户的可用资源，是系统性能的重要技术指标。

CPU 1214C 工作存储区是 75 KB，装载存储区是 4 MB，保持存储区是 10 KB。

工作准备页

认真阅读任务工单的要求,理解工作任务的内容,明确工作任务的要求,获取任务的技术资料,为顺利完成工作任务,回答以下引导问题,做好充分的知识准备、技能准备和工具耗材的准备,同时拟订任务实施计划。

引导问题1:在I/O分配表中,I代表的是_____,O代表的是_____。

引导问题2:PLC是由_____等模块组成。

引导问题3:CPU模块CPU 1214C AC/DC/RLY中C代表_____,AC代表_____,DC代表_____,RLY代表_____。

引导问题4:I0.3是CPU内部存储器中的_____输入位。在每次循环扫描开始时,CPU读取I/O的外部输入电路的状态,并将它们存入_____输入区。

引导问题5:按钮一般接在PLC的_____端,信号灯接在PLC的_____端。

引导问题6:PLC采用循环扫描工作方式,一个扫描工作周期包含_____、_____、_____3个过程。

引导问题7:在西门子PLC中,CPU称为_____,SB称为_____,SM称为_____,CM称为_____。

问题探究:电动机启停控制的PLC等效输入/输出及梯形图如图2-23所示,当输入端按钮SB2闭合时,请描述PLC的内部工作原理。

_____
_____
_____

图2-23 电动机启停控制的PLC等效输入/输出及梯形图

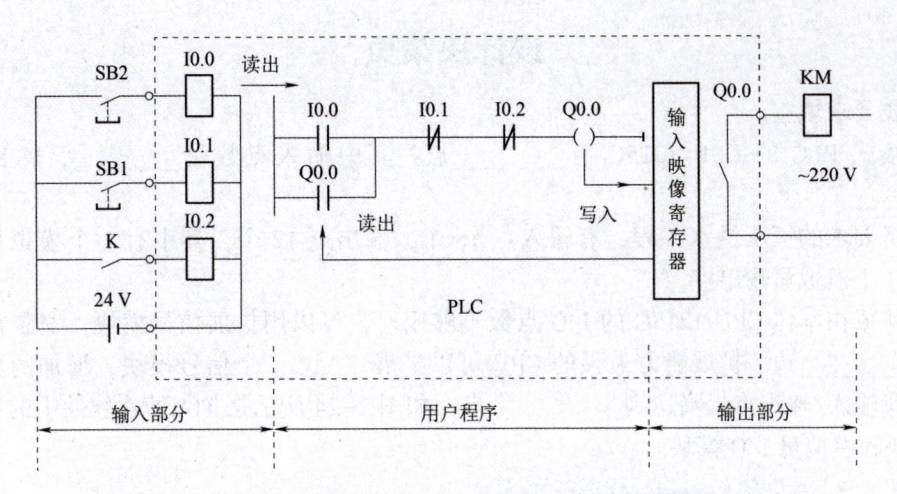

图 2-23　电动机启停控制的 PLC 等效输入/输出及梯形图（续）

设计决策页

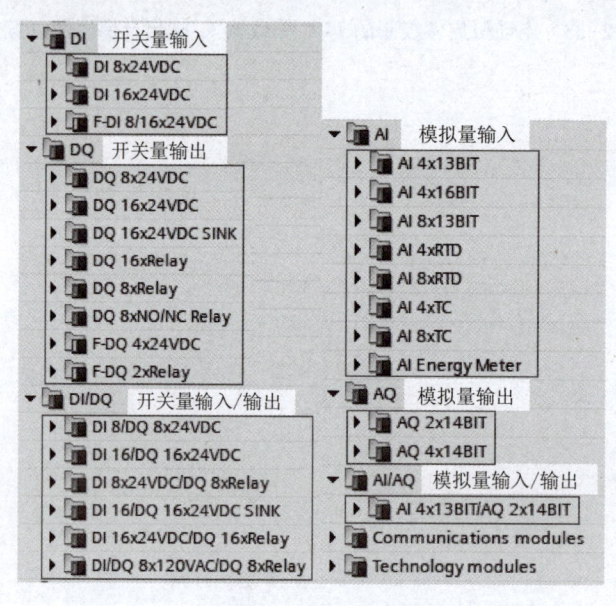

根据要求填空。

紧凑式 PLC 的 CPU 1215C 有_____点，其中输入点数是_____，输出点数是_____。

任务要求的恒压供水工程，有输入点 16 个，输出点 12 个，其中有 1 个模拟量输入点，有 1 个模拟量输出点。

当集成在本体 CPU 1215C 的 I/O 点数不够用时，可以用扩展信号模块，安装在 CPU 模块的_____边，扩展能力最强的 CPU 可以扩展_____个信号模块，增加的数字量和模拟量输入/输出点最高达到_____个点。如图 2-24 所示是 TIA 博途软件中的数字量 I/O 模块和模拟量 I/O 模块。

图 2-24　数字量 I/O 模块和模拟量 I/O 模块

任务中开关量输入点数有 15 个点，故输入要扩展_____模块；开关量输出有 11 个点，输出要扩展_____模块；可以选用 DI _____，DQ _____，或者选用 DI/DQ 模块_____。

任务中模拟量输入有 1 个点，模拟量输出有 1 个点，可以选用 AI _____，AQ _____，或者选用 AI/AQ 模块_____。

任务实施页

方案展示

1. 各小组派代表阐述任务工单设计决策方案。

2. 各组对其他组的设计方案提出不同的看法。

3. 教师结合大家完成的方案进行点评,并选出最佳方案。

项目一　智能产线"大脑"PLC 认知

检查评价页

各组展示任务工单设计决策方案，进行小组自评、组间互评及教师考核评价，完成任务考核评价表（表2-4）的填写。

表 2-4　任务考核评价表

评价项目	评价标准	分值	自评 30%	互评 30%	师评 40%	合计
职业素养（30分）	分工合理，制订计划能力强，严谨认真	5				
	爱岗敬业、安全意识、责任意识、服从意识	5				
	团队合作、交流沟通、互相协作、分享能力	5				
	现场汇报思路清晰，表达流畅	5				
	保质保量完成工作页相关任务	5				
	能采取多种手段收集信息、解决问题	5				
专业能力（60分）	设计决策页填写正确，每错一个扣2分	40				
	开关量选择合适	10				
	模拟量选择合适	10				
创新意识（10分）	创新性思维和精神	5				
	创新性观点和方法	5				

任务 2 拓展提高页　　　西门子 S7-1500 安装

任务 3　绘制 S7-1200/1500 PLC 的 I/O 接线图

任务信息页

学习目标

1. 识别 PLC 输入/输出电路结构，弄清动作原理。
2. 厘清 PLC 输出三种接口电路的特点。
3. 熟悉 PLC 输入端子和输出端子接口图。
4. 能画出 CPU 1214C 和 CPU 1215C 输入端子接按钮或开关和输出端子接信号灯或线圈的接线图。
5. 能画出三线式传感器（接近开关）与 PLC 输入端的接线图。

工作情景

大家在前面对 S7-1200/1500 PLC 硬件结构有了一定的认识，后面要进行大量的 PLC 安装接线、编程、调试等实训，在进入实验室进行 PLC 实训前，必须了解 PLC 的输入/输出接口电路工作原理，熟悉 S7-1200 端子接线图，为下一步画 PLC 的 I/O 接线图及维护维修 PLC 控制系统打下基础。

项目一 智能产线"大脑"PLC认知

知识图谱

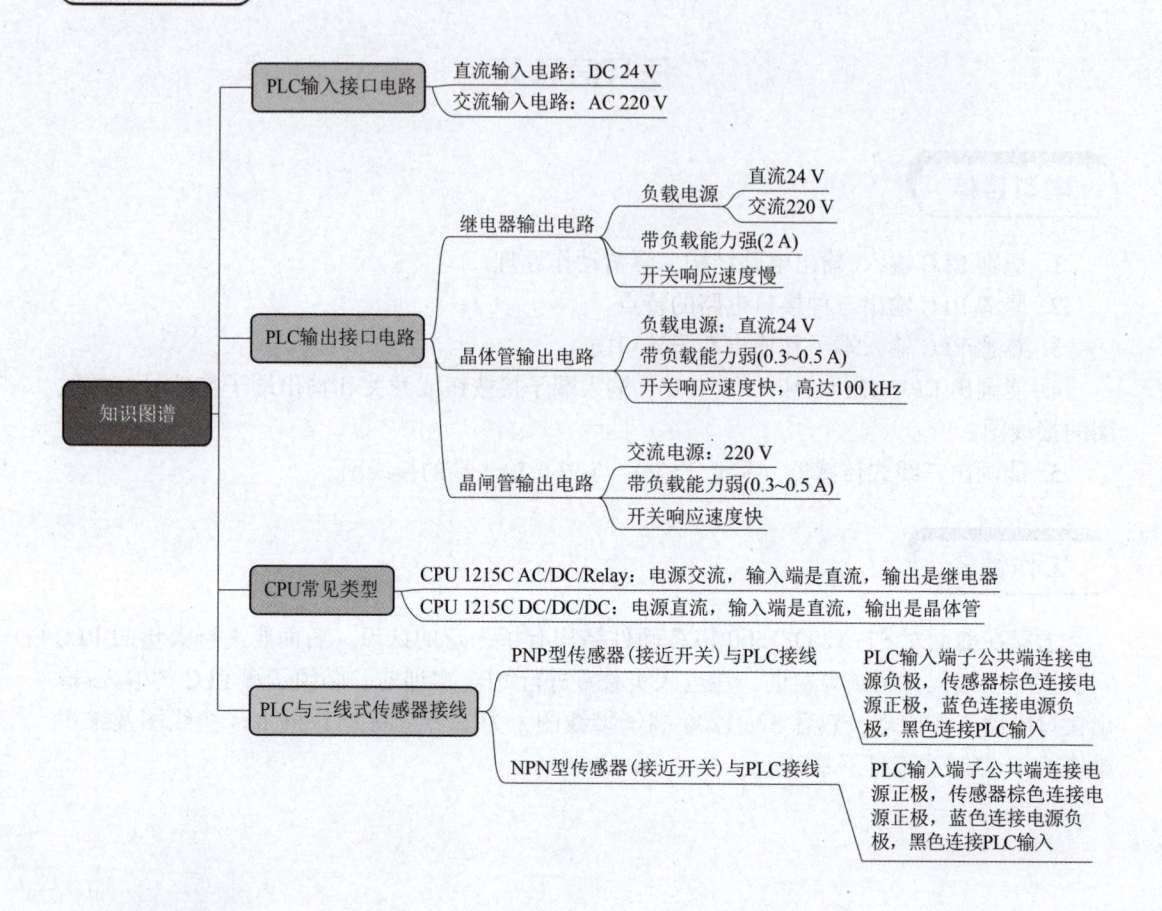

- 知识图谱
  - PLC输入接口电路
    - 直流输入电路：DC 24 V
    - 交流输入电路：AC 220 V
  - PLC输出接口电路
    - 继电器输出电路
      - 负载电源
        - 直流24 V
        - 交流220 V
      - 带负载能力强(2 A)
      - 开关响应速度慢
    - 晶体管输出电路
      - 负载电源：直流24 V
      - 带负载能力弱(0.3~0.5 A)
      - 开关响应速度快，高达100 kHz
    - 晶闸管输出电路
      - 交流电源：220 V
      - 带负载能力弱(0.3~0.5 A)
      - 开关响应速度快
  - CPU常见类型
    - CPU 1215C AC/DC/Relay：电源交流，输入端是直流，输出是继电器
    - CPU 1215C DC/DC/DC：电源直流，输入端是直流，输出是晶体管
  - PLC与三线式传感器接线
    - PNP型传感器(接近开关)与PLC接线：PLC输入端子公共端连接电源负极，传感器棕色连接电源正极，蓝色连接电源负极，黑色连接PLC输入
    - NPN型传感器(接近开关)与PLC接线：PLC输入端子公共端连接电源正极，传感器棕色连接电源正极，蓝色连接电源负极，黑色连接PLC输入

问题图谱

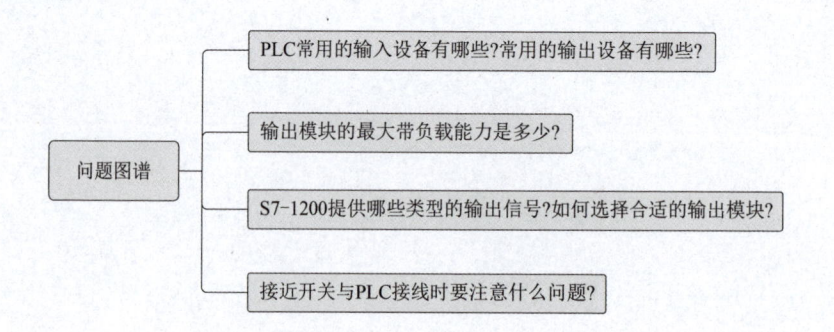

- 问题图谱
  - PLC常用的输入设备有哪些?常用的输出设备有哪些?
  - 输出模块的最大带负载能力是多少?
  - S7-1200提供哪些类型的输出信号?如何选择合适的输出模块?
  - 接近开关与PLC接线时要注意什么问题?

任务工单页

任务要求

PLC 控制电动机的 I/O 接线图如图 3-1 所示，PLC 控制电动机元器件布置图如图 3-2 所示，请按 I/O 接线图在布置图上连线。

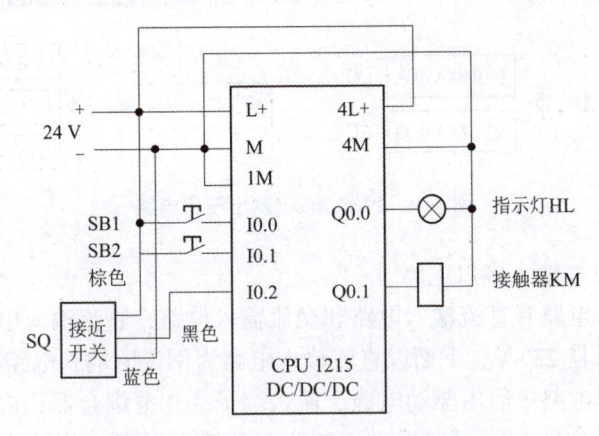

图 3-1　PLC 控制电动机的 I/O 接线图

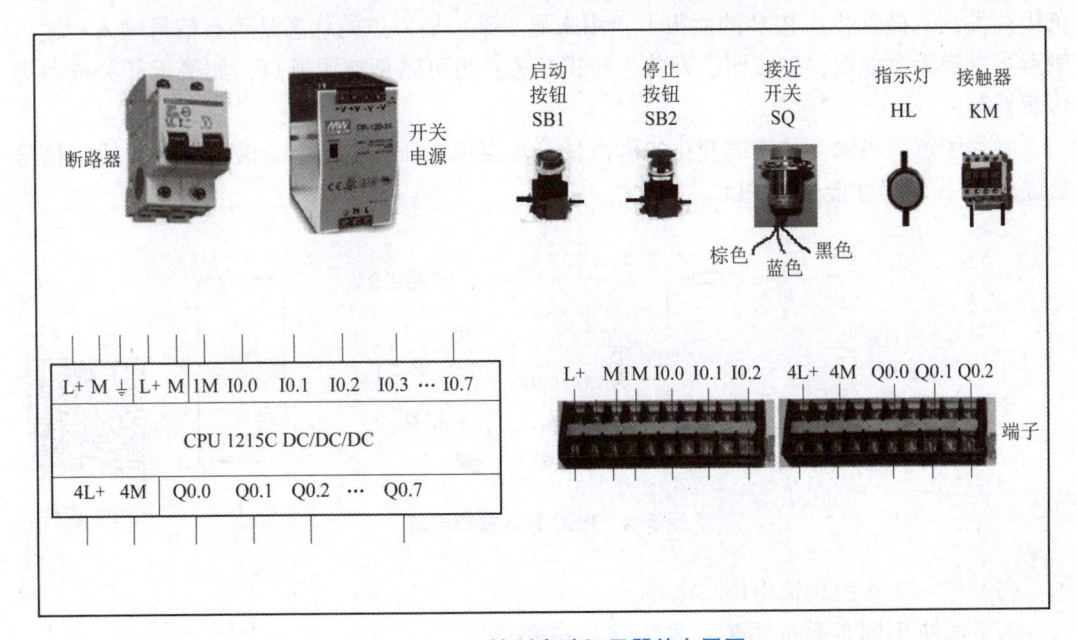

图 3-2　PLC 控制电动机元器件布置图

47

知识学习页

1. S7-1200 PLC 输入/输出接口电路

PLC 输入/输出接口电路是 PLC 与现场的输入/输出装置之间的连接桥梁，如图 3-3 所示。下面主要介绍开关量输入单元与 PLC 输入电路连接，开关量输出单元与 PLC 输出电路连接。

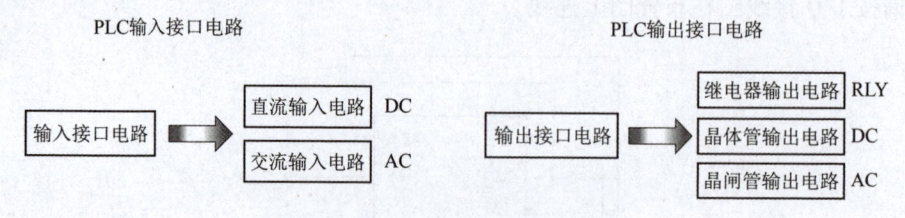

图 3-3 PLC 输入/输出接口电路

（1）S7-1200 PLC 输入接口电路。

PLC 的输入接口电路有直流输入电路和交流输入电路，直流输入电路的电源是 24 V，交流输入电路的电源是 220 V，下面以直流输入电路为例说明输入电路的组成及原理。

PLC 的输入接口电路一般由驱动电源、输入端子、光电耦合器、内部电路 4 大部分组成，如图 3-4 所示。由图 3-4 可以看到，电源在 PLC 的外部，当输入开关闭合，电流从电源正极通过输入端 I0.0 流入，经过光电耦合器、LED（发光二极管）到 1M 端回到电源负极。发光二极管装在 PLC 的面板上，用来显示某一输入点的状态是否有信号输入；输入触点可以是无源触点，如按钮、开关、行程开关；也可以是有源触点，如接近开关或各类传感器等。

必须注意，当输入是连续变化的模拟量（如温度、压力、流量、液位）时，输入信号要经过 A/D 转换才能送入 PLC。

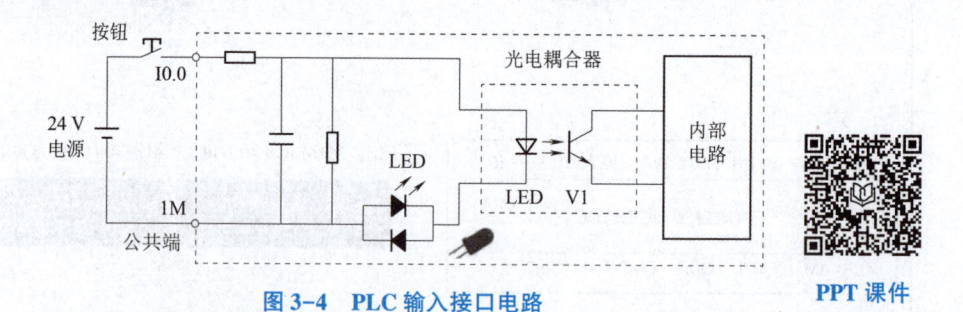

图 3-4 PLC 输入接口电路

PPT 课件

（2）S7-1200 PLC 输出接口电路。

为了适应不同负载的需要，输出接口电路有 3 种不同的电路形式，有继电器输出电路（Relay）、晶体管输出电路（DC）、晶闸管输出电路（AC），如图 3-5 所示。

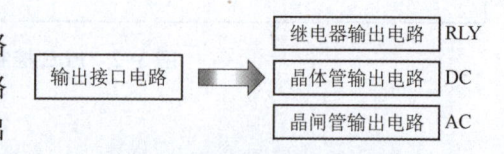

图 3-5 PLC 输出接口电路类型

1）继电器输出电路。

继电器输出电路是最常用的输出接口电路，端子外负载可采用直流或交流电源，如图 3-6 所示，当继电器得电，KA 触点闭合，负载通过 KA 与电源接通。继电器输出的 PLC 输出电压是交流 5~250 V 或直流 5~30 V，输出电流是 2 A，负载是 DC 30 W 或 AC 300 W。继电器输出特点是带负载能力强，但动作频率和开关速度慢，一般每分钟动作 10 次以下时选用继电器输出电路。

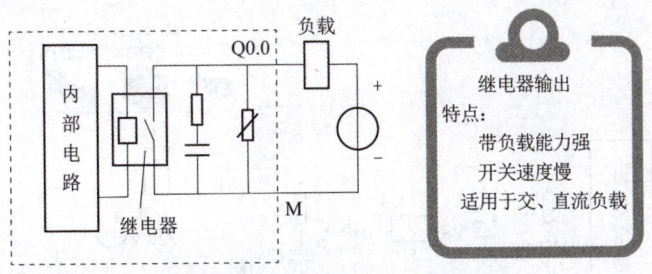

图 3-6　继电器输出电路及特点

2）晶体管输出电路。

输出接口电路是晶体管输出接口电路（DC）时，只能用直流电源，如图 3-7 所示。晶体管导通后，负载获得电源 24 V，处于工作状态。晶体管输出的 PLC 输出电压是直流 24 V，输出电流最大是 0.5 A。晶体管输出特点是动作频率高（100 kHz），开关速度快（响应时间 0.2 ms），但带负载能力弱，常用于高速计数。

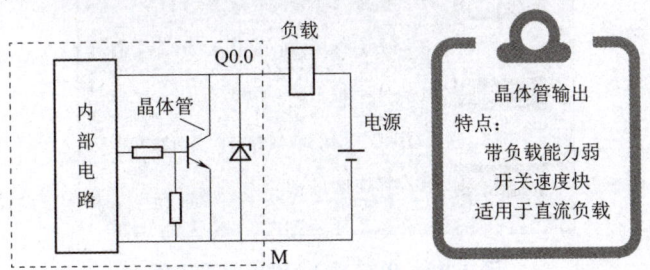

图 3-7　晶体管输出电路及特点

3）晶闸管输出电路。

晶闸管输出电路如图 3-8 所示，晶闸管相当于交流电子开关，晶闸管输出特点与晶体管一样，动作频率高，开关速度快，但带负载能力弱。

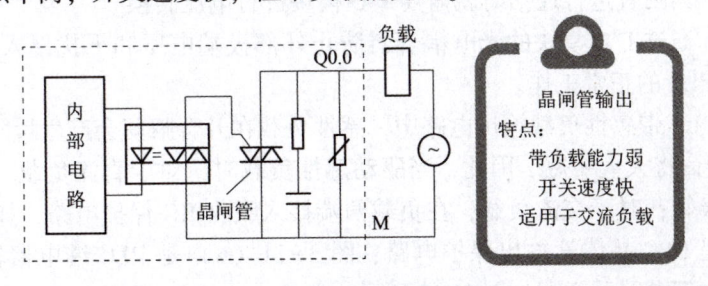

图 3-8　晶闸管输出电路及特点

下面以 PLC 继电器输出电路为例，说明输出接口电路组成和原理，如图 3-9 所示，继电器输出电路一般由内部电路、继电器、输出端子、驱动电源组成。当内部电路使 KA 触点接通，相当于输出 Q0.0 闭合，输出回路负载得电工作。同时在 PLC 的输出面板上有表示输出状态的发光二极管。输出设备有指示灯、接触器、电磁阀等，可与 PLC 输出端子相连，输出负载电源由用户根据负载要求，从电源种类（直流或交流）、电压等级（直流 24 V 或交流 220 V）、容量等来配备。

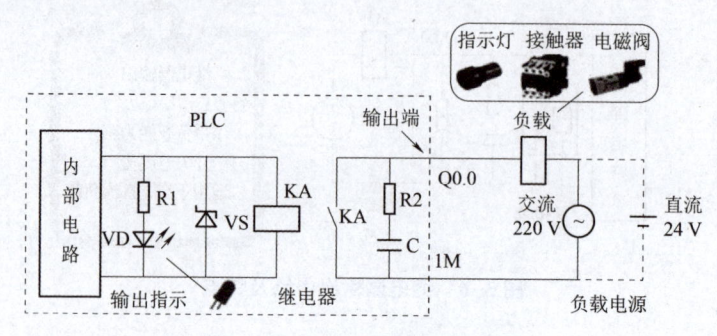

图 3-9 PLC 继电器输出电路

PLC 输入/输出电路的作用，如图 3-10 所示。

图 3-10 PLC 输入/输出电路作用

传递信号：把外部信号通过输入单元送入 PLC，PLC 把执行结果送出输出单元来控制现场设备。

电平转换：一般 CPU 输出的电源是直流 5 V，而 I/O 信号的输出电压是直流 24 V 或交流 220 V 等，当两者进行通信时就需要 I/O 模块进行电压转换。

噪声隔离：通过 I/O 模块的光电耦合器防止外部极端电压和干扰侵入导致 CPU 模块的损坏或影响 PLC 的正常工作。

注意：在 PLC 带感性负载输出电路中，感性负载在开合瞬间会产生瞬间高压，继电器（晶体管）的寿命将大大缩短。因此，当驱动感性负载时，对于直流负载，在负载两端加过电压抑制二极管；对于交流负载，在负载两端接入吸收 RC 保护电路，如图 3-11 所示。图 3-11（a）是 PLC 晶体管输出保护电路，图 3-11（b）是 PLC 继电器输出保护电路，PLC 输出保护内部电路示意图如图 3-12 所示。

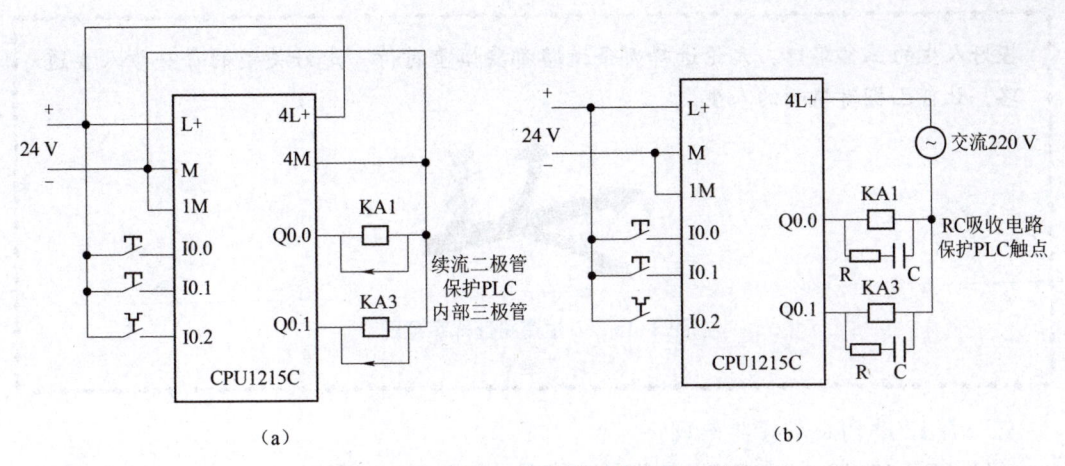

图 3-11　PLC 输出保护电路
（a）PLC 输出电路是晶体管；（b）PLC 输出电路是继电器

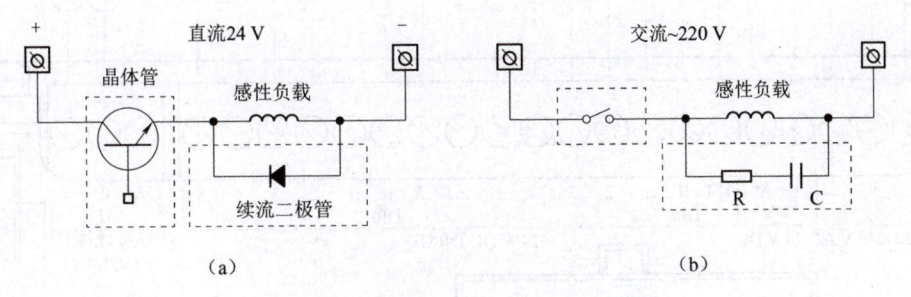

图 3-12　PLC 输出保护内部电路示意图
（a）晶体管输出；（b）继电器输出

问题讨论 1：如果 PLC 输出保护电路中续流二极管接反，会有什么现象？原因是什么？

问题讨论 2：如果是晶体管输出的 PLC，能否接 100 W、220 V 的电灯，为什么？如果是继电器输出的 PLC，会怎么样，为什么？

小哲理：PLC 输出模块有三种类型，在使用中要正确选择输出类型，否则会造成错误。人生道路的三岔路口如图 3-13 所示，与 PLC 输出电路选择相似，不同的选择会产生不同的结果，我们要树立正确的人生观，践行社会主义核心价值观，把

51

项目一 智能产线"大脑"PLC认知

> 握好人生的三岔路口，无论选择哪条道路都要慎重对待，走好关键的每一步人生道路，让自己拥有精彩的人生。
>
> 图 3-13 人生道路选择示意图

2. S7-1200 PLC 端子接线图

（1）CPU 1214C AC/DC/Relay 端子接线图，如图 3-14 所示。

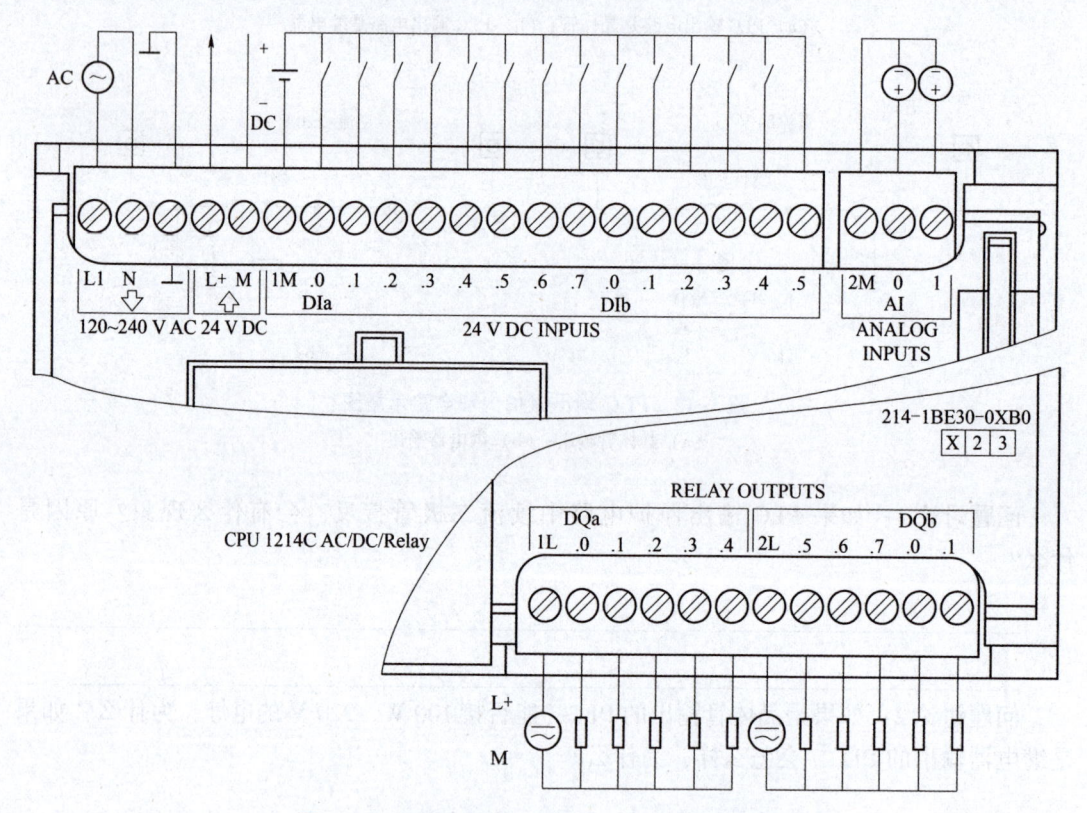

图 3-14 CPU 1214C AC/DC/Relay 端子接线图

（2）CPU 1214C DC/DC/DC 端子接线图，如图 3-15 所示。

（3）CPU 1215C DC/DC/DC 的输入端开关与输出端线圈接线如图 3-16 所示，注意不管是输入端还是输出端都需要电源。

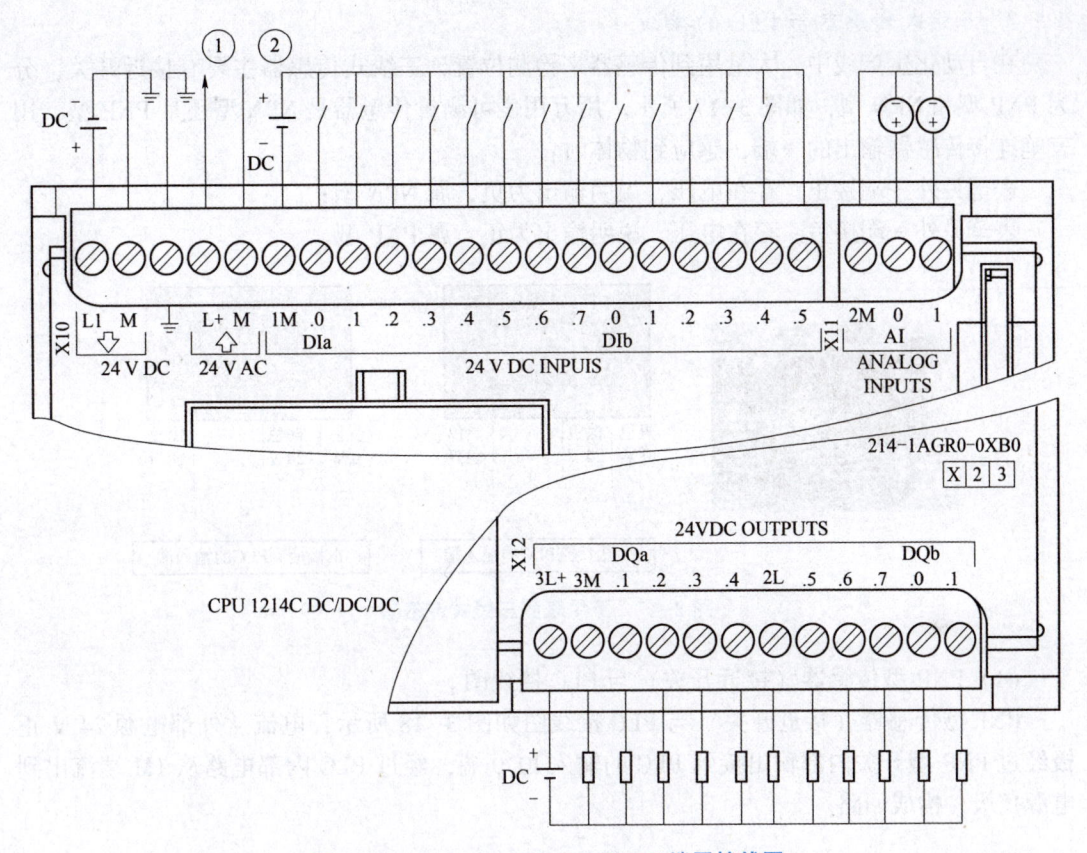

图 3-15　CPU 1214C DC/DC/DC 端子接线图

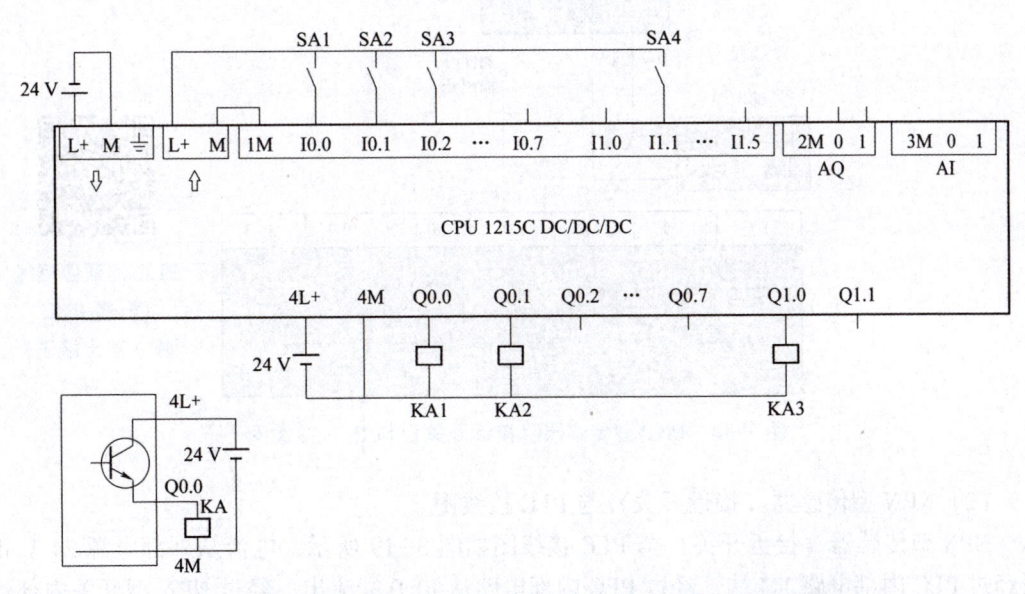

图 3-16　CPU 1215C DC/DC/DC 输入端开关与输出端线圈接线图

3. 三线式传感器与 PLC 的接线

在自动化生产线中，大量用到传感器来检测位置，三线式传感器主要有接近开关，分为 PNP 型和 NPN 型，如图 3-17 所示。用万用表可测量传感器是 NPN 型还是 PNP 型，用表笔连接传感器输出的一端，感应到物体时：

表笔另外一端接正，存在电压，说明输出为负，属 NPN 型；
表笔另外一端接负，存在电压，说明输出为正，属 PNP 型。

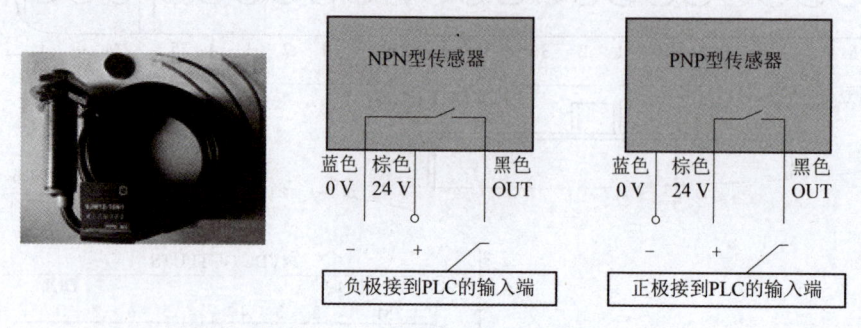

图 3-17 万用表测三线式传感器

（1）PNP 型传感器（接近开关）与 PLC 接线图。

PNP 型传感器（接近开关）与 PLC 接线图如图 3-18 所示，电流从外部电源 24 V 正极经过 PNP 型开关内部输出接到 PLC 的输入 I0.0 端，经过 PLC 内部电路从 1M 端流出到电源负极，构成回路。

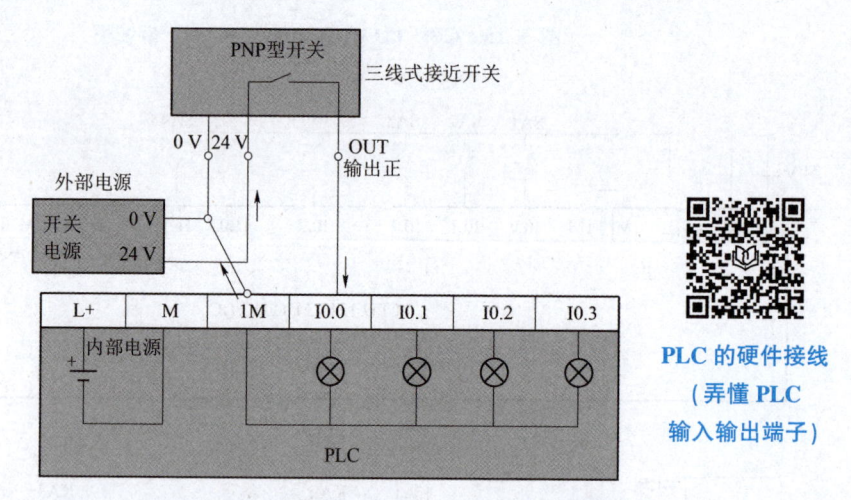

图 3-18 PNP 型传感器（接近开关）与 PLC 接线图

（2）NPN 型传感器（接近开关）与 PLC 接线图。

NPN 型传感器（接近开关）与 PLC 接线图如图 3-19 所示，电流从外部电源 24 V 正极经过 PLC 内部电路 1M 端，经过 PLC 内部电路从 I0.0 端流出，经过 NPN 型开关内部流出到电源负极构成回路。

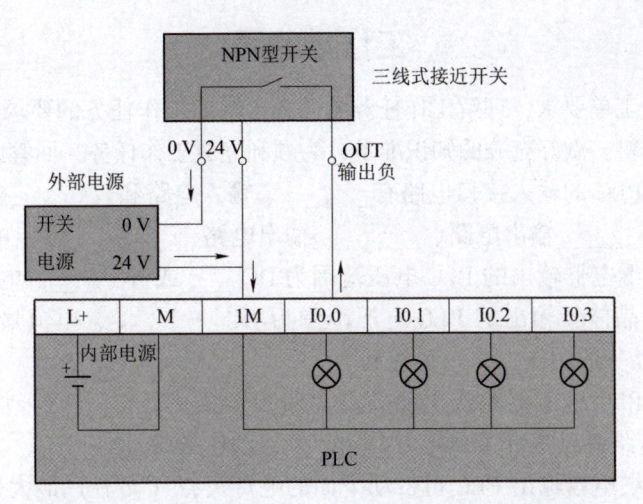

任务 3　绘制 S7-1200/1500 PLC 的 I/O 接线图

图 3-19　NPN 型传感器（接近开关）与 PLC 接线图

55

工作准备页

认真阅读任务工单要求，理解工作任务的内容，明确工作任务的要求，通过学习知识页获取任务的技术资料，做好充分的知识准备，为顺利完成工作任务，回答以下引导问题。

引导问题 1：PLC 的输入接口电路有_____输入电路和_____输入电路；PLC 的输出接口电路有_____输出电路、_____输出电路、_____输出电路。

引导问题 2：继电器输出的 PLC 电压范围为 DC ____或 AC ____，电流最大值为____。

引导问题 3：晶体管输出的 PLC 电压范围为 DC _____，电流最大值为_____，晶体管输出的 PLC 一般用在_____控制。

引导问题 4：PLC 继电器输出电路特点是带负载能力_____，动作频率_____；PLC 晶体管输出电路特点是带负载能力_____，动作频率_____。

引导问题 5：继电器输出 PLC 可带动下面的电灯负载（交流）最大是（　　）。
A. 1 000 W　　B. 100 W　　C. 200 W　　D. 30 W

引导问题 6：如图 3-20 所示，画出 PNP 型接近开关与 PLC 输入 I0.2 接线图。

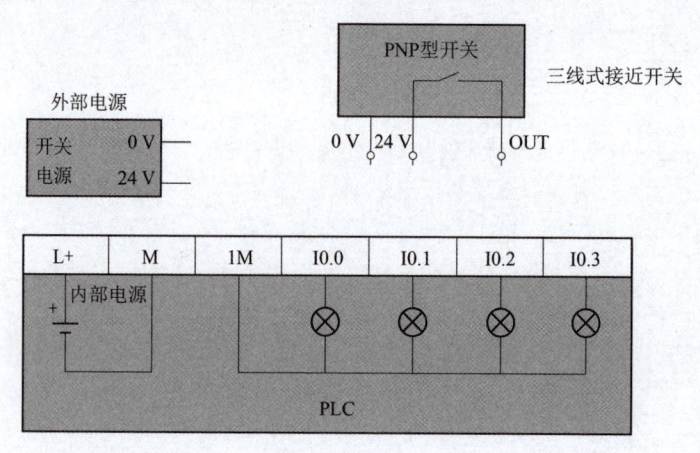

图 3-20　PNP 型接近开关与 PLC 输入 I0.2 接线图

引导问题 7：如图 3-21 所示是 PLC 输入接口电路，请说明在按钮按下时 PLC 输入端的动作原理。

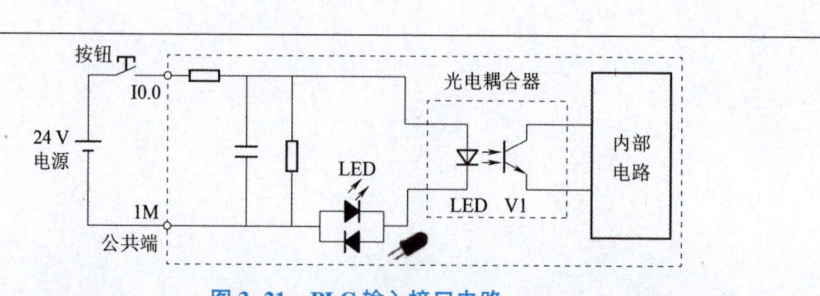

图 3-21　PLC 输入接口电路

设计决策页

根据 PLC 控制电动机的 I/O 接线图在下面的布置图上连线，如图 3-22 所示。

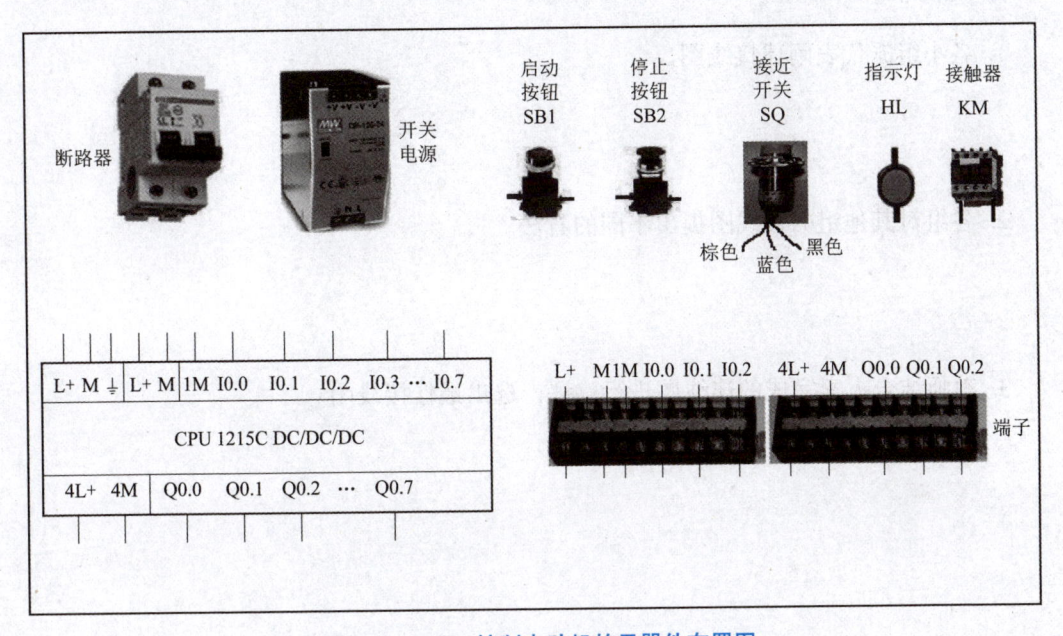

图 3-22　PLC 控制电动机的元器件布置图

项目一　智能产线"大脑"PLC 认知

任务实施页

方案展示

1. 各小组派代表阐述接线图。

2. 各组对其他组的接线图提出不同的看法。

3. 教师结合大家完成的连线图进行点评，选出最佳接线图。

检查评价页

展示评价

各组展示作品，进行小组自评、组间互评及教师考核评价，完成任务考核评价表（表3-1）的填写。

表 3-1　任务考核评价表

评价项目	评价标准	分值	自评 30%	互评 30%	师评 40%	合计
职业素养（30分）	分工合理，制订计划能力强，严谨认真	5				
	爱岗敬业、安全意识、责任意识、服从意识	5				
	团队合作、交流沟通、互相协作、分享能力	5				
	现场汇报思路清晰，表达流畅	5				
	保质保量完成工作页相关任务	5				
	能采取多种手段收集信息、解决问题	5				
专业能力（60分）	接线图正确，每错一根线扣2分	50				
	布置接线图美观	10				
创新意识（10分）	创新性思维和精神	5				
	创新性观点和方法	5				

任务 4 弄懂西门子 PLC 的数据类型

任务信息页

学习目标

1. 厘清位、字节、字、双字的含义及关系。
2. 分清位、字节、字、双定数据的大小范围。
3. 记住开关量、定时器、计数器、模拟量等数据类型。
4. 会进行十进制、二进制、十六进制、八进制之间的转换。

工作情景

在 PLC 中数据是比较常用的软元件，它的种类可以根据位数、用途进行划分，比如 16 位数据、32 位数据。在对 PLC 进行编程时要建立变量，就要正确区别变量的数据类型。现代生活已经进入了大数据信息时代，随着工业互联网的发展，PLC 连接与控制多种设备，在 PLC 通信时要进行数据交换，在人机界面、显示模块、编程工具要用不同的数制直接进行读出/写入。PLC 在"工业 4.0"中的应用主要是进行数据采集并将数据进行分析、处理，传递到 MES、ERP、云端等上层信息系统。

知识图谱

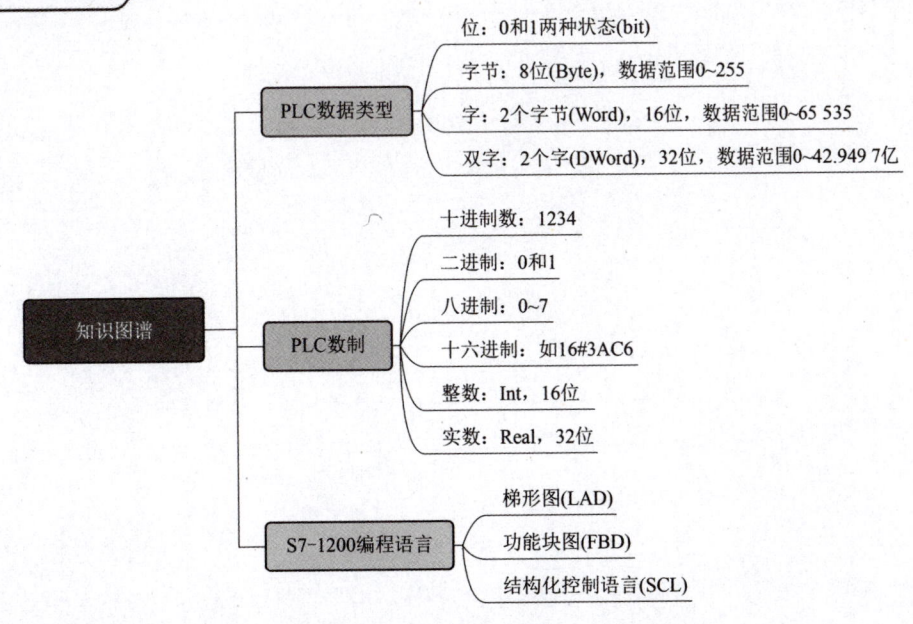

- 知识图谱
  - PLC数据类型
    - 位：0和1两种状态(bit)
    - 字节：8位(Byte)，数据范围0~255
    - 字：2个字节(Word)，16位，数据范围0~65 535
    - 双字：2个字(DWord)，32位，数据范围0~42.949 7亿
  - PLC数制
    - 十进制数：1234
    - 二进制：0和1
    - 八进制：0~7
    - 十六进制：如16#3AC6
    - 整数：Int，16位
    - 实数：Real，32位
  - S7-1200编程语言
    - 梯形图(LAD)
    - 功能块图(FBD)
    - 结构化控制语言(SCL)

项目一 智能产线"大脑"PLC认知

问题图谱

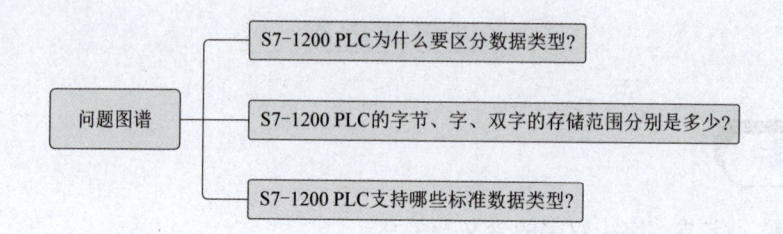

```
                ┌── S7-1200 PLC为什么要区分数据类型?
                │
   问题图谱 ────┼── S7-1200 PLC的字节、字、双字的存储范围分别是多少?
                │
                └── S7-1200 PLC支持哪些标准数据类型?
```

任务工单页

控制要求

有一块电表,用通信方式采集某车间累计消耗的电能(设功率为 75 kW 的用电设备 10 台,采集 1 年),采集的数据要存放在一个区域 M 中。

1. 请讨论数据放在以下哪个区域比较合适?
A. M0.0 B. MB0 C. MW0 D. MD0

2. 在 MB1 这个字节的数据是多少?M0.2 位的状态是多少?

任务要求

1. 根据数据写出计算过程(一年按 365 天计算)。
2. 分解数据类型,写出 MB1 的数据,写出 M0.2 位的状态。

知识学习页

数据类型用于指定数据元素的大小和格式，解释数据，描述数据的长度和属性。用户程序中的所有数据必须通过数据类型来识别，只有相同数据类型的变量才能进行计算。在定义变量时需要设置变量的数据类型，在使用指令、函数、函数块时，需要按照操作要求的数据类型使用合适的变量。厘清西门子 PLC 的数据类型是学习 S7-1200/1500 PLC 至关重要的基础，西门子 PLC 数据类型分类如图 4-1 所示。

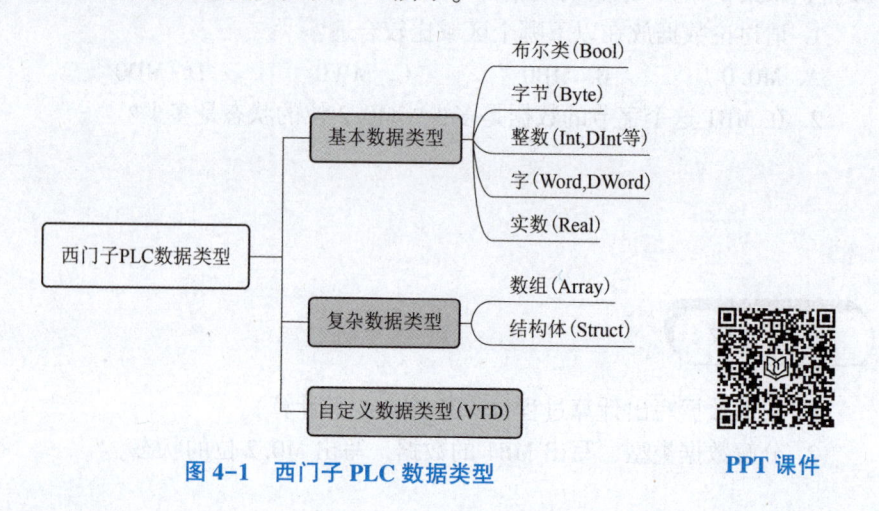

图 4-1 西门子 PLC 数据类型

PPT 课件

1. PLC 基本数据类型

PLC 的数据类型有位、字节、字、双字。

（1）位（bit）。

"位"是存储单位，按位存放的数据，在数据类型中，被称为"布尔型（Bool）"。布尔型数据的取值范围为"0"和"1"，可用英文"TRUE"（真）和"FALSE"（假）表示。

"I0.0"就是一个布尔型变量，它表示输入缓冲区（Input）的第 0 个字节的第 0 位。"位"，也俗称"点"，常把输入通道称为"I 点"，把输出通道称为"Q 点"。

位：最小，I0.0，I0.1，I0.7；Q0.1，Q0.2，M0.0。

（2）字节（Byte）。

如图 4-2 所示，8"位"组成 1 个"字节"。

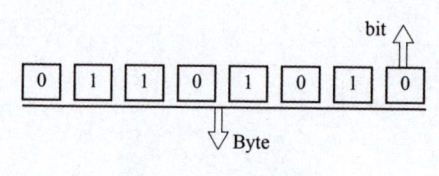

图 4-2 字节组成

Byte 类型可以作为有符号数或者无符号数。

当作为有符号数时，其取值范围为-128~+127。

当作为无符号数时，其取值范围为0~255。

表示方式为 IB0，QB0，MB0 等，如图 4-3 所示。

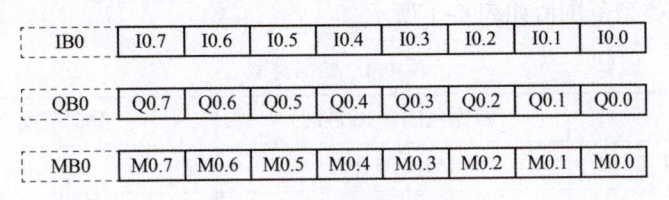

IB0	I0.7	I0.6	I0.5	I0.4	I0.3	I0.2	I0.1	I0.0
QB0	Q0.7	Q0.6	Q0.5	Q0.4	Q0.3	Q0.2	Q0.1	Q0.0
MB0	M0.7	M0.6	M0.5	M0.4	M0.3	M0.2	M0.1	M0.0

图 4-3 字节表示方式

（3）字（Word）。

16 "位"组成一个"字"，它表示无符号数。1 个字包含 2 个字节。8 位二进制组成 1 个字节，相邻两个字节组成 1 个字（16 位），如 IW0，QW0，MW0。如图 4-4 所示是字 MW0 分解为字节、位的示意图；当作为无符号数时，其取值范围为 0~65 535。

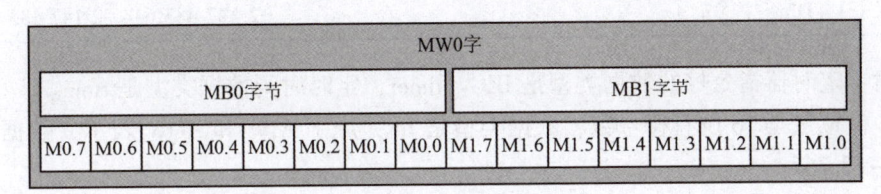

图 4-4 字、字节、位关系

（4）整数（Int）。

整数是 16 位，它表示有符号数。整数数据占用两个字节（Byte），属于有符号数，其取值范围为-32 768~+32 767。整数的最高位为符号位，"0"表示正数，"1"表示负数。

（5）双字（DWord）。

相邻两个字组成一个双字（32 位），如 ID0，QD0，MD0 等。如图 4-5 所示是双字 MD0 分解为字、字节、位的示意图，当作为无符号数时，其取值范围为 0~4 294 967 295（42.949 7 亿）。

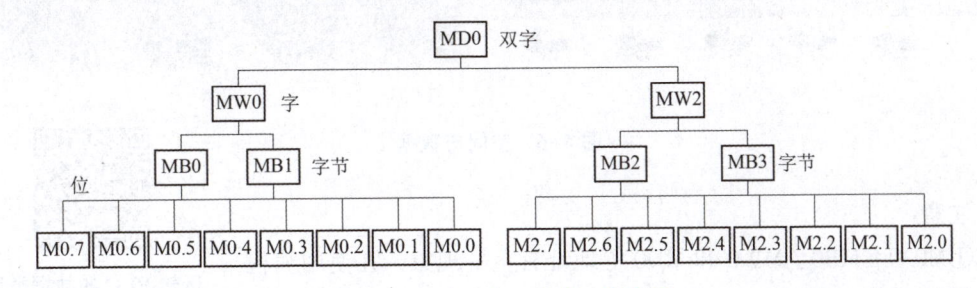

$$MD0 = MW0 + MW2 = (MB0 + MB1) + (MB2 + MB3)$$

图 4-5 双字、字、字节、位关系

（6）S7-1200 PLC 数据类型。

S7-1200 PLC 数据类型：2 位布尔型（Bool），8 位字节型（Byte），16 位无符号整数（Word），16 位有符号整数（Int），32 位无符号双字整数（DWord），32 位有符号整数（DInt）等。数据类型范围值如表 4-1 所示。

表 4-1 数据类型

种类	类型	位	数据范围（16 进制）	数据范围（十进制）
无符号	位 Bool	2	16#（00-01）	0，1
	字节 Byte	8	16#（00-FF）	0~255
	字 Word	16	16#（0000-FFFF）	0~65 535
	双字 DWord	32	16#（00000000-FFFFFFFF）F	0~4 294 967 295（42.949 672 95 亿）
有符号	字节 SInt	8		−128~127
	字 Int	16		−32 768~32 767
	双字 DInt	32		−2 147 483 648~2 147 483 647

注意：定时器指令号的数据类型是 IEC_timer，定时时间数据类型是 time。

PLC 模拟量是 16 位有符号数，数据类型是 Int，用字 AIW 和 AQW 表示，数据范围是 −32 768~32 767。

当把一个数据保存在计算机中时，要考虑存放空间大小和格式，学习数据类型是为了把数据装到适当空间，空间太大浪费，如图 4-6（a）；空间太小放不下数据，如图 4-6（b）。

（a）　　　　　　　　　　　　　　（b）

图 4-6　空间与数据

玩转 PLC 的数据类型

注意：

①M0.0、MB0、MW0 和 MD0 等地址有重叠现象，在使用编程时一定要注意，以免引起错误。

②S7-1200 PLC 中的"高地址，低字节"的规律，如果将 16#12 送入 MB20，将 16#34 送入 MB21，则 MW20=16#1234，如图 4-7 所示。

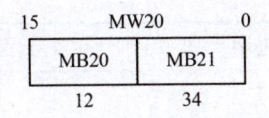

```
         15      MW20       0
           ┌──────┬──────┐
           │ MB20 │ MB21 │
           └──────┴──────┘
             12      34
```

图 4-7 高低字节排列

2. PLC 数制

PLC 指令中常会使用常数。常数的数据长度可以是字节、字和双字。CPU 以二进制的形式存储常数，PLC 中常用的数制有十进制、二进制、十六进制、八进制等，其相互之间关系如表 4-2 所示，此外还有 BCD 码和 ASCII 码也偶尔会使用。举例如下。

十进制常数：1234。

十六进制常数：16#3AC6。

二进制常数：2#0001 0010 0011 0100。

实数：0.5, 5.4, 3.0。

浮点数（实数）与整数：32 位的浮点数（有小数点）又称为实数（Real）。浮点数的优点是用很小的存储空间（4B）表示非常大和非常小的数。

PLC 输入和输出的数值大多是整数，例如模拟量输入和输出值，用浮点数来处理这些数据需要进行整数和浮点数之间的转换，浮点数的运算速度比整数的运算速度慢一些。

在编程软件中，用十进制小数表示浮点数，例如 50 是整数，50.0 为浮点数。

PLC 常用数制之间的转换表如表 4-2 所示。

表 4-2 数制之间的转换表

十进制	八进制	十六进制	二进制
0	0	0	0000
1	1	1	0001
2	2	2	0010
3	3	3	0011
4	4	4	0100
5	5	5	0101
6	6	6	0110
7	7	7	0111
8	10	8	1000
9	11	9	1001
10	13	A	1010
11	14	B	1011
12	15	C	1100
13	16	D	1101

续表

十进制	八进制	十六进制	二进制
14	17	E	1110
15	20	F	1111

3. 数据存储器

（1）输入映像存储器 I。

输入映像存储器 I 用于 CPU 接收外部输入信号，比如按钮、开关、行程开关等。CPU 会在扫描开始时从输入模块上读取外部输入信号的状态，放入到输入过程映像区，当程序执行的时候从输入过程映像区读取对应的状态进行运算，如图 4-8 所示。

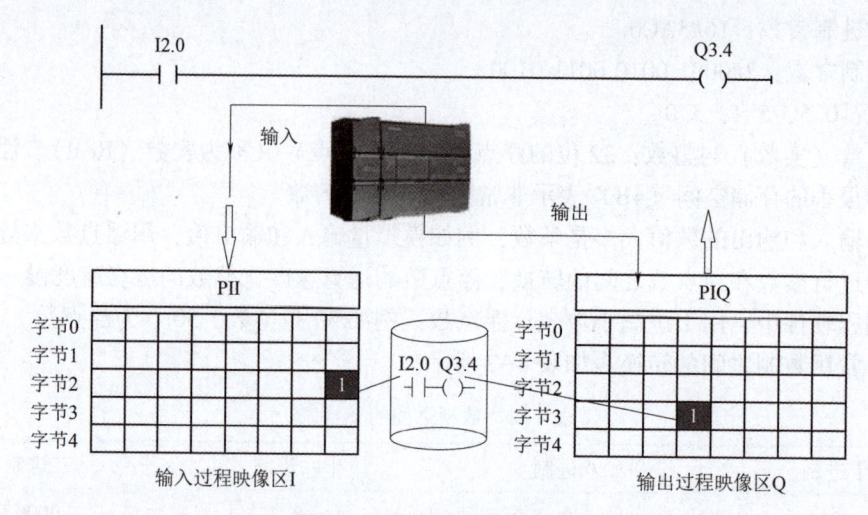

图 4-8　PLC 映像区示意图

（2）输出映像存储器 Q。

输出映像存储器 Q 是将程序执行的运算结果输出驱动外部负载，比如指示灯、接触器、继电器、电磁阀等，但需要注意它不是直接输出驱动外部负载的，而是需要先把运算结果放入到输出过程映像区，CPU 在下一个扫描周期开始时，将过程映像区的内容复制到物理输出点，然后才驱动外部负载动作。

但是如果我们给地址或变量后面加上"：P"这个符号的话，如"I0.0：P"，就可以立即访问外设输入，也就是说可以立即读取数字量输入或模拟量输入。它的数值是来自被访问的输入点，而不是输入过程映像区。

（3）中间（内部）存储器 M。

中间存储器 M 既不能接收外部输入信号，也不能驱动外部负载，它是属于内部的软元件。用户程序读取和写入中间存储器 M 中的数据，任何代码块都可以访问存储器 M，也就是说所有的 OB、FC、FB 块都可以访问 M 存储器中的数据，这些数据可以全局性地使用。

中间存储器 M 常用来存储运算时的中间运算结果，或者用于触摸屏中组态按钮开关的情况。该存储器可以解决双线圈问题,比如有两个驱动条件都要驱动 Q0.0,这时就可以分别引入两个位存储器地址 M0.0 和 M0.1,然后将这两个位存储器并联再输出 Q0.0,就可以避免双线圈的问题了,如图 4-9 所示。

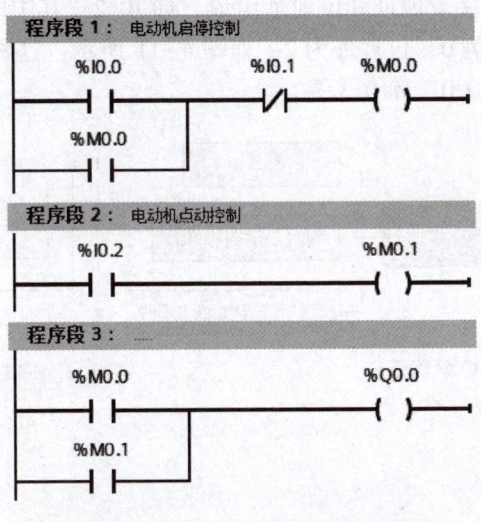

图 4-9 解决双线圈问题梯形图

(4) 临时存储器 L。

临时存储器 L 用于存储代码块被处理时使用的临时数据,只要调用代码块,CPU 就会将临时存储器自动分配给代码块,当代码块执行完成后,CPU 会重新分配临时存储器用于其他要执行的代码块。

其实临时存储器 L 类似于中间存储器 M,区别在于 M 存储器是全局的,L 存储器是局部的。也就是说在 OB、FC、FB 块的接口区生成的临时变量只能在生成它的代码块中使用,不能与其他代码块共享。需要注意的是临时存储器只能通过符号地址寻址。

(5) 数据块 DB。

数据块 DB 用于存储各代码块使用的各种类型的数据,数据块的访问可以按位、字节、字、双字的方式进行寻址,在访问数据块中的数据时,应该指明数据块的名称,比如 DB0.DBB0。

数据位:DBX,如 DBX0.0,DBX0.1,DBX0.4 等;

数据字节:DBB,如 DBB0,DBB1,DBB2,DBB3 等;

数据字:DBW,如 DBW0,DBW2,DBW4 等;

数据双字:DBD,如 DBD0,DBD4,DBD8 等。

在 S7-1200 PLC 中新建的 DB 块默认是采用优化块的访问方式进行访问,所以通常都是以使用符号的方式访问 DB 块中的数据,如果需要使用绝对地址访问的话,需要在属性设置中去掉优化访问块的选项。

4. S7-1200 的编程语言

IEC(国际电工委员会)是为电子技术领域制定全球标准的国际组织,IEC 61131 是 PLC 的国际标准,其中第三部分 IEC 61131-3 是 PLC 的编程语言标准。

IEC 61131-3 有 5 种编程语言，如图 4-10 所示，S7-1200 只有梯形图（LAD）、功能块图（FBD）和结构化控制语言（SCL）这三种编程语言。

5. 寻址方式

位存储单元的地址由字节地址和位地址组成，如 I0.2，其中的区域标识符"I"表示输入（Input），字节地址为 0，位地址为 2，如图 4-11 所示，这种存取方式称为"字节.位"寻址方式。其他有 Q0.0、M10.3 等。

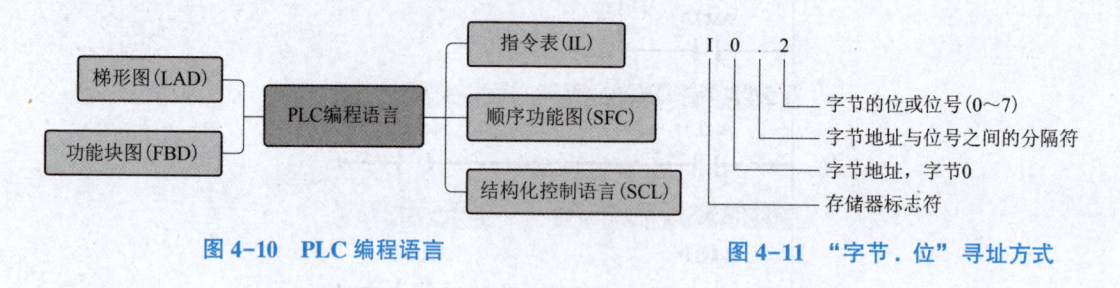

图 4-10　PLC 编程语言

图 4-11　"字节.位"寻址方式

工作准备页

认真阅读任务工单的要求,理解工作任务的内容,明确工作任务的要求,通过学习知识页获取任务的技术资料,做好充分的知识准备,为顺利完成工作任务,回答以下引导问题。

引导问题1:一个双字有_____个字,有_____个字节,有_____位。

引导问题2:MW4 写成字节可表示成_____,MW4 写成位可表示成_____。

引导问题3:十进制数 145 化成二进数可表示为_____,化成十六进数可表示为_____。

引导问题4:ID4 的值是 16#12AB546C,则 IB3 的值是_____。

引导问题5:选择题。

1. PLC 中的字作为无符号数据的范围是(   )。
   A. 0~256　　　B. 0~128　　　C. 0~65 535　　　D. 0~4 294 967 295

2. PLC 中的字节作为有符号数据的范围是(   )。
   A. -128~+127　　　　　　　　B. -32 768~+32 767
   C. 0~256　　　　　　　　　　D. 0~128

3. MD200 的值是 16#55AA44BB,则 MB203 的值是(   )。
   A. 16#55　　　B. 16#AA　　　C. 16#44　　　D. 16#BB

4. Q2.2 是输出字节 QB2 的(   )。
   A. 第 3 位　　B. 第 4 位　　C. 第 1 位　　D. 第 2 位

5. W4 由 MB4 和 MB5 组成,MB4 是它的(   )。
   A. 高位字节　　B. 低位字节　　C. 高位字　　D. 低位字

引导问题6:如图 4-12 所示是存储区字节与位关系图,请在图上方格内标出 I0.1,I1.6,Q0.7,M2.0 的位(打"√")。

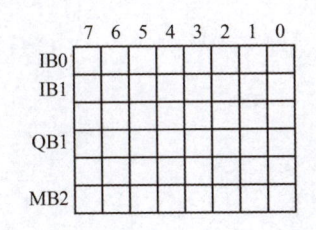

	7	6	5	4	3	2	1	0
IB0								
IB1								
QB1								
MB2								

图 4-12 存储区字节与位关系图

设计决策页

1. 计算填空。

有一块电表用通信方式采集某车间累计消耗的电能（设每台功率为 75 kW 的用电设备 10 台，采集 1 年），采集的数据要存放在一个区域 M 中，请讨论应该放在哪个区域比较合适。

算出 10 台每台 75 kW 的用电设备一年中的用电量是＿＿＿＿＿＿＿＿＿＿＿＿＿＿＿＿。

位数据范围是＿＿＿＿＿＿＿＿＿＿＿＿＿＿＿＿＿＿＿＿＿＿＿＿＿＿＿＿＿＿＿＿；

字节数据范围是＿＿＿＿＿＿＿＿＿＿＿＿＿＿＿＿＿＿＿＿＿＿＿＿＿＿＿＿＿＿＿；

字数据范围是＿＿＿＿＿＿＿＿＿＿＿＿＿＿＿＿＿＿＿＿＿＿＿＿＿＿＿＿＿＿＿＿；

双字数据范围是＿＿＿＿＿＿＿＿＿＿＿＿＿＿＿＿＿＿＿＿＿＿＿＿＿＿＿＿＿＿＿；

故累计消耗的电能采集的数据要存放在＿＿＿＿＿＿＿＿＿＿＿＿＿＿＿＿＿＿＿区。

2. 分解数据类型。

MB1 的数据＿＿＿＿＿，M0.2 位的状态是＿＿＿＿＿。

任务 4　弄懂西门子 PLC 的数据类型

任务实施页

方案展示

1. 各小组派代表阐述计算选择方案。

2. 各组对其他组的计算选择方案提出不同的看法。

3. 教师结合大家完成的计算选择方案进行点评，选出最佳方案。

小哲理：PLC 内部电路 CPU 控制运算只认 0 和 1 两个数字，这两个数中蕴含的哲理是无穷的、耐人寻味的，0 象征无，1 象征存在的万物。从哲学角度看万物产生于无，通俗的说法是"无中生有"，其实这就是 1 和 0 的事。做一件事，它的意义是 1，后边的 0 越多，意义越大；反之，没有了 1，后面的 0 再多也没有意义。同学们在做任何事情时都要把握好方向，选择很重要，方向对了，一切努力都有结果，方向不对，一切努力都是枉然。

中华民族 5 000 多年的历史，创造了很多优秀的传统文化，留下了很多与数或进制有关的成语，如中国易经中的二进制，请你想一想还有哪些成语与数和进制有关。

项目一 智能产线"大脑"PLC认知

检查评价页

展示评价

各组展示作品,进行小组自评、组间互评及教师考核评价,完成任务考核评价表(表4-3)的填写。

表4-3 任务考核评价表

评价项目	评价标准	分值	自评 30%	互评 30%	师评 40%	合计
职业素养 (30分)	分工合理,制订计划能力强,严谨认真	5				
	爱岗敬业、安全意识、责任意识、服从意识	5				
	团队合作、交流沟通、互相协作、分享能力	5				
	现场汇报思路清晰,表达流畅	5				
	保质保量完成工作页相关任务	5				
	能采取多种手段收集信息、解决问题	5				
专业能力 (60分)	任务工单页填写正确,每错一个扣2分	30				
	数据存储区选择合适	20				
	分解数据类型正确	10				
创新意识 (10分)	创新性思维和精神	5				
	创新性观点和方法	5				

任务 5 安装操作 TIA 博途软件

任务信息页

学习目标

1. 知晓安装 TIA 博途软件的条件。
2. 能正确安装 TIA 博途软件。
3. 熟悉 TIA 博途软件的操作界面。

工作情景

如今，数字制造、"工业 4.0"、工业互联网新概念层出不穷，西门子的全集成自动化 TIA 博途为 PLC 控制器、人机界面（HMI）和驱动器（变频器、伺服器）等提供了标准的工程理念。TIA 博途中简易的工程实现方式，有助于完整实现数字自动化，如数字化规划、集成化工程和透明化操作等。如图 5-1 所示的 TIA 博途与 PLM（产品生命周期管理）和制造执行系统（MES）软件一起构成了西门子完整的"数字化企业软件套件"，为企业迈向"工业 4.0"奠定了基础。

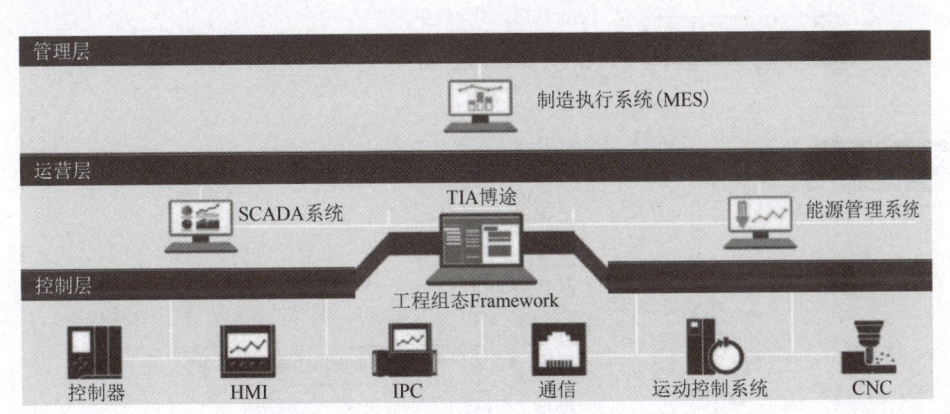

图 5-1 西门子博途在三层网络中构架

项目一　智能产线"大脑"PLC认知

知识图谱

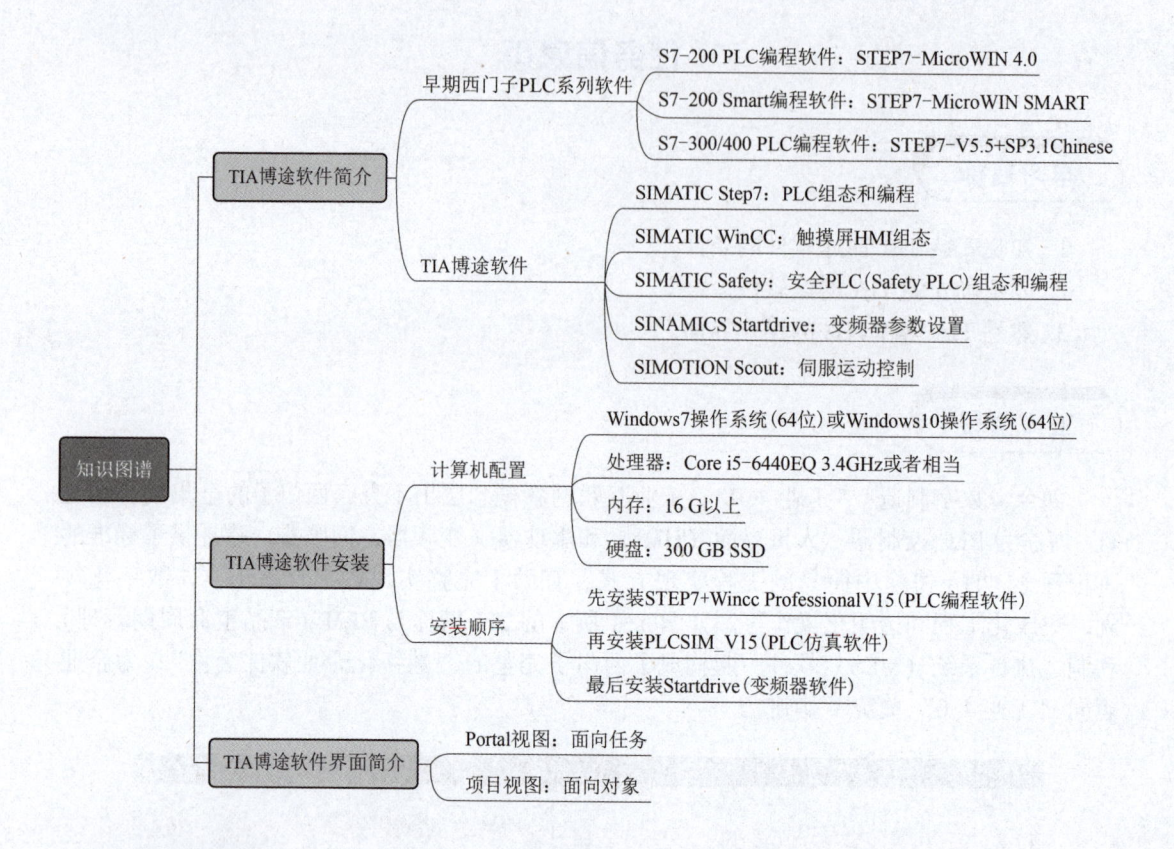

- 知识图谱
  - TIA博途软件简介
    - 早期西门子PLC系列软件
      - S7-200 PLC编程软件：STEP7-MicroWIN 4.0
      - S7-200 Smart编程软件：STEP7-MicroWIN SMART
      - S7-300/400 PLC编程软件：STEP7-V5.5+SP3.1Chinese
    - TIA博途软件
      - SIMATIC Step7：PLC组态和编程
      - SIMATIC WinCC：触摸屏HMI组态
      - SIMATIC Safety：安全PLC(Safety PLC)组态和编程
      - SINAMICS Startdrive：变频器参数设置
      - SIMOTION Scout：伺服运动控制
  - TIA博途软件安装
    - 计算机配置
      - Windows7操作系统(64位)或Windows10操作系统(64位)
      - 处理器：Core i5-6440EQ 3.4GHz或者相当
      - 内存：16 G以上
      - 硬盘：300 GB SSD
    - 安装顺序
      - 先安装STEP7+Wincc ProfessionalV15(PLC编程软件)
      - 再安装PLCSIM_V15(PLC仿真软件)
      - 最后安装Startdrive(变频器软件)
  - TIA博途软件界面简介
    - Portal视图：面向任务
    - 项目视图：面向对象

问题图谱

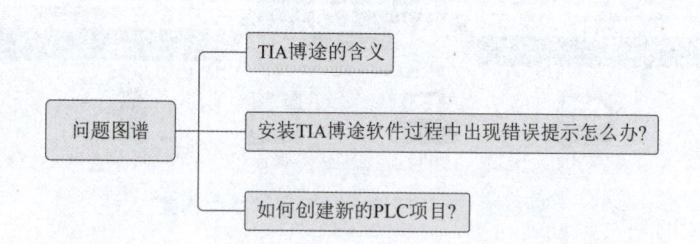

- 问题图谱
  - TIA博途的含义
  - 安装TIA博途软件过程中出现错误提示怎么办？
  - 如何创建新的PLC项目？

任务工单页

> **任务要求**

1. 在计算机上安装 TIA 博途软件 TIA Portal V15。
2. 操作 TIA 博途软件。

知识学习页

1. TIA 博途软件简介

SIMATIC 是西门子自动化系列产品品牌统称，来源于"SIEMENS+Automatic"（西门子+自动化），随着西门子公司产品更新换代，西门子 PLC 编程软件也不断发展，如图 5-2 所示。

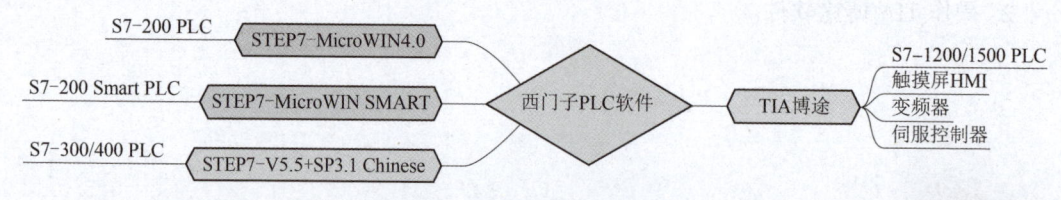

图 5-2 西门子 PLC 编程软件

PPT 课件

（1）早期西门子 PLC 系列软件。

①西门子 S7-200 PLC 编程软件：STEP7-MicroWIN 4.0。

②西门子 S7-200 Smart 编程软件：STEP7-MicroWIN SMART。

③西门子 S7-300/400 PLC 编程软件：STEP7-V5.5+SP3.1 Chinese。

（2）TIA 博途软件。

TIA 博途（Totally Integrated Automation Portal），即全集成自动化系统，将 PLC 技术融于全部自动化领域，是西门子新一代全集成工业自动化的工程技术软件。可以用来对 PLC、HMI、变频器和伺服进行组态、编程和调试。

TIA：全集成自动化。

Portal：入口、开始。

目前为止，TIA 博途有 V11、V12、V13、V14、V15、V16 等版本，是包含 PLC、人机界面和驱动器的编程软件。

TIA 博途是一个解决所有自动化任务的工程软件平台，可以将整套自动化控制系统集成在一起进行操作和控制，极大提高了工程效率，降低了维护成本。

如图 5-3 所示，TIA 博途包含了如下软件系统。

PLC
SIMATIC Step7

HMI
SIMATIC WinCC

变频器
SINAMICS Startdrive

安全PLC
SIMATIC Safety

伺服控制器
SIMOTION Scout

图 5-3 TIA 博途软件系统

①SIMATIC Step7：用于控制器（PLC）与分布式设备的组态和编程。

②SIMATIC WinCC：用于人机界面（HMI）的组态，支持触摸屏和工作站。

③SIMATIC Step7 PLCSIM：用于仿真调试。

④SIMATIC Safety：用于安全控制器（Safety PLC）的组态和编程。
⑤SINAMICS Startdrive：用于变频器的组态与配置。
⑥SIMOTION Scout：用于运动控制的配置、编程与调试。
其中④、⑤、⑥是选件，需要单独安装。
TIA 博途软件支持的 PLC 编程：S7-1200 PLC、S7-1500 PLC、S7-300/400 PLC、ET 200S/SP/PRO。
TIA 博途软件有基本版和专业版。
STEP7 Basic（基本版）：组态 S7-1200 PLC、S7-300/400；
STEP7 Professional（专业版）：组态 S7-1200、S7-1500、软件控制器（WinAC）等。

> **小贴士**：工业软件是指专用于或主要用于工业领域控制工程网版权所有，以提高工业企业研发、制造、管理水平和工业装备性能的软件。
>
> 在生产控制软件领域，国内工业软件不断发展，国电南瑞主要应用于电力能源行业，和利时侧重轨道交通自动化。宝信软件、石化盈科、中控等企业引领钢铁石化行业。但国产工控软件起步晚，与国外工业软件有一定的差距。
>
> "幸福不是等来的，都是奋斗出来的！"，工业软件的突破需要一代又一代中国人的不断努力和奋斗。只要我们持之以恒，"咬定青山不放松"，"撸起袖子加油干！"，就一定能像家电行业、手机行业那样，创造出中国工业软件的美好明天！

2. 安装 TIA 博途软件 TIA Portal V15

（1）安装计算机条件。
安装 TIA 博途软件 TIA Portal V15 的计算机必须满足以下需求。
处理器：CPU 建议 i7 以上；
内存：16 G 以上；
硬盘：300 GB 固态硬盘 SSD；
图形分辨率：最小 1 920×1 080；
显示器：21 寸宽屏显示（1 920×1 080）；
操作系统：Windows7（64 位）或 Windows10（64 位）的旗舰版、专业版、纯净版。

TIA 博途软件安装

（2）安装 TIA 博途软件 TIA Portal V15。
TIA 博途软件安装包有 3 部分，如图 5-4 所示。

　　01-STEP7+Wincc Profesional V15
　　02-PLCSIM_V15
　　03-Startdrive

图 5-4　TIA 博途软件安装包

1）安装顺序。
①先安装 STEP7+Wincc Profesional V15（PLC 编程软件）。
②再安装 PLCSIM_V15（PLC 仿真软件）。

③最后安装 Startdrive（变频器软件）。

2）安装注意事项。

①文件的存放路径不能用中文名字，所有的路径都不能有中文字符。软件必须安装在 C 盘。

②操作系统要求原版操作系统，不能是 GHOST 版本，也不能是优化后的版本，如果不是原版操作系统，有可能会在安装中报告故障。如果系统以前安装过旧版本的软件，请重装系统后再安装。

③安装时不能运行杀毒软件、防火墙软件、防木马软件、优化软件等，只要不是系统自带的软件都请退出。

④安装完后请按要求重启计算机。计算机重启后，不要先运行软件，先安装授权，完成后重启计算机，最后计算机启动完成。

⑤安装.NET3.5 运行环境和 MSMQ 服务器。控制面板—程序—启用或关闭 Windows 功能。

（3）安装 PLC 编程和人机界面软件，如图 5-5 所示。

①打开 STEP7+Wincc ProfesionalV15 文件夹；

②双击解压安装包；

③选择解压路径；

④双击"Start"启动安装。

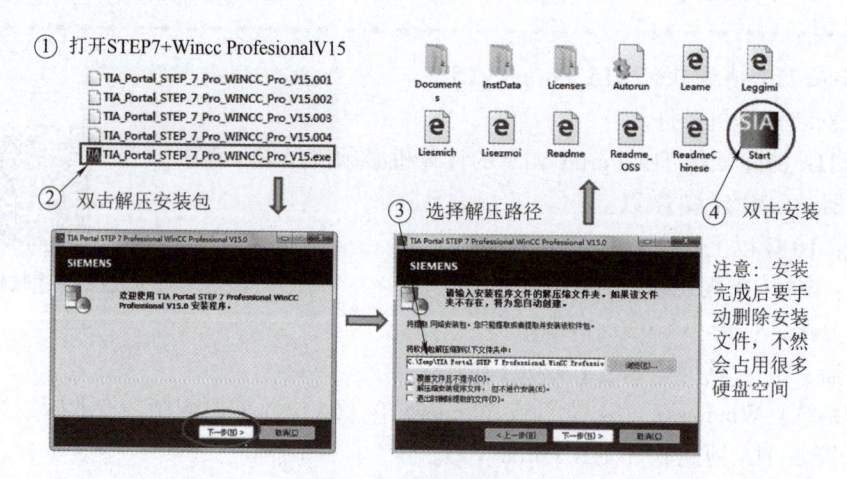

图 5-5　安装顺序

如果在解压完成后，出现重启计算机的对话框，我们选择"重启"启动后，计算机自动进行安装，如果还弹出重启提示，那么需要修改注册表，同时按"〈Windows+R〉"键，出现搜索栏，输入"regedit"，打开注册表编辑器，在"计算机\HKEY_LOCAL_MACHINE\SYSTEM\CurrentControlSet\Control\Session Manager"下找到"PendingFileRenameOperations"这个键值并将其删除，如图 5-6 所示。

正式安装：双击"SIMATIC_STEP_7_Professional_V15.exe"，然后一直单击"下一步"，直到安装完毕。

图 5-6 修改注册表路径

（4）安装 PLCSIM_V15 仿真软件。
如图 5-7 所示，安装步骤与前面类似。
①先打开 PLCSIM_V15 文件夹；
②双击解压安装包；
③双击"Start"运行安装程序。
然后一直单击"下一步"，直到安装完毕。

图 5-7 安装 PLCSIM_V15 仿真软件

（5）安装变频器编程软件 Startdrive。
如图 5-8 所示，步骤与前面类似。
①先打开 Startdrive 文件夹；
②双击解压安装包 Startdrive_V15；
③双击"Start"运行安装程序。
然后一直单击"下一步"，直到安装完毕。

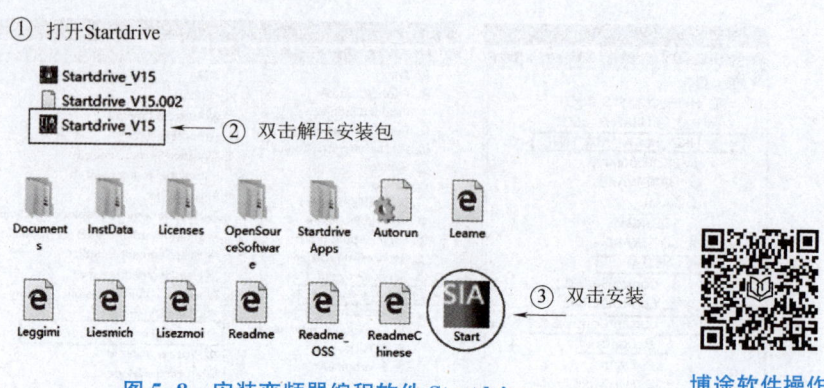

图 5-8 安装变频器编程软件 Startdrive

博途软件操作

（6）安装 PLC 软件授权。

接下来安装上述已安装软件的密钥，否则上述软件只能获得短期的试用，如图 5-9 所示。

①打开许可证密钥文件夹 Sim_EKB_Install_2017_12_24_TIA15；
②双击打开应用程序；
③选中弹出窗口左侧 TIA Portal 文件夹下的 TIA Portal v15（2017）；
④选择"短名称"；
⑤选择"安装长密钥"。

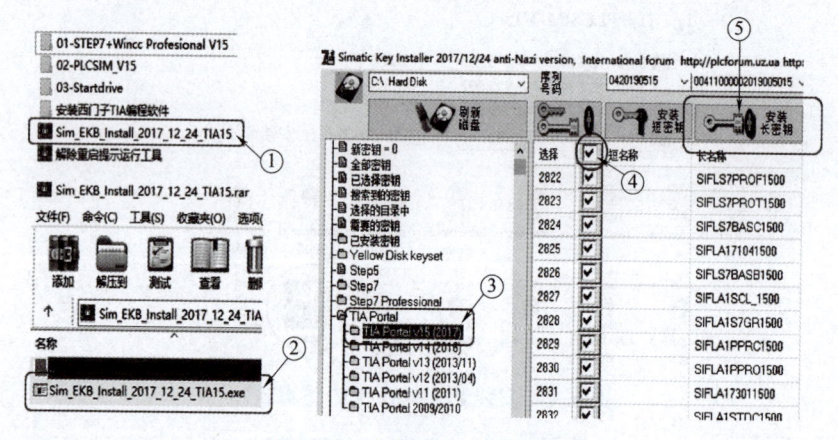

图 5-9 安装 PLC 软件授权

若计算机上部分已安装了密钥，双击桌面上的 图标，打开自动化许可证管理器，如图 5-10 所示，双击左边窗口中的 C 盘，在右边窗口可以看到自动安装的没有时间限制的许可证。

3. TIA 博途软件界面简介

如图 5-11 所示，TIA 博途软件提供了两个视图，一个是面向任务的 Portal 视图，另一个是面向对象的项目视图，可以使用链接在两种视图间进行切换。

任务 5　安装操作 TIA 博途软件

图 5-10　无时间限制的许可证

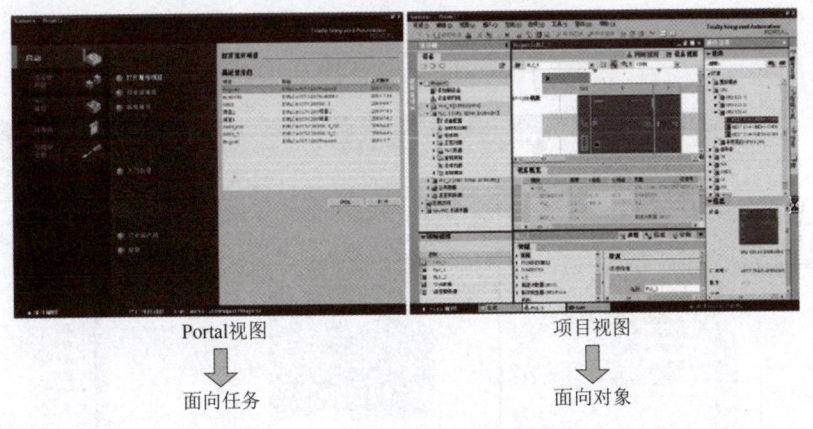

STEP7 Professional 提供了两种视图

Portal 视图　　　　　　　　　项目视图
　↓　　　　　　　　　　　　　↓
面向任务　　　　　　　　　　面向对象

图 5-11　TIA 博途软件两个视图

（1）Portal 视图。

Portal 视图可以概览自动化项目的所有任务，快速确定要执行的操作或任务，有些情况下该界面会针对所选任务自动切换为项目视图。当双击"TIA 博途"图标后，可以打开 Portal 视图界面，如图 5-12 所示。

（2）项目视图。

项目视图是项目所有组件的结构化视图，将整个项目（包括 PLC 和 HMI 等）按多层结构显示在项目树中，如图 5-13 所示。

83

项目一 智能产线"大脑"PLC认知

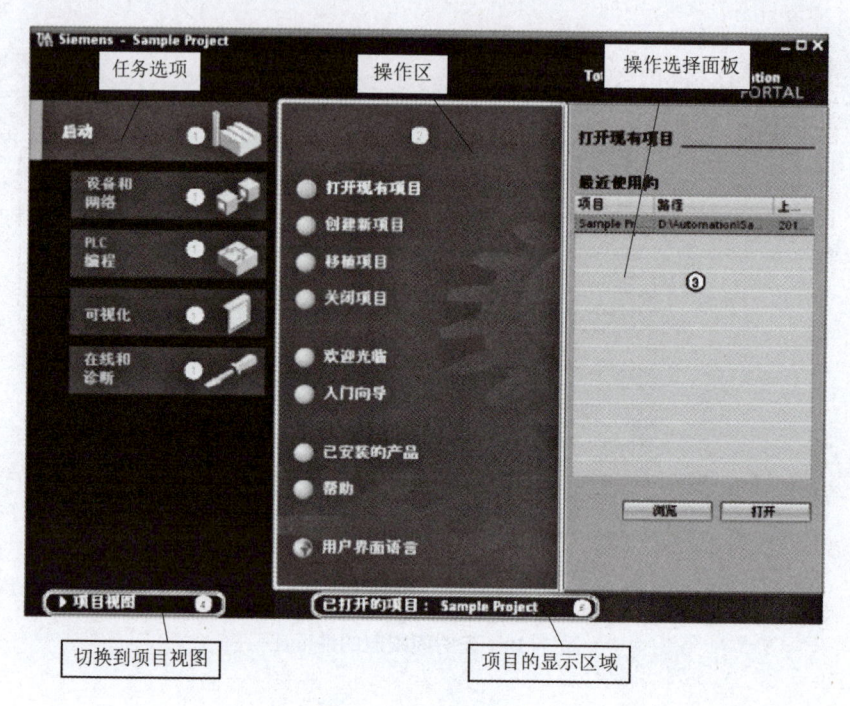

图 5-12 Portal 视图

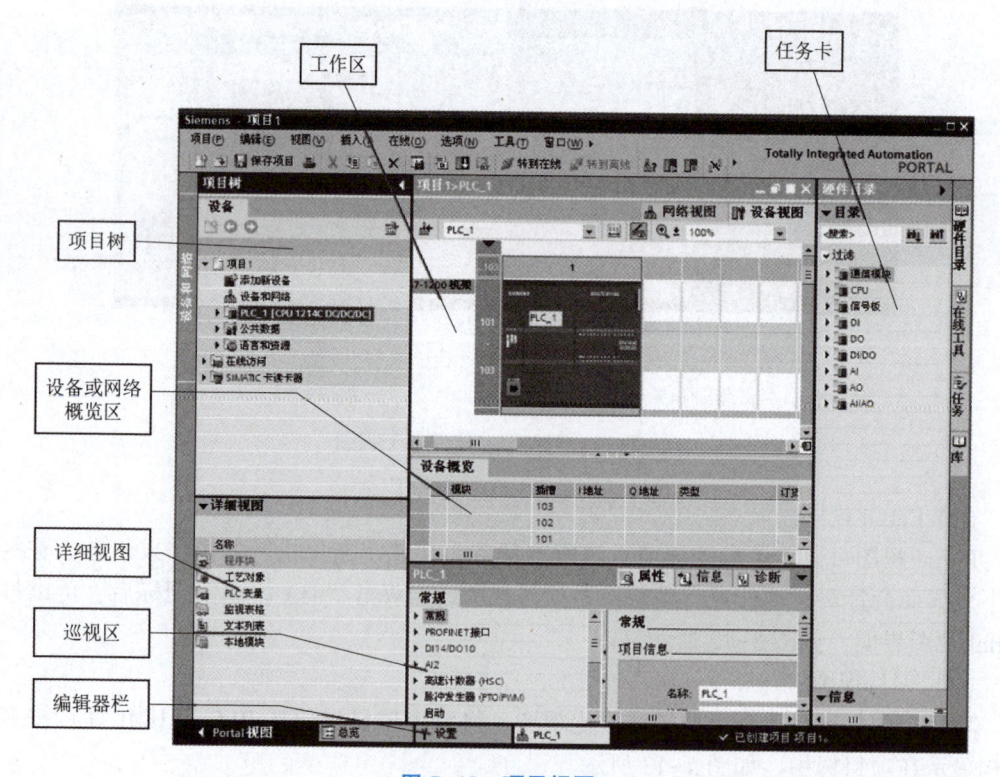

图 5-13 项目视图

工作准备页

认真阅读任务要求，理解工作任务的内容，明确工作任务的目标，学习知识页的内容，为顺利完成工作任务，回答以下引导问题。

引导问题 1：TIA 博途的含义_____。

引导问题 2：TIA 博途软件包含的软件系统有_____。

引导问题 3：下载程序时，PG/PC 接口类型选择_____。

引导问题 4：安装 TIA 博途软件时计算机的基本配置为

处理器：_____；

内存：_____；

硬盘：_____；

显示器：_____。

引导问题 5：在进行 PLC 硬件组态时，一般操作_____视图；在进行梯形图编写时，一般操作_____视图。

项目一　智能产线"大脑"PLC 认知

设计决策页

引导问题：安装 TIA 博途软件 TIA Portal V15 时的安装顺序是先安装_____，再安装_____，最后安装_____。

任务实施页

引导问题 1：如果在解压完成后，出现重启计算机对话框，我们选择"重启"启动后，计算机自动进行安装，如果还弹出重启提示，那么我们需要修改注册表。

同时按"_____键和_____键"，出现搜索栏，输入"_____"打开注册表，在"计算机 \ HKEY_LOCAL_MACHINE \ SYSTEM \ CurrentControlSet \ Control \ Session Manager"删除"_____"这个键。

引导问题 2：安装 PLC 授权。

1. 打开许可证密钥文件夹_____；
2. 双击打开应用程序；
3. 选中弹出窗口左侧 TIA Portal 文件夹下的_____，选择短名称；
4. 安装长密钥。

引导问题 3：请在 TIA 博途软件中输入如图 5-14 所示的梯形图，并完成复制、粘贴、插入、改写、行插入等操作。

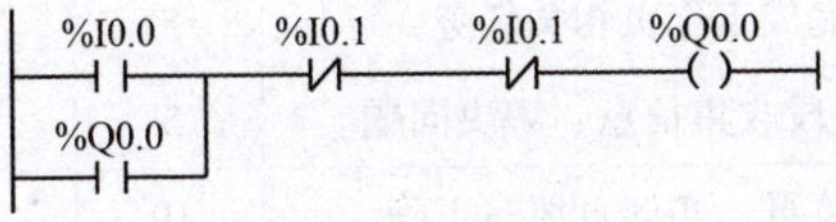

图 5-14　梯形图

引导问题 4：把 PLC 地址从 2 修改为 5。

步骤：_____

_____

_____

记录安装 TIA 博途软件运行过程中出现的问题和解决措施。

出现问题：　　　　　　　　　　解决措施：

检查评价页

展示评价

各组展示作品,进行小组自评、组间互评及教师考核评价,完成任务考核评价表(表 5-1)的填写。

表 5-1 任务考核评价表

评价项目	评价标准	分值	自评 30%	互评 30%	师评 40%	合计
职业素养 (30 分)	分工合理,制订计划能力强,严谨认真	5				
	爱岗敬业、安全意识、责任意识、服从意识	5				
	团队合作、交流沟通、互相协作、分享能力	5				
	遵守行业规范、现场 6S 标准	5				
	保质保量完成工作页相关任务	5				
	能采取多种手段收集信息、解决问题	5				
专业能力 (60 分)	准备页、决策页、实施页填写正确	10				
	TIA 博途软件安装成功	40				
	正确操作 TIA 博途软件	10				
创新意识 (10 分)	创新性思维和精神	5				
	创新性观点和方法	5				

项目二　智能产线传送带 PLC 控制

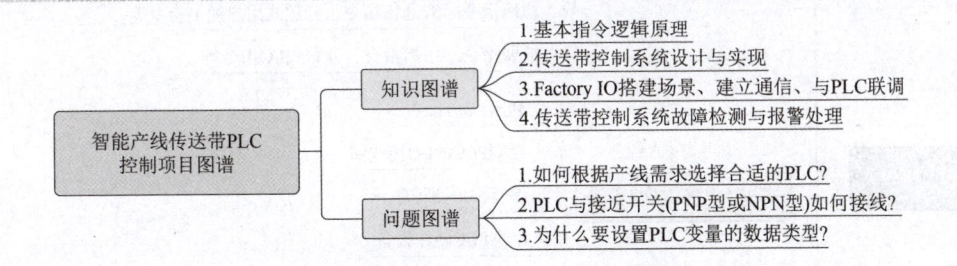

```
                              ┌─ 1.基本指令逻辑原理
                              ├─ 2.传送带控制系统设计与实现
                   ┌─ 知识图谱 ─┤
                   │          ├─ 3.Factory IO搭建场景、建立通信、与PLC联调
智能产线传送带PLC ──┤          └─ 4.传送带控制系统故障检测与报警处理
控制项目图谱        │          ┌─ 1.如何根据产线需求选择合适的PLC?
                   └─ 问题图谱 ─┼─ 2.PLC与接近开关(PNP型或NPN型)如何接线?
                              └─ 3.为什么要设置PLC变量的数据类型?
```

任务 6　PLC 控制物料传送带运行

任务信息页

学习目标

1. 理解与逻辑、或逻辑、线圈位操作指令。
2. 能用 TIA 博途软件编辑梯形图。
3. 会画 I/O 接线图。
4. 能安装 PLC 控制线路及调试程序。

**物料传送带启停控制
3D 虚拟仿真动画**

工作情景

某车间有一条传送物料的传送带，由一台三相异步电动机控制，其运动示意图如图 6-1 所示，现因技术升级，要求用 PLC 进行技术改造，你作为公司的技术人员，请根据相关技术文档完成设备的安装、编程与调试，实现设备自动运行。

图 6-1　物料传送带

项目二　智能产线传送带 PLC 控制

知识图谱

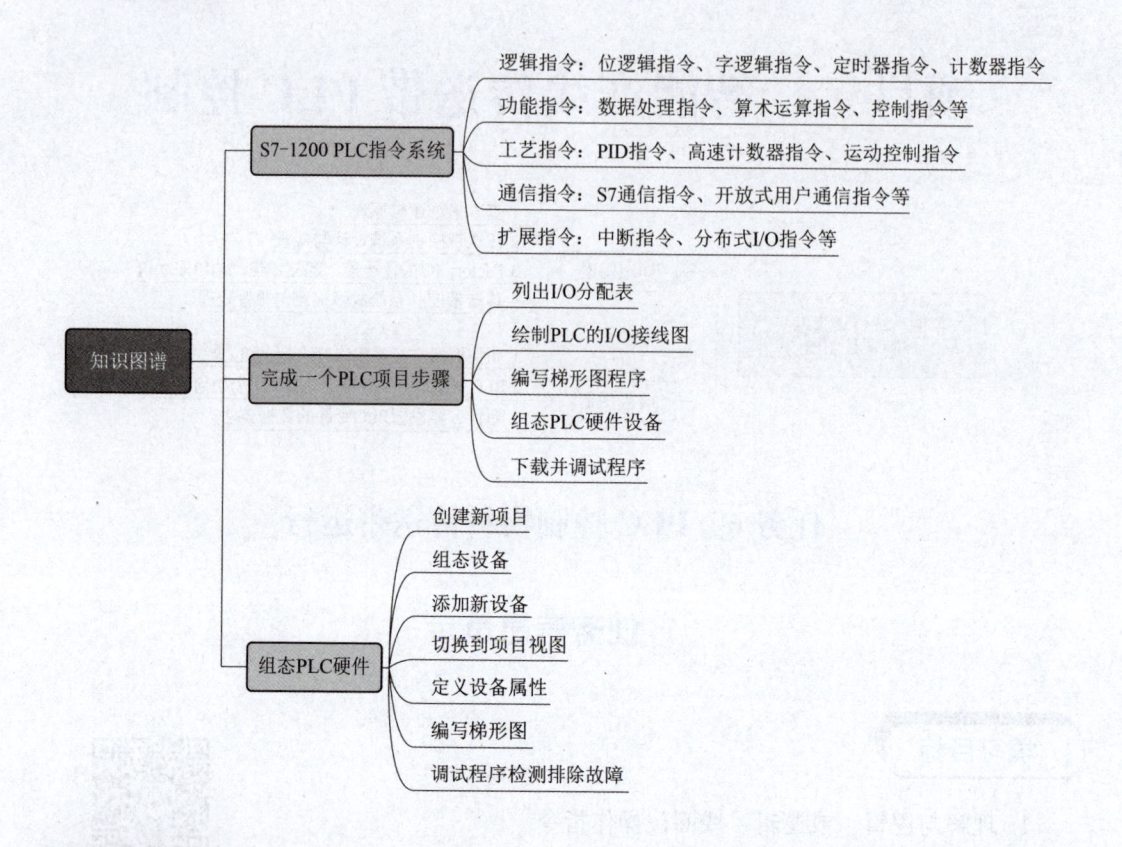

- 知识图谱
  - S7-1200 PLC指令系统
    - 逻辑指令：位逻辑指令、字逻辑指令、定时器指令、计数器指令
    - 功能指令：数据处理指令、算术运算指令、控制指令等
    - 工艺指令：PID指令、高速计数器指令、运动控制指令
    - 通信指令：S7通信指令、开放式用户通信指令等
    - 扩展指令：中断指令、分布式I/O指令等
  - 完成一个PLC项目步骤
    - 列出I/O分配表
    - 绘制PLC的I/O接线图
    - 编写梯形图程序
    - 组态PLC硬件设备
    - 下载并调试程序
  - 组态PLC硬件
    - 创建新项目
    - 组态设备
    - 添加新设备
    - 切换到项目视图
    - 定义设备属性
    - 编写梯形图
    - 调试程序检测排除故障

问题图谱

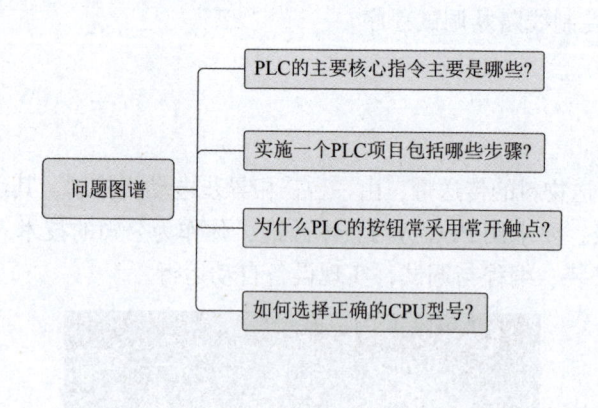

- 问题图谱
  - PLC的主要核心指令主要是哪些？
  - 实施一个PLC项目包括哪些步骤？
  - 为什么PLC的按钮常采用常开触点？
  - 如何选择正确的CPU型号？

任务工单页

> **控制要求**

某车间有一条传送物料的传送带,由一台三相异步电动机控制,其示意图如图 6-2 所示,传送带控制箱的面板如图 6-3 所示,要求既能连续运动又能点动控制传送带,现要求用 PLC 实现以上控制要求。

图 6-2 物料传送带

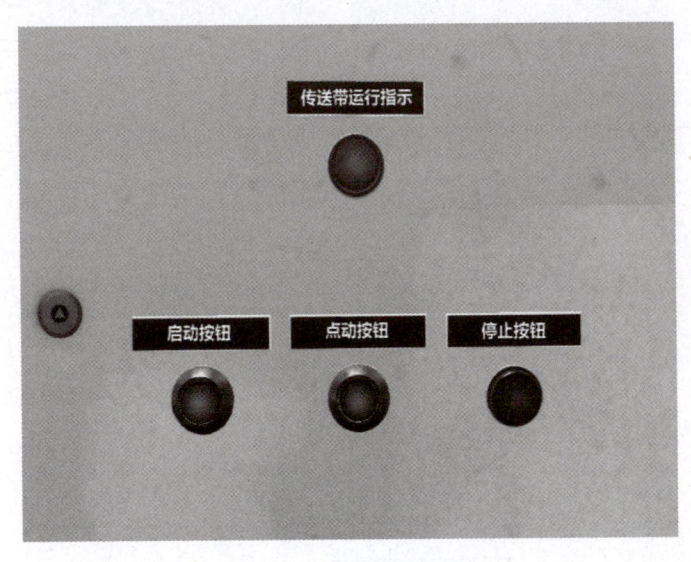

图 6-3 传送带控制箱面板

任务工单的 **3D**
虚拟仿真动画

项目二 智能产线传送带 PLC 控制

> **任务要求**

1. 请列出 PLC 的 I/O 分配表。
2. 画 I/O 接线图。
3. 根据接线图对 PLC 和外围元器件进行安装接线。
4. 编写梯形图并下载程序。
5. 调试程序实现控制要求。
6. 整理技术文件资料。

知识学习页

控制运输物料的传送带运动就是控制电动机启停，电动机启停控制线路如图6-4所示，要用PLC进行技术升级改造，方法是"保留主电路+PLC的I/O接线图+梯形图程序"，如图6-5所示。

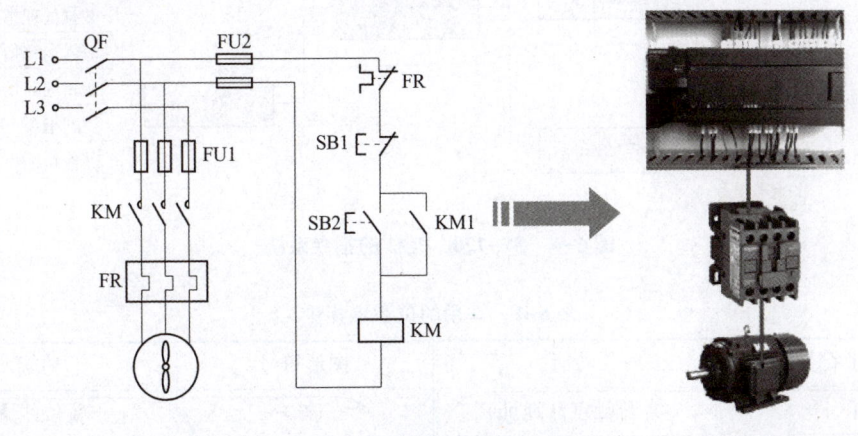

图6-4 电动机启停控制线路

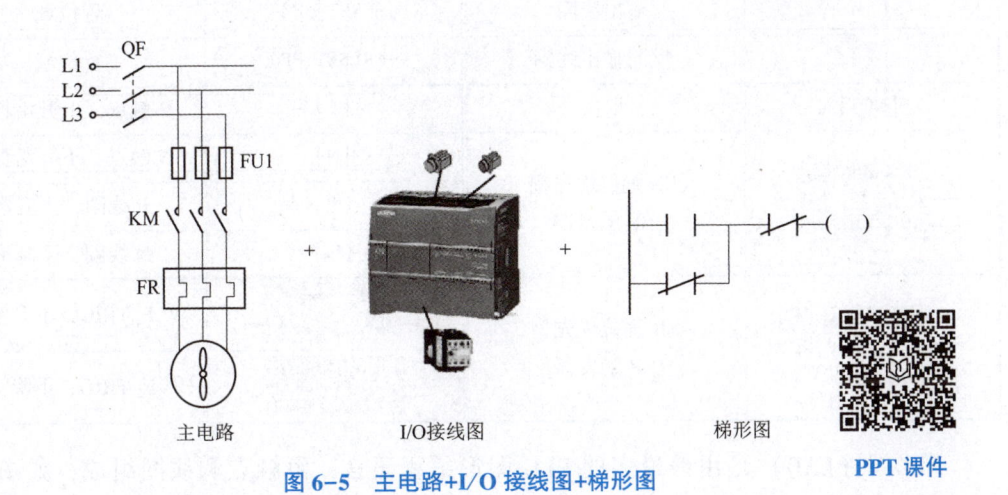

图6-5 主电路+I/O接线图+梯形图

PPT课件

实现PLC控制电动机启停的主要方法是用指令编写梯形图程序。

S7-1200 PLC的指令系统包含逻辑指令、功能指令、工艺指令、通信指令、扩展指令等，常用的指令是逻辑指令、功能指令、工艺指令，其中位逻辑指令、字逻辑指令、定时器指令、计数器指令是最基本的指令，如图6-6所示。

1. 位逻辑指令

位逻辑指令有很多，其中常用的位逻辑指令如表6-1所示，圈中指令是编程时比较常用的指令。

项目二　智能产线传送带 PLC 控制

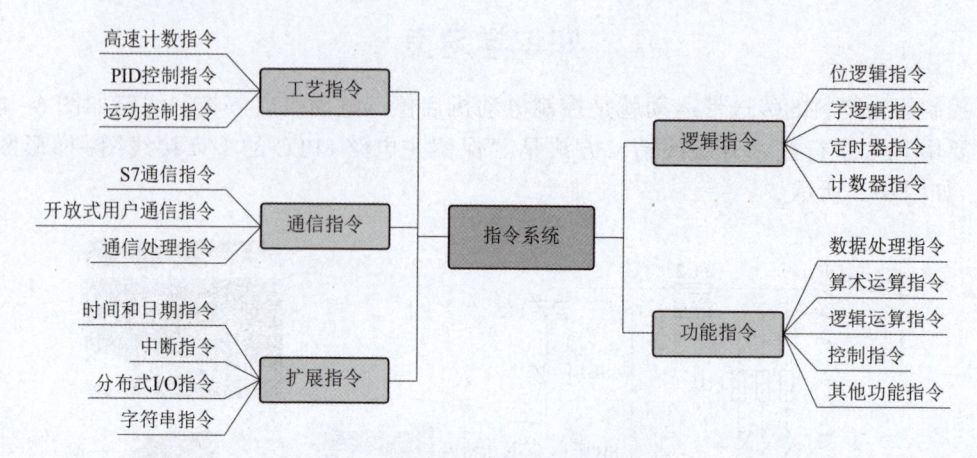

图 6-6　S7-1200 PLC 的指令系统

表 6-1　常用的位逻辑指令

图形符号	功能	图形符号	功能
─┤├─	常开触点（地址）	─(S)─	置位线圈
─┤/├─	常闭触点（地址）	─(R)─	复位线圈
─( )─	输出线圈	─(SET_BF)─	置位域
─(/)─	反向输出线圈	─(RESET_BF)─	复位域
─┤NOT├─	取反	─┤P├─	P 触点，上升沿检测
		─┤N├─	N 触点，下降沿检测
RS 触发器（R, Q, S1）	RS 置位优先型 RS 触发器	─(P)─	P 线圈，上升沿
		─(N)─	N 线圈，下降沿
SR 触发器（S, Q, R1）	SR 复位优先型 SR 触发器	P_TRIG (CLK, Q)	P_TRIG，上升沿
		N_TRIG (CLK, Q)	N_TRIG，下降沿

梯形图（LAD）是用得最多的 PLC 图形编程语言，由触点和线圈组成，如图 6-7 所示。

　　I0.0　　　I0.0　　　Q0.0
　─┤├─　　─┤/├─　　─( )─
　常开触点　常闭触点　输出线圈

图 6-7　触点和线圈

（1）触点状态。

输入信号接通，对应的存储器（I0.0）为 1，常开触点闭合，常闭触点断开。

输入信号断开，对应的存储器（I0.0）为 0，常开触点断开，常闭触点闭合。

（2）线圈状态。

线圈前的回路接通，线圈得电，对应存储器 Q0.0=1，接通对应的输出信号。

线圈前的回路断开，线圈断电，对应存储器 Q0.0=0，断开对应的输出信号。

PLC 编程就是要把这些逻辑开关根据要求串联或并联成控制电路，接通或断开输出点。

问题讨论：如图 6-8 所示是一个用按钮控制信号灯的 PLC 等效结构图，请你描述 PLC 的动作原理。

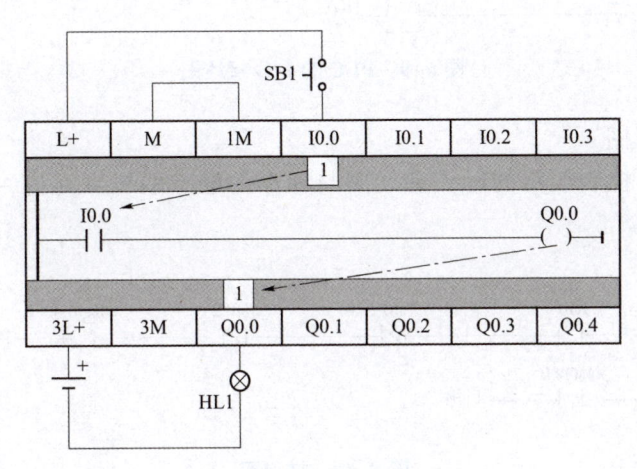

_____

_____

图 6-8　PLC 等效结构图

2. PLC 物料传送带任务实施

（1）列出 I/O 分配表。

PLC 的 I/O 分配表如表 6-2 所示。

表 6-2　PLC 的 I/O 分配表

输入		输出	
功能	PLC 端子	功能	PLC 端子
启动按钮 SB1	I0.0	继电器 KA	Q0.0
停止按钮 SB2	I0.1		
过载 FR	I0.2		

（2）画出 PLC 的 I/O 接线图。

这里选用的 PLC 的 CPU 是 1215C DC/DC/DC，其 I/O 接线图如图 6-9 所示。

项目二　智能产线传送带 PLC 控制

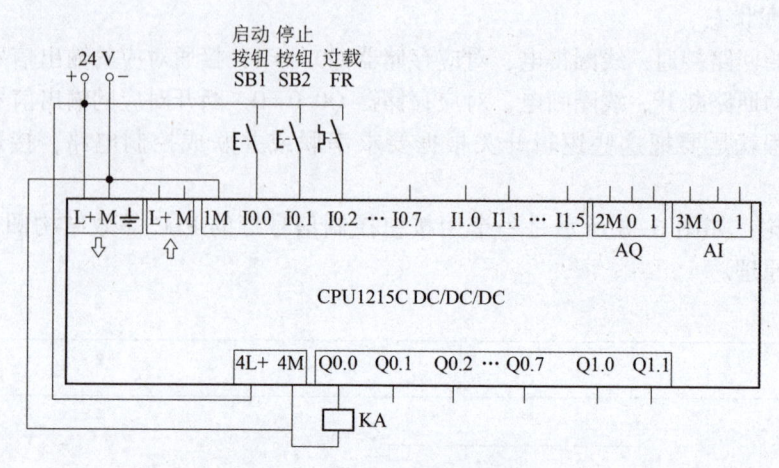

图 6-9　PLC 的 I/O 接线图

（3）编写梯形图。

采用移植法，控制线路的触点和线圈与梯形的触点跟线圈对应，编写的梯形图如图 6-10 所示。

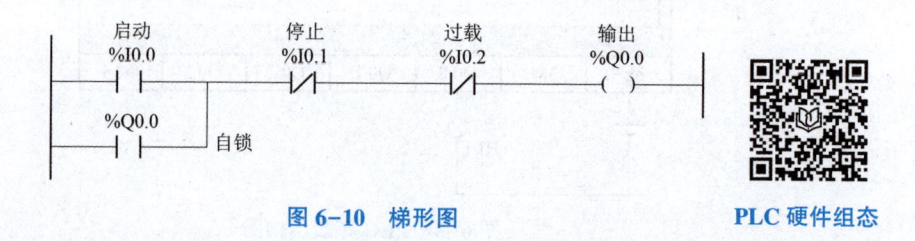

图 6-10　梯形图　　　　　　　PLC 硬件组态

引导问题 1：在如图 6-9 所示的 I/O 接线图中，如果停止按钮采用常闭触点，I/O 接线图如图 6-11 所示，请画出梯形图。

引导问题 2：在如图 6-12 所示的 I/O 接线图中，如果热继电器用常闭触点作为 PLC 的输入，请画出梯形图。

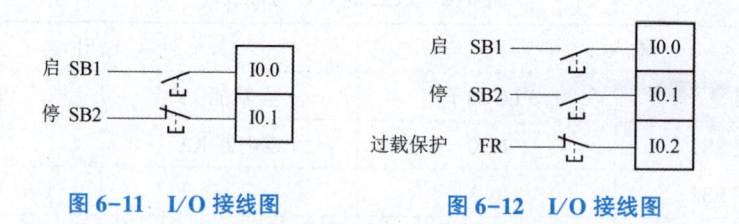

图 6-11　I/O 接线图　　　　　图 6-12　I/O 接线图

（4）打开 TIA 博途软件组态 PLC 硬件。

双击计算机上的 TIA 博途软件 "TIA" 图标，打开 TIA 博途软件。

1）创建新项目。

项目名称为 "PLC 控制电动机启动与停止"，如图 6-13 所示。

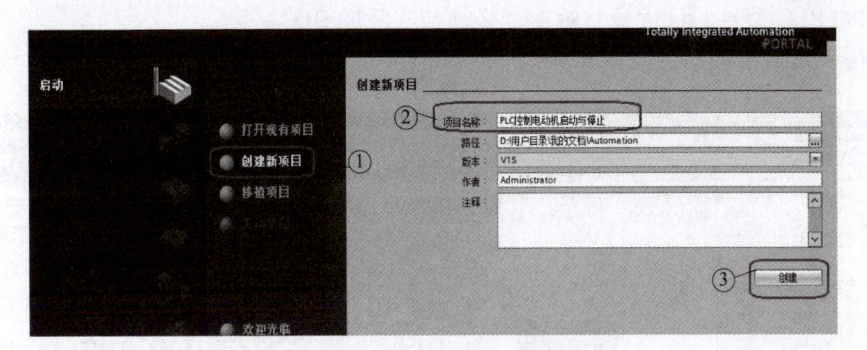

图 6-13　创建新项目

2）选择"新手上路",双击"组态设备",如图 6-14 所示。

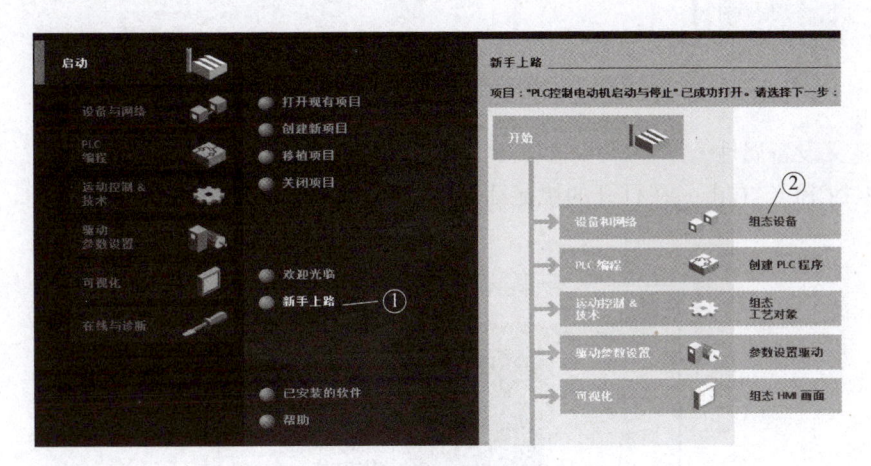

图 6-14　组态设备

3）添加新设备,如图 6-15 所示。

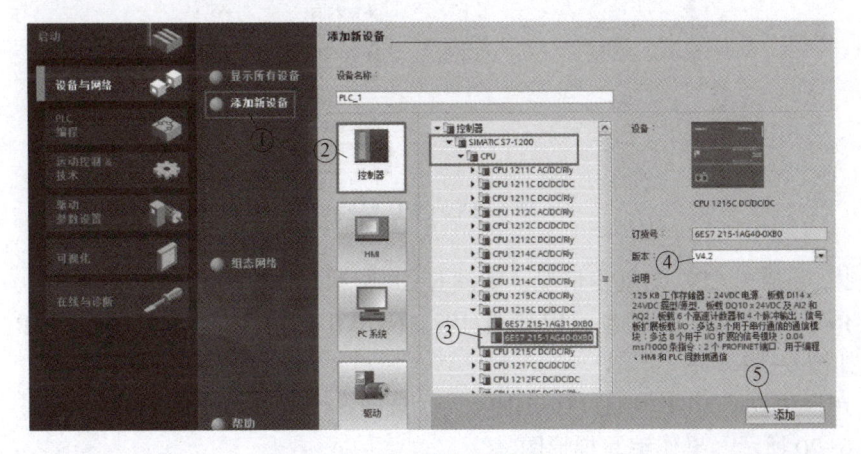

图 6-15　添加新设备

项目二　智能产线传送带 PLC 控制

添加的 PLC 型号、订货号、版本号必须与实际的 PLC 一致。

4）切换到项目视图，如图 6-16 所示。

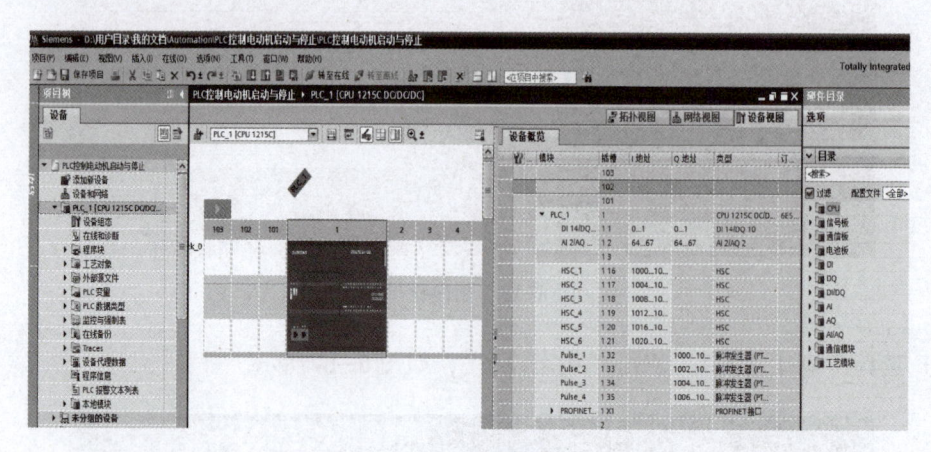

图 6-16　项目视图

5）定义设备属性。

选中"CPU"右击，在打开的快捷菜单中选择"属性"，如图 6-17 所示。

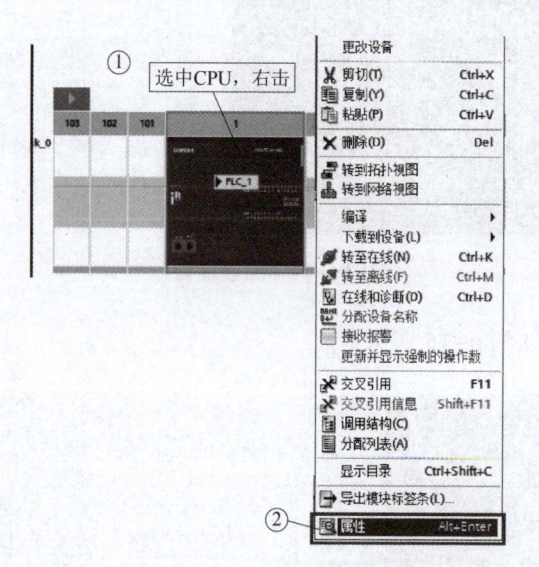

图 6-17　CPU 属性

"常规"项描述 CPU 的基本情况，如图 6-18 所示。

设置 PLC 的以太网 IP 地址，IP 地址 192.168.0.1 的前 3 位必须与 PC 机 IP 地址前 3 位一致，如图 6-19 所示。

（5）在程序块的 OB1 中编写梯形图。

如图 6-20 所示，操作编写梯形图。

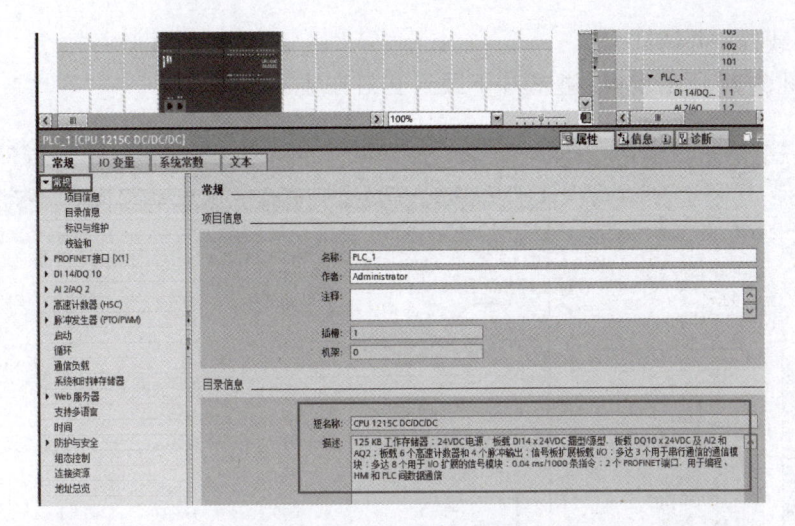

图 6-18　CPU 基本情况

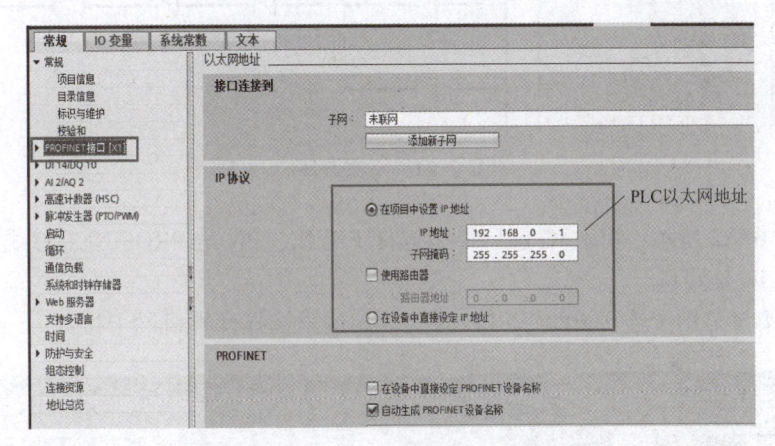

图 6-19　PLC 的以太网 IP 地址

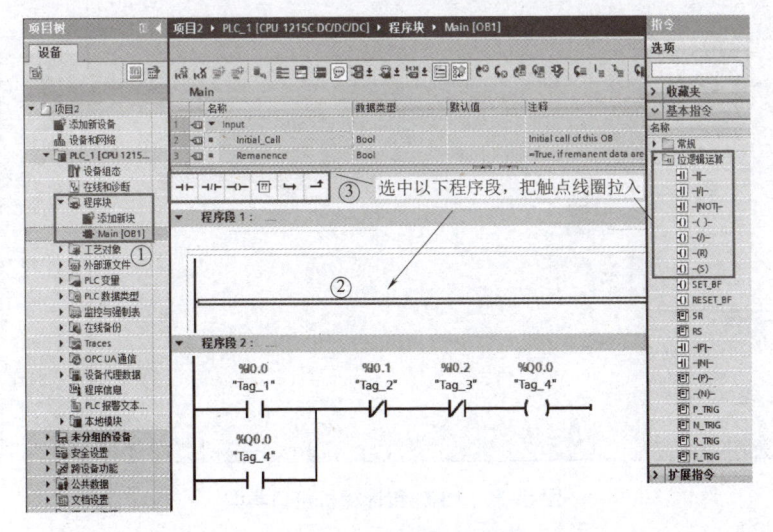

图 6-20　操作编写梯形图

(6) 下载程序并调试。

1) 如图 6-21 所示步骤，把程序下载到 PLC 中去。

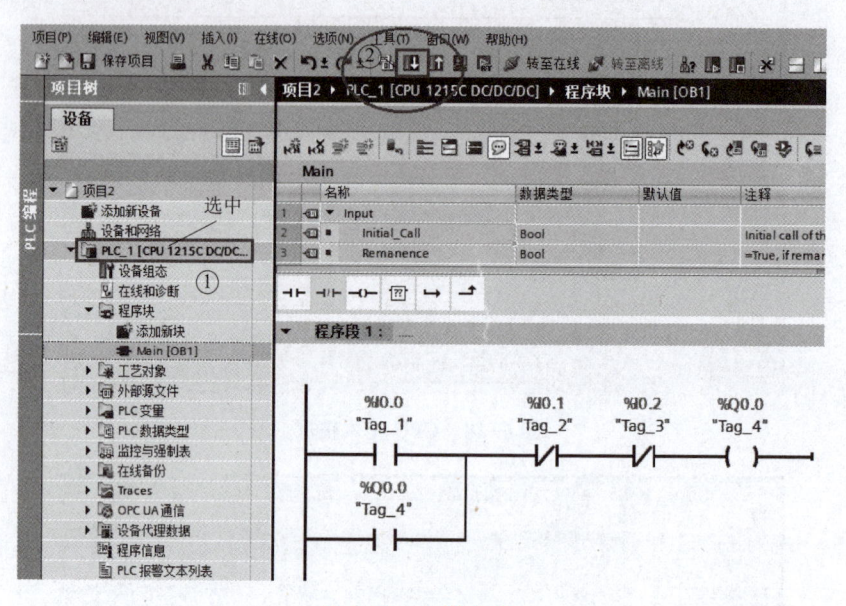

图 6-21 下载程序

2) 如图 6-22 所示，PG/PC 接口类型选择 PN/IE，PN 是 PROFINET 总线，IE 是工业以太网，PN/IE 是网口。

PG/PC 接口是用于连接 PC 与 PLC 的接口，这里选择计算机网卡接口。

图 6-22 PLC 和计算机接口类型

3）搜索 PLC 地址，找到设备后，下载程序，如图 6-23 所示。

图 6-23　下载程序

4）在停止模块中，选择"无动作"时如图 6-24 所示；在停止模块中，选择"全部停止"时如图 6-25 所示。

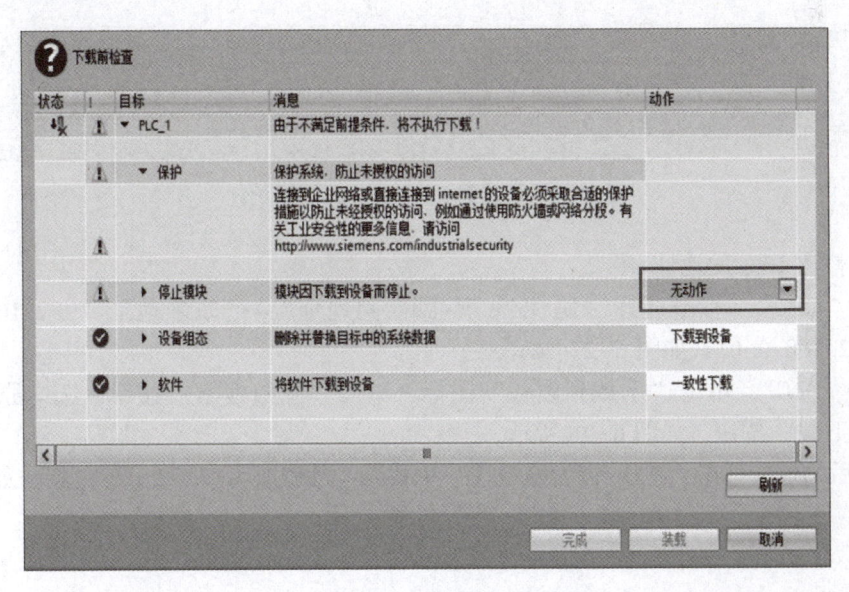

图 6-24　停止模块——无动作

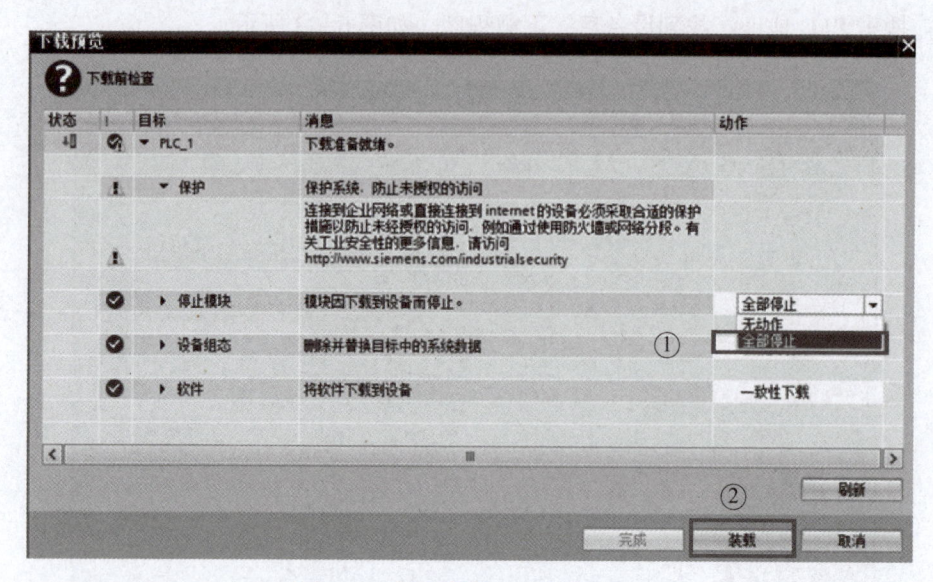

图 6-25　停止模块——全部停止

5）在图 6-26 中勾选"全部启动"，单击"完成"按钮，即可把程序下载到 PLC 中。

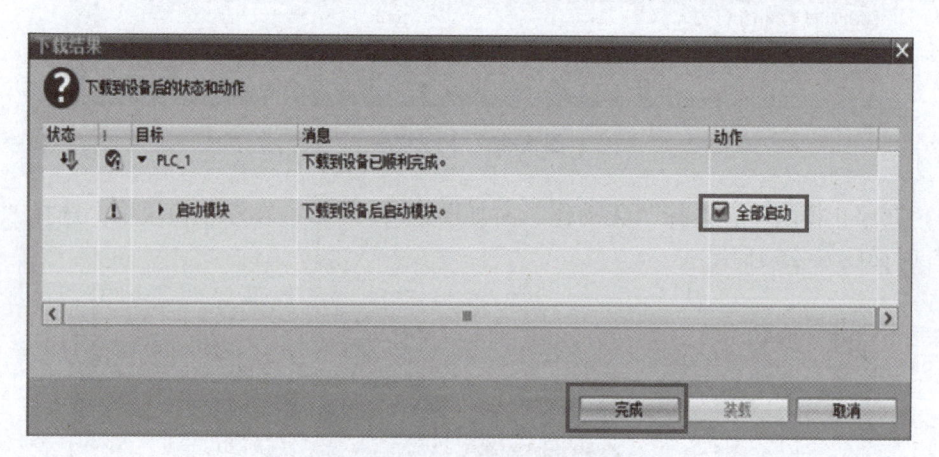

图 6-26　下载到 PLC 后的状态和动作

（7）修改 PLC 的地址。

选中"CPU"，右击选择"属性/常规/以太网地址"，把原来地址"192.168.0.20"改为"192.168.0.1"，如图 6-27 所示。

选中"PLC"，单击"下载到设备"图标，单击"开始搜索"按钮，选中原来地址，再单击"下载"按钮，如图 6-28 所示。

修改后的地址可在"常规/以太网地址"中找到，已修改为"192.168.0.1"，如图 6-29 所示。

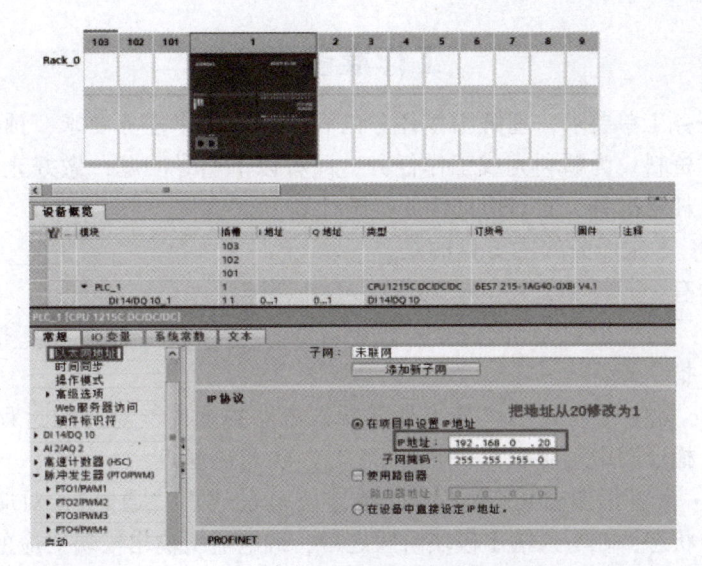

任务 6　PLC 控制物料传送带运行

图 6-27　修改 PLC 的地址

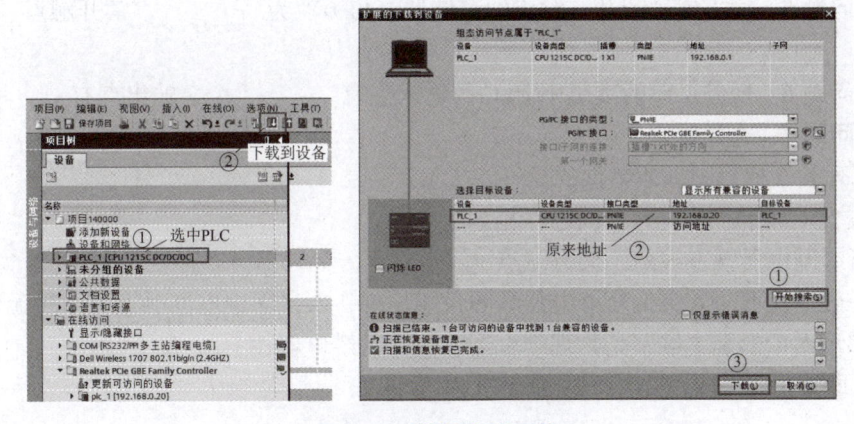

图 6-28　搜索地址下载

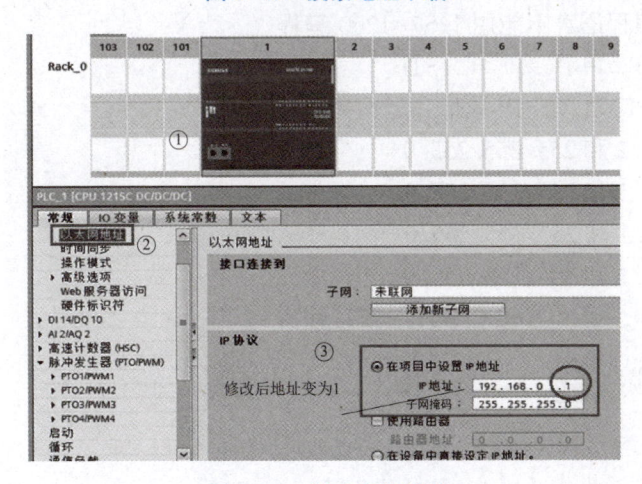

图 6-29　修改后的地址

103

工作准备页

认真阅读任务工单要求，理解工作任务内容，明确工作任务要求，预习知识学习页，获取任务的技术资料。为顺利完成工作任务，回答以下引导问题，做好充分的知识准备、技能准备和工具耗材准备，同时拟订任务实施计划。

引导问题1：本次任务的主要目的是_____，完成本次任务主要用到的指令有_____等。

引导问题2：S7-1200 PLC 的指令系统包含_____指令、_____指令、_____指令、_____指令等。

引导问题3：数字量输入模块某一外部输入电路接通时，对应的过程映像输入位为_____状态，梯形图中对应的常开触点_____，常闭触点_____。

引导问题4：若梯形图中某一过程映像输出位 Q 的线圈"通电"，对应的过程映像输出位为_____状态，在写入输出模块阶段之后，继电器型输出模块对应的硬件继电器的线圈_____，其常开触点_____，外部负载_____电。

引导问题5：输入信号断开，对应的存储器（I0.0）为_____，常开触点_____，常闭触点_____。

引导问题6：任务工单的项目中 PLC 的输入点有_____个，输出点有_____个。

引导问题7：选择题。

1. 下列关于梯形图叙述错误的是（　　）。

A. 按自上而下、从左到右的顺序排列

B. 所有继电器既有线圈，又有触点

C. 一般情况下，某个编号继电器线圈只能出现一次，而继电器触点可出现无数次

D. 梯形图中的继电器不是物理继电器，而是软继电器

2. 立即输出指令可以用于下面哪个量中（　　）。

A. I　　　B. Q　　　C. DB　　　D. M

3. 以下哪种编程语言不能用于 S7-1200 编程（　　）。

A. LAD　　B. FBD　　C. STL　　D. SCL

4. S7-1200 CPU 默认的 IP 地址和子网掩码分别为（　　）。

A. 192.168.0.2 和 255.255.255.0

B. 192.168.0.1 和 255.255.255.0

C. 192.168.1.1 和 255.255.255.0

D. 168.192.0.1 和 255.255.255.0

5. 下列选项中，哪个是 PLC 程序下载按钮（　　）。

A. ![]　　B. ![]　　C. ![]　　D. ![]

设计决策页

1. 列出 PLC 的 I/O 分配表。

进行 PLC 控制系统设计首要环节是为输入/输出设备分配 I/O 地址,在表 6-3 中分配输入/输出。

表 6-3 PLC 的 I/O 分配表

输入端口			输出端口		
元件名称	元件符号	输入地址	元件名称	元件符号	输出地址

2. 画出 PLC 的 I/O 接线图。

根据 PLC 的 I/O 分配表,结合 PLC 的接线端子,在图 6-30 中画出 PLC 的 I/O 接线图。

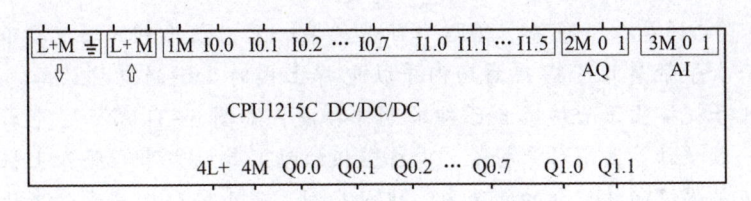

图 6-30 PLC 的 I/O 接线图

3. 设计 PLC 的梯形图。

任务实施页

1. 领取工具

领取工具参数如表6-4所示。

表6-4 工具或材料列表

序号	工具或材料名称	型号规格	数量	备注

> **温馨提示**：在完成工作任务过程中，请务必注意安全用电和电气安装操作规范。
>
> **案例**："电梯吞人"事件。2015年7月的某一天，湖北省荆州市沙市区某百货商场内，一女子带着儿子搭乘商场内手扶电梯上楼时，遭遇电梯故障。在危险关头，她将儿子托举出了险境，自己却被电梯吞没，如图6-31所示。事后调查，元凶竟然是一颗螺母，因螺母未拧紧，电梯盖板松动，导致当事人坠入上机房驱动站中防护挡板与梯级回转部分的间隙内，酿成悲剧，属于安全生产责任事故。从该事故可以看出在工作中按规范操作，做到精益求精、尽善尽美的工匠精神是多么重要。安全重于泰山，要求同学们在绘图、安装接线中要养成一丝不苟、精益求精、按规范操作的职业素养，用"匠心"打造安心。

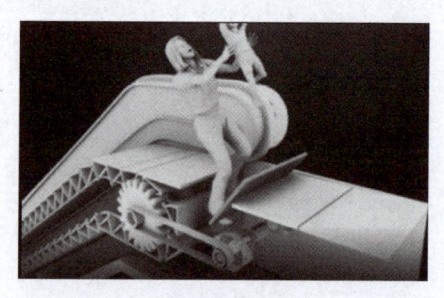

图6-31 "电梯吞人"事件示意图

2. 电气安装

（1）硬件连接。

按图纸、工艺要求、安全规范和设备要求，安装完成PLC与外围设备的接线。

(2) 接线检查。

硬件安装接线完毕，电气安装员自检，确保接线正确、安全。

3. PLC 程序编写

在 TIA 博途软件中编写设计的梯形图下载到 PLC，使 PLC 处于运行状态。

4. 通电调试

为了保证自身安全，在通电调试时，要认真执行安全操作规程的有关规定，经指导老师检查并现场监护。

引导问题 1：在编程、安装接线、程序下载、调试中出现了哪些问题？是如何解决的？

_____

_____

_____

引导问题 2：谈谈完成本次实训的心得体会。

_____

_____

_____

_____

5. 技术文件整理

整理任务技术文件，主要包括控制工艺要求、I/O 分配表、I/O 接线图、调试记录表等。

小组完成工作任务总结以后，各小组对自己的工作岗位进行"整理、整顿、清扫、清洁、安全、素养"的 6S 处理，归还所借的工具和实训器件。

检查评价页

展示评价

各组展示作品，进行小组自评、组间互评及教师考核评价，完成任务考核评价表（表6-5）的填写。

表6-5 任务考核评价表

评价项目	评价标准	分值	自评 30%	互评 30%	师评 40%	合计
职业素养（30分）	分工合理，制订计划能力强，严谨认真	5				
	爱岗敬业、安全意识、责任意识、服从意识	5				
	团队合作、交流沟通、互相协作、分享能力	5				
	遵守行业规范、现场6S标准	5				
	保质保量完成工作页相关任务	5				
	能采取多种手段收集信息、解决问题	5				
专业能力（60分）	电气图纸设计正确、绘制规范	10				
	施工过程精益求精，电气接线合理、美观、规范	10				
	程序设计合理、上机操作熟练	10				
	项目调试步骤正确	5				
	完成控制功能要求	20				
	技术文档整理完整	5				
创新意识（10分）	创新性思维和精神	5				
	创新性观点和方法	5				

任务6 拓展提高页

任务 7　PLC 控制物料传送带往复运动

任务信息页

学习目标

1. 理解复位置位指令、上升下降沿指令。
2. 能用复位置位指令、上升下降沿指令设计梯形图。
3. 进一步熟悉 TIA 博途软件应用。
4. 认识 3D 虚拟工厂 Factory IO 软件。
5. 能在 Factory IO 软件中搭建工业场景、配置项目、建立 I/O 连接，学会 PLC 和 Factory IO 联机调试运行。

工作情景

在工业生产物流中，传送带输送物料也广泛用于家电、电子、机械、印刷、食品等各行各业，如啤酒灌装线的灌装、封盖、贴标等，需要用到大量的传感检测装置和执行机构；物流的组装、检测、包装及运输等，可大大提高工作效率，从京东物流感受中国网上购物的便利和物流行业的强大，体会我国社会发展的"中国速度"自豪感。可以使用数字化虚拟工厂 Factory IO 软件在计算机中虚拟仿真工业场景，在虚拟工厂中设计、生产、检测产品，如图 7-1 所示。

图 7-1　Factory IO 软件工业场景

项目二　智能产线传送带 PLC 控制

知识图谱

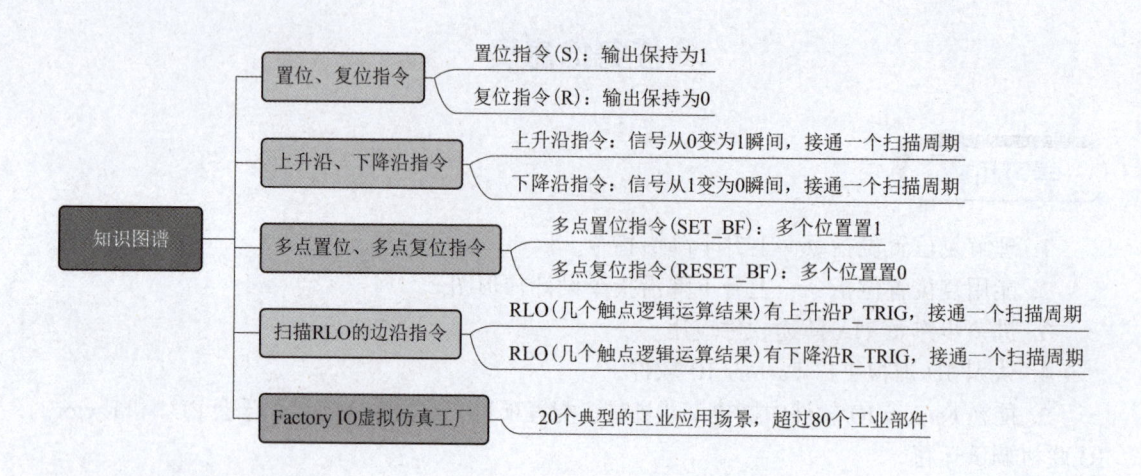

- 知识图谱
  - 置位、复位指令
    - 置位指令(S)：输出保持为1
    - 复位指令(R)：输出保持为0
  - 上升沿、下降沿指令
    - 上升沿指令：信号从0变为1瞬间，接通一个扫描周期
    - 下降沿指令：信号从1变为0瞬间，接通一个扫描周期
  - 多点置位、多点复位指令
    - 多点置位指令(SET_BF)：多个位置置1
    - 多点复位指令(RESET_BF)：多个位置置0
  - 扫描RLO的边沿指令
    - RLO(几个触点逻辑运算结果)有上升沿P_TRIG，接通一个扫描周期
    - RLO(几个触点逻辑运算结果)有下降沿R_TRIG，接通一个扫描周期
  - Factory IO虚拟仿真工厂
    - 20个典型的工业应用场景，超过80个工业部件

问题图谱

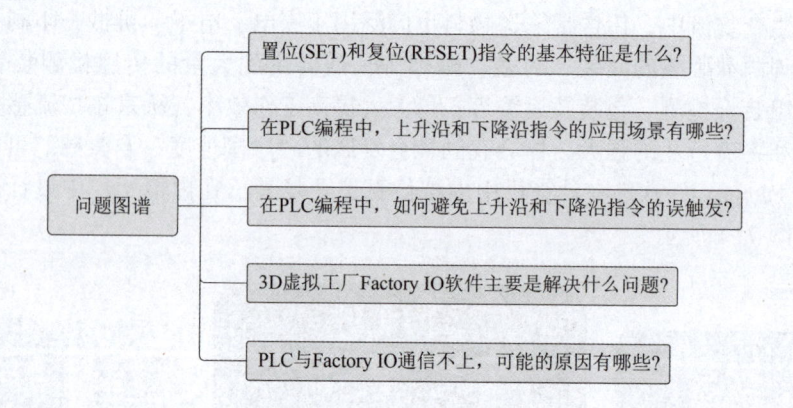

- 问题图谱
  - 置位(SET)和复位(RESET)指令的基本特征是什么？
  - 在PLC编程中，上升沿和下降沿指令的应用场景有哪些？
  - 在PLC编程中，如何避免上升沿和下降沿指令的误触发？
  - 3D虚拟工厂Factory IO软件主要是解决什么问题？
  - PLC与Factory IO通信不上，可能的原因有哪些？

任务工单页

> **控制要求**

某车间有一条运输物料的传送带，有 1 台三相异步电动机，其运动示意图如图 7-2 所示，控制箱上有向右运动按钮、向左运动按钮和停止按钮，传送带能实现左右运动控制，物料向左右运动分别碰到限位开关 SQ2、SQ1 能够反向运动，要求用 PLC 控制。

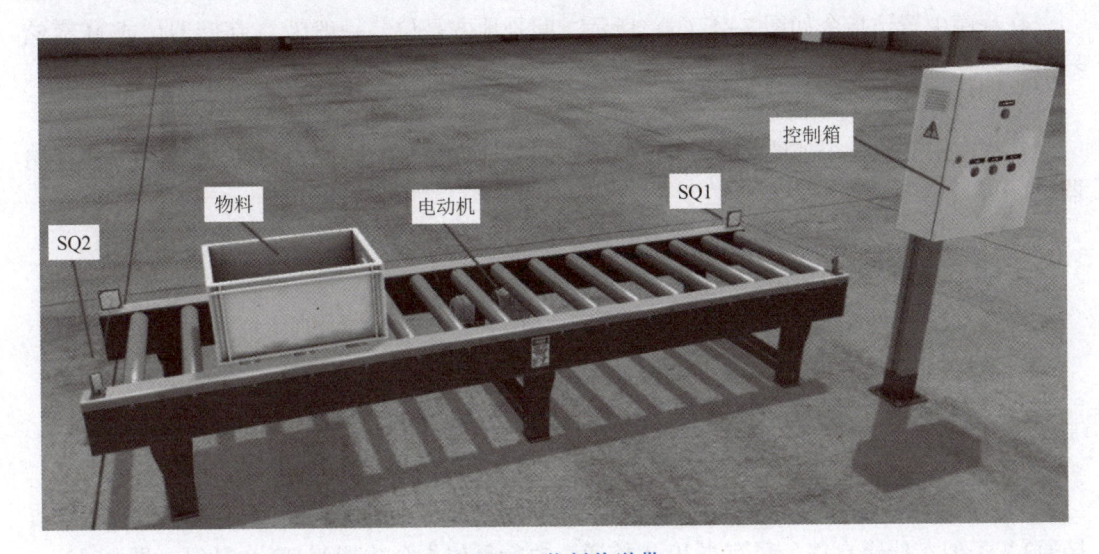

图 7-2　物料传送带

> **任务要求**

1. 请列出 PLC 的 I/O 表。
2. 画 I/O 接线图。
3. 编写实现控制要求的梯形图程序。
4. 在 Factory IO 中搭建物料传送带场景，并建立实物 PLC 与 Factory IO 通信。
5. 在实验台上安装 PLC 和外围元器件。
6. 通过实物 PLC 与 Factory IO 联合调试程序满足要求。
7. 技术文件资料整理。

任务工单的 3D
虚拟动画

知识学习页

1. 置位指令、复位指令

置位复位指令如图 7-3 所示,"bit"是 Bool 变量。

指令被激活时,对置位指令,"bit"处数据被设置为 1;对复位指令"bit"处数据被设置为 0。

指令未激活时,"bit"处数据不变。

(1) 置位指令 S(SET)。

在程序中置位指令如图 7-4(a)所示,问号地方是位,一般为 Q 存储器位或 M 存储器位。

(2) 复位指令 R(RESET)。

在程序中复位指令如图 7-4(b)所示,问号地方是位,一般为 Q 存储器位或 M 存储器位。

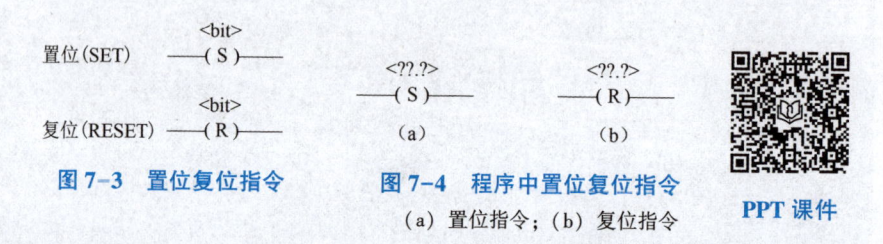

图 7-3 置位复位指令

图 7-4 程序中置位复位指令
(a)置位指令;(b)复位指令

PPT 课件

如图 7-5 所示的梯形图,当 I0.0 接通,执行置位指令使 Q0.0 置位并保持(即 Q0.0=1 接通),类似于线圈自锁。只有当 I0.1 接通,执行复位指令才能使 Q0.0 复位(即 Q0.0=0 断开),输入与输出的时序图如图 7-6 所示。

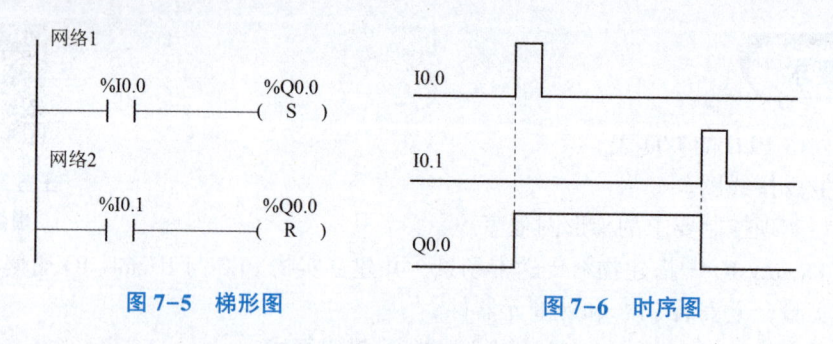

图 7-5 梯形图

图 7-6 时序图

置位复位指令最主要的特点是有记忆和保持功能。

双线圈冲突问题:在同一个程序中,同一编号的线圈在一个程序中使用两次及以上,则为双线圈输出,程序后面的线圈执行结果会覆盖前面的执行结果,这叫双线圈冲突;程序是以最终执行结果作为物理输出的。

如图 7-7 所示的梯形图,I0.0 接通时,Q0.0 是没有输出的;如 I0.2 接通,Q0.0 有输出。扫描时程序是以最终执行结果作为物理输出的。

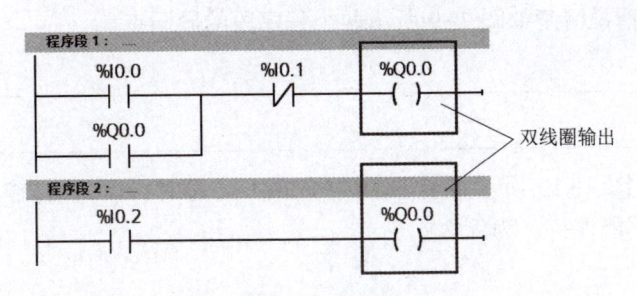

图 7-7　梯形图

双线圈输出容易引起误操作，应避免线圈的重复使用。若有双线圈输出现象，则前面的线圈输出无效，只有最后一个线圈输出有效。解决双线圈冲突问题，可以使用中间继电器 M 做转换，如图 7-8 所示，M 只有 PLC 内部寄存器，没有物理输出。

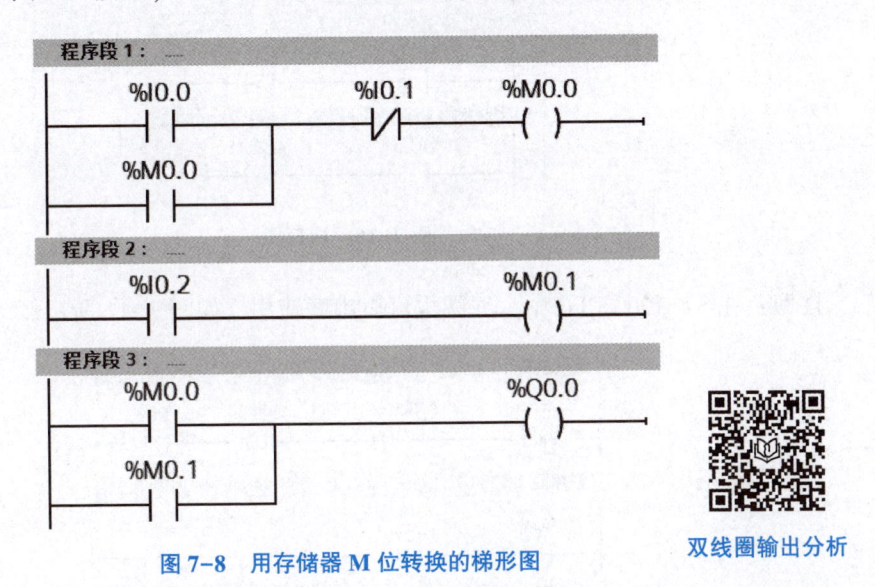

图 7-8　用存储器 M 位转换的梯形图

双线圈输出分析

引导问题 1：如图 7-9 所示的梯形图置位复位指令都是用 Q0.0，是双线圈输出吗？为什么？

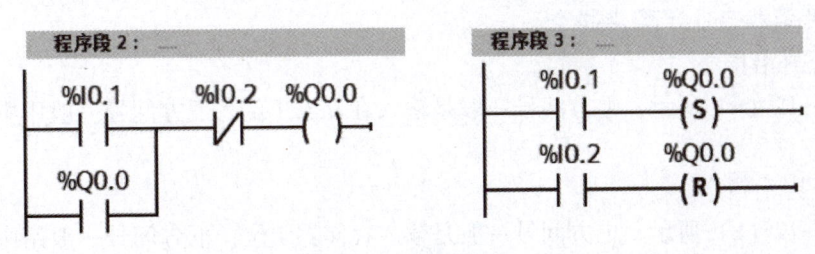

图 7-9　两个程序段

引导问题 2：请说清楚如图 7-9 所示两个程序段的异同点。

_____

_____

问题讨论：如图 7-10 所示的梯形图中，I0.1 接通时，Q0.0 有输出；I0.2 接通时，Q0.0 有输出，但不能保持，为什么？

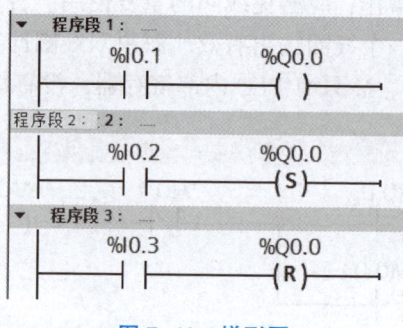

_____

_____

图 7-10　梯形图

注意：在 S7-1200 PLC 中，线圈也可以串联使用，如图 7-11 所示。

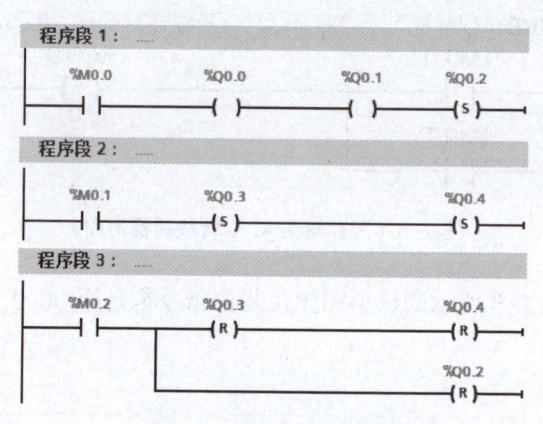

图 7-11　线圈串联梯形图

2. 上升沿指令、下降沿指令

（1）上升沿指令。

如图 7-12（a）所示，上方问号一般是输入存储器 I 位，下方问号一般用中间存储器 M 位。

（2）下降沿指令。

如图 7-12（b）所示，上方问号一般是输入存储器 I 位，下方问号一般用中间存储器 M 位。

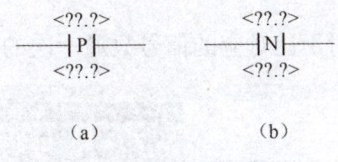

任务7 PLC 控制物料传送带往复运动

```
   <??.?>           <??.?>
 ──┤P├──          ──┤N├──
   <??.?>           <??.?>
     (a)              (b)
```

图 7-12　边沿触发指令

如图 7-13 所示是上升沿、下降沿与开关通断的模拟。

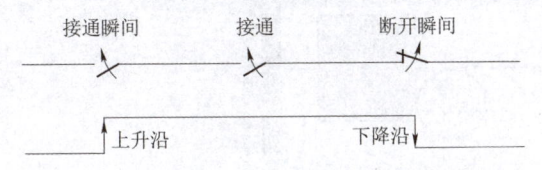

图 7-13　上升沿、下降沿与开关通断的模拟

如启动按钮按下，相当于有一个上升沿（从断开到接通），如启动按钮松开，相当于有一个下降沿（从接通到断开）。

如图 7-14 所示的梯形图，当 I0.1 从断开到接通（即 I0.1 由 0 变 1 上升沿瞬间），上升沿指令使得 M10.1 接通一个扫描周期，然后执行置位指令使 Q0.0 置位。

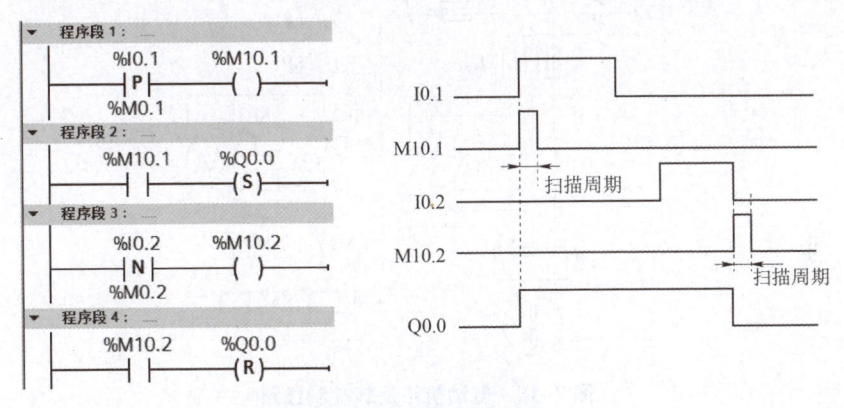

图 7-14　梯形图及时序

当 I0.2 从接通到断开（即 I0.2 由 1 变 0 下降沿瞬间），下降沿指令使得 M10.2 接通一个扫描周期，然后执行复位指令使 Q0.0 复位。

程序中 M0.1 是保存 I0.1 上个扫描周期的值，以便在这个扫描周期与 I0.1 进行比较，判断是否产生上升沿。同理，M0.2 是保存 I0.2 上个扫描周期的值，以便在这个扫描周期与 I0.2 进行比较，判断是否产生下降沿。

边沿指令应用情形：如图 7-15 所示的梯形图，现在要想实现一个加法运算，要求每按下一次按钮时，对 MW10 里面的数加 1，把该按钮接到 I0.1 上。如果程序中不在 I0.1 的触点后串一个 ┤P├ 指令（上升沿指令），则当按钮按下时，PLC 会在每个扫描周期都对 MW10 里面的数加 1，就是说如果按钮一次按下的时间有 3 个扫描周期，那 MW10 里面的数就加 3；如果用了 ┤P├ 指令，不管按钮按下多少时间，都能保证按钮每次按下 MW12

里面的内容只加1。

故上升沿和下降沿指令应用于让对应的信号只通一次的情形。

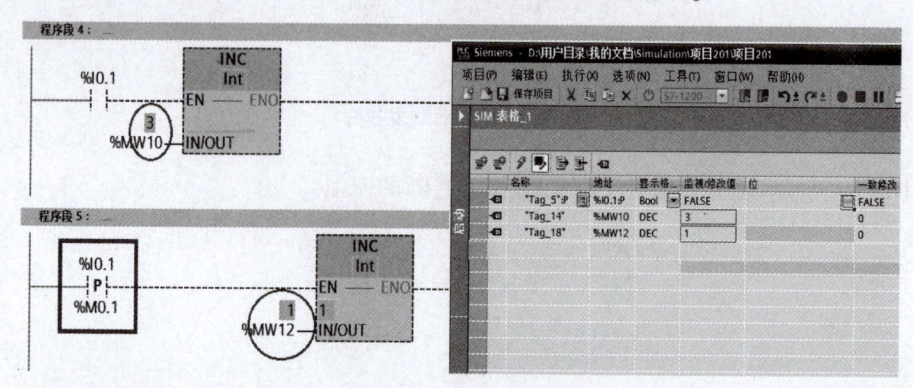

图 7-15 加1梯形图

3. PLC 控制电动机正反转案例

电动机正反转控制线路如图 7-16 所示,下面通过移植法和置位、复位指令两种方法来实现电动机正反转的 PLC 控制。

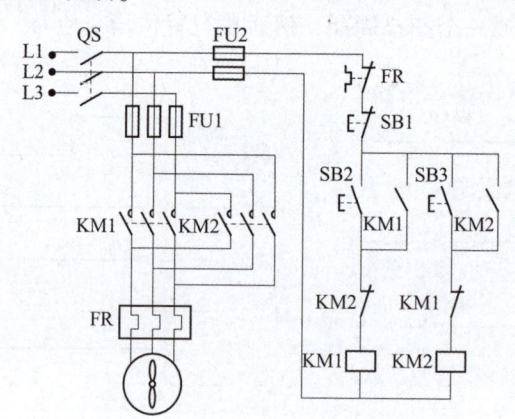

图 7-16 电动机正反转控制线路

(1) 列 I/O 分配表。

I/O 分配表如表 7-1 所示。

表 7-1 I/O 分配表

输入 I		输出 Q	
正向启动 SB2	I0.0	正向 KA1	Q0.0
反向启动 SB3	I0.1	反向 KA2	Q0.1
停止 SB1	I0.2		
过载 FR	I0.3		

(2) 绘制 PLC 的 I/O 接线图。

PLC 电动机正反转的 I/O 接线图如图 7-17 所示。

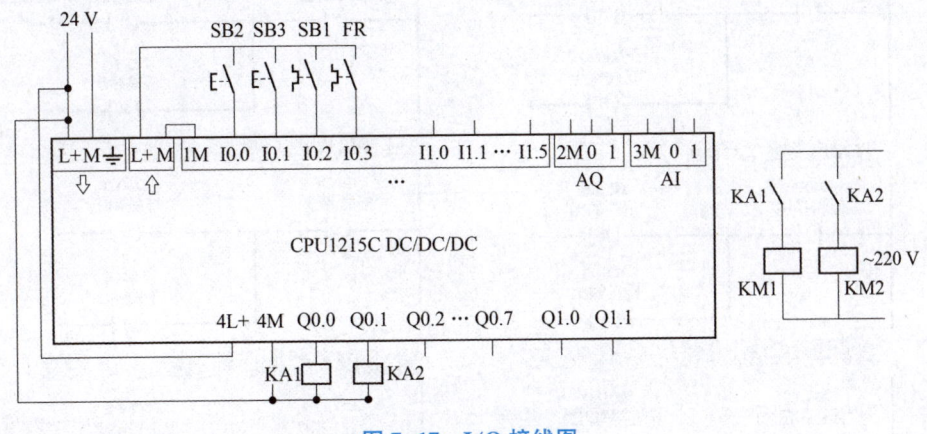

图 7-17　I/O 接线图

(3) 编写梯形图（用两种方法）。

1) 移植法：用触点、线圈编程，梯形图如图 7-18 所示。

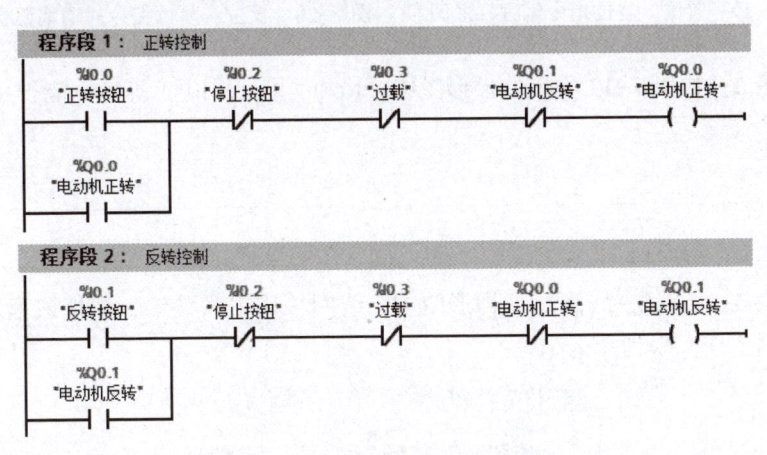

图 7-18　触点、线圈编程梯形图

2) 用置位、复位指令编程，梯形图如图 7-19 所示。

(4) 下载及调试程序。

问题讨论 1：如图 7-20 所示置位、复位指令编程的梯形图中，程序段 1 和程序段 2 的置位复位的顺序对调，在执行中可能会出现什么问题？

图 7-19 置位、复位指令编程梯形图　　图 7-20 置位、复位指令对调编程梯形图

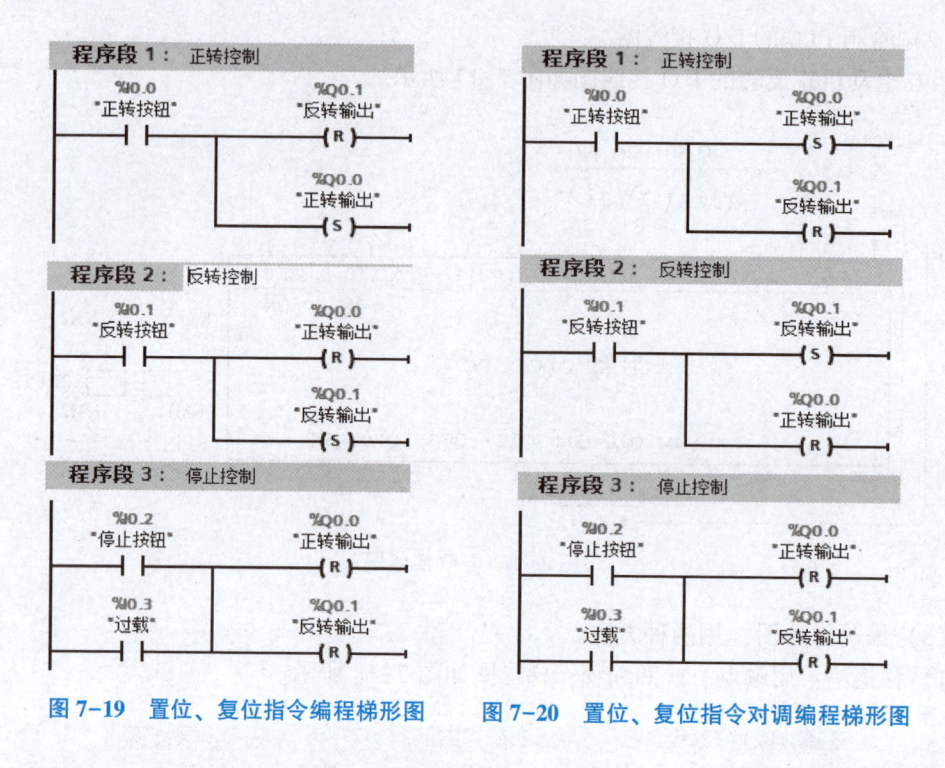

问题讨论 2：如图 7-19 所示的梯形图中，I0.0、I0.1、I0.2 等指令能否用边沿触发指令，为什么？

问题讨论 3：如图 7-21 所示的梯形图中，线圈采用串联设计，请把该程序下载调试，能否实现控制要求？得到什么结论？

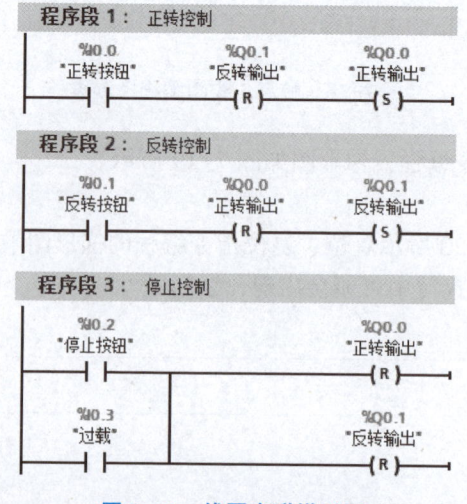

图 7-21 线圈串联梯形图

> **小提示**：在西门子的 S7-200 PLC、S7-300/400 PLC 和三菱 PLC 中线圈是不能串联使用的，但 S7-1200/1500 PLC 梯形图中线圈是可以串联使用的。

4. 数字化虚拟工厂 Factory IO 简介

数字化虚拟工厂是在计算机中虚拟仿真工业现场，在虚拟工厂中设计、生产、检测产品。

Factory IO 是 Real Games 公司开发的一款享誉欧洲的工业自动化 3D 虚拟仿真软件，其主要用于 PLC 课程中的仿真教学，3D 效果媲美大型游戏，犹如置身于真实现场一般，软件占内存不大，让学习者身临其境般体验工厂中的生产过程。如图 7-22 所示，Factory IO 提供超过 20 个典型的工业应用场景及超过 80 个工业部件，包括传感器、传送机、升降机、工作站等；利用虚拟数字化工厂，组建自己的工业场景作为控制对象，通过 PLC 编程联合 Factory IO 仿真完成自己的设计要求（控制要求）。软件支持 A-B 公司，西门子公司，三菱公司等 PLC 的连接仿真。

Factory IO 简介

3D 虚拟仿真工厂 Factory IO 安装与破解

滚筒输送线	带式输送机及溜槽	换向工作台	控制箱
物料	加工中心机器人上下料	立体仓库
物料视觉分拣产线	三轴机械手	电梯(升降机械)	水箱液位控制

图 7-22　Factory IO 工业场景

利用 TIA 博途软件和数字化虚拟工厂 Factory IO 软件，可实现虚实融合的仿真和全虚拟的仿真。

全虚拟式：仿真的 PLC，虚拟的数字化生产线（自由搭建）。

虚实融合式：真实的 PLC，虚拟的数字化生产线（自由搭建）。

5. 数字化虚拟工厂 Factory IO 应用

下面以 PLC 控制运输物料的传送带左右运动来说明 Factory IO 的应用。

利用真实 PLC 外的按钮可控制虚拟的物料传送带左右运动及停止，也可利用 Factory IO 中控制箱上的按钮控制虚拟的物料传送带左右运动及停止。

（1）在 TIA 博途中组态 PLC，编写程序，并启动运行。

1）组态 PLC 硬件，选择 PLC 的 CPU 是 1215C DC/DC/DC，如图 7-23 所示。

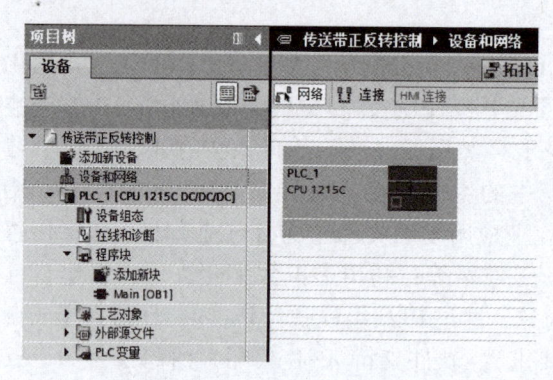

图 7-23　组态 PLC 硬件

2）在设备和网络中选 CPU，点击"属性"，如图 7-24 所示，在属性的"防护与安全"中，找到"连接机制"，勾选"允许来自远程对象的 PUT/GET 通信访问"，表示 Factory IO 可与 PLC 建立通信。（注意：这个一定要勾选，否则连接不上。）

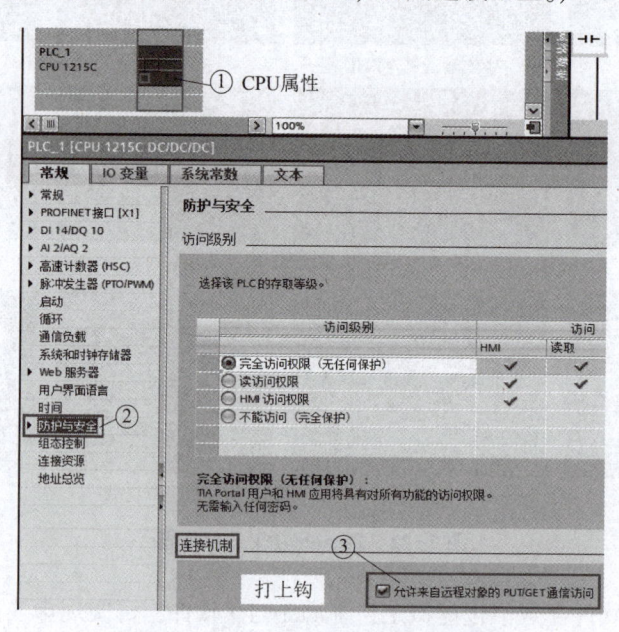

图 7-24　允许来自远程对象的通信访问

传送带左右运动案例

3）编写物料传送带左右运动及停止程序。注意在 Factory IO 中停止按钮是用常闭触点，故程序中停止按钮指令是用常开触点，如图 7-25 所示。

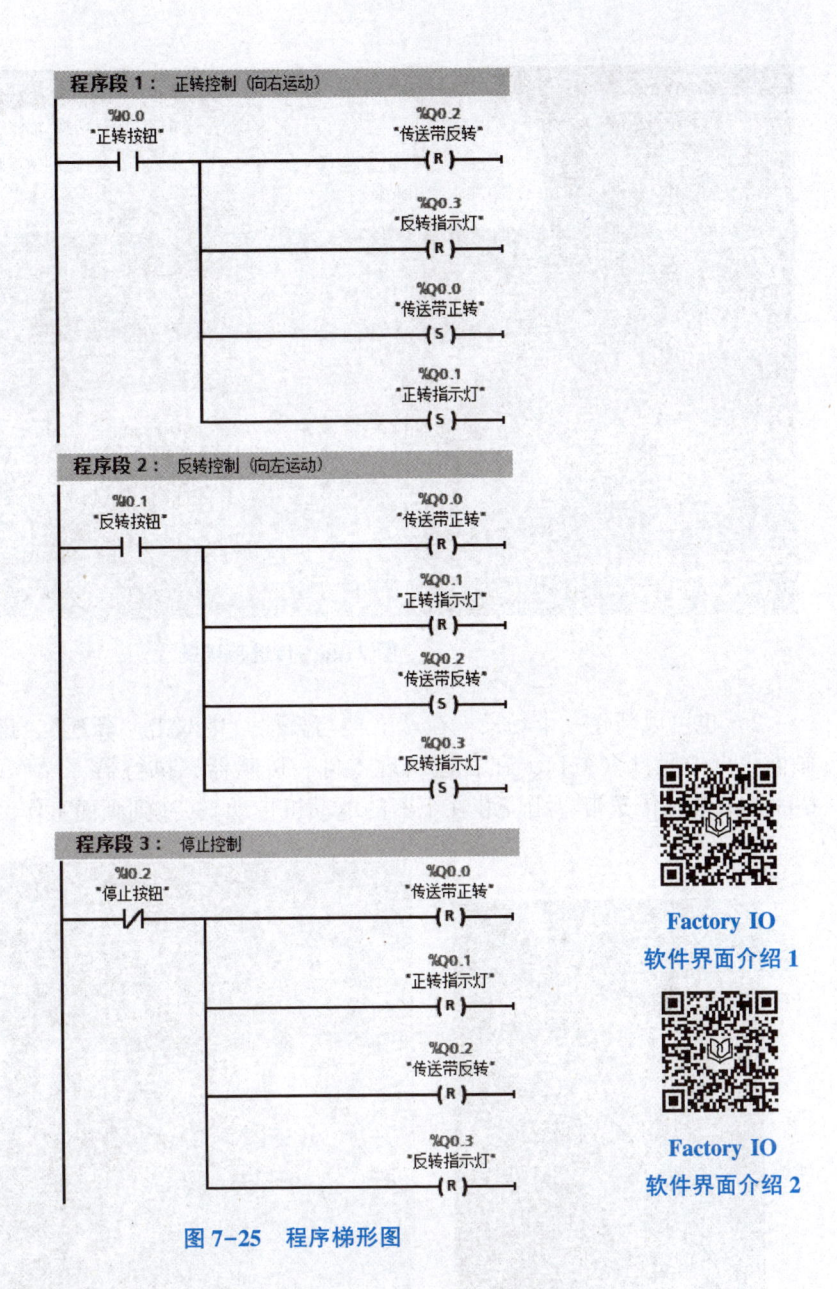

任务 7　PLC 控制物料传送带往复运动

图 7-25　程序梯形图

Factory IO 软件界面介绍 1

Factory IO 软件界面介绍 2

4）使 PLC 处于"运行"状态，否则在 Factory IO 中通信连接不上。

（2）根据控制工艺要求，在 Factory IO 中搭建工业场景。

1）在计算机上安装 Factory IO 软件后，双击图标 ，进入一个像车间工作的画面，打开系统自带的一个传送带场景，如图 7-26 所示。

项目二　智能产线传送带 PLC 控制

图 7-26　传送带场景

2）也可以新建一个场景，在"文档与教程"中双击"新建"，进入如图 7-27 所示的画面，点击元件盒窗口，在右边出现零件、传感器、执行器、操作站、工作站等，选择 6 m 长的辊轴传送带（由安装在下面的电动机带动），拖到画面工作区中。

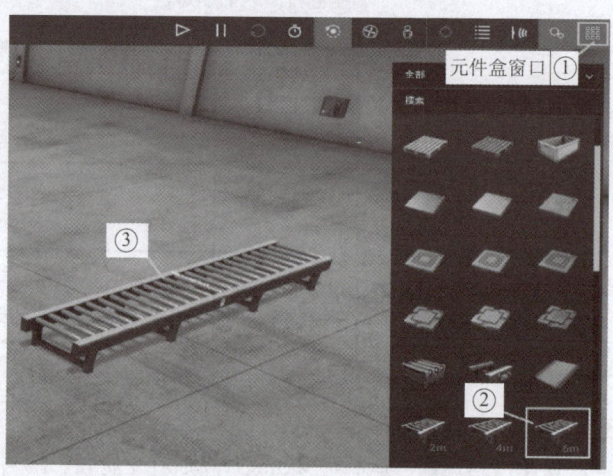

图 7-27　新建场景

同理，把物料、控制箱、指示灯、按钮等元器件拖到画面工作区中，如图 7-28 所示。

3）编辑标签（输入和输出变量）。如图 7-29 所示，在"视图"中点击"添加所有标签至任务栏"，画面工作区中所有的元件都显示出来，如图 7-30 所示。为了阅读方便，可把元件的英文名称改为中文名称，如图 7-31 所示。

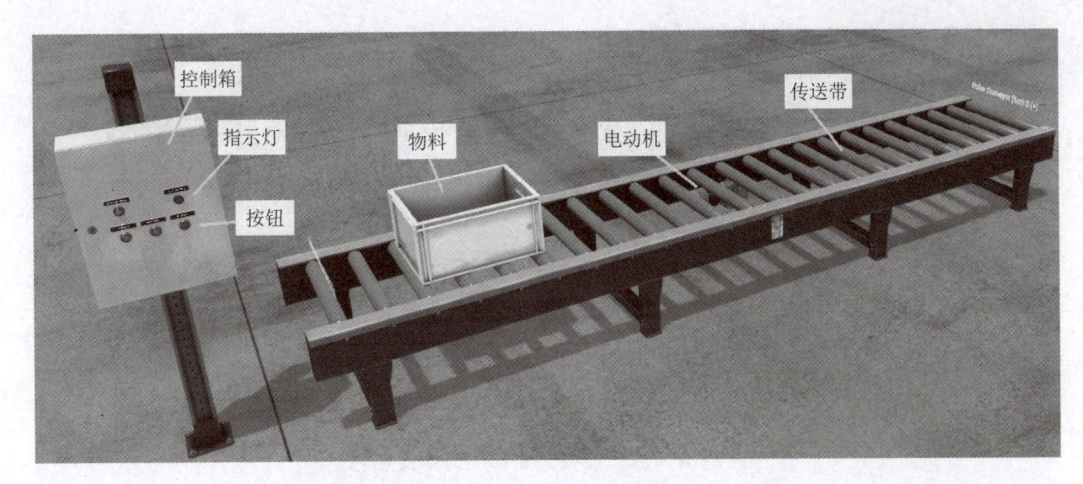

任务 7　PLC 控制物料传送带往复运动

图 7-28　拖拽元器件

图 7-29　编辑标签

图 7-30　任务栏所有标签

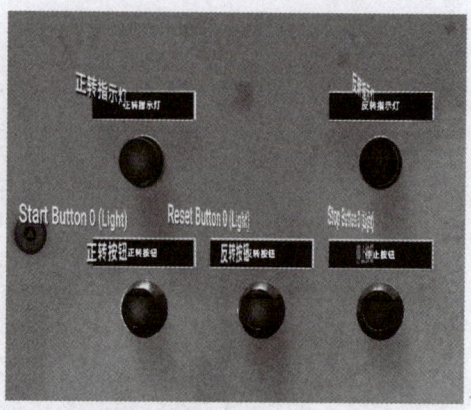

图 7-31 把标签英文名称改为中文名称

为了让传送带能正反转，选中传送带（框架颜色变黄色），在配置中选中"Digital（+/-）"，设置成正反方向运行，如图 7-32 所示。

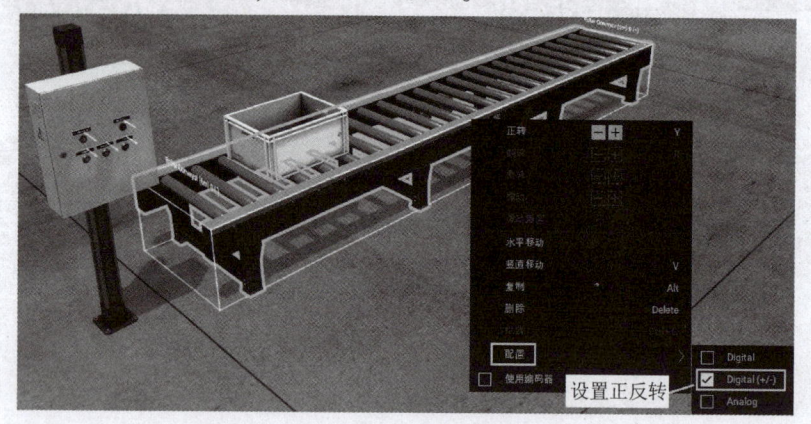

图 7-32 传送带配置成正反转运行

4）设置驱动。如图 7-33（a）所示，在"文件"中点击"驱动"，进入如图 7-33（b）所示的画面，点击"无"，得到如图 7-34 所示的画面，选择"Siemens S7-1200/1500"，出现 PLC 的 I/O 图，这是真实 PLC 与 Factory IO 建立通信的接口。

(a)　　　　(b)

图 7-33 设置驱动

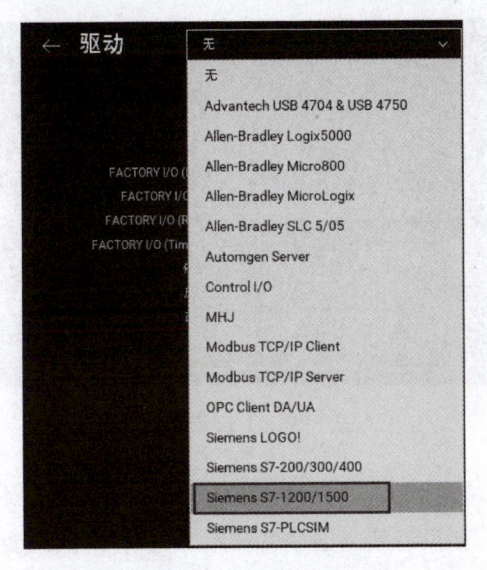

图 7-34 选择 PLC

选择"配置",进入 PLC 如图 7-35 所示的画面,类型选择"S7-1200",主机地址选择与 PLC 中的地址一样,网络适配器选择与 PLC 中的"PG/PC"接口一致,数据类型选择 32 位的"DWORD"或 16 位的"WORD"(本任务没有用到),布尔输入的偏移为 0,表示从字节 0 开始,计数为 3 表示有 I0.0、I0.1、I0.2 三个输入点,同理布尔输出的偏移为 0,表示从字节 0 开始,计数为 4 表示有 Q0.0、Q0.1、Q0.2、Q0.3 四个输出点;双字输入、双字输出为 100 表示输入、输出从 100 开始,计数为 0 表示无输入量和输出量,配置完毕的 I/O 连接图如图 7-36 所示,注意停止按钮采用常闭触点。

图 7-35 配置 PLC、输入输出点

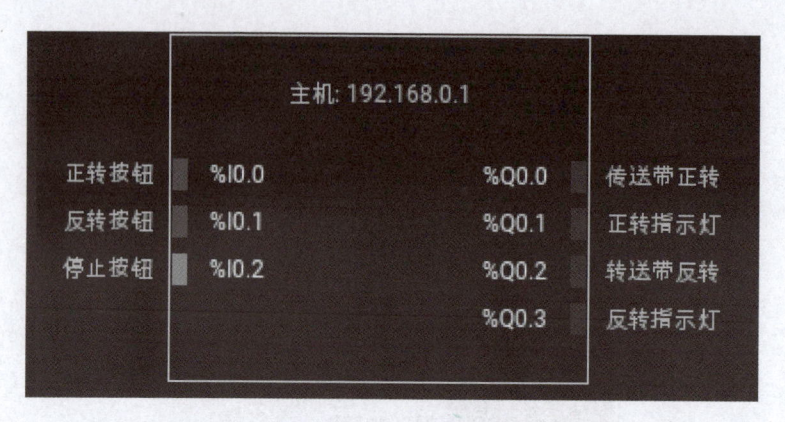

图 7-36 I/O 连接图

如图 7-37 所示点击"连接",建立真实 PLC 与 Factory IO 通信,如通信成功,则显示"✓",如图 7-38 所示,如没有建立通信,显示"!"。注意要建立真实 PLC 与 Factory IO 通信,前提条件是在 TIA 博途软件中 PLC 处于"运行"状态。

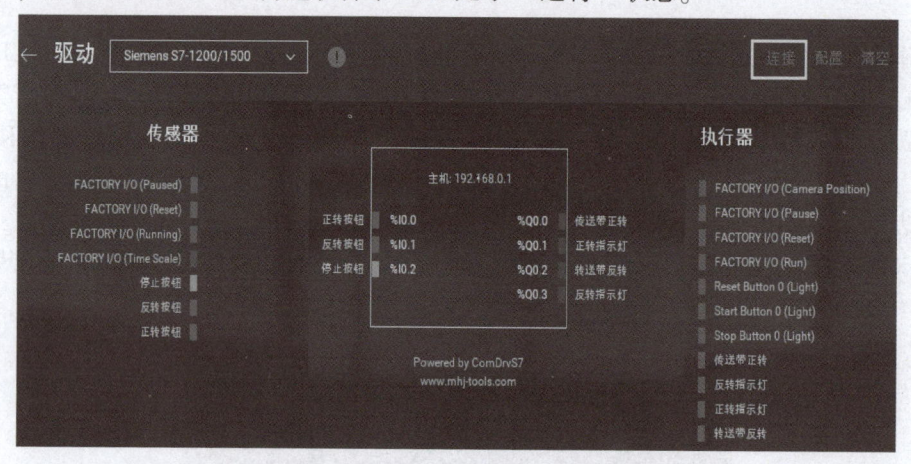

图 7-37 建立 PLC 与 Factory IO 通信

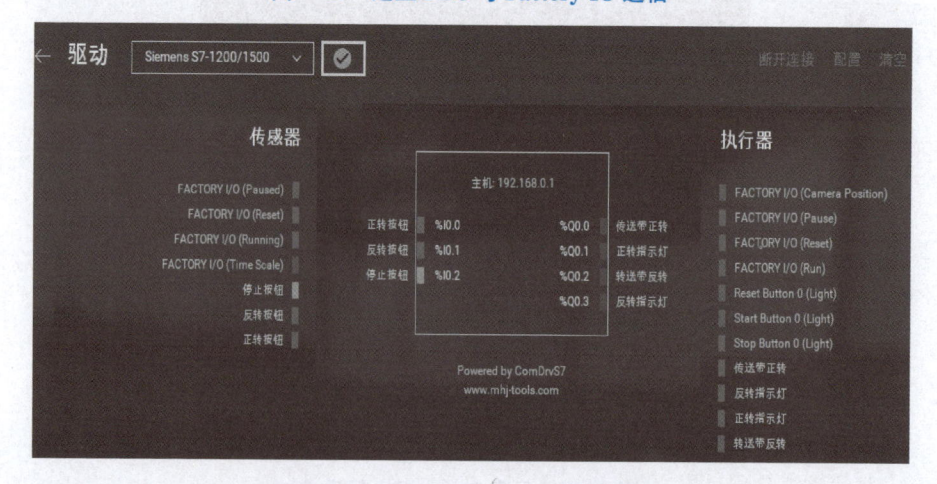

图 7-38 PLC 与 Factory IO 通信成功

5）PLC 和 Factory IO 联机调试运行。回到传送带场景画面，如图 7-39 所示，把"三角"的编辑按键变为"四方"的运行状态，按下 Factory IO 画面中控制箱正反转按钮及停止按钮或者按下 PLC 输入端子的正反转按钮及停止按钮都可使 Factory IO 画面中的物料传送带动作起来，并能使 Factory IO 画面中控制箱指示灯和 PLC 输出端的指示灯按要求指示，如图 7-40 所示。

图 7-39　编辑转到运行

图 7-40　传送带运行过程

注意：若 PLC 与 Factory IO 通信不成功，按以下步骤检查：
①查看计算机端 IP 与 PLC 端 IP 是否为同一网段。
②PLC_SIM 是否为"RUN"模式。
③PLC 设置时是否选择"允许来自远程的通信访问"。

传送带场景搭建　　传送带左右运动标签翻译中文　　传送带 FIO 配置　　传送带 PLC 编程、PLC 和 FIO 通信和调试

项目二 智能产线传送带 PLC 控制

工作准备页

认真阅读任务工单要求，理解工作任务内容，明确工作任务的要求，获取 Factory IO 软件的使用手册，预习知识学习页，形成用 PLC 实训装置和 Factory IO 软件进行虚实结合的思路，回答以下问题。

引导问题 1：本次任务用到的 Factory IO 是一个_____软件，有_____种预设的工业场景，可以搭建_____场景画面。

引导问题 2：用 Factory IO 软件仿真本任务的步骤_____、_____、_____、_____、_____。

引导问题 3：本任务 PLC 的输入点共有_____个，输出点有_____个。

引导问题 4：按下按钮瞬间，相当于_____沿；松开按钮瞬间，相当于_____沿。

引导问题 5：如图 7-41 所示是上升沿和下降沿指令，M0.1 和 M0.2 的作用分别是_____。

```
    %I0.1              %I0.2
   ──┤P├──           ──┤N├──
    %M0.1              %M0.2
```

图 7-41　上升沿和下降沿指令

引导问题 6：如图 7-42 所示是传送带上的两个传感器，一个是漫反射式传感器，另一个是反射式传感器。无物料通过时，反射式传感器状态为_____状态，有物料通过时，反射式传感器状态为_____状态。无物料通过时，漫反射式传感器状态为_____状态，有物料通过时，漫反射式传感器状态为_____状态。

图 7-42　传送带上传感器

问题讨论：在 Factory IO 的控制箱中，为什么停止按钮采用常闭触点？说明理由，并思考能否用常开触点。

_____

_____

设计决策页

1. 列出 PLC 的 I/O 分配表。

进行 PLC 控制系统设计首要环节是为输入/输出设备分配 I/O 地址,在表 7-2 中列出输入/输出地址。

表 7-2 PLC 的 I/O 分配表

输入端口			输出端口		
元件名称	元件符号	输入地址	元件名称	元件符号	输出地址

2. 画出 PLC 的 I/O 接线图。

根据 PLC 的 I/O 分配表,结合 PLC 的接线端子,画出 PLC 的 I/O 接线图,如图 7-43 所示。

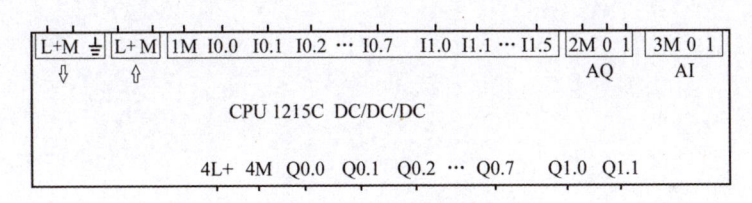

图 7-43 I/O 接线图

3. 设计 PLC 的梯形图。

4. 在 Factory IO 中搭建物料传送带往复运动场景。

5. 方案展示。

（1）各小组派代表阐述设计方案。

（2）各组对其他组的设计方案提出不同的看法。

（3）教师结合大家完成的方案进行点评，选出最佳方案。

任务实施页

1. 领取工具

领取工具材料如表 7-3 所示。

表 7-3　工具或材料列表

序号	工具或材料名称	型号规格	数量	备注

> **温馨提示**：在完成工作任务过程中，请务必注意安全用电和电气安装操作规范。

2. 电气安装

（1）硬件连接。

按图纸、工艺要求、安全规范和设备要求，安装完成 PLC 与外围设备的接线。

（2）接线检查。

硬件安装接线完毕，电气安装员自检，确保接线正确、安全。

3. PLC 程序编写

在 TIA 博途软件中编写设计梯形图，并下载到 PLC，使 PLC 处于运行状态。

4. Factory IO 组态

在 Factory IO 中搭建工业场景、配置项目、连接通信。

5. 通电调试

为了保证自身安全，在通电调试时，要认真执行安全操作规程的有关规定，经指导老师检查并现场监护。

（1）真实 PLC 端子上的启停按钮控制。

观察真实 PLC 上指示灯或实训台上指示灯亮灭；

观察 Factory IO 中控制箱指示灯亮灭情况，物料传送带左右运动及停止现象。

按下正转按钮，Factory IO 中控制箱正转指示灯_____，物料传送带向_____运动。

（2）Factory IO 中的控制箱上启停按钮控制。

观察真实 PLC 上指示灯或实训台上指示灯亮灭；

观察 Factory IO 中控制箱指示灯亮灭情况，物料传送带左右运动及停止现象。

按下反转按钮，Factory IO 中控制箱反转指示灯_____，物料传送带向_____运动，真实 PLC 上反转指示灯或实训台上反转指示灯_____。
记录调试过程中出现的问题和解决措施。

出现问题：　　　　　　　　　　　　　解决措施：

_____　　　_____

_____　　　_____

_____　　　_____

问题讨论 1：如图 7-44 所示，在调试 Factory IO 时，按"连接"按钮，出现"❗"图标，表示真实 PLC 与 Factory IO 通信失败，其可能的原因是：

_____

图 7-44　PLC 与 Factory IO 通信不上

问题讨论 2：在 Factory IO 场景中设计的传感器是用反射式传感器还是漫反射式传感器，两者在设计梯形图时要注意什么：

_____

_____

6. 技术文件整理

整理任务技术文件，主要包括控制工艺要求、I/O 分配表、I/O 接线图、调试记录表等。

小组完成工作任务总结以后，各小组对自己的工作岗位进行"整理、整顿、清扫、清洁、安全、素养"的 6S 处理，归还所借的工具和实训器件。

检查评价页

1. 展示评价

各组展示作品，进行小组自评、组间互评及教师考核评价，完成任务考核评价表（表7-4）的填写。

表7-4 任务考核评价表

评价项目	评价标准	分值	自评 30%	互评 30%	师评 40%	合计
职业素养（30分）	分工合理，制订计划能力强，严谨认真	5				
	爱岗敬业、安全意识、责任意识、服从意识	5				
	团队合作、交流沟通、互相协作、分享能力	5				
	遵守行业规范、现场6S标准	5				
	保质保量完成工作页相关任务	5				
	能采取多种手段收集信息、解决问题	5				
专业能力（60分）	电气图纸设计正确、绘制规范	10				
	施工过程精益求精，电气接线合理、美观、规范	10				
	程序设计合理、上机操作熟练	5				
	搭建工业场景	5				
	PLC 与 Factory IO 通信	10				
	完成控制功能要求	20				
创新意识（10分）	创新性思维和精神	5				
	创新性观点和方法	5				

2. 任务复盘

(1) 重点、难点问题检测。

通过 PLC 和 Factory IO 控制传送带往复运动任务的分析、设计、实施，可以总结出完成一个 PLC 和 Factory IO 控制系统项目的基本步骤是：

①在 TIA 博途中组态 PLC，编写程序下载到 PLC，启动运行；

②根据控制工艺要求，在 Factory IO 中搭建工业场景；

③在 Factory IO 中配置项目、建立 I/O 连接；

④PLC 和 Factory IO 联机调试运行。

(2) 是否完成学习目标。

（3）谈谈完成本次实训的心得体会。

_____

_____

_____

任务 7　拓展提高页

任务 8　PLC 控制两条传送带顺序启停

任务信息页

学习目标

1. 能说出 4 种定时器指令的定时原理，能描述定时或复位时输出状态、当前值状态。
2. 会用时序图动作顺序理解定时器指令的定时原理。
3. 能用定时器指令编写两条传送带按顺序启停的梯形图，并能调试程序。
4. 能用仿真 PLC 与 Factory IO 软件调试程序。

工作情景

顺序控制在工业生产中应用广泛，以下为 3 个顺序控制应用的场景。

场景 1：车床加工时，"兵马未动，粮草先行"——油泵电机先启动后，主轴电机才能开动，如图 8-1 所示。

场景 2：运输传送皮带转送时，1#皮带先启动后，2#皮带才能开动，否则造成物料堆积，如图 8-2 所示。

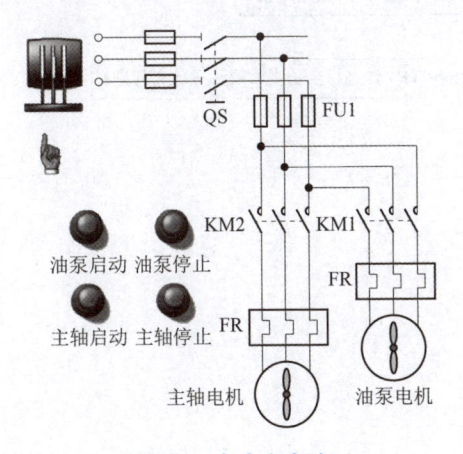

图 8-1　车床主电路

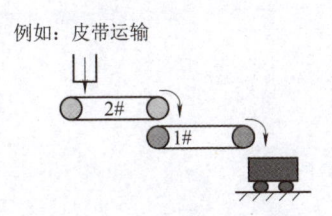

图 8-2　运输传送皮带转送

场景 3：中央空调工作时，开机顺序：开风机——开冷冻水泵——开冷却水泵——开主机（压缩机）；停机顺序：关压缩机——关水塔风机——关冷冻水泵—关冷却水泵。

一般这些场景进行顺序启停时都要用到定时器来切换。

项目二　智能产线传送带 PLC 控制

知识图谱

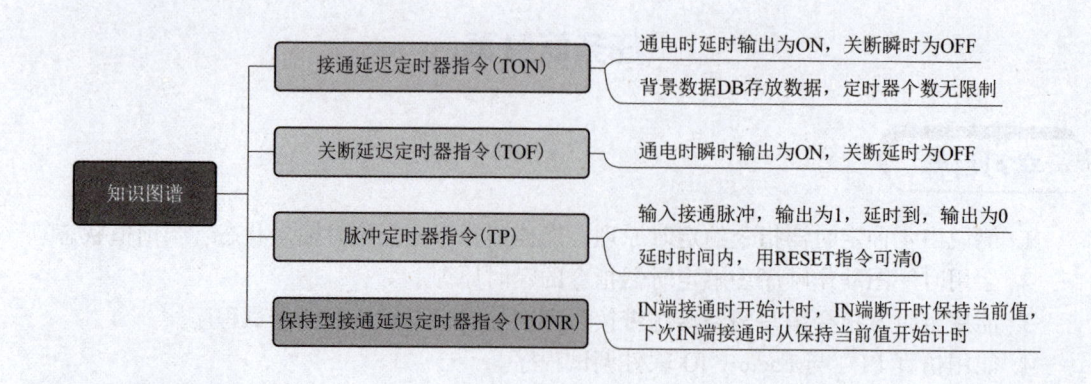

- 知识图谱
  - 接通延迟定时器指令（TON）
    - 通电时延时输出为ON，关断瞬时为OFF
    - 背景数据DB存放数据，定时器个数无限制
  - 关断延迟定时器指令（TOF）
    - 通电时瞬时输出为ON，关断延时为OFF
  - 脉冲定时器指令（TP）
    - 输入接通脉冲，输出为1，延时到，输出为0
    - 延时时间内，用RESET指令可清0
  - 保持型接通延迟定时器指令（TONR）
    - IN端接通时开始计时，IN端断开时保持当前值，下次IN端接通时从保持当前值开始计时

问题图谱

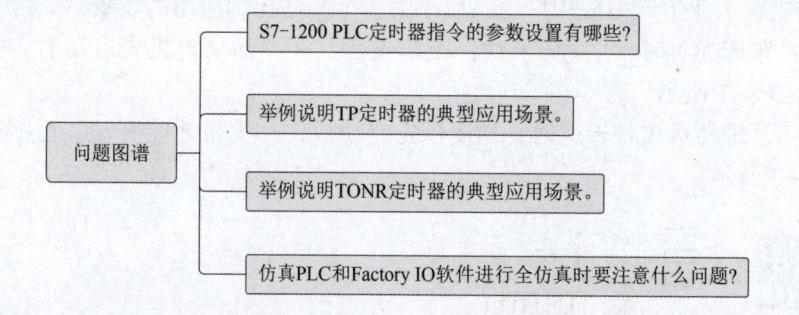

- 问题图谱
  - S7-1200 PLC定时器指令的参数设置有哪些？
  - 举例说明TP定时器的典型应用场景。
  - 举例说明TONR定时器的典型应用场景。
  - 仿真PLC和Factory IO软件进行全仿真时要注意什么问题？

任务工单页

控制要求

如图 8-3 所示,两条传送带由两台电机带动,控制要求如下:

按下启动按钮时,传送带 1 先启动运行,3 s 后传送带 2 自动启动运行;停止时为防止物料堆积,按下停止按钮时,传送带 2 先停止运行,5 s 后传送带 1 再自动停止运行;在启动过程中,信号灯以 1 Hz 频率闪烁,启动结束后,信号灯常亮。

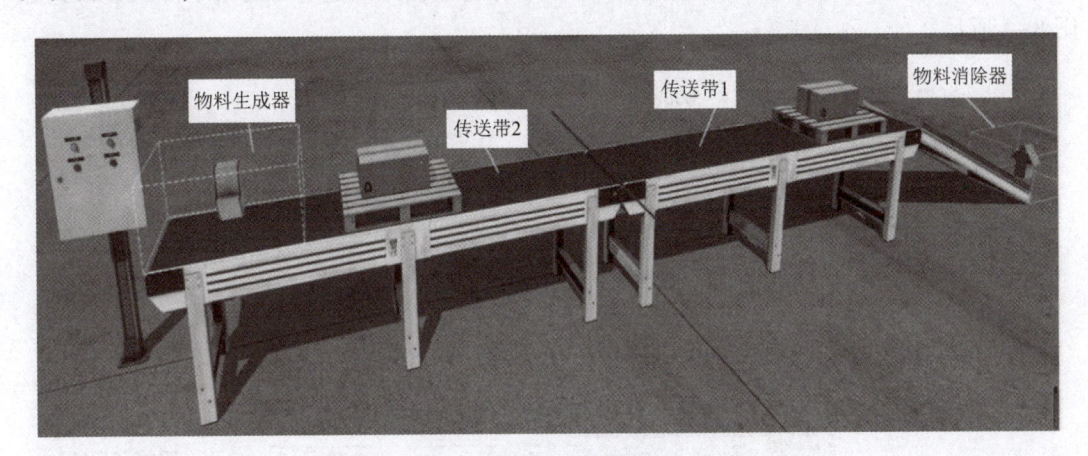

图 8-3 两条传送带场景

任务要求

1. 请列出 PLC 的 I/O 表。
2. 画 I/O 接线图。
3. 编写实现控制要求的梯形图。
4. 在 Factory IO 中搭建物料传送带场景,并建立仿真 PLC 与 Factory IO 通信。
5. 通过仿真 PLC 与 Factory IO 联合调试程序满足要求。
6. 技术文件资料整理。

任务工单的 3D 虚拟仿真动画

知识学习页

1. S7-1200 PLC 中定时器指令的种类

定时器：用来定时、完成时间控制的器件，在 PLC 中可用指令来实现定时器功能。

在 S7-1200/1500 PLC 中定时器指令名称不像 S7-200 PLC 中用 T0、T1 等表示，而是用 IEC 表示，并用背景数据 DB 存放数据。用户程序中可使用定时器数量仅受 CPU 存储器容量限制，这样定时器几乎没有数量限制。

在 S7-1200 PLC 中定时器指令有 4 种，分别是脉冲定时器指令（TP）、接通延迟定时器指令（TON）、关断延迟定时器指令（TOF）、保持型接通延迟定时器指令（TONR），如图 8-4 所示。

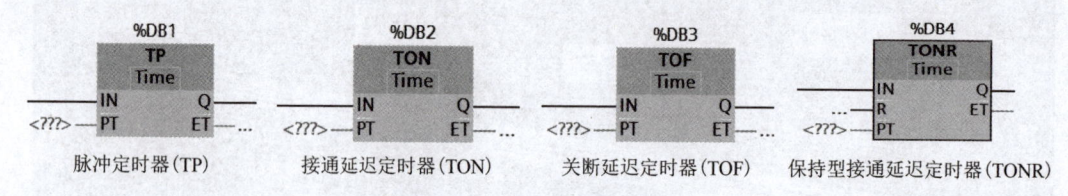

图 8-4　定时器 4 种类型

S7-1200 PLC 中定时器指令可以用框图和线圈表示，如图 8-5 所示。

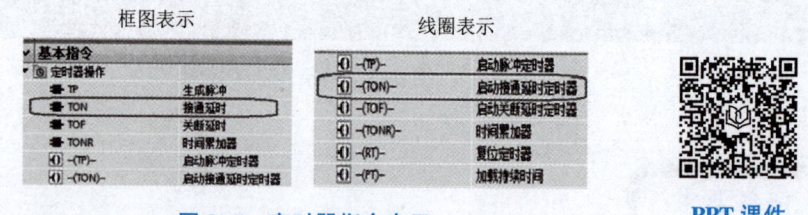

图 8-5　定时器指令表示

PPT 课件

定时器管脚名称和说明如图 8-6 所示。

参数	数据类型	说明
IN	Bool	启用定时器输入
PT (Preset Time)	Bool	预设的时间值输入
Q	Bool	定时器输出
ET (Elapsed Time)	Time	经过的时间值输出
定时器数据块	DB	指定要使用RESET指令复位的定时器

图 8-6　定时器管脚名称和说明

定时器背景数据块 DB 如图 8-7 所示，包含有定时目标值 PT、定时当前值 ET、定时器输入 IN、定时器输出 Q 等。

138

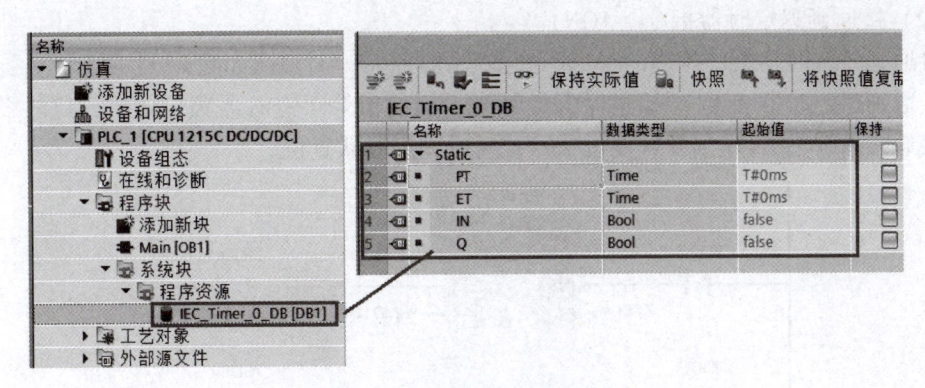

图 8-7 定时器背景数据块 DB

注意：如果用线圈指令编写程序，必须先添加一个定时器背景数据块，背景数据块的数据类型是 IEC_TIMER。定时器号数据类型是 IEC_TIMER，定时时间数据类型是 Time，定时器的定时时间和当前值是 32 位整数，用 MD 表示。

2. S7-1200 PLC 中定时器指令的功能

（1）脉冲定时器指令（TP）。

脉冲定时器指令构成的梯形图如图 8-8 所示，时序图如图 8-9 所示。

图 8-8 脉冲定时器指令梯形图

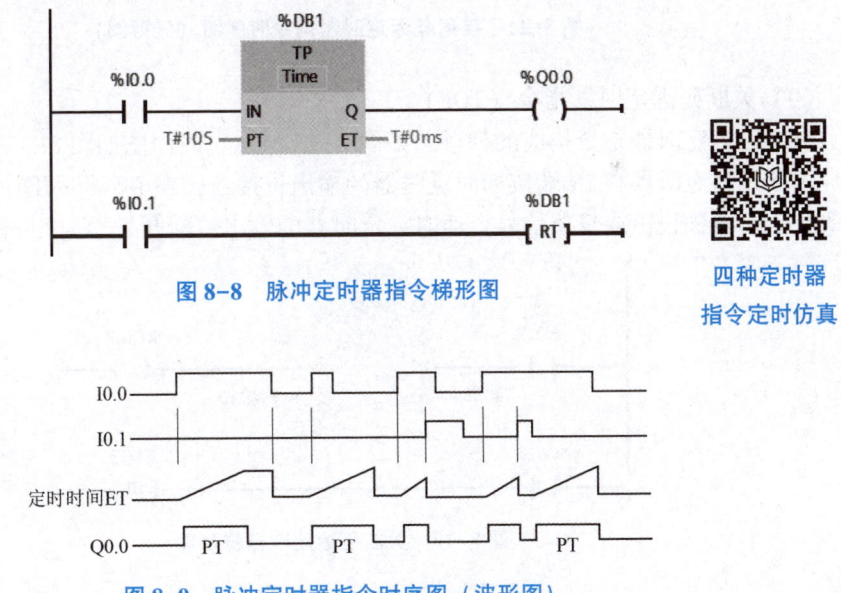

四种定时器
指令定时仿真

图 8-9 脉冲定时器指令时序图（波形图）

脉冲定时器在 IN 端 I0.0 有一个上升沿时，输出 Q0.0 接通，延时时间到，自动使 Q0.0 断开；可生成具有预设宽度时间的脉冲输出。

如图 8-8 所示，当 I0.0 接通为 ON 时，Q0.0 的状态为 ON，10 s 后，Q0.0 的状态变为 OFF，在这 10 s 时间内，不管 I0.0 的状态如何变化，Q0.0 的状态始终保持为 ON；如在 10 s 内，I0.1 接通为 ON 时，Q0.0 的状态变为 OFF。

(2) 接通延迟定时器指令（TON）。

接通延时定时器指令构成的梯形图如图 8-10 所示，时序图如图 8-11 所示。

接通延迟定时器在 IN 端接通时开始计时，当前值等于定时器预设值时，定时器的输出位接通，只有在 IN 端断开或复位信号接通时，定时器复位。

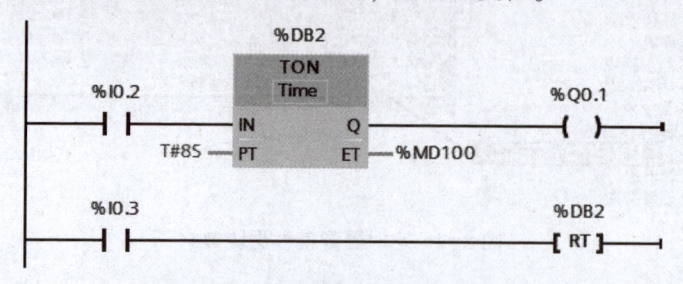

图 8-10　接通延迟定时器指令梯形图

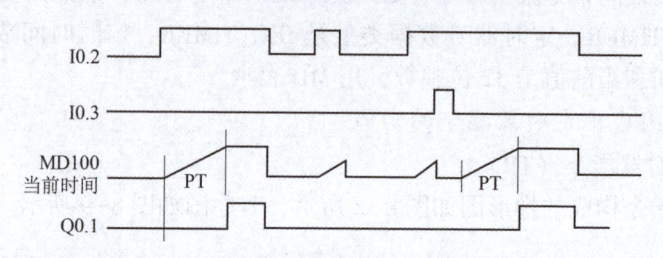

图 8-11　接通延迟定时器指令时序图（波形图）

(3) 关断延迟定时器指令（TOF）。

关断延迟定时器指令构成的梯形图如图 8-12 所示，时序图如图 8-13 所示。

关断延迟定时器在 IN 端接通时定时器的输出位接通，在 IN 端断开时开始计时，当前值等于定时器预设值或复位信号接通时，定时器的输出位断开。

图 8-12　关断延迟定时器梯形图

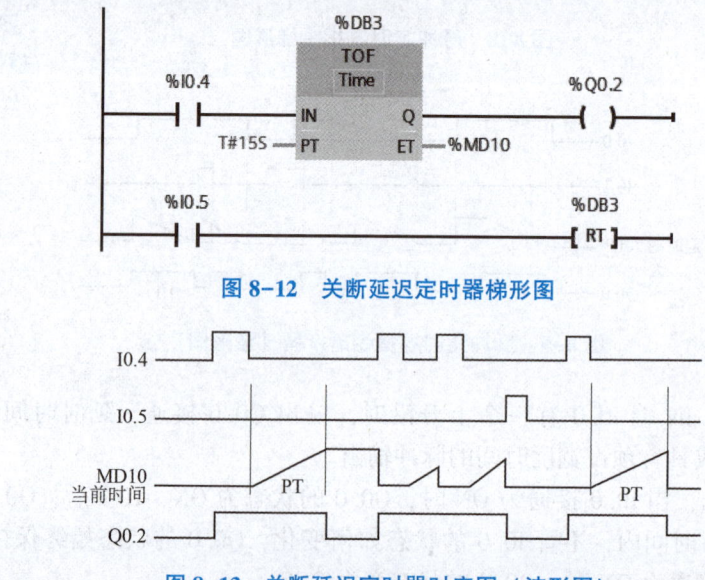

图 8-13　关断延迟定时器时序图（波形图）

(4)保持型接通延迟定时器指令(TONR)。

保持型接通延迟定时器指令构成的梯形图如图 8-14 所示,时序图如图 8-15 所示。

保持型接通延迟定时器在 IN 端接通时开始计时,IN 端断开时保持当前值,下次 IN 端接通时从保持当前值开始计时,当前值等于定时器预设值时,定时器的输出位接通,只有在复位信号接通时,定时器复位。

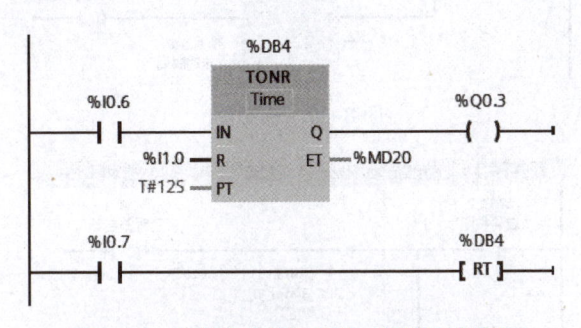

图 8-14 保持型接通延迟定时器指令梯形图

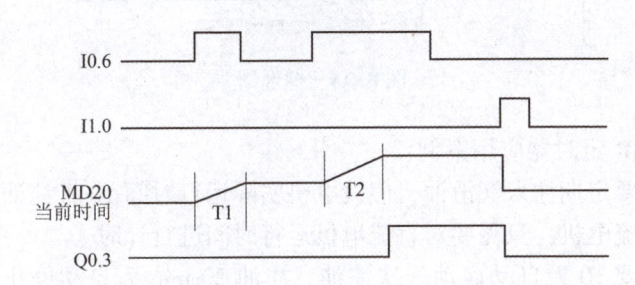

图 8-15 保持型接通延迟定时器指令时序图(波形图)

定时器指令编程应用案例。

【案例 1】TP 定时器应用案例:饮料罐装,开机罐装一定时间,满后自动停止,梯形图如图 8-16 所示。

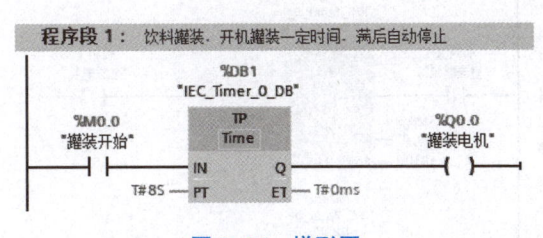

图 8-16 梯形图

【案例 2】TON 定时器应用案例:两台电机顺序启动,梯形图如图 8-17 所示。

【案例 3】TOF 定时器应用案例:变频器启动,风机开;变频器关,风机延时一定时间才关,梯形图如图 8-18 所示。

141

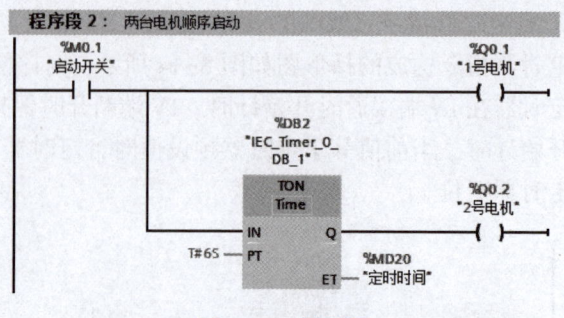

项目二　智能产线传送带 PLC 控制

图 8-17　梯形图

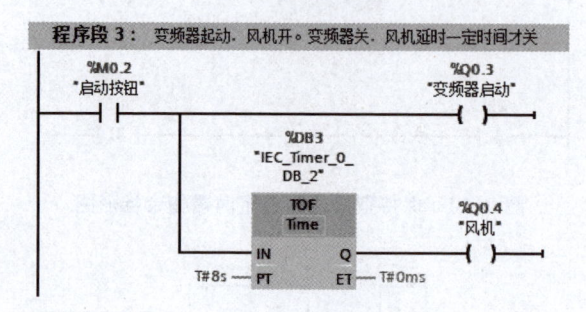

图 8-18　梯形图

【**案例 4**】 TONR 定时器应用案例：
①直流电机需要定期注入润滑油，假设电机实际运行时间 10 天注油一次。
②无需控制直流电机，只需要对直流电机运行时间进行计时。
③润滑油泵需要 10 天自动启动一次注油，注油 20 min 后自动停止，无需手动控制，梯形图如图 8-19 所示。

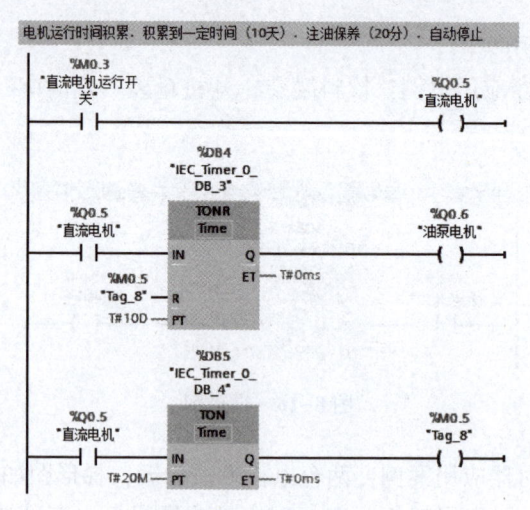

图 8-19　梯形图

课堂练习 1：按下 I0.0（点动），Q0.0 亮，5 s 后，Q0.0 灭掉。
课堂练习 2：按下 I0.0（点动），5 s 后，Q0.0 亮，按下 I0.1 灭掉。

问题讨论 1：如图 8-20 所示是客房取电系统的梯形图。用按钮 I0.0、Q0.0 和定时器，模拟客房取电系统，I0.0 通时是插卡，I0.0 断时是拔卡，Q0.0 是客房灯，请分析原理。

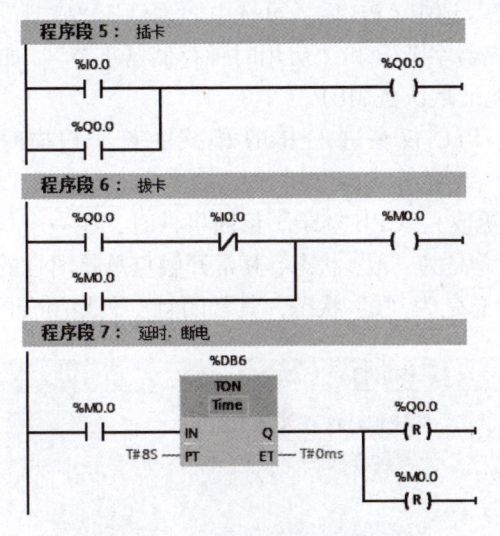

图 8-20 客房取电系统梯形图

I0.0 通时（插卡）：_____

I0.0 断时（拔卡）：_____

问题讨论 2：如图 8-20 所示梯形图中的 Q0.0 和 M0.0 可不可以不用自锁？

小哲理："154 年的耻辱，我们多一秒都不能再等，0 分 0 秒升起中国国旗，这是我们的底线"，如图 8-21 所示是《我和我的相国》的电影片断，电影真实再现了 1997 年 7 月 1 日香港回归的盛况。为了确保香港分秒不差回归祖国怀抱，大陆的官员和军人，香港的警察和市民，双方同心协力，默契配合，共同完成了香港回归的历史任务，从这历史事件中体会到精确控制时间的重要性，PLC 中的定时器就像生活中的时钟，要准确控制。

图 8-21 《我和我的相国》电影片断

3. S7-1200 PLC 中系统存储器字节和时钟存储器字节的设置

在设计梯形图时经常用到系统存储器字节和时钟存储器字节中的位控制程序，在"项目"中打开"设备组态"，选中 CPU 后，再选中"属性""常规""系统和时钟存储器"，分别勾选"启用系统存储器字节"和"启用时钟存储器字节"，如图 8-22 所示。

系统存储器字节的地址默认是 MB1。

M1.0（首次循环）：PLC 仅在进入 RUN 模式的首次扫描时为"1"状态，以后为"0"状态；

M1.1（诊断状态已更改）：CPU 登录了诊断事件时，在一个扫描周期内为"1"状态；

M1.2（始终为1）：总是为"1"状态，其常开触点总是闭合的。

M1.3（始终为0）：总是为"0"状态，其常闭触点总是闭合的。

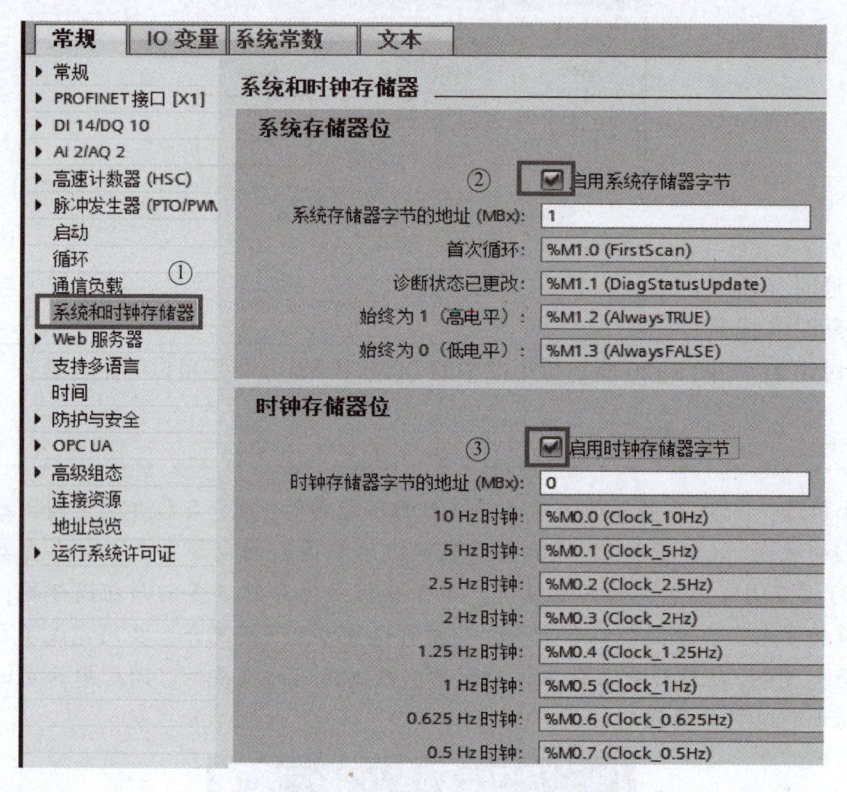

图 8-22 系统存储器和时钟存储器

时钟存储器字节的地址默认是 MB0，PLC 运行后获得不同周期的脉冲信号，如图 8-23 所示。

图 8-23 脉冲信号

M0.0——10 Hz（周期0.1 s） M0.1——5 Hz（周期0.2 s）
M0.2——2.5 Hz（周期0.4 s） M0.3——2 Hz（周期0.5 s）
M0.4——1.25 Hz（周期0.8 s） M0.5——1 Hz（周期1 s）
M0.6——0.625 Hz（周期1.6 s） M0.7——0.5 Hz（周期2 s）

注意：指定了"系统存储器和时钟存储器"后，这个字节就不能再用于其他用途，并且这个字节的位只能使用触点，不能使用线圈，否则将会使用户程序出错。

4. 仿真 PLC 与 Factory IO 应用案例

如图 8-24 所示是物料传送带装置，要求按下启动按钮时，物料生成器生成物料，延时 3 s 后，传送带自动工作，到达 O 点碰到传感器（有物为 1，无物为 0），传送带停止，延时 4 s 后，通过斜槽送到物料消除器，在工作过程中指示灯常亮，延时 4 s 后，指示灯按频率 1 Hz 闪烁，按下停止按钮，物料传送完成后系统停止。

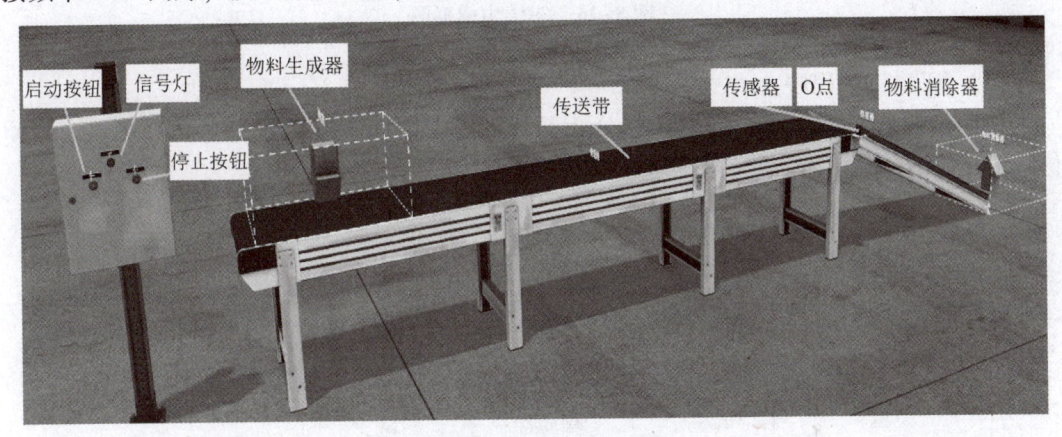

图 8-24 物料传送带装置

下面用 TIA 博途软件中的仿真 PLC 控制 Factory IO 中的物料传送带按要求运动。

采用仿真 PLC 时，要在 Factory IO 中自带的西门子博途工程模板中打开 TIA 博途软件，不能在计算机桌面原有 TIA 博途软件中打开。西门子博途工程模板中 FC9000 模块是 TIA 博途平台仿真 PLC 与 Factory IO 的驱动连接通信模块，路径如图 8-25 所示。打开 OB1 后的梯形图如图 8-26 所示，有一个通信模块 FC9000，通过它建立仿真 PLC 和 Factory IO 的通信。

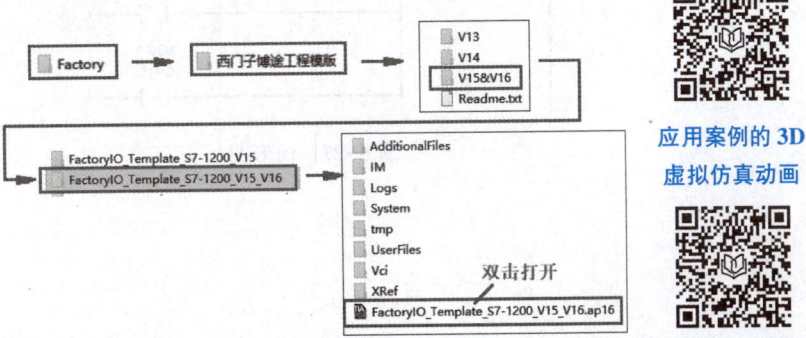

图 8-25 西门子博途工程模板路径

应用案例的 3D 虚拟仿真动画

打开博途工程模板

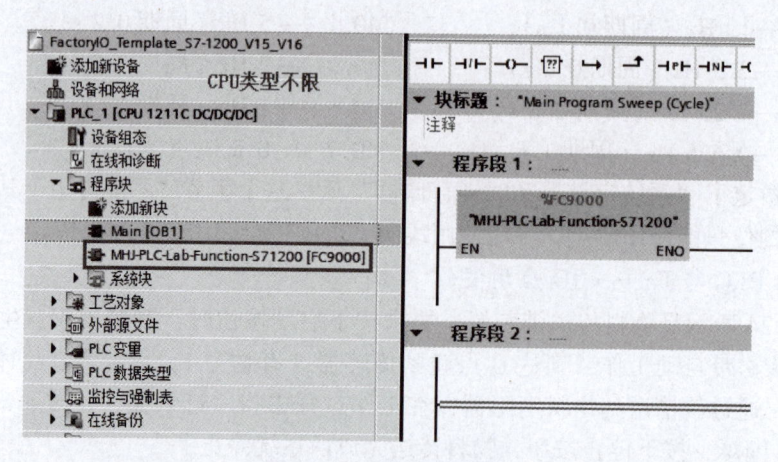

图 8-26 OB1 中梯形图

（1）编写 PLC 程序。

根据控制要求，设计出如图 8-27 所示的梯形图，把程序下载到仿真 PLC 中，同时使仿真 PLC 处于"运行状态"。

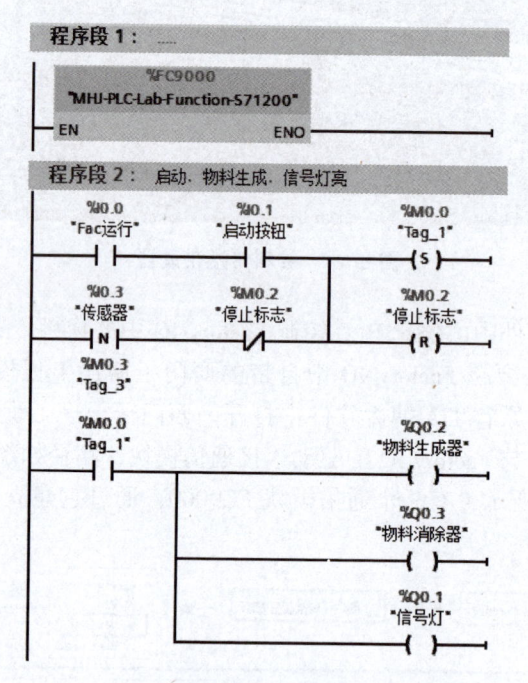

图 8-27 梯形图

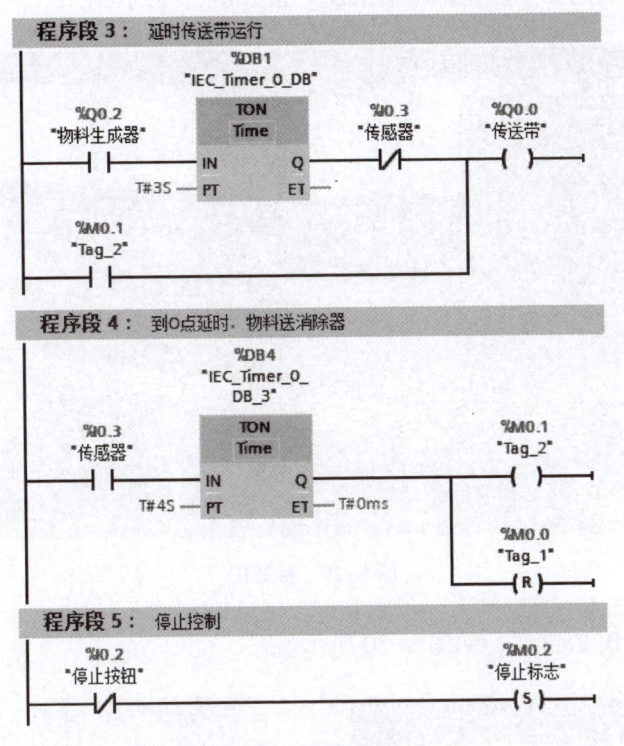

图 8-27 梯形图（续）

（2）根据控制工艺要求，在 Factory IO 中搭建工业场景。

1）在 Factory IO 中搭建工业场景。

当不是很清楚某个部件的动作过程时，可以把它拖到画面中，在视图中点击"添加所有标签至任务栏"，如图 8-28 所示。

图 8-28 "添加所有标签至任务栏"

画面中所有出现的标签都在视图中出现，如图 8-29 所示。

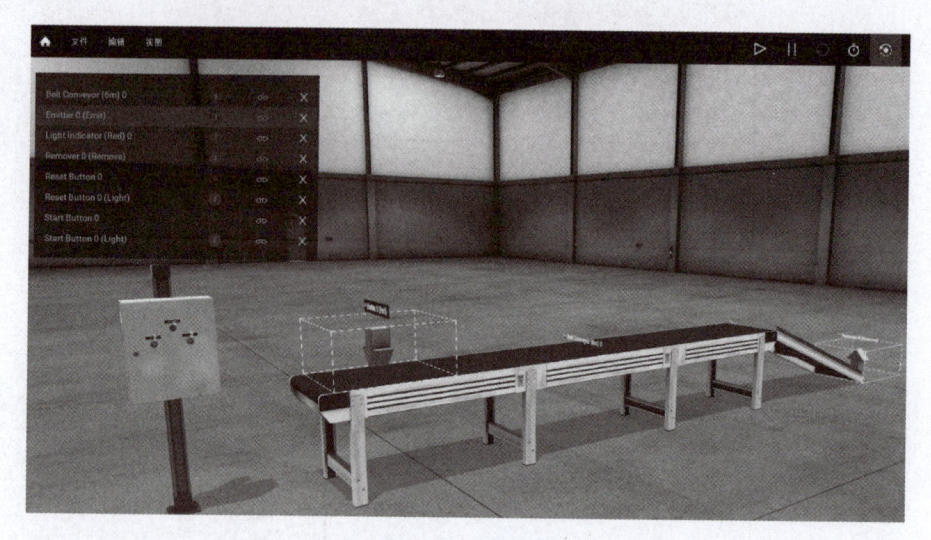

图 8-29　标签图

选中"Emitter 0（Emit）"，如图 8-30 所示。

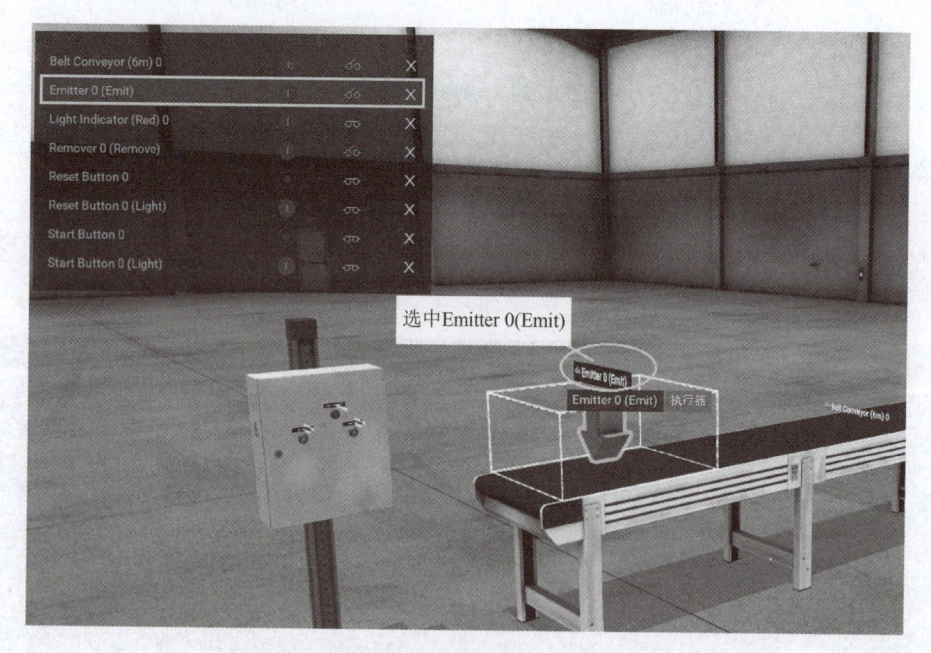

图 8-30　选中物料生成器

把按钮切换到运行状态，如图 8-31 所示。在运行状态时，操作激活标签可观看动作过程，如图 8-32 所示；"Emitter 0（Emit）"由动作过程可知是物料生成器，把英文修改成中文，如图 8-33 所示；其他同理，"Remover 0（Remove）"是物料消除器，修改后画面如图 8-34 所示，标签（变量）全部翻译成中文。

任务 8 PLC 控制两条传送带顺序启停

图 8-31 运行状态

图 8-32 激活标签

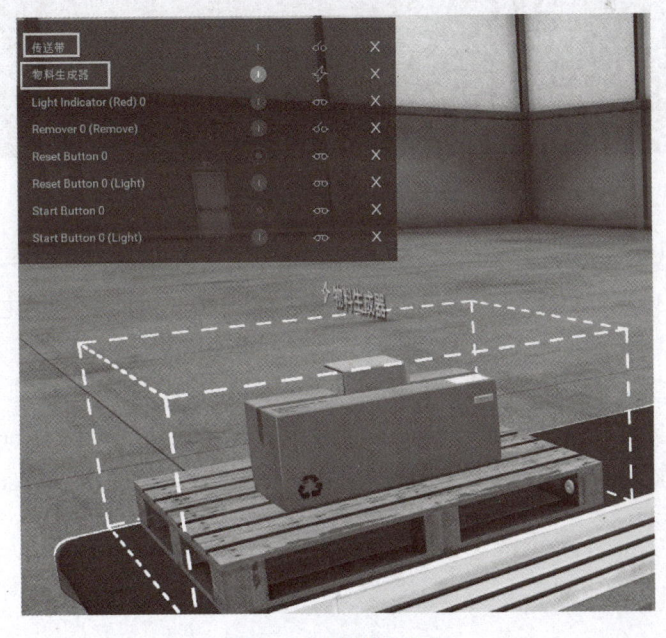

图 8-33 编辑成中文

149

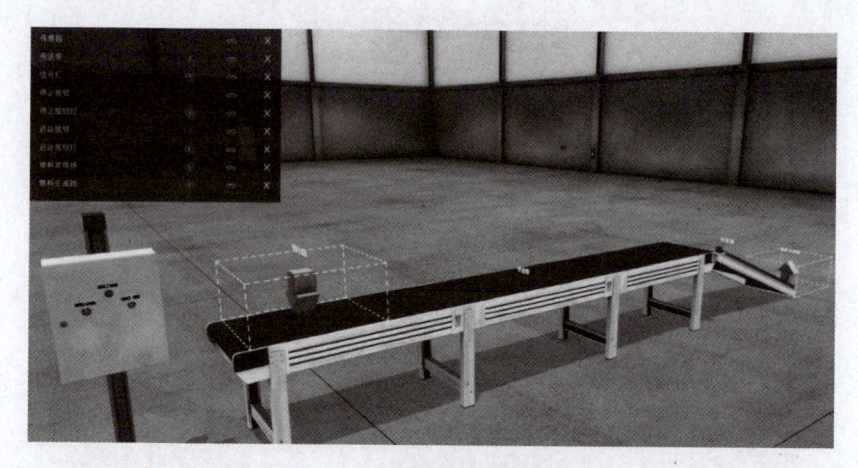

图 8-34 标签全部翻译成中文

2）设置驱动。

在文件中点击"驱动"/"无"，得到如图 8-35 所示的画面，此时要选择"Siemens S7-PLCSIM"，出现 PLC 的 I/O 图，这是仿真 PLC 与 Factory IO 建立通信的接口。

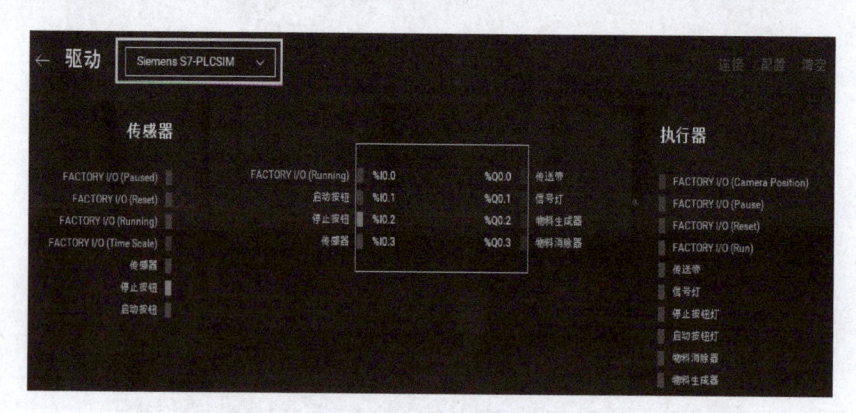

图 8-35 选择仿真 PLC

3）选择"配置"。

进入如图 8-36 所示的配置画面，类型选择"S7-1200"，此时不用主机地址选择与网络适配器选择。

在图中点击"自动连接"，建立仿真 PLC 与 Factory IO 通信，如通信成功，则显示"✓"，如没有建立通信，则显示"❗"。注意要建立仿真 PLC 与 Factory IO 通信，前提条件是在 TIA 博途软件中使仿真 PLC 处于"运行"状态，仿真 PLC 与 Factory IO 调试运行结果如图 8-37 所示。

任务 8 PLC 控制两条传送带顺序启停

图 8-36 配置参数

图 8-37 仿真结果

工作准备页

认真阅读任务工单要求，理解工作任务内容，明确工作任务要求，获取任务的技术资料，预习知识学习页，形成用仿真 PLC 和 Factory IO 仿真软件结合进行仿真的思路，回答以下问题。

引导问题 1：选择题。

1. TON 延时定时器的 IN 输入电路接通时开始定时，定时时间大于等于预设时间时，输出 Q 变为（　　）。

　　A. 0 状态　　　　B. 1 状态　　　C. 不确定　　　　D. 保持

2. TON 延时定时器的 IN 输入电路断开时，当前时间 ET（　　），输出 Q 变为 0 状态。

　　A. 被清 0　　　　B. 置 1　　　　C. 不确定　　　　D. 保持

3. TOF 定时器在使能端 IN（　　）时开始计时。

　　A. 上升　　　　　B. 断开　　　　C. 脉冲　　　　　D. 下降

4. TP 定时器在使能端接通时，下面说法正确的是（　　）。

　　A. 输出断开　　　　　　　　　B. 输出一直接通
　　C. 输出接通一定时间后断开　　D. 延时一定时间输出接通

引导问题 2：如图 8-38 所示是定时器指令框图，说出各参数的含义。

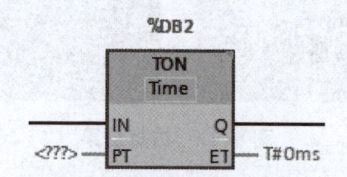

图 8-38　定时器指令框图

IN：_____；PT：_____；
Q：_____；ET：_____；
%DB2：_____。

引导问题 3：定时器的名称是_____，数据类型是_____；定时器的定时时间和当前值是_____位整数，数据类型是_____。

引导问题 4：本次任务用到的 Factory IO 中要选择的 PLC 是_____。

引导问题 5：本次任务的信号灯以 1 Hz 频率闪烁，可用时钟存储器位，如启用时钟存储器字节是 0，则 1 Hz 频率的时钟存储器位是_____。

引导问题 6：本次任务使用漫反射式传感器，有物料通过时，漫反射式传感器状态为_____状态。

问题讨论：在画 I/O 接线图时，为什么停止按钮一般采用常开触点？能否用常闭触点？

设计决策页

1. 列出 PLC 的 I/O 分配表。

进行 PLC 控制系统设计首要环节是为输入/输出设备分配 I/O 地址。在表 8-1 中列出输入/输出地址。

表 8-1 PLC 的 I/O 分配表

输入端口			输出端口		
元件名称	元件符号	输入地址	元件名称	元件符号	输出地址

2. 画出 PLC 的 I/O 接线图。

根据 PLC 的 I/O 分配表，结合 PLC 的接线端子，画出 PLC 的 I/O 接线图，如图 8-39 所示。

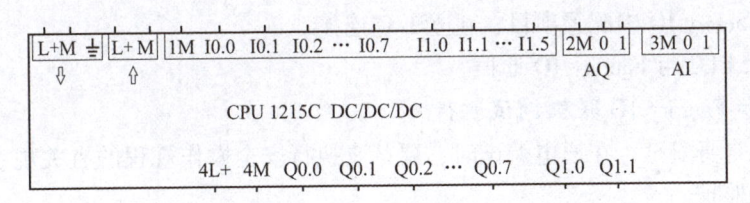

```
L+M ⏚ L+M    1M I0.0 I0.1 I0.2 … I0.7   I1.0 I1.1 … I1.5   2M 0 1   3M 0 1
  ↓    ↑                                                     AQ       AI
              CPU 1215C  DC/DC/DC
              4L+ 4M Q0.0 Q0.1 Q0.2 … Q0.7   Q1.0 Q1.1
```

图 8-39 I/O 接线图

3. 设计 PLC 的梯形图。

4. 方案展示。
（1）各小组派代表阐述设计方案。
（2）各组对其他组的设计方案提出不同的看法。
（3）教师结合大家完成的方案进行点评，选出最佳方案。

任务实施页

1. 领取工具

列出领取工具或材料列表，如表 8-2 所示。

表 8-2　工具或材料列表

序号	工具或材料名称	型号规格	数量	备注

2. PLC 程序编写

在 TIA 博途软件中编写设计梯形图，并下载到 PLC。

3. Factory IO 组态与通信

（1）根据控制工艺要求，在 Factory IO 中搭建工业场景。

（2）在 Factory IO 中配置项目、建立 I/O 连接。

（3）建立 PLC 与 Factory IO 通信。

4. PLC 和 Factory IO 联机调试运行

为了保证自身安全，在通电调试时，要认真执行安全操作规程的有关规定，经指导老师检查并现场监护。

记录调试过程中出现的问题和解决措施。

出现问题：　　　　　　　　　　　　　　解决措施：

问题讨论 1：在调试 Factory IO 时，点击"连接"，出现" "图标，表示仿真 PLC 与 Factory IO 通信不上，其可能的原因是：

问题讨论 2：如果在 TIA 博途的 PLC 梯形图中，把 FC9000 模块删去，会造成什么后果？

5. 技术文件整理

整理任务技术文件，主要包括控制工艺要求、I/O 分配表、I/O 接线图、调试记录表等。

小组完成工作任务总结以后，各小组对自己的工作岗位进行"整理、整顿、清扫、清洁、安全、素养"的 6S 处理，归还所借的工具和实训器件。

检查评价页

1. 展示评价

各组展示作品,进行小组自评、组间互评及教师考核评价,完成任务考核评价表(表 8-3)的填写。

表 8-3 任务考核评价表

评价项目	评价标准	分值	自评 30%	互评 30%	师评 40%	合计
职业素养（30 分）	分工合理,制订计划能力强,严谨认真	5				
	爱岗敬业、安全意识、责任意识、服从意识	5				
	团队合作、交流沟通、互相协作、分享能力	5				
	遵守行业规范、现场 6S 标准	5				
	保质保量完成工作页相关任务	5				
	能采取多种手段收集信息、解决问题	5				
专业能力（60 分）	利用 Factory IO 正确搭建工业场景	5				
	工作准备页填写正确	10				
	建立仿真 PLC 与 Factory IO 通信	5				
	完成控制功能要求	35				
	技术文档整理完整	5				
创新意识（10 分）	创新性思维和精神	5				
	创新性观点和方法	5				

2. 任务复盘

（1）重点、难点问题检测。

（2）是否完成学习目标。

（3）谈谈完成本次实训的心得体会。

任务 9　PLC 控制 A–B 传送带传送物料计数

任务信息页

学习目标

1. 能说出 3 种计数器指令的计数原理，能描述计数或复位时输出状态、当前值状态。
2. 能用时序图动作顺序理解计数器指令的计数过程。
3. 能用计数器指令编写 A–B 传送带传送物料计数的梯形图，并能调试程序。
4. 能用仿真 PLC 与 Factory IO 软件调试程序。

工作情景

计数是日常生活中最常遇到的算术动作，应用广泛，在工业生产中，常常需要自动统计产品数量，如自动流水线和包装机械中要进行产品的计数，在商业活动中商场地下停车场汽车入库和出库要显示停车场空位的数量，用 PLC 的计数器指令通过编程可实现计数控制。

知识图谱

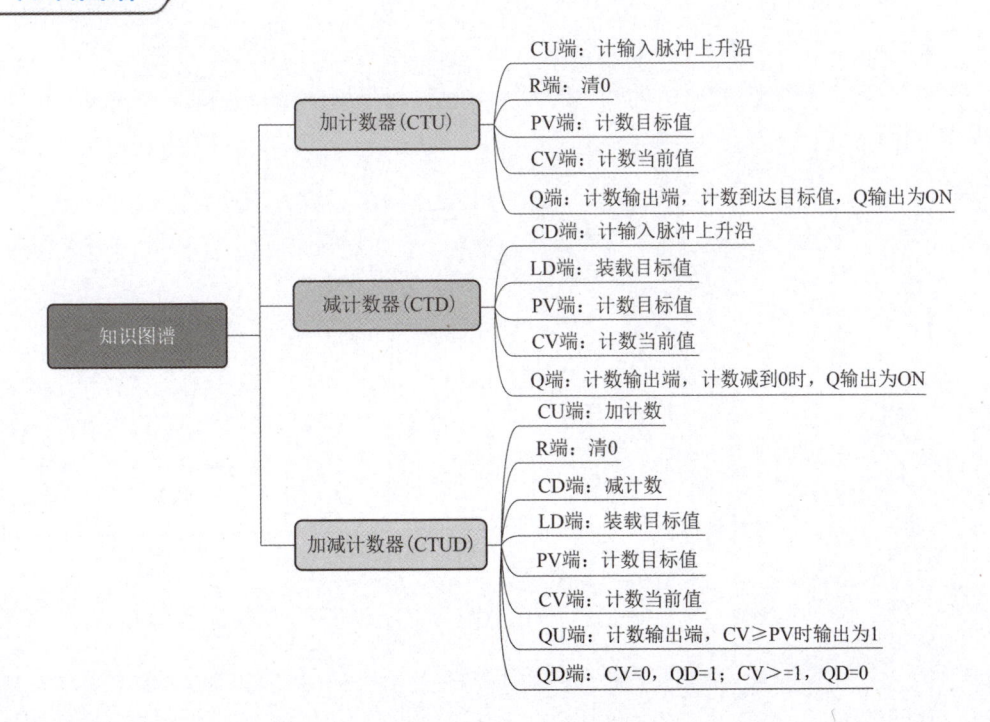

知识图谱
- 加计数器（CTU）
  - CU 端：计输入脉冲上升沿
  - R 端：清 0
  - PV 端：计数目标值
  - CV 端：计数当前值
  - Q 端：计数输出端，计数到达目标值，Q 输出为 ON
- 减计数器（CTD）
  - CD 端：计输入脉冲上升沿
  - LD 端：装载目标值
  - PV 端：计数目标值
  - CV 端：计数当前值
  - Q 端：计数输出端，计数减到 0 时，Q 输出为 ON
- 加减计数器（CTUD）
  - CU 端：加计数
  - R 端：清 0
  - CD 端：减计数
  - LD 端：装载目标值
  - PV 端：计数目标值
  - CV 端：计数当前值
  - QU 端：计数输出端，CV≥PV 时输出为 1
  - QD 端：CV=0，QD=1；CV>=1，QD=0

项目二　智能产线传送带 PLC 控制

问题图谱

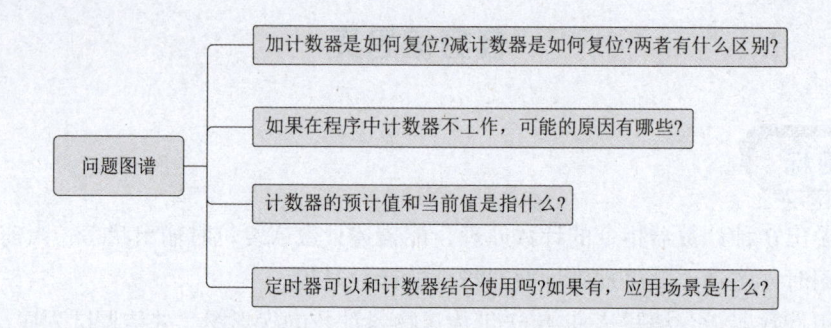

- 问题图谱
  - 加计数器是如何复位?减计数器是如何复位?两者有什么区别?
  - 如果在程序中计数器不工作,可能的原因有哪些?
  - 计数器的预计值和当前值是指什么?
  - 定时器可以和计数器结合使用吗?如果有,应用场景是什么?

任务工单页

> **控制要求**

如图9-1所示,有A-B传送带传送物料,按下启动按钮,A口进料,由A口进料检测,通过A传送带传送物料,到B传送带入口检测点检测物料,B传送带传送物料到B出口检测点,检测后推入物料消除器,物料消除器收完5个物料后系统延时5 s停止;在整个工作过程中,指示灯1亮,A口在进料过程中,指示灯2以1 Hz频率闪亮,A口检测到5个物料时,不再进料,同时指示灯2灭;如按下停止按钮,A-B传送带把物料推入物料消除器后系统自动停止,三个检测点均采用漫反射式传感器。

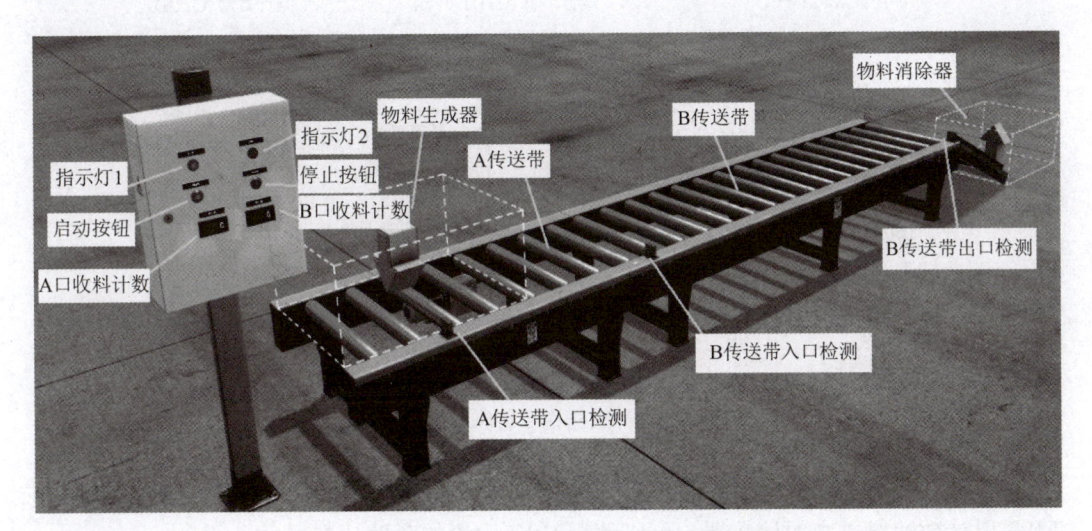

图9-1 A-B传送带传送物料场景

> **任务要求**

1. 请列出PLC的I/O表。
2. 画I/O接线图。
3. 编写实现控制要求的梯形图。
4. 在Factory IO中搭建A-B物料传送带场景,并建立仿真PLC与Factory IO通信。
5. 通过仿真PLC与Factory IO联合调试程序满足要求。
6. 技术文件材料整理。

任务工单的3D虚拟仿真动画

知识学习页

1. S7-1200 PLC 计数器指令

计数器是计脉冲数量，每当有一个脉冲来，计一次数，计数到达预计值时执行动作。计数器指令有 3 种，分别是加计数器（CTU）、减计数器（CTD）、加减计数器（CTUD），如图 9-2 所示。如图 9-3 所示是计数器指令管脚参数说明。

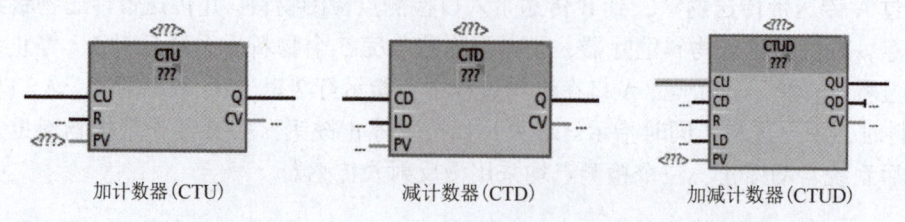

图 9-2　三种计数器

图 9-3　计数器指令管脚参数说明

这 3 种计数器属于普通计数器，其最大计数速率受到它所在 OB 的执行速率的限制，如果需要计数速率更高的计数器，可以使用 CPU 内置的高速计数器。

计数器背景数据块如图 9-4 所示，计数器中的参数包含在背景数据块中。

PPT 课件

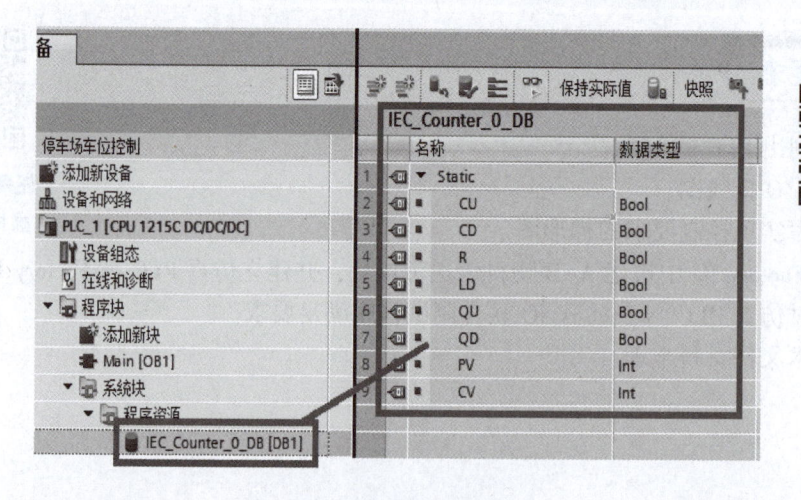

图 9-4　计数器背景数据块

2. S7-1200 PLC 计数器指令的功能

（1）加计数器（CTU）。

加计数器指令梯形图和时序图如图9-5所示，加计数器在复位端R为0时，加计数CU端每来一个上升沿，计数器加1，当计数器的当前值CV大于等于计数器的预计值PV时，计数器的输出位为1；只有复位端R为1时，计数器复位，输出为0，当前值为0。

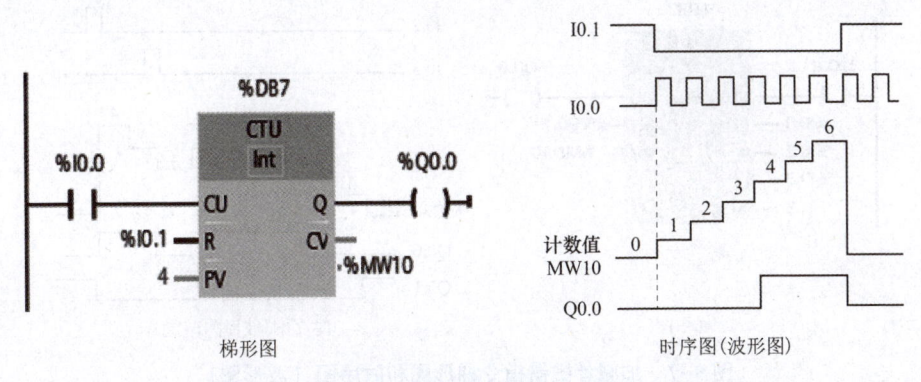

图9-5 加计数器指令梯形图和时序图（波形图）

问题讨论1：上述内容中，当计数到4时，I0.0断开，输出Q0.0状态是什么？当计数到5时，输出Q0.0状态又如何？

问题讨论2：当I0.0和I0.1同时接通，输出为多少？

（2）减计数器（CTD）。

减计数器指令梯形图和时序图如图9-6所示，减计数器在计数时，首先要LD端接通，把计数器的预计值装载到计数器，然后在LD端为0时，减计数CD端每来一个上升沿，计数器减1，当计数器的当前值CV小于等于0时，计数器的输出位接通。

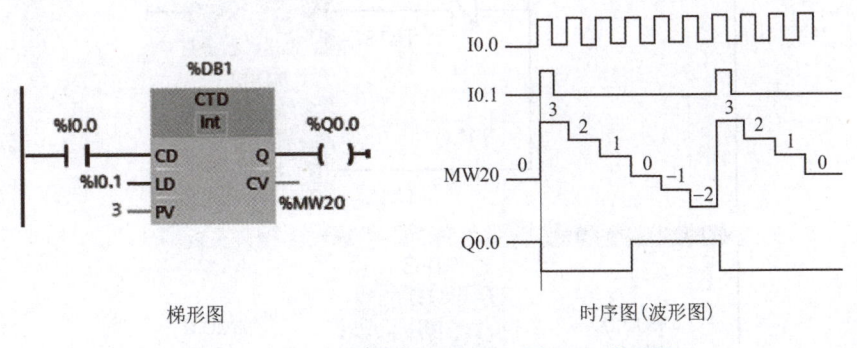

图9-6 减计数器指令梯形图和时序图（波形图）

（3）加减计数器（CTUD）。

加减计数器指令梯形图和时序图如图9-7所示，加减计数器在复位端R为0和装载LD端为0时，QU端为0，QD端为1，当前值CV为0。加计数CU端每来一个上升沿，计

161

数器加 1；减计数 CD 端每来一个上升沿，计数器减 1，只要当前值 CV 不为 0，QD 端为 0。当计数器的当前值 CV 大于等于计数器的预计值 PV 时，计数器的输出位 QU 端为 1，只有复位端 R 为 1 时，计数器复位。

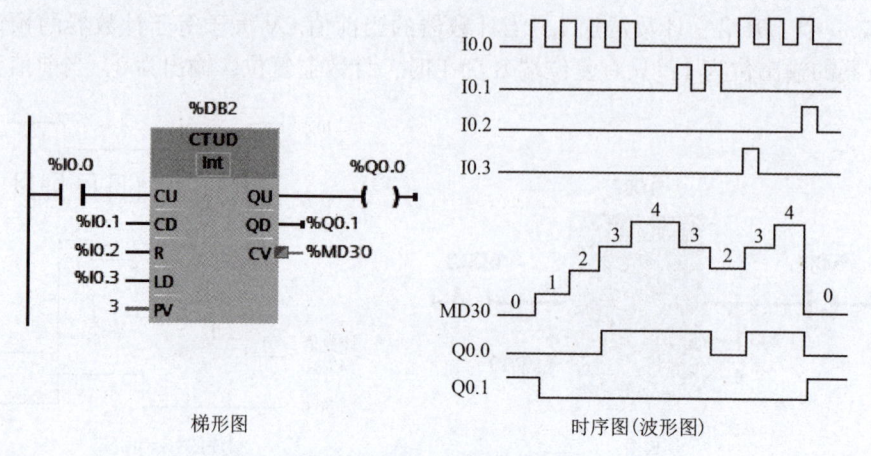

图 9-7　加减计数器指令梯形图和时序图（波形图）

【案例】I0.0 启动，Q0.0 闪烁 3 次后停止，梯形图如图 9-8 所示。

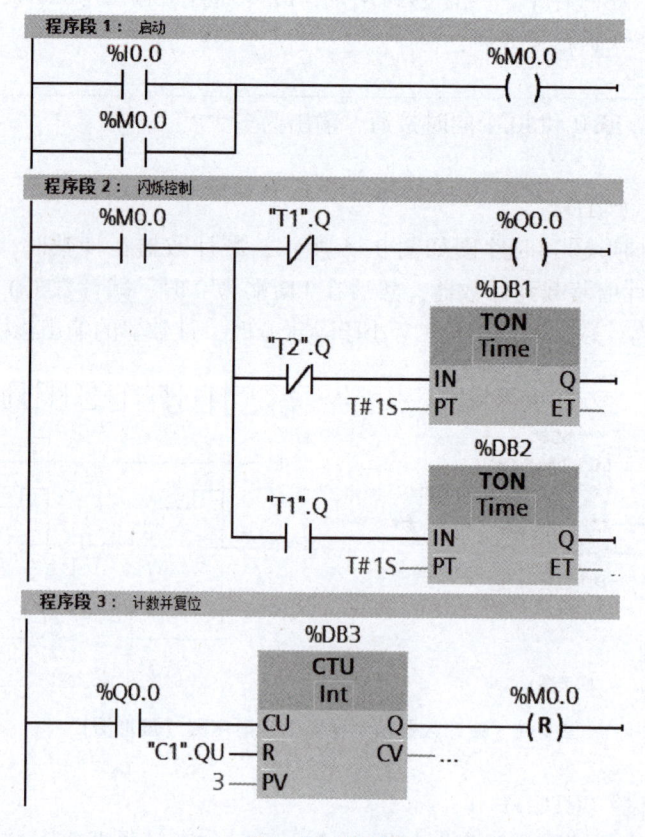

图 9-8　梯形图

问题 1：计到第 3 次时，"C1".QU 使计数器清 0，不执行后面 M0.0 清 0，Q0.0 继续闪烁下去，不停止。

改程序：如图 9-9 所示。

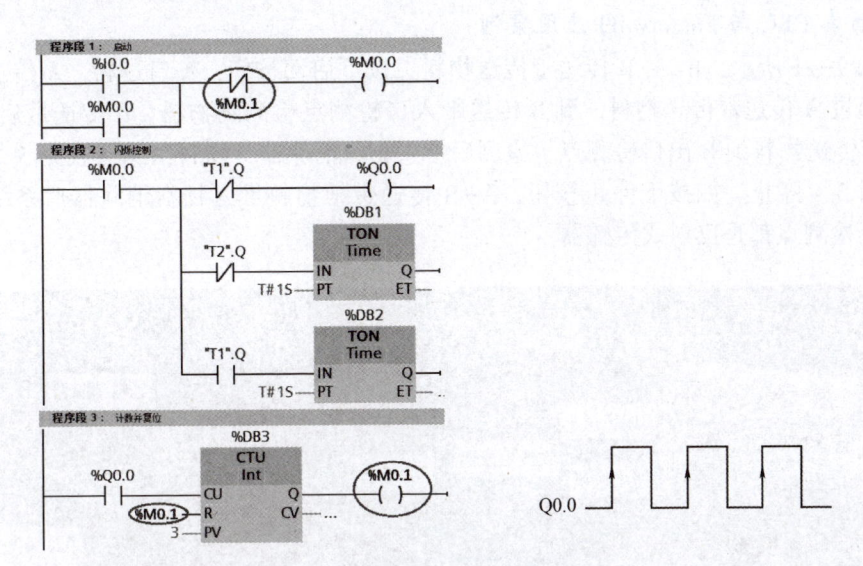

图 9-9 改程序后的梯形图

问题 2：闪烁 2 次后停止，计不到 3 次，为什么？

实际上第 3 次闪了一个扫描周期，但是看不到。因计到第 3 个脉冲上升沿时，M0.1 通，使 M0.0 断，Q0.0 断，无输出。

再次修改程序：如图 9-10 所示，应该是第 3 次亮完后，应用 Q0.0 的下降沿再清 0 计数器。

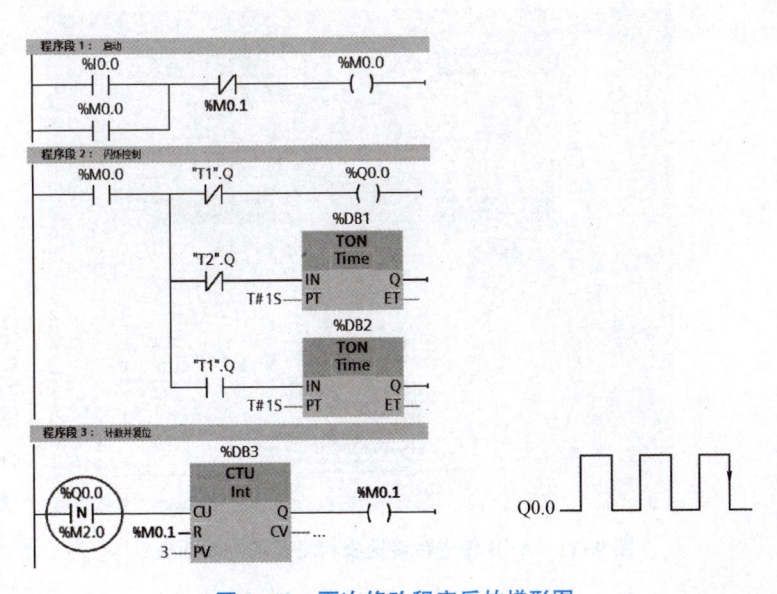

图 9-10 再次修改程序后的梯形图

项目二　智能产线传送带 PLC 控制

定时器指令、计数器指令与扫描周期的关系：定时器和计数器不受扫描周期影响。

注意：由于扫描周期时间短，用计数器时，计数器输出端尽量用中间继电器来过渡，少用"C1".QU；用定时器时，定时器输出端尽量用中间继电器来过渡，少用"T1".Q。

3. 仿真 PLC 与 Factory IO 应用案例

如图 9-11 所示，由 A-B 传送带传送物料，按下启动按钮，A 口进料，A 传送带启动运行，通过 A 传送带传送物料，到 B 传送带入口检测点检测到物料，B 传送带启动运行，B 传送带传送物料到 B 出口检测点，检测后推入物料消除器，物料消除器收完 5 个物料后系统延时 3 s 停止。如按下停止按钮，A-B 传送带把物料推入物料消除器后系统自动停止。两个检测点都是反射式传感器。

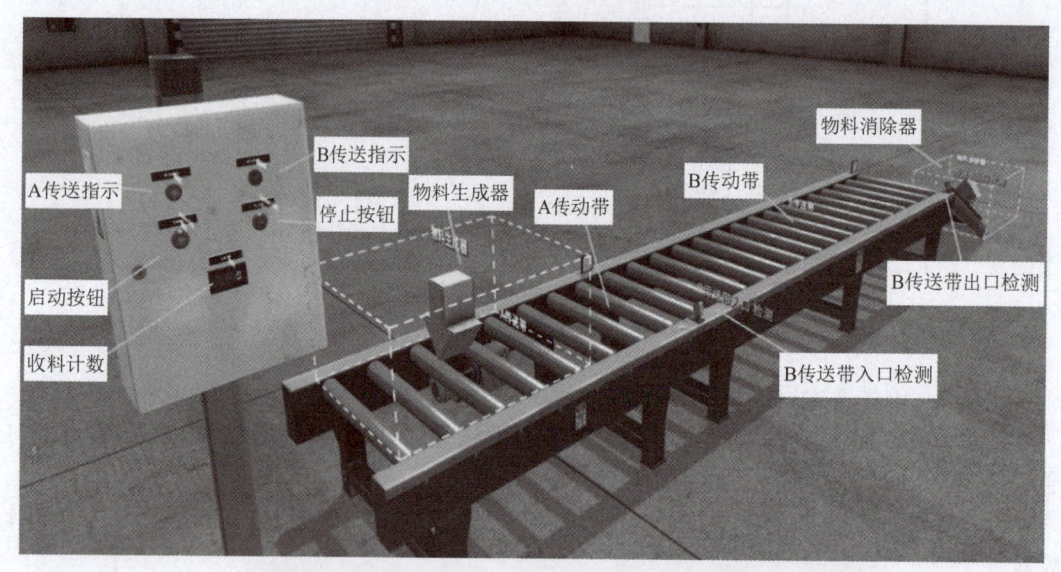

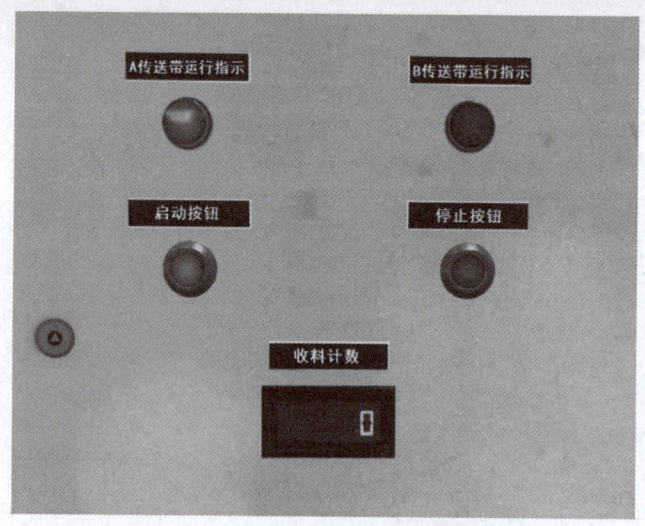

图 9-11　A-B 传送带传送物料场景和控制面板

计数器应用案例的 3D 虚拟仿真动画

164

任务 9　PLC 控制 A-B 传送带传送物料计数

下面我们用 TIA 博途中的仿真 PLC 控制 Factory IO 中的 A-B 传送带按要求运动。

采用仿真 PLC 时，要在 Factory IO 中自带的西门子博途工程模板中打开 TIA 博途软件，不能在计算机桌面原有 TIA 博途软件中打开。西门子博途工程模板中的 FC9000 模块是 TIA 博途平台仿真 PLC 与 Factory IO 的驱动连接通信模块。

（1）设计 PLC 程序。

设计的 PLC 程序如图 9-12 所示，把程序下载到仿真 PLC 中，同时使仿真 PLC 处于"运行状态"。

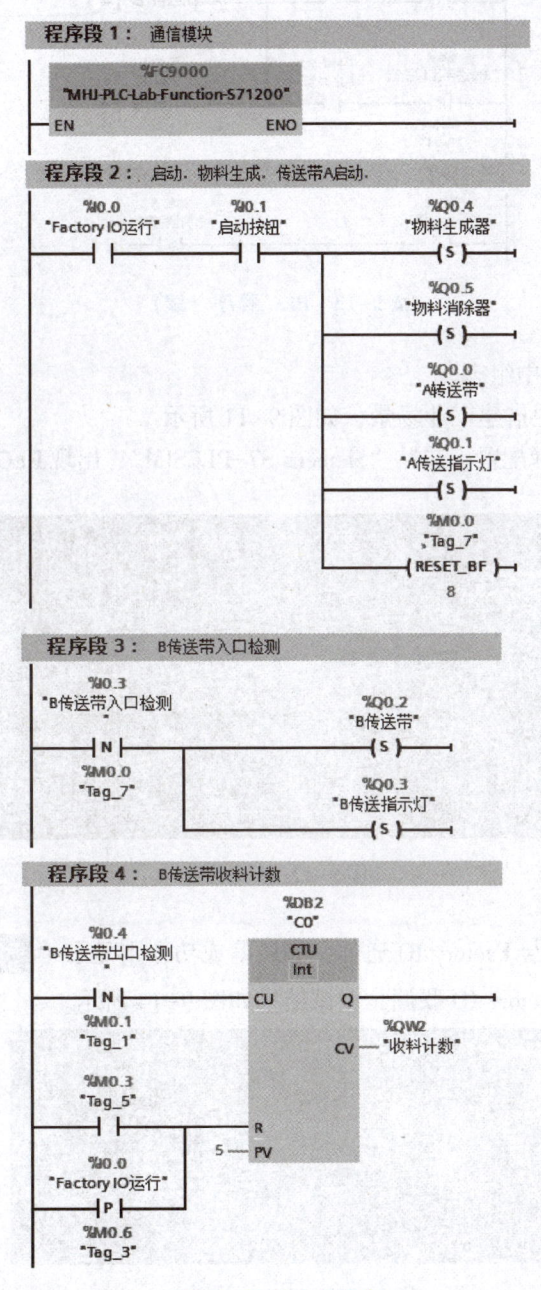

图 9-12　PLC 程序

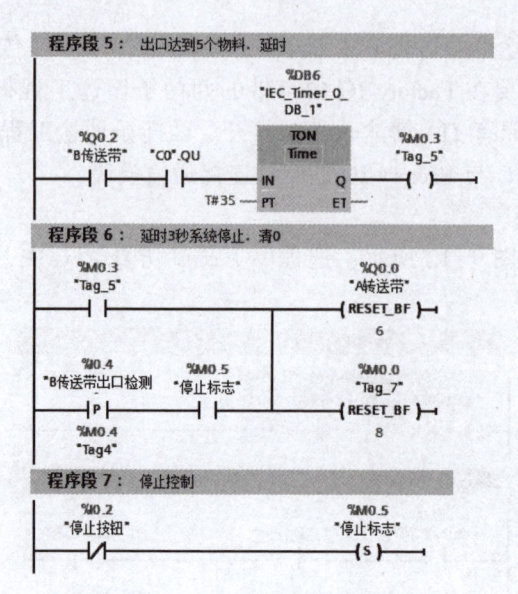

图 9-12　PLC 程序（续）

（2）在 Factory IO 中组态。

1）在 Factory IO 中搭建工业场景，如图 9-11 所示。

2）设置驱动，选择配置，选择"Siemens S7-PLCSIM"，出现 PLC 的 I/O 图，如图 9-13 所示。

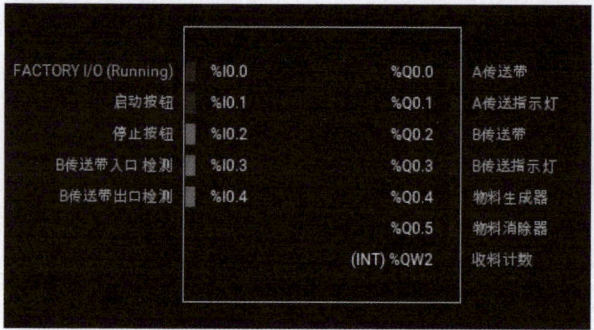

图 9-13　I/O 图

3）建立仿真 PLC 与 Factory IO 通信，如通信成功，则显示"✓"。

4）仿真 PLC 和 Factory IO 联调，调试结果如图 9-14 所示。

图 9-14　仿真调试结果

工作准备页

认真阅读任务工单要求，理解工作任务内容，明确工作任务要求，获取任务的技术资料，预习知识学习页，形成用仿真 PLC 和 Factory IO 软件结合进行仿真思路，回答以下问题。

引导问题 1：选择题。

1. 计数器的计数信号是采用（　　）沿来计数。

   A. 上升　　　　B. 下降　　　　C. 脉冲　　　　D. 不变

2. 对于 CTU，当计数器的当前值等于或大于预计值时，该计数器输出位（　　）。

   A. 置 0　　　　B. 置 1　　　　C. 保持　　　　D. 不变

3. CTU 在复位端信号为 1 时（　　）。

   A. 其计数器的当前值不变，计数器输出位的状态也为 0
   B. 其计数器的当前值不变，计数器输出位的状态也为 1
   C. 其计数器的当前值为 0，计数器输出位的状态也为 0
   D. 其计数器的当前值为 0，计数器输出位的状态也为 1

4. 对于 CTD，如果参数 LOAD 的值从 0 变为 1，则参数 CV 为（　　）。

   A. PV　　　　B. 0　　　　C. 1　　　　D. 不确定

5. 对于 CTUD，当 LOAD 从 0 变 1，CV = PV = 5，当 CU 输入两次脉冲，此时 CV 为（　　）。

   A. 0　　　　B. 5　　　　C. 3　　　　D. 7

6. 上题中，在原来基础上，当 CD 输入 4 次脉冲时，此时 CV 为（　　）。

   A. 0　　　　B. 7　　　　C. 3　　　　D. 5

引导问题 2：如图 9-15 所示是计数器指令框图，说出各参数的含义。

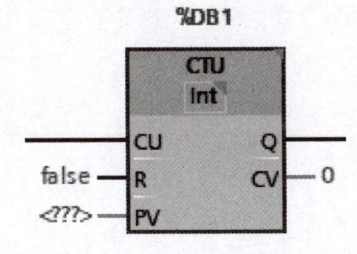

图 9-15　计数器指令框图

CU：_____；PV：_____，数据类型是_____。

Q：_____；CV：_____，数据类型是_____。

%DB1：_____。

引导问题 3：TIA 博途软件 CPU 属性中，勾选"系统存储器"，如字节是 MB10，那么 M10.0 表示_____；勾选"时钟存储器"，如字节是 MB11，那么频率是 1 Hz 的位是_____。

设计决策页

1. 列出 PLC 的 I/O 分配表。

进行 PLC 控制系统设计首要环节是为输入/输出设备分配 I/O 地址。在表 9-1 中列出输入/输出地址。

表 9-1 PLC 的 I/O 分配表

输入端口			输出端口		
元件名称	元件符号	输入地址	元件名称	元件符号	输出地址

2. 画出 PLC 的 I/O 接线图。

根据 PLC 的 I/O 分配表,结合 PLC 的接线端子,在图 9-16 中画出 PLC 的 I/O 接线图。

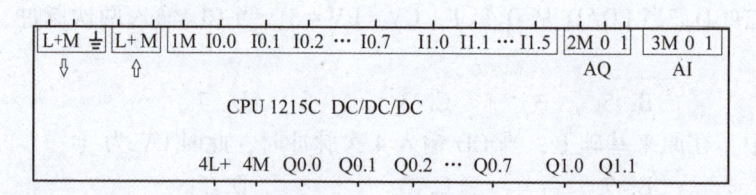

```
L+M ⏚ L+M  1M I0.0 I0.1 I0.2 ··· I0.7  I1.0 I1.1 ··· I1.5  2M 0 1  3M 0 1
 ⇓      ⇑                                                  AQ      AI
              CPU 1215C  DC/DC/DC

              4L+  4M  Q0.0  Q0.1  Q0.2 ··· Q0.7  Q1.0 Q1.1
```

图 9-16 I/O 接线图

3. 设计 PLC 的梯形图。

4. 方案展示。
(1) 各小组派代表阐述设计方案。
(2) 各组对其他组的设计方案提出不同的看法。
(3) 教师结合大家完成的方案进行点评,选出最佳方案。

任务实施页

1. 领取工具

按工单任务要求填写表 9-2 并按表领取工具。

表 9-2　工具表

序号	工具或材料名称	型号规格	数量	备注

2. PLC 程序编写

在 TIA 博途软件中编写设计梯形图,并下载到 PLC。

3. Factory IO 组态与通信

(1) 根据控制工艺要求,在 Factory IO 中搭建工业场景。

(2) 在 Factory IO 中配置项目、建立 I/O 连接。

(3) 建立 PLC 与 Factory IO 通信。

4. PLC 和 Factory IO 联机调试运行

为了保证自身安全,在通电调试时,要认真执行安全操作规程的有关规定,经指导老师检查并现场监护。

记录调试过程中出现的问题和解决措施。

出现问题:　　　　　　　　　　　　解决措施:

_____　　_____

_____　　_____

5. 技术文件整理

整理任务技术文件,主要包括控制工艺要求、I/O 分配表、I/O 接线图、调试记录表等。

小组完成工作任务总结以后,各小组对自己的工作岗位进行"整理、整顿、清扫、清洁、安全、素养"的 6S 处理,归还所借的工具和实训器件。

检查评价页

1. 展示评价

各组展示作品,进行小组自评、组间互评及教师考核评价,完成任务考核评价表(表9-3)的填写。

表9-3 任务考核评价表

评价项目	评价标准	分值	自评 30%	互评 30%	师评 40%	合计
职业素养（30分）	分工合理,制订计划能力强,严谨认真	5				
	爱岗敬业、安全意识、责任意识、服从意识	5				
	团队合作、交流沟通、互相协作、分享能力	5				
	遵守行业规范、现场6S标准	5				
	保质保量完成工作页相关任务	5				
	能采取多种手段收集信息、解决问题	5				
专业能力（60分）	利用Factory IO正确搭建工业场景	5				
	工作准备页填写正确	10				
	建立仿真PLC与Factory IO通信	5				
	完成控制功能要求	35				
	技术文档整理完整	5				
创新意识（10分）	创新性思维和精神	5				
	创新性观点和方法	5				

2. 任务复盘

（1）重点、难点问题检测。

（2）是否完成学习目标。

任务9 拓展提高页

（3）谈谈完成本次实训的心得体会。

_____

_____

_____

任务 10　PLC 控制直角传送带运动

任务信息页

学习目标

1. 通过案例进一步熟悉置位、复位指令，边沿触发指令，定时器指令和计数器指令应用。
2. 通过 PLC 和 Factory IO 虚拟仿真软件虚实结合调试直角传送带满足控制要求。

工作情景

PLC 的指令很多，但常用指令是线圈触点、置位复位、上升沿下降沿、定时器、计数器等基本指令，在实际的 PLC 项目中，大部分是这些指令的综合应用，故理解熟练掌握并在具体项目中运用好这些指令编写梯形图是学好 PLC 的重要基础。

知识图谱

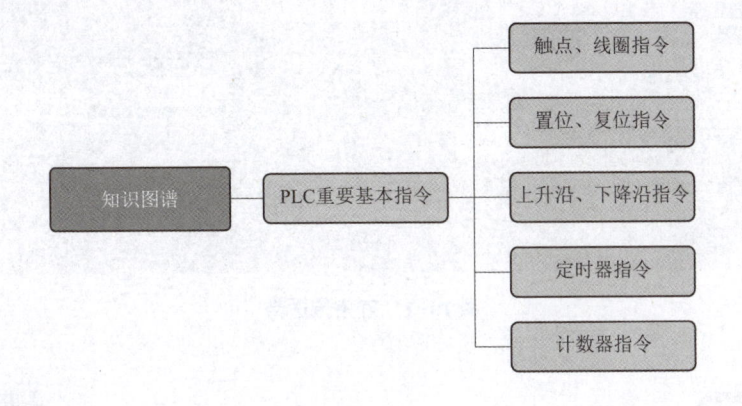

```
知识图谱 ── PLC重要基本指令 ┬── 触点、线圈指令
                           ├── 置位、复位指令
                           ├── 上升沿、下降沿指令
                           ├── 定时器指令
                           └── 计数器指令
```

问题图谱

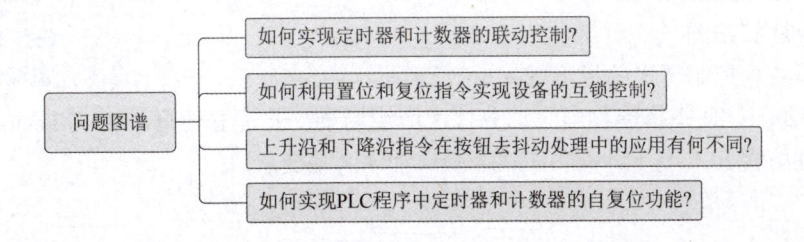

```
问题图谱 ┬── 如何实现定时器和计数器的联动控制？
        ├── 如何利用置位和复位指令实现设备的互锁控制？
        ├── 上升沿和下降沿指令在按钮去抖动处理中的应用有何不同？
        └── 如何实现PLC程序中定时器和计数器的自复位功能？
```

项目二　智能产线传送带 PLC 控制

任务工单页

控制要求

1. 在 Factory IO 软件上搭建一个多段带移栽机的直角传送带，并配置控制面板（启停控制、运行指示灯等），如图 10-1 所示。
2. 按下启动按钮，物料生成器运行，产生物料，A 传送带自动运行，当货物触碰 A 传感器时，B 传送带正方向运转，物料离开 A 传感器，停止 A 传送带和物料生成器。
3. 物料触碰 B 传感器，移栽机正方向运转，直到货物触碰 C 传感器停止，同时移栽机抬起。
4. 物料触碰 D 传感器，C 传送带运行；物料离开 D 传感器，移栽机下降。
5. 物料触碰 E 传感器，物料消除器运行；物料离开 E 传感器，计数器计物料，同时 C 传送带停止，物料生成器运行，重新产生物料，A 传送带运行，如此循环工作。
6. 按下停止按钮，当生产线上物料传送结束后整条线停止。
7. 在运行过程中，如果三条传送带任意一条传送带的电动机发生过载，系统全部停止，同时报警灯以 1 Hz 频率闪烁。

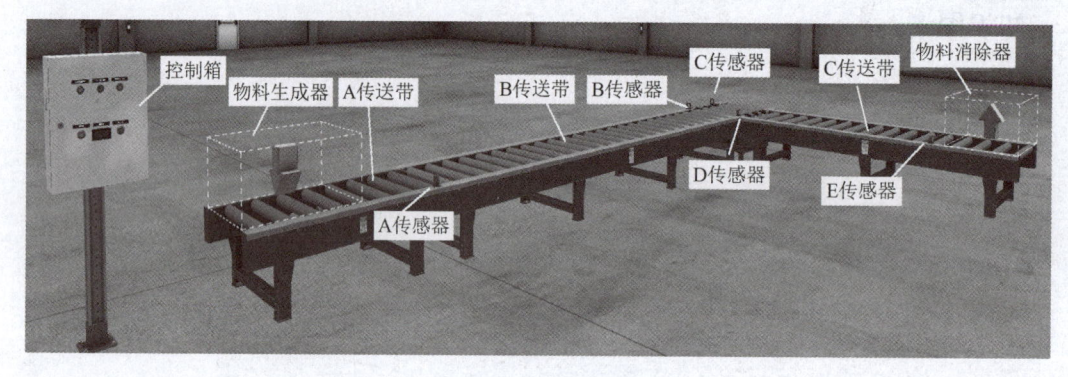

图 10-1　直角传送带

任务要求

1. 请列出 PLC 的 I/O 表。
2. 画 I/O 接线图。
3. 编写实现控制要求的梯形图。
4. 在 Factory IO 中搭建物料自动分拣生产线场景，并建立仿真 PLC 与 Factory IO 通信。
5. 通过仿真 PLC 与 Factory IO 联合调试程序满足要求。

任务工单的 3D
虚拟仿真动画

知识学习页

基本指令综合应用案例

PPT 课件　　案例的 3D 虚拟仿真动画

控制要求

①在 Factory IO 软件上搭建一个多段带移栽机的直角传送带，并配置控制面板（启停控制、运行指示灯等），如图 10-2 所示；如图 10-3 所示是控制箱面板，如图 10-4 所示是移栽机结构和传感器位置。

②按下启动按钮，物料生成器运行，产生物料，A 传送带自动运行，当货物触碰 A 传感器时，B 传送带正方向运转，物料离开 A 传感器，A 传送带和物料生成器停止。

③物料触碰 B 传感器，移栽机正方向运转，直到货物触碰 C 传感器停止，同时移栽机抬起。

④物料触碰 D 传感器，C 传送带运行；物料离开 D 传感器，移栽机下降。

⑤物料触碰 E 传感器，物料消除器运行；物料离开 E 传感器，计数器计物料，同时 C 传送带停止，物料生成器运行，重新产生物料，A 传送带运行，如此循环工作。

⑥按下停止按钮，当生产线上物料传送结束后整条线停止。

要求：所有传感器采用漫反射式传感器，计数器用加法计数。

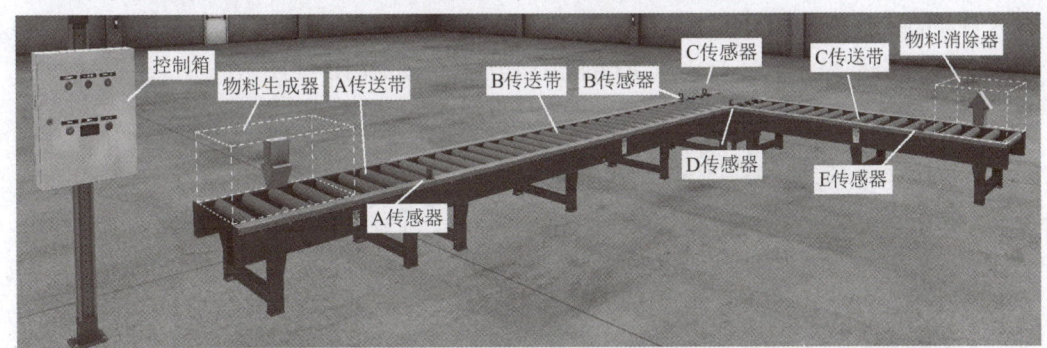

图 10-2　直角传送带

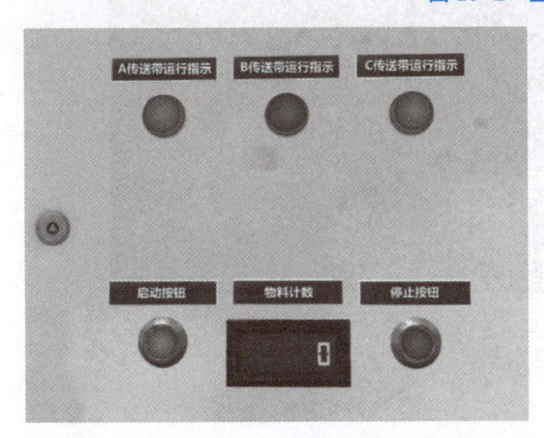

图 10-3　控制箱面板

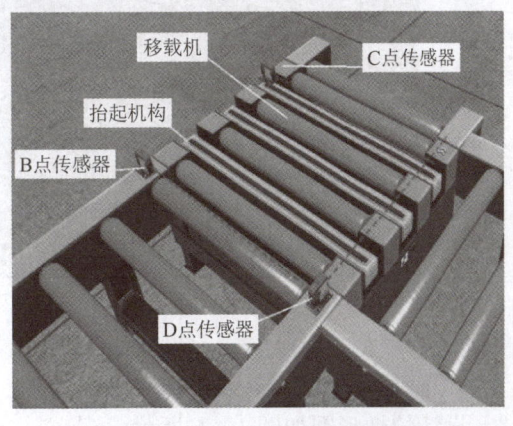

图 10-4　移栽机结构和传感器位置

项目二 智能产线传送带 PLC 控制

1. 在 Factory IO 中搭建工业场景，如图 10-2 所示。
2. I/O 分配表。

根据控制要求，列出 I/O 分配表，如表 10-1 所示。

表 10-1 I/O 分配表

输入点	注释	输出点	注释
I0.0	Factory I/O（running）	Q0.0	物料生成器
I0.1	启动按钮	Q0.1	物料消除器
I0.2	停止按钮	Q0.2	A 传送带
I0.3	A 点传感器	Q0.3	B 传送带
I0.4	B 点传感器	Q0.4	C 传送带
I0.5	C 点传感器	Q0.5	A 传送带运行指示
I0.6	D 点传感器	Q0.6	B 传送带运行指示
I0.7	E 点传感器	Q0.7	C 传送带运行指示
		Q1.0	移载机运行
		Q1.1	移载机抬起

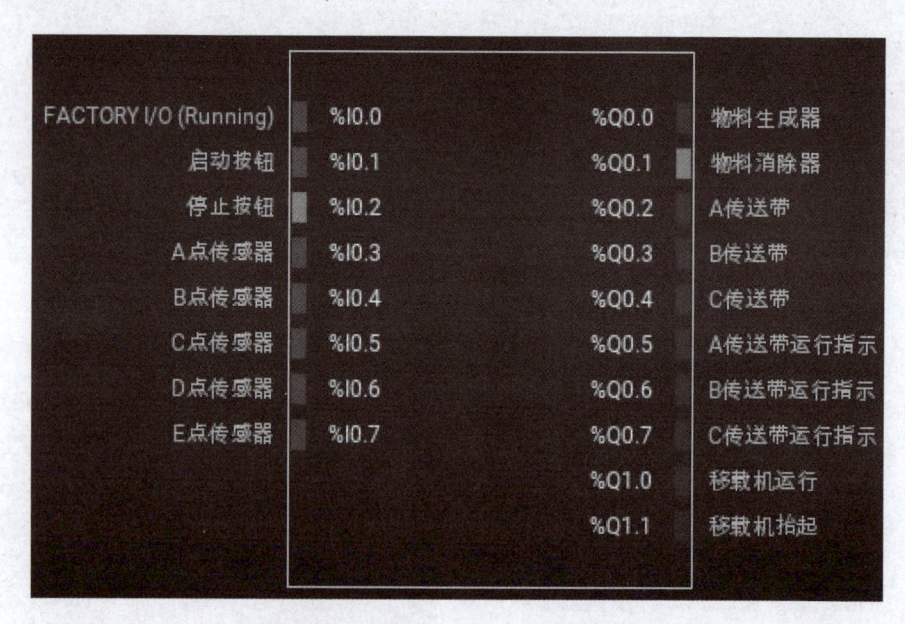

3. Factory IO 的 I/O 通信接线图。

根据 I/O 分配表，设计 Factory IO 的 I/O 接线图，如图 10-5 所示。

图 10-5 Factory IO 的 I/O 通信接线图

4. 程序设计。

设计的梯形图如图 10-6 所示。

任务 10　PLC 控制直角传送带运动

程序段 1：

```
           %FC9000
    "MHJ-PLC-Lab-Function-S71200"
    ─┤ EN              ENO ├─
```

程序段 2： 开机标志位、物料计数器清0、计数满标志位、物料计数器清0

```
  %M1.0
"FirstScan"
    ├─┤                 MOVE
                    ─┤ EN   ENO ├─
  %M100.0         0 ─┤ IN
"计数满清0标志"             OUT1 ├─ %MW2  "Tag_14"
    ├─┤                  OUT2 ├─ %MW4  "Tag_34"
                         OUT3 ├─ %QD30 "物料计数"
```

程序段 3： 启动、停止控制

```
  %I0.0      %I0.1                                      %M2.0
"Fac运行"  "启动按钮"                                    "启动标志"
   ├─┤        ├─┤                                       ─(S)─

                     %DB4
                      TP                                 %M6.0
  %I0.7              Time        %M100.0    %M6.0       "停止标志"
"E点传感"         ─┤ IN    Q ├──"计数满清0标志" "停止标志"   ─(R)─
   ├N├─  T#1S ─┤ PT   ET ├─ T#0ms  ─┤/├─     ─┤/├─
  %M4.0                                                %M100.0
 "Tag_23"                                           "计数满清0标志"
                                                        ─(R)─
```

程序段 4： 物料生成、A传送带运行

```
  %M2.0                                     %Q0.0
 "启动标志"                                  "生成器"
   ├P├─                                     ─(S)─
  %M4.1
 "Tag_24"                                    %Q0.2
                                           "A传送带"
                                            ─(S)─
                                             %Q0.5
                                           "A传送指示"
                                            ─(S)─
                                             %M2.0
                                            "启动标志"
                                            ─(R)─
```

程序段 5： 到达A点、B传送带运行、A传送带停止、物料生成器停止

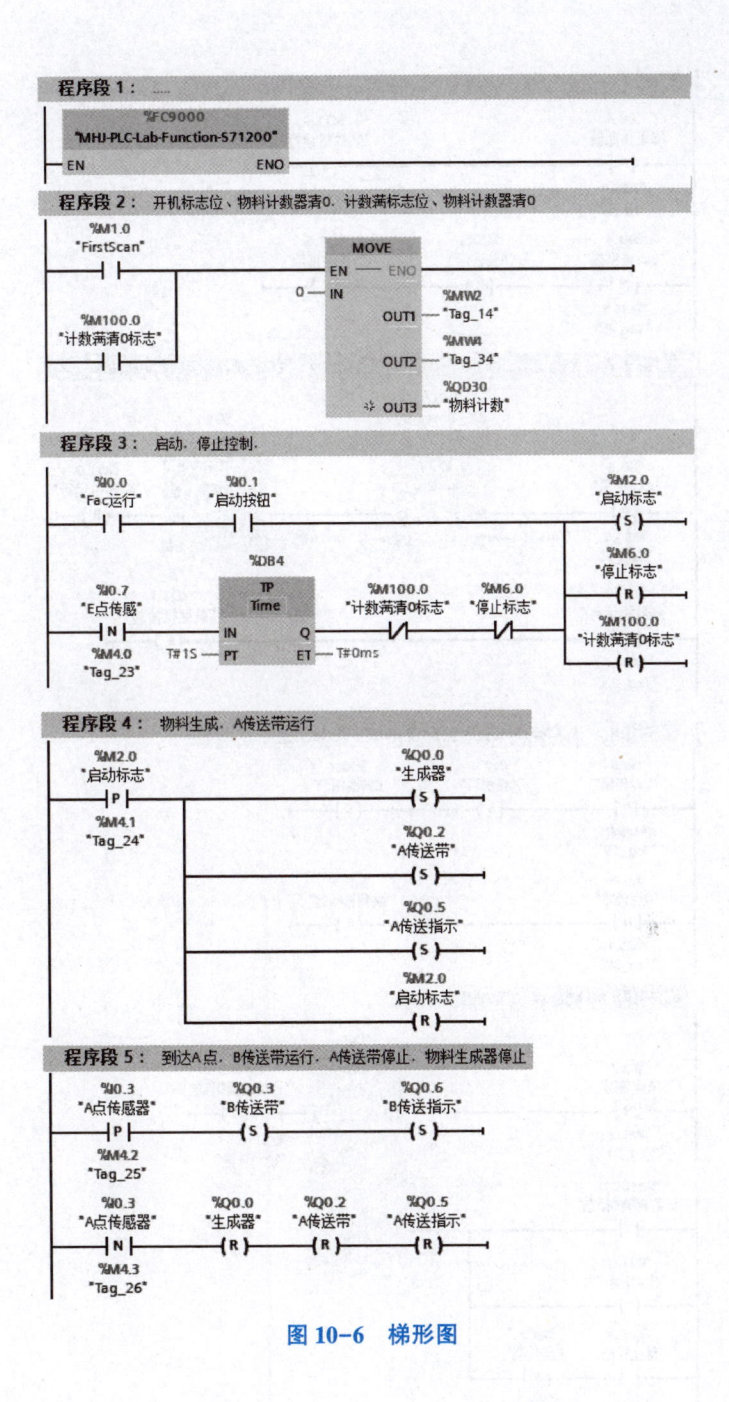

```
  %I0.3          %Q0.3         %Q0.6
"A点传感器"     "B传送带"     "B传送指示"
   ├P├─         ─(S)─         ─(S)─
  %M4.2
 "Tag_25"

  %I0.3          %Q0.0         %Q0.2         %Q0.5
"A点传感器"     "生成器"      "A传送带"    "A传送指示"
   ├N├─         ─(R)─         ─(R)─         ─(R)─
  %M4.3
 "Tag_26"
```

图 10-6　梯形图

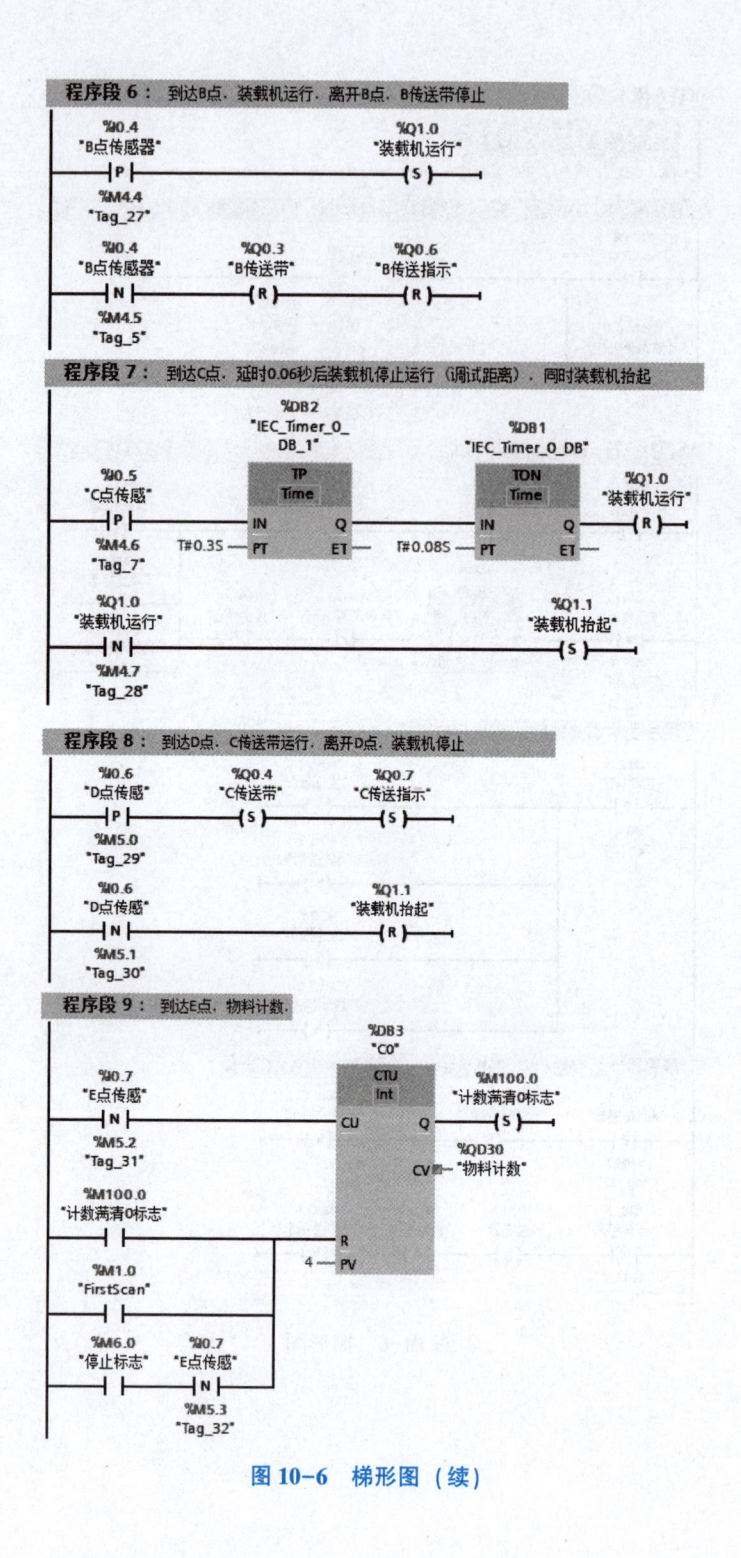

图 10-6 梯形图（续）

程序段 10： 到达E点，C传送带停止，消除器运行，清0 MW2

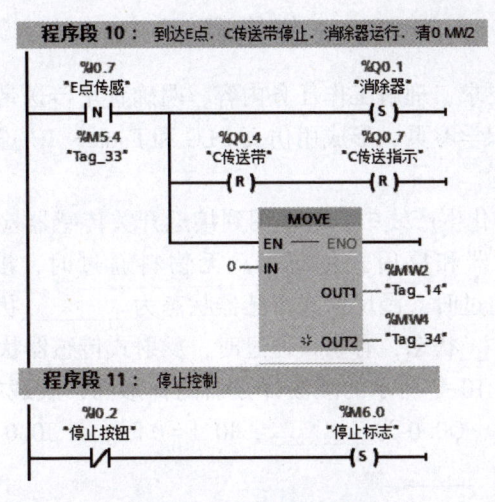

```
  %I0.7                                    %Q0.1
"E点传感"                                  "消除器"
   |N|-------+---------------+---------------(S)---
  %M5.4     %Q0.4           %Q0.7
"Tag_33"   "C传送带"       "C传送指示"
            -(R)-            -(R)-
                          MOVE
                       EN --- ENO
                    0 -IN
                           OUT1 - %MW2 "Tag_14"
                        *  OUT2 - %MW4 "Tag_34"
```

程序段 11： 停止控制

```
  %I0.2                                    %M6.0
"停止按钮"                                 "停止标志"
   |/|---------------------------------------(S)---
```

图 10-6 梯形图（续）

177

项目二　智能产线传送带 PLC 控制

工作准备页

认真阅读任务工单要求，理解工作任务内容，明确直角传送带系统工作任务，获取任务的技术资料，预习知识学习页，形成用仿真 PLC 和 Factory IO 虚拟仿真软件结合进行仿真的思路，回答以下问题。

引导问题 1：在自动化生产线中，大量用到接近开关传感器检测物料位置，接近开关传感器有漫反射式传感器和反射式传感器。无物料通过时，漫反射式传感器状态为_____状态，有物料通过时，漫反射式传感器状态为_____状态；无物料通过时，反射式传感器状态为_____状态，有物料通过时，反射式传感器状态为_____状态。

引导问题 2：对如图 10-7 所示的减法计数器的梯形图，装载端 LD 的 I0.1=1 时，目标计数值 PV 为_____，Q0.0 为_____；I0.1=0 时，计 I0.0 的脉冲，当计数的当前值 MW20=0 时，Q0.0 为_____。

问题探究：如图 10-8 所示是由两个定时器串联组成的梯形图，请分析工作过程：
_____
_____
_____

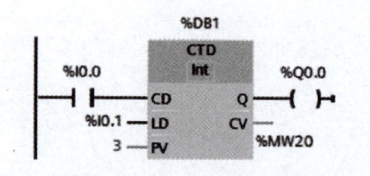

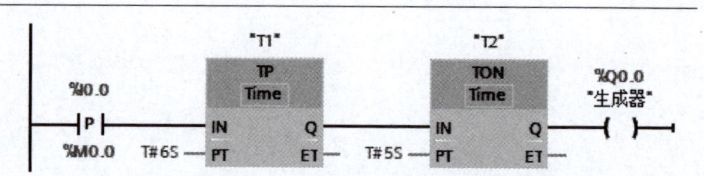

图 10-7　减法计数器梯形图

图 10-8　两个定时器串联组成的梯形图

安全规范小知识：在各种工厂里面，一些大中型机器设备或者电器上都可以看到醒目的红色按钮，这就是急停按钮，如图 10-9 所示是其外形图。顾名思义急停按钮就是当发生紧急情况的时候人们可以通过快速按下此按钮来达到保护的措施。紧急停车按钮，也许一辈子都用不上，但在关键时刻按下它能救命，所以一定要设计安装紧急停车按钮，不可或缺。在企业生产过程中，保证人员和设备安全是第一位，同学们在学校的实训中要强化安全操作规范性、重要性，为以后的工作培养安全意识，提高职业素养。

图 10-9　急停按钮外形图

设计决策页

1. 列出 PLC 的 I/O 分配表。

输入/输出设备分配 I/O 表如表 10-2 所示。

表 10-2　PLC 的 I/O 分配表

输入端口			输出端口		
元件名称	元件符号	输入地址	元件名称	元件符号	输出地址

2. 画出 PLC 的 I/O 接线图。

根据 PLC 的 I/O 分配表，结合 PLC 的接线端子，画出 PLC 的 I/O 接线图。

3. 设计 PLC 的梯形图。

任务实施页

1. 领取工具
按工单任务要求填写表 10-3 并按表领取工具。

表 10-3　工具表

序号	工具或材料名称	型号规格	数量	备注

2. PLC 程序编写
在 TIA 博途软件中编写设计梯形图，并下载到 PLC。

3. Factory IO 组态与通信
（1）根据控制工艺要求，在 Factory IO 中搭建工业场景。
（2）在 Factory IO 中配置项目、建立 I/O 连接。
（3）建立 PLC 与 Factory IO 通信。

4. PLC 和 Factory IO 联机调试运行
为了保证自身安全，在通电调试时，要认真执行安全操作规程的有关规定，经指导老师检查并现场监护。
记录调试过程中出现的问题和解决措施。
出现问题：　　　　　　　　　　　　　解决措施：

5. 技术文件整理
整理任务技术文件，主要包括控制工艺要求、I/O 分配表、I/O 接线图、调试记录表等。
小组完成工作任务总结以后，各小组对自己的工作岗位进行"整理、整顿、清扫、清洁、安全、素养"的 6S 处理，归还所借的工具和实训器件。

检查评价页

1. 展示评价

各组展示作品，进行小组自评、组间互评及教师考核评价，完成任务考核评价表（表10-4）的填写。

表10-4 任务考核评价表

评价项目	评价标准	分值	自评 30%	互评 30%	师评 40%	合计
职业素养（30分）	分工合理，制订计划能力强，严谨认真	5				
	爱岗敬业、安全意识、责任意识、服从意识	5				
	团队合作、交流沟通、互相协作、分享能力	5				
	遵守行业规范、现场6S标准	5				
	保质保量完成工作页相关任务	5				
	能采取多种手段收集信息、解决问题	5				
专业能力（60分）	利用Factory IO正确搭建工业场景	5				
	工作准备页填写正确	10				
	建立仿真PLC与Factory IO通信	5				
	完成控制功能要求	35				
	技术文档整理完整	5				
创新意识（10分）	创新性思维和精神	5				
	创新性观点和方法	5				

2. 任务复盘

（1）重点、难点问题检测。

（2）是否完成学习目标。

（3）谈谈完成本次实训的心得体会。

_____

_____

进阶篇模块

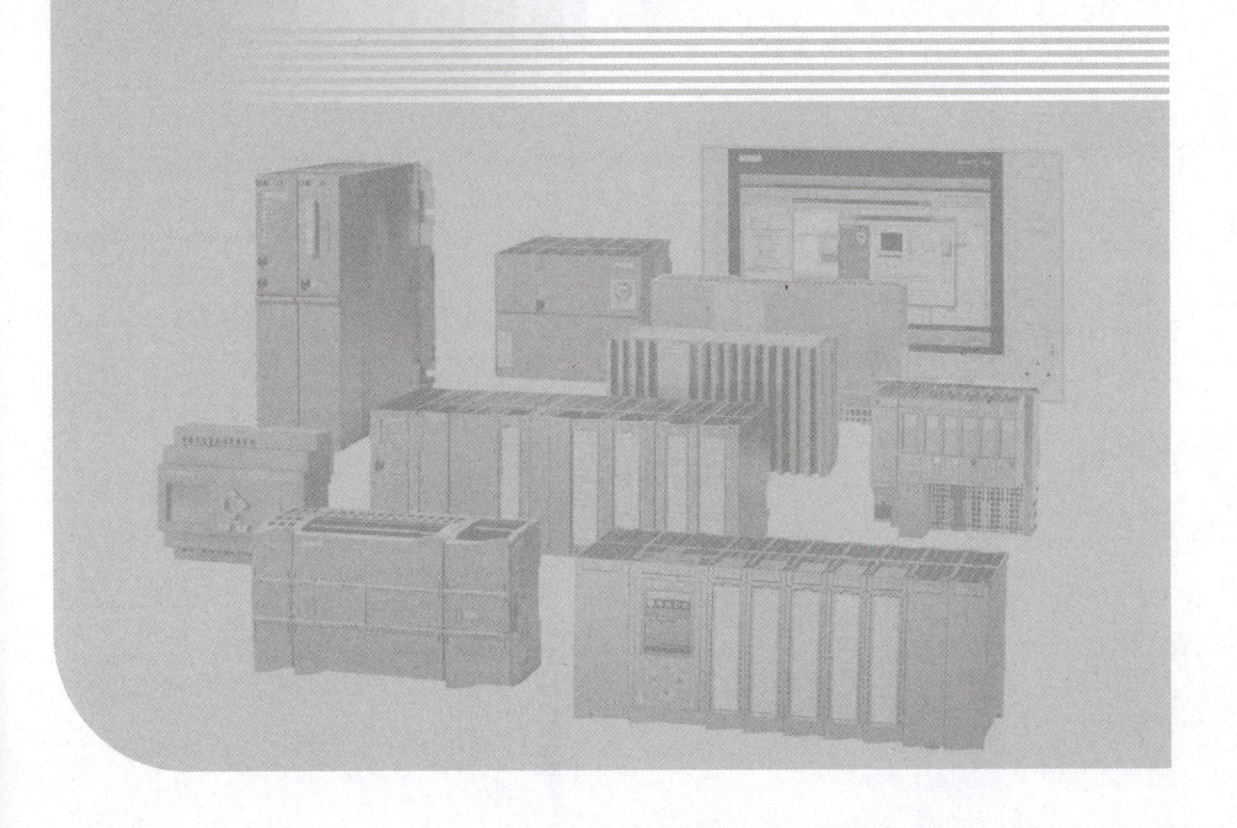

进阶模块图谱

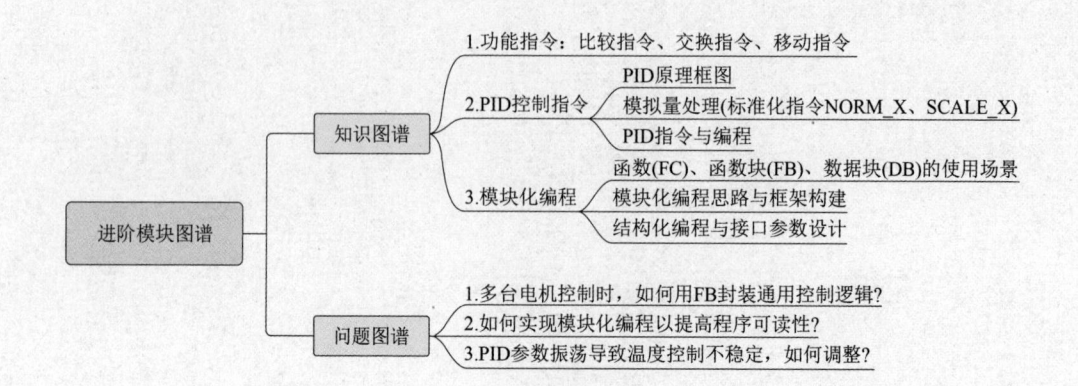

- **知识图谱**
  - 1. 功能指令：比较指令、交换指令、移动指令
  - 2. PID控制指令
    - PID原理框图
    - 模拟量处理(标准化指令NORM_X、SCALE_X)
    - PID指令与编程
  - 3. 模块化编程
    - 函数(FC)、函数块(FB)、数据块(DB)的使用场景
    - 模块化编程思路与框架构建
    - 结构化编程与接口参数设计

- **问题图谱**
  - 1. 多台电机控制时，如何用FB封装通用控制逻辑？
  - 2. 如何实现模块化编程以提高程序可读性？
  - 3. PID参数振荡导致温度控制不稳定，如何调整？

项目三　智能仓储系统 PLC 控制

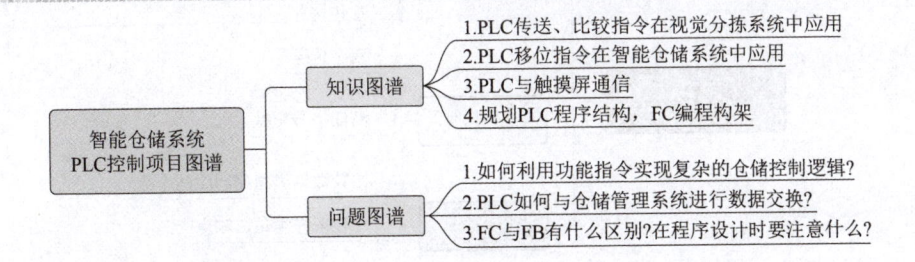

```
                        ┌─────────┐   1.PLC传送、比较指令在视觉分拣系统中应用
                        │ 知识图谱 │── 2.PLC移位指令在智能仓储系统中应用
                        │         │   3.PLC与触摸屏通信
┌─────────────┐        └─────────┘   4.规划PLC程序结构，FC编程构架
│ 智能仓储系统 │
│ PLC控制项目图谱│
└─────────────┘        ┌─────────┐   1.如何利用功能指令实现复杂的仓储控制逻辑?
                        │ 问题图谱 │── 2.PLC如何与仓储管理系统进行数据交换?
                        └─────────┘   3.FC与FB有什么区别?在程序设计时要注意什么?
```

任务 11　PLC 控制视觉分拣系统

任务信息页

学习目标

1. 理解移动指令，并可以正确选择传送字节、字、双字的数据类型。
2. 厘清各种比较指令含义。
3. 能用移动指令、比较指令编写物料分拣梯形图。
4. 通过 PLC 和 Factory IO 虚拟仿真软件虚实结合调试物料分拣系统满足控制要求。

工作情景

机器视觉在制造业、服务业、军事领域等都有广泛的运用。物料分拣技术是工业生产和物流运输领域至关重要的一项技术，分拣效率和精准性影响到整个生产链的完整性与时效性。传统分拣系统技术受工业环境约束大，不具备灵活性与适应性，分拣的精准性上也存在一定缺陷。基于视觉识别技术的物体分拣系统，有较好的灵活性和较高的精准性。利用机器视觉，通过视觉传感器，使用相机采集物体图像信息，辨别物料颜色、形状特征和位置判断，根据不同特征信息由 PLC 控制分拣机实现物体自动识别分拣，高效准确而且稳定持久，具有较大的优势。

项目三　智能仓储系统 PLC 控制

知识图谱

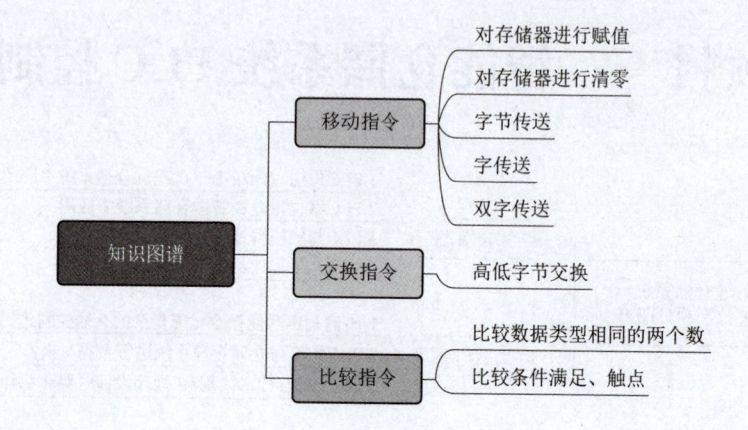

```
                          ┌── 对存储器进行赋值
                          ├── 对存储器进行清零
                ┌─ 移动指令 ┼── 字节传送
                │         ├── 字传送
                │         └── 双字传送
    知识图谱 ────┼─ 交换指令 ── 高低字节交换
                │         ┌── 比较数据类型相同的两个数
                └─ 比较指令 ┴── 比较条件满足、触点
```

问题图谱

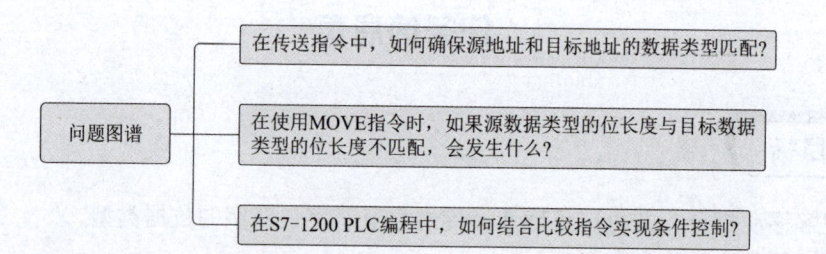

```
              ┌── 在传送指令中，如何确保源地址和目标地址的数据类型匹配？
              │
    问题图谱 ──┼── 在使用MOVE指令时，如果源数据类型的位长度与目标数据
              │    类型的位长度不匹配，会发生什么？
              │
              └── 在S7-1200 PLC编程中，如何结合比较指令实现条件控制？
```

任务 11 PLC 控制视觉分拣系统

任务工单页

控制要求

如果你毕业后要应聘一家企业，该企业要设计安装调试一条物料自动分拣生产线，示意图如图 11-1 所示。

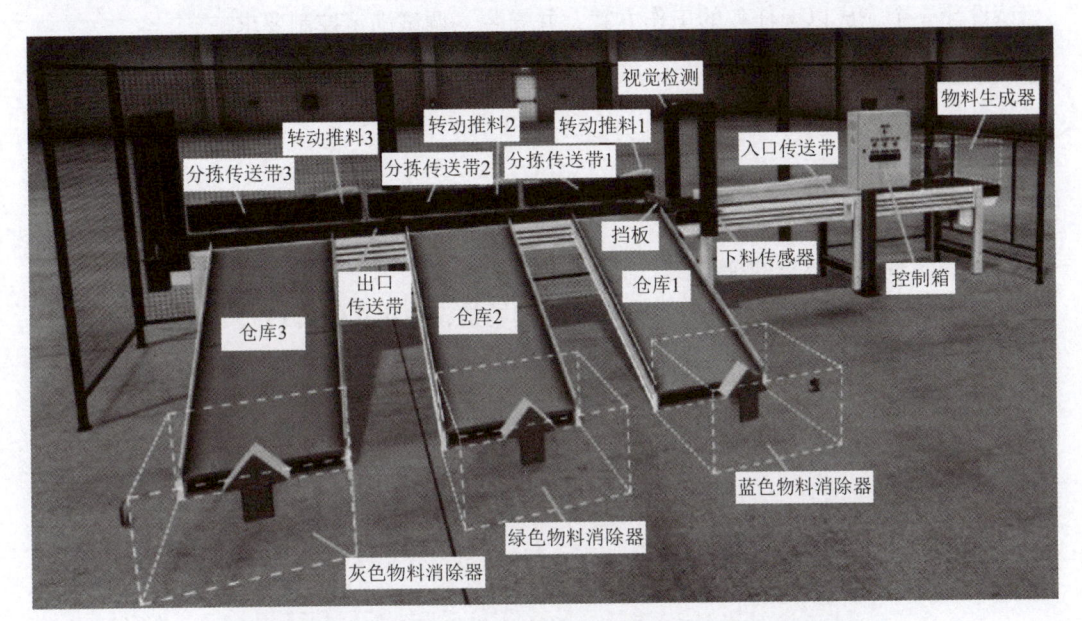

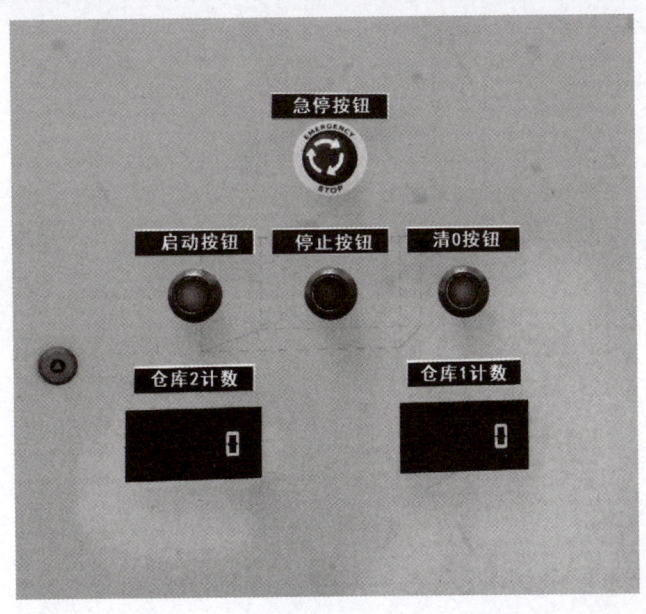

图 11-1 物料自动分拣生产线示意图

控制要求如下：入口传送带和出口传送带分别由两台电动机带动，按下启动按钮，物料生成器运行产生物料，经过入口传送带，通过视觉检测，辨别物料颜色特征（蓝色1、绿色4，灰色7），然后用转动推料机构和分拣传送带把不同物料按特征分拣到不同仓库中；蓝色物料分拣在仓库1，绿色物料分拣在仓库2，灰色物料分拣在仓库3，各仓库中分拣物料可以计数，计数过程要求用加计数器指令完成，下料传感器是反射式传感器。

按下停止按钮，系统停止；按下清0按钮，系统数据（如计数器）清0。

按下急停按钮，系统暂停，恢复急停按钮，系统在原来状态上继续分拣。

请设计一个完成以上任务的工作方案，并安装、调试满足控制要求。

任务要求

1. 请列出 PLC 的 I/O 表。
2. 画 I/O 接线图。
3. 编写实现控制要求的梯形图。
4. 在 Factory IO 中搭建物料自动分拣生产线场景，并建立仿真 PLC 与 Factory IO 通信。
5. 通过仿真 PLC 与 Factory IO 联合调试程序满足要求。
6. 技术文件资料整理。

知识学习页

1. 移动指令（MOVE）

如图 11-2 所示，移动指令用于将 IN 输入的源数据传送给 OUT1 输出的目的地址，并且转换为 OUT1 允许的数据类型（与是否进行 IEC 检查有关），源数据保持不变。

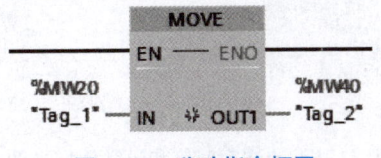

图 11-2　移动指令框图

移动指令可对存储器进行赋值，或者把一个存储器的数据复制到另外一个存储器中，还可以用于清零功能，移动指令赋值梯形图如图 11-3 所示，仿真结果如图 11-4 所示。

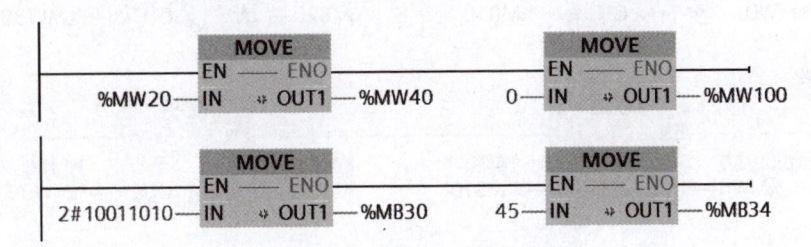

图 11-3　移动指令赋值梯形图

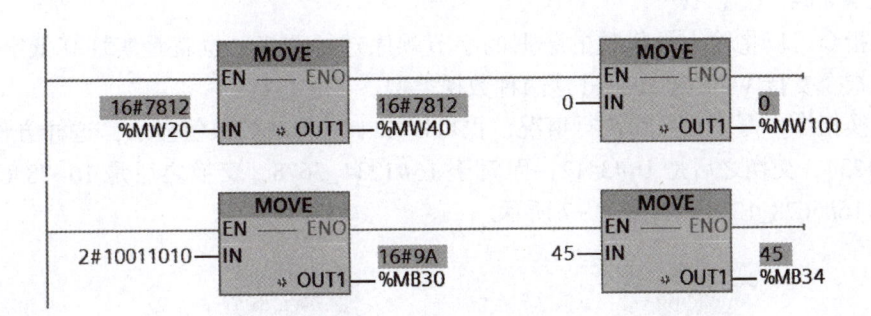

图 11-4　移动指令仿真结果

如图 11-5 梯形图所示，通过移动指令设定定时值或计数值到存储器，用存储器间接设定定时值和计数器目标值，使定时或计数控制更加灵活，这对于根据实际情况改变定时值或计数值的控制是十分有用的。

如果 IN 数据类型的位长度超过 OUT1 数据类型的位长度，源值的高位丢失。如果 IN 数据类型的位长度小于 OUT1 数据类型的位长度，目标值的高位被改写为 0。例如可将 MB20 中的数据传送到 MW30。如果将 MW0 中超过 255 的数据传送到 MB10，则只是将 MW0 的低位字节（MB1）中的数据传送到 MB10，如图 11-6 所示。

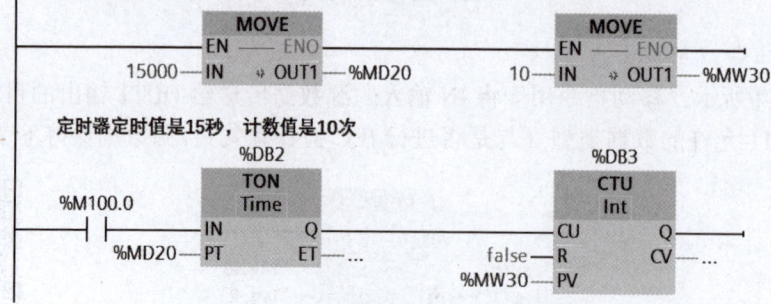

图 11-5 传送定时值和计数值梯形图

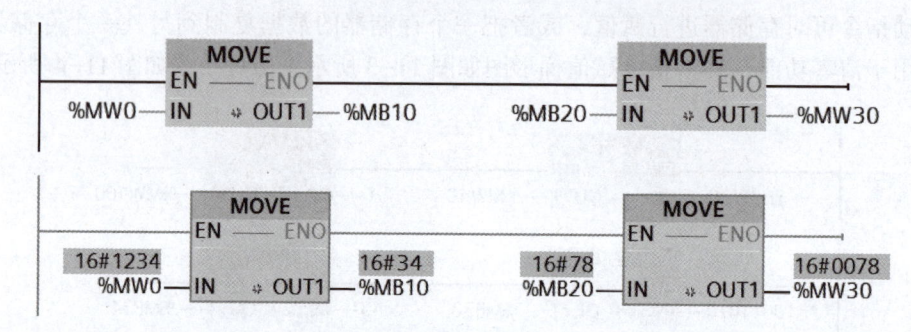

图 11-6 梯形图

2. 交换指令（SWAP）

交换指令可以将输入操作数的数据的字节顺序进行调换，也就是实现高低字节的交换，交换指令支持 Word 和 DWord 这两种数据类型。

在交换指令中可以监控其执行情况，也可以以十六进制的数值显示，这样方便查看。比如 16#1234，交换之后是 16#3412；而对于 16#1234_5678，交换之后是 16#7856_3412，注意不是 16#5678_1234，如图 11-7 所示。

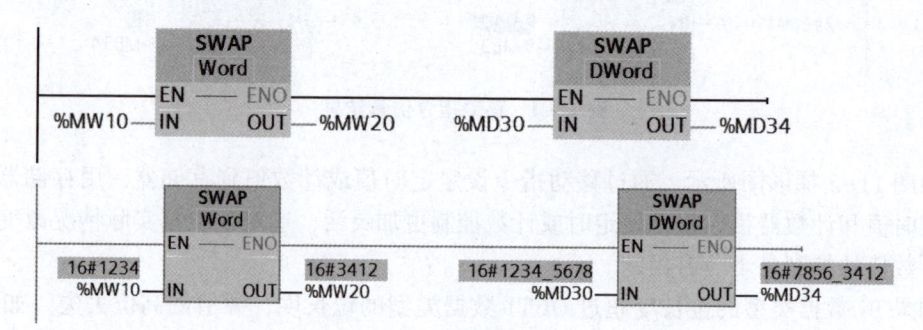

图 11-7 交换指令梯形图

练一练：

【**案例 1**】利用移动指令实现 3 台电机 M0、M1、M2 同时启/停控制，一个字节有 8 位，用 QB0 表示，其 Q0.2、Q0.1、Q0.0 对应 M2、M1、M0 3 台电机。

QB0＝00000111，化成十进制是 7，如表 11-1 所示，梯形图如图 11-8 所示。

表 11-1 字节分解位

Q0.7	Q0.6	Q0.5	Q0.4	Q0.3	Q0.2	Q0.1	Q0.0
0	0	0	0	0	1	1	1

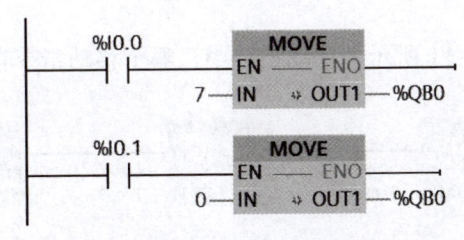

图 11-8 梯形图

【**案例 2**】如图 11-9 所示，有 8 位彩灯，8 位彩灯用一个字节 QB0 表示，I0.1 接通时，偶数灯亮；I0.2 接通时，奇数灯亮；I0.0 接通时，全部灯灭。

图 11-9 8 位彩灯

偶数灯亮时，QB0＝01010101，化成十进制是 85，如表 11-2 所示。

表 11-2 字节分解位

Q0.7	Q0.6	Q0.5	Q0.4	Q0.3	Q0.2	Q0.1	Q0.0
0	1	0	1	0	1	0	1

奇数灯亮时，QB0＝10101010，化成十进制是 170，如表 11-3 所示。

表 11-3 字节分解位

Q0.7	Q0.6	Q0.5	Q0.4	Q0.3	Q0.2	Q0.1	Q0.0
1	0	1	0	1	0	1	0

梯形图如图 11-10 所示。

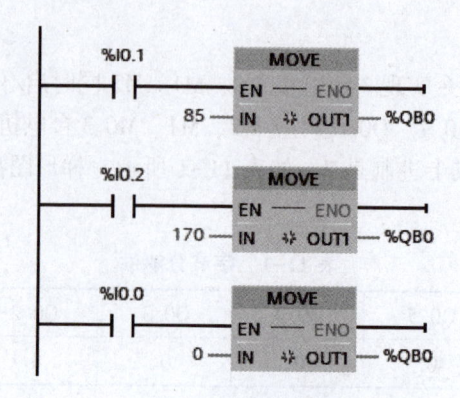

图 11-10 梯形图

讨论问题 1：如图 11-11 所示的移动指令中，哪个移动指令存在错误？

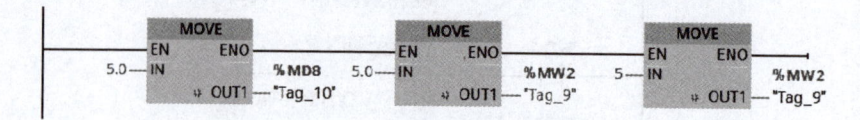

图 11-11 移动指令梯形图

讨论问题 2：如图 11-12 所示的两条数据移动指令中，存在什么问题？

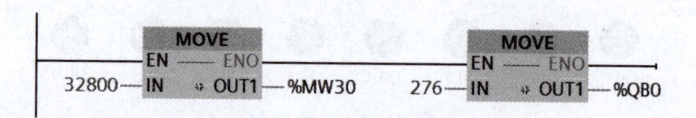

图 11-12 移动指令梯形图

3. 比较指令

比较指令用来比较数据类型相同的两个数 IN1 与 IN2 的大小，如图 11-13 所示。操作数可以是 I、Q、M、L、D 存储区中的变量或常量。满足比较关系式给出的条件时，等效触点接通；比较指令需要设置数据类型，如字 MW20 比较时用 Int，双字 MD40 比较时用 Real 或 DInt。

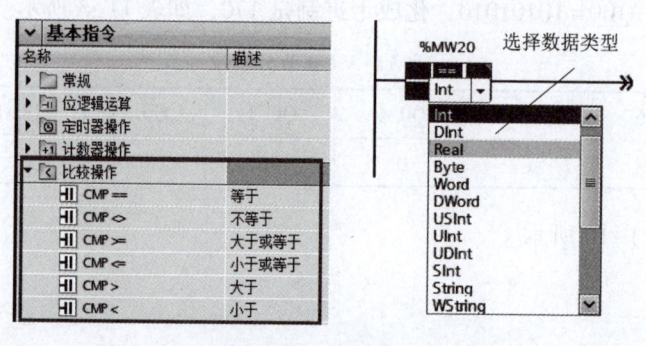

图 11-13 比较指令

问题讨论：如图 11-14 所示的两段梯形图中，哪个比较指令是错误的，请指出改正。

图 11-14 比较指令梯形图

练一练：

【**案例 1**】用比较指令实现彩灯按顺序亮灭，启动时 Q0.0 亮，5 s 后 Q0.1 亮，10~15 s Q0.2 亮，15 s 后 Q0.1 灭，20 s 后，Q0.0、Q0.1、Q0.2 全灭。

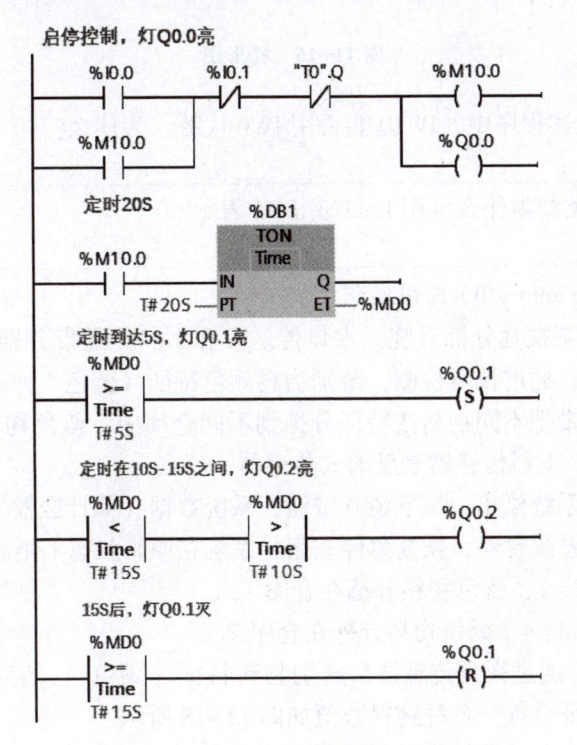

设计梯形图如图 11-15 所示。

图 11-15 梯形图

问题讨论：如图 11-15 所示梯形图中，当定时 20 s 时，除了用 "T0".Q 触点外，还可以用什么样的指令实现要求？

项目三　智能仓储系统 PLC 控制

【案例 2】 某压力值上限是 10 N，下限是 5.1 N，正常压力时绿灯亮，非正常压力时红灯亮。

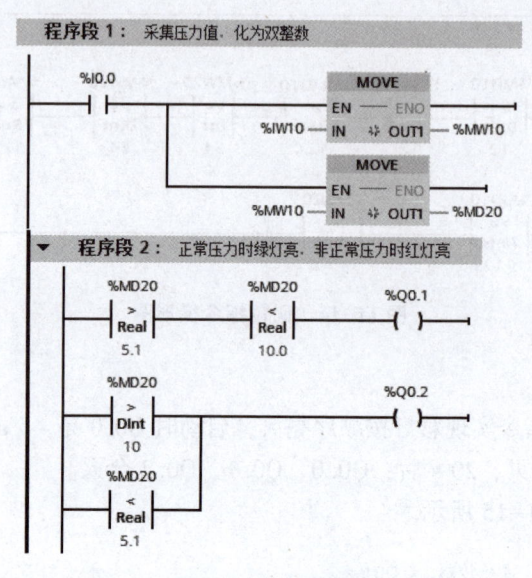

设计梯形图如图 11-16 所示。

图 11-16　梯形图

应用案例的 3D 虚拟仿真动画

问题讨论： 1. 上述程序中，IW10 能否用 IW0 代替，为什么？

2. MD20 的数据类型为什么可用 Real 或 DInt 表示？

4. 仿真 PLC 与 Factory IO 应用案例

如图 11-17 所示某视觉分拣系统，入口传送带和出口传送带分别由两台电动机带动，物料经过入口传送带，通过视觉检测，辨别物料颜色特征（蓝色 1、绿色 4），然后用转动推料机构和分拣传送带把不同物料按特征分拣到不同仓库中；蓝色物料分拣在仓库 1，绿色物料分拣在仓库 2。下料传感器是反射式传感器。

按下停止按钮，系统停止；按下清 0 按钮，系统数据（如计数器）清 0。

按下急停按钮，系统暂停，恢复急停按钮，系统在原来状态上继续分拣。

Blue Raw Material = 1，蓝色物料分拣在仓库 1；

Green Raw Material = 4，绿色物料分拣在仓库 2。

在 Factory IO 中，通过视觉传感器，辨别物料特征（颜色），然后用分类机和履带传送带把不同物料按特征分拣，各种物料数值如图 11-18 所示。

Green Raw Material——产品物料 4；

Green Product Lid——产品盖子 5；

Green Product Base——产品基座 6。

任务 11　PLC 控制视觉分拣系统

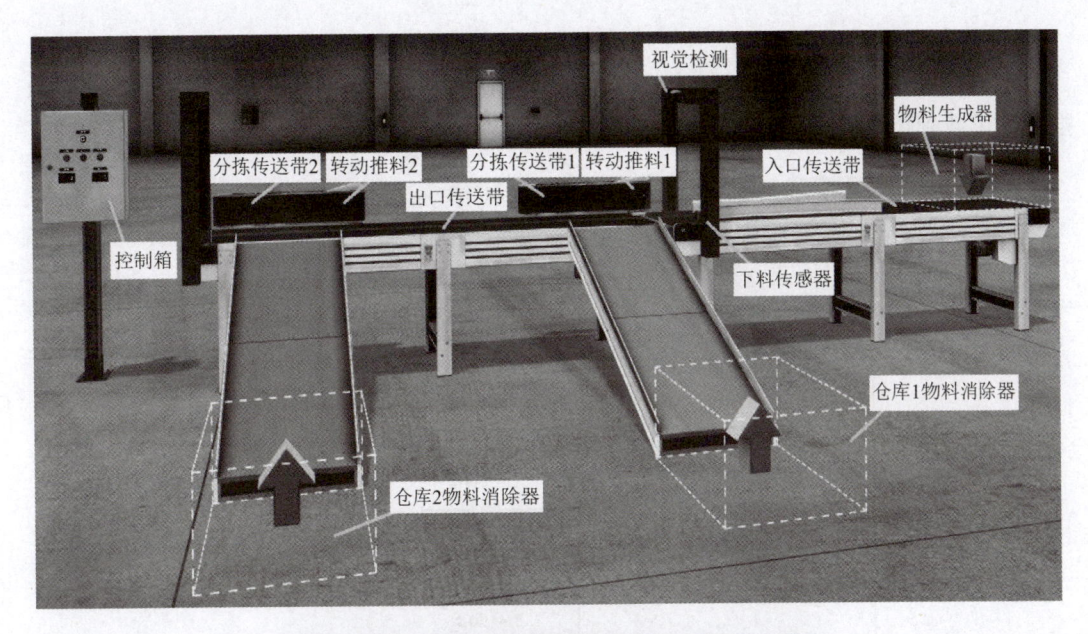

图 11-17　两物料视觉分拣系统场景和控制面板

设置物料特征

图 11-18　物料数值

195

（1）设计 PLC 程序。

在"西门子博途工程模板"中打开 TIA 博途软件，设计的 PLC 程序如图 11-19 所示，把程序下载到仿真 PLC 中，同时使仿真 PLC 处于"运行状态"。

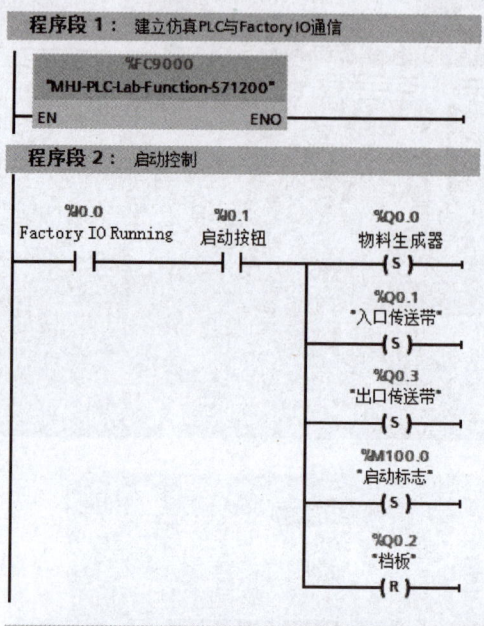

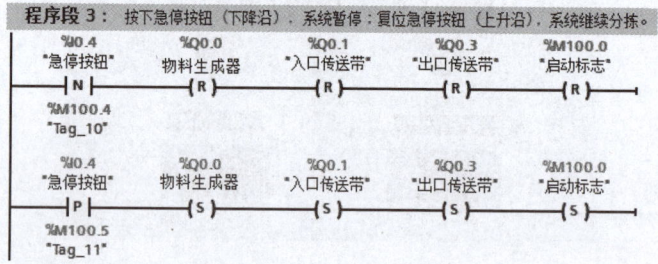

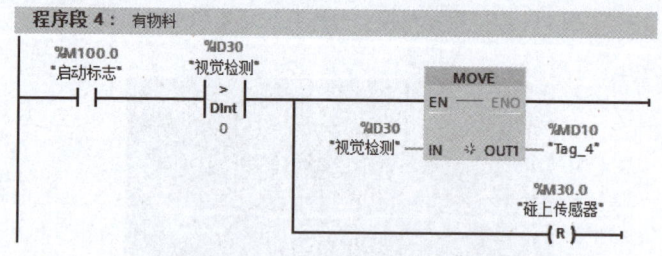

图 11-19　梯形图

任务 11 PLC 控制视觉分拣系统

程序段 5: 物料到，延时6秒，入口传送带停止，无物料生成，档板抬起

```
%M100.0      %MD10       %M30.0       %DB1                    %Q0.1
"启动标志"   "Tag_4"     "碰上传感器"  "IEC_Timer_0_DB"        "入口传送带"
  ┤├          ┤>├          ┤/├            TON                    (R)
              Dint                         Time
               0                      IN        Q
                                 T#6S PT        ET               %Q0.2
                                                                "档板"
                                              %Q0.0               (S)
                                           "物料生成器"
                                              (R)
```

程序段 6: 蓝色物料分拣在仓库1

```
%M100.0      %MD10       %M30.0                              %Q0.4
"启动标志"   "Tag_4"     "碰上传感器"                        "分拣传送带1"
  ┤├          ┤==├          ┤/├                              ( )
              Dint                                            %Q0.5
               1                                             "分拣1推料"
                                                              ( )
```

程序段 7: 绿色 物料分拣在仓库2

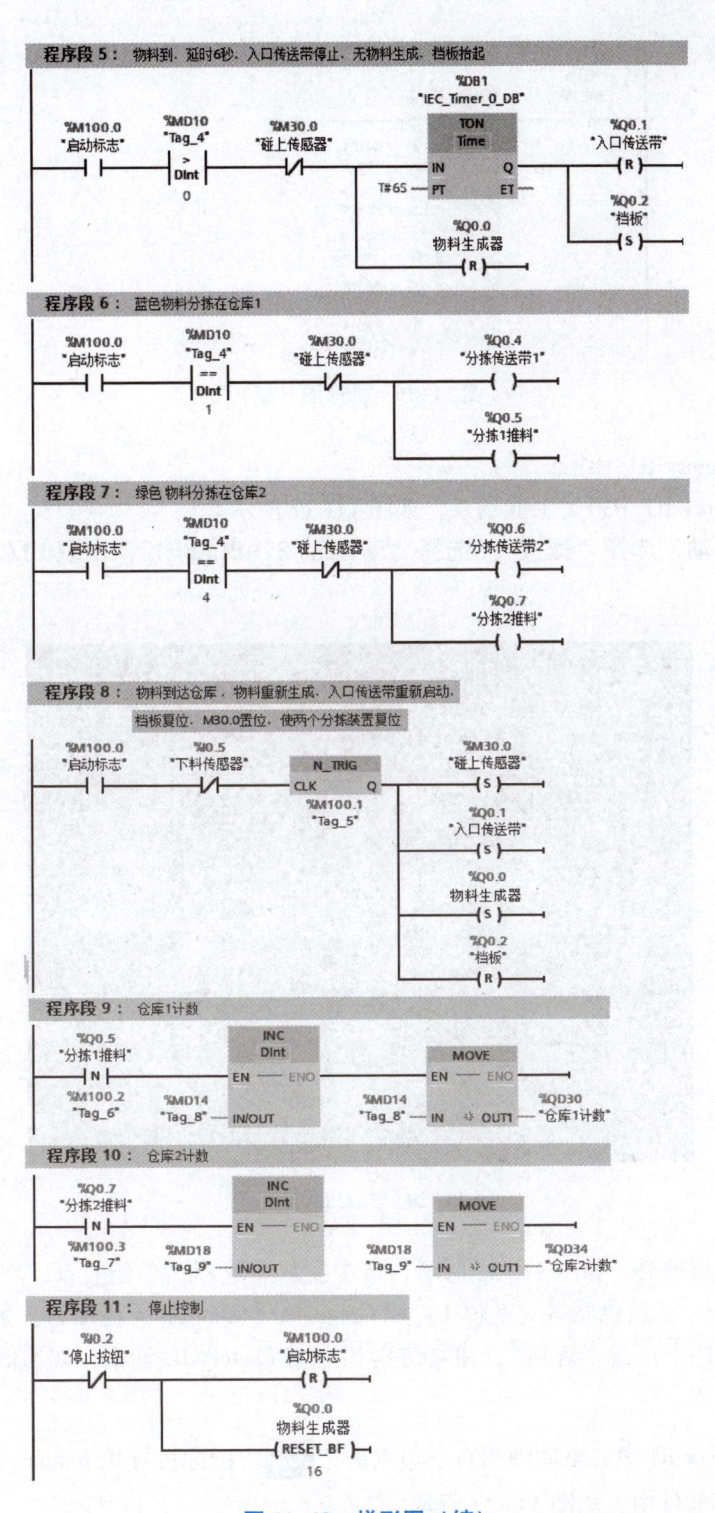

```
%M100.0      %MD10       %M30.0                              %Q0.6
"启动标志"   "Tag_4"     "碰上传感器"                        "分拣传送带2"
  ┤├          ┤==├          ┤/├                              ( )
              Dint                                            %Q0.7
               4                                             "分拣2推料"
                                                              ( )
```

程序段 8: 物料到达仓库，物料重新生成，入口传送带重新启动，档板复位，M30.0置位，使两个分拣装置复位

```
%M100.0      %Q0.5                                           %M30.0
"启动标志"   "下料传感器"   N_TRIG                           "碰上传感器"
  ┤├          ┤/├         CLK    Q                           (S)
                          %M100.1
                          "Tag_5"                            %Q0.1
                                                            "入口传送带"
                                                              (S)
                                                            %Q0.0
                                                          "物料生成器"
                                                              (S)
                                                            %Q0.2
                                                            "档板"
                                                              (R)
```

程序段 9: 仓库1计数

```
%Q0.5                INC
"分拣1推料"          Dint                   MOVE
  ┤N├          EN ─── ENO              EN ─── ENO
%M100.2   %MD14                       %MD14            %QD30
"Tag_6"   "Tag_8" IN/OUT              "Tag_8" IN  OUT1 "仓库1计数"
```

程序段 10: 仓库2计数

```
%Q0.7                INC
"分拣2推料"          Dint                   MOVE
  ┤N├          EN ─── ENO              EN ─── ENO
%M100.3   %MD18                       %MD18            %QD34
"Tag_7"   "Tag_9" IN/OUT              "Tag_9" IN  OUT1 "仓库2计数"
```

程序段 11: 停止控制

```
%Q0.2                %M100.0
"停止按钮"           "启动标志"
  ┤├                   (R)
                     %Q0.0
                   "物料生成器"
                   (RESET_BF)
                       16
```

图 11-19 梯形图（续）

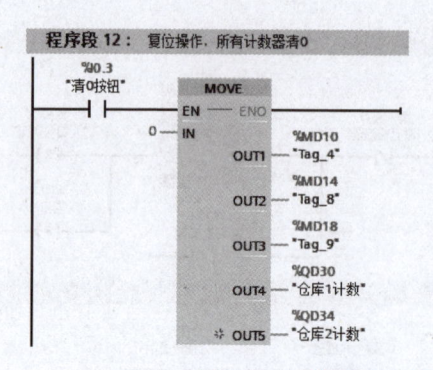

图 11-19 梯形图（续）

(2) 在 Factory IO 中组态。

1) 在 Factory IO 中搭建工业场景，如图 11-17 所示。

2) 设置驱动，选择"配置"，选择"Siemens S7-PLCSIM"，出现 PLC 的 I/O 图，如图 11-20 所示。

图 11-20　PLC 的 I/O 图

3) 设置物料种类。如图 11-21 所示，选中物料生成器，单击右键，在产生零件中选择 Blue Raw Material 蓝色原料（数值 1）和 Green Raw Material 绿色原料（数值 4）。

4) 在驱动图中点击"连接"，建立仿真 PLC 与 Factory IO 通信，如通信成功，则显示"✓"。

5) 在 Factory IO 中的驱动画面右下角点击"⬆"图标可导出 Factory IO 中的变量到 TIA 博途的编程软件中，如图 11-22 所示。

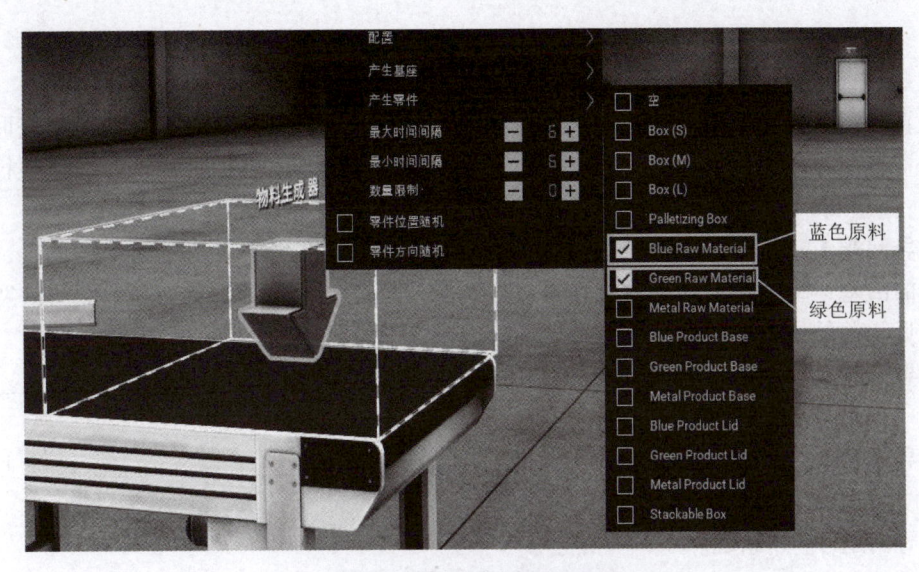

图 11-21　设置物料种类

图 11-22　导出 Factory IO 中的变量

然后在 TIA 博途软件的 PLC 变量中添加新变量，在变量表中导入，找到 Factory IO 中变量，打开就可以在 PLC 的变量表中看到在 Factory IO 中创建的变量，编程时可直接找出这些变量，如图 11-23 所示。

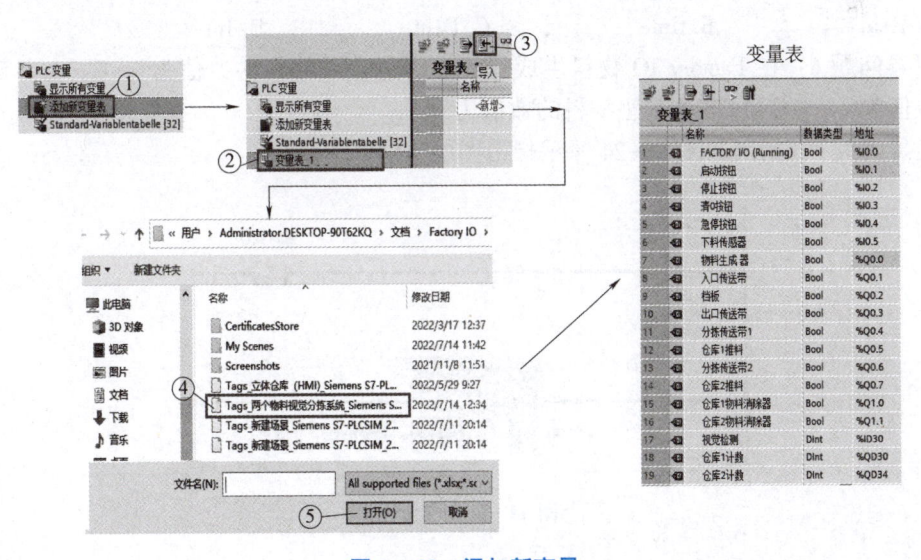

图 11-23　添加新变量

199

工作准备页

认真阅读任务工单要求，理解工作任务内容，明确物料分拣系统工作任务，获取任务的技术资料，预习知识学习页，形成用仿真 PLC 和 Factory IO 虚拟仿真软件结合进行仿真的思路，回答以下问题。

引导问题 1：在自动化生产线中，大量用到接近开关检测物料位置和气缸位置，当气缸里面的活塞运动到接近开关的位置时接近开关指示灯_____，当气缸里面的活塞运动离开接近开关的位置后接近开关指示灯_____。

引导问题 2：气缸伸出和收回动作控制有两种方法，一种是采用_____控制，另一种是采用_____控制。

引导问题 3：加法计数器指令（CTU）计数的条件是_____，加 1 指令（INC）加 1 的条件是_____。

引导问题 4：判断题。

1. 在移动指令（MOVE）中，实数 3.0 可传送到 MW10 中。（　　）
2. 在移动指令（MOVE）中，实数 3.0 可传送到 MD20 中。（　　）
3. 在移动指令（MOVE）中，数值 3 可传送到 MW10 或 QB0 中。（　　）
4. 在比较指令中，当用 MW10 与 3.0 比较时，数据类型要用 Real。（　　）
5. 在比较指令中，当用 MD10 与 3 比较时，数据类型要用 Int。（　　）
6. 在比较指令中，当用 MW10 与 3 比较时，数据类型用 Int 或 DInt。（　　）

引导问题 5：单选题。

1. 数值 8 传送到 QB1 中，下面描述正确的是（　　）。
   A. Q0.0 为 1　　　B. Q0.2 为 1　　　C. Q0.3 为 1　　　D. Q0.4 为 1
2. 在比较指令中，当定时器用 MD4 与 10 s 比较时，数据类型要用（　　）。
   A. Real　　　　　B. time　　　　　C. DInt　　　　　D. Int

引导问题 6：在 Factory IO 物料生成器中，绿色盖子物料的数值为_____，灰色原料的数值为_____，蓝色基座物料的数值为_____。

引导问题 7：指出如图 11-24 所示梯形图的错误。

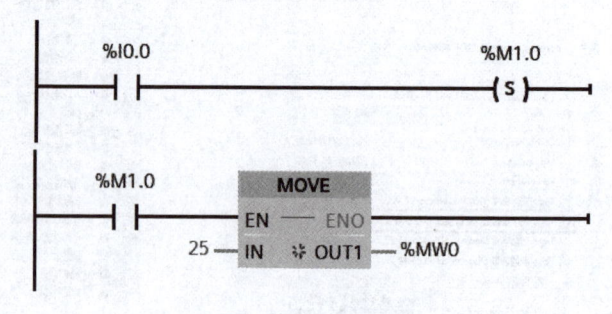

图 11-24　梯形图

设计决策页

1. 列出 PLC 的 I/O 分配表。

进行 PLC 控制系统设计的首要环节是为输入/输出设备分配 I/O 地址。输入/输出设备分配 I/O 表如表 11-4 所示。

表 11-4　PLC 的 I/O 分配表

输入端口			输出端口		
元件名称	元件符号	输入地址	元件名称	元件符号	输出地址

2. 画出 PLC 的 I/O 接线图。

根据 PLC 的 I/O 分配表，结合 PLC 的接线端子，按如图 11-25 所示画出 PLC 的 I/O 接线图。

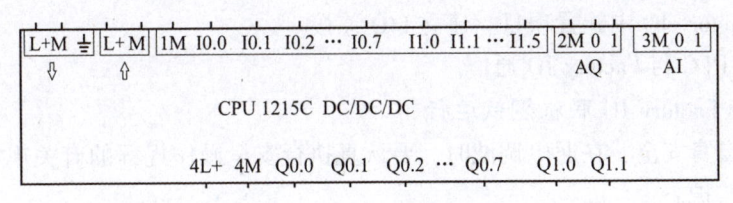

```
L+M  ⏚  L+M  |1M  I0.0  I0.1  I0.2 … I0.7   I1.0  I1.1 … I1.5 |2M 0 1 |3M 0 1
 ↓         ↑                                                      AQ     AI

                    CPU 1215C  DC/DC/DC

             4L+  4M  Q0.0  Q0.1  Q0.2 … Q0.7   Q1.0  Q1.1
```

图 11-25　PLC 的 I/O 接线图

3. 设计 PLC 的梯形图。

4. 方案展示。
（1）各小组派代表阐述设计方案。
（2）各组对其他组的设计方案提出不同的看法。
（3）教师结合大家完成的方案进行点评，选出最佳方案。

任务实施页

1. 领取工具

按工单任务要求填写表 11-5 并按表领取工具。

表 11-5　工具表

序号	工具或材料名称	型号规格	数量	备注

2. PLC 程序编写

在 TIA 博途软件中编写设计梯形图,并下载到 PLC。

3. Factory IO 组态与通信

(1) 根据控制工艺要求,在 Factory IO 中搭建工业场景。

(2) 在 Factory IO 中配置项目、建立 I/O 连接。

(3) 建立 PLC 与 Factory IO 通信。

4. PLC 和 Factory IO 联机调试运行

为了保证自身安全,在通电调试时,要认真执行安全操作规程的有关规定,经指导老师检查并现场监护。

记录调试过程中出现的问题和解决措施。

出现问题:　　　　　　　　　　　　　　解决措施:

5. 技术文件整理

整理任务技术文件,主要包括控制工艺要求、I/O 分配表、I/O 接线图、调试记录表等。

小组完成工作任务总结以后,各小组对自己的工作岗位进行"整理、整顿、清扫、清洁、安全、素养"的 6S 处理,归还所借的工具和实训器件。

检查评价页

1. 展示评价

各组展示作品，进行小组自评及组间互评及教师考核评价，完成任务考核评价表（表11-6）的填写。

表11-6　任务考核评价表

评价项目	评价标准	分值	自评30%	互评30%	师评40%	合计
职业素养（30分）	分工合理，制订计划能力强，严谨认真	5				
	爱岗敬业、安全意识、责任意识、服从意识	5				
	团队合作、交流沟通、互相协作、分享能力	5				
	遵守行业规范、现场6S标准	5				
	保质保量完成工作页相关任务	5				
	能采取多种手段收集信息、解决问题	5				
专业能力（60分）	利用Factory IO正确搭建工业场景	5				
	工作准备页填写正确	10				
	建立仿真PLC与Factory IO通信	5				
	完成控制功能要求	35				
	技术文档整理完整	5				
创新意识（10分）	创新性思维和精神	5				
	创新性观点和方法	5				

2. 任务复盘

（1）重点、难点问题检测。

（2）是否完成学习目标。

（3）谈谈完成本次实训的心得体会。

_____

_____

_____

3. 请你编写一份技术资料，交给客户。

任务 12　PLC 和触摸屏控制电动机星三角启动

任务信息页

学习目标

1. 认知西门子触摸屏基本知识。
2. 能对触摸屏进行画面组态。
3. 会组态按钮和指示灯参数，能正确设定计数、定时器 I/O 域参数。
4. 会建立触摸屏与 PLC 通信，会进行 PLC 与触摸屏的集成仿真。

工作情景

随着工业自动化的发展，基于 PLC 的自动化设备与系统几乎应用到了每个工业领域。虽然 PLC 能实现各种控制任务，但无法显示控制数据和监视工业生产画面。为使工业现场操作员与 PLC 之间方便对话，与之相应的人机交互系统应运而生。工业触摸屏是人机交互系统中常用的设备。工业触摸屏是通过触摸式工业显示器把人和机器连为一体的智能化界面，它是替代传统控制按钮和指示灯的智能化操作显示终端，它可以用来设置参数，显示数据，监控设备状态，以曲线、动画等形式描绘自动化控制过程，得到自动化系统集成商、自动化设备制造商的广泛采用。

知识图谱

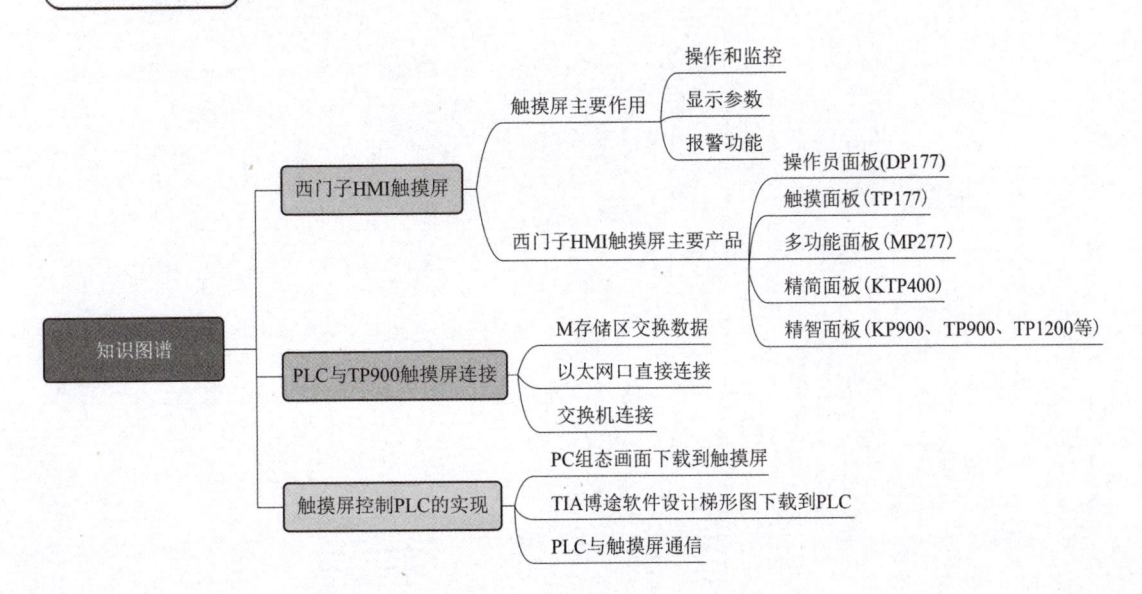

- 知识图谱
  - 西门子HMI触摸屏
    - 触摸屏主要作用
      - 操作和监控
      - 显示参数
      - 报警功能
    - 西门子HMI触摸屏主要产品
      - 操作员面板(DP177)
      - 触摸面板(TP177)
      - 多功能面板(MP277)
      - 精简面板(KTP400)
      - 精智面板(KP900、TP900、TP1200等)
  - PLC与TP900触摸屏连接
    - M存储区交换数据
    - 以太网口直接连接
    - 交换机连接
  - 触摸屏控制PLC的实现
    - PC组态画面下载到触摸屏
    - TIA博途软件设计梯形图下载到PLC
    - PLC与触摸屏通信

项目三　智能仓储系统 PLC 控制

问题图谱

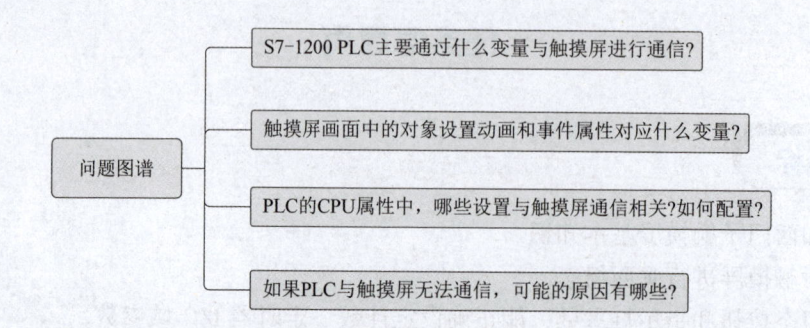

- 问题图谱
  - S7-1200 PLC主要通过什么变量与触摸屏进行通信？
  - 触摸屏画面中的对象设置动画和事件属性对应什么变量？
  - PLC的CPU属性中，哪些设置与触摸屏通信相关？如何配置？
  - 如果PLC与触摸屏无法通信，可能的原因有哪些？

任务 12 PLC 和触摸屏控制电动机星三角启动

任务工单页

控制要求

如图 12-1 所示是电动机星三角降压启动控制线路,现采用 PLC 和触摸屏控制。触摸屏控制画面如图 12-2 所示,触摸屏上组态有"启动按钮"、"停止按钮"、"星接指示灯"、"主接指示灯"、"角接指示灯",设定定时设定值和显示定时当前值;在星形启动过程中,主接指示灯常亮,星接指示灯以 1 Hz 频率闪亮,显示图形"⅄",启动完毕后,主接指示灯和角接指示灯常亮,显示图形"△"。

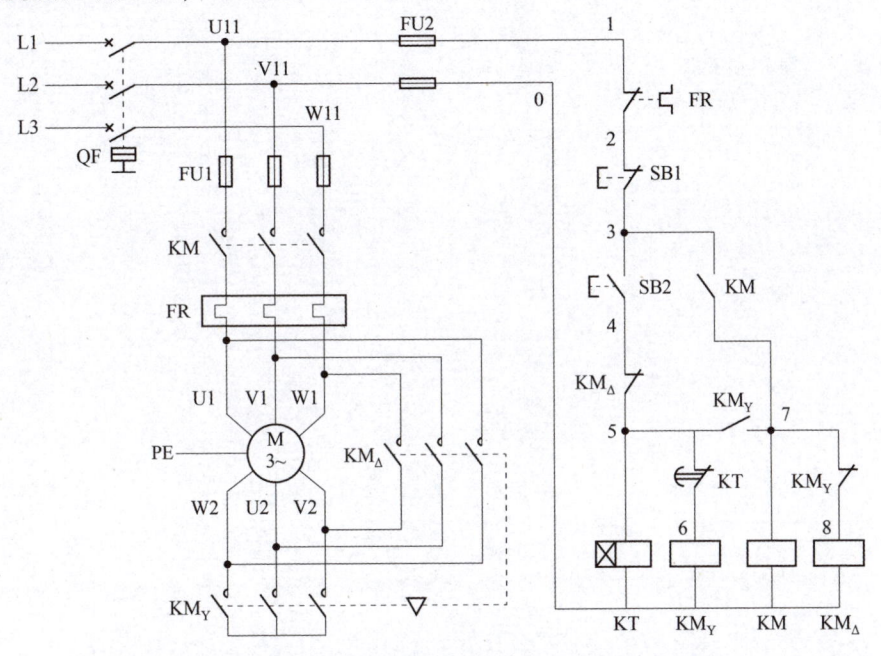

图 12-1 电动机星三角降压启动控制线路

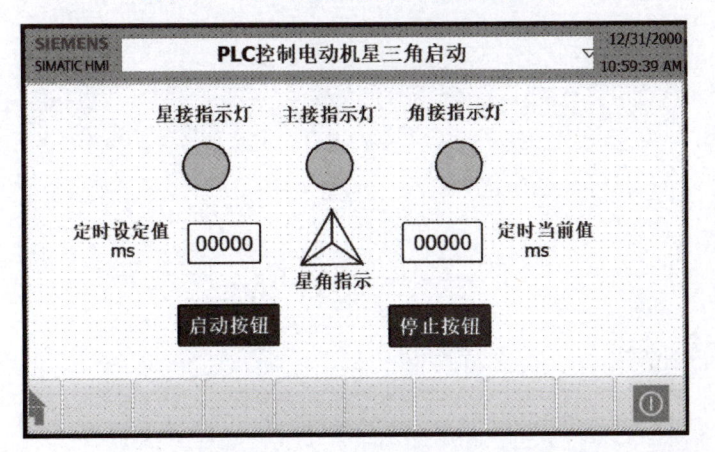

图 12-2 电动机星三角降压启动触摸屏控制画面

任务工单的仿真动画

207

项目三　智能仓储系统 PLC 控制

> **任务要求**

1. 请列出 PLC 的 I/O 表。
2. 画 I/O 接线图。
3. 组态 PLC 硬件，添加连接触摸屏。
4. 组态星三角启动画面。
5. 设计 PLC 程序。
6. 通过 PLC 与触摸屏联合调试程序满足控制要求。
7. 技术文件资料整理。

知识学习页

1. 触摸屏基本知识

（1）触摸屏功能。

触摸屏的主要功能就是取代传统的控制面板和显示仪表，通过与控制单元 PLC 通信，实现人与控制系统的信息交换，方便实现对整个系统的操作和监视，如图 12-3 所示。

图 12-3　触摸屏控制电机

如图 12-4 所示，触摸屏可连接 PLC、变频器、仪表等工业设备，通过触摸输入单元（如触摸屏、键盘、鼠标等）写入工作参数或输入操作命令，利用显示屏显示，是实现人与机器信息交互的数字设备，触摸屏有时也叫人机界面（Human Machine Interface，HMI）。

图 12-4　触摸屏与 PLC、变频器、仪表等设备通信

PPT 课件

触摸屏由硬件和软件组成，如图 12-5 所示。

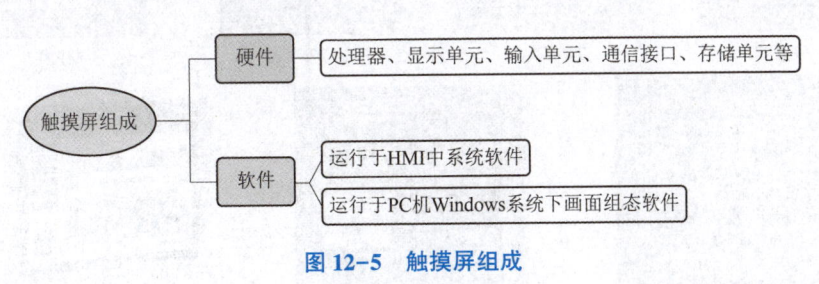

触摸屏组成
- 硬件：处理器、显示单元、输入单元、通信接口、存储单元等
- 软件：
  - 运行于HMI中系统软件
  - 运行于PC机Windows系统下画面组态软件

图 12-5　触摸屏组成

触摸屏设备在自动化控制系统中主要有显示参数、操作和监控等 7 个方面的作用，如图 12-6 所示。

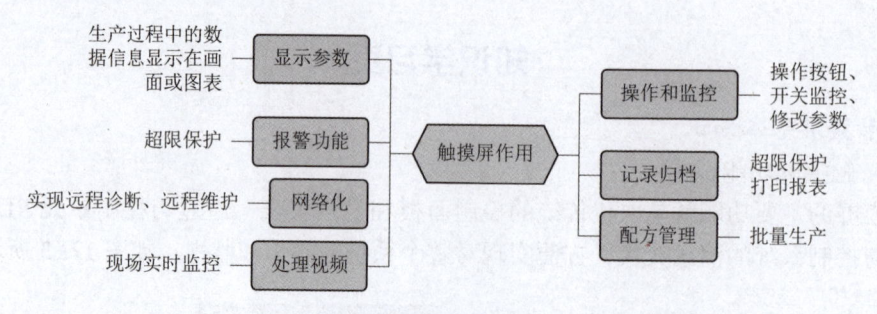

图 12-6 触摸屏作用

HMI 与触摸屏区别：

从严格意义上来说，两者是有本质上的区别的。因为"触摸屏"仅是人机界面产品中可能用到的硬件部分，是一种替代鼠标及键盘部分功能，安装在显示屏前端的输入设备；而人机界面 HMI 产品则是一种包含硬件和软件的人机交互设备。在工业中，人们常把具有触摸输入功能的人机界面产品称为"触摸屏"，但这是不科学的。

（2）西门子触摸屏产品。

西门子公司先后推出以下各种触摸屏，如图 12-7 所示，现主流产品是精智面板。

①操作员面板（OP177，OP 指 Operator Panel）。

②触摸面板（TP177 等，TP 指 Touch Panel）。

③多功能面板（MP277，MP 指 Multi Panel）。

④精简面板：4 寸、6 寸 Basic 面板 KTP400 等产品（2008 年产品）。

⑤精智面板，如 KP900（有按钮）、TP900（无按钮）、TP1200（2012 年 6 月产品）等，900 表示 9 寸，1 200 表示 12 寸。

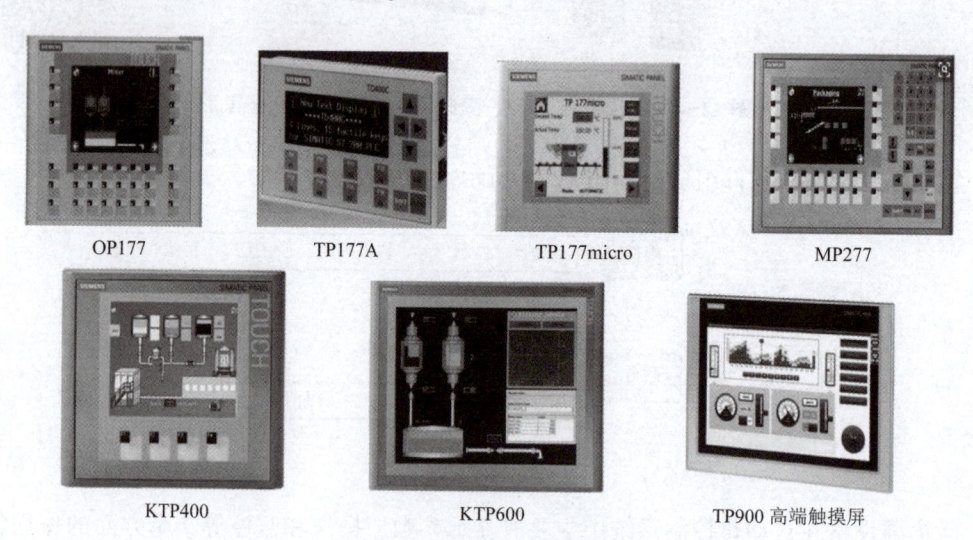

图 12-7 西门子的各种触摸屏

TP900 精智面板 9 寸，1 600 万色 LED 背光，16：9 宽屏显示，触摸屏，12 MB 用户内存，如图 12-8 所示是 TP900 结构。

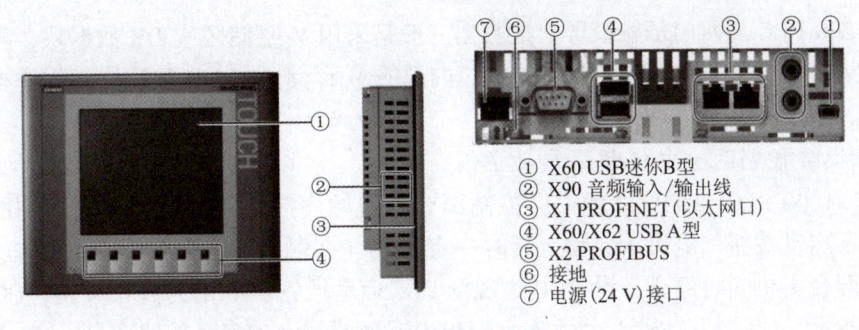

① X60 USB迷你B型
② X90 音频输入/输出线
③ X1 PROFINET（以太网口）
④ X60/X62 USB A型
⑤ X2 PROFIBUS
⑥ 接地
⑦ 电源（24 V）接口

图 12-8　TP900 结构

（3）西门子触摸屏与 PLC 的连接。

两种连接方法：一种是用以太网口直接连接，另一种是通过交换机连接，如图 12-9 所示。注意触摸屏工作时要用 24 V 直流电源供电。

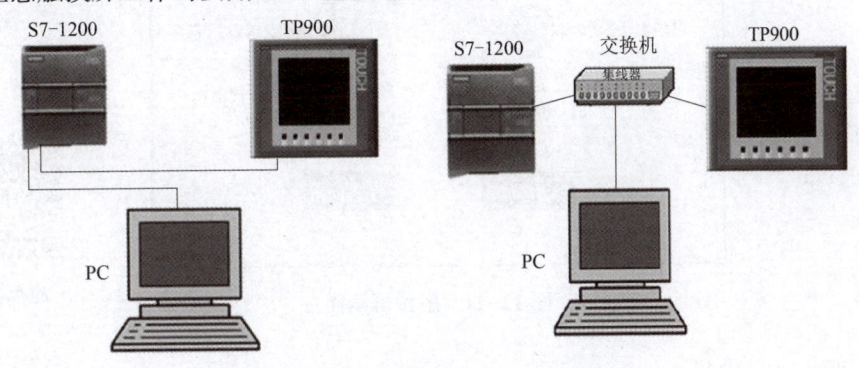

图 12-9　西门子触摸屏与 PLC 的通信

触摸屏与 PLC 的组态过程，是在计算机的 TIA 博途软件中组态触摸屏画面，通过以太网口下载到触摸屏中；在计算机的 TIA 博途软件中组态 PLC 并设计梯形图，通过以太网口下载到 PLC 中，如图 12-10 所示。

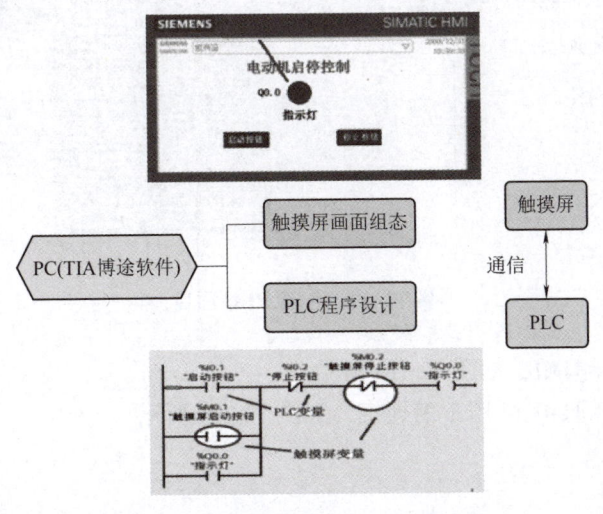

图 12-10　触摸屏与 PLC 的组态过程

S7-1200 PLC 与西门子触摸屏交换数据一般是采用 M 存储区或 DB 数据块，触摸屏不能访问输入存储器 I，通过触摸屏控制 PLC 内部的 M 存储区或 DB 数据块，程序根据数据控制输出（Q）。

2. 触摸屏控制两台电机顺序启动案例

用 S7-1200 PLC 和 TP900 触摸屏控制两台电机顺序启动，触摸屏上画面如图 12-11 所示。按下启动按钮，电机 1 启动，延时一定时间（在触摸屏上设定）后，电机 2 启动，停止时，两台电机同时停止；设 I0.0 为现场 PLC 启动按钮、I0.1 为停止按钮，Q0.0 为电机 1 运行指示，Q0.1 为电机 2 运行指示，M0.0 是触摸屏上的启动按钮变量，M0.1 是触摸屏上的停止按钮变量。

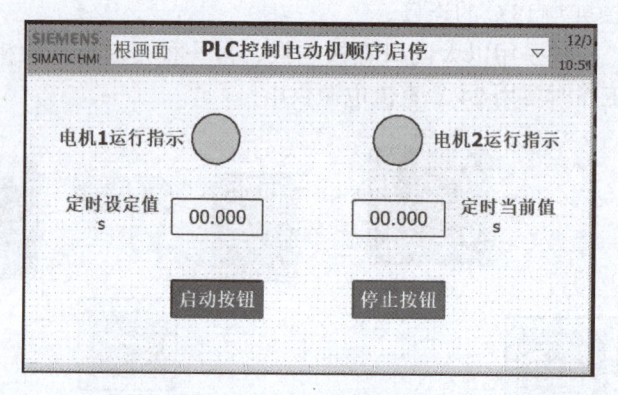

图 12-11 触摸屏画面

应用案例

（1）创建 PLC 项目。
方法如图 12-12 所示。

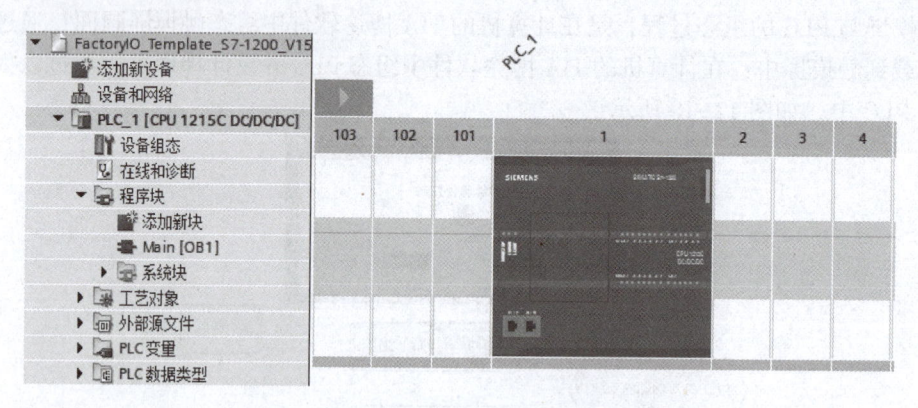

图 12-12 创建 PLC 项目

（2）添加触摸屏 HMI，如图 12-13 所示。
（3）组态触摸屏 HMI 和 PLC 的连接，如图 12-14 所示。

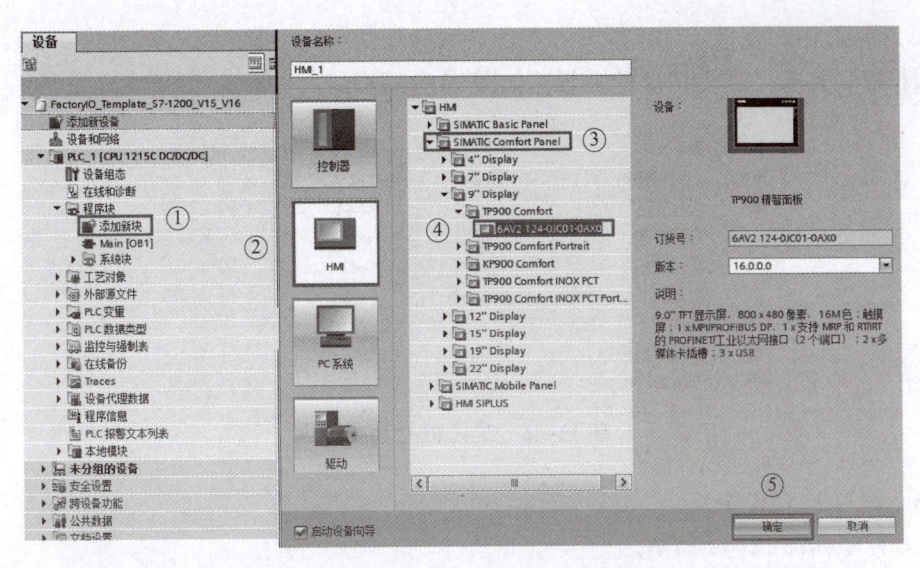

任务 12　PLC 和触摸屏控制电动机星三角启动

图 12-13　添加 HMI

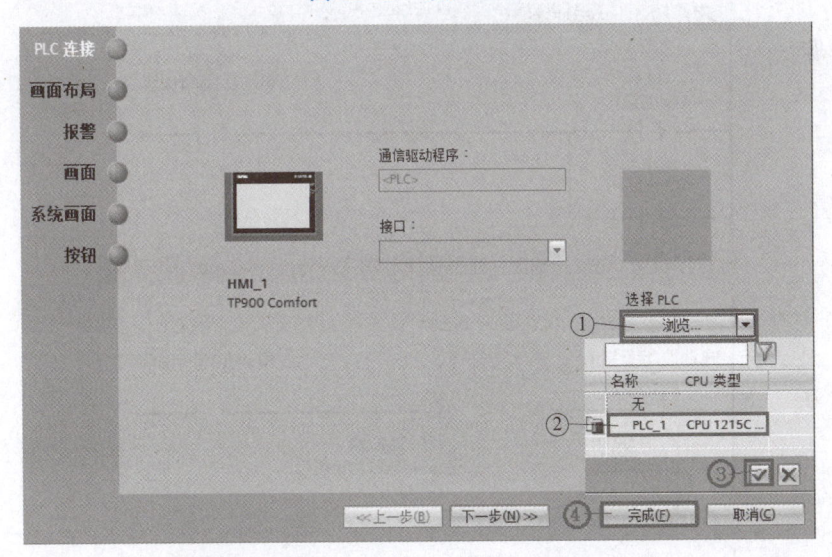

图 12-14　组态 HMI 和 PLC 的连接

如图 12-15 所示，在设备和网络视图中，可看到 PLC 与 HMI 已建立连接，其中 PLC 的地址是 192.168.0.1，HMI 的地址是 192.168.0.2，两者最后一位不要相同。

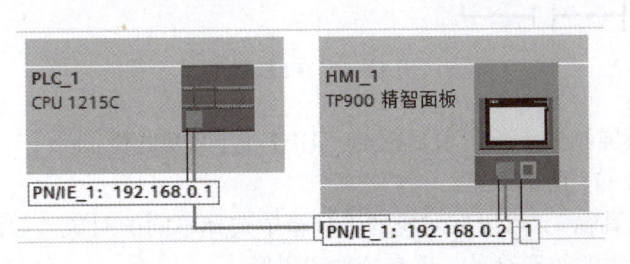

图 12-15　PLC 与 HMI 已建立通信

(4) 生成 PLC 变量。

根据控制要求，定义 PLC 的变量，如图 12-16 所示。

名称	数据类型	地址	保持
启动按钮P	Bool	%I0.0	☐
停止按钮P	Bool	%I0.1	☐
启动按钮	Bool	%M0.0	☐
停止按钮	Bool	%M0.1	☐
电动机1运行指示	Bool	%Q0.0	☐
电动机2运行指示	Bool	%Q0.1	☐
定时时间设定	Time	%MD10	☐
定时当前值	Time	%MD14	☐

图 12-16　定义 PLC 的变量

(5) 编写 PLC 程序。

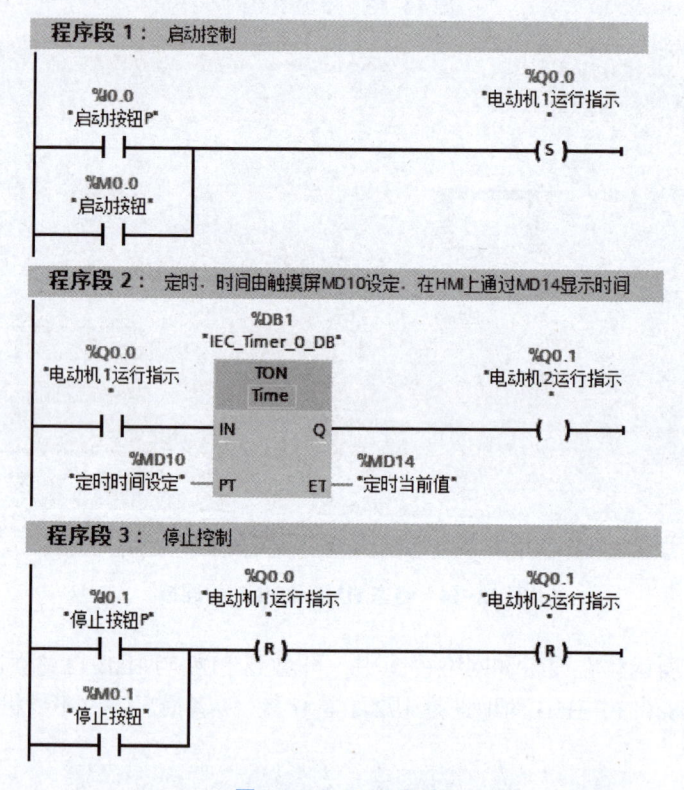

PLC 程序如图 12-17 所示。

图 12-17　PLC 程序

(6) 组态触摸屏画面。双击项目树的"HMI_1［TP900 Comfort］"根画面，打开画面编辑窗口，如图 12-18 所示。

打开右边"工具箱"，可以在对应的工具箱中选择不同的对象。如图 12-19 所示是常用的基本对象和元素的图形符号，还有控件和图形。

任务 12　PLC 和触摸屏控制电动机星三角启动

图 12-18　组态触摸屏画面编辑窗口

图 12-19　基本对象和元素

组态按钮和指示灯

1）组态文本域。

把文本域"A"拖入画面中并选中,在"属性"/"常规"的文本框中输入文字"PLC 控制电动机顺序启停"。可更改文字大小,如图 12-20 所示。

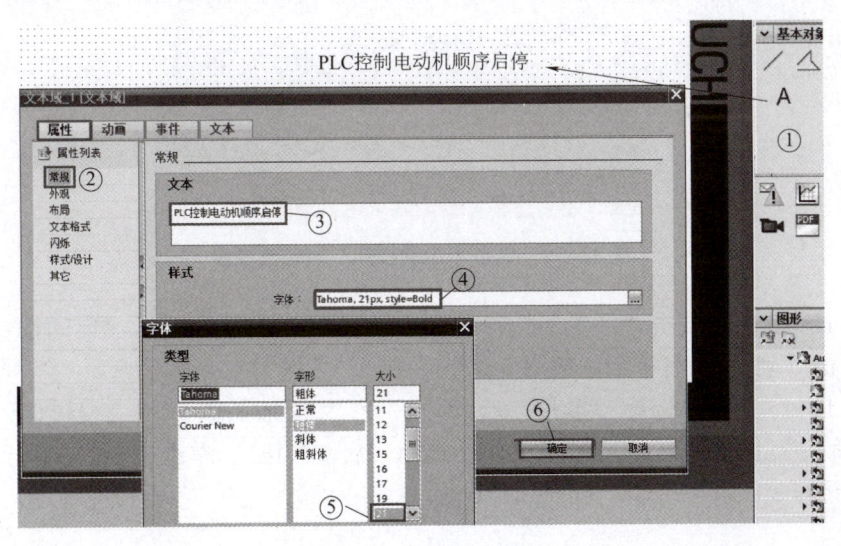

图 12-20　组态文本域

215

用类似的方法生成其他文本，如电动机 1 运行指示、定时设定值等。

2）组态按钮。

把工具箱的"元素"窗格中的"按钮"拖入画面进行设置。"属性"/"常规"，可以输入"启动按钮"的文字。

"启动按钮"的动画组态：

如图 12-21 所示，选择"事件"/"按下"/"〈添加函数〉"/"编辑位"/"置位位"/"确定"，得到如图 12-22 所示界面。

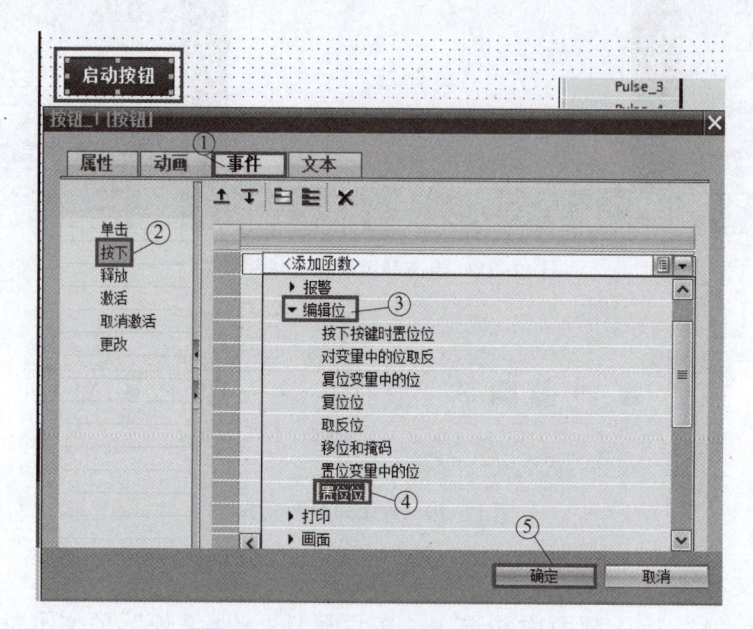

图 12-21 组态"启动按钮"按下

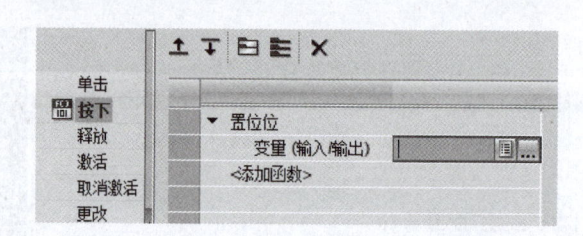

图 12-22 组态"启动按钮"置位位变量

如图 12-23 所示点击"…"，选择"PLC 变量"，在变量中选择"启动按钮"，点击"√"，点击"确定"，可得到按钮按下时组态结果，如图 12-24 所示。

如图 12-25 所示，选择"事件"/"释放"/"〈添加函数〉"/"编辑位"/"复位位"/"确定"，选择 PLC 变量。在变量中选择"启动按钮"，单击"√"，单击"确定"，可得到按钮释放时组态结果，如图 12-26 所示。

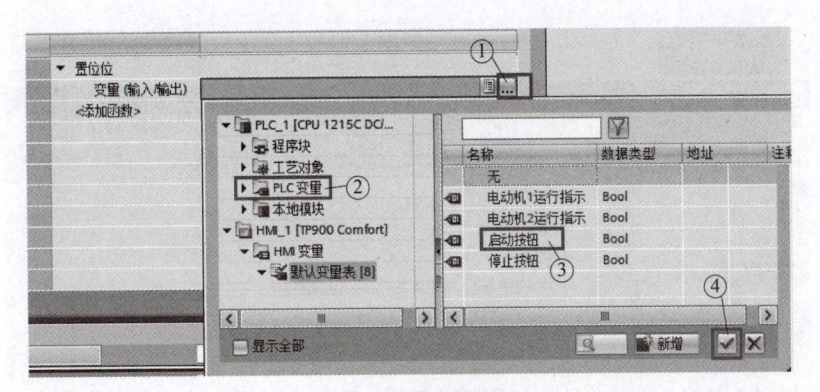

任务 12　PLC 和触摸屏控制电动机星三角启动

图 12-23　组态变量

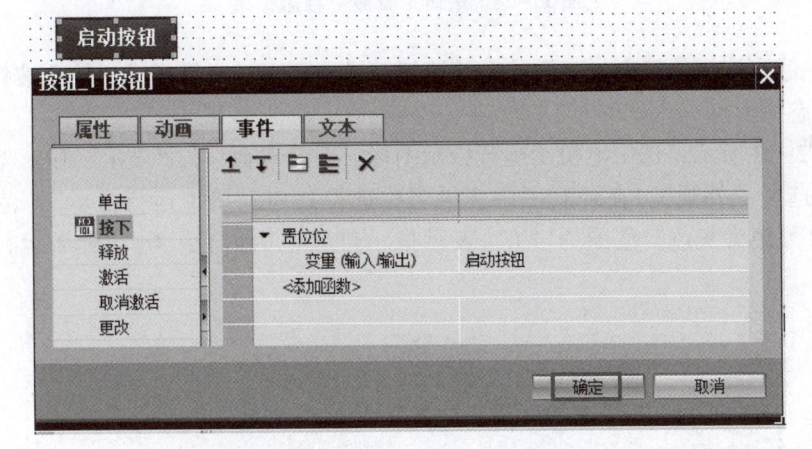

图 12-24　按钮"按下"时组态结果

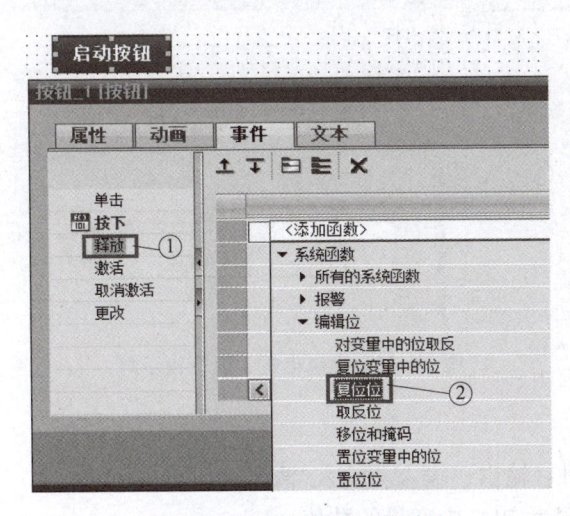

图 12-25　组态按钮"释放"

217

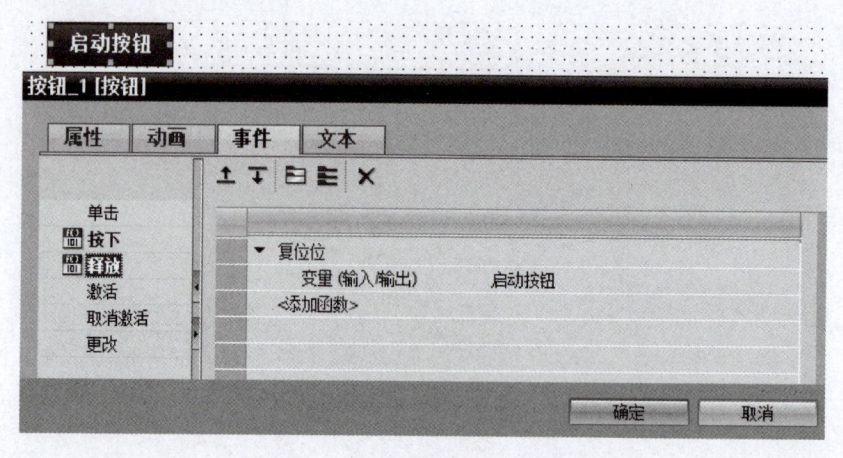

图 12-26 按钮"释放"组态结果

同理，停止按钮的组态与上面的启动按钮一样，只不过变量换成"停止按钮"。

3) 组态指示灯。

如图 12-27 所示，选中电机 1 运行指示图标，在"动画"/"显示"中，双击"添加新动画"，选择"外观"，在外观图中变量名称选择"电动机 1 运行指示"，范围为"0"表示指示灯颜色为灰色，范围为"1"表示指示灯颜色为红色。电动机 2 运行指示组态同理。

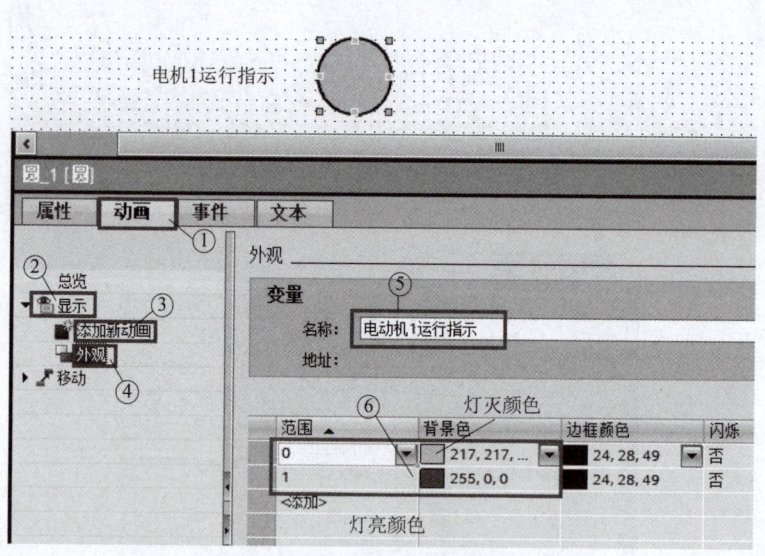

图 12-27 组态电机 1 运行指示灯

组态定时设定值和定时当前值

4) 组态 I/O 域。

I/O 域类型有三种：输出、输入、输入/输出。

输出域——用于显示 PLC 中变量的数值。

输入域——用于键入数字或字母，并用指定的 PLC 变量保存它们的值。

输入/输出域——同时具有输出域和输入域的功能,用它来修改 PLC 中变量的数值,并将修改后变量的数值显示出来。

将工具箱中的"元素"窗格中的"I/O 域"拖拽到画面中,选中"I/O 域",再选"属性"/"常规",在"常规"图中,过程变量选择 PLC 变量中的"定时时间设定"(与 MD10 关联),类型模式选"输入/输出",显示格式选"十进制",移动小数点是 3 位,样式选"999999"6 位数,如图 12-28 所示。

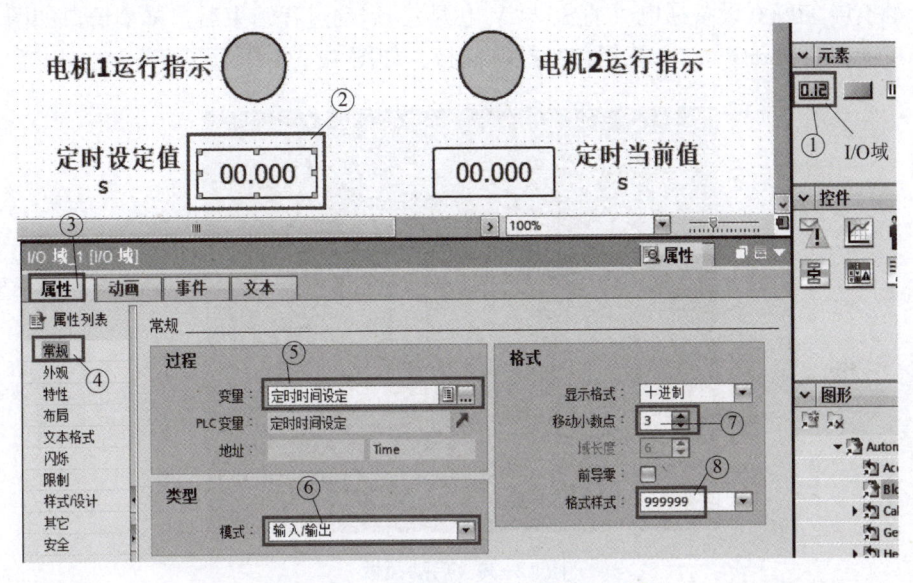

图 12-28 组态定时设定值的 I/O 域

同理,定时当前值也是用 I/O 域组态,与"定时时间设定"不同的是过程变量选择 PLC 变量中的"定时当前值"(与 MD14 关联),类型模式选"输出",如图 12-29 所示。

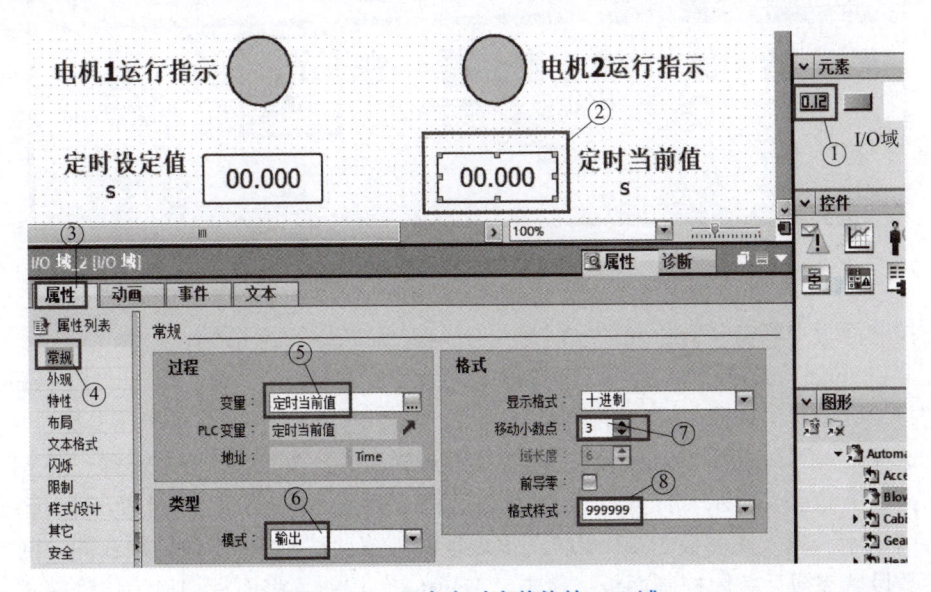

图 12-29 组态定时当前值的 I/O 域

（7）下载 PLC 程序和 HMI 画面。
1）下载 PLC 程序。
过程与前面学习的工作任务操作一样。
2）下载 HMI 画面。
在下载组态画面到触摸屏之前，要对触摸屏进行参数设置，主要是使画面组态中的 IP 地址与实际触摸屏的地址一致。
给触摸屏 TP900 设备通电（直流 24 V 电源），启动过程结束后，屏幕窗口如图 12-30 所示，单击"Control Panel"按钮进入控制面板，如图 12-31 所示。

图 12-30　启动面板

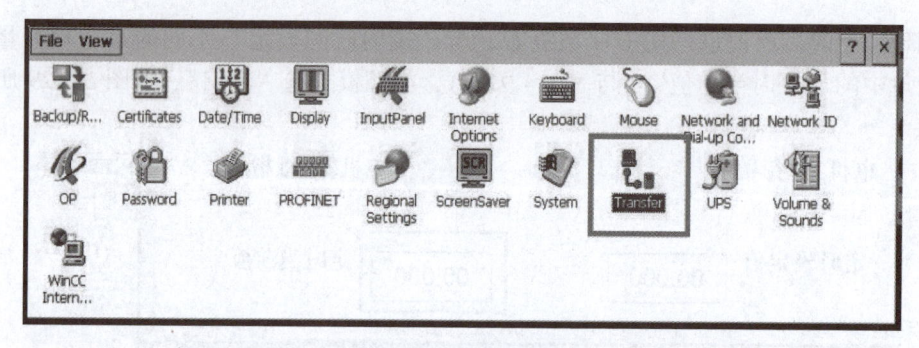

图 12-31　控制面板

在控制面板中双击"Transfer"，打开"Transfer Settings"对话框。
在"Channel"选项单中，可以选择以太网或 PN/IE 方式下载，单击"Properties…"按钮进行参数设置，如图 12-32 所示。
①选择以太网。选择"Ethernet"，单击"Properties…"按钮进行参数设置。双击网络连接图标，如图 12-33 所示，打开网卡设置对话框，为网卡分配 IP 地址及子网掩码，如图 12-34 所示，输入此面板的 IP 地址（该地址同下载计算机的 IP 地址须在同一网段）。
参数设置完成后关闭控制面板，单击"Transfer"按钮，将面板切换为传输模式。

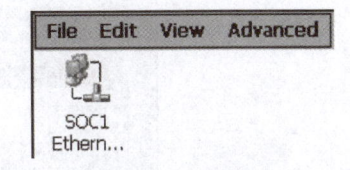

任务 12　PLC 和触摸屏控制电动机星三角启动

图 12-32　选择以太网方式下载　　　　图 12-33　网络连接图标

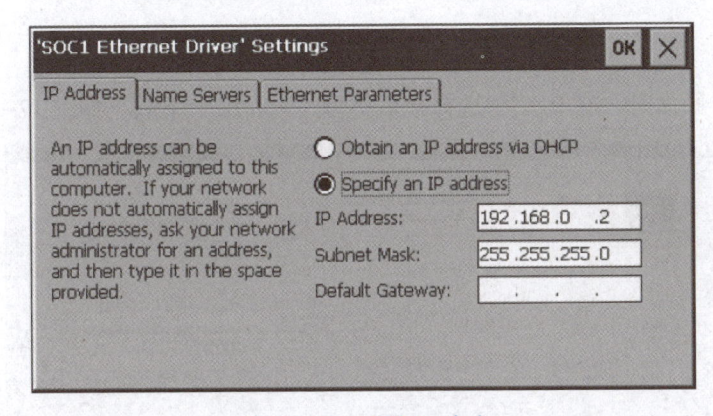

图 12-34　设置 IP 地址

项目树中选中设备"TP900 Comfort",点击工具栏中下载图标或点击菜单"在线"/"下载到设备",当第一次下载项目到操作面板时,"扩展下载到设备"对话框会自动弹出,在该对话框中 PG/PC 接口的类型选择以太网,如图 12-35 所示。

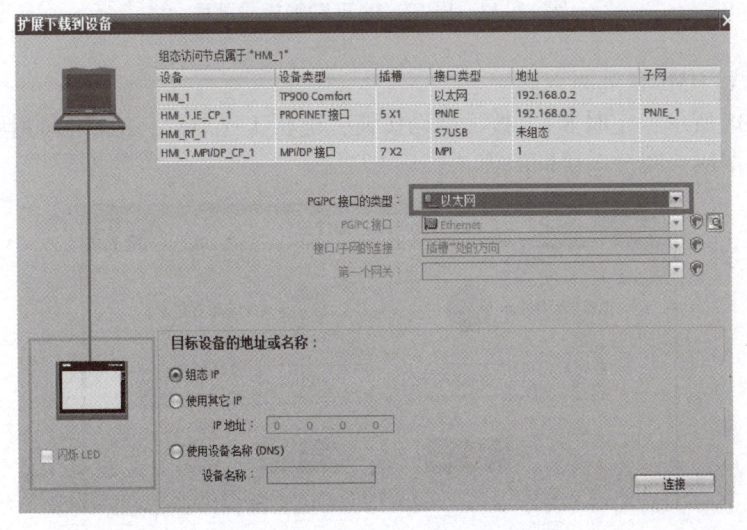

图 12-35　用以太网下载触摸屏画面

221

②如触摸屏中选"PN/IE"接口，在 PLC 中选择接口类型"PN/IE"下载，如图 12-36 所示。

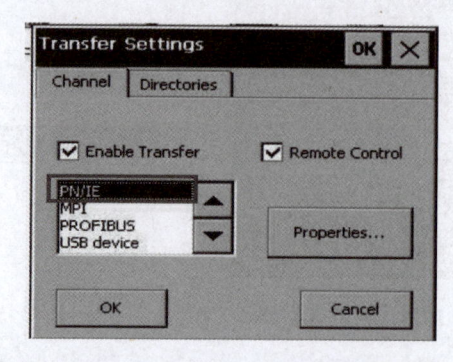

图 12-36　选择 PN/IE 下载

下载触摸屏画面时，在 PLC 中选择接口类型"PN/IE"下载，如图 12-37 所示。

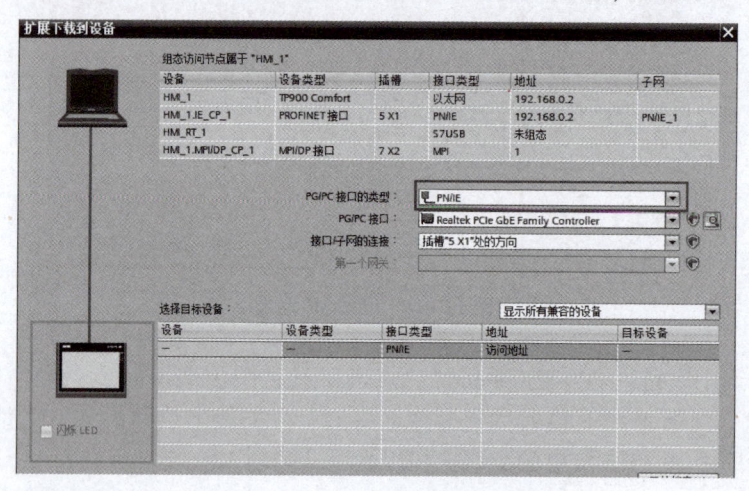

图 12-37　用 PN/IE 下载触摸屏画面

（8）PLC 和 HMI 联机调试。

如图 12-38 所示，定时 8 s，按下启动按钮，电机 1 先启动，8 s 时间到后，电机 2 启动，按下停止按钮，两台电机同时停止。

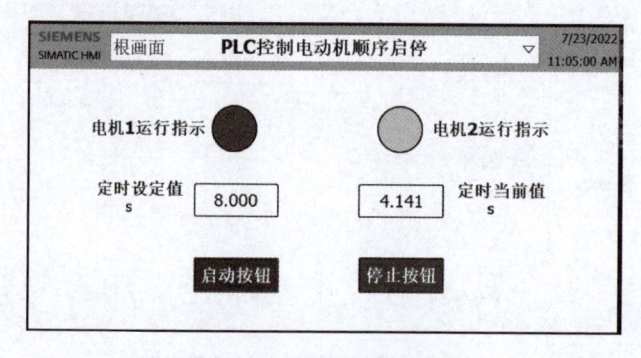

图 12-38　调试触摸屏画面

注意：如果触摸屏变量反应慢，主要是 HMI 的变量采集时间太长，可在 HMI 的变量中把采集时间改为 100 ms，如图 12-39 所示。

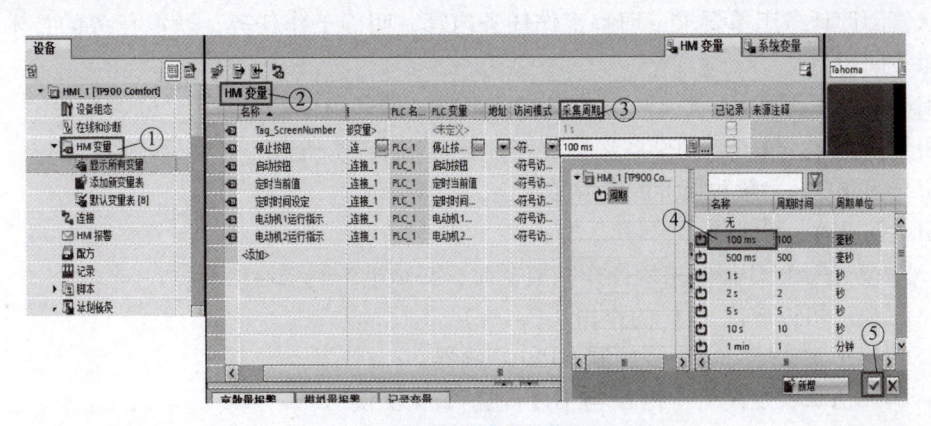

图 12-39 改变触摸屏变量采集时间

工作准备页

认真阅读任务工单要求，理解工作任务内容，明确工作任务，获取任务的技术资料，回答以下问题。

引导问题 1：西门子触摸屏与 PLC 交换数据一般采用存储器_____或数据块_____。

引导问题 2：西门子 TP900 触摸屏与计算机通信接口是用_____。

引导问题 3：一般触摸屏的电源是_____V。

引导问题 4：判断题。

1. 触摸屏对 PLC 控制系统操作和监视时，必须进行网络连接。（   ）
2. 触摸屏可以取代 PLC 的作用。（   ）
3. 西门子触摸屏可以直接控制 G120 变频器。（   ）
4. 集成仿真就是模仿"PLC 与 HMI 通信数据交换"。（   ）

引导问题 5：选择题。

1. 在触摸屏中显示定时当前时间时，类型模式选择（   ）。
   A. 输入　　　　　B. 输出　　　　　C. 输入/输出　　　　　D. 不确定
2. 在触摸屏显示定时当前时间时，移动小数点是 2，格式样式是 99999，以下定时输出显示正确的是（   ）。
   A. 1223　　　　　B. 12.23　　　　　C. +1223　　　　　D. +12.23
3. 对指示灯进行组态时，下面路径描述正确的是（   ）。
   A. "属性"/"动画"/"显示"/"添加动画"/"外观"
   B. "属性"/"事件"/"松开"/"添加函数"
   C. "属性"/"常规"
   D. "属性"/"事件"/"按下"/"添加函数"
4. 对按钮进行组态时，下面路径描述正确的是（   ）。
   A. "属性"/"事件"/"松开"/"添加函数"
   B. "属性"/"事件"/"按下"/"添加函数"
   C. "属性"/"动画"/"松开"/"添加函数"
   D. "属性"/"动画"/"按下"/"添加函数"
5. 下面说法正确的是（   ）。
   A. 定时设定值是"属性"/"常规"，类型模式是"输出"
   B. 定时设定值是"属性"/"常规"，类型模式是"输入/输出"
   C. 定时当前值是"属性"/"常规"，类型模式是"输入/输出"
   D. 计数设定值是"属性"/"常规"，类型模式是"输出"

问题讨论：要实现本任务的启动过程显示图形"⊥"，启动完毕后显示"△"，请查阅相关资源，说明如何实现这一要求。（提示：考虑"属性"/"动画"/"显示"/"添加动画"/"可见性"）

_____

_____

设计决策页

1. 列出 PLC 的 I/O 分配表。

进行 PLC 控制系统设计的首要环节是为输入/输出设备分配 I/O 地址,如表 12-1 所示。

表 12-1 PLC 的 I/O 分配表

输入端口			输出端口		
元件名称	元件符号	输入地址	元件名称	元件符号	输出地址

2. 画出 PLC 的 I/O 接线图。

根据 PLC 的 I/O 分配表,结合如图 12-40 所示 PLC 的接线端子,画出 PLC 的 I/O 接线图。

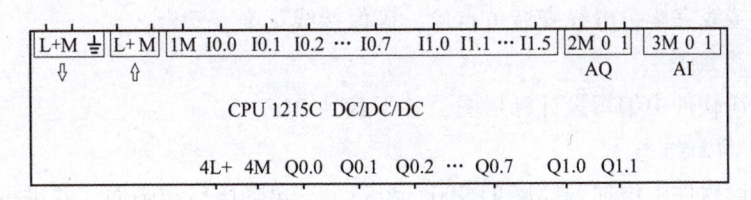

图 12-40 PLC 的 I/O 接线图

3. 设计 PLC 的梯形图。

4. 方案展示。
(1) 各小组派代表阐述设计方案。
(2) 各组对其他组的设计方案提出不同的看法。
(3) 教师结合大家完成的方案进行点评,选出最佳方案。

项目三　智能仓储系统 PLC 控制

任务实施页

1. 领取工具

按工单任务要求填写表 12-2 并按表领取工具。

表 12-2　工具表

序号	工具或材料名称	型号规格	数量	备注

2. 电气安装

（1）硬件连接。
按图纸、工艺要求、安全规范和设备要求，安装完成 PLC 与外围设备的通信与接线。
（2）接线检查。
硬件安装接线完毕，电气安装员自检，确保接线正确、安全。

3. PLC 程序编写

在 TIA 博途软件中编写设计梯形图，并下载到 PLC。

4. 触摸屏画面组态

在 TIA 博途软件中添加触摸屏 TP900，组态星三角降压启动画面，并进行动画连接。

5. 通电调试

为了保证自身安全，在通电调试时，要认真执行安全操作规程的有关规定，经指导老师检查并现场监护。
记录调试过程中出现的问题和解决措施。
出现问题：　　　　　　　　　　　　解决措施：

6. 技术文件整理

整理任务技术文件，主要包括控制工艺要求、I/O 分配表、I/O 接线图、调试记录表等。
小组完成工作任务总结以后，各小组对自己的工作岗位进行"整理、整顿、清扫、清洁、安全、素养"的 6S 处理，归还所借的工具和实训器件。

检查评价页

1. 展示评价

各组展示作品，进行小组自评、组间互评及教师考核评价，完成任务考核评价表（表12-3）的填写。

表12-3　任务考核评价表

评价项目	评价标准	分值	自评 30%	互评 30%	师评 40%	合计
职业素养（30分）	分工合理，制订计划能力强，严谨认真	5				
	爱岗敬业、安全意识、责任意识、服从意识	5				
	团队合作、交流沟通、互相协作、分享能力	5				
	遵守行业规范、现场6S标准	5				
	保质保量完成工作页相关任务	5				
	能采取多种手段收集信息、解决问题	5				
专业能力（60分）	电气图纸设计正确、绘制规范	10				
	施工过程精益求精，电气接线合理、美观、规范	10				
	程序设计合理、上机操作熟练	10				
	项目调试步骤正确	5				
	完成控制功能要求	20				
	技术文档整理完整	5				
创新意识（10分）	创新性思维和精神	5				
	创新性观点和方法	5				

2. 任务复盘

（1）重点、难点问题检测。

（2）是否完成学习目标。

任务12　拓展提高页

（3）谈谈完成本次实训的心得体会。

项目四　智能产线装置模块化控制

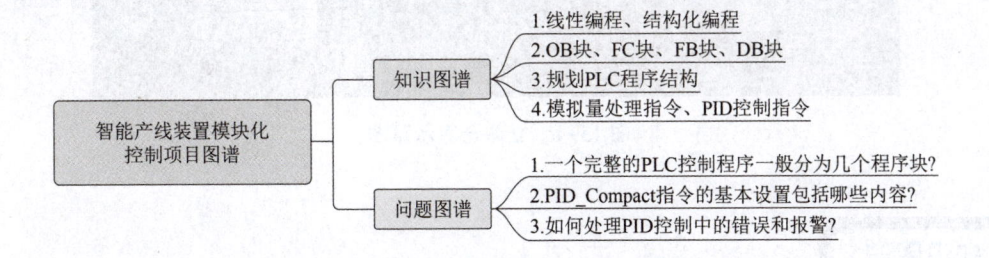

智能产线装置模块化控制项目图谱
- 知识图谱
  1. 线性编程、结构化编程
  2. OB块、FC块、FB块、DB块
  3. 规划PLC程序结构
  4. 模拟量处理指令、PID控制指令
- 问题图谱
  1. 一个完整的PLC控制程序一般分为几个程序块？
  2. PID_Compact指令的基本设置包括哪些内容？
  3. 如何处理PID控制中的错误和报警？

任务13　PLC控制自动化立体仓库系统

任务信息页

学习目标

1. 理解 OB、FC、FB、DB 块的含义。
2. 能说出移位寄存器移位动作原理。
3. 能用子程序 FC、数据块 DB 和移位指令编写立体仓库入库和出库程序。
4. 通过 PLC 和 Factory IO 虚拟仿真软件虚实结合调试立体仓库系统满足控制要求。

工作情景

随着现代制造业和物流业等的高速发展，自动化立体仓库技术将物资搬运、配送、运输和仓储等功能有效融合，大大提高了仓储效率和降低了人工成本，如图 13-1 所示。立体仓库是现代企业物流系统的重要组成部分，对提高企业供应链效率起到极为重要的作用，立体仓库是"工业4.0"的一个标志性应用，在物流、汽车制造、医药、烟草等行业中应用广泛。

其中产品的入库、出库和输送等是立体仓库的主要控制环节，本任务通过子程序 FC、数据块 DB 和移位指令编程来实现这些功能。

项目四　智能产线装置模块化控制

图 13-1　立体仓库示意图

知识图谱

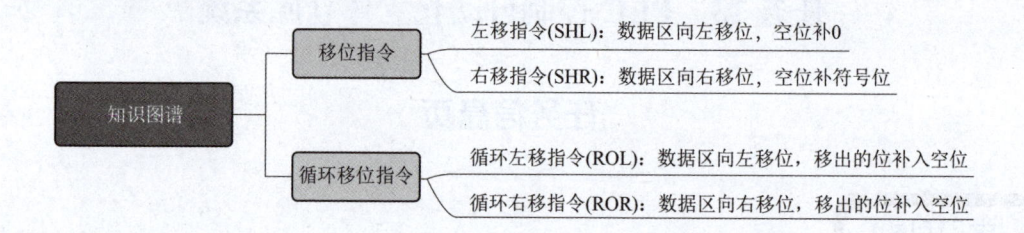

知识图谱
├─ 移位指令
│ ├─ 左移指令(SHL)：数据区向左移位，空位补0
│ └─ 右移指令(SHR)：数据区向右移位，空位补符号位
└─ 循环移位指令
   ├─ 循环左移指令(ROL)：数据区向左移位，移出的位补入空位
   └─ 循环右移指令(ROR)：数据区向右移位，移出的位补入空位

问题图谱

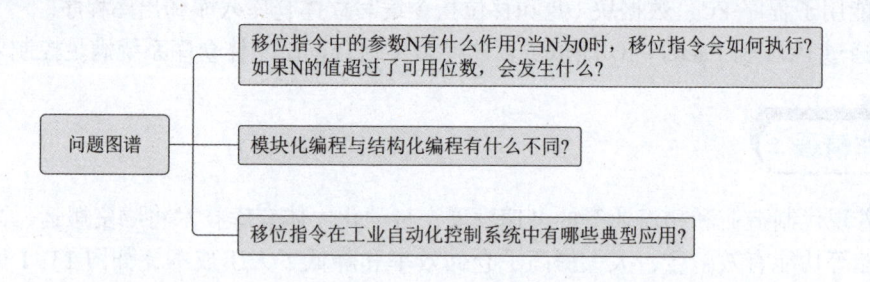

问题图谱
├─ 移位指令中的参数N有什么作用？当N为0时，移位指令会如何执行？如果N的值超过了可用位数，会发生什么？
├─ 模块化编程与结构化编程有什么不同？
└─ 移位指令在工业自动化控制系统中有哪些典型应用？

任务工单页

控制要求

如图 13-2 所示是 Factory IO 立体仓库示意图。

转换开关打在"入库"状态，按下启动按钮，物料通过入口传输带送到装载传输带，叉车机构装载物料后与推车机构一起通过轨道运动把物料按从小到大顺序（1，2，3，……，53，54）放在立体仓库中，按下停止按钮，叉车机构和推车机构在放完当前物料后回到初始位置停止，再按下启动按钮，物料又按顺序入库。

转换开关打在"出库"状态，叉车机构与推车机构把物料按从大到小顺序（54，53，52，……，2，1）从立体仓库中取出物料，通过轨道运动回到初始位置后，叉车机构把物料送到卸载传输带，通过出口传输带移除物料。

图 13-2　Factory IO 立体仓库示意图

任务要求

1. 请列出 PLC 的 I/O 表。
2. 画 I/O 接线图。
3. 在入库的基础上，把转换开关打在"出库"状态时，编写实现出库控制要求的梯形图。
4. 在 Factory IO 中搭建立体仓库场景，并建立仿真 PLC 与 Factory IO 通信。
5. 通过仿真 PLC 与 Factory IO 联合调试程序满足要求。
6. 技术文件资料整理。

任务工单的 3D 虚拟仿真动画

知识学习页

1. 功能 FC、功能块 FB、数据块 DB

前面学习的编程方式是把所有的程序指令都写在主程序 OB1 中，以实现一个自动化控制任务，这种编程方法称为线性编程方式。在实际工业控制中，有时控制环节复杂，需要分模块编程，提高程序的可读性。同时编程有分工也有合作，发挥团队合作精神。

S7-1200 PLC 的块包括组织块（OB）、功能（FC）、功能块（FB）和数据块（DB）。

FC 称为功能，类似于子程序。

FB 称为功能块，有背景数据块。

DB 称为数据块，也称为全局数据，数据块中的变量所有程序都可访问。

OB 是组织块，组织块 OB1 是程序的主体，它可以调用功能块 FB（需要数据块 DB），也可以调用功能 FC，如图 13-3 所示。本任务只介绍 FC 作为子程序的应用。

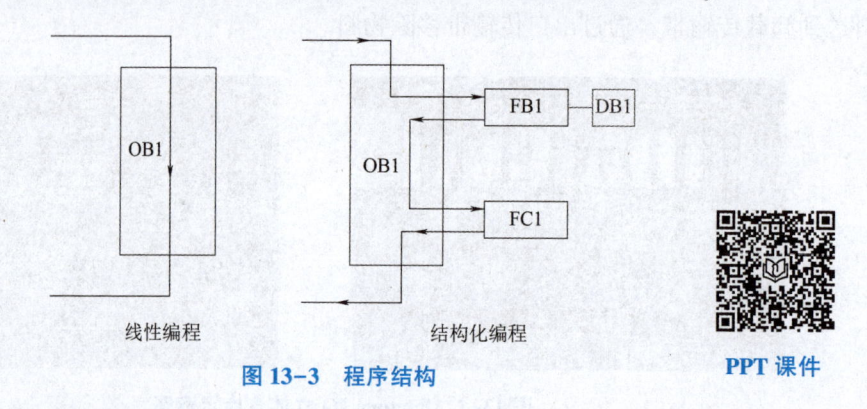

图 13-3 程序结构

PPT 课件

物料传输手动/自动切换案例。

某物料传输带具有手动/自动两种操作方式，S 是操作方式转换开关，当 S 处于断开状态时，选择手动方式；当 S 处于接通状态时，选择自动方式。控制要求如下：

①自动方式：按下启动按钮 SB1，传送带由 A 到 B 自动运行，当物料触碰 B 点传感器时，传送带反方向运转，当物料触碰 A 点传感器时，传送带又正方向运转，如此循环，按下停止按钮 SB2，传送带停止。

②手动方式：按下正向点动按钮 SB3，传送带正方向点动运转，按下反向点动按钮 SB4，传送带反方向点动运转。

如图 13-4 所示是物料传输带虚拟的工业场景和控制箱。

图 13-4 物料传输带虚拟的工业场景和控制箱

(1) 列出 I/O 分配表。

物料传输带系统的 I/O 分配表如表 13-1 所示。

表 13-1 I/O 分配表

输入 I		输出 Q	
转换开关 S	I0.0	传送带正转	Q0.0
启动按钮 SB1	I0.1	传送带反转	Q0.1
停止按钮 SB2	I0.2	正向指示	Q0.2
正向点动按钮 SB3	I0.3	反向指示	Q0.3
反向点动按钮 SB4	I0.4		

(2) 添加子程序。

在 TIA 博途软件中组态 PLC 硬件后,要添加自动子程序 FC1 和手动子程序 FC2,如图 13-5 所示,添加后的两个子程序如图 13-6 所示。

图 13-5 添加子程序

233

项目四　智能产线装置模块化控制

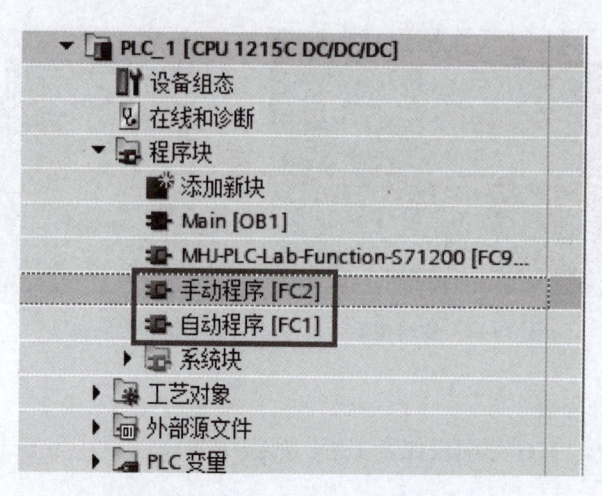

图 13-6　手动子程序和自动子程序

（3）设计程序。

1）主程序 OB1，如图 13-7 所示。

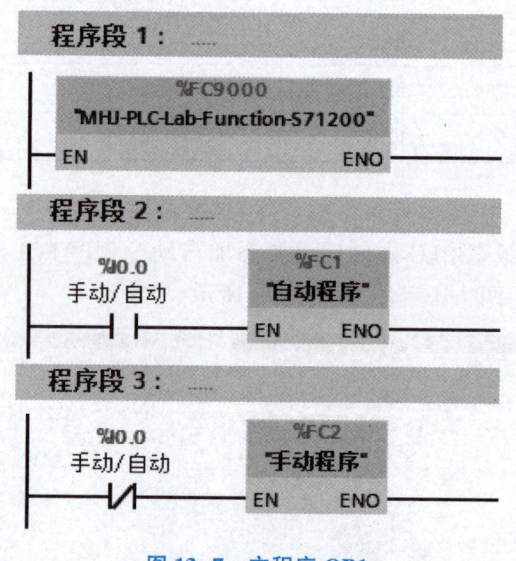

图 13-7　主程序 OB1

2）自动子程序 FC1，如图 13-8 所示。
3）手动子程序 FC2，如图 13-9 所示。

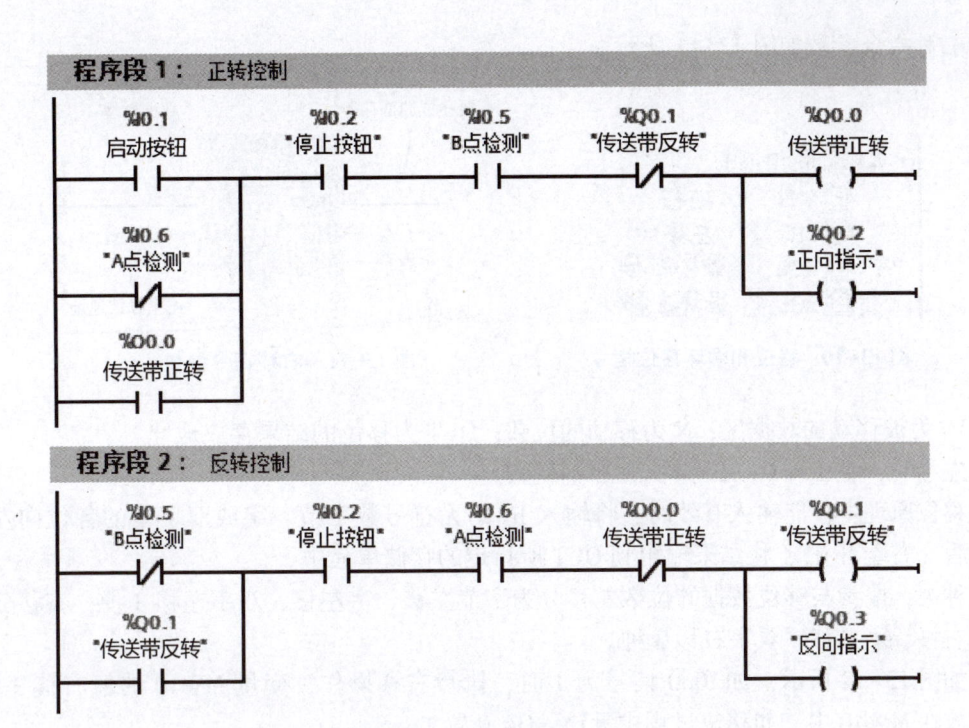

图 13-8 自动子程序 FC1

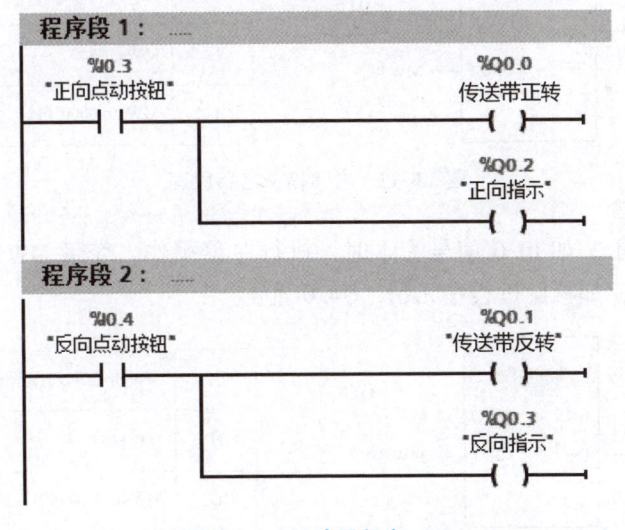

图 13-9 手动子程序 FC2

2. 移位指令

移位指令分为左移指令、右移指令、循环左移指令和循环右移指令 4 种，如图 13-10 所示。

（1）移位指令。

SHR：数据区向右移位。SHL：数据区向左移位。

右移指令参数如图 13-11 所示。

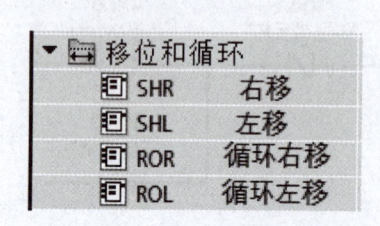

图 13-10 移位和循环移位指令

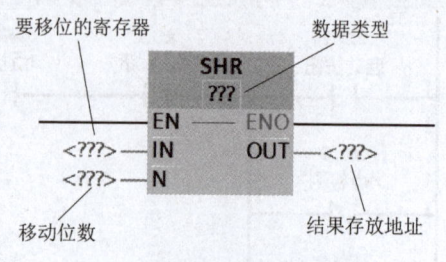

图 13-11 右移指令参数

IN 为被移动的数据区；N 为移动的位数；OUT 为移位的结果存放地址。

左移时，空位补 0；右移时，空位补符号位。

移位原理：使能输入有效时，将输入 IN 的无符号数字节、字或双字中的各位向左移 N 位后（右端补 0），将结果输出到 OUT 所指定的存储单元中。

种类：按参与移位数据的位数左移分为字节左移、字左移、双字左移 3 种；右移分为字节右移、字右移、双字右移 3 种。

如图 13-12 所示，如 I0.0 信号为 1 时，执行右移操作，变量 MW10 的值右移 3 位，结果放在 MW40 中，如移位过程中无错，Q4.0 置 1。

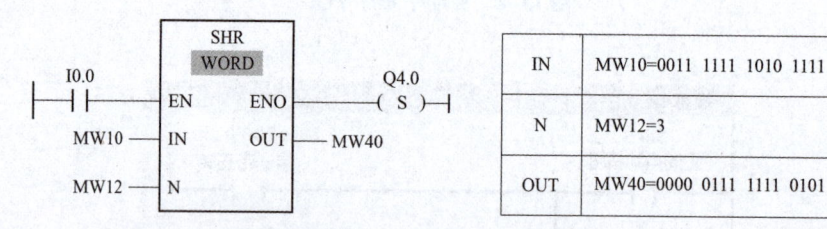

IN	MW10=0011 1111 1010 1111
N	MW12=3
OUT	MW40=0000 0111 1111 0101

图 13-12 右移指令右移原理

如图 13-13 所示，如 I0.0 信号为 1 时，执行左移操作，变量 MW10 的值左移 4 位，结果放在 MW40 中，如移位过程中无错，Q4.0 置 1。

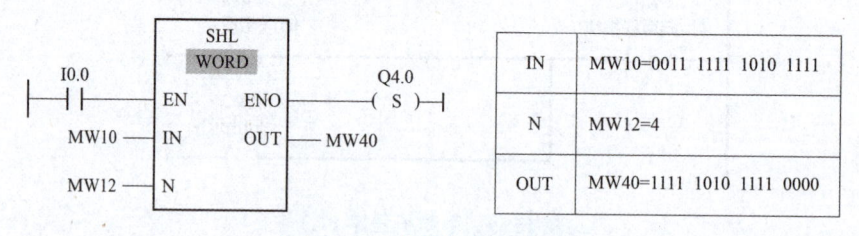

IN	MW10=0011 1111 1010 1111
N	MW12=4
OUT	MW40=1111 1010 1111 0000

图 13-13 左移指令左移原理

[**移位案例**] 如图 13-14 所示，原来 MW10=16#9228，4 位右移 1 次后，结果是 MW10=16#0922。

无论左移还是右移，移出的位补入空位。

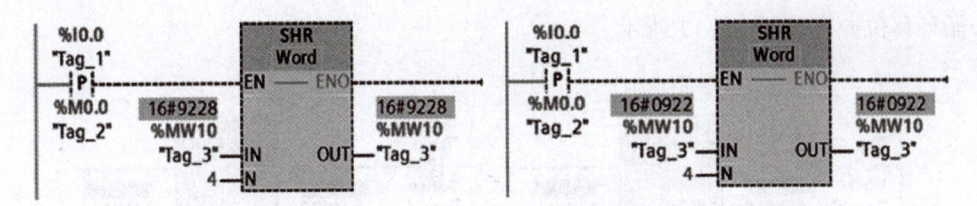

执行结果：把MW10的16位数，由高往低移4位，空位补0，存入MW10中。

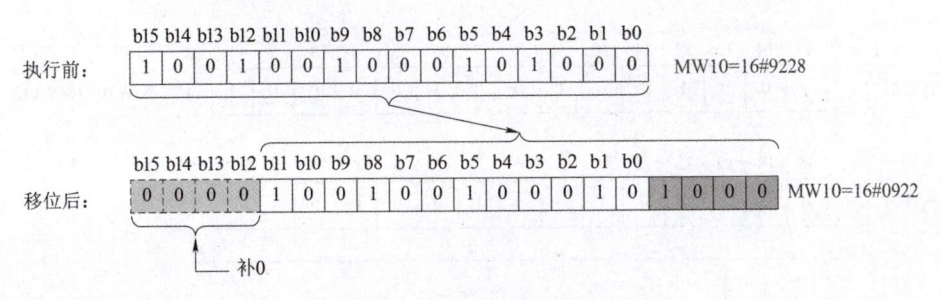

	b15 b14 b13 b12 b11 b10 b9 b8 b7 b6 b5 b4 b3 b2 b1 b0	
执行前：	1 0 0 1 0 0 1 0 0 0 1 0 1 0 0 0	MW10=16#9228
移位后：	0 0 0 0 1 0 0 1 0 0 1 0 0 0 1 0 1 0 0 0	MW10=16#0922

补0

图 13-14 案例移位原理示意图

(2) 循环移位指令。

ROR：循环右移。ROL：循环左移。

"循环右移"指令 ROR 和"循环左移"指令 ROL 将输入参数 IN 指定的存储单元的整个内容逐位循环右移或循环左移 N 位，移出来的位又送回存储单元另一端空出来的位。移位的结果保存在输出参数 OUT 指定的地址。移位位数 N 可以大于被移位存储单元的位数。

如图 13-15 所示，如 I0.0 信号为 1 时，执行循环右移操作，变量 MW10 的值右移 5 位，结果放在 MW40 中，如移位过程中无错，Q4.0 置 1。

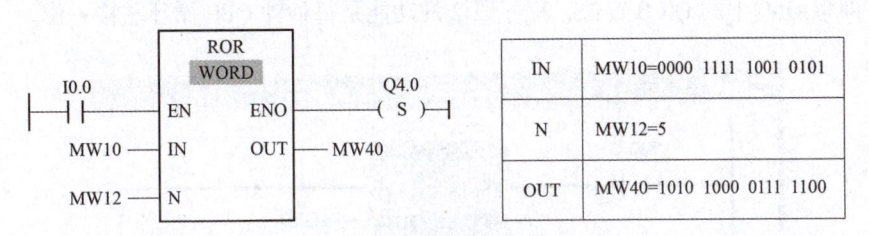

IN	MW10=0000 1111 1001 0101
N	MW12=5
OUT	MW40=1010 1000 0111 1100

图 13-15 循环右移原理

如图 13-16 所示，如 I0.0 信号为 1 时，执行循环左移操作，变量 MW10 的值左移 5 位，结果放在 MW40 中，如移位过程中无错，Q4.0 置 1。

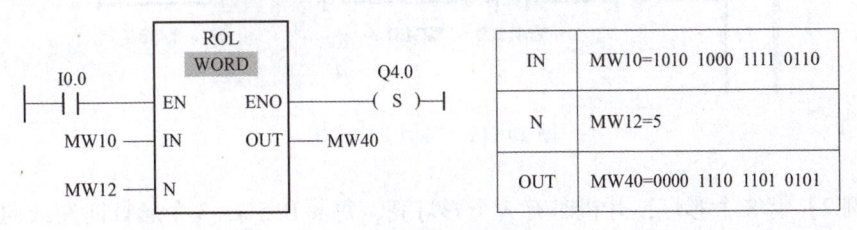

IN	MW10=1010 1000 1111 0110
N	MW12=5
OUT	MW40=0000 1110 1101 0101

图 13-16 循环左移原理

循环移位原理如图 13-17 所示。

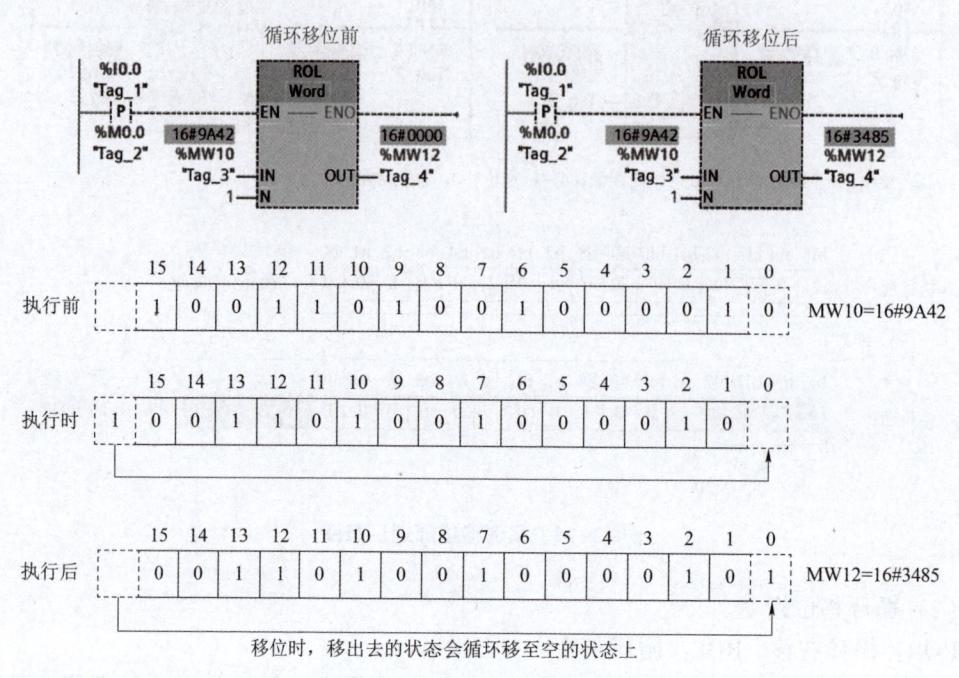

图 13-17 循环移位原理示意图

【案例 1】通过循环移位指令实现彩灯控制。

编写程序如图 13-18 所示，其中 I0.0 为控制开关，M1.5 为周期为 1s 的时钟存储器位，实现的功能为当按下 I0.0 时，QB0 中为 1 的输出位每秒钟向左移动 1 位。程序段 1 的功能是赋初值，即将 QB0 中的 Q0.0 置位，程序段 2 的功能是每秒钟 QB0 循环左移一位。

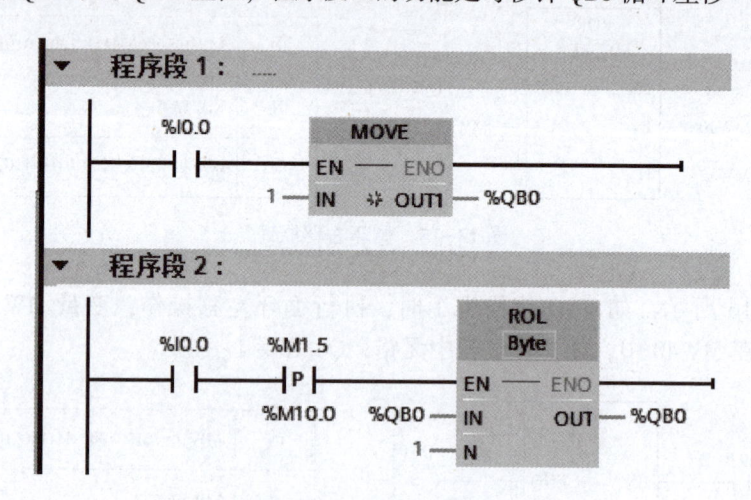

图 13-18 案例 1 梯形图

【案例 2】有 8 个彩灯，开机时有 3 个彩灯亮，每隔 0.5 s，3 个彩灯向左或向右移动。I0.6 控制是否移位，I0.7 控制移位的方向，设计梯形图。

系统存储器字节和时钟存储器字节分别设为 MB1 和 MB0,则 PLC 首次扫描 M1.0 的常开触点接通,M0.5 为周期 1s 的方波信号。

I0.6 控制是否移位,I0.7 控制移位的方向,梯形图如图 13-19 所示。

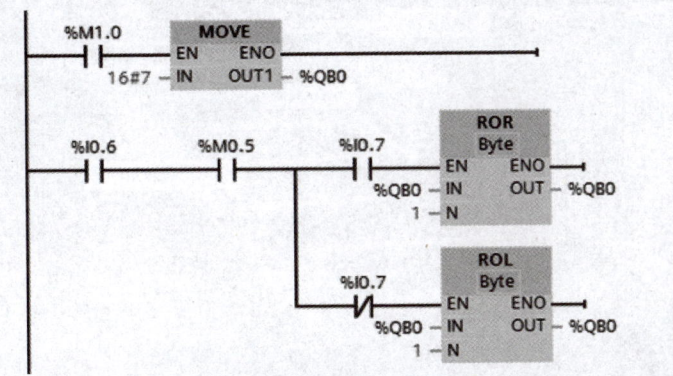

图 13-19 案例 2 梯形图

立体仓库结构认识

3. 仿真 PLC+Factory IO 控制立体仓库物料入库案例

控制要求:转换开关打在"入库"状态,按下启动按钮,物料通过入口传输带把物料送到装载传输带,叉车机构把物料装载后,叉车机构与推车机构一起通过轨道运动把物料按从小到大顺序(1,2,3,……,53,54)放在立体仓库中。按下停止按钮,叉车机构和推车机构在放完当前物料后回到初始位置停止。再按下启动按钮,物料又按顺序入库。

(1) 认识立体仓库结构。

用于存放货物的轨道式堆垛机,包括一个推车、一个垂直平台和两个可以向两侧滑动的叉子。

立体仓库由发货传送带、叉车机构、推车机构、仓库货架、收货传送带组成。

仓库货架(9×6=54),两条发货传送带,两条收货传送带,叉车机构(叉车伸出、收回运动,升起垂直运动),推车机构(水平移动)。推车机构(水平运动)和叉车机构(垂直运动)一起复合运动将物品送到仓库货架。

两个激光测距仪放置在推车水平移动 X 向和叉车升起位置,用来准确测量平台的水平和垂直位置。立体货架是由水平钢梁连接的直立钢框架,用于存储负载。可用的货架是单深货架类型,也称为选择性货架,它只允许装载一个托盘深度的货物。负载可以从机架的两侧存储。

每个机架必须与其中一个导轨端对齐,使堆垛机停在正确的位置。根据所选配置,堆垛机可以通过数字、数字和模拟值进行控制。

数字:目标单元格可以定义为 1~54 之间的整数值。如果该值设置为 0,则堆垛机停在当前位置。如果该值高于 54,它将移动到静止位置(55)。

1) 发货传送带。

如图 13-20 所示,发货传送带由物料生成器、入口传输带、装载传输带、物料生成传感器、装载传感器组成,其中传感器是反射式传感器。

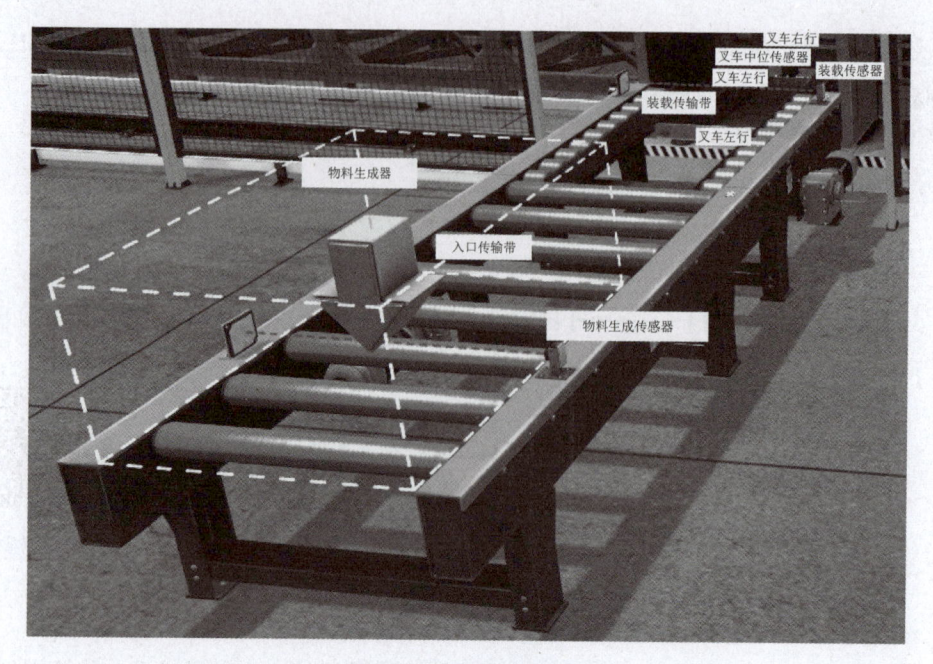

图 13-20 发货传送带

2) 叉车机构。

如图 13-21 所示，叉车机构由叉车左行、叉车右行、叉车升起 Z 运动、叉车左行传感器、叉车右行传感器、叉车升起 Z 到位感应器（激光测距仪）、叉车中位传感器组成。其中叉车左行传感器、叉车右行传感器、叉车中位传感器是漫反射式传感器。

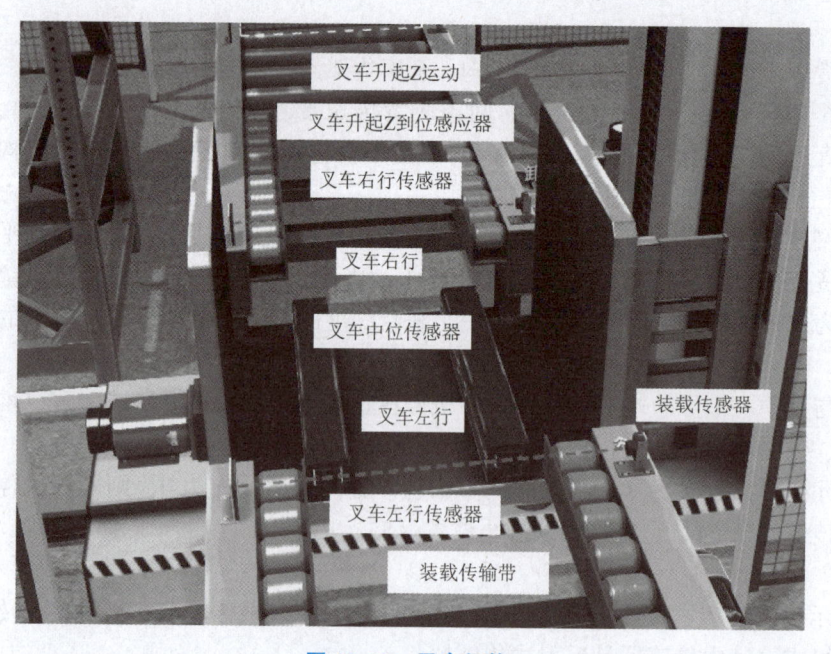

图 13-21 叉车机构

3）推车机构。

如图13-22所示，推车机构由货架目标位置、卸货传输带传感器、推车水平X向到位感应器（激光测距仪）组成。

目标单元格可以定义为1~54之间的整数值。如目标位置=9，推车位置直到数据为9的地方，如果该值设置为0，则堆垛机停在当前位置。但是，如果该值高于54，它将移动到静止位置（55）。

图13-22 推车机构

4）仓库货架。

仓库货架是由水平钢梁连接的直立钢框架，用于存储负载，仓库货架编号由6层9列组成，总共可存储54个物料，如图13-23所示。

立体仓库货架编号

54	53	52	51	50	49	48	47	46
45	44	43	42	41	40	39	38	37
36	35	34	33	32	31	30	29	28
27	26	25	24	23	22	21	20	19
18	17	16	15	14	13	12	11	10
9	8	7	6	5	4	3	2	1

6层

9列

图13-23 仓库货架

5）收货传送带。

如图13-24所示，收货传送带由卸货传输带、出口传输带、物料消除器、卸货传输带传感器、出口传输带传感器等组成。

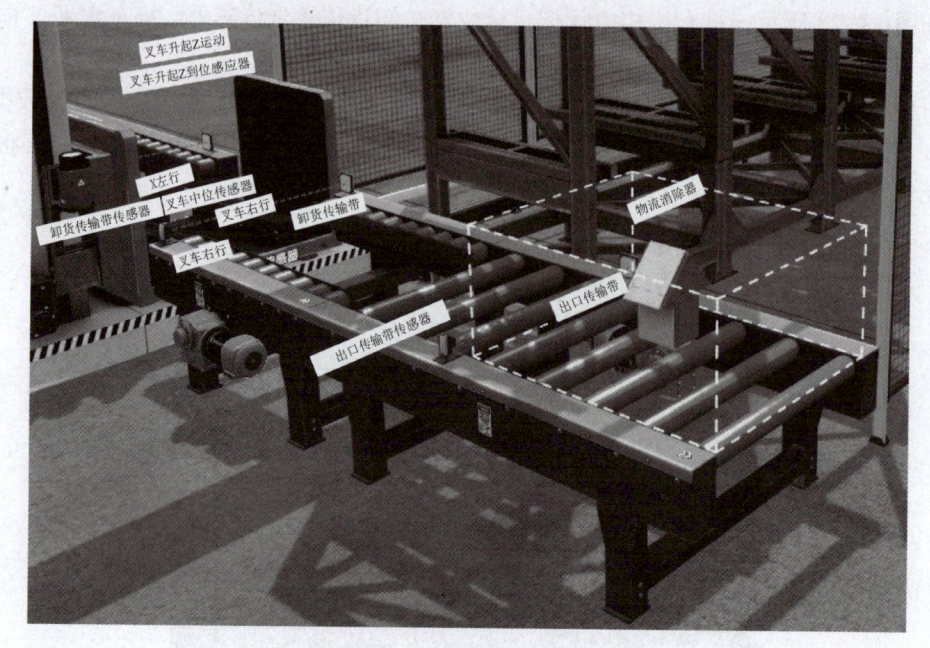

图 13-24 收货传送带

（2）组态 PLC 硬件，添加功能 FC 和数据块 DB。

在西门子博途工程模板中打开 TIA 博途软件，在程序块中添加"物料入口传输程序 [FC1]"、"物料入库程序 [FC2]"和"控制步 [DB1]"数据块，如图 13-25 所示。

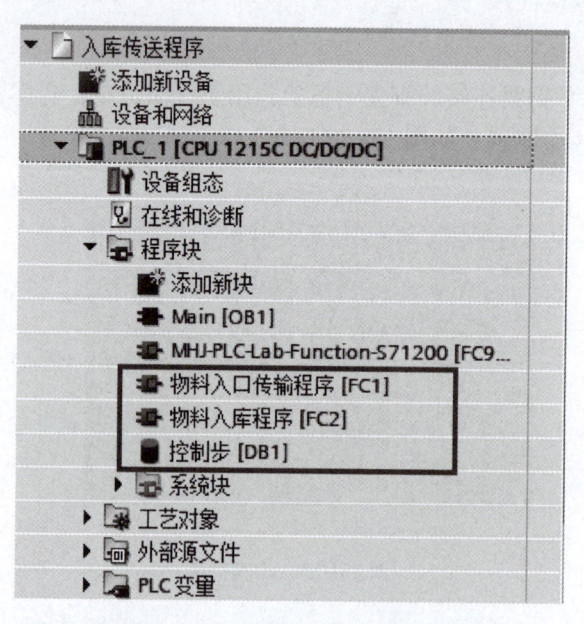

图 13-25 添加功能 FC 和数据 DB 块

添加"控制步〔DB1〕"数据块步骤如图 13-26 所示.

图 13-26　添加控制步 DB1 数据块

打开"控制步〔DB1〕"数据块，由于程序中要用到多个定时器，设置定时器 T 的数组，数据类型为"Array〔0…1〕of IEC_TIMER"，设置六个定时器 T〔0〕、T〔1〕、T〔2〕、T〔3〕、T〔4〕、T〔5〕，如图 13-27 所示，用到定时器时，出现如图 13-28 所示的画面，不能单击"确定"按键，只能单击"取消"按键。

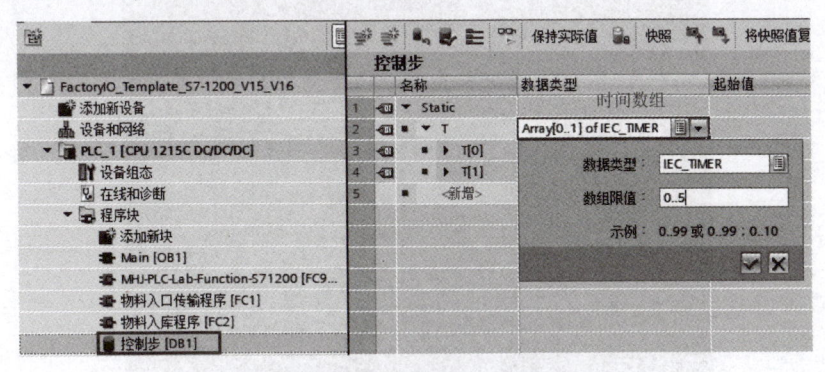

图 13-27　组态时间数组

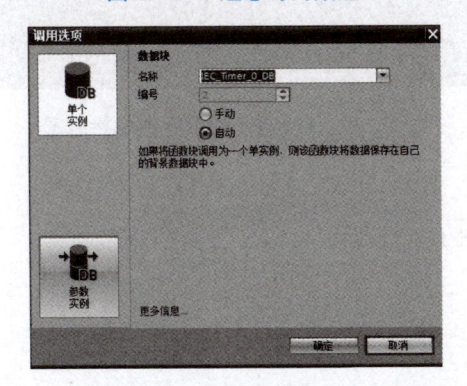

图 13-28　组态定时器

243

在"控制步[DB1]"中定义"入口传送步"、"入库步"、"货架目标位置"三个变量，数据类型为 Int，后面的程序中作为移位指令的指针，如图 13-29 所示。

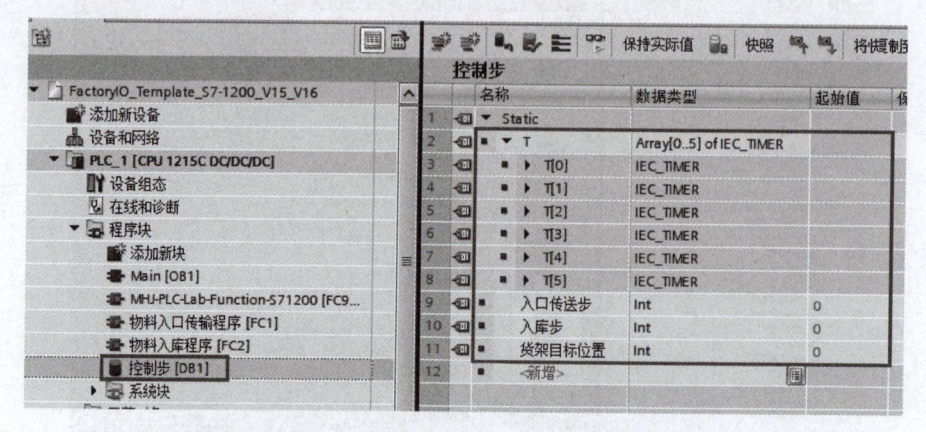

图 13-29 定义入口传送步、入库步、货架目标位置三个变量

（3）PLC 的 I/O 通信接线图，如图 13-30 所示。

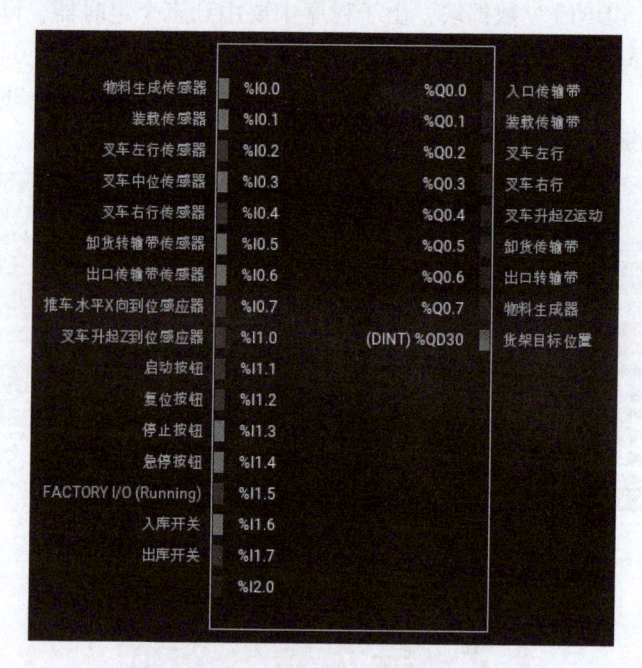

图 13-30 Factory 中 I/O 通信接线图

（4）设计 PLC 程序。

1）主程序 OB1，如图 13-31 所示。

任务 13　PLC 控制自动化立体仓库系统

图 13-31　主程序 OB1

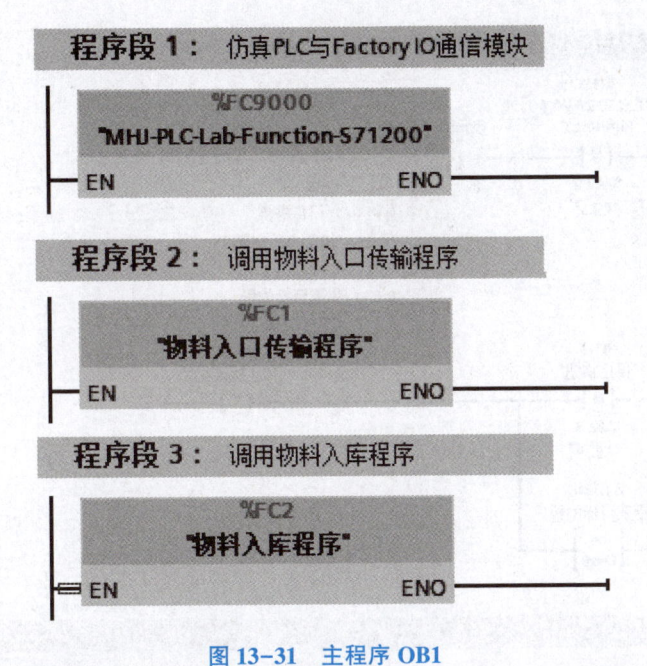

2）物料入口传输程序 FC1，如图 13-32 所示。

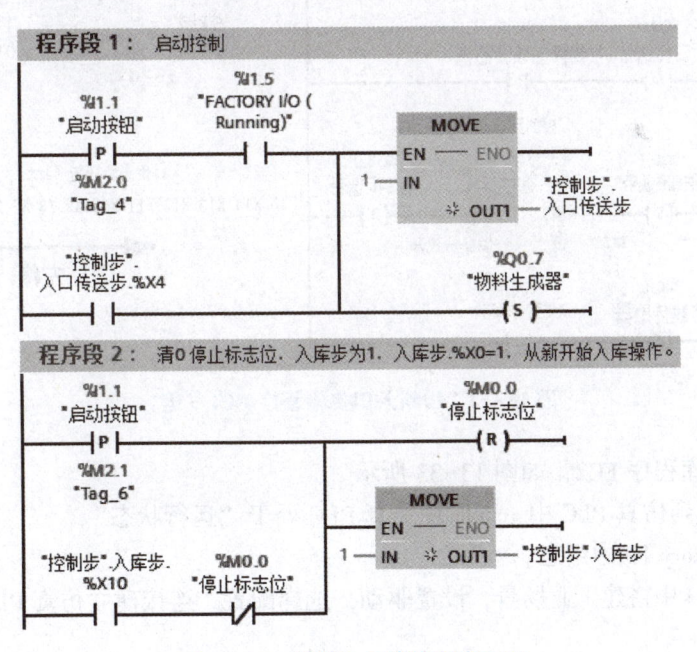

图 13-32　物料入口传输程序 FC1

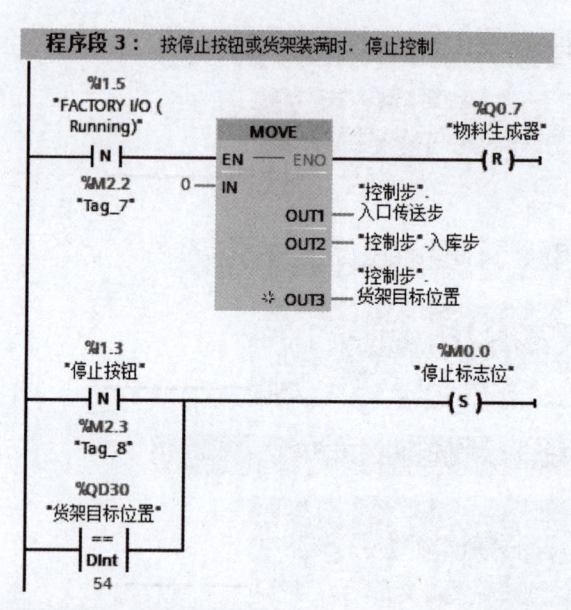

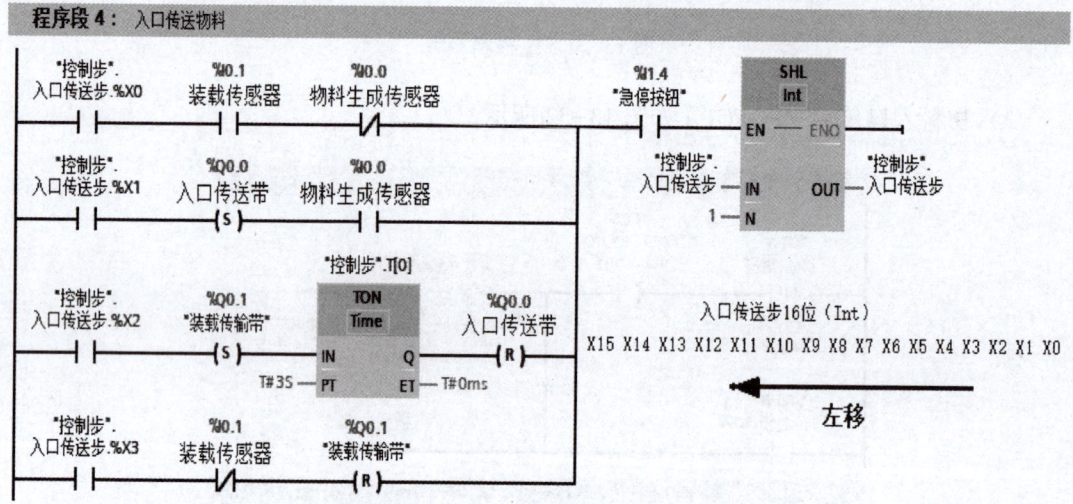

图 13-32 物料入口传输程序 FC1（续）

3）物料入库程序 FC2，如图 13-33 所示。

把程序下载到仿真 PLC 中，同时使仿真 PLC 处于"运行状态"。

（5）在 Factory IO 中组态。

在 Factory IO 中搭建工业场景，设置驱动，选择配置，连接建立仿真 PLC 与 Factory IO 通信。

（6）仿真 PLC 与 Factory IO 联合调试程序，满足控制要求。

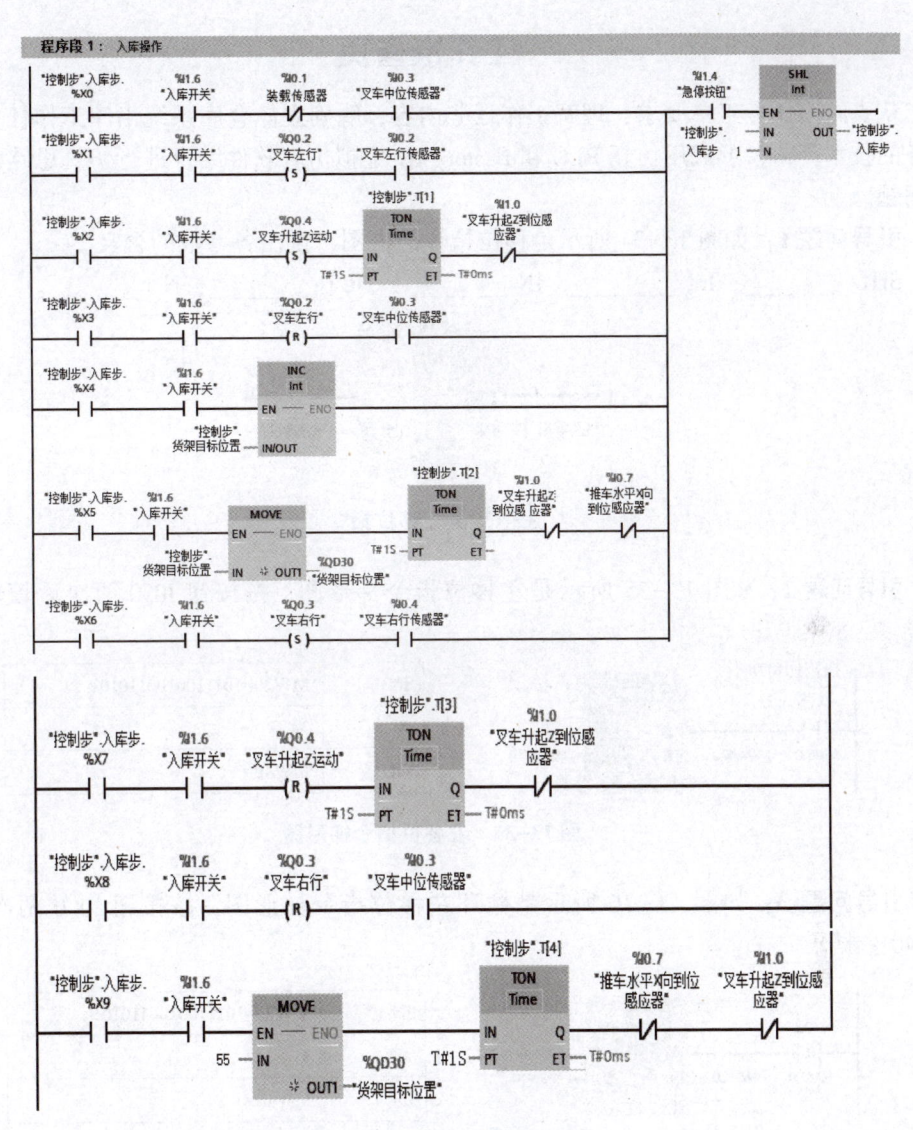

任务 13　PLC 控制自动化立体仓库系统

图 13-33　物料入库程序 FC2

工作准备页

认真阅读任务工单要求，理解工作任务内容，明确立体仓库系统出库工作任务，获取任务的技术资料，形成用仿真 PLC 和 Factory IO 虚拟仿真软件结合进行仿真思路，回答以下问题。

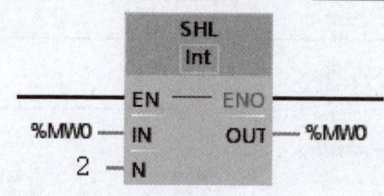

引导问题 1：如图 13-34 所示是移位指令的框图，说出各参数的含义
SHL _____，Int _____，IN _____，OUT _____，N _____。

图 13-34　移位指令

引导问题 2：如图 13-35 所示是左移位指令梯形图，按按钮 I0.0 两次后填写 MW40 数据。

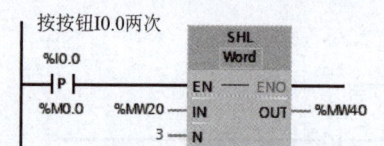

IN	MW20=1011100100110101
N	3
OUT	MW40=

图 13-35　左移位指令梯形图

引导问题 3：如图 13-36 所示是循环左移位指令梯形图，按按钮 I0.0 两次后填写 MW40 数据。

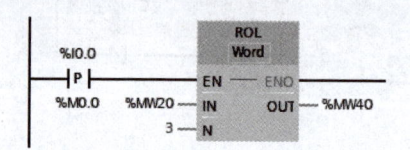

IN	MW20=1011100100110101
N	3
OUT	MW40=

图 13-36　循环左移位指令梯形图

引导问题 4：立体仓库"出库"的流程是_____
_____。

引导问题 5：出口传输带传感器和卸货传输带传感器所用的接近开关是_____
_____传感器。

引导问题 6：为了提高定位的精度，推车水平 X 向到位传感器和叉车升起 Z 向到位传感器是_____仪器。X 方向和 Z 方向到位后有一定的_____，在程序中一般采用_____方法。

引导问题 7：货架目标位置为 60 时，堆垛机停在_____，货架目标位置为 0 时，堆垛机停在_____。

设计决策页

1. 列出 PLC 的 I/O 分配表。

进行 PLC 控制系统设计的首要环节是为输入/输出设备分配 I/O 地址。填写表 13-2 的 I/O 分配表。

表 13-2　PLC 的 I/O 分配表

输入端口			输出端口		
元件名称	元件符号	输入地址	元件名称	元件符号	输出地址

2. 画出 PLC 的 I/O 接线图。

根据 PLC 的 I/O 分配表,结合如图 13-37 所示 PLC 的接线端子,画出 PLC 的 I/O 接线图。

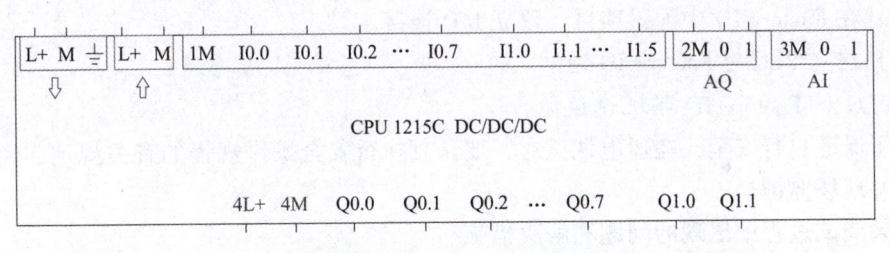

图 13-37　PLC 的 I/O 接线图

3. 设计 PLC 的梯形图。

4. 方案展示。
(1) 各小组派代表阐述设计方案。
(2) 各组对其他组的设计方案提出不同的看法。
(3) 教师结合大家完成的方案进行点评,选出最佳方案。

任务实施页

1. 领取工具

按工单任务要求填写表 13-3 并按表领取工具。

表 13-3 工具表

序号	工具或材料名称	型号规格	数量	备注

2. PLC 程序编写

在 TIA 博途软件中编写设计梯形图,并下载到 PLC。

3. Factory IO 组态与通信

(1) 根据控制工艺要求,在 Factory IO 中搭建工业场景。
(2) 在 Factory IO 中配置项目、建立 I/O 连接。
(3) 建立 PLC 与 Factory IO 通信。

4. PLC 和 Factory IO 联机调试运行

为了保证自身安全,在通电调试时,要认真执行安全操作规程的有关规定,经指导老师检查并现场监护。

记录调试过程中出现的问题和解决措施。

出现问题: 　　　　　　　　　　　　　解决措施:

5. 技术文件整理

整理任务技术文件,主要包括控制工艺要求、I/O 分配表、I/O 接线图、调试记录表等。

小组完成工作任务总结以后,各小组对自己的工作岗位进行"整理、整顿、清扫、清洁、安全、素养"的 6S 处理,归还所借的工具和实训器件。

检查评价页

1. 展示评价

各组展示作品，进行小组自评、组间互评及教师考核评价，完成任务考核评价表（表13-4）的填写。

表13-4 任务考核评价表

评价项目	评价标准	分值	自评 30%	互评 30%	师评 40%	合计
职业素养（30分）	分工合理，制订计划能力强，严谨认真	5				
	爱岗敬业、安全意识、责任意识、服从意识	5				
	团队合作、交流沟通、互相协作、分享能力	5				
	遵守行业规范、现场6S标准	5				
	保质保量完成工作页相关任务	5				
	能采取多种手段收集信息、解决问题	5				
专业能力（60分）	利用Factory IO正确搭建工业场景	5				
	工作准备页填写正确	10				
	建立仿真PLC与Factory IO通信	5				
	完成控制功能要求	35				
	技术文档整理完整	5				
创新意识（10分）	创新性思维和精神	5				
	创新性观点和方法	5				

2. 任务复盘

（1）重点、难点问题检测。

（2）是否完成学习目标。

（3）谈谈完成本次实训的心得体会。

任务 14　PLC 控制物料高度（重量）十字传送带分拣线

任务信息页

学习目标

1. 理解高度传感器、重量传感器、换向工作台的结构和动作原理。
2. 弄清换向工作台的传感器、执行器。
3. 熟练应用 Factory IO 软件搭建分拣传送带系统场景图，配置驱动和连接仿真 I/O 图。
4. 规划 PLC 程序结构，厘清 FC 和 FB 指令的特点与区别，能用 FC 和 FB 指令来编程。
5. 会用 PLC 和 Factory IO 联合调试物料高度（重量）十字传送带分拣线，使之满足控制要求。

工作情景

在工业生产控制中，有时工艺流程复杂，控制的参数多，在一个程序中用线性编程方法编程工作量大，也容易出错；故应根据工艺控制要求把控制任务分成几个子任务，几个人同时完成一个项目编程任务，提高效率。

打个比方：我们要去北京旅游，要考虑怎么去（交通）、去了住哪儿（住宿）、去做什么（购物，游玩）等。这样，"去北京旅游"的任务就被分成了"交通"、"住宿"、"购物"、"游玩"四个子任务，然后分别完成每一个子任务，整个任务也就完成了。

本任务通过 PLC 控制物料高度（重量）十字传送带分拣线，学习用户程序结构指令的组织块（OB）、功能（FC）、功能块（FB）、数据块（DB）及结构化编程。

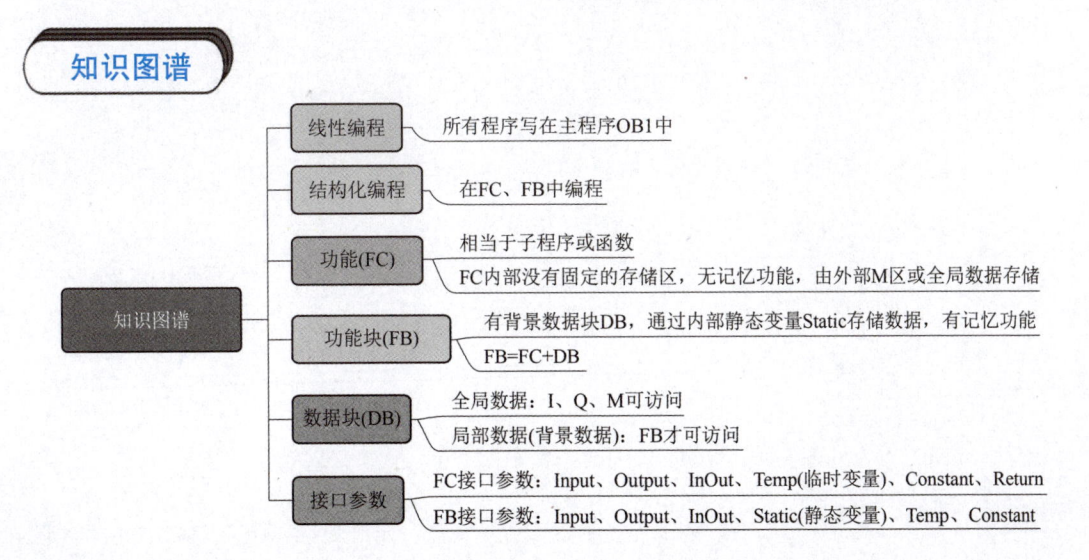

知识图谱

知识图谱
- 线性编程：所有程序写在主程序OB1中
- 结构化编程：在FC、FB中编程
- 功能(FC)：相当于子程序或函数
  FC内部没有固定的存储区，无记忆功能，由外部M区或全局数据存储
- 功能块(FB)：有背景数据块DB，通过内部静态变量Static存储数据，有记忆功能
  FB=FC+DB
- 数据块(DB)：全局数据：I、Q、M可访问
  局部数据(背景数据)：FB才可访问
- 接口参数：FC接口参数：Input、Output、InOut、Temp(临时变量)、Constant、Return
  FB接口参数：Input、Output、InOut、Static(静态变量)、Temp、Constant

253

项目四　智能产线装置模块化控制

问题图谱

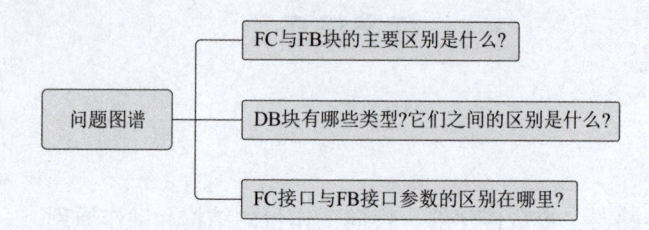

问题图谱
- FC与FB块的主要区别是什么?
- DB块有哪些类型?它们之间的区别是什么?
- FC接口与FB接口参数的区别在哪里?

任务 14　PLC 控制物料高度（重量）十字传送带分拣线

任务工单页

控制要求

如图 14-1 所示是物料重量传送带分拣线装置，按下启动按钮，系统随机产生三种不同重量的物料，经称重工作台检测，重量 0~30 kg 的物料传送到左边分拣线，重量超过 40 kg 的物料传送到中间分拣线，重量在 30~40 kg 的物料传送到右边分拣线。控制箱上实时显示物料重量和显示三种物料分拣的数量。

按下停止按钮，系统停止分拣；按下复位按钮，系统停止分拣的同时物料显示重量和三种物料分拣显示数量清 0；系统配置急停按钮，按下急停按钮，系统停止，急停按钮恢复，按下启动按钮重新进入分拣工作状态。

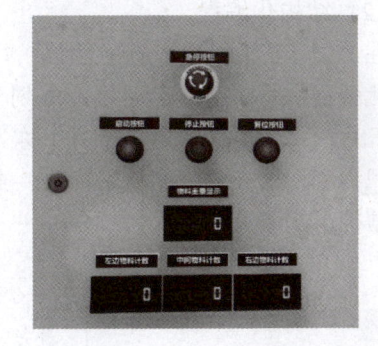

图 14-1　物料重量传送带分拣线装置

任务要求

1. 请列出 PLC 的 I/O 表；画 I/O 接线图。
2. 应用 Factory IO 软件搭建分拣传送带系统场景图。
3. 理解高度传感器、重量传感器、换向工作台的结构和动作原理，弄清换向工作台的传感器、执行器。
5. 能辨认 FC 与 FB 异同点，厘清 FC 接口和 FB 接口参数。
6. 规划 PLC 程序结构，设计 PLC 程序。
7. PLC 与 Factory IO 联机调试程序。
8. 技术文件资料整理。

任务工单的 3D
虚拟仿真动画

知识学习页

1. S7-1200 PLC 的编程方式

S7-1200 PLC 的编程方式有线性编程和结构化编程。

（1）线性编程。

如图 14-2 所示，线性编程就是所有的程序指令都写在主程序 OB1 中，以实现一个自动化控制任务。主程序按顺序执行每一条指令，它类似于电气控制的继电器逻辑，由于只有一个程序文件，软件管理的功能相对简单。但是，因为所有的指令都在一个块内，而 PLC 的工作原理采用的是顺序循环扫描工作方式，即使程序的某些部分并没有使用，每个扫描周期所有的指令都要执行一次，如果程序中有多个设备，其指令相同，但参数不同，也只能用不同的参数重复编写相似的控制程序，因此增加了扫描周期，影响 PLC 的稳定性。

（2）结构化编程。

在 FC、FB 中编程，通用性好，可以调用不同参数执行同一程序。如图 14-2 所示，结构化编程是将复杂的自动化任务划分为对应于生产过程的技术功能较小的子任务（FC 中的 FB），每个子任务对应于一个称为"块"的子程序，可以通过块与块之间的相互调用来组织程序，这样的程序易于修改、查错和调试，同时编程时有分工也有合作，可以发挥团队精神。

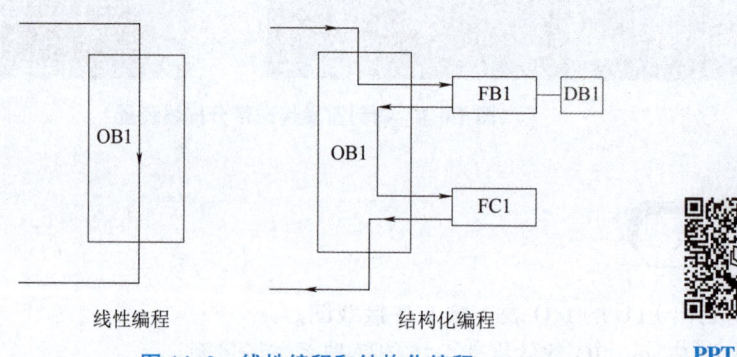

图 14-2 线性编程和结构化编程

2. S7-1200 PLC 的块

S7-1200 PLC 的块包括组织块（OB）、功能（FC）、功能块（FB）和数据块（DB），如图 14-3 所示，而数据块又包括全局数据块（共享 DB）和背景数据块。组织块中可以包含全局数据块，组织块可以调用功能块和功能，而功能块和功能又可以调用功能块或功能。

（1）组织块（Organization Block，OB）是操作系统与用户程序的接口，由操作系统调用，用于控制循环扫描和中断程序的执行、PLC 的启动和错误处理等。OB1 是主程序，OB100 是启动程序，启动时执行一个扫描周期。组织块的程序是用户编写的，每个组织块必须有唯一的 OB 编号，200 之前的某些编号是保留的，其他 OB 的编号应大于等于 200。

```
                    ┌─ OB(组织块) ─┬─ OB1(循环组织块):用户程序
                    │              ├─ OB100(启动组织块):PLC从STOP到RUN执行一次启动
                    │              ├─ OB30(循环中断组织块):模拟量采集
                    │              └─ OB40(硬件中断组织块)
S7-1200 PLC块 ──────┤
                    ├─ FC(功能) ───┬─ 作子程序用
                    │              └─ 作函数用
                    ├─ FB(功能块) ── 有背景数据块
                    └─ DB(数据块) ─┬─ 全局数据块(共享DB)
                                   └─ 背景数据块
```

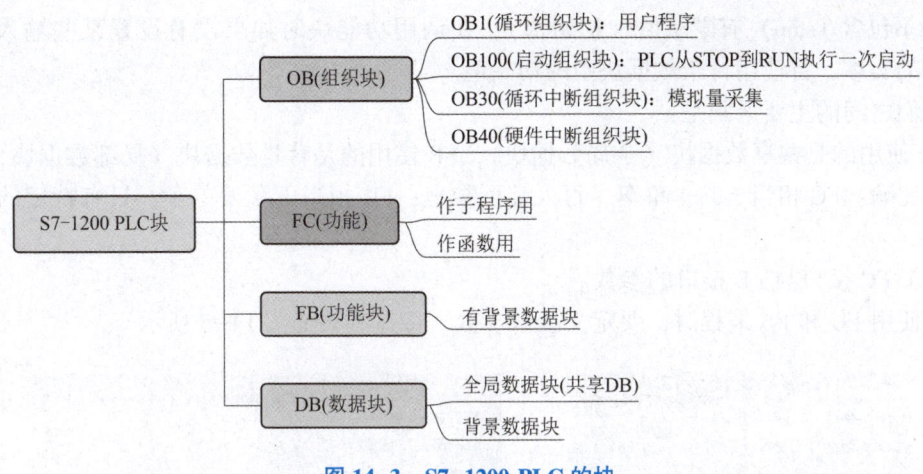

图 14-3　S7-1200 PLC 的块

（2）功能（Function，FC）是用户程序编写的子程序，它包含完成特定任务的代码和参数。FC 有与调用它的块共享的输入参数和输出参数。

在程序的不同位置多次调用同一个 FC，这可以简化重复执行的任务。功能没有固定的存储区，无记忆功能，执行结束后，其临时变量中的数据就丢失了。可以用全局数据块或 M 存储区来存储那些在功能执行结束后需要保存的数据。

（3）功能块（Function Block，FB）是用户程序编写的子程序。调用功能块时，需要制定背景数据块，是功能块专用的存储区。CPU 执行 FB 中的程序代码，将块的输入、输出参数和局部静态变量保存在背景数据块中，以便可以从一个扫描周期到下一个扫描周期快速访问它们。功能块有固定的存储区（背景数据块），有记忆功能。在调用 FB 时，打开对应的背景数据块，后者的变量可以供其他代码块使用。调用同一个功能块时使用不同的背景数据块，可以控制不同的设备。

（4）功能（FC）与功能块（FB）的区别。

①功能块有背景数据块，执行后，DB 中数据不丢失，相当于自带"内存"；功能没有背景数据块，执行后数据丢失，相当于不带"内存"，如图 14-4 所示。

图 14-4　FC 与 FB 区别　　　　　　　　　FC 和 FB 区别

②功能只能在内部访问它的局部变量，其他代码块或 HMI 可以访问功能块 FB 的背景数据块中的变量。

③功能没有静态变量，功能块 FB 有保存在背景数据块中的静态变量。

如果功能 FC 有执行完成后需要保存的数据，只能存放在全局变量中（如全局数据块 DB 和 M 中），但这样会影响功能的可移植性。

④功能的局部变量没有初始值，调用功能时应给所有的形参指定实参。功能块的局部

变量（不包含 Temp）有默认值（初始值），在调用功能块时如果没有设置某些输入、输出参数的实参，将使用背景数据块中的初始值。

他们之间的主要区别是：

FC 使用的是共享数据块（全局数据块），FB 使用的是背景数据块（局部数据块），可以这么比喻：FC 相当于共享单车，每人都可乘坐；FB 相当于私人单车，只有特定的人才能乘坐。

（5）FC 接口与 FB 接口的参数。

在使用 FC 和 FB 编程时，要定义接口参数，接口参数如图 14-5 所示。

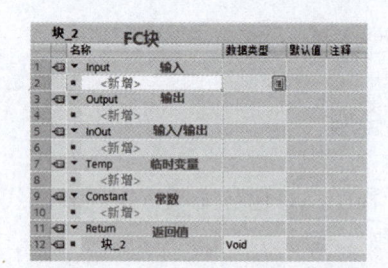

图 14-5 FC、FB 的接口参数

1）FC 接口参数含义如下。

Input：输入类型的接口，将外部的输入元件引入，程序能读它的数据。属于可读的数据类型。

Output：输出类型的接口，程序能通过这个接口去改写外部元件的数据，属于可写的类型。

InOut：输入/输出类型接口，程序能通过它读取外部数据，也可以将内部数据写入外部的存储区。一般在执行子程序时，先将外部数据读入，执行有关的指令后，将其数据改写，先入后出。

Temp：此接口为临时性的接口。与外部没有交换，只存在于内部。它的地址是由系统给分配的。必须先赋值后使用，一般不能保存数据，因为它的地址是变化的，不固定。

Constant：可以在内部定义此常数。

Return：程序的返回值。

2）FB 接口参数含义如下。

FB 与 FC 参数基本相同，比 FC 多了一个静态变量 Static，Static 不会生成外部接口，它在 DB 块中有一个绝对的唯一地址，保存一些运算中的中间变量，不让它的数据丢失，具有 InOut 的长处。

FB 中的数据，可以保存 InOut 的外部变量，也可以保存在 Static 变量中，即背景数据块中。

FC 的使用分为有参数调用和无参数调用，功能使用如图 14-6 所示。

有参数调用的 FC 需要从主程序 OB1 中接收参数，如图 14-6 中 FC1 所示，要定义接口参数，一般要重复调用；无参数调用是 FC 不从外部或主程序中接收参数，也不向外部发送参数，在 FC 中使用绝对地址完成程序的编程，如图 14-6 中 FC2 所示，这种方式一般用于分部结构子程序编写，不重复调用。

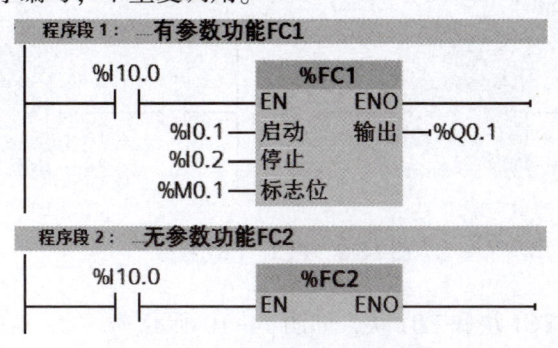

图 14-6　有参数调用和无参数调用

【案例 1】用 FC 子程序和 FB 子程序编程分别实现加法运算：C = A+B。
（1）定义接口参数。
①定义 FC 的接口参数，如图 14-7 所示。

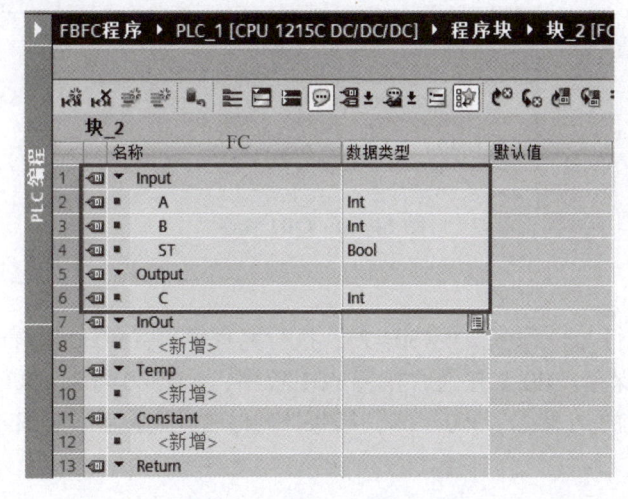

图 14-7　定义 FC 的接口参数

②定义 FB 的接口参数，如图 14-8 所示。

图 14-8　定义 FB 的接口参数

259

（2）FC1 程序如图 14-9（a）所示，FB1 程序如图 14-9（b）所示。

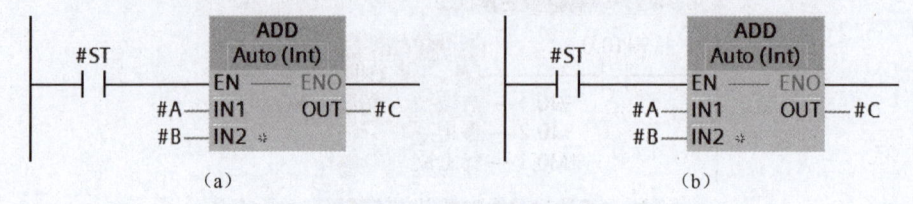

图 14-9　FC1、FB1 程序

在 OB1 程序调用 FC1 块和 FB1 块，如图 14-10 所示。

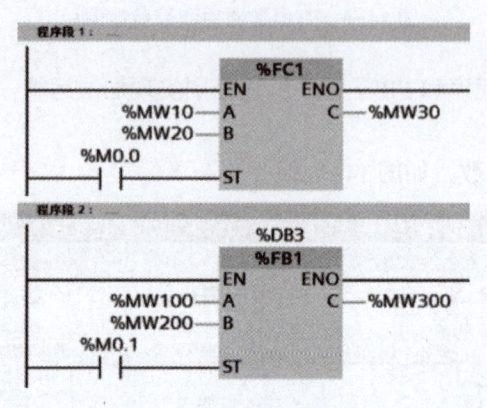

图 14-10　OB1 程序

（3）监控。

M0.0 接通时执行 FC1 程序，MW30=25；执行完程序后，M0.0 断开时 FC1 程序中的结果 MW30=0，无法保存；M0.1 接通时执行 FB1 程序，MW300=68，执行完程序后，M0.1 断开时 FB1 程序中的结果 MW300=68，结果不变，能够保存，如图 14-11、图 14-12 所示。

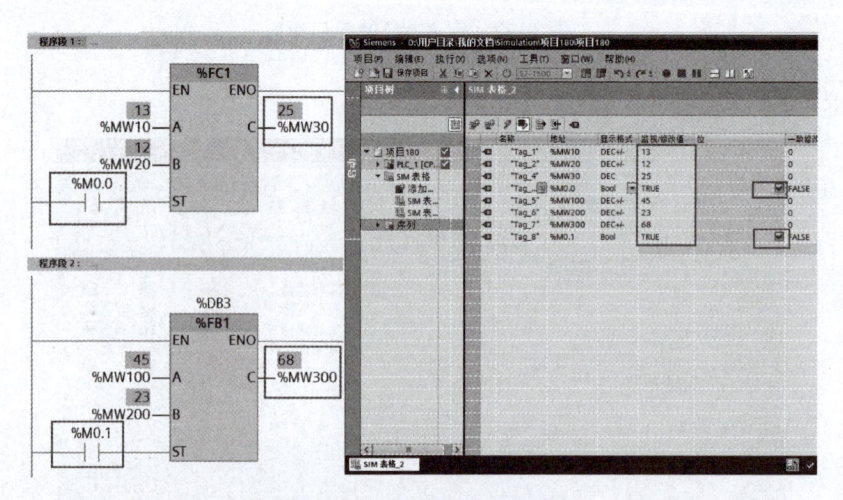

图 14-11　接通时仿真结果

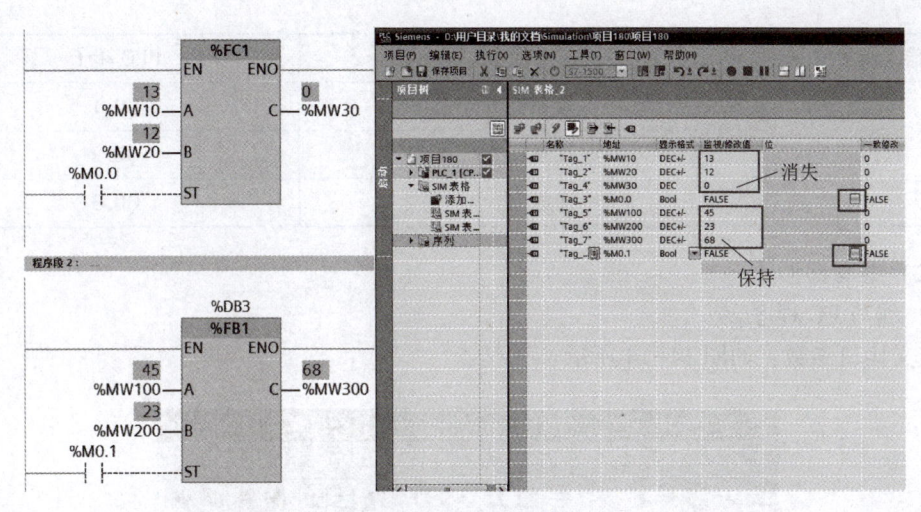

图 14-12 断开时仿真结果

【案例 2】 基于 FC 编程的 3 台电动机启停控制。

如图 14-13 所示程序结构，在 FC1 中编写一个电动机启停程序，然后调用不同参数实现 3 台电动机启停控制功能。

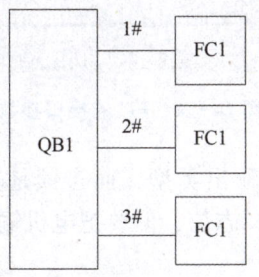

图 14-13 3 台电动机启停控制程序结构

FC1 的接口参数

（1）列 I/O 表。

I/O 表如表 14-1 所示。

表 14-1 I/O 表

输入输出	元件	PLC 端子
输入	第一台启动按钮	I0.1
	第一台停止按钮	I0.2
	第二台启动按钮	I0.3
	第二台停止按钮	I0.4
	第三台启动按钮	I0.5
	第三台停止按钮	I0.6

续表

输入输出	元件	PLC 端子
输出	接触器 1	Q0.1
	接触器 2	Q0.2
	接触器 3	Q0.3

（2）编写梯形图。

1）编写 FC 程序。

定义接口参数，如图 14-14 所示。

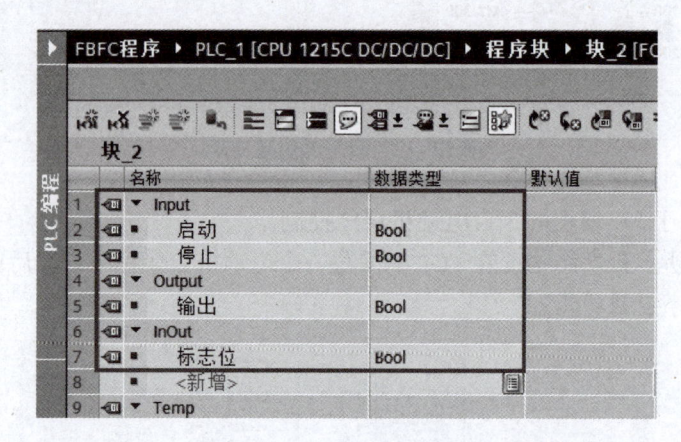

图 14-14　FC 的接口参数

编写 FC 程序，因电机输出是输出类型，而自锁是输入类型，注意用标志位来转换，如图 14-15（a）所示。也可不用标志位，但要把电机输出定义为 InOut，如图 14-15（b）所示。

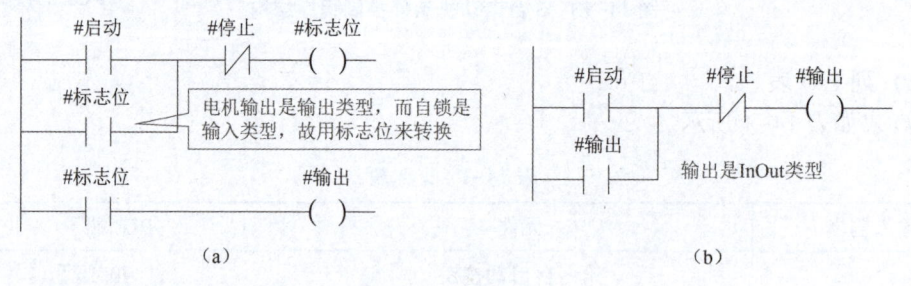

图 14-15　FC 程序

2）OB1 程序。

OB1 程序如图 14-16 所示，调用三次 FC1 程序。

```
程序段1：  控制第一台电机
                    %FC1
                EN      ENO
      %I0.1 — 启动   输出 — %Q0.1
      %I0.2 — 停止
      %M0.1 — 标志位

程序段2：  控制第二台电机
                    %FC1
                EN      ENO
      %I0.3 — 启动   输出 — %Q0.2
      %I0.4 — 停止
      %M0.2 — 标志位

程序段3：  控制第三台电机
                    %FC1
                EN      ENO
      %I0.5 — 启动   输出 — %Q0.3
      %I0.6 — 停止
      %M0.3 — 标志位
```

图 14-16　OB1 程序

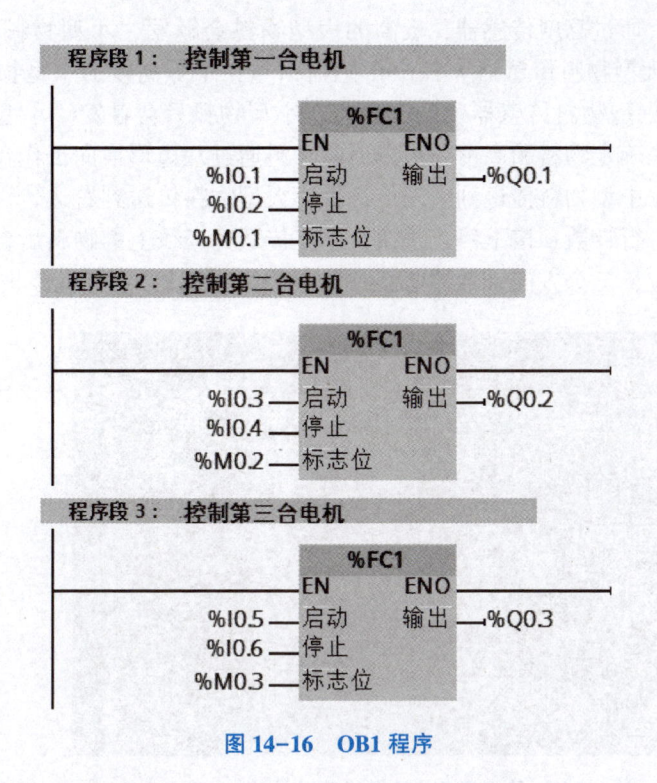

问题讨论：如果图 14-15（b）中输出的数据类型是 Output，能否运行？为什么？

> **小哲理**：FB 使用背景数据块（局部 DB）作为存储区，FC 没有独立的存储区，使用共享数据（全局 DB）或 M 区；如果把 FB 的背景数据块比喻成私家单车，FC 的共享数据就可看成共享单车。共享单车的出现，在交通拥堵的今天，给大家的出行提供更多的便利，这是一件充满人文关怀、现代环保意识的好事情，反映了我们对共享的新认知和新创举；同时共享单车是一个互帮互助的道义行为，是一种分享，是一种融入，是一种参与，而不是自以为是的狭隘，不是用自我的心态来对社会索取与占有。"共享"体现了传统文化中诚信、道义、分享的价值观念，成为继承和弘扬优秀传统文化的见证与实践。

3. PLC 控制物料高度十字传送带分拣线案例

如图 14-17 所示是一个十字分拣传送带系统，如图 14-18 所示是控制箱面板，在 Factory IO 中处于运行状态，把选择开关打在自动状态，按下启动按钮，物料生成器随机产生"小型物料"、"中型物料"、"大型物料"，通过装料传送带传送，经过上料传感器检测，驱动入口传送带。通过高度传感器，最高的大型物料会触发"小型物料传感器"、"中型物料传感器"、"大型物料传感器"三个传感器信号；中等高度的中型物料会触发"小型物料传感器"、"中型物料传感器"两个信号；小型物料只会触发"小型物料传感器"信号，根据这一点来确定物料的高度，检测后的物料通过八边形换向工作台，使小型物料传送到左边传送带，中型物料传送到中间传送带，大型物料传送到右边传送带，三个方向的物料传送可分别进行计数；按下停止按钮，系统传送完产线上的物料后自动停止。按下复位按钮，系统复位，三个方向计数器清0；按下急停按钮，系统马上停止。

图 14-17 物料高度十字传送带分拣线

高度分拣产线
3D 虚拟仿真动画

高度检测装置分析

（1）在 Factory IO 中搭建物料高度十字传送带分拣线场景。

通过设置 Factory IO 中部件设备动作过程，翻译标签（变量）成中文。

1）送料装置分析。

如图 14-19 所示，送料装置由生成物料器、装料传送带电机、上料传感器等组成，主要生成和传送物料。工作过程：在生成物料器中产生箱子，在传送带上运动时，由各个传感器传入数据分析箱子尺寸及其所处位置，最后得出箱子该送往何方。在这里设定：小型物料→左边，中型物料→中间，大型物料→右边。不同尺寸的物料将通过换向器送往不同方向。

图 14-18 控制箱面板　　　　图 14-19 送料装置

2）物料高度检测装置分析。

物料高度检测装置如图 14-20 所示，大型物料的箱子会触发"小型物料"、"中型物料"、"大型物料"三个传感器信号；中型物料的箱子会触发"小型物料"、"中型物料"两个信号；小型物料的箱子会触发"小型物料"信号。根据这一点来确定其高度。

3）换向工作台分析。

换向工作台如图 14-21 所示，它俯视是一个八边形，主要含两个传感器，即入口传感器和出口传感器；含三个驱动器，即转向器、装载器、卸载器（装载卸载即为其上滚轮的正反转）。它只能逆时针旋转 90 度，因此，送到左右不同方向就需要通过装载和卸载实现。

工作台在原位时，装载传感器接通，工作台逆时针转动到位时卸载传感器接通。

往左边传送物料时，工作台逆时针旋转 90 度，同时装载工作（电机正转）；

往右边传送物料时，工作台逆时针旋转 90 度，同时卸载工作（电机反转）；

往中间传送物料时，工作台在原位不动，同时装载工作（电机正转）。

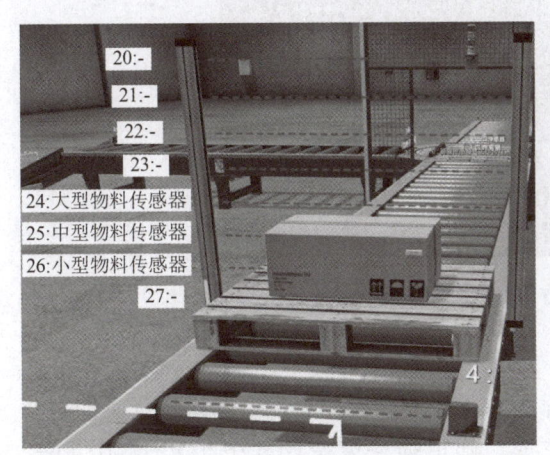

图 14-20　物料高度检测装置　　　　图 14-21　换向工作台

4）四条传送带分析。

入口传送带：入口传送带电机，上料传感器，换向传感器。

左端传送带：左端传送带电机，左端入口传感器，左端出口传感器。

中端传送带：中端传送带电机，中端入口传感器，中端出口传感器。

右端传送带：右端传送带电机，右端入口传感器，右端出口传感器。

换向器工作台分析

5）三色指示灯。

如图 14-22 所示，红色指示灯表示有大型物料通过，黄色指示灯表示有中型物料通过，绿色指示灯表示有小型物料通过。

图 14-22　三色指示灯

(2) Factory IO 中的 I/O 图，如图 14-23 所示。

FACTORY I/O (Running)	%I0.0	%Q0.0	启动指示
启动按钮	%I0.1	%Q0.1	停止指示
停止按钮	%I0.2	%Q0.2	复位指示
复位按钮	%I0.3	%Q0.3	绿色指示灯
急停	%I0.4	%Q0.4	黄色指示灯
自动	%I0.5	%Q0.5	红色指示灯
上料传感器	%I0.6	%Q0.6	装料传送带电机
小型物料	%I0.7	%Q0.7	入口传送带电机
中型物料	%I1.0	%Q1.0	卸载（电机正转）
大型物料	%I1.1	%Q1.1	装载（电机反转）
换向传感器	%I1.2	%Q1.2	工作台转向
入口传感器	%I1.3	%Q1.3	左端传送带电机
出口传感器	%I1.4	%Q1.4	中端传送带电机
装载传感器（工作台在原位）	%I1.5	%Q1.5	右端传送带电机
卸载传感器（工作台转到位）	%I1.6	%Q1.6	生成物料
左端入口传感器	%I1.7	%Q1.7	小型物料消除器
中端入口传感器	%I2.0	%Q2.0	中型物料消除器
右端入口传感器	%I2.1	%Q2.1	大型物料消除器
左端出口传感器	%I2.2	(DINT) %QD30	小型物料数量
中端出口传感器	%I2.3	(DINT) %QD34	中型物料数量
右端出口传感器	%I2.4	(DINT) %QD38	大型物料数量

图 14-23　Factory IO 中的 I/O 图

(3) 设计 PLC 程序。

程序结构图如图 14-24 所示。其中，子程序 FC1 控制系统的启动、停止、复位控制及指示、急停控制；自动程序 FC2 控制物料生成、确定物料类型（大中小），调用 FB1、FC4；FB1 控制工作台的换向；FC4 控制左端、中间、右端三个方向的物料传送；FC3 物料传输到位程序。

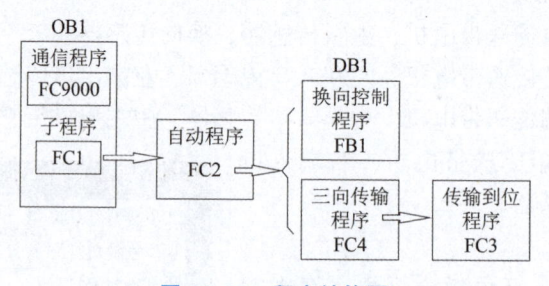

图 14-24　程序结构图

1) 主程序 OB1，如图 14-25 所示。

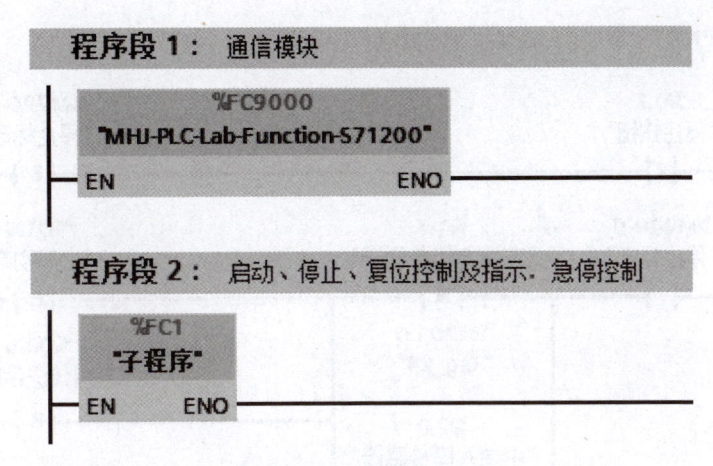

图 14-25 主程序 OB1

2) 子程序 FC1，如图 14-26 所示。

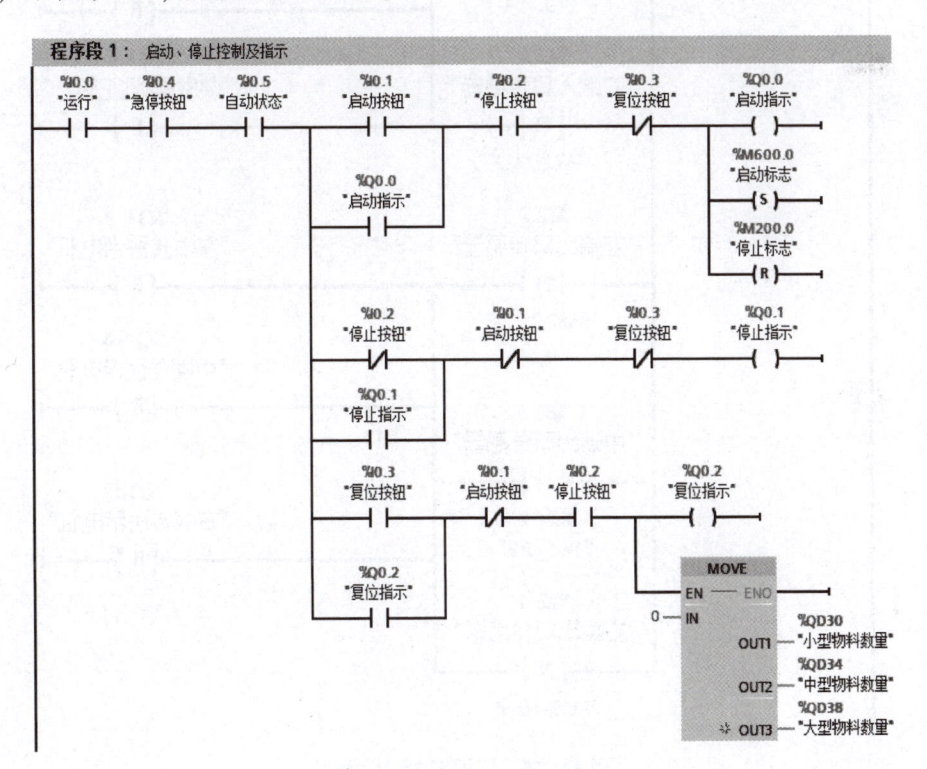

图 14-26 子程序 FC1

项目四 智能产线装置模块化控制

按停止按钮，把输送线上的物料分拣完毕后系统自动停止

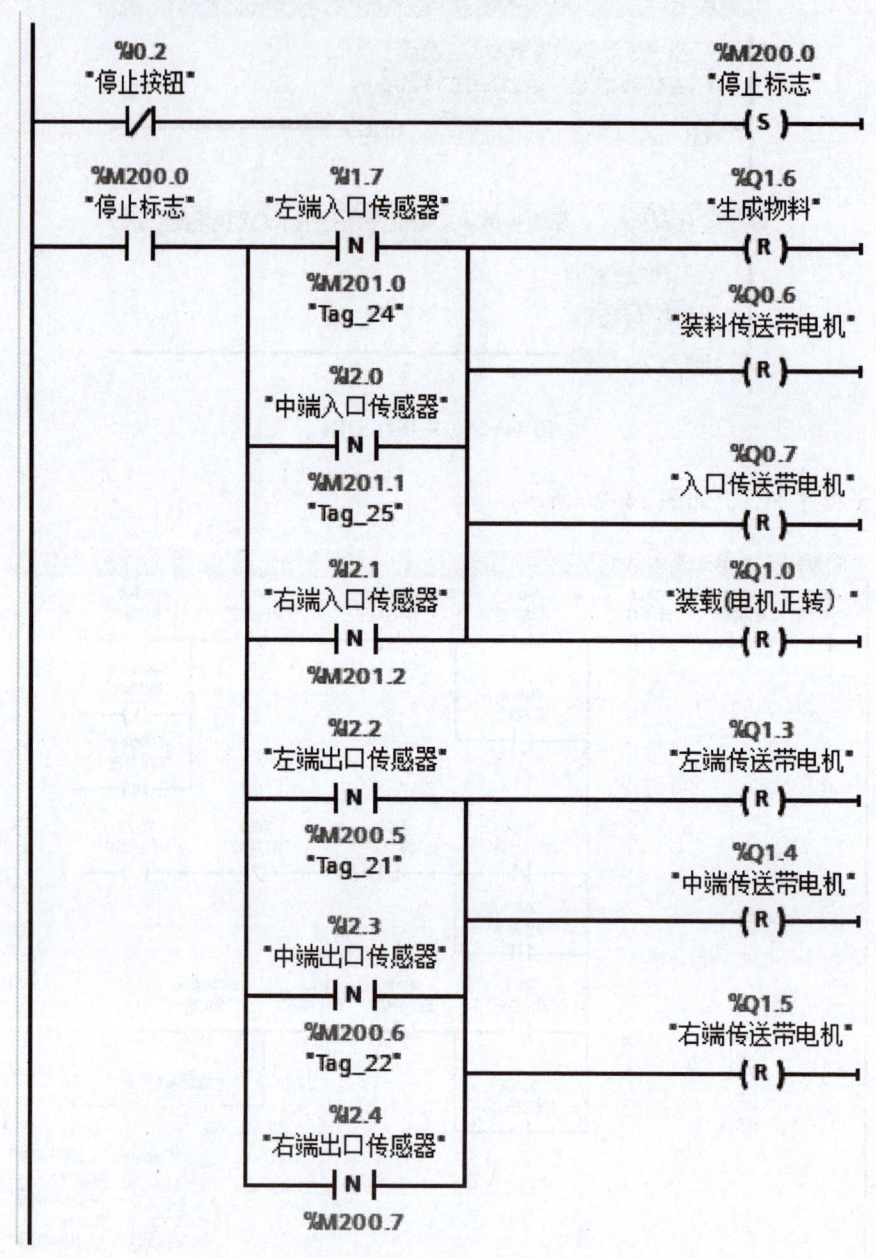

```
    %I0.2                                              %M200.0
  "停止按钮"                                            "停止标志"
    ─|/|─────────────────────────────────────────────────(S)─

   %M200.0         %I1.7                                %Q1.6
  "停止标志"    "左端入口传感器"                          "生成物料"
    ─| |──────────┬──|N|──┬──────────────────────────────(R)─
                  │       │
                  │    %M201.0                          %Q0.6
                  │    "Tag_24"                      "装料传送带电机"
                  │                                     ─(R)─
                  │      %I2.0
                  │  "中端入口传感器"
                  ├──|N|──┤
                  │                                      %Q0.7
                  │    %M201.1                       "入口传送带电机"
                  │    "Tag_25"                        ─(R)─
                  │      %I2.1
                  │  "右端入口传感器"                     %Q1.0
                  ├──|N|──┤                         "装载(电机正转)"
                  │                                     ─(R)─
                  │    %M201.2
                  │      %I2.2                           %Q1.3
                  │  "左端出口传感器"                  "左端传送带电机"
                  ├──|N|──┤                            ─(R)─
                  │
                  │    %M200.5                          %Q1.4
                  │    "Tag_21"                     "中端传送带电机"
                  │      %I2.3                         ─(R)─
                  │  "中端出口传感器"
                  ├──|N|──┤                            %Q1.5
                  │                                 "右端传送带电机"
                  │    %M200.6                         ─(R)─
                  │    "Tag_22"
                  │      %I2.4
                  │  "右端出口传感器"
                  └──|N|──┘
                       %M200.7
```

图 14-26　子程序 FC1（续）

任务 14　PLC 控制物料高度（重量）十字传送带分拣线

急停控制

```
 %I0.4              %Q1.6
"急停按钮"          "生成物料"
───┤/├──────────────( R )───

                    %Q0.6
                "装料传送带电机"
                    ( R )

                    %Q0.7
                "入口传送带电机"
                    ( R )

                    %Q1.0
                "装载(电机正转)"
                    ( R )

                    %Q1.3
                "左端传送带电机"
                    ( R )

                    %Q1.4
                "中端传送带电机"
                    ( R )

                    %Q1.5
                "右端传送带电机"
                    ( R )

                    %M600.0
                   "启动标志"
                    ( R )
```

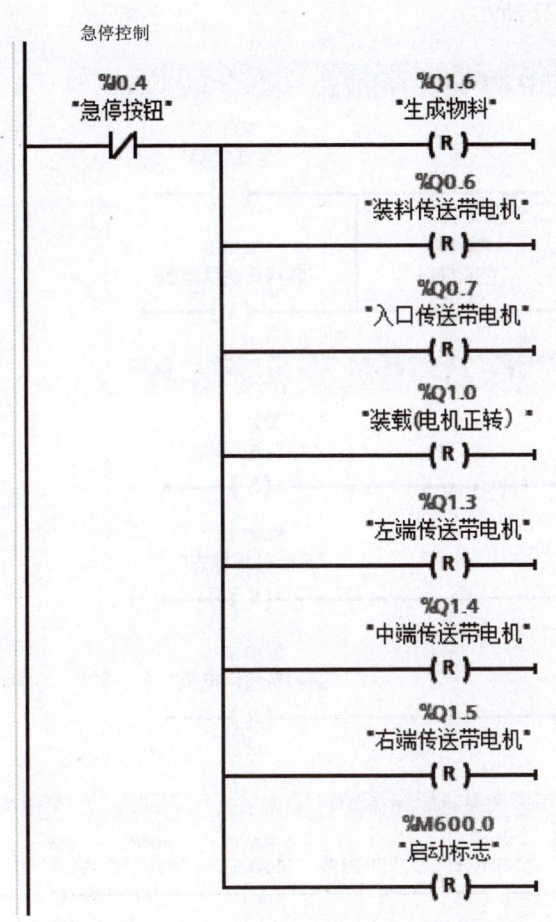

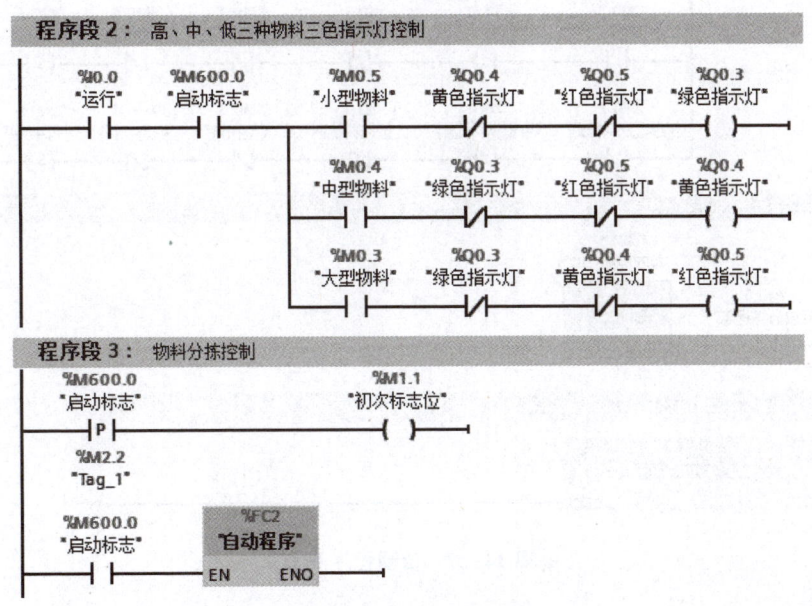

程序段 2： 高、中、低三种物料三色指示灯控制

```
 %I0.0      %M600.0     %M0.5       %Q0.4       %Q0.5       %Q0.3
"运行"     "启动标志"   "小型物料"  "黄色指示灯" "红色指示灯" "绿色指示灯"
──┤├────────┤├──┬──────┤├──────────┤/├─────────┤/├─────────( )──
                │
                │      %M0.4       %Q0.3       %Q0.5       %Q0.4
                │     "中型物料"  "绿色指示灯" "红色指示灯" "黄色指示灯"
                ├──────┤├──────────┤/├─────────┤/├─────────( )──
                │
                │      %M0.3       %Q0.3       %Q0.4       %Q0.5
                │     "大型物料"  "绿色指示灯" "黄色指示灯" "红色指示灯"
                └──────┤├──────────┤/├─────────┤/├─────────( )──
```

程序段 3： 物料分拣控制

```
 %M600.0                            %M1.1
"启动标志"                         "初次标志位"
──┤P├──────────────────────────────( )──
 %M2.2
 "Tag_1"

 %M600.0        %FC2
"启动标志"     "自动程序"
──┤├──────────┤EN      ENO├──
```

图 14-26　子程序 FC1（续）

3）自动程序 FC2，如图 14-27 所示。

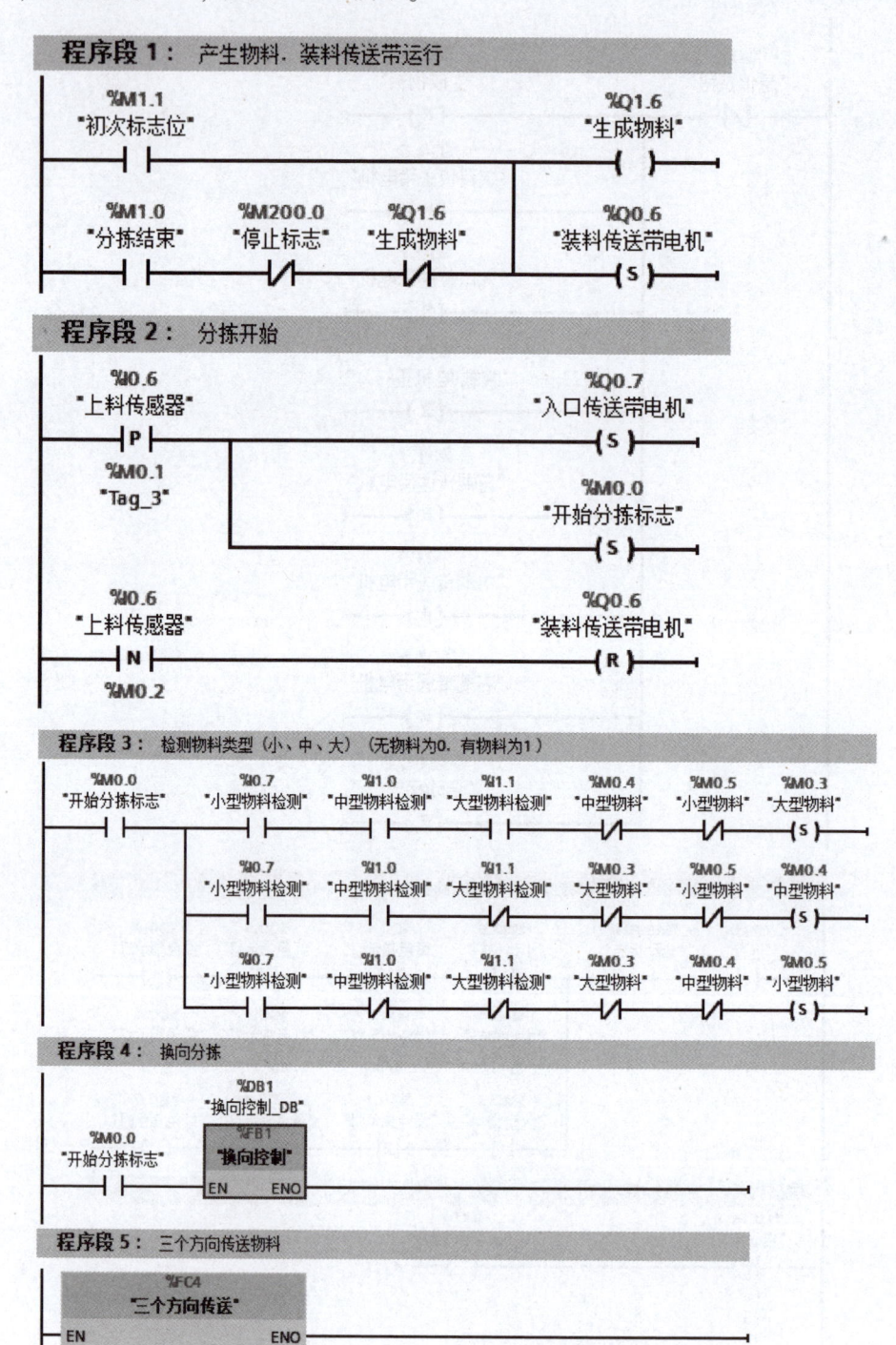

图 14-27　自动程序 FC2

图 14-27 自动程序 FC2（续）

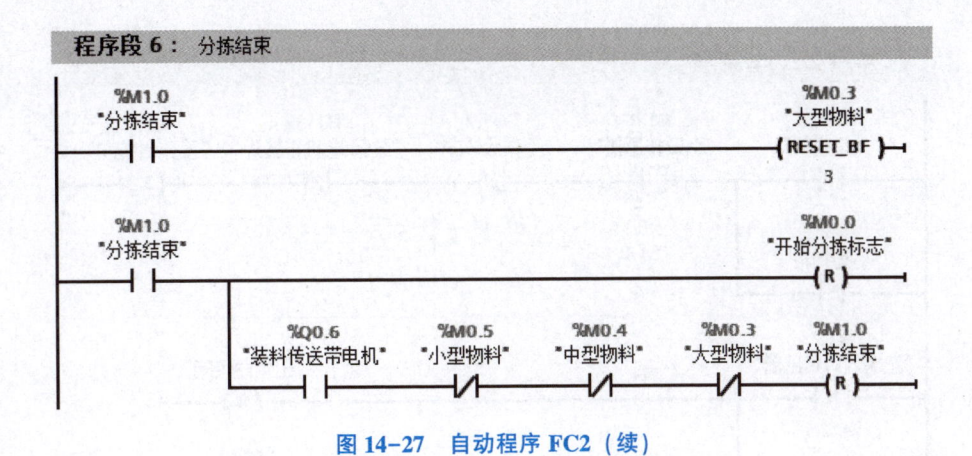

4）换向控制程序 FB1，如图 14-28 所示。

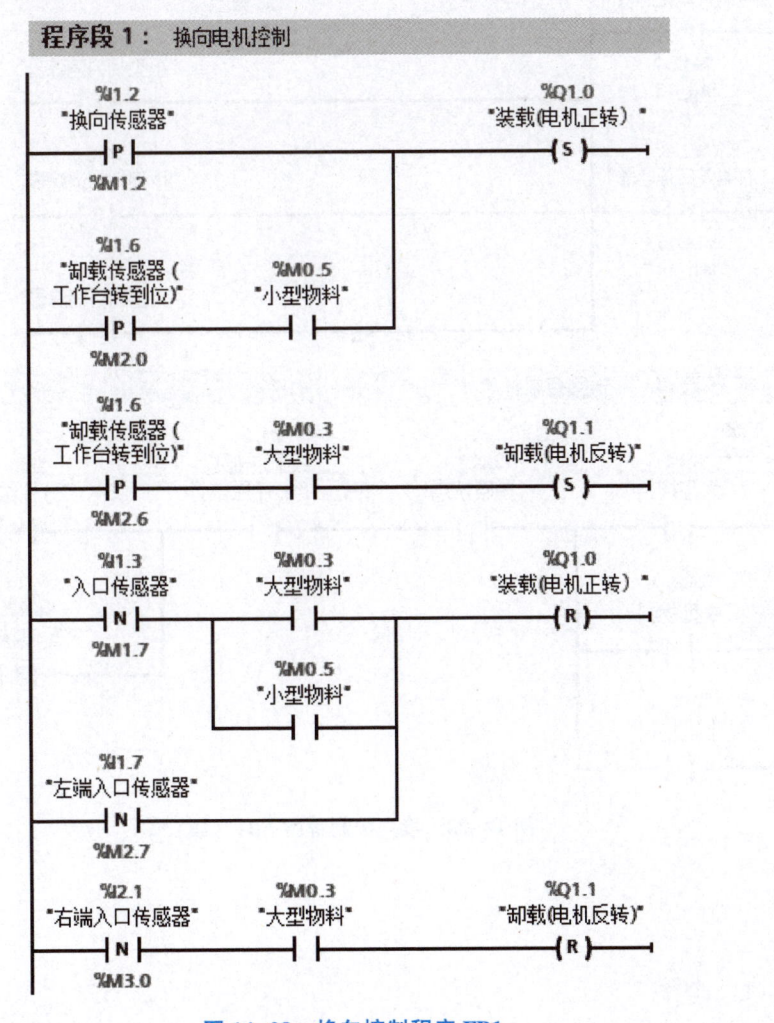

图 14-28 换向控制程序 FB1

程序段 2： 换向控制

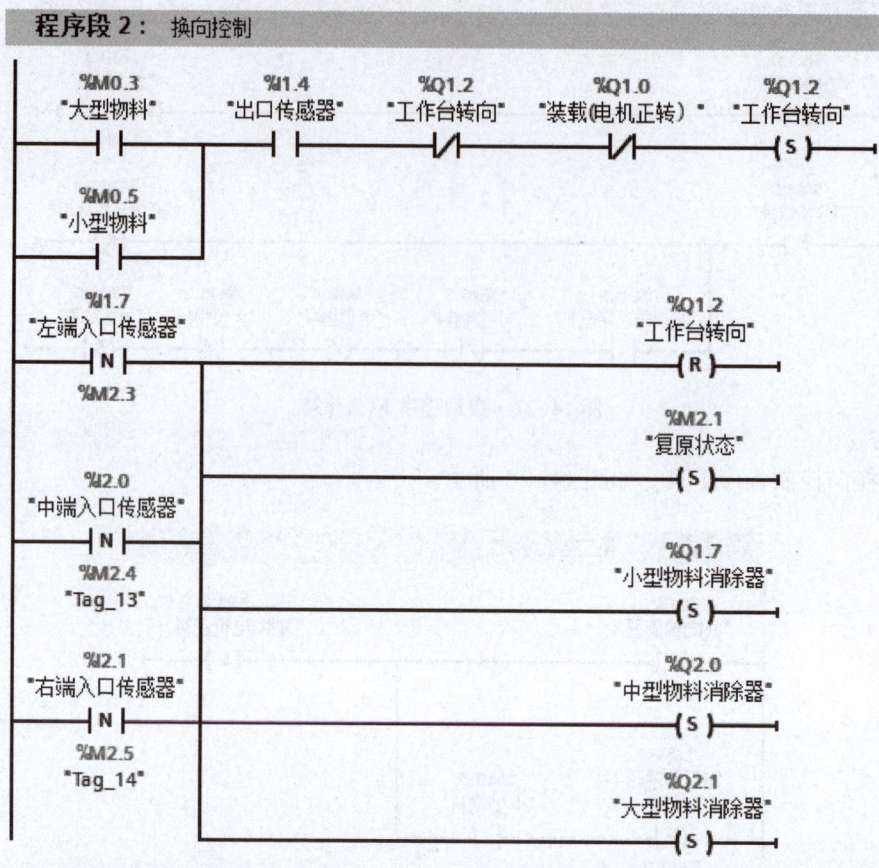

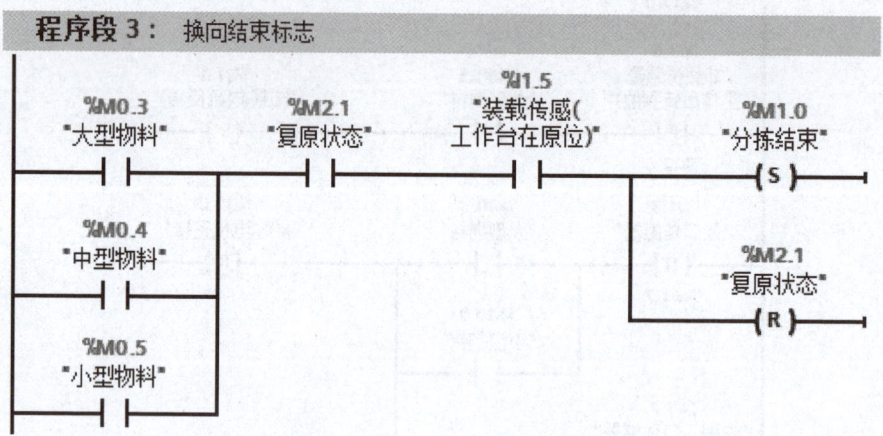

```
   %M0.3        %I1.4        %Q1.2           %Q1.0          %Q1.2
 "大型物料"  "出口传感器"  "工作台转向"  "装载(电机正转)"  "工作台转向"
 ───┤ ├──────┤ ├──────────┤/├───────────┤/├──────────────( S )───
    │
   %M0.5
 "小型物料"
 ───┤ ├───

   %I1.7                                                    %Q1.2
"左端入口传感器"                                         "工作台转向"
 ───┤N├──────────────────────────────────────────────────( R )───
    │
   %M2.3
 ───┤ ├───
                                                            %M2.1
                                                         "复原状态"
                                                         ──( S )──

   %I2.0                                                    %Q1.7
"中端入口传感器"                                      "小型物料消除器"
 ───┤N├──────────────────────────────────────────────────( S )───
    │
   %M2.4
  "Tag_13"
 ───┤ ├───

   %I2.1                                                    %Q2.0
"右端入口传感器"                                      "中型物料消除器"
 ───┤N├──────────────────────────────────────────────────( S )───
    │
   %M2.5
  "Tag_14"
 ───┤ ├───
                                                            %Q2.1
                                                      "大型物料消除器"
                                                         ──( S )──
```

程序段 3： 换向结束标志

```
                                       %I1.5
   %M0.3        %M2.1               "装载传感(            %M1.0
 "大型物料"  "复原状态"           工作台在原位)"       "分拣结束"
 ───┤ ├────────┤ ├───────────────────┤ ├─────────────────( S )───
    │
   %M0.4
 "中型物料"
 ───┤ ├───
    │                                                     %M2.1
   %M0.5                                                "复原状态"
 "小型物料"                                              ──( R )──
 ───┤ ├───
```

图 14-28 换向控制程序 FB1（续）

5) 三个方向传输程序 FC4，如图 14-29 所示。

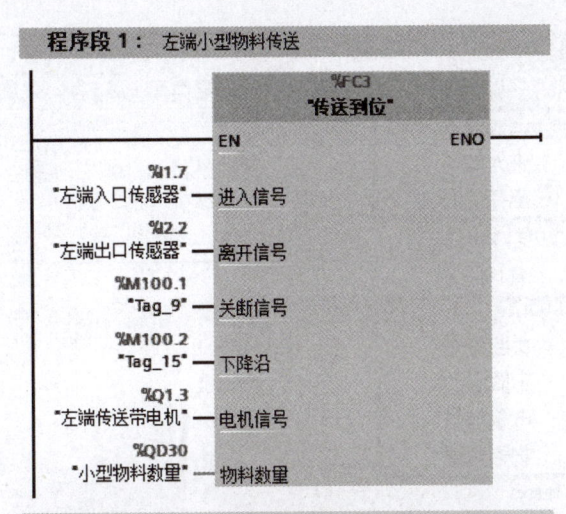

程序段 1： 左端小型物料传送

	%FC3 "传送到位"	
	EN	ENO
%I1.7 "左端入口传感器" —	进入信号	
%I2.2 "左端出口传感器" —	离开信号	
%M100.1 "Tag_9" —	关断信号	
%M100.2 "Tag_15" —	下降沿	
%Q1.3 "左端传送带电机" —	电机信号	
%QD30 "小型物料数量" —	物料数量	

程序段 2： 中端中型物料传送

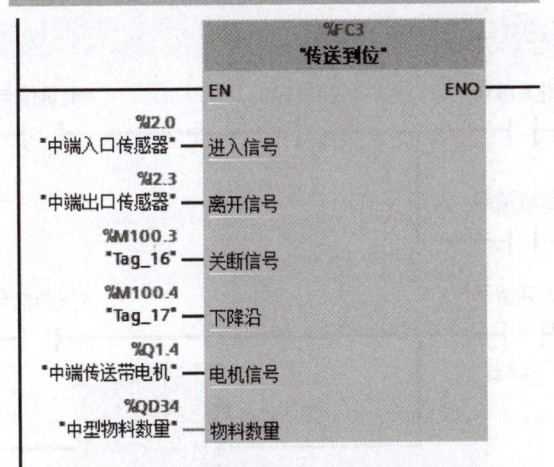

	%FC3 "传送到位"	
	EN	ENO
%I2.0 "中端入口传感器" —	进入信号	
%I2.3 "中端出口传感器" —	离开信号	
%M100.3 "Tag_16" —	关断信号	
%M100.4 "Tag_17" —	下降沿	
%Q1.4 "中端传送带电机" —	电机信号	
%QD34 "中型物料数量" —	物料数量	

程序段 3： 右端大型物料传送

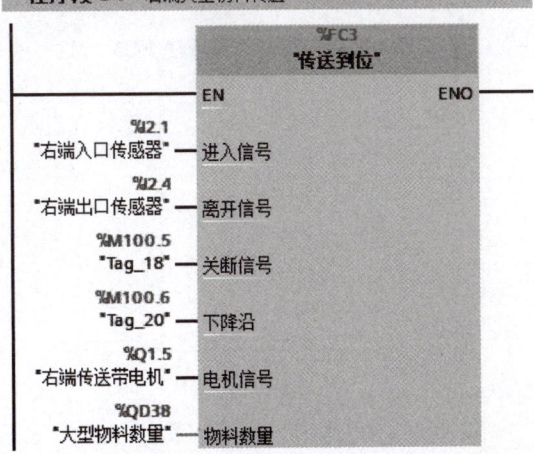

	%FC3 "传送到位"	
	EN	ENO
%I2.1 "右端入口传感器" —	进入信号	
%I2.4 "右端出口传感器" —	离开信号	
%M100.5 "Tag_18" —	关断信号	
%M100.6 "Tag_20" —	下降沿	
%Q1.5 "右端传送带电机" —	电机信号	
%QD38 "大型物料数量" —	物料数量	

图 14-29　三个方向传输程序 FC4

6) 传输到位程序 FC3，如图 14-30 所示。

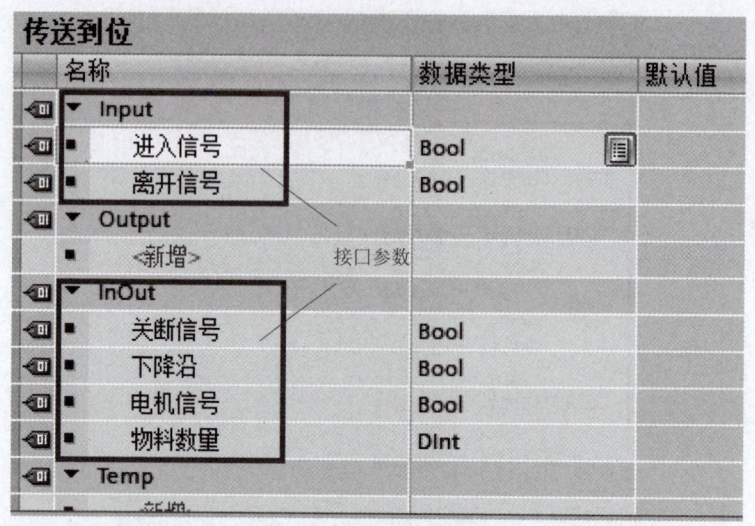

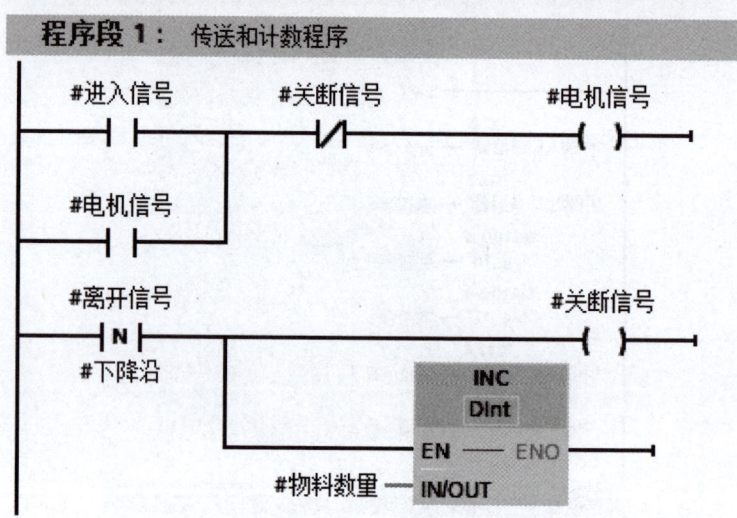

图 14-30 传输到位程序 FC3

任务 14　PLC 控制物料高度（重量）十字传送带分拣线

工作准备页

认真阅读任务工单要求，理解工作任务内容，明确工作任务，获取任务的技术资料，在 Factory IO 中找到重量分拣场景，学习课程资源，回答以下问题。

引导问题 1：物料重量传送带分拣线主要工作流程是_____
_____。

引导问题 2：画出物料重量分拣线的 PLC 程序结构_____
_____。

引导问题 3：如图 14-31 所示是重量十字传送带分拣线的滚轮输送机，如果要使物料向左分拣，必须使_____和_____同时运动；如果要使物料向右分拣，必须使_____和_____同时运动；如果要使物料向中间分拣，只要_____运动。

引导问题 4：如图 14-32 所示是称重工作台，当配置物料最大是 20 kg 时，此时视图标签是 7.5（范围是 0~10），则物料的实际重量是_____kg。

图 14-31　滚轮输送机　　　　　　　图 14-32　称重工作台

引导问题 5：如图 14-33 所示称重工作台，当配置物料最大是 100 kg 时，此时视图标签是 1.5（范围是 0~10），则物料的实际重量是_____kg。

图 14-33　称重工作台

设计决策页

1. 列出 PLC 的 I/O 分配表。

进行 PLC 控制系统设计的首要环节是为输入/输出设备分配 I/O 地址。填写表 14-2。

表 14-2 PLC 的 I/O 分配表

输入端口			输出端口		
元件名称	元件符号	输入地址	元件名称	元件符号	输出地址

2. 画出 PLC 的 I/O 接线图。

根据 PLC 的 I/O 分配表,结合如图 14-34 所示 PLC 的接线端子,画出 PLC 的 I/O 接线图。

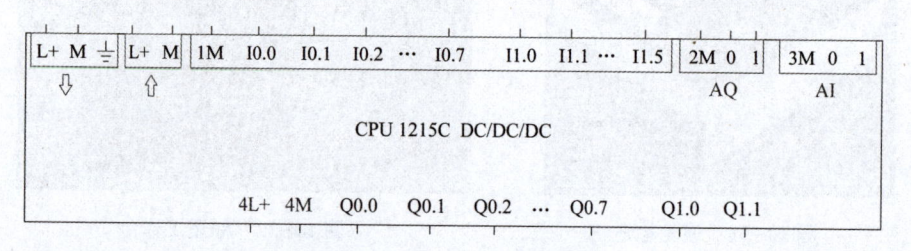

图 14-34 PLC I/O 接线图

3. 设计 PLC 的梯形图。

4. 方案展示。

(1) 各小组派代表阐述设计方案。

(2) 各组对其他组的设计方案提出不同的看法。

(3) 教师结合大家完成的方案进行点评,选出最佳方案。

任务实施页

1. 领取工具

按工单任务要求填写表 14-3 并按表领取工具。

表 14-3　工具表

序号	工具或材料名称	型号规格	数量	备注

2. PLC 程序编写

在 TIA 博途软件中编写自己设计的梯形图，并下载到 PLC。

3. Factory IO 组态与通信

（1）根据控制工艺要求，在 Factory IO 中搭建工业场景。

（2）在 Factory IO 中配置项目、建立 I/O 连接。

（3）建立 PLC 与 Factory IO 通信。

4. PLC 和 Factory IO 联机调试运行

为了保证自身安全，在通电调试时，要认真执行安全操作规程的有关规定，经指导老师检查并现场监护。

记录调试过程中出现的问题和解决措施。

出现问题：　　　　　　　　　　　　　解决措施：

_____　_____

引导问题 1：物料计数在 Factory IO 中数据类型是_____，在 PLC 中数据类型是_____；物料重量在 Factory IO 中数据类型是_____。

引导问题 2：在 Factory IO 中分拣线场景视图中的重量显示范围是 0~10，要显示真正的物料重量，必须采用_____指令和_____指令实现数据转化。

5. 技术文件整理

整理任务技术文件，主要包括控制工艺要求、I/O 分配表、I/O 接线图、调试记录表等。

小组完成工作任务总结以后，各小组对自己的工作岗位进行"整理、整顿、清扫、清洁、安全、素养"的 6S 处理，归还所借的工具和实训器件。

检查评价页

1. 展示评价

各组展示作品，进行小组自评、组间互评及教师考核评价，完成任务考核评价表（表14-4）的填写。

表14-4 任务考核评价表

评价项目	评价标准	分值	自评 30%	互评 30%	师评 40%	合计
职业素养（30分）	分工合理，制订计划能力强，严谨认真	5				
	爱岗敬业、安全意识、责任意识、服从意识	5				
	团队合作、交流沟通、互相协作、分享能力	5				
	遵守行业规范、现场6S标准	5				
	保质保量完成工作页相关任务	5				
	能采取多种手段收集信息、解决问题	5				
专业能力（60分）	利用Factory IO正确搭建工业场景	5				
	工作准备页填写正确	10				
	建立仿真PLC与Factory IO通信	5				
	完成控制功能要求	35				
	技术文档整理完整	5				
创新意识（10分）	创新性思维和精神	5				
	创新性观点和方法	5				

2. 任务复盘

（1）重点、难点问题检测。

（2）是否完成学习目标。

（3）谈谈完成本次实训的心得体会。

PLC控制机器人加工中心
上下料3D虚拟仿真动画

任务14 拓展提高页

任务 15　水箱液位的 PID 控制

任务信息页

学习目标

1. 理解中断含义及循环中断指令 OB30 的应用。
2. 分清工程量、模拟量、数字量等几个概念，并能正确进行转换。
3. 能讲述 PID 基本工作原理。
4. 能用数学运算指令、转换指令等进行模拟量计算编程。
5. 能用 NORM_X 指令、SCALE_X 指令进行工程量、模拟量之间的转换。
6. 理解 PID 指令的参数含义，能够正确组态配置 PID 基本参数。
7. 能用 PID 指令编写液位控制程序。
8. 能进行 PLC 与 HMI 的集成仿真联机调试。
9. 能够使用 PID 调节面板调试 P、I、D 参数，分析 PID 控制趋势曲线。

工作情景

在生活以及工业生产等诸多领域经常涉及液位和流量的控制问题，例如居民生活用水的供应，饮料、食品加工，溶液过滤，化工生产等多种行业的生产加工过程，通常需要使用蓄液池，蓄液池中的液位需要维持合适的高度，既不能太满溢出而造成浪费，也不能过少而无法满足需求。因此液面高度是工业控制过程中一个重要的参数，特别是在动态的情况下，采用适合的方法对液位进行检测、控制，能起到很好的效果。PID 控制（比例、积分和微分）是目前采用最多的控制方法。

项目四　智能产线装置模块化控制

知识图谱

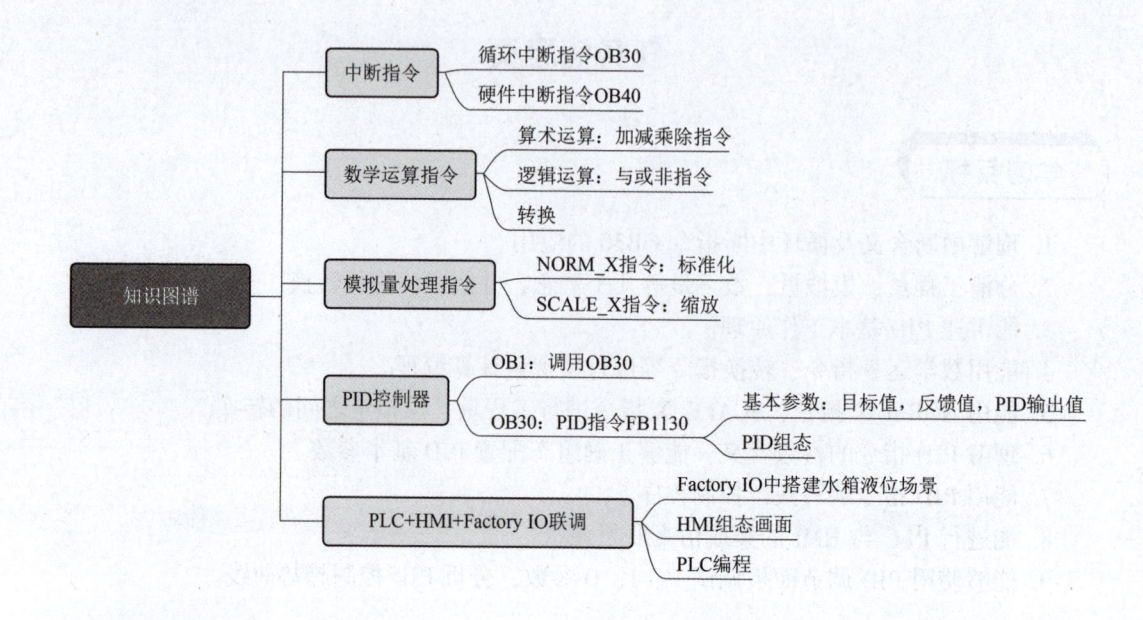

- 知识图谱
  - 中断指令
    - 循环中断指令OB30
    - 硬件中断指令OB40
  - 数学运算指令
    - 算术运算：加减乘除指令
    - 逻辑运算：与或非指令
    - 转换
  - 模拟量处理指令
    - NORM_X指令：标准化
    - SCALE_X指令：缩放
  - PID控制器
    - OB1：调用OB30
    - OB30：PID指令FB1130
      - 基本参数：目标值，反馈值，PID输出值
      - PID组态
  - PLC+HMI+Factory IO联调
    - Factory IO中搭建水箱液位场景
    - HMI组态画面
    - PLC编程

问题图谱

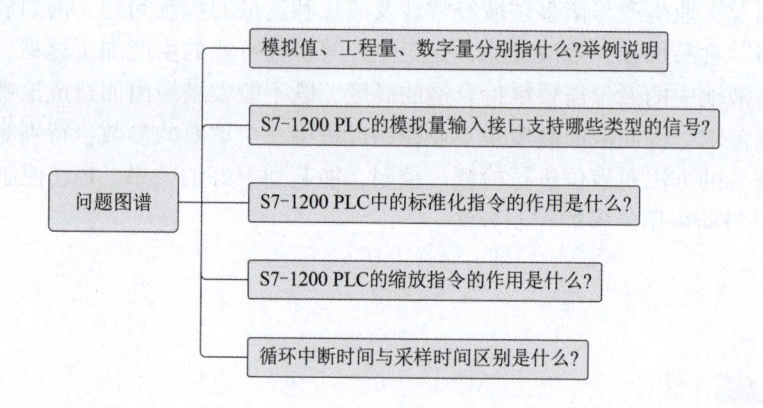

- 问题图谱
  - 模拟值、工程量、数字量分别指什么?举例说明
  - S7-1200 PLC的模拟量输入接口支持哪些类型的信号?
  - S7-1200 PLC中的标准化指令的作用是什么?
  - S7-1200 PLC的缩放指令的作用是什么?
  - 循环中断时间与采样时间区别是什么?

任务工单页

控制要求

如图 15-1 所示是 Factory IO 软件水箱液位场景，水箱液高度是 300 cm，有进水阀和出水阀，通过真实的 S7-1200 PLC 控制进水阀开度，出水阀开度固定。液位传感器检测水箱的高度，通过控制实现液位在一定数值稳定。在 Factory IO 控制面板上调节液位目标值，并显示目标值和当前液位值；在真实触摸屏上显示设定液位、当前液位、进水阀门、出水阀门，同时设定比例系数、积分时间、微分时间，显示液位 PID 趋势曲线和水箱液位高度，如图 15-2 所示。

图 15-1　Factory IO 软件水箱液位场景

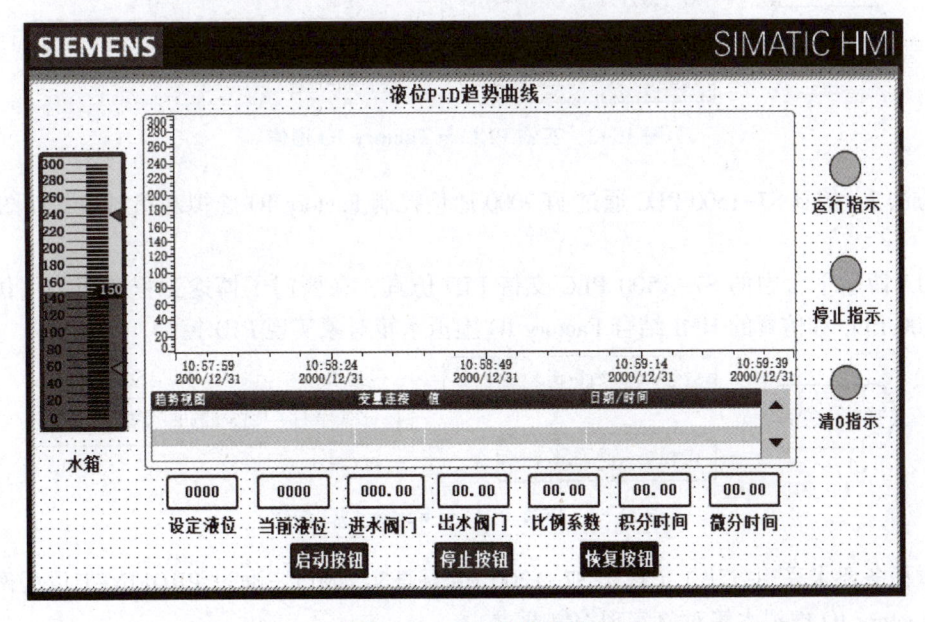

图 15-2　PID 趋势曲线

任务要求

1. 请列出 PLC 的 I/O 表。
2. 画 I/O 接线图。
3. 在 Factory IO 中建立组态水箱液位场景。
4. 在 TIA 博途中组态 PLC 硬件，添加连接触摸屏。
5. 组态液位 PID 趋势曲线画面。
6. 设计 PLC 程序。
7. 通过 PLC 与触摸屏联合调试程序满足控制要求。
8. 在 TIA 博途中的 PID 调试面板上调试出液位设定目标值是 160 cm 时的 PID 趋势曲线画面。
9. 技术文件材料整理。

任务分析

要完成上述任务有两种方法。

方法 1：实物 S7-1200 PLC 通过 PROFINET 以太网通信控制 Factory IO 虚拟水箱对象，如图 15-3 所示。

由于 TIA 博途平台中的 S7-1200 PLC 不支持工艺仿真，要用真实的 S7-1200 PLC 和真实的 HMI 结合 Factory IO 虚拟水箱对象。

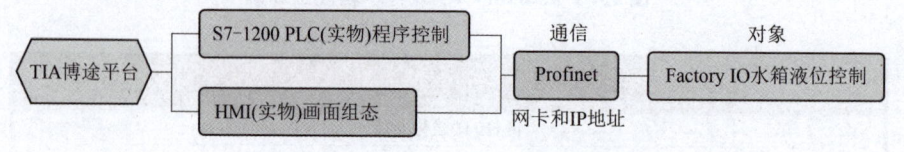

图 15-3　实物 PLC 与 Factory IO 通信

方法 2：仿真 S7-1500 PLC 通过 FC9000 通信控制 Factory IO 虚拟水箱对象，如图 15-4 所示。

TIA 博途平台中的 S7-1500 PLC 支持 PID 仿真，在西门子博途工程模板中用仿真的 S7-1500 PLC 和仿真的 HMI 结合 Factory IO 虚拟水箱对象实现 PID 控制。

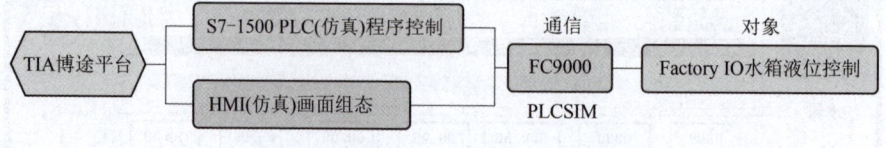

图 15-4　仿真 PLC 与 Factory IO 通信

本任务要求采用方法 1（真实 S7-1200 PLC+真实 HMI），通过 PROFINET 以太网通信控制 Factory IO 虚拟水箱对象实现控制要求。

方法 2 在知识学习页中作为案例讲解。

知识学习页

1. 中断指令应用

中断是指 PLC 在正常运行主程序时，由于内部/外部事件或由程序预先安排的事件，引起 CPU 中断正在运行的程序，而转中断程序中去，执行完中断组织块后，返回被中断的程序的断点处继续执行原来的程序。这意味着部分用户程序不必在每次循环中处理，而是在需要时才被及时处理。处理中断事件的程序放在该事件驱动的 OB 中。

中断类型：程序循环组织块、硬件中断组织块、时间中断组织块、延时中断组织块。

在定位控制中，高速计数器采用硬件中断（OB40）的方式对从编码器出来的高速脉冲进行处理；在流程控制的数据采集中，用循环中断指令（OB30）来定时采集温度、压力等模拟量。下面主要介绍循环中断指令（OB30）、启动组织块（OB100）、硬件中断指令（OB40）。

（1）循环中断指令。

如图 15-5 所示，循环中断组织块以设定的循环时间（1~60 000 ms）周期性地执行，而与程序循环 OB 的执行无关。循环中断和延时中断组织块的个数之和最多允许 4 个，循环中断 OB 的编号应为 30~38，或 ≥123。循环中断指令 OB30 常用于 PID 运算时定时采集模拟量数据。

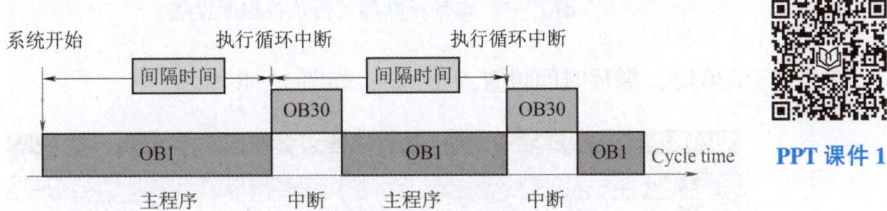

图 15-5 主程序 OB1 与循环中断程序 OB30 关系

如图 15-6 所示是在 TIA 博途软件中添加 OB30 的过程。

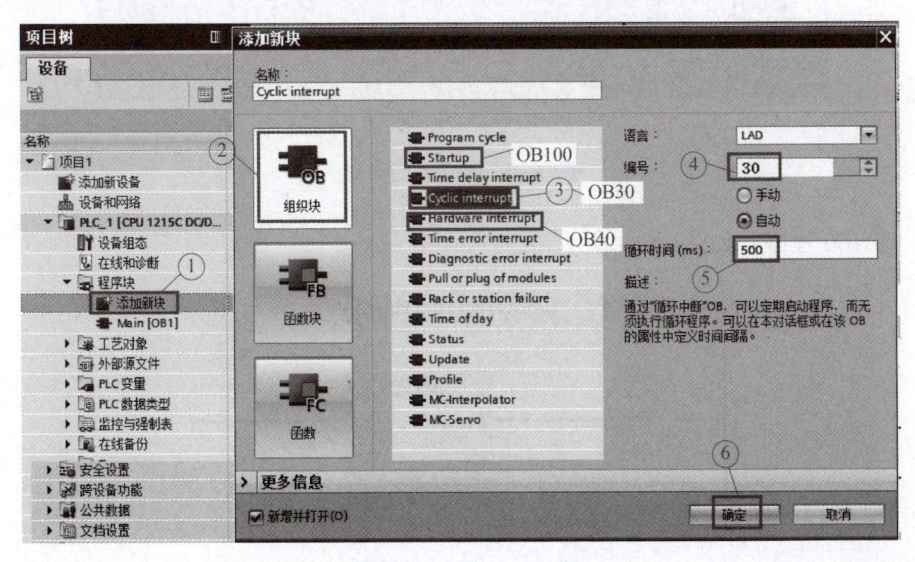

图 15-6 添加 OB30

(2) 启动组织块 OB100。

启动组织块用于初始化，CPU 从 STOP 切换到 RUN 时，执行一个扫描周期启动 OB100。执行完后，开始执行程序循环 OB1。允许生成多个启动 OB，默认的是 OB100，其他的启动 OB 的编号应≥200。一般只需要一个启动组织块。添加 OB100 如图 15-6 所示。注意：OB100 一般用于 PLC 开机上电时程序变量清 0 用。

(3) 硬件中断指令。

硬件中断事件包括 CPU 内置的和信号板的数字量的上升沿/下降沿事件，高速计数器的实际计数值等于设定值、计数方向改变和外部复位输入信号的上升沿事件发生时产生硬件中断。最多可以生成 50 个硬件中断 OB，其编号应为 40~47，或≥123。注意：硬件中断组织块 OB40 常用于高速计数器中。

【案例】如图 15-7 所示，使用 S7-1200 PLC 实现电动机断续运行的控制，要求电动机在启动后，工作 3 h，停止 1 h，再工作 3 h，停止 1 h，如此循环；当按下停止按钮后立即停止运行。系统要求使用循环中断组织块实现上述工作和停止时间的延时功能。

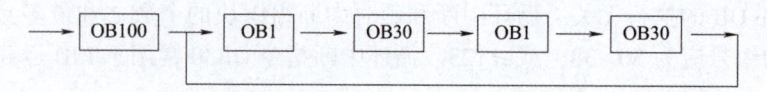

图 15-7　电动机断续运行执行程序过程

在添加 OB30 时，循环时间设置为 1 min，如图 15-8 所示。

图 15-8　循环时间设置

1) OB100 程序，如图 15-9 所示。

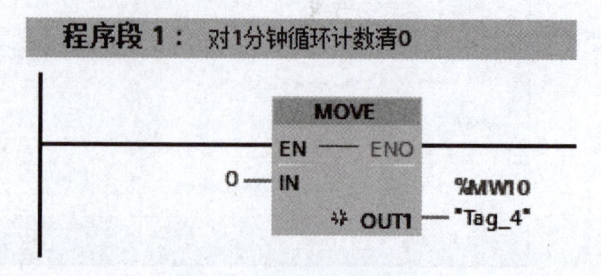

图 15-9　OB100 程序

2) OB1 程序，如图 15-10 所示。

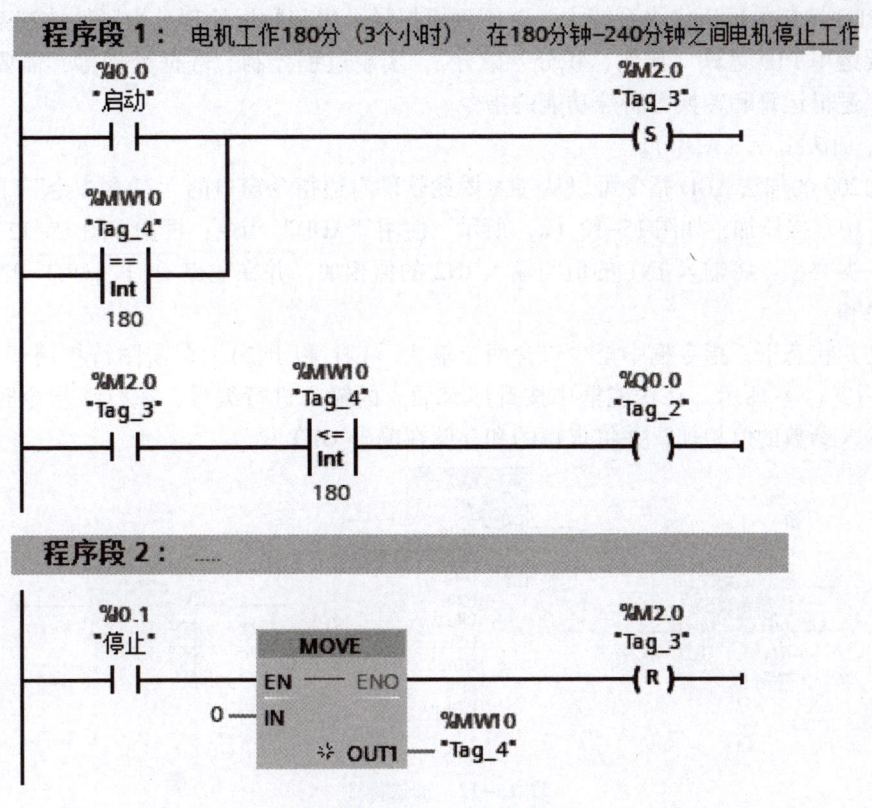

图 15-10　OB1 程序

3) OB30 程序，如图 15-11 所示。

图 15-11　OB30 程序

课堂训练：用循环中断组织块 OB30，每 2.8 s 将 QW1 的值加 1。在 I0.2 的上升沿，将循环时间修改为 1.5 s。设计主程序 OB1 和 OB30 的程序。

2. 数学运算指令应用

在 PLC 控制的恒压供水系统中，要用到模拟量采集和数据处理，为了使控制系统稳定工作，要运用 PID 运算（比例、积分、微分），实现过程控制、数据处理等，需要学习算术运算、逻辑运算和转换等特殊功能的指令。

（1）加法指令（ADD）。

S7-1200 的加法 ADD 指令可以从 TIA 博途软件右边指令窗口的"基本指令"下的"数学函数"中直接添加，如图 15-12（a）所示。使用"ADD"指令，根据如图 15-12（b）所示选择数据类型，将输入 IN1 的值与输入 IN2 的值相加，并在输出 OUT（OUT=IN1+IN2）处查询总和。

在初始状态下，指令框中至少包含两个输入（IN1 和 IN2），单击图符扩展输入数目，如图 15-12（c）所示，在功能框中按升序对插入的输入进行编号，执行该指令时，将所有可用输入参数的值相加，并将求得的和存储在输出 OUT 中。

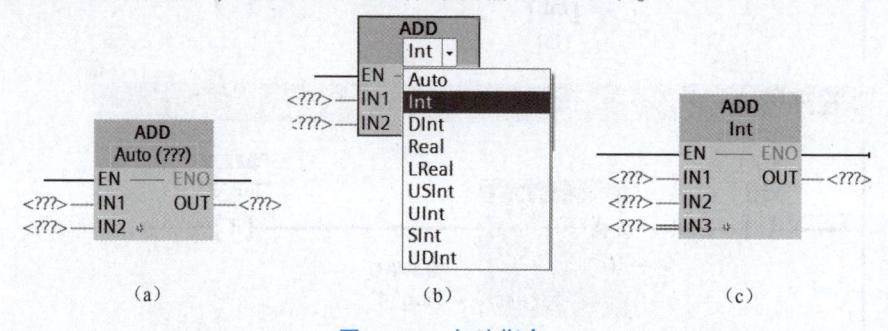

图 15-12 加法指令

(a) 基本的 ADD 指令；(b) 选择数据类型；(c) 扩展的 ADD 指令

（2）减法指令（SUB）。

如图 15-13（a）所示，可以使用减法 SUB 指令从输入 IN1 的值中减去输入 IN2 的值并在输出 OUT（OUT=IN1-IN2）处查询差值。SUB 指令的参数与 ADD 指令相同。

（3）乘法指令（MUL）。

如图 15-13（b）所示，可以使用乘法 MUL 指令将输入 IN1 的值乘以输入 IN2 的值，并在输出 OUT（OUT=IN1*IN2）处查询乘积。同 ADD 指令一样，可以在指令功能框中展开输入的数字，并在功能框中以升序对相乘的输入数字进行编号。

（4）除法指令（DIV）和返回除法余数指令（MOD）。

除法 DIV 和返回除法余数 MOD 指令如图 15-13（c）所示，前者是返回除法的商，后者是返回除法的余数。需要注意的是，MOD 指令只有在整数相除时才能应用。

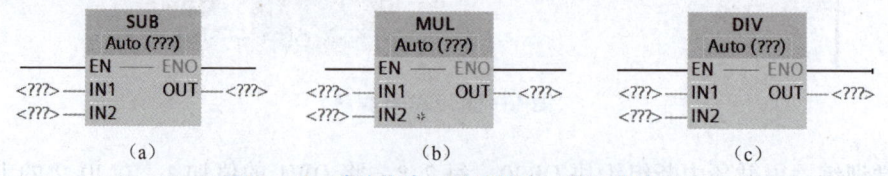

图 15-13 减法指令、乘法指令、除法指令

(a) 减法指令；(b) 乘法指令；(c) 除法指令

(5) 递增指令（INC）。

如图 15-14（a）所示，递增指令也称为加 1 指令。执行递增指令时，参数 IN/OUT 的值被加 1，如用 INC 指令来计 I0.0 动作的次数，应在 INC 指令之前添加上升沿指令，否则在 I0.0 为 1 时的每个扫描周期，MW2 都要加 1，如有上升沿指令，I0.0 通一次，就加 1 一次，如图 15-15 所示。

(6) 圆整指令（ROUND）。

如图 15-14（b）所示，执行该指令，输出 OUT 四舍五入去掉小数点，变成整数。其仿真如图 15-16 所示。

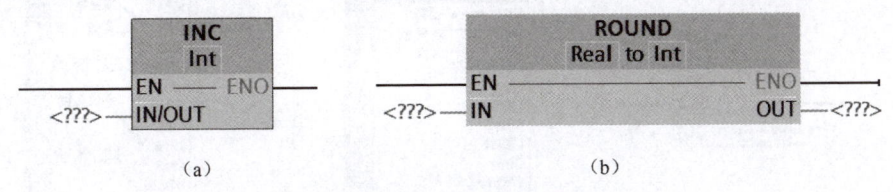

图 15-14 递增指令和圆整指令

(a) 递增指令；(b) 圆整指令

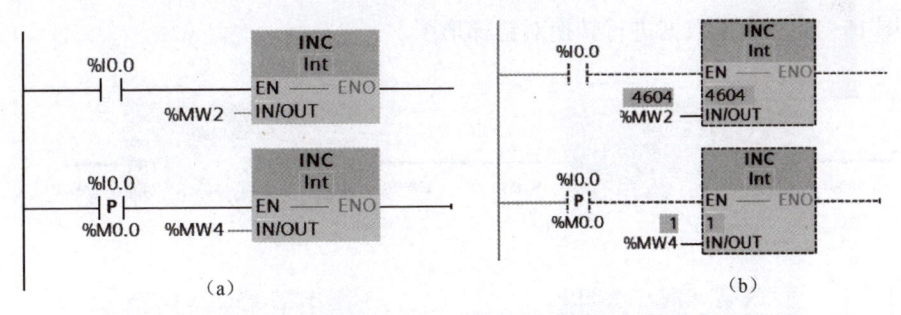

图 15-15 递增指令仿真

(a) 递增指令；(b) 递增指令仿真运行

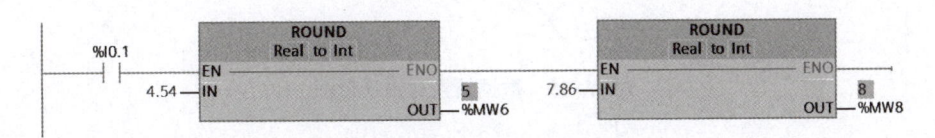

图 15-16 圆整指令仿真

(7) 字逻辑运算指令。

字逻辑运算指令对两个输入 IN1 和 IN2 逐位进行逻辑运算，结果存在 OUT 中，如图 15-17 所示。

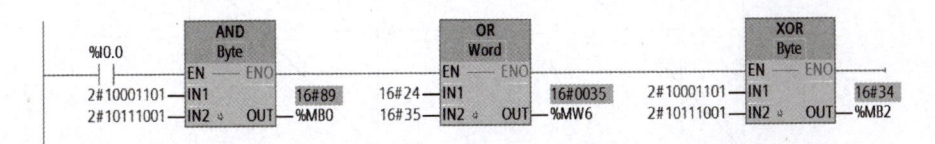

图 15-17 字逻辑运算指令

(8) 转换指令（CONV）。

如图 15-18 所示转换指令，读取参数 IN 的内容，并根据指令功能框中选择的数据类型对其进行转换。转换的值将发送到输出 OUT 中。可以从指令功能框的 "<??? >" 下拉列表中为该指令选择数据类型。转换指令用在运算中字和双字间转换、整数和实数间转换场合。

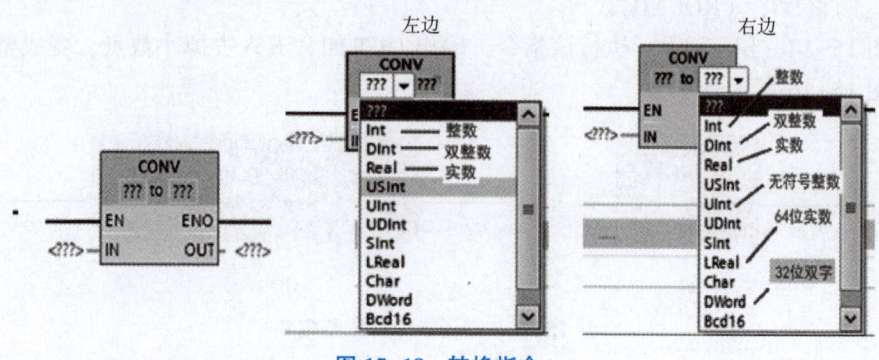

图 15-18 转换指令

如图 15-19 所示是数据进行转换对错梯形图。

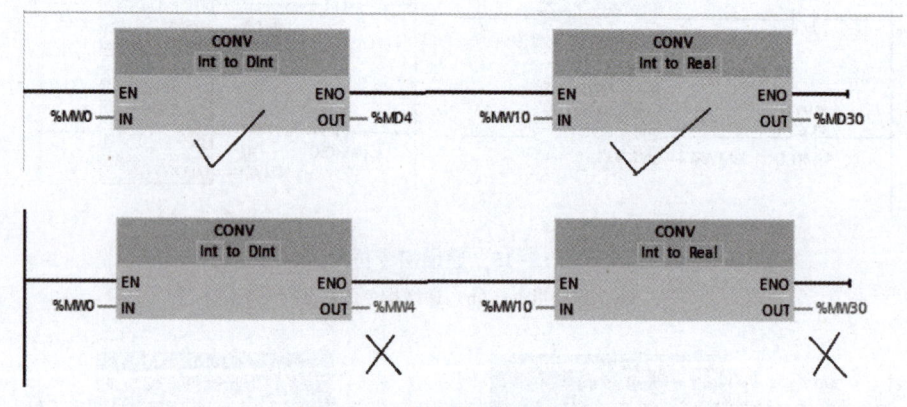

图 15-19 数据转换对错梯形图

【案例】如图 15-20 所示，某压力变送器的量程为 0~10 MPa，输出信号为 0~10 V，通过 IW64 转换为 0~27 648 的数字 N。试求以 kPa 为单位的压力值，并编写梯形图。

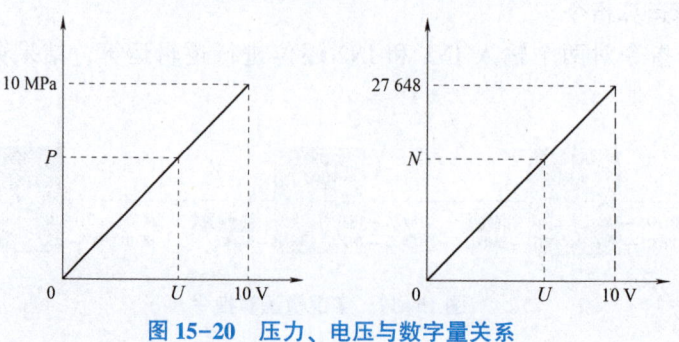

图 15-20 压力、电压与数字量关系

由曲线可得压力 P 与数字量 N 的关系式（PLC 采集数据送到 IW64 中）。

$$P=(10\,000N)/27\,648(\text{kPa})$$

梯形图如图 15-21 所示，临时变量 Temp1 的数据类型为 DInt，在运算时一定要先乘后除，应使用双整数乘法和除法。为此首先用 CONV 指令将 IW64 转换为双整数。

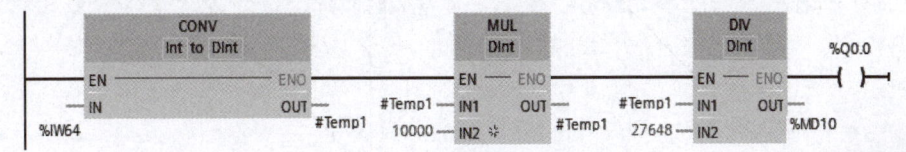

图 15-21 数据转换梯形图

3. 模拟量处理指令应用

先学习自动控制的几个基本概念。

①传感器：是将物理信号转换为不规则电信号的器件。
②变送器：是将非标准电信号转换为标准电信号的器件（0~10 V 或 0~20 mA 等）。
③工程量：通俗地说是指物理量，如温度、压力、流量、转速等。
④模拟量：是指 0~10 V、0~20 mA、4~20 mA 这样的电压或电流电信号，是连续变化的量。
⑤开关量：为通断信号，阶跃信号，就是 0 或 1，反映的是状态。
⑥数字量：是由 0 和 1 组成的系列信号，多个开关量可以组成数字量。

开关量、模拟量与 PLC 关系如图 15-22 所示。变送器、电磁阀与 PLC 接线如图 15-23 所示。

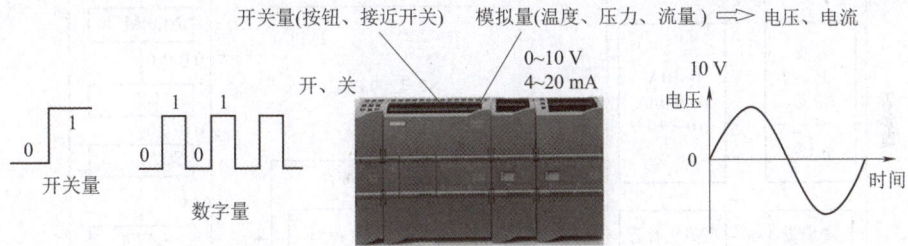

图 15-22 开关量、模拟量与 PLC 关系

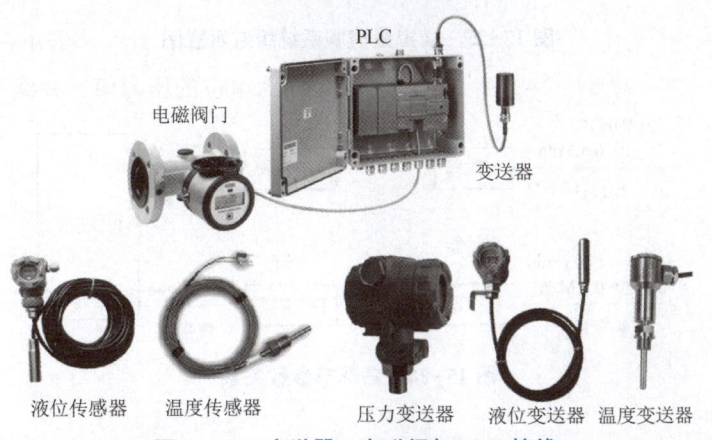

图 15-23 变送器、电磁阀与 PLC 接线

S7-1200 CPU 模拟量 0~10 V 或 0~20 mA 信号对应数字量范围是 0~27 648，4~20 mA 信号对应数字量范围是 5 530~27 648，如图 15-24 所示。

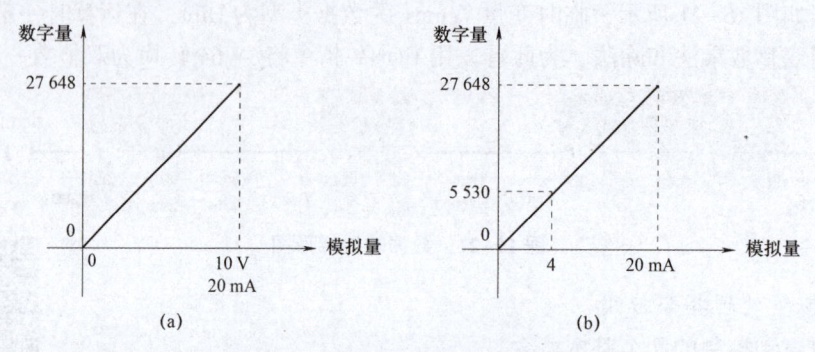

图 15-24 模拟量与数字量曲线关系

模拟量控制系统组成示意图如图 15-25 所示。各环节参数关系如图 15-26 所示。PLC 所采用的运算方式有比例（P）运算、比例积分（PI）运算、比例微分（PD）运算、比例积分微分（PID）运算。

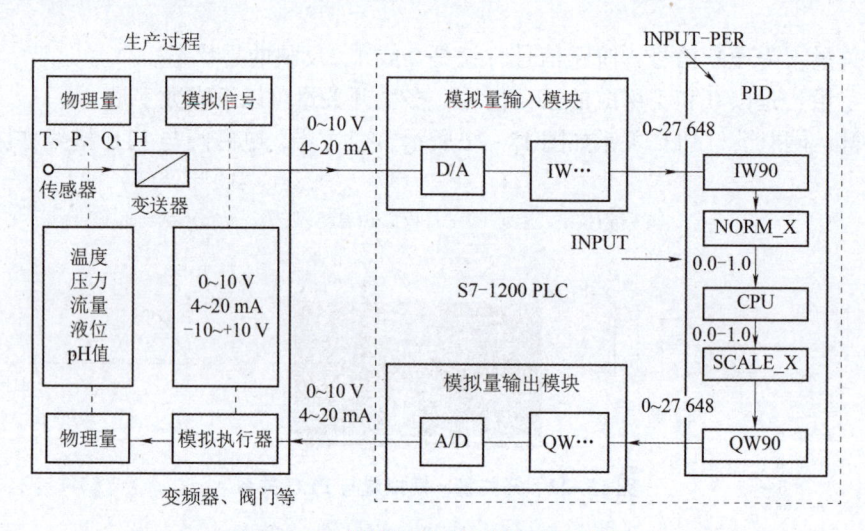

图 15-25 模拟量控制系统组成示意图

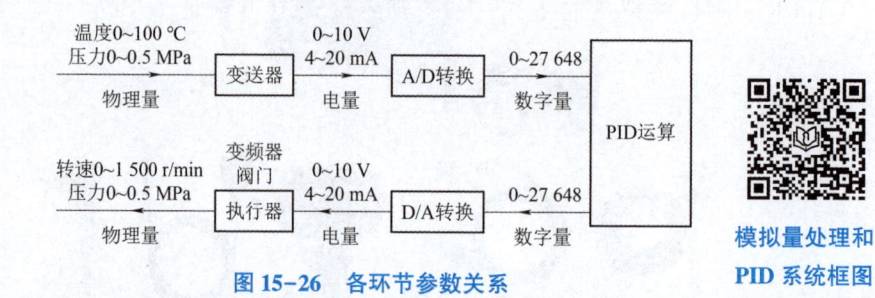

图 15-26 各环节参数关系

模拟量处理和 PID 系统框图

PLC 要进行 PID 控制时，必须先学习 S7-1200 PLC 中两个模拟量信号处理指令，一个是标准化指令（NORM_X），也称归一化指令；另一个是缩放指令（SCALE_X），它们是 PID 运算前后要处理模拟量的指令。

(1) 标准化指令（NORM_X）。

NORM_X 指令功能是把工程量或数字量转化为实数（0.0~1.0），如图 15-27 所示。

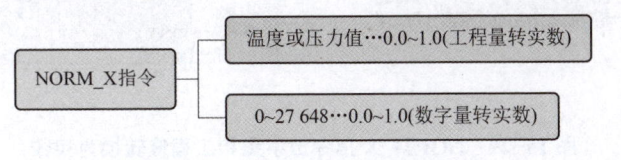

图 15-27 NORM_X 指令转换过程

模拟量处理指令

在 NORM_X 指令框图中，MIN 是工程值或数字量下限，MAX 是工程值或数字量上限，VALUE 是待转换值，OUT 是转换后结果，如图 15-28（a）所示。

单击如图 15-28（a）所示 to 左边的"???"，弹出选项如图 15-28（b）所示。这是 NORM_X 指令输入口所支持的数据类型。单击 to 右边的"???"，弹出选项如图 15-28（c）所示，这是 NORM_X 指令输出口所支持的数据类型。

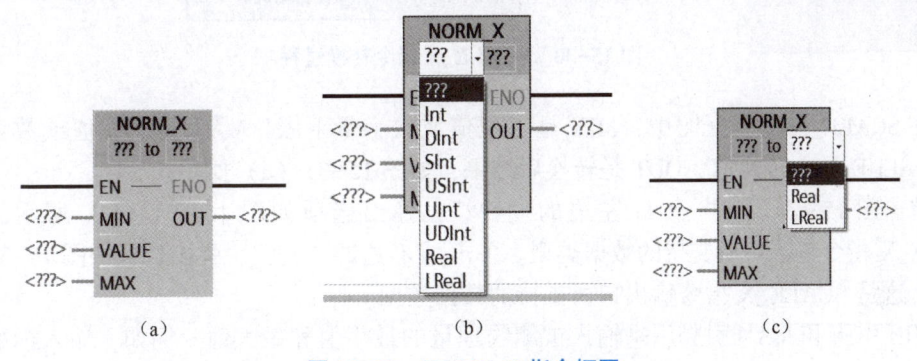

图 15-28 NORM_X 指令框图

MIN 引脚和 MAX 引脚用来设定输入标准模拟量信号对应 PLC 内部的数据，如果标准模拟量信号是 0~10 V，则 MIN 引脚设为 0，MAX 引脚设为 27 648；如果标准模拟量信号是 4~20 mA，则 MIN 引脚设为 5 530，MAX 引脚设为 27 648。

VALUE 引脚是模拟量输入端，系统默认通道 0 的地址是 IW64，通道 1 的地址是 IW66，通道地址可以自定义，这里就不详细介绍。

OUT 引脚是该指令的输出端，正确设置各引脚后，OUT 引脚会输出一个 0.0~1.0 的数据。在实际应用中，不管采集的是温度信号，还是压力、流量、液位、pH 值等信号，都会通过该指令将模拟值转换为标准的 0.0~1.0 工程单位，这就是标准化指令名称的由来。

把数字量 2 000 转换成实数 0.072 337 96，如图 15-29（a）所示；把工程量 50 ℃（温度范围 10~100 ℃）转换成实数 0.444 444 4，如图 15-29（b）所示。

(a)

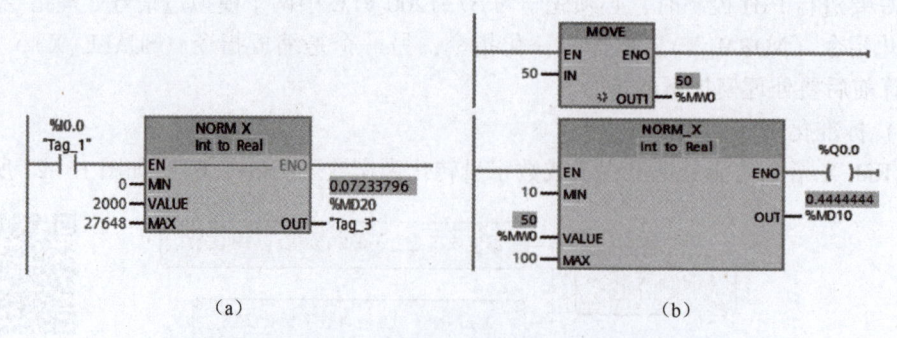

(b)

图 15-29 NORM_X 指令数字量和工程量转换为实数

(a) 数字量转换为实数；(b) 工程量转换为实数

（2）缩放指令（SCALE_X）。

SCALE_X 指令功能是把实数（0.0~1.0）转换为工程量或数字量，如图 15-30 所示。

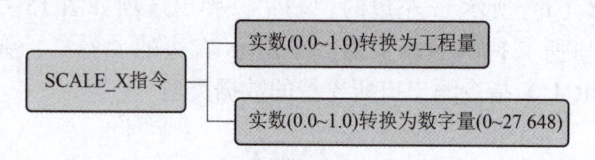

图 15-30 SCALE_X 指令转换过程

在 SCALE_X 指令框图中，MIN 是工程值或数字量下限，MAX 是工程值或数字量上限，VALUE 是待转换值，OUT 是转换后结果，如图 15-31（a）所示。

单击图 15-31（a）中 to 左边的 "???"，弹出选项如图 15-31（b）所示，这是 SCALE_X 指令输入口所支持的数据类型。单击 to 右边的 "???"，弹出选项如图 15-31（c）所示，这是 SCALE_X 指令输出口所支持的数据类型。

MIN 引脚和 MAX 引脚用来输入被测物理量的最小值和最大值。例如，输入标准模拟量为 4 mA，所对应的温度是 0 ℃，20 mA 所对应的温度是 100 ℃，则 MIN 引脚设为 0，MAX 引脚设为 100。

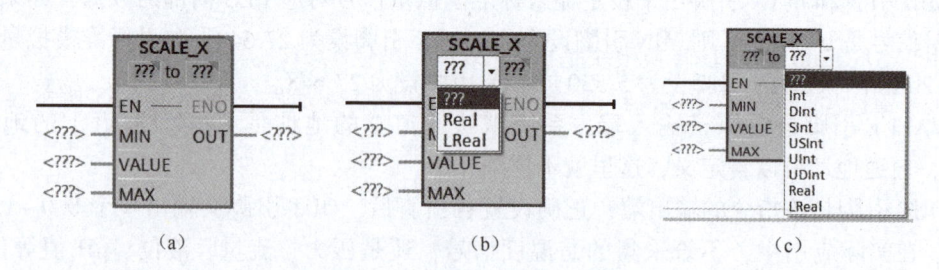

(a)　　　　(b)　　　　(c)

图 15-31 SCALE_X 指令框图

VALUE 引脚是该指令输入端，一般情况下直接读取 NORM_X 指令的输出值。

OUT 引脚是该指令的输出端，正确设置各引脚后，该引脚输出实际的测量值（通常称为反馈值）。读出反馈值有两种作用，作用一是传给上位机，实时显示生产数据；作用二是传给 PID 指令，进行 PID 运算。

如图 15-32 所示是把实数 0.6 转换为工程量 680.0，把实数 0.8 转换为数字量 22 358 的梯形图和仿真结果。

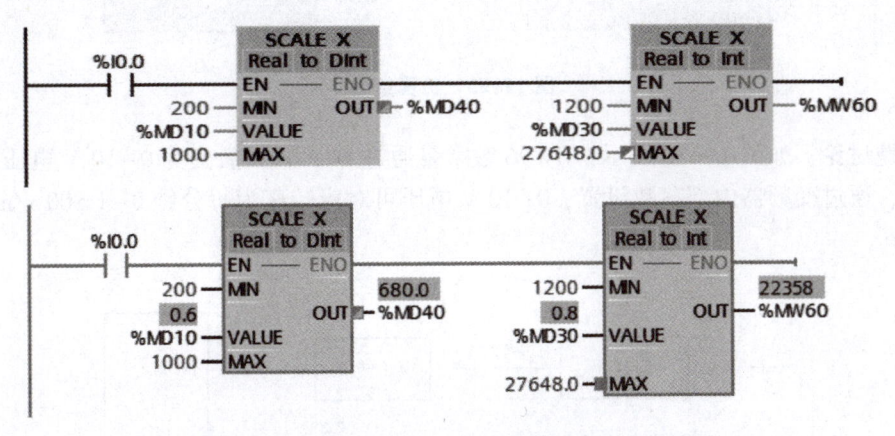

图 15-32 用 SCALE_X 指令把实数转换为工程量

【案例】某温度变送器量程为 -200~850 ℃，输出信号是 4~20 mA，模拟量 IW96 将 0~20 mA 电流信号转换为 0~27 648，其转移关系如图 15-33 所示，求 IW96 是 20 000 数字量时的温度值（在触摸屏显示温度）。

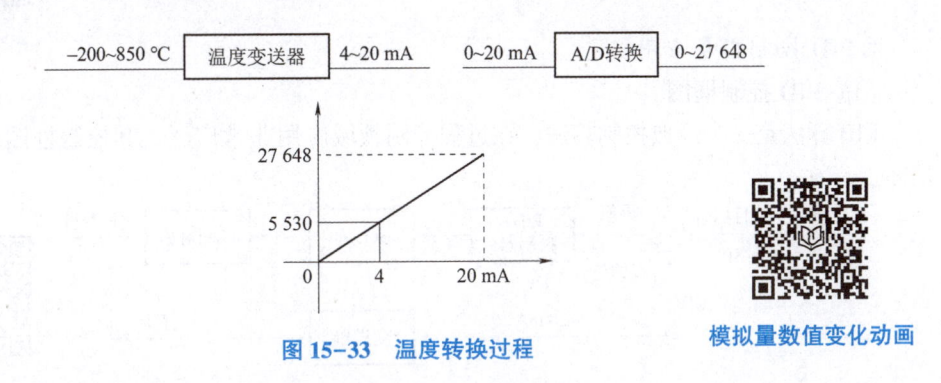

图 15-33 温度转换过程

模拟量数值变化动画

由于 S7-1200 的 A/D 转换模块是把 0~20 mA 电流信号转换为 0~27 648，4~20 mA 对应的数字量是 5 530~27 648，转换的梯形图如图 15-34 所示，如图 15-35 所示是仿真结果。

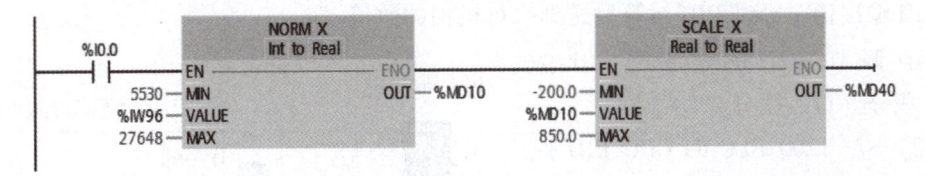

图 15-34 转换梯形图

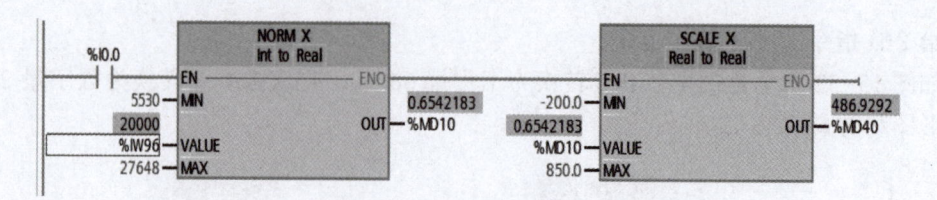

图 15-35 仿真结果

问题讨论：如图 15-36 所示，QW96 数字量通过 D/A 转换后变为 0~10 V 电压作变频器输入，通过变频器内部参数设置，0~10 V 电压可对应转速为每分钟 0~1 800 r/min，求 QW96 值。

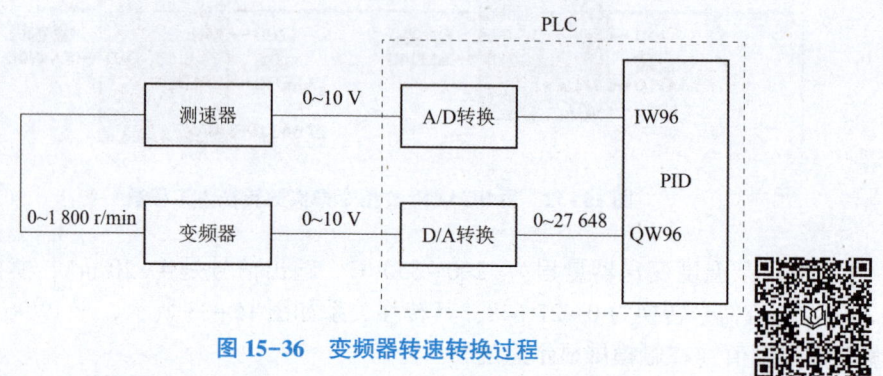

图 15-36 变频器转速转换过程

PPT 课件 3

4. PID 控制指令应用

（1）PID 控制框图。

PID 算法是一个经典控制算法，在过程控制领域应用非常广泛，其控制框图如图 15-37 所示。

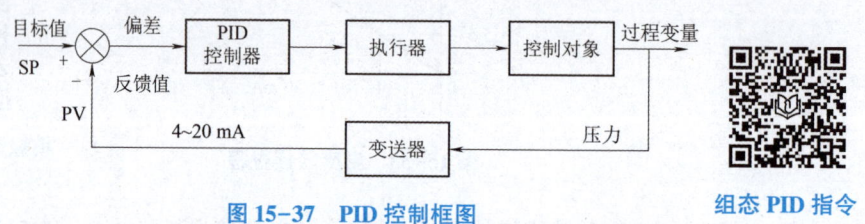

图 15-37 PID 控制框图

组态 PID 指令

目标值：要控制量的期望值。

反馈值：现场测量过程变量通过变送器转换后的值。

PID 输出值：经过 PID 运算后送到执行机构的数值。

PID 调节三个重要参数：比例（P）、积分（I）、微分（D）。

（2）S7-1200 PLC 的 CPU PID 控制器结构。

S7-1200 PLC 的 CPU PID 控制器结构如图 15-38 所示，其主要由三部分实

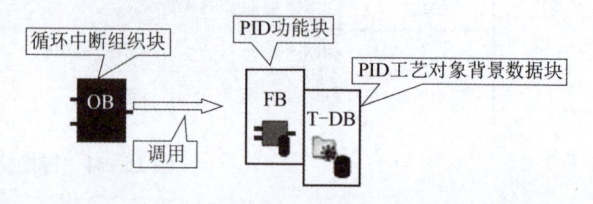

图 15-38 S7-1200 PLC 的 CPU PID 控制器结构

现，分别是循环中断组织块、PID 功能块和 PID 工艺对象背景数据块。用户在调用 PID 指令块时需要定义其背景数据块，而此背景数据块需要在工艺对象中添加，称为工艺对象背景数据块。PID 指令块与其相对应的工艺对象背景数据块组合使用，形成完整的 PID 控制器，S7-1200 配置了 16 路 PID 控制回路。

（3）PID 控制指令。

PID 控制指令是在循环中断组织块 OB30 中调用，添加循环中断指令 OB30 如图 15-39 所示，并把扫描时间改为 500 ms。

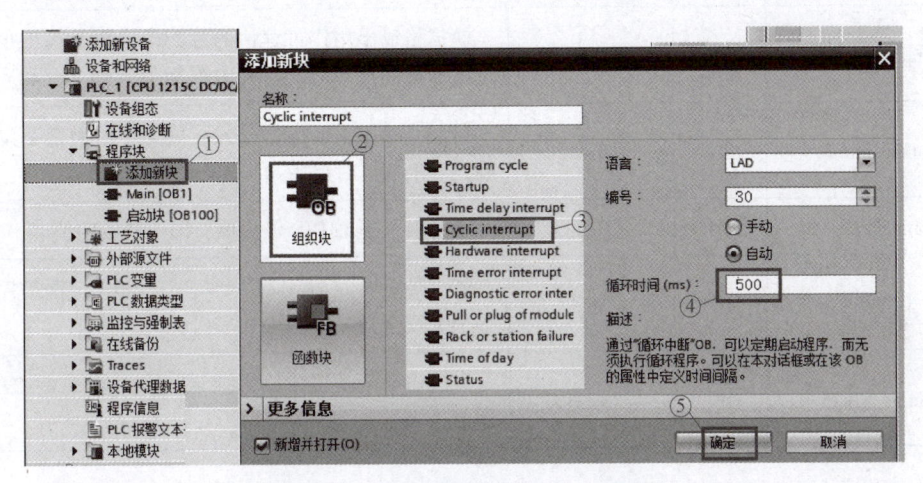

图 15-39 添加循环中断指令（OB30）

打开 OB30 程序，在 OB30 中调用 PID 指令，路径是"工艺"/"PID 控制"/"Compact PID"/"PID_Compact"，如图 15-40 所示。在循环中断组织块 OB30 中调用 PID 指令时，STEP 7 会自动为指令创建工艺对象和背景数据块。背景数据块包含 PID 指令要使用的所有参数。每个 PID 指令必须具有自身的唯一背景数据块才能正确工作。单击 PID 指令下方的"倒三角"按钮，则展开完整的 PID 指令，如图 15-40 所示。

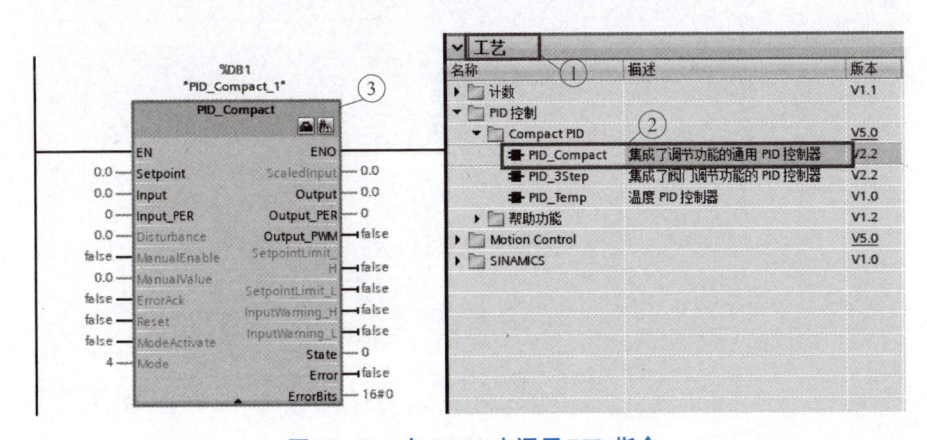

图 15-40 在 OB30 中调用 PID 指令

常用的 PID 指令引脚如表 15-1 所示。

表 15-1 常用的 PID 指令引脚

参数	类型	数据类型	说明
Setpoint	IN	Real	PID 控制器在自动模式下的设定值，也就是目标值
Input	IN	Real	用户程序的变量用作过程值的源，即工程值作为过程变量的反馈值（0.0~1.0）
Input_PER	IN	Word	模拟量输出用作过程值的源，即模拟量输出值作为过程变量的反馈值，是 A/D 转换值（0~27 648）
ManualEnable	IN	Bool	启用或禁用手动操作模式。值为 1 时激活手动操作模式，值为 0 时启用 Mode 分配的工作模式
ManualValue	IN	Real	手动模式下的 PID 输出值，即手动给定值
Output	OUT	Real	输出是一个百分比数，即 0%~100%，直接控制设备全关或全开（0.0~1.0）
Output_PER	OUT	Word	直接输出至模拟量输入通道，输出整数 0~27 648，送 D/A 转换，控制执行器

请注意 S7-1200 PLC 的 PID 的两个反馈数据 Input 和 Input_PER 的区别。

Input 是现场仪表测量数据经过程序标定（在程序中用 NORM_X 转换）转换成实际工程量数据（0.0~1.0），数据类型是实数。

Input_PER 是现场仪表数据直接经过模拟量通道输出，未进行数据标定，数据类型是 Word。可以通过 PID 硬件组态直接进行数据标定，转换成实际工程量，如图 15-41 所示。

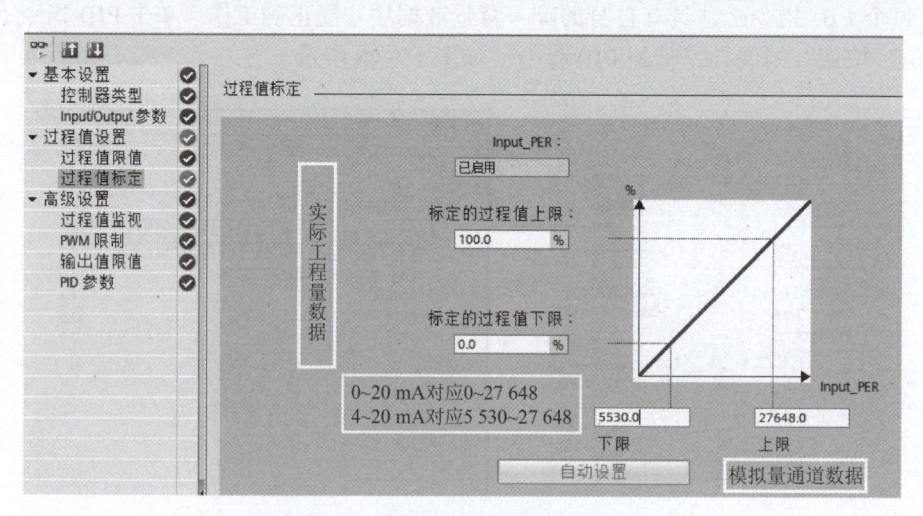

图 15-41 PID 硬件组态直接进行数据标定

请注意 S7-1200 PLC 的 PID 的两个输出 Output 和 Output_PER 的区别。

Output 输出是一个百分比数,即 0%~100%,对应寄存器格式是 MD**,指控制设备全关或全开。要用缩放指令 SCALE_X 转换成 0~27 648。

Output_PER 直接输出至模拟量输入通道,对应寄存器格式是 QW**,输出整数 0~27 648。

Input 和 Input_PER 的区别,Output 和 Output_PER 的区别可参考图 15-42。

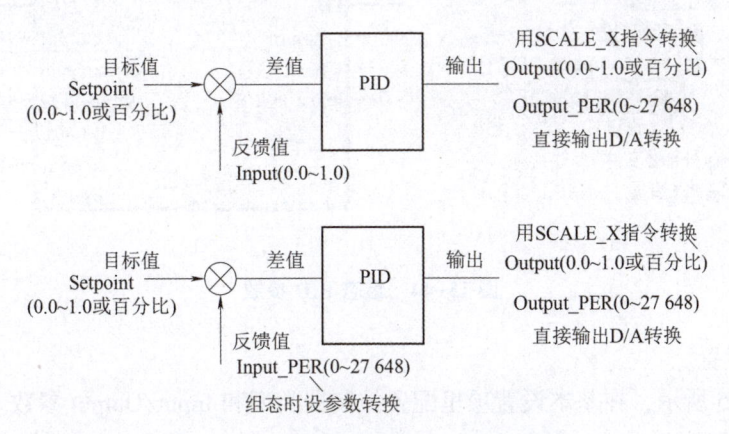

图 15-42　Input 和 Input-PER 的区别

PID 指令的功能比较多,所以输入/输出引脚也比较多,对于初学者来说,我们只需要掌握几个必要的引脚便可使用 PID 指令,如目标值、反馈值、PID 输出值(模拟量输出)等,如图 15-43 所示。

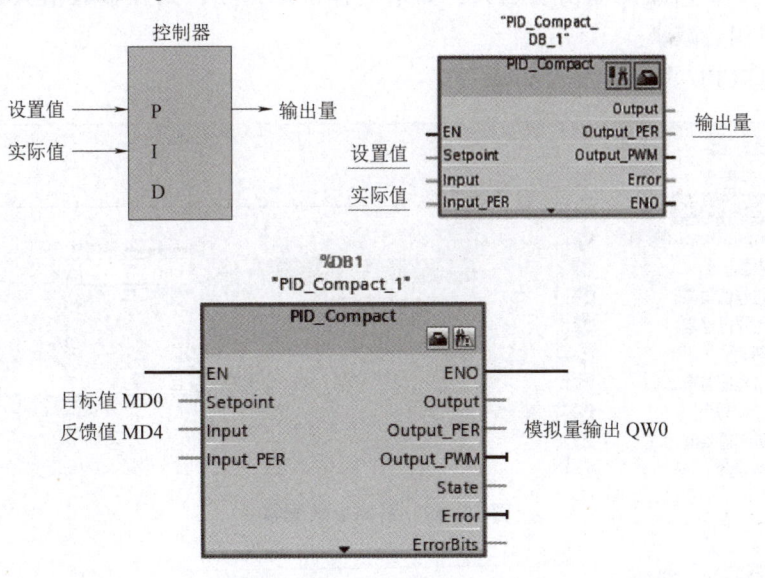

图 15-43　PID 指令三个重要值

(4) PID 参数配置。

使用 PID 控制器前,需要对其进行组态设置,分别为基本设置、过程值设置、高级设置。单击如图15-44（a）所示的图标或如图15-44（b）所示的"组态"选项，进入 PID 指令参数配置页面。

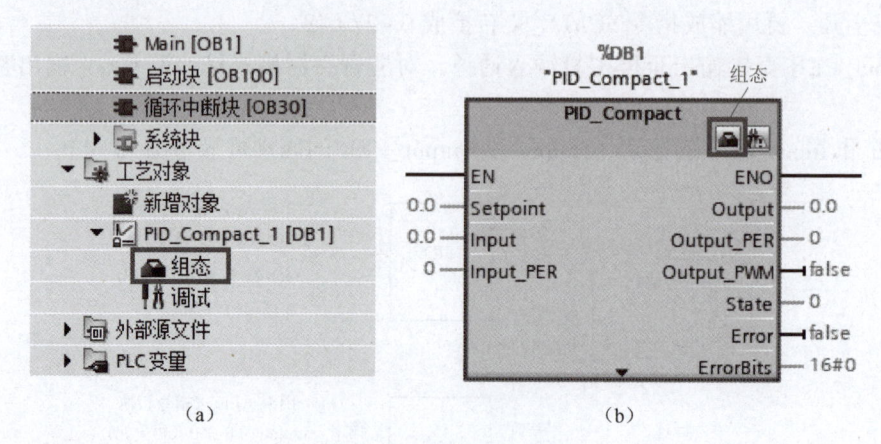

图 15-44　组态 PID 参数

1）基本设置。
如图15-45所示，在基本设置项里配置控制器类型和 Input/Output 参数。
①控制器类型。
A. 控制器类型常规有温度、压力、长度等物理量和单位。例如，液位高度用长度，单位是 cm。
B. "反转控制逻辑"，如果未选择该选项，则 PID 回路处于直接作用模式，输入值小于设定值时，PID 回路的输出会增大；如果选择了该选项，则在输入值大于设定值时，PID 回路的输出会减小。
C. 选择"CPU 重启后激活 Mode"。

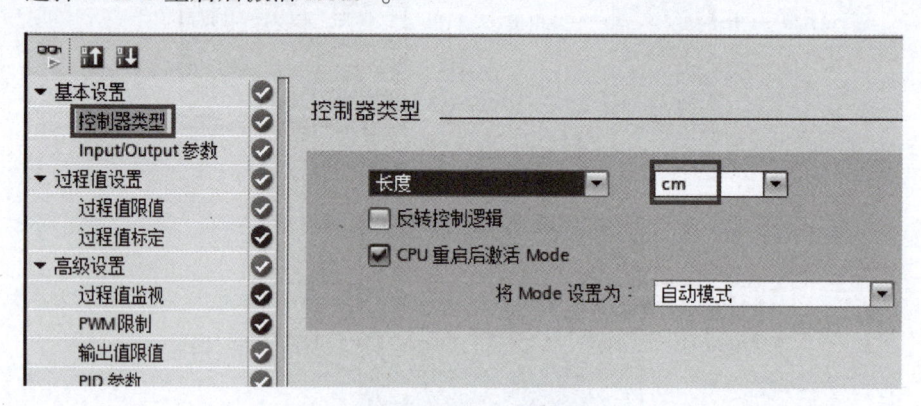

图 15-45　基本参数配置

②Input/Output 参数。
如图15-46所示，定义 PID 过程值和输出值的内容和数据类型：输入，为过程值选择"Input"参数或"Input_PER（模拟量）"参数；输出，为输出值选择"Output"参数或"Output_PER（模拟量）"参数。模拟量可直接进入模拟量输入/输出模块。

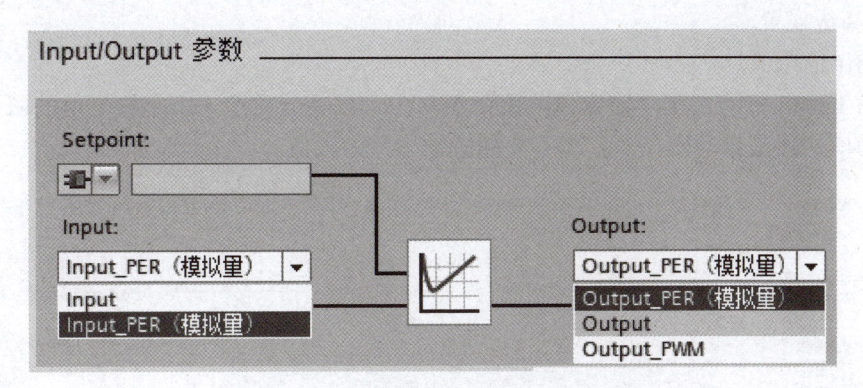

图 15-46 选择 Input/Output 参数

2）过程值设置。

如图 15-47 所示过程值的限值和标定：限值，输入的过程值必须在限制的范围内，如果过程值低于下限或高出上限，则 PID 回路进入未激活模式，并将输出值设置为 0，如液位高度是 0~300 cm，过程值上限可设为 300；标定，要使用 Input_PER，必须对模拟量输入的过程值进行标定。当输入的模拟量为 4~20 mA 电流信号时，模拟量的下限值 5 530.0 对应 0.0%，上限值 27 648.0 对应 100.0%。

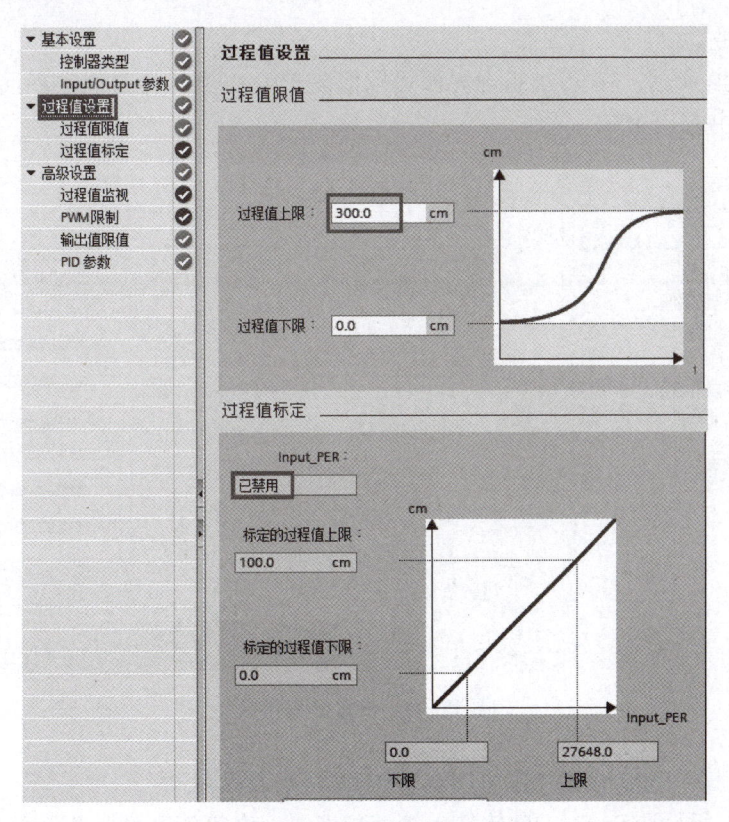

图 15-47 过程值的限制和标定

299

3）高级设置。

①输出值限值。

如图 15-48 所示，在"输出值限值"窗口中，以百分比形式组态输出值的限值。无论是在手动模式还是自动模式下，都不要超过输出值的限值。

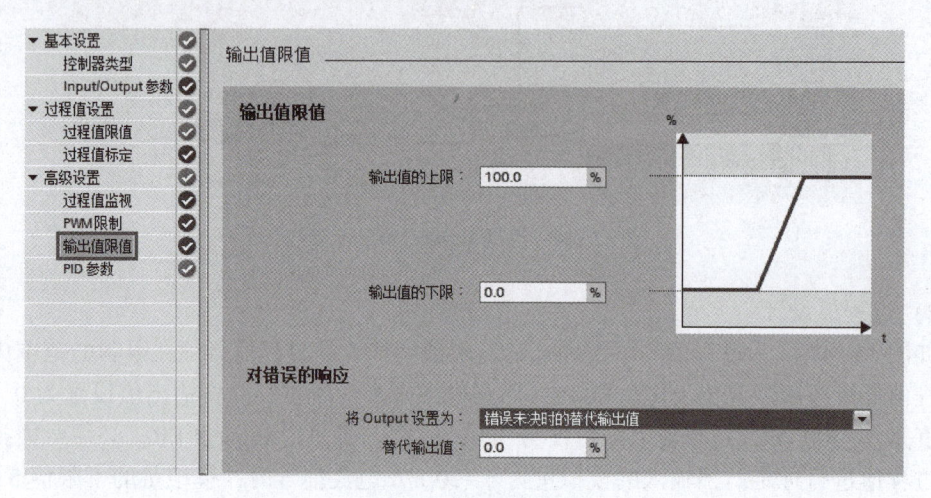

图 15-48　输出值限值设定

②PID 参数。

如图 15-49 所示，在 PID 组态界面可以修改 PID 参数，通过组态界面修改参数需要重新下载组态并重启 PLC。

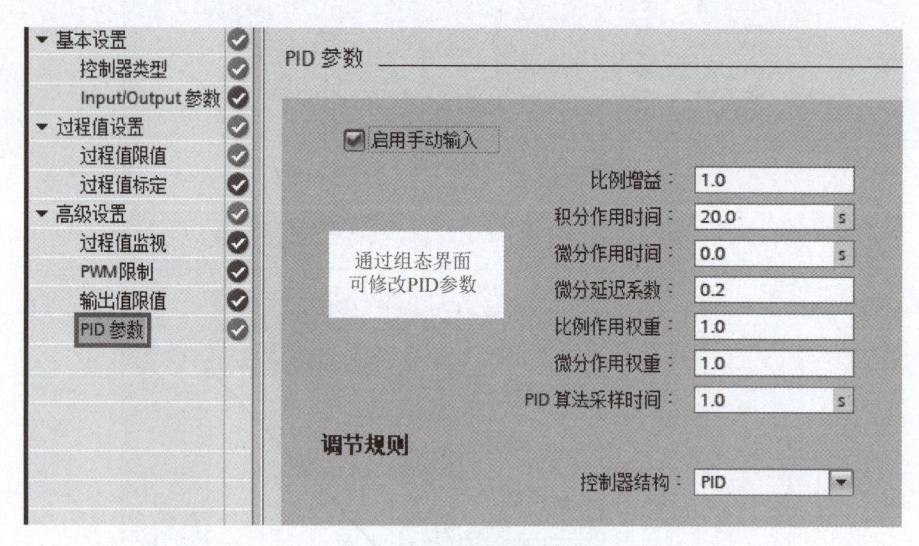

图 15-49　设置 PID 参数

5. 案例：S7-1500 仿真 PLC+仿真 HMI 控制水箱的液位

如图 15-1 所示是 Factory IO 软件水箱液位场景，水箱液高度是 300 cm，有进水阀和出水阀。通过 S7-1500 仿真 PLC+仿真 HMI 控制进水阀开度，出水阀开度固定，液位传感器检测水箱的高度，通过控制液位在一定数值稳定，在仿真 HMI 上设定目标值和出水阀门开度，显示液位、进水阀门开度；同时设定比例系数、积分时间，显示 PID 趋势曲线和水灌液位高度。

TIA 博途平台中的 S7-1500 PLC 支持 PID 仿真（S7-1200 PLC 不支持），在西门子工程模板中用仿真的 S7-1500 PLC 结合 Factory IO 虚拟水箱对象实现 PID 控制，如图 15-50 所示。

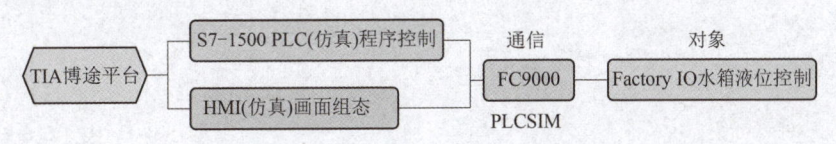

图 15-50　仿真 PLC 与 Factory IO 通信

（1）在 Factory IO 中搭建水箱液位场景。

如图 15-51 所示，场景由高度 0~300 cm 的水箱、进水调节阀、出水调节阀、液位检测、控制箱等组成。其中控制箱由按钮、调节目标值旋钮、目标值显示器、液位值显示器等构成。注意：在 Factory IO 中，进水调节阀、出水调节阀、液位检测当前值、调节目标值范围都是 0~10，为了方便显示，目标值和液位值要在程序中进行换算。

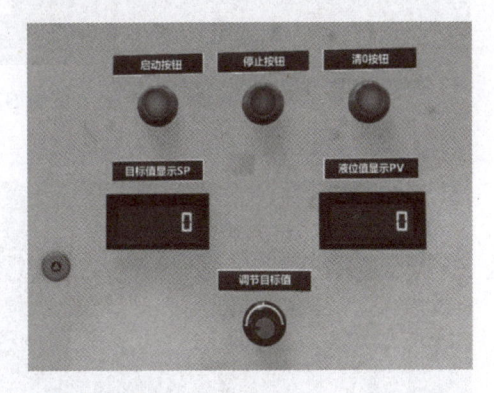

图 15-51　水箱液位场景

（2）在 Factory IO 中配置项目、建立 I/O 连接、连接驱动。

1）配置项目，注意 PLC 类型只能选择 S7-1500，如图 15-52 所示。
2）建立 I/O 连接，如图 15-53 所示，注意 ID 和 QD 的数据类型。
3）连接驱动，如图 15-54 所示，要让 PLC 处于运行状态。

案例 3D 虚拟仿真动画

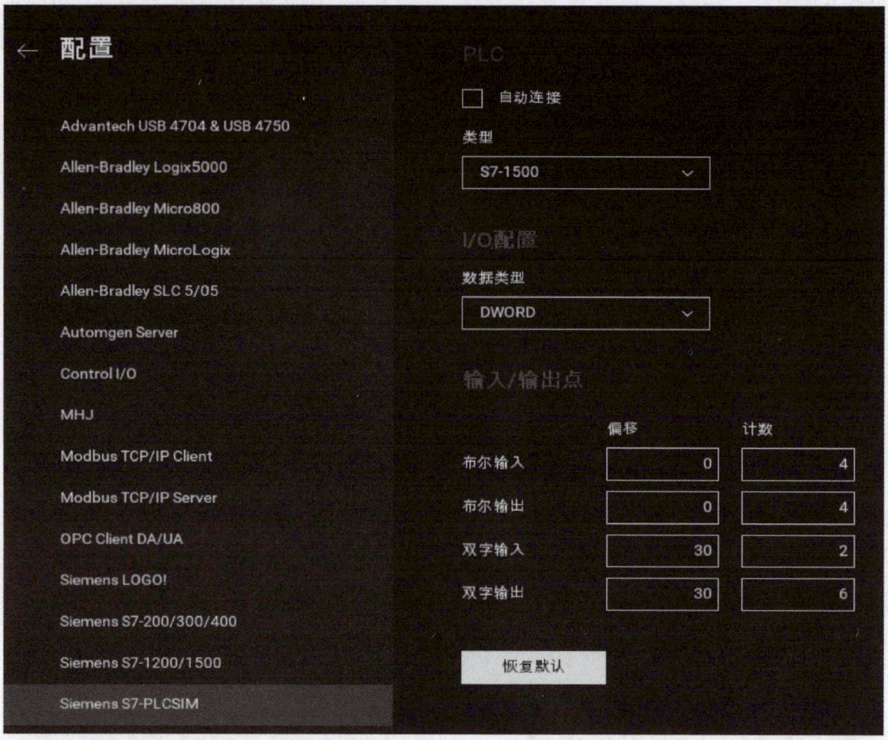

图 15-52 配置 S7-1500 PLC

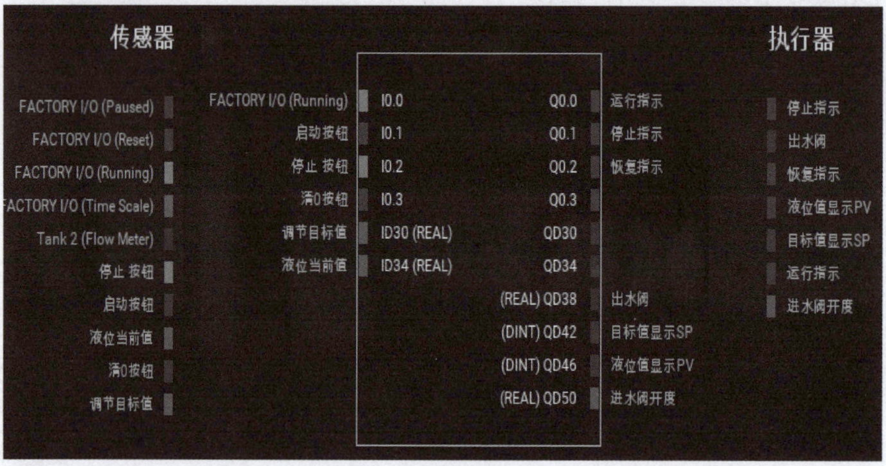

图 15-53 建立 I/O 连接

图 15-54　连接驱动

（3）在 TIA 博途中组态 PLC 和触摸屏。

1）组态 S7-1500 PLC 和 HMI。

在西门子工程模板 TIA 博途中的仿真器不支持 S7-1200 PLC 的 PID 仿真，可支持 S7-1500 PLC。采用仿真器进行 PID 仿真，组态后的 PLC 和 HMI 如图 15-55 所示。

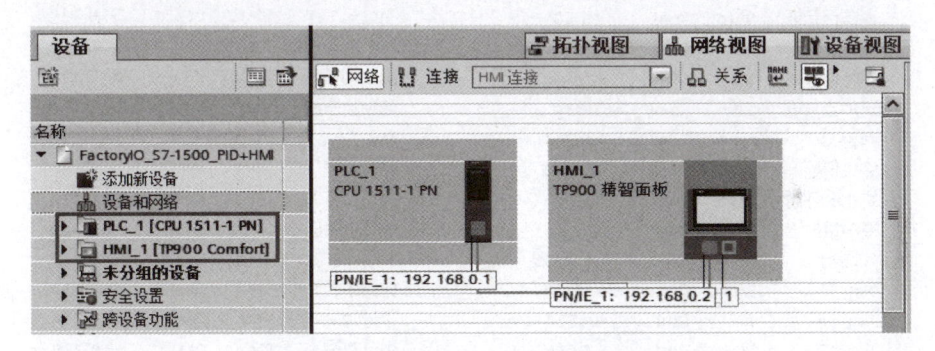

图 15-55　组态 S7-1500 PLC 和 HMI

PID 的组态如上面步骤所示，液位控制器类型是长度，单位是 cm，过程值选 Input，输出值选 Output，过程值限值是 0~300 cm，其他不变。

PID 背景 DB 块，Gain、Ti、Td 这三个变量是 P、I、D 参数，在触摸屏上设置，打开 DB 块，PID 比例系数路径是"PID_Compact_1［DB1］"/"CtrlParamsBackUp"/"Gain"，编程时利用 MOVE 指令将背景 DB 块中定义的 Real 类型的数据传送到这三个变量即可，如图 15-56 所示。

2）PLC 变量表。

PLC 变量表如图 15-57 所示，注意数据类型要与 Factory IO 中 I/O 表的数据类型保持一致。

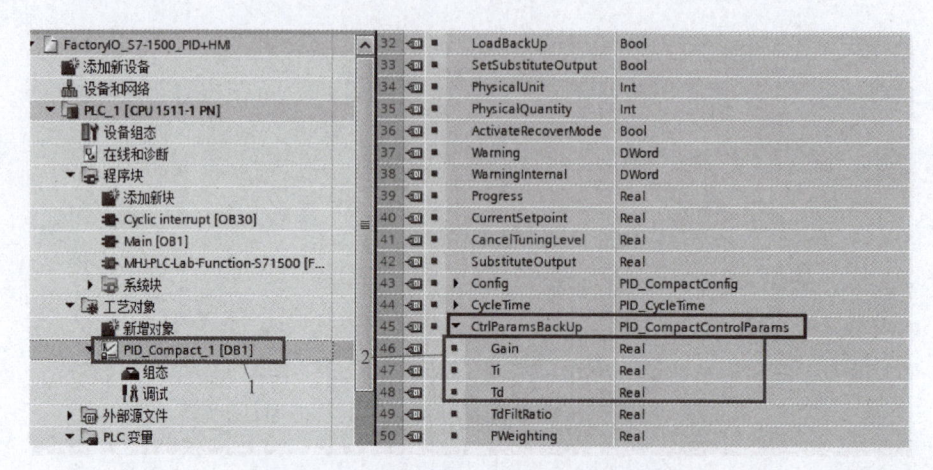

图 15-56　PID 参数 Gain、Ti、Td 路径

图 15-57　PLC 变量表

3）组态 HMI 画面。

HMI 画面如图 15-58 所示，按钮、指示灯、设定液位、当前液位、比例系数等 I/O 域组态方法与前面讲的一样，这里不再描述，下面主要讲组态趋势图和棒图。

组态 HMI 的液位
PID 曲线画面

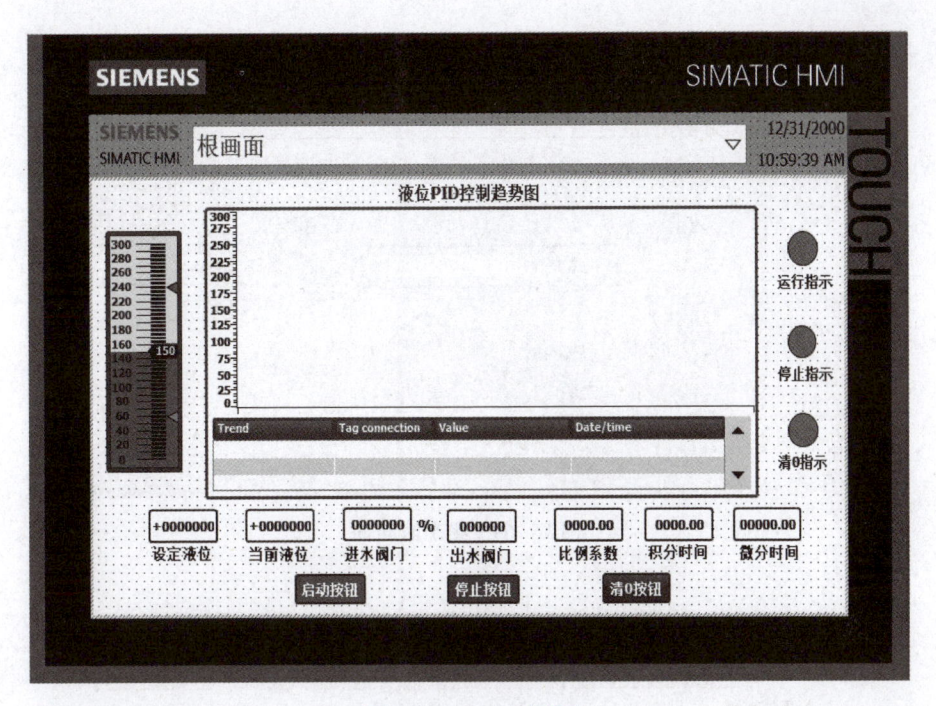

图 15-58 HMI 画面

①组态趋势图。组态具体过程如图 15-59~图 15-61 所示。

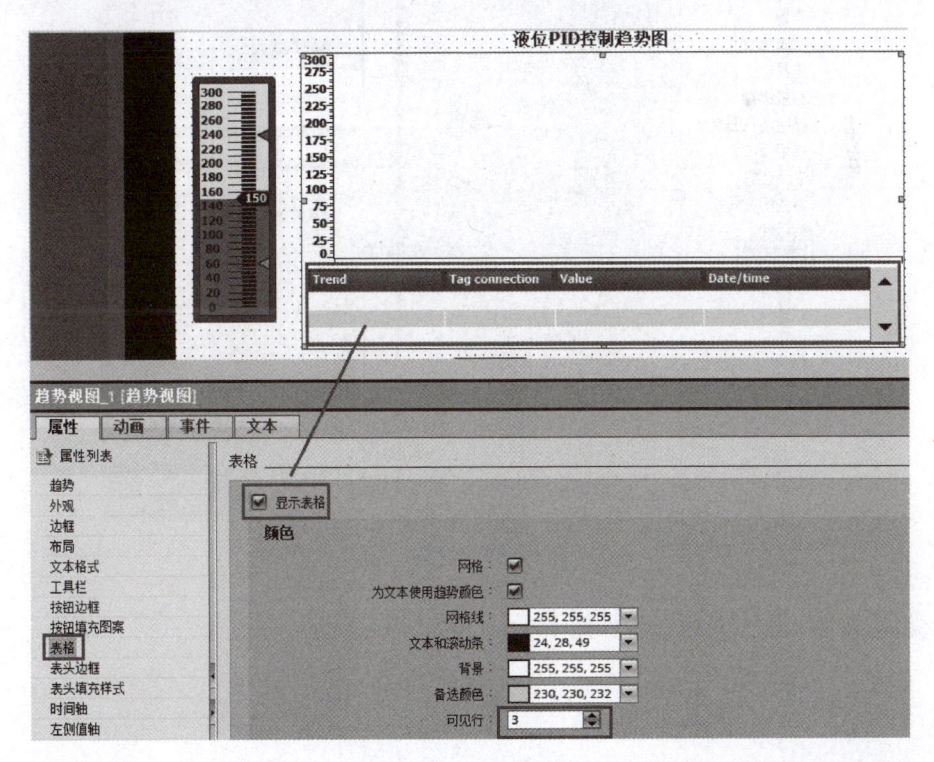

图 15-59 组态表格

305

项目四　智能产线装置模块化控制

图 15-60　组态时间轴

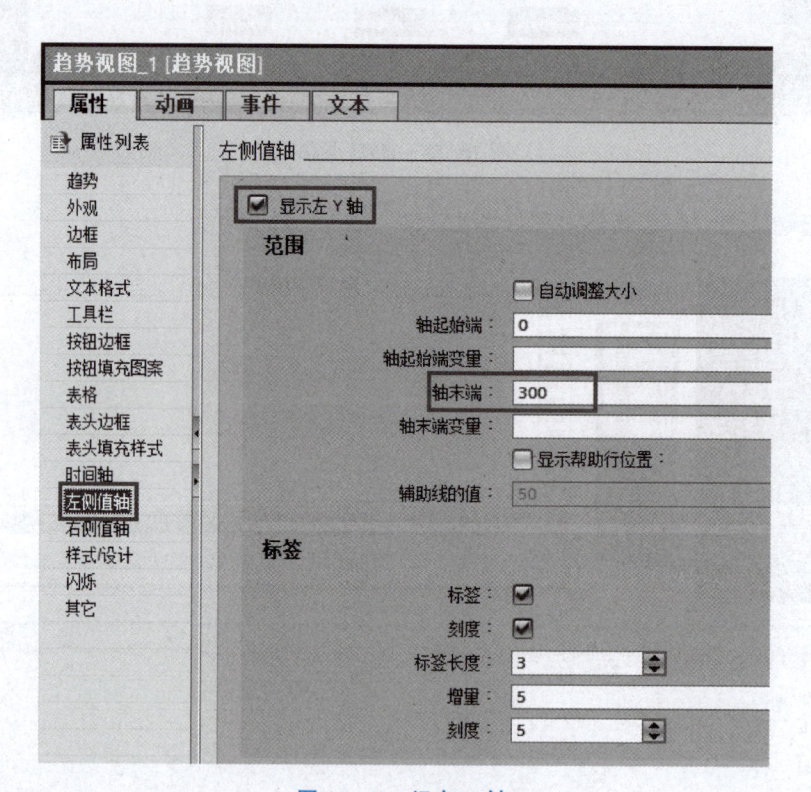

图 15-61　组态 Y 轴

②组态棒图。组态具体过程如图 15-62~图 15-64 所示。

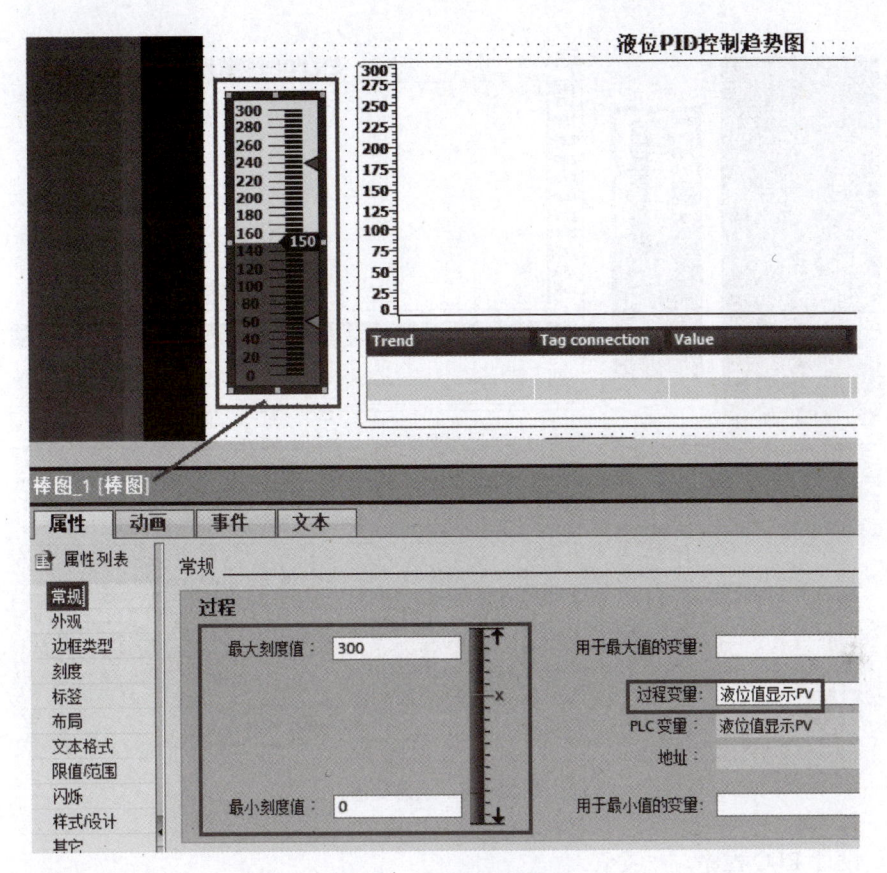

图 15-62 组态棒图常规

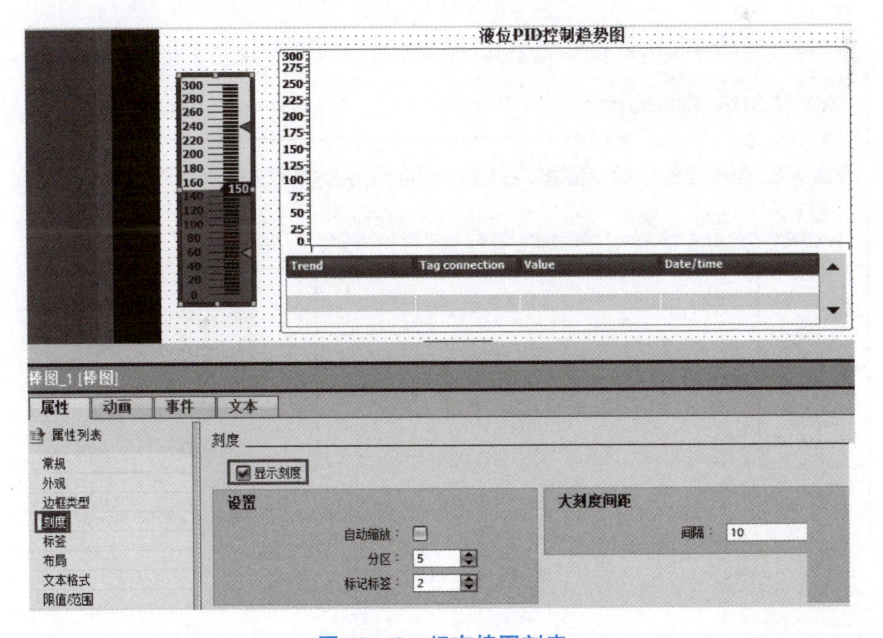

图 15-63 组态棒图刻度

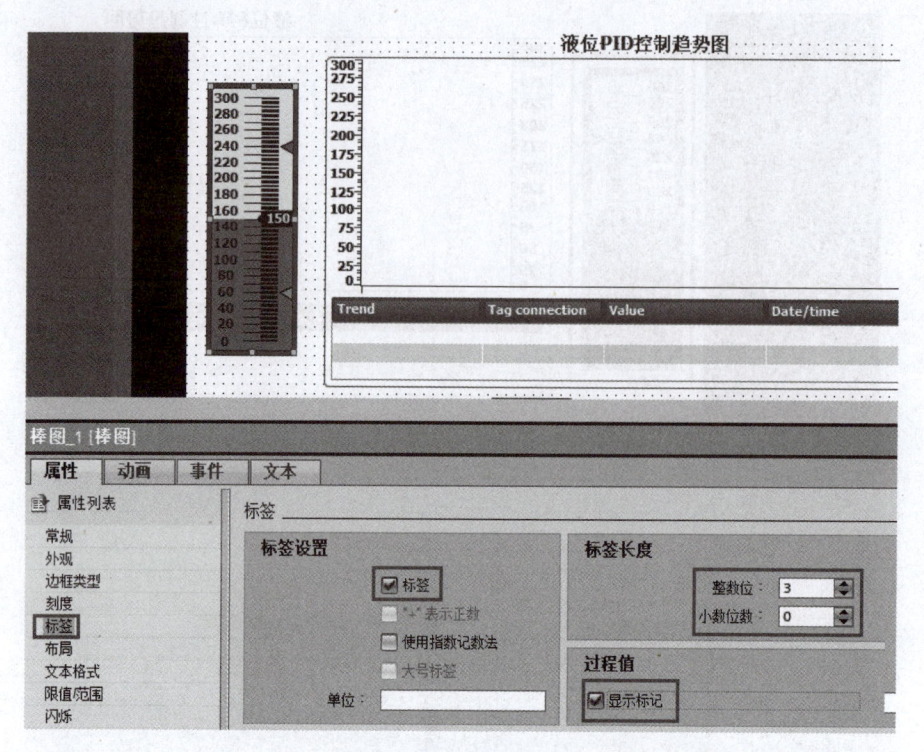

图 15-64 组态标签

(4) 设计 PLC 程序。

1) OB1 程序，如图 15-65 所示。

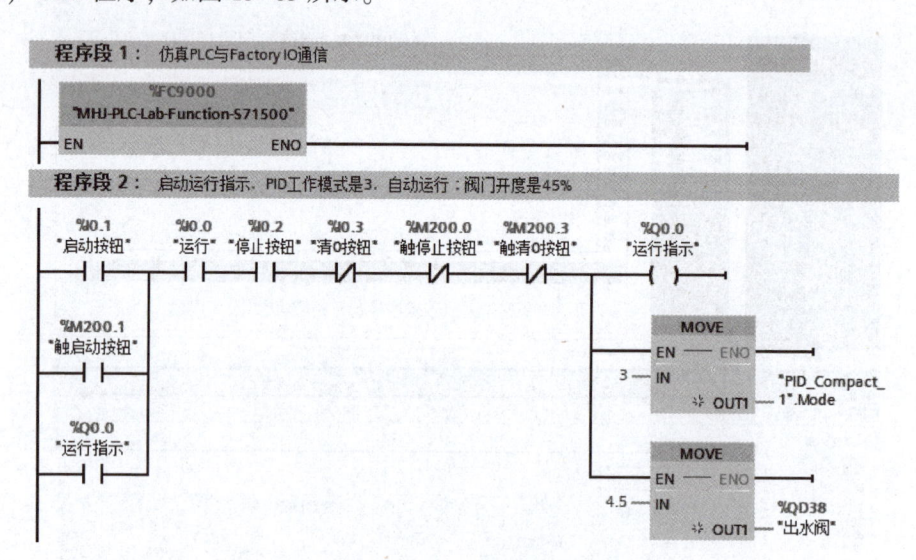

图 15-65 OB1 程序

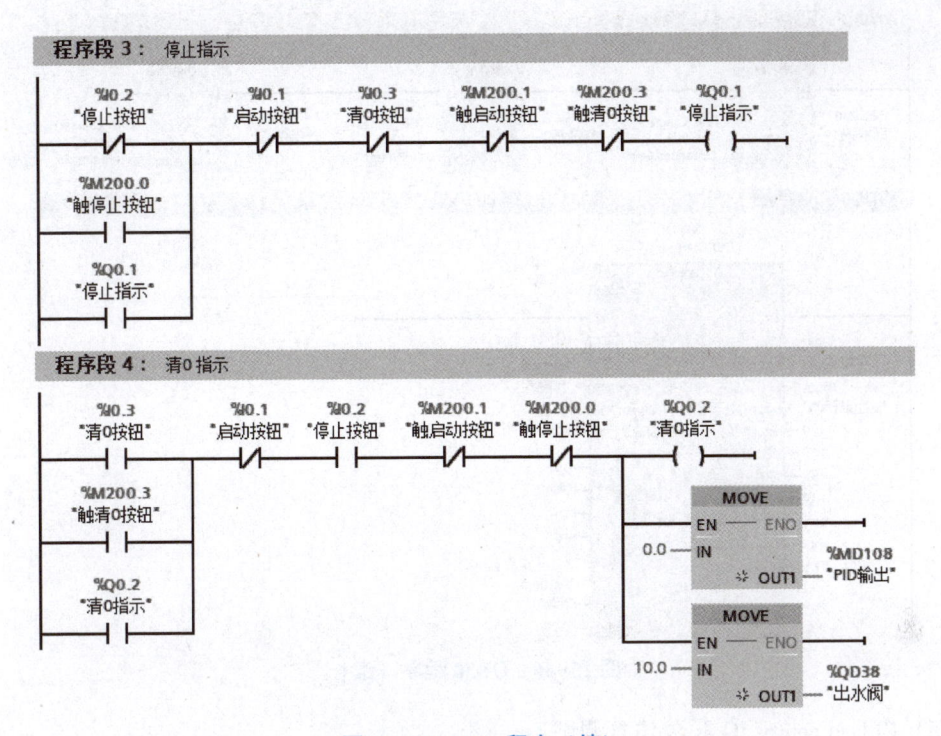

图 15-65　OB1 程序（续）

2) OB30 程序，如图 15-66 所示。

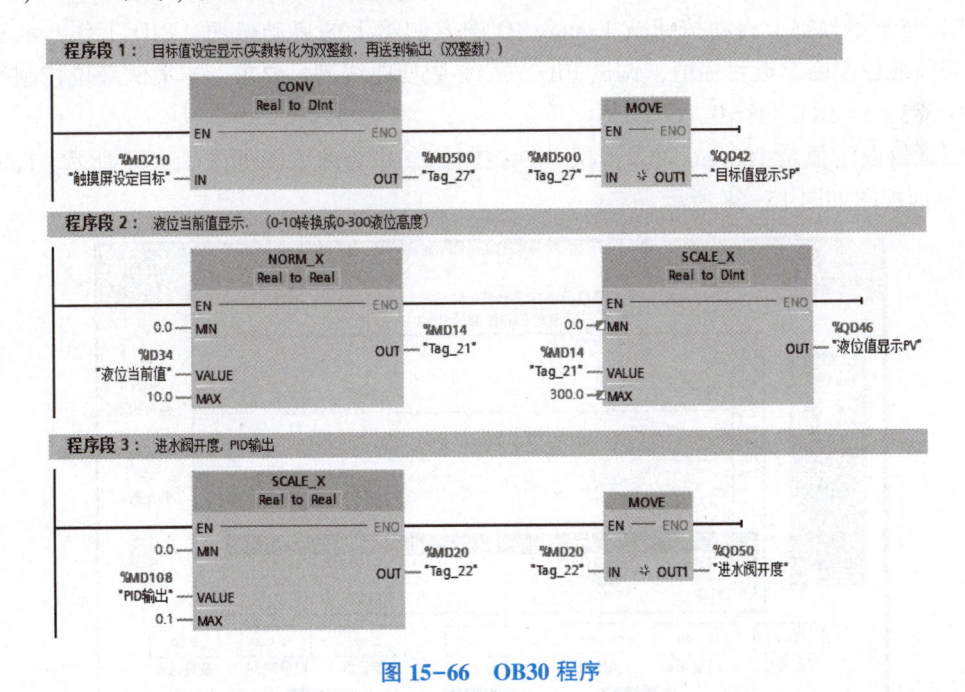

图 15-66　OB30 程序

项目四　智能产线装置模块化控制

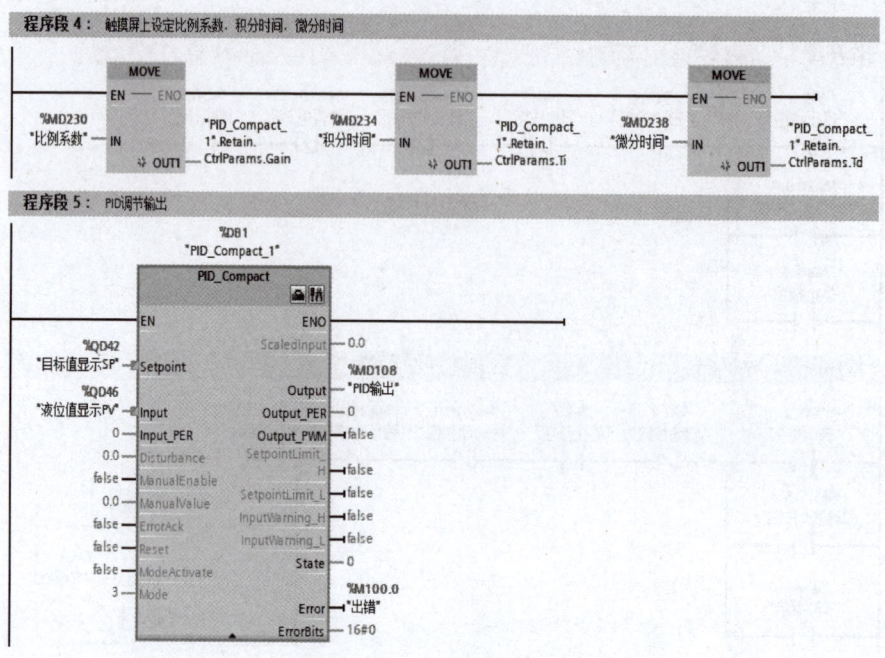

图 15-66　OB30 程序（续）

(5) PLC+Factory IO 联合仿真调试。

1) 在触摸屏上的运行画面设定目标值，如 180 cm，设置 P、I、D 三个参数，液位控制要求不高，一般微分参数设置为 0，主要进行 PI 调节。

2) 按下触摸屏上启动按钮或 Factory IO 中控制箱上的启动按钮，PID 工作，水箱进水，当前液位不断靠近目标值，调试 PID 三个参数使曲线满足要求，本案例液位控制稳定时 P=3.3，I=18 s，D=0。

目标值设定值是 180 cm 时，液位 PID 控制仿真趋势曲线图如图 15-67 所示，Factory IO 控制面板图如图 15-68 所示。

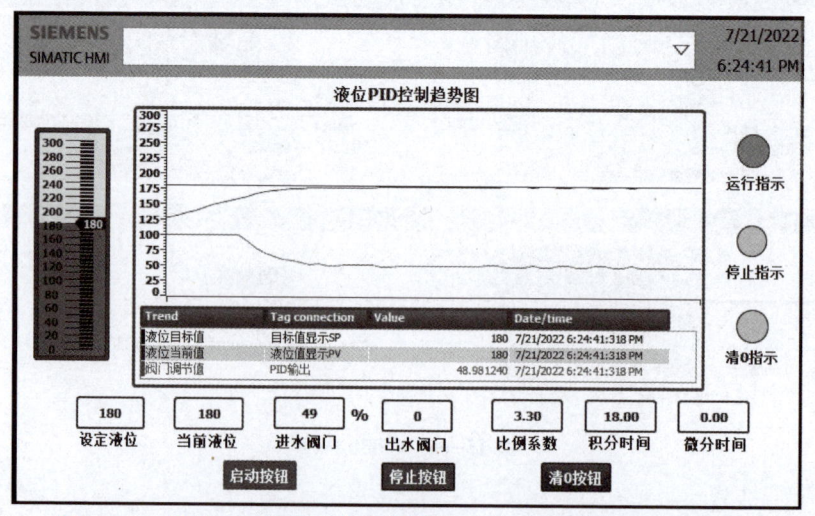

图 15-67　液位 PID 控制仿真趋势曲线图（目标值设定值是 180 cm）

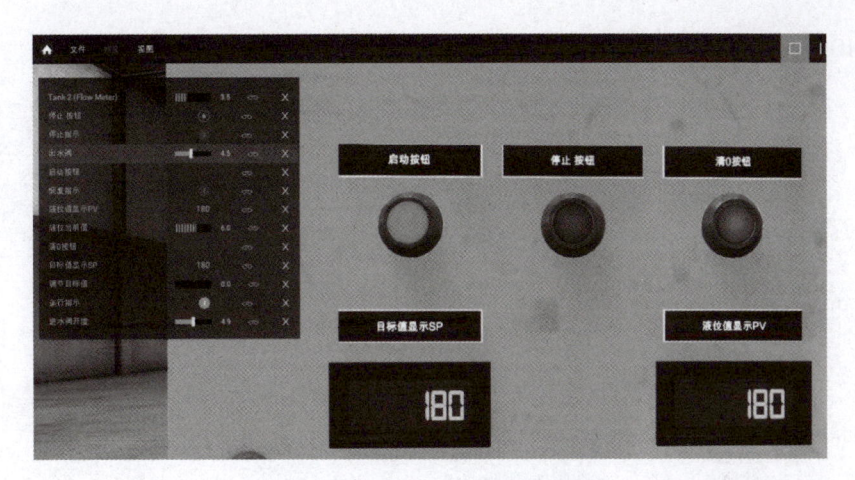

图 15-68 Factory IO 控制面板图

目标值设定值是 150 cm 时，液位 PID 控制仿真趋势曲线图如图 15-69 所示。

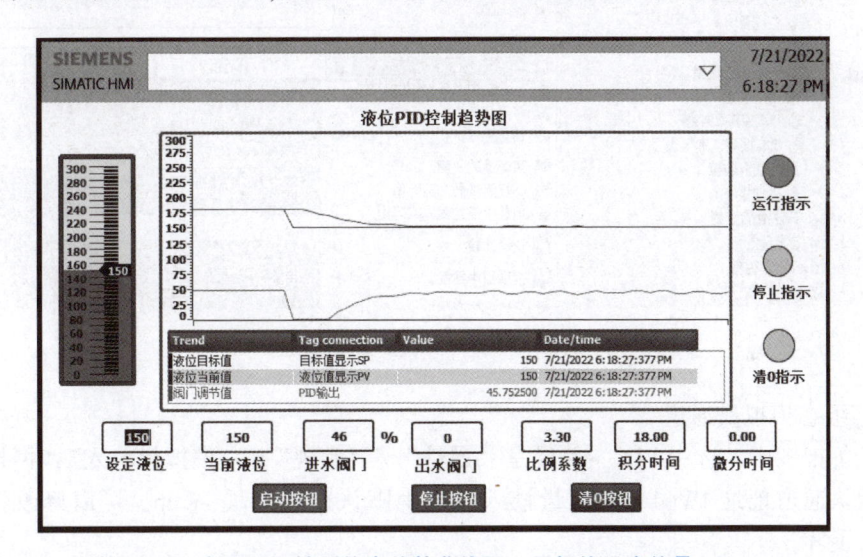

图 15-69 液位 PID 控制仿真趋势曲线图（目标值设定值是 150 cm）

系统调节结束，可上传计算机中 PID 参数到 PLC 中。"!"变为"√"说明传送成功，如图 15-70 所示。

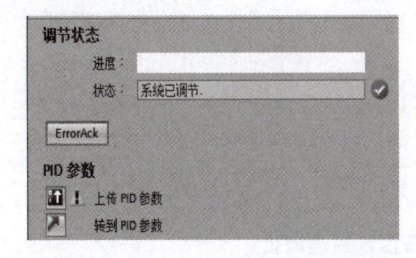

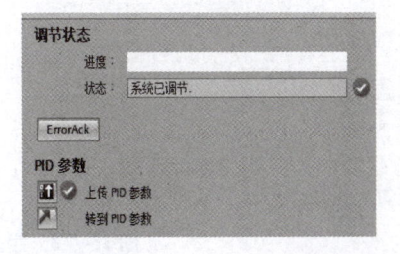

图 15-70 上传 PID 参数

把 PID 参数下载到 PLC 中，具体过程如图 15-71 所示。

图 15-71　下载 PID 参数

（6）组态模拟量通道。

在设备视图中，选中 PLC，路径是"属性"/"常规"/"模拟量输入"，模拟量输入通道 0 默认通道地址 IW64，模拟量输入通道 1 默认通道地址 IW66，可以修改地址，如图 15-72 所示。

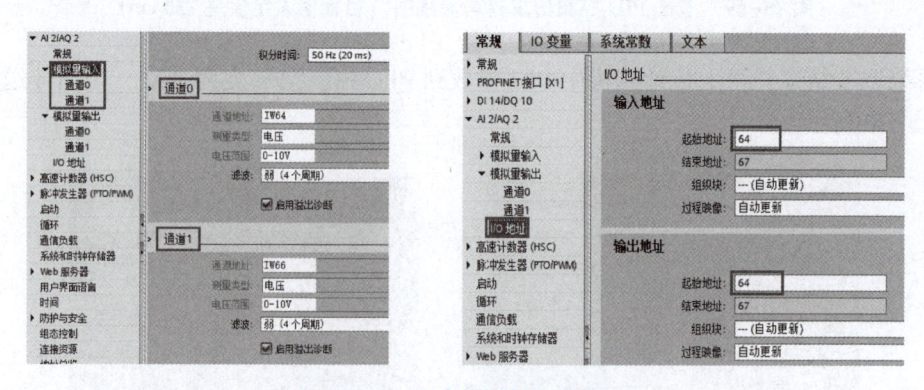

图 15-72　组态模拟量通道地址

CPU 1215C 的模拟量输入测量类型都是电压，电压范围是 0~10 V，其通道接线图如图 15-73 所示。

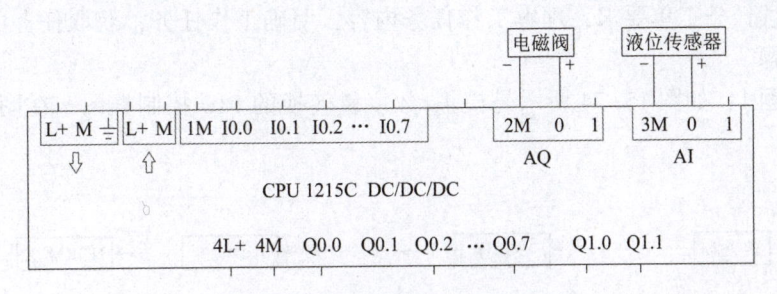

图 15-73　模拟量输入通道接线图

工作准备页

认真阅读任务工单要求，理解工作任务内容，明确工作任务，获取任务的技术资料，回答以下问题。

引导问题1：如图15-74所示是模拟/数字量转换的PID控制框图，在图中的问号处填写数值。

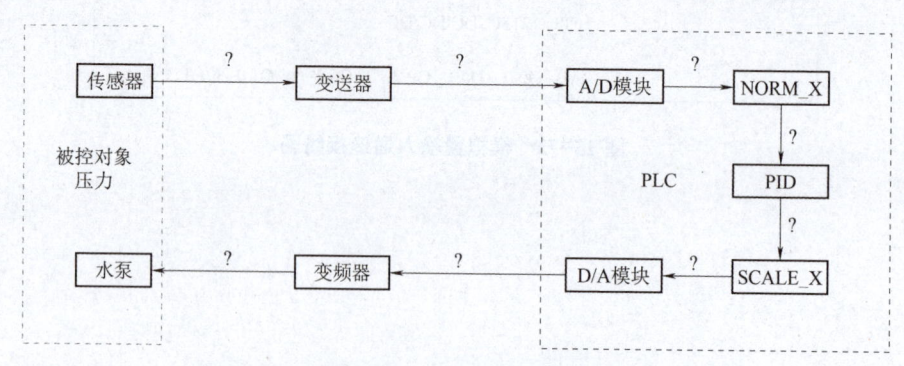

图15-74 PID控制框图

引导问题2：选择题。

1. 西门子S7-1200 PLC中，1215系列有（   ）个模拟量输入通道。
   A. 1   B. 2   C. 3   D. 4

2. 西门子S7-1200 PLC中，主机自带的模拟量输入通道，只能接收（   ）标准模拟量信号。
   A. 0~10 V   B. 4~20 mA   C. 0~10 Ω   D. 0~100 ℃

3. 西门子S7-1200 PLC中，1215系列有（   ）个模拟量输出通道。
   A. 1   B. 2   C. 3   D. 4

4. 转换指令CONV中，要求整数转换为实数，如图15-75所示转换正确的是（   ）。

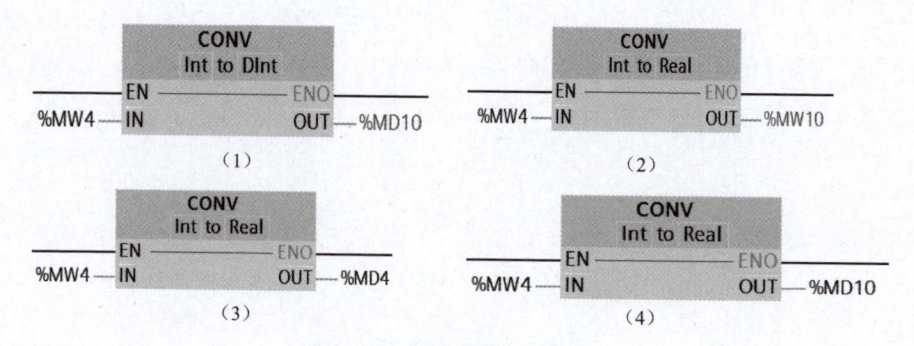

图15-75 转换指令CONV

引导问题3：在PID参数中Input的数据类型是_____，数值范围是_____；Input_PER的数据类型是_____，数值范围是_____。

引导问题 4：在如图 15-76 所示的加 1 指令梯形图中，两个梯形图有什么区别？

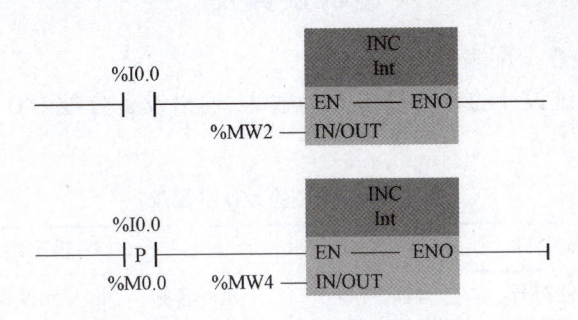

图 15-76　加 1 指令梯形图

引导问题 5：0~100 ℃的温度值经 A/D 转换后的数字量为 0~27 648，温度输入的模拟量是 IW64，设转换后得到的数字为 N，转换公式为_____。

引导问题 6：某压力转换器可把 0~10 MPa 压力转化成 4~20 mA 电流，PLC 的 A/D 转换器输入是 0~10 V 电压，数字量输出是 0~27 648，求数字是 25 000 时在触摸屏显示的压力是_____，PLC 程序是_____。

引导问题 7：某温度（0~150 ℃）输出信号是 0~10 V，模拟量 IW64 将 0~10 V 电压信号转换为数字量 0~27 648，当触摸屏上显示温度是 100 ℃时，数字量是 18 432，实数是 0.667，请在如图 15-77 所示的模拟量处理指令的梯形图中填写数据。

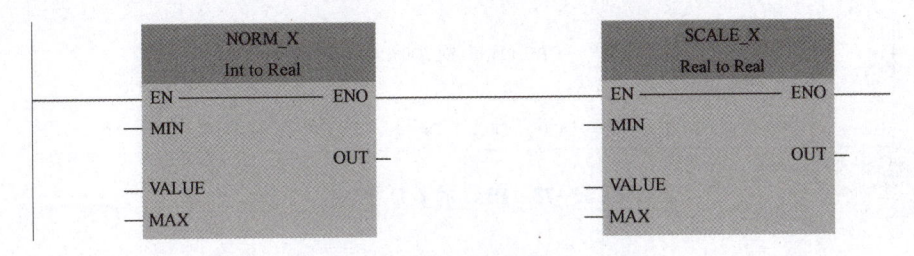

图 15-77　模拟量处理指令梯形图

循环中断时间与采样时间区别：例如，PID 控制器的采样时间是 300 ms，循环中断时间为 100 ms，则在 300 ms 的时间内，循环中断执行了 3 次，但前 2 次 PID 控制器都不进行运算，只在第 3 次进行采样 PID 运算输出。注意：采样时间与循环中断时间是倍数关系，一般循环中断时间（100 ms）小于采样时间（300 ms）。

> **小哲理**：PID 控制强调通过调节某一个物理量恒定使系统稳定。同样地，社会是一个大系统，方方面面的因素都会影响到国家秩序的稳定，所以我们要增强"四个意识"、坚定"四个自信"、做到"两个维护"，调好中国社会政治经济发展的"PID 参数"，自觉维护高校稳定，保证社会的长治久安，为实现中华民族伟大复兴中国梦保驾护航。

设计决策页

1. 列出 PLC 的 I/O 分配表。

进行 PLC 控制系统设计的首要环节是为输入/输出设备分配 I/O 地址。填写表 15-2 的 I/O 分配表。

表 15-2　PLC 的 I/O 分配表

输入端口			输出端口		
元件名称	元件符号	输入地址	元件名称	元件符号	输出地址

2. 画出 PLC 的 I/O 接线图。

根据 PLC 的 I/O 分配表，结合如图 15-78 所示 PLC 的接线端子，画出 PLC 的 I/O 接线图。

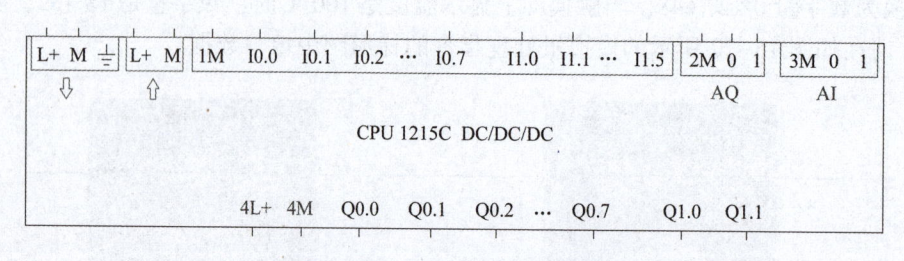

```
L+ M ⊥ L+ M │ 1M I0.0 I0.1 I0.2 ··· I0.7  I1.0 I1.1 ··· I1.5 │ 2M 0 1 │ 3M 0 1
                                                                 AQ       AI

                          CPU 1215C  DC/DC/DC

               4L+ 4M   Q0.0 Q0.1 Q0.2 ··· Q0.7   Q1.0 Q1.1
```

图 15-78　PLC 的 I/O 接线图

3. 设计 PLC 的梯形图。

4. 方案展示。
(1) 各小组派代表阐述设计方案。
(2) 各组对其他组的设计方案提出不同的看法。
(3) 教师结合大家完成的方案进行点评，选出最佳方案。

任务实施页

1. 领取工具

按工单任务要求填写表 15-3 并按表领取工具。

表 15-3 工具表

序号	工具或材料名称	型号规格	数量	备注

2. 电气安装

（1）硬件连接。

按图纸、工艺要求、安全规范和设备要求，安装完成 PLC 与外围设备的接线。

（2）接线检查。

硬件安装接线完毕，电气安装员自检，确保接线正确、安全。

3. PLC 程序编写

在 TIA 博途软件中编写你设计的梯形图，并下载到 PLC。

4. 触摸屏画面组态

在 TIA 博途软件中添加触摸屏 TP900，组态水箱液位画面，进行动画连接，并下载到触摸屏。

5. Factory IO 组态与通信

（1）根据控制工艺要求，在 Factory IO 中搭建工业场景。

（2）在 Factory IO 中配置项目、建立 I/O 连接。

（3）建立 PLC 与 Factory IO 通信。

6. PLC、HMI 和 Factory IO 联机调试

为了保证自身安全，在通电调试时，要认真执行安全操作规程的有关规定，经指导老师检查并现场监护。

记录调试过程中出现的问题和解决措施。

出现问题： 解决措施：

7. 技术文件整理

整理任务技术文件，主要包括控制工艺要求、I/O 分配表、I/O 接线图、调试记录表等。

小组完成工作任务总结以后，各小组对自己的工作岗位进行"整理、整顿、清扫、清洁、安全、素养"的 6S 处理，归还所借的工具和实训器件。

检查评价页

1. 展示评价

各组展示作品，进行小组自评、组间互评和教师考核评价，完成任务考核评价表（表15-4）的填写。

表15-4 任务考核评价表

评价项目	评价标准	分值	自评 30%	互评 30%	师评 40%	合计
职业素养（30分）	分工合理，制订计划能力强，严谨认真	5				
	爱岗敬业、安全意识、责任意识、服从意识	5				
	团队合作、交流沟通、互相协作、分享能力	5				
	遵守行业规范、现场6S标准	5				
	保质保量完成工作页相关任务	5				
	能采取多种手段收集信息、解决问题	5				
专业能力（60分）	利用Factory IO正确搭建工业场景建立仿真PLC与Factory IO通信	10				
	工作准备页填写正确	5				
	触摸屏组态	5				
	完成控制功能要求	35				
	技术文档整理完整	5				
创新意识（10分）	创新性思维和精神	5				
	创新性观点和方法	5				

2. 任务复盘

（1）重点、难点问题检测。

（2）是否完成学习目标。

（3）谈谈完成本次实训的心得体会。

三台水泵顺序切换供水原理　　任务15　拓展提高页

精通篇模块

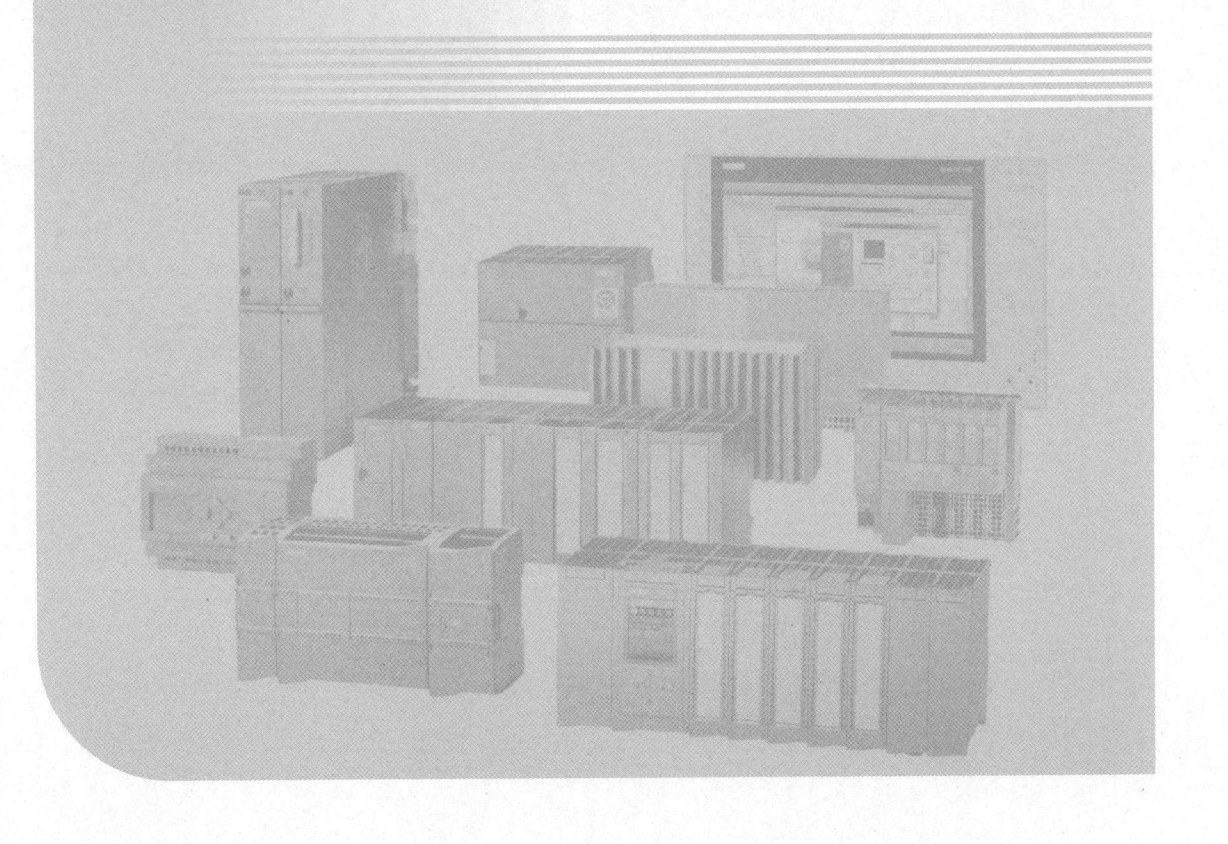

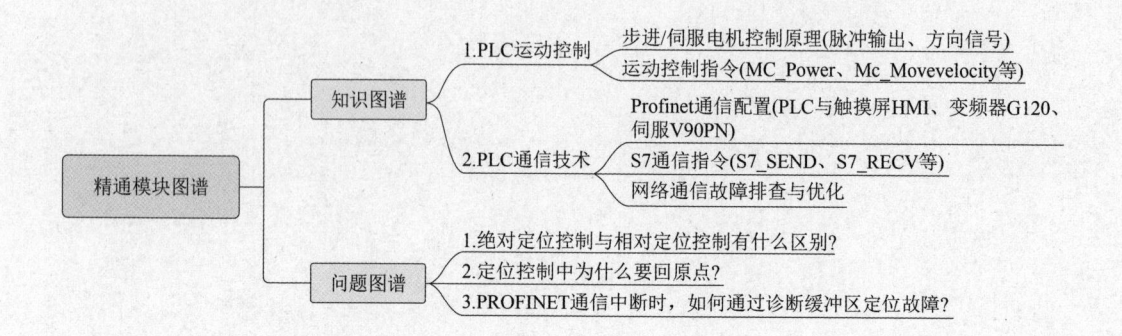

```
                                                              步进/伺服电机控制原理(脉冲输出、方向信号)
                                        1.PLC运动控制
                                                              运动控制指令(MC_Power、Mc_Movevelocity等)
                      知识图谱
                                                              Profinet通信配置(PLC与触摸屏HMI、变频器G120、
                                                              伺服V90PN)
                                        2.PLC通信技术         S7通信指令(S7_SEND、S7_RECV等)
  精通模块图谱
                                                              网络通信故障排查与优化

                                        1.绝对定位控制与相对定位控制有什么区别?
                      问题图谱          2.定位控制中为什么要回原点?
                                        3.PROFINET通信中断时,如何通过诊断缓冲区定位故障?
```

项目五　智能产线运动定位控制

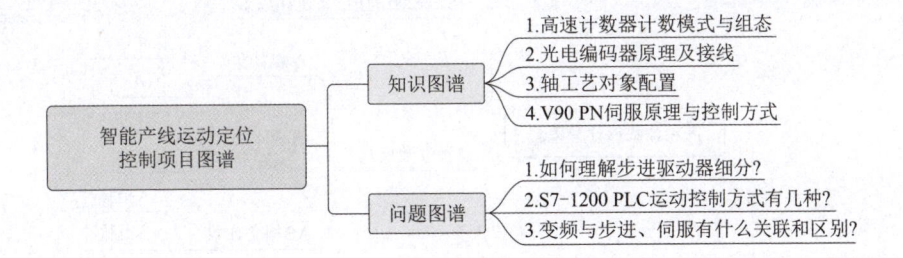

```
                        ┌─ 知识图谱 ─┬─ 1.高速计数器计数模式与组态
                        │           ├─ 2.光电编码器原理及接线
                        │           ├─ 3.轴工艺对象配置
智能产线运动定位 ──┤           └─ 4.V90 PN伺服原理与控制方式
  控制项目图谱        │
                        └─ 问题图谱 ─┬─ 1.如何理解步进驱动器细分？
                                    ├─ 2.S7-1200 PLC运动控制方式有几种？
                                    └─ 3.变频与步进、伺服有什么关联和区别？
```

任务 16　PLC 控制螺纹钻孔和攻丝

任务信息页

学习目标

1. 说出增量编码器工作原理，能在 PLC 输入端正确连接编码器。
2. 归纳高速计数器计数模式，能正确进行高速计数器组态。
3. 运用高速计数器指令进行定位控制编程。

工作情景

普通计数器是要通过 PLC 的扫描来知道计数器前面触点的变化，从而进行一个计数，也就是说，计数的时间间隔不能短于一个扫描周期，计数的速度不能太快，如果速度过快，那就只能应用高速计数器了，如图 16-1 所示。高速计数器可用于 PLC 接收外部的高

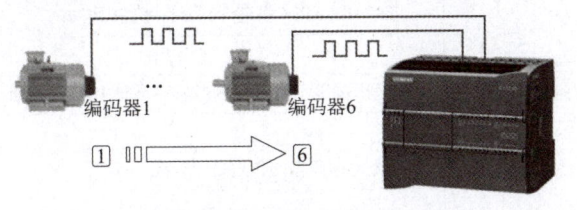

图 16-1　PLC 高速计数器对编码器高速脉冲计数

项目五 智能产线运动定位控制

速脉冲,如编码器、光栅等高速脉冲信号,需要编码器、光栅等反馈高速脉冲,通过中断程序等方法来检测电机转速、位置和产品长度等,高速计数器不受扫描周期的影响,可计频率达到 100 kHz 以上。

知识图谱

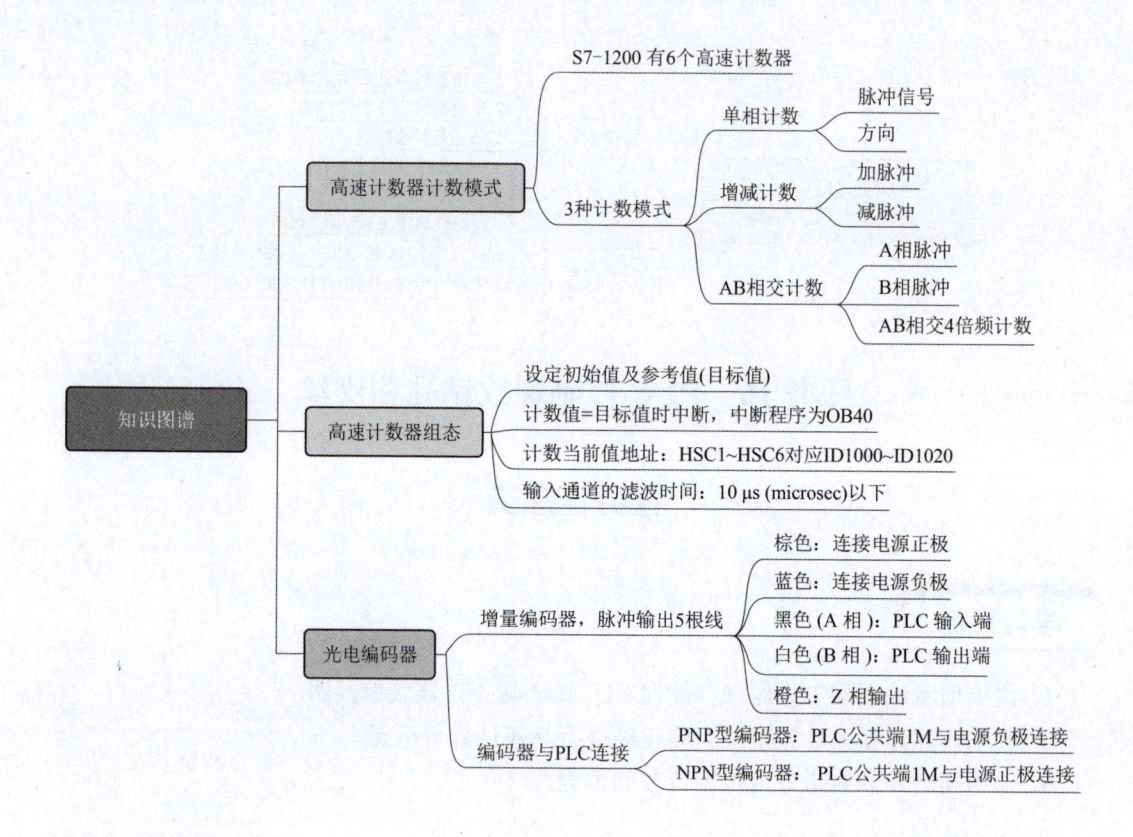

- **知识图谱**
  - **高速计数器计数模式**
    - S7-1200 有6个高速计数器
    - 3种计数模式
      - 单相计数
        - 脉冲信号
        - 方向
      - 增减计数
        - 加脉冲
        - 减脉冲
      - AB相交计数
        - A相脉冲
        - B相脉冲
        - AB相交4倍频计数
  - **高速计数器组态**
    - 设定初始值及参考值(目标值)
    - 计数值=目标值时中断,中断程序为OB40
    - 计数当前值地址:HSC1~HSC6对应ID1000~ID1020
    - 输入通道的滤波时间:10 μs (microsec)以下
  - **光电编码器**
    - 增量编码器,脉冲输出5根线
      - 棕色:连接电源正极
      - 蓝色:连接电源负极
      - 黑色(A相):PLC输入端
      - 白色(B相):PLC输出端
      - 橙色:Z相输出
    - 编码器与PLC连接
      - PNP型编码器:PLC公共端1M与电源负极连接
      - NPN型编码器:PLC公共端1M与电源正极连接

问题图谱

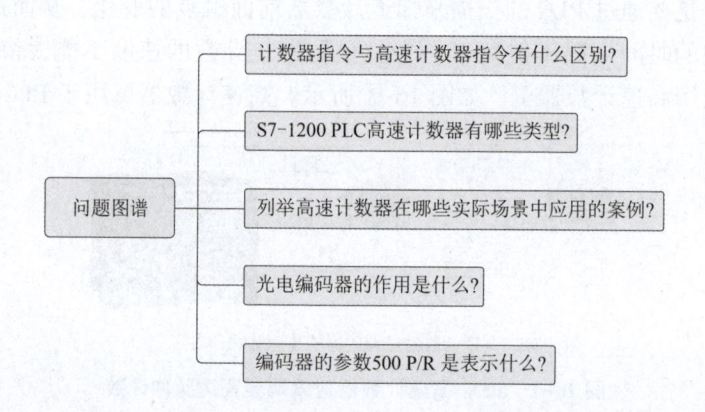

- **问题图谱**
  - 计数器指令与高速计数器指令有什么区别?
  - S7-1200 PLC高速计数器有哪些类型?
  - 列举高速计数器在哪些实际场景中应用的案例?
  - 光电编码器的作用是什么?
  - 编码器的参数500 P/R 是表示什么?

任务工单页

控制要求

某机械加工企业要进行螺纹孔加工，在螺纹孔加工过程中要进行钻孔和攻丝这两道工序，如图 16-2 所示，要求你按下面控制要求设计梯形图。

控制要求：电机带动工作台运动，旋转编码器连接至电机轴上做同轴转动。

按下启动按钮：

第一步：工件自动夹紧（输出 Q0.2），延时 1 s。

第二步：电动机正转（输出 Q0.0）。

第三步：至 72.22 mm 位置，打一个孔（输出 Q0.3）。

第四步：在 144.44 mm 的位置，攻丝（输出 Q0.4）。

第五步：完毕，返回（输出 Q0.1）。

请你和你的团队一起完成该任务。

附：电动机每转一圈，工作台走 72.22 mm，编码器分辨率为 1 000 P/R（脉冲/转）。

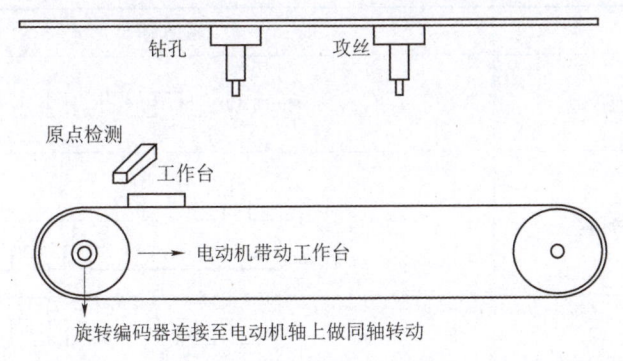

图 16-2 螺纹孔加工示意图

任务要求

1. 请列出 PLC 的 I/O 表，画 I/O 接线图。
2. 组态高速计数器。
3. 设计梯形图。
4. PLC 联机调试程序。
5. 技术文件材料整理。

知识学习页

1. 高速计数器的计数模式

S7-1200 PLC 有 HSC1~HSC6 6 个高速计数器，有 3 种计数类型，分别是单相计数、增减计数、AB 相交计数，可根据不同场合使用，如表 16-1 所示。

表 16-1　高速计数器的计数模式

类型	输入 1	输入 2	输入 3	输入 4	输入 5	输出 1
具有内部方向控制的单相计数器	计数	—	同步（复位）	硬件门（启动）	捕获信号	比较输出
具有外部方向控制的单相计数器	计数	方向	同步（复位）	硬件门（启动）	捕获信号	比较输出
增减计数（1 相 2 计数）	增计数	减计数	同步（复位）	硬件门（启动）	捕获信号	比较输出
AB 相交计数（2 相 2 计数）	A 相	B 相	同步（复位）	硬件门（启动）	捕获信号	比较输出
AB 相交计数四倍频（2 相 2 计数）	A 相	B 相	同步（复位）	硬件门（启动）	捕获信号	比较输出

输入信号的 3 种形式时序图如表 16-2 所示。

表 16-2　输入信号形式

	输入信号形式
1 相 1 计数的输入	UP/DOWN 波形
1 相 2 计数的输入	UP / DOWN 波形
2 相 2 计数的输入	A 相/B 相 正转时、反转时

（1）高速计数的单相计数。

高速计数器单相计数波形如图 16-3 所示。

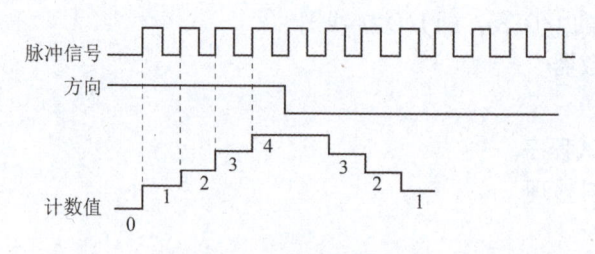

图 16-3　单相计数波形

PLC 控制螺纹钻孔和攻丝 PPT

下面的案例是用手动按钮方式理解加、减高速计数的单相计数模式。

【单项计数案例】 用 HSC1 计数，单向计数，外部方向输入，I0.0 为脉冲输入，I0.1 为方向输入，计数当前值默认地址是"ID1000"，当计数当前值大于 10 时信号灯 Q0.0 亮，当计数值在 5 和 8 之间时 Q0.1 亮，单相计数接线图及组态如图 16-4 所示。梯形图如图 16-5 所示。

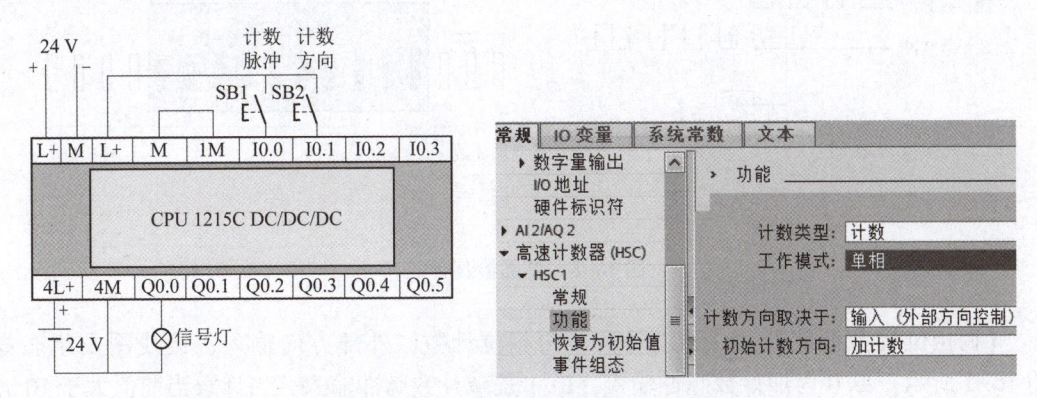

图 16-4 单相计数接线图及组态

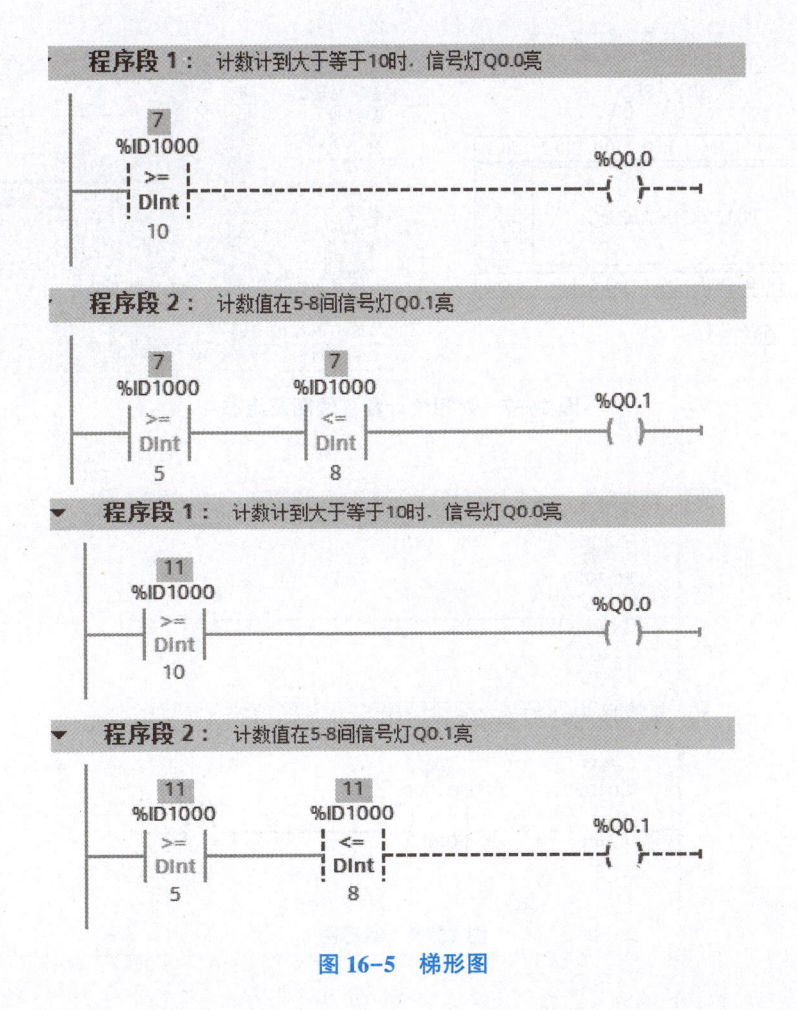

图 16-5 梯形图

（2）高速计数的两相位计数（增减计数）。

用两个传感器来检测箱内产品数量，一个是检测加计数，另一个是检测减计数，如图 16-6 所示。

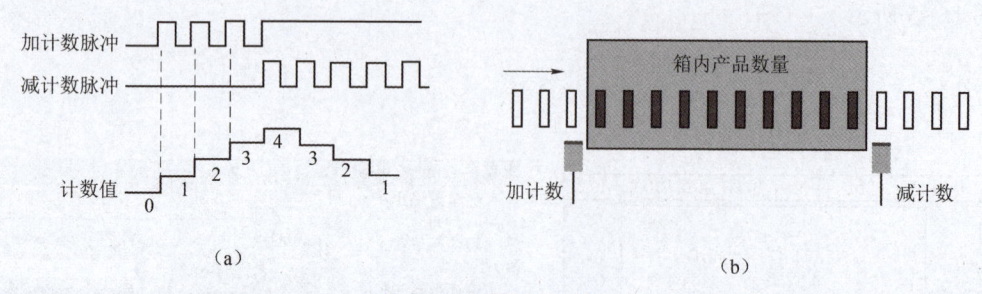

图 16-6 产品检测计数

【两相位计数案例】用 HSC1 计数，两相位计数，外部方向输入，接线图及组态如图 16-7 所示。I0.0 为加计数脉冲输入，I0.1 是减计数脉冲输入，当计数当前值大于 10 时信号灯 Q0.0 亮，当计数值在 5 和 8 之间时 Q0.1 亮，梯形图如图 16-8 所示。

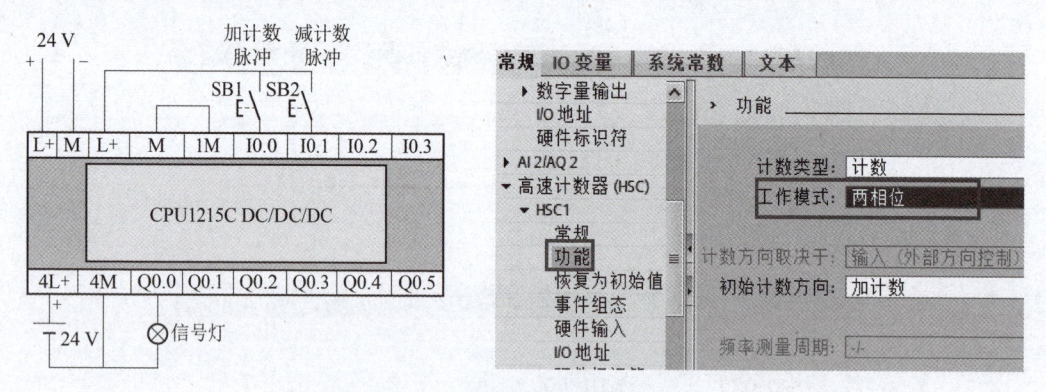

图 16-7 两相位计数接线图及组态

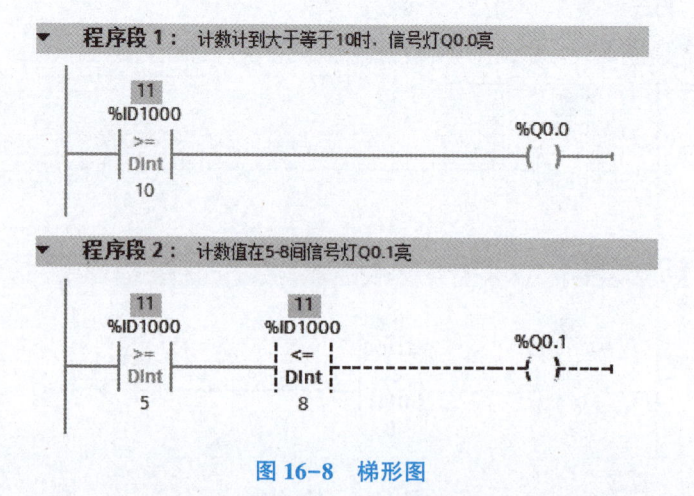

图 16-8 梯形图

(3) AB 相交计数。

AB 相交计数需要两相脉冲输入，即输入信号要有 A 相和 B 相，两相同时协作进行计数，一般应用在有 AB 两相输出脉冲的检测仪器上。

其计数原理如图 16-9 波形图所示。

正转时：A 相超前 B 相，即 A 相先通，B 相再通，A 相的上升沿计数；

反转时：B 相超前 A 相，即 B 相先通，A 相再通，A 相的下降沿计数。

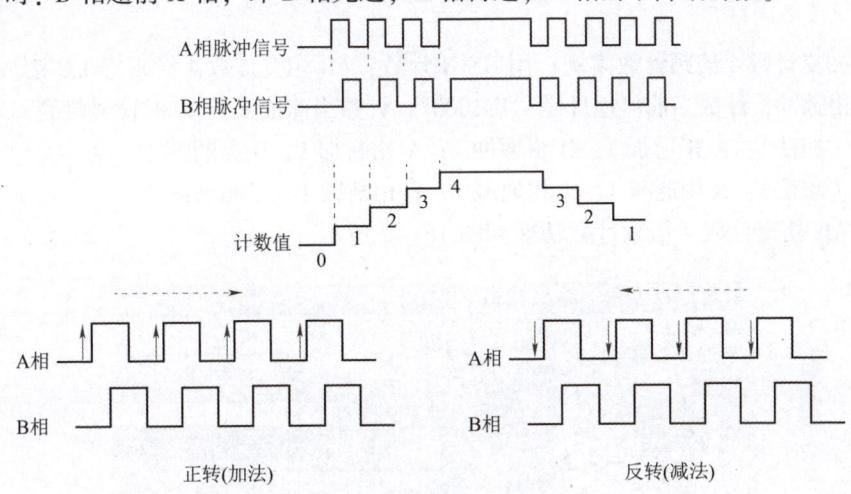

图 16-9　AB 相交计数

【AB 相交计数案例】用 HSC1 计数，AB 相交计数，I0.0 接 A 相脉冲，I0.1 接 B 相脉冲，计数当前值默认地址是"ID1000"，当计数当前值大于 10 时信号灯 Q0.0 亮，当计数值在 5 和 8 之间时 Q0.1 亮，接线图及组态如图 16-10 所示。

正转（加法）：A 相通加 1，B 相通不变；A 相断不变，B 相断不变。

反转（减法）：B 相通不变，A 相通不变；B 相断不变，A 相断减 1。

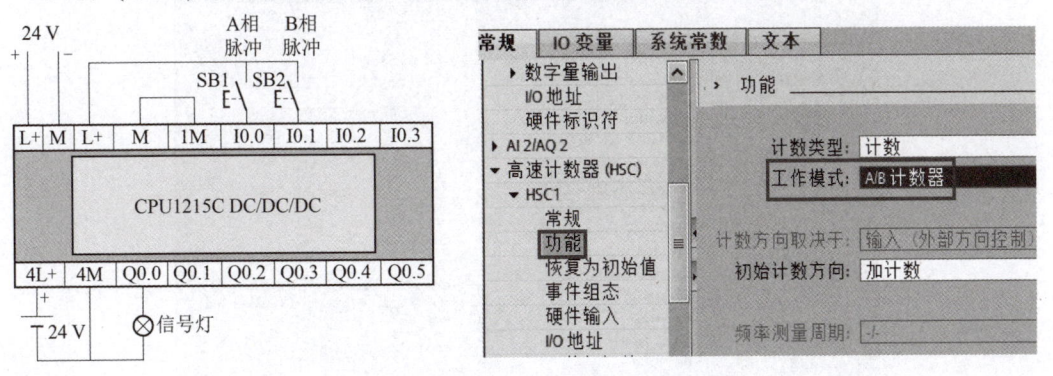

图 16-10　AB 相交计数接线图及组态

(4) AB 相交计数 4 倍频计数。

AB 相交计数 4 倍频计数方式与 AB 相交计数方式相同，只不过计数值是 4 倍，计数波形图如图 16-11 所示。

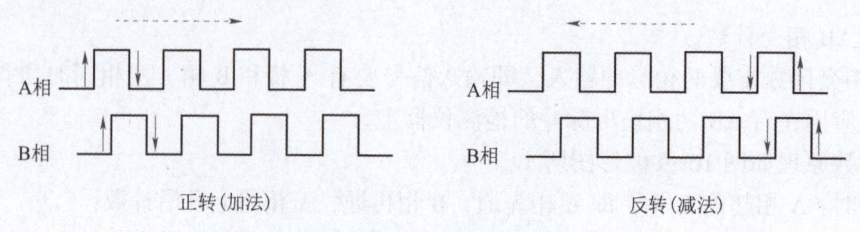

图 16-11　计数波形图

【AB 相交计数 4 倍频计数案例】用 HSC1 计数，AB 相交计数 4 倍频，I0.0 接 A 相脉冲，I0.1 接 B 相脉冲，计数当前值地址是"ID1000"，计数当前值大于 10 时信号灯亮。

正转（加法）：A 相通加 1，B 相通加 1；A 相断加 1，B 相断加 1。

反转（减法）：B 相通减 1，A 相通减 1；B 相断减 1，A 相断减 1。

组态 AB 相交计数 4 倍频计数功能如图 16-12 所示。

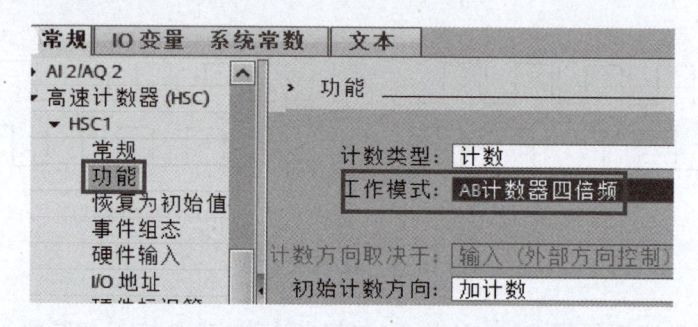

图 16-12　组态 AB 相交计数 4 倍频计数功能

2. 高速计数器组态及功能说明

在启用高速计数器前，先添加一个硬件中断 OB40，如图 16-13 所示。

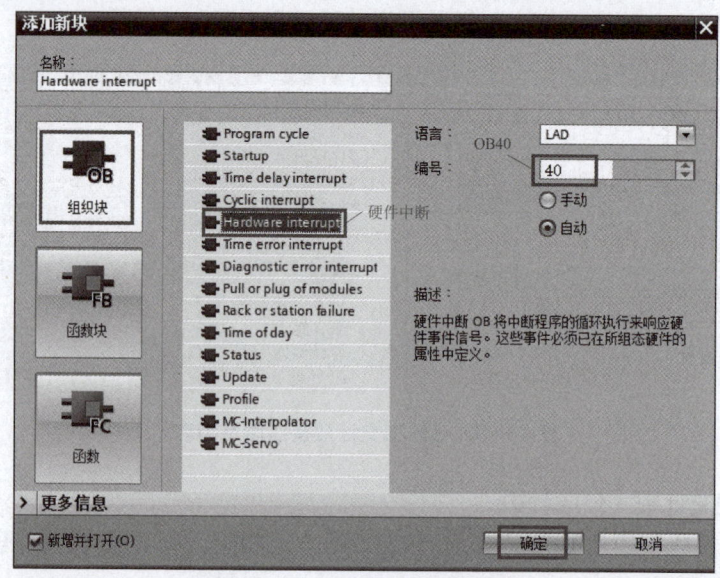

图 16-13　组态硬件中断 OB40

(1) 启用高速计数器。

启用高速计数器步骤：①双击"设备组态"；②双击 PLC；③选择"常规"；④勾选"启用该高速计数器"；⑤更改计数器名称，如图 16-14 所示。

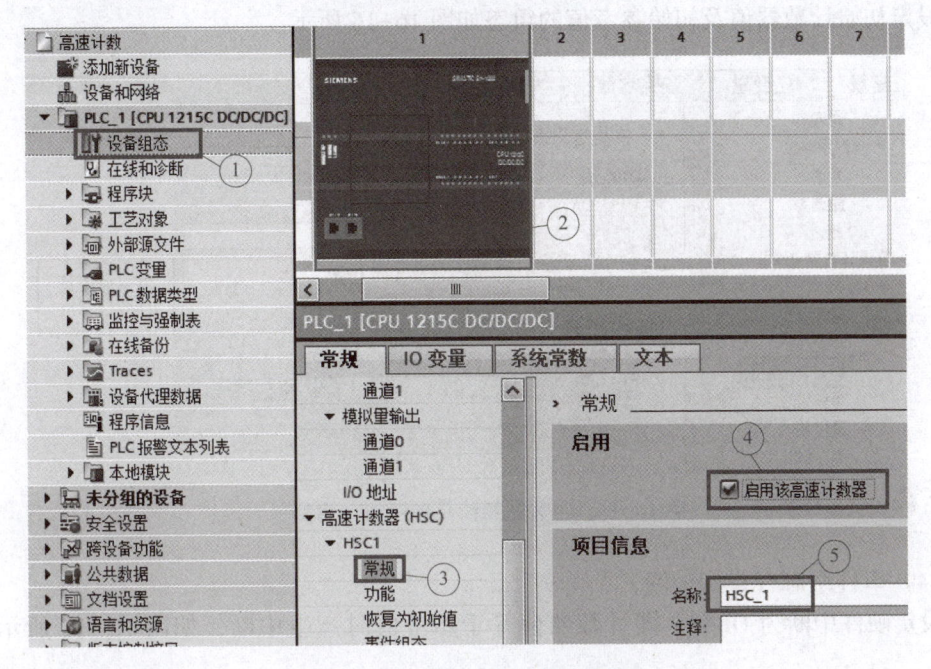

图 16-14　启用高速计数器步骤

(2) 选择功能。

工作模式选择如图 16-15 所示。

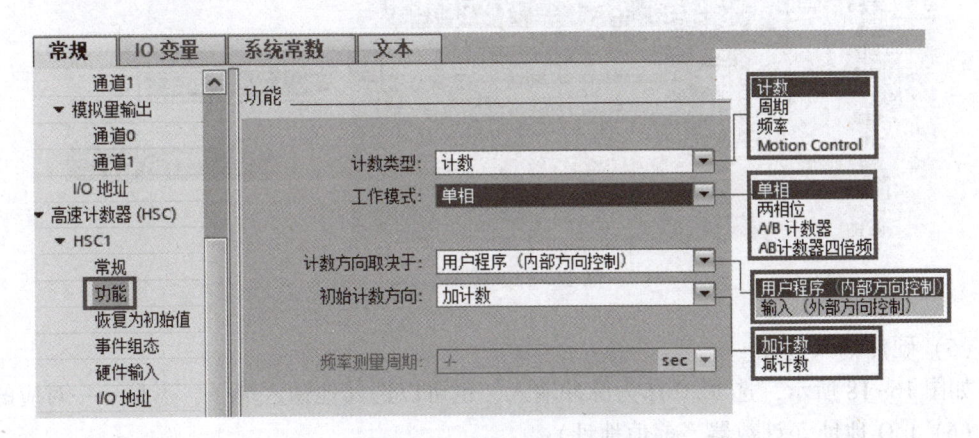

图 16-15　组态单相工作模式

单相：只有一个计数端子，计数方向由程序设定或者外部输入端子决定。
两相位：有两个计数端子，一个为加计数，另一个为减计数。
A/B 计数器：有两个计数端子，1 个为 A 相，另 1 个为 B 相，A、B 相相互作用完成加减计数。

AB 计数器四倍频：和 A/B 计数器一样，但计到的数为 4 倍的数值。

（3）设定初始计数器值及初始参考值（目标值）。

设定初始计数器值及初始参考值的组态如图 16-16 所示。

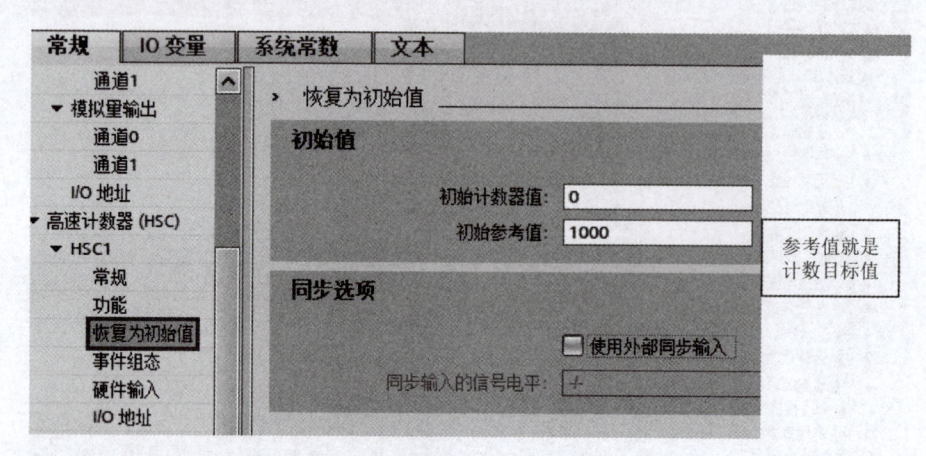

图 16-16 组态初始值及参考值（目标值）

（4）事件组态（设定中断）。

设定硬件中断为 OB40，即计数器值等于参考值时产生中断，如图 16-17 所示步骤操作。

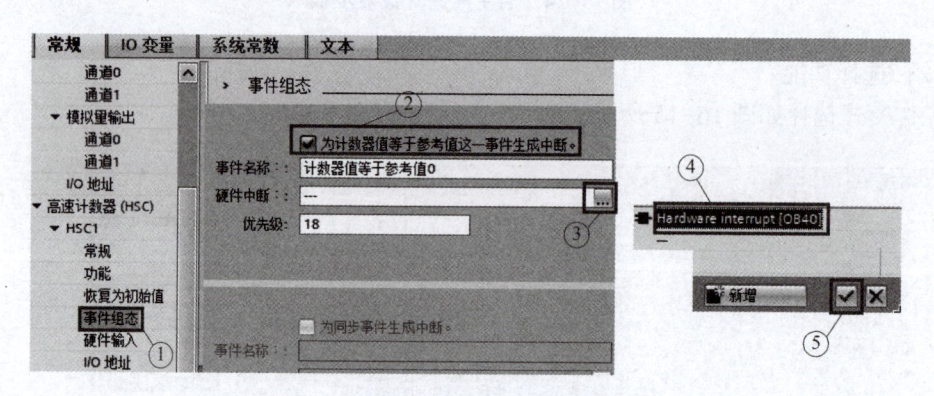

图 16-17 组态事件

（5）硬件输入选择。

如图 16-18 所示，选 I0.0 作为脉冲输入，也可以选其他输入端子，不是一一对应的。

（6）I/O 地址（计数器当前值地址）。

选择 HSC1 的起始地址为"1000"，如图 16-19 所示，其他计数器值默认地址如表 16-3 所示。

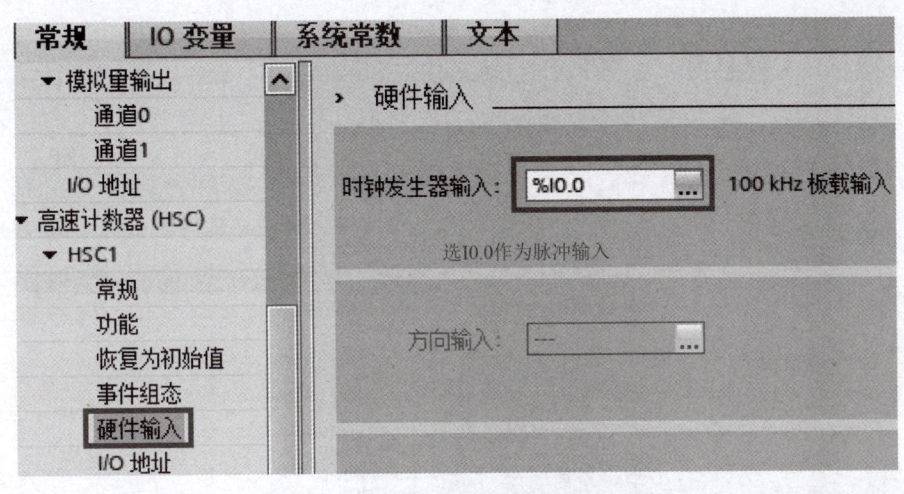

图 16-18 硬件输入选择

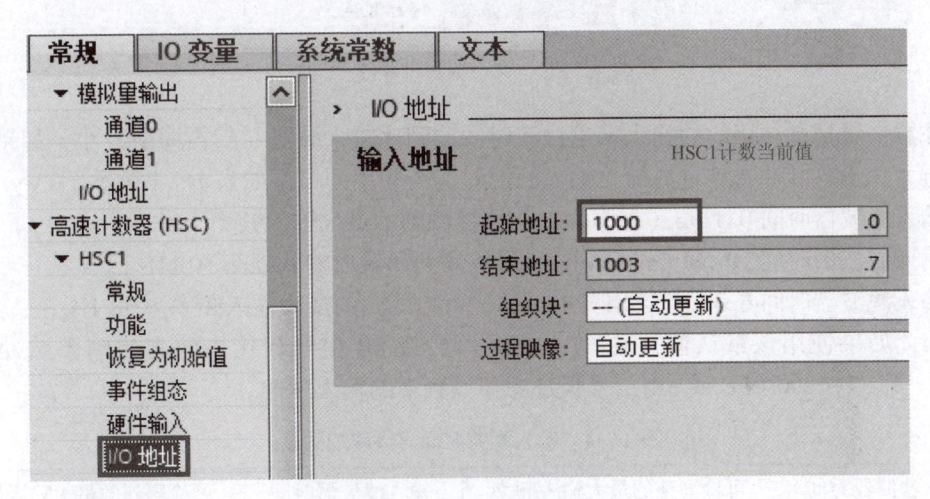

图 16-19 计数当前值默认地址

表 16-3 计数器值默认地址表

计数器号	数据类型	默认地址
HSC1	DINT	ID1000
HSC2	DINT	ID1004
HSC3	DINT	ID1008
HSC4	DINT	ID1012
HSC5	DINT	ID1016
HSC6	DINT	ID1020

(7) 修改输入通道的滤波时间。

选择通道的输入滤波器滤波时间如图 16-20 所示。

项目五 智能产线运动定位控制

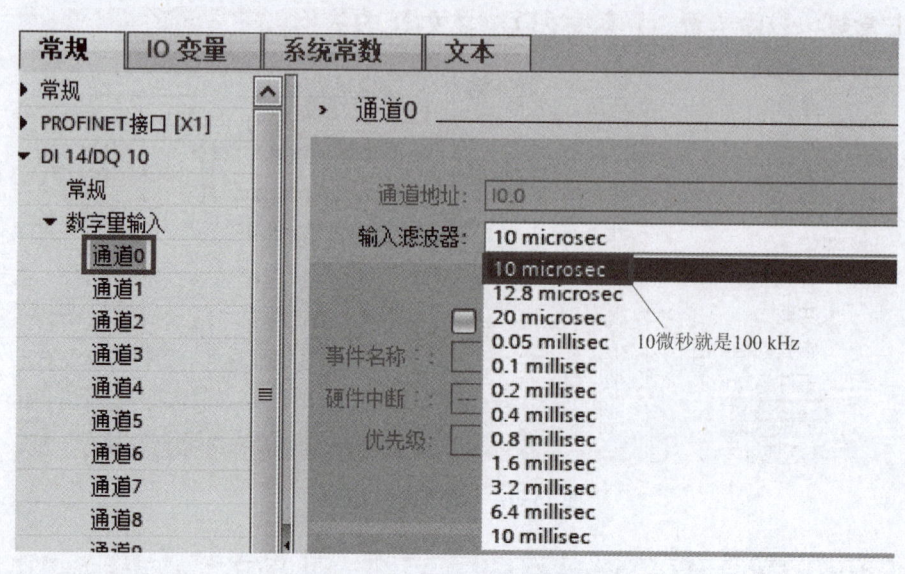

图 16-20 输入通道的滤波时间

注意：要把脉冲接收的输入端子滤波时间改到比输入脉宽（扫描周期）小，如果滤波时间过大，输入脉冲将被过滤掉。输入滤波时间与频率的关系如表 16-4 所示。

输入滤波器时间 0.1 μs（microsec），可检测到的最大输入频率 1 MHz。
输入滤波器时间 10 μs（microsec），可检测到的最大输入频率 50 kHz。
输入滤波器时间 6.4 ms（6.4 millisec），可检测到的最大输入频率为 78 Hz。

因此如果使用该默认值，且 S7-1200 PLC 或 SB 信号板接入的高速输入脉冲超过 78 Hz，则 S7-1200 PLC 或 SB 信号板过滤掉该频率的输入脉冲。

表 16-4 输入滤波时间与频率的关系

输入滤波器时间	可检测到的最大输入频率	输入滤波器时间	可检测到的最大输入频率
0.1 microsec	1 MHz	0.1 millisec	5 kHz
0.2 microsec	1 MHz	0.2 millisec	2.5 kHz
0.4 microsec	1 MHz	0.4 millisec	1.25 kHz
0.8 microsec	625 kHz	0.8 millisec	625 Hz
1.6 microsec	312 kHz	1.6 millisec	312 Hz
3.2 microsec	156 kHz	3.2 millisec	156 Hz
6.4 microsec	78 kHz	6.4 millisec	78 Hz
10 microsec	50 kHz	10 millisec	50 Hz
12.8 microsec	39 kHz	12.8 millisec	39 Hz
20 microsec	25 kHz	20 millisec	25 Hz
0.05 millisec	10 kHz		

3. 光电编码器

光电编码器是用来检测机械运动的角度、速度、长度、位移和加速度的传感器，其外形如图 16-21 所示，它把实际的机械参数值转换成电气信号，这些电气信号可以被计数器、转速表、PLC 工业 PC 处理。

图 16-21　光电编码器外形及输出连线

（1）编码器结构。

编码器的分类有：光电编码器（增量式编码器和绝对式编码器）、磁性编码器、电感式编码器、电容式编码器。在自动化生产线上用得比较多的是增量式编码器，下面主要学习增量式编码器。

增量式编码器由光源、码盘、光敏装置和输出电路等组成，如图 16-22 所示。

编码器原理

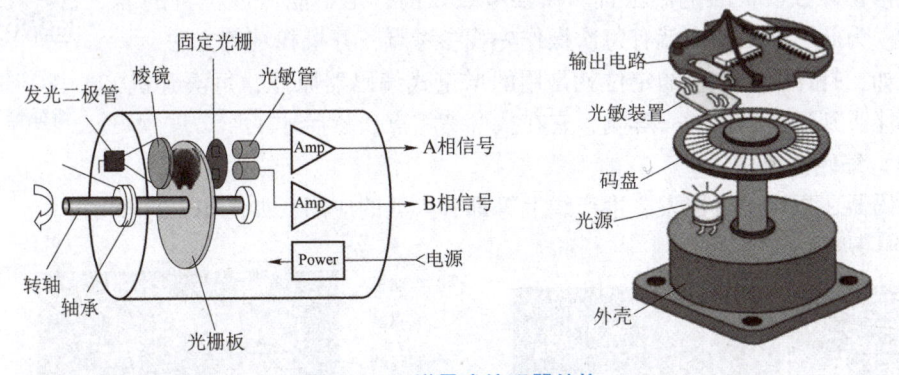

图 16-22　增量式编码器结构

（2）光电编码器原理。

光电编码器工作原理图如图 16-23 所示，增量式编码器是直接利用光电转换原理输出 3 组方波脉冲 A 相、B 相和 Z 相，A、B 两组脉冲相位差 90°，用于辨别方向。当 A 相脉冲超前 B 相脉冲时为正转方向，而当 B 相脉冲超前 A 相脉冲时则为反转方向。Z 相为零位脉冲信号，码盘旋转一周发出一个零位脉冲用于基准点定位。编码器每转 360°，提供多少个明或者暗刻线称为分辨率。如分辨率是 1 024 线，表示 1 024 脉冲/转。

旋转增量式编码器转动时输出脉冲，通过计数设备来知道其位置，当编码器不动或断电时，依靠计数设备的内部记忆来记住位置。这样，当断电后，编码器不能有任何的移动，当通电工作时，编码器输出脉冲过程中，也不能有干扰而丢失脉冲，不然，计数设备记忆的零点就会偏移，而且这种偏移的量是无从知道的，只有错误的生产结果出现后才能知道。

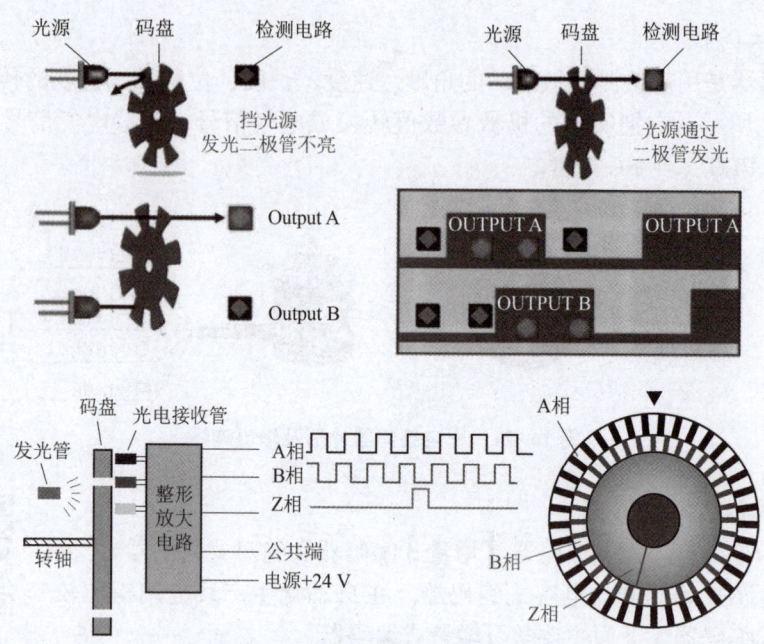

图 16-23　光电编码器工作原理图

解决该问题的方法是增加参考点，编码器每经过参考点，就通过参考位置修正计数设备的记忆位置。在参考点以前，是不能保证位置的准确性的。为此，在工控中就有每次操作先找参考点，开机找零等方法。

比如，打印机扫描仪的定位就是用的增量式编码器原理，每次开机，我们都能听到噼里啪啦的一阵响，它在找参考零点，然后才工作。

（3）编码器应用。

编码器在机床、机器人、生产线上等都有广泛的应用，如图 16-24 所示。

教你看懂
编码器参数

图 16-24　编码器应用

问题讨论：机床加工开机时工作台为什么要回原点（参考点）？

_____

_____

_____

（4）增量式编码器与 PLC 接线。

如图 16-25 所示，增量式编码器输出有 5 根线，棕色（电源正极）、蓝色（电源负极）、黑色（A 相）、白色（B 相）、橙色（Z 相），有的只有 A、B 相两相，最简单的只有 A 相。编码器的电源可以是外接电源，也可直接使用 PLC 的 DC 24 V 电源。

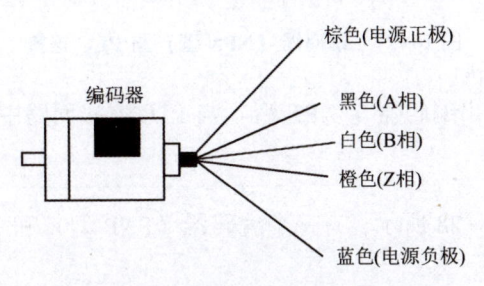

图 16-25　增量式编码器输出 5 根线

编码器参数有：PNP（或 NPN），增量型，1000P/R，1000P/R 是表示转一转产生 1 000 个脉冲。

增量式编码器有 NPN 型与 PNP 型，对应的编码器与 PLC 接线形式有两种，下面以 S7-1200 PLC 为例，讲述增量式编码器与 PLC 的接线。

1）编码器（PNP 型）与 PLC 连接，如图 16-26 所示。输入公共端 1M 与电源负极连接。

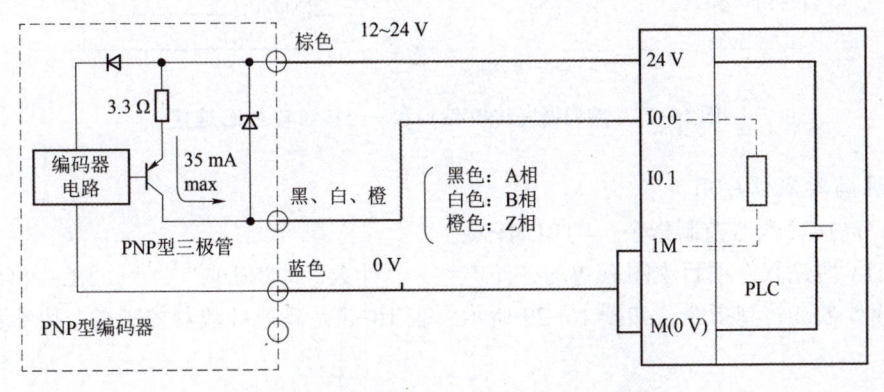

图 16-26　编码器（PNP 型）与 PLC 连接

2）编码器（NPN 型）与 PLC 连接，如图 16-27 所示。输入公共端 1M 与电源正极连接。

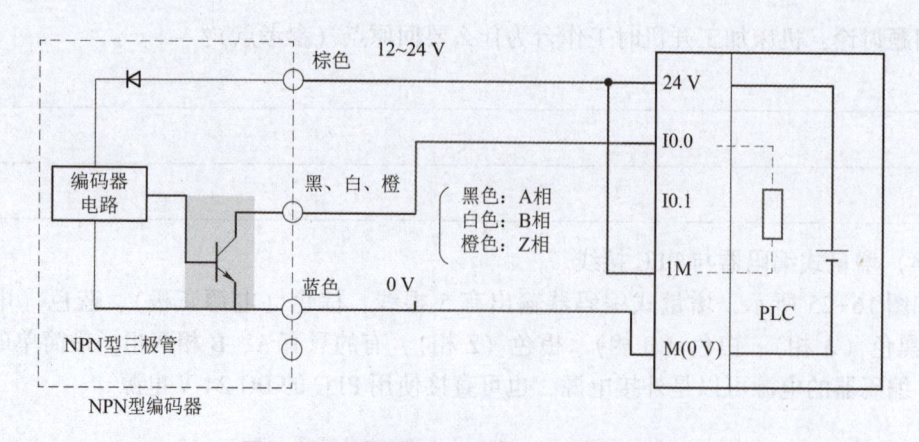

图 16-27　编码器（NPN 型）与 PLC 连接

问题讨论 1：请你说出编码器（NPN 型）与 PLC 连接回路中的电流流向。_____

问题讨论 2：如图 16-28 所示，有一个编码器（PNP 型）和一个按钮，请在图中把它们与 PLC 输入端相连接。

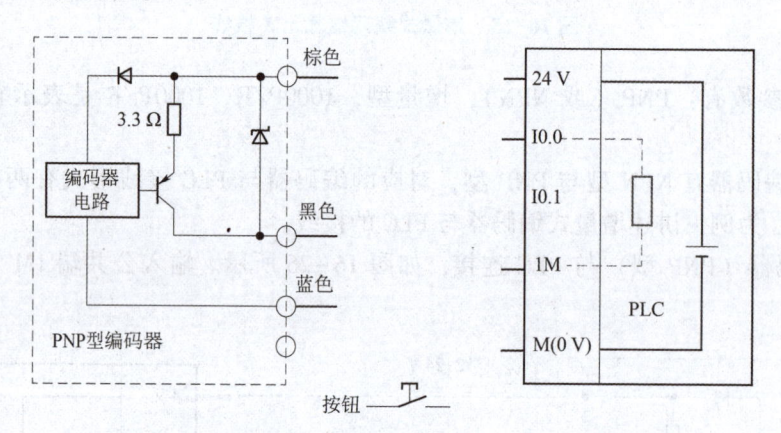

图 16-28　编码器（PNP 型）和一个按钮与 PLC 连接

4. 编码器定位应用

（1）高速计数器控制指令：CTRL_HSC。

在 TIA 博途软件项目视图右边的"工艺"/"计数"/"其它"/"CTRL_HSC"中可找到高速计数器控制指令，如图 16-29 所示，表 16-5 是高速计数器控制指令块参数含义。

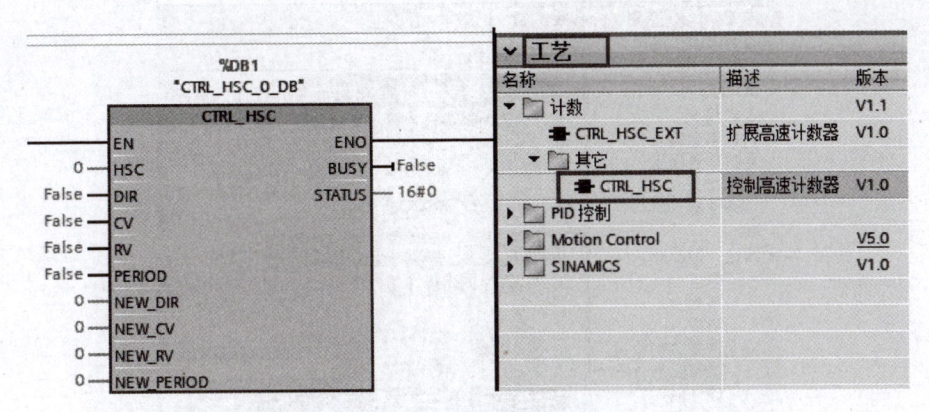

图 16-29　高速计数器控制指令

表 16-5　高速计数器控制指令块参数含义

参数	数据类型	含义
HSC	HW-HSC	高速计数器号中，如 HSC1 是 257
DIR	Bool	1—使能新方向
CV	Bool	1——使能新初始值
RV	Bool	1——使能新参考值（计数值）
PERIOD	Bool	1——使能新频率测量周期值
NEW_DIR	Int	1—正方向（加），-1—反方向（减）
NEW_CV	DInt	新初始值
NEW_RV	DInt	新参考值
NEW_PERIOD	Int	新频率测量周期
BUSY	Bool	1—运行状态
STATUS	Word	出错指示

（2）高速计数器中断调用。

在高速计数器组态中的事件组态中可进行中断调用，有 3 个中断事件，第 1 个是当前值=参考值时，产生中断；第 2 个是同步（复位）信号接通时，产生中断；第 3 个是计数方向发生变化时，产生中断，如图 16-30 所示。

硬件中断，在程序块的"添加新块"中选择"组织块 OB"，再选择硬件中断"Hardware interrupt"，得到 OB40，如图 16-31 所示。

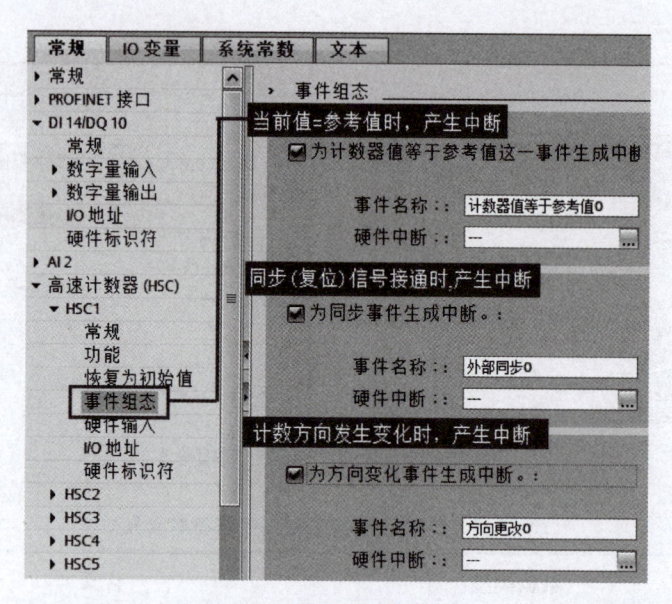

图 16-30　高速计数器中断调用

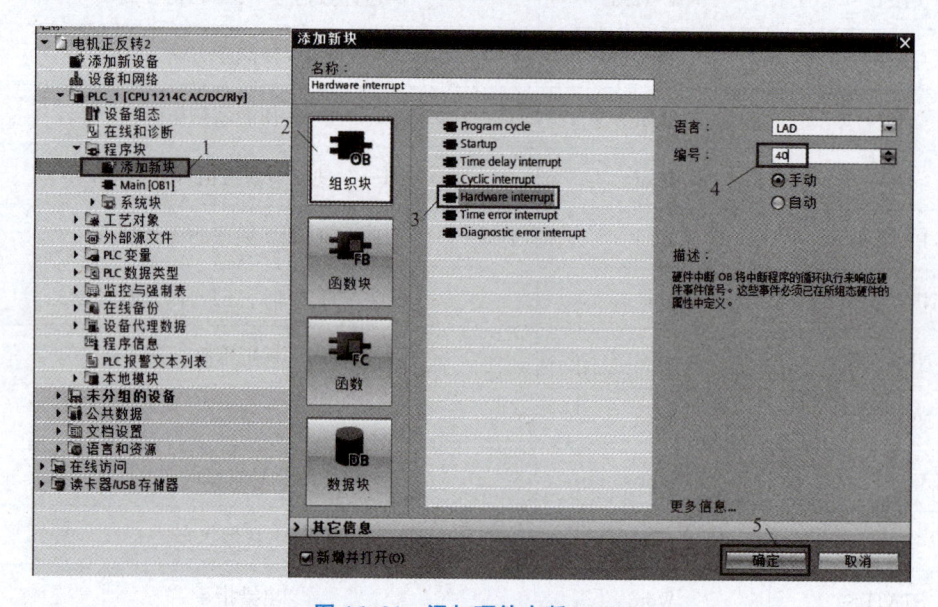

图 16-31　添加硬件中断 OB40

如图 16-32 所示，当前值等于参考值时，产生中断，调用硬件中断"Hardware interrupt"。

（3）中断应用案例。

如图 16-33 所示，在正向计数过程中：

在 1 000 个脉冲位置，点亮 Q0.0；

在 3 000 个脉冲位置，点亮 Q0.1，灭掉 Q0.0；

在 5 000 个脉冲位置，点亮 Q0.2，灭掉 Q0.1；

返回过程中，回到 0 位置，全部灭掉。

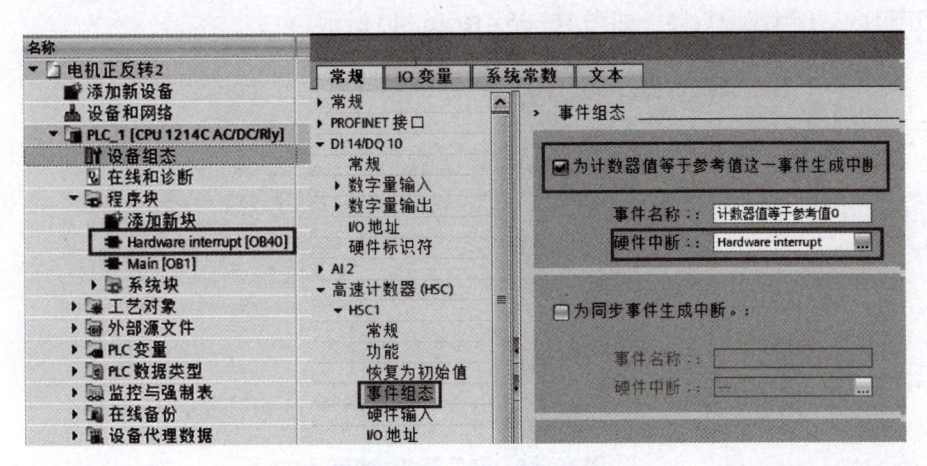

图 16-32　生成中断事件

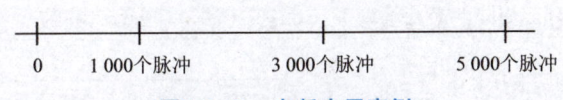

图 16-33　中断应用案例

分析：

★由上述案例要求可看出，有 4 个中断事件，分别为当前值 1 000、3 000、5 000、0。

★有 4 个硬件中断程序（OB），当上面的中断事件产生时，调用对应处理程序。

★但是，比较中断事件只有一个，所以我们在调用中断的同时要重新设定新的参考值，并重新连接中断程序。

例如，计数的当前值=1 000 时，调用 OB40，在 OB40 里，要把参考值重新设定为 3 000，并用 ATTACH 指令把中断事件连接到 OB41 上。

★以此类推，一直到当前值=0 时，把参考值重新设为 1 000，就可以重新循环。

1）硬件组态。

如图 16-34 所示，添加 4 个中断组织块：HSC1-1000 位置 [OB40]、HSC1-3000 位置 [OB41]、HSC1-5000 位置 [OB42]、HSC1-0 位置 [OB43]。

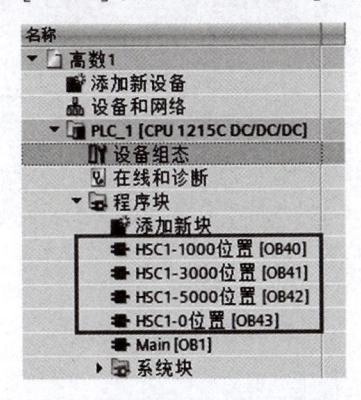

图 16-34　添加 4 个中断组织块

组态 HSC_1 高速计数器，如图 16-35~图 16-40 所示。

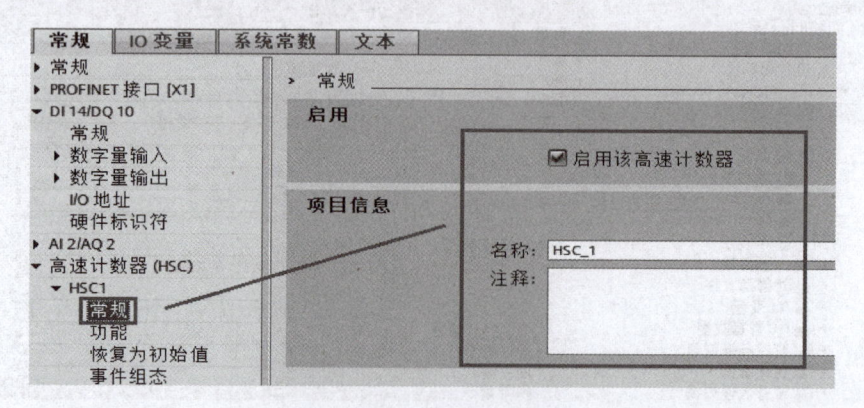

图 16-35　启用高速计数器

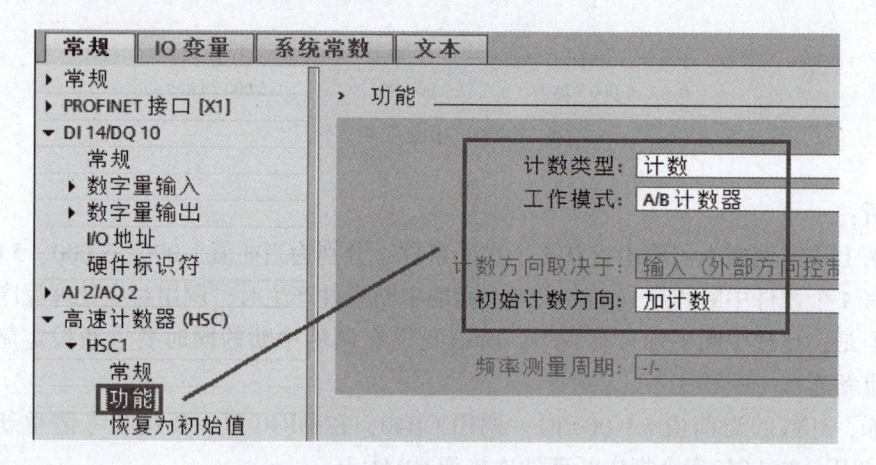

图 16-36　组态计数模式

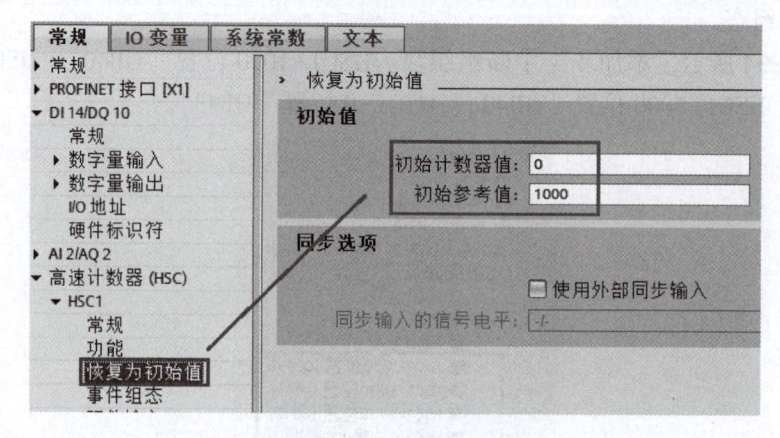

图 16-37　组态初始值

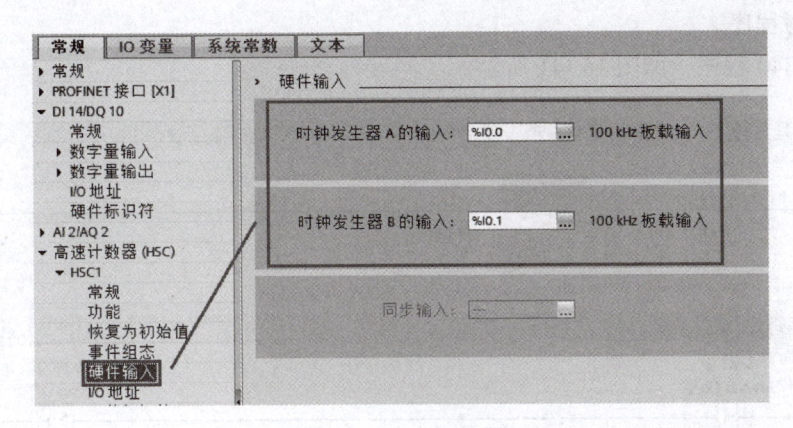

图 16-38　组态硬件输入

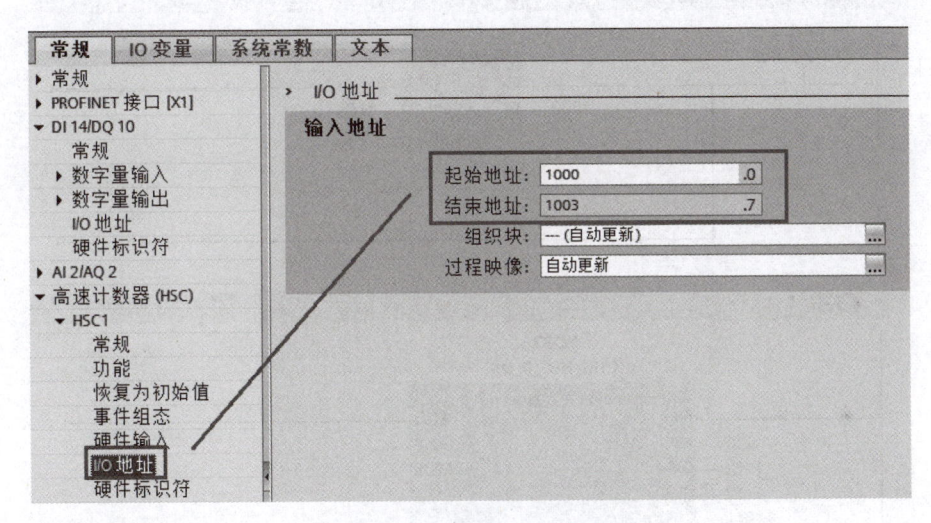

图 16-39　组态 I/O 地址

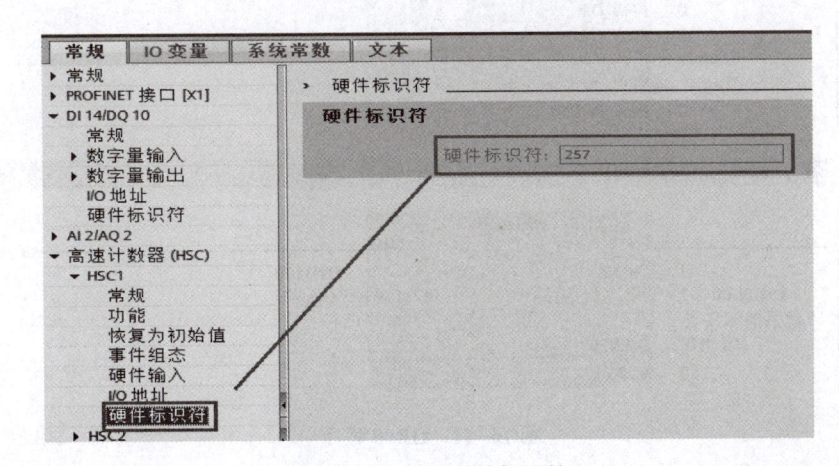

图 16-40　组态硬件标识符

341

2）编写程序。

编写 OB40 程序，如图 16-41 所示。

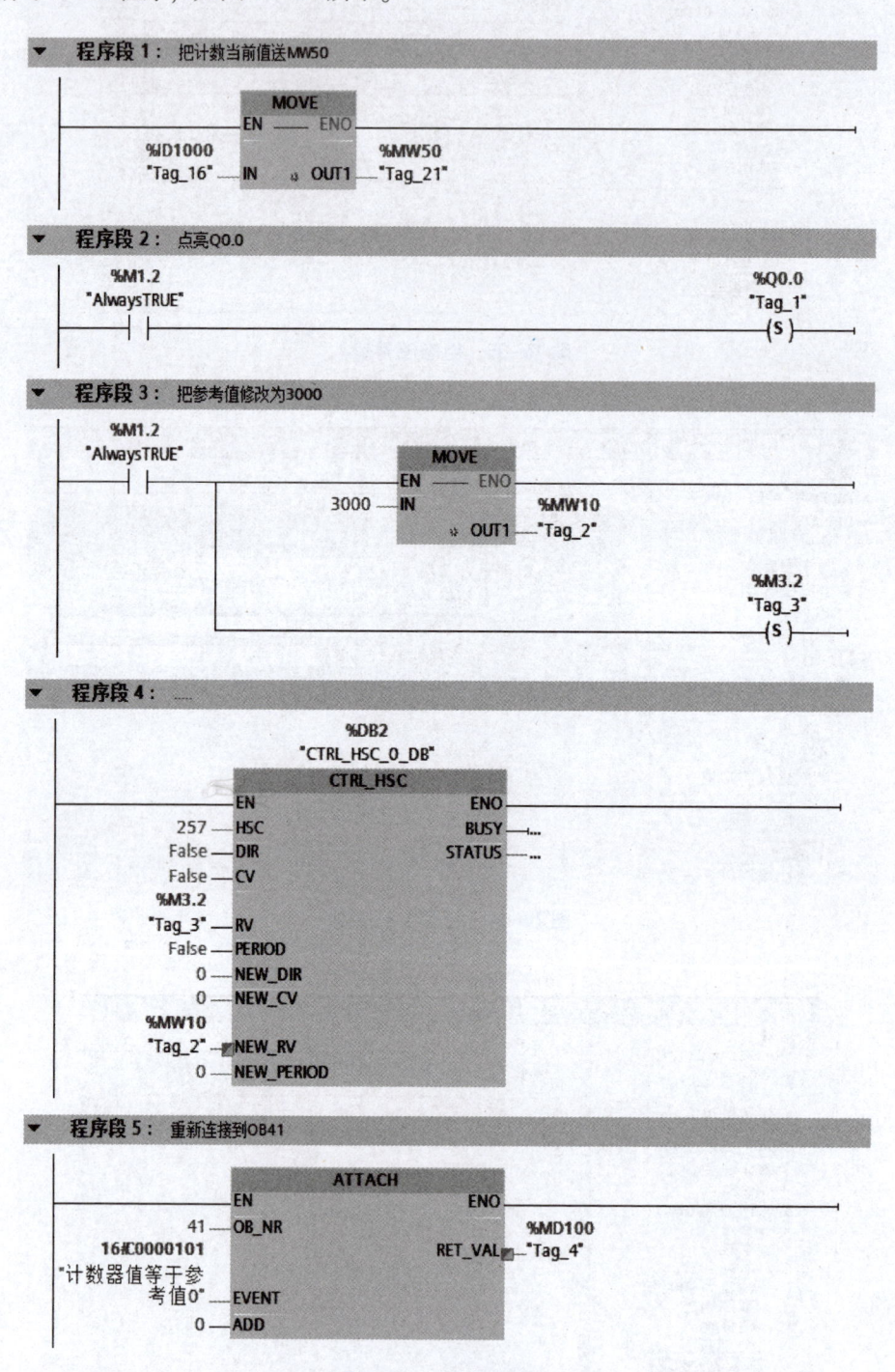

图 16-41　OB40 程序

编写 OB41 程序，如图 16-42 所示。

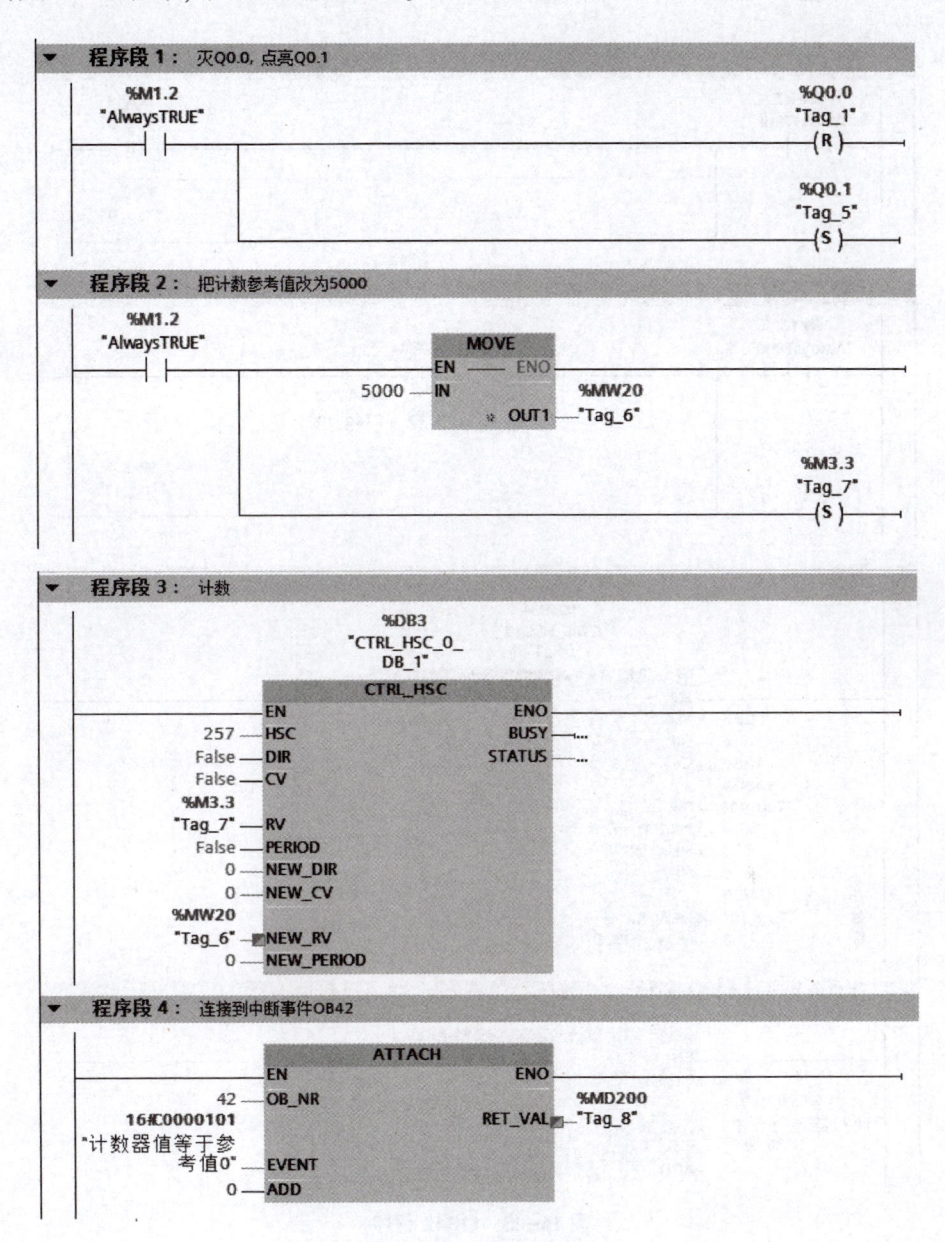

程序段 1： 灭Q0.0, 点亮Q0.1

```
%M1.2                                      %Q0.0
"AlwaysTRUE"                               "Tag_1"
────┤├────┬───────────────────────────────( R )

                                           %Q0.1
                                           "Tag_5"
                                          ─( S )─
```

程序段 2： 把计数参考值改为5000

```
%M1.2              MOVE
"AlwaysTRUE"    ┌─────────┐
────┤├──────────┤EN    ENO├─────────
         5000 ──┤IN       │         %MW20
                │     OUT1├─────── "Tag_6"
                └─────────┘
                                           %M3.3
                                           "Tag_7"
                                          ─( S )─
```

程序段 3： 计数

```
                %DB3
            "CTRL_HSC_0_
                DB_1"
              ┌─────────┐
              │ CTRL_HSC│
           ───┤EN    ENO├───
        257 ──┤HSC  BUSY├─── ...
      False ──┤DIR STATUS├── ...
      False ──┤CV       │
      %M3.3   │         │
     "Tag_7"──┤RV       │
      False ──┤PERIOD   │
          0 ──┤NEW_DIR  │
          0 ──┤NEW_CV   │
     %MW20    │         │
     "Tag_6"──┤NEW_RV   │
          0 ──┤NEW_PERIOD│
              └─────────┘
```

程序段 4： 连接到中断事件OB42

```
                ATTACH
              ┌─────────┐
              │EN    ENO├───
          42 ─┤OB_NR    │         %MD200
   16#C0000101│   RET_VAL├─────── "Tag_8"
  "计数器值等于参│         │
      考值0"  ─┤EVENT    │
           0 ─┤ADD      │
              └─────────┘
```

图 16-42　OB41 程序

343

项目五 智能产线运动定位控制

编写 OB42 程序，如图 16-43 所示。

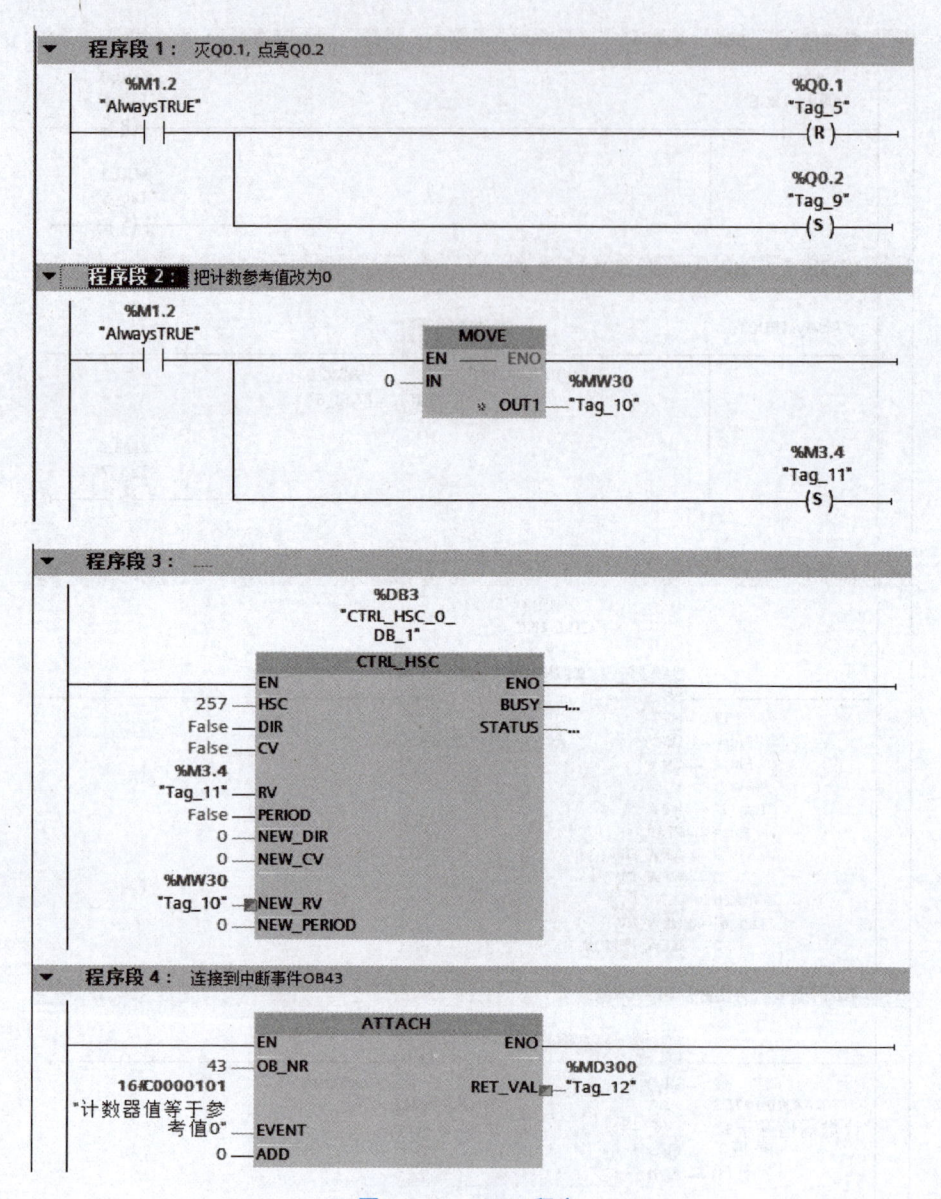

图 16-43　OB42 程序

编写 OB43 程序，如图 16-44 所示。

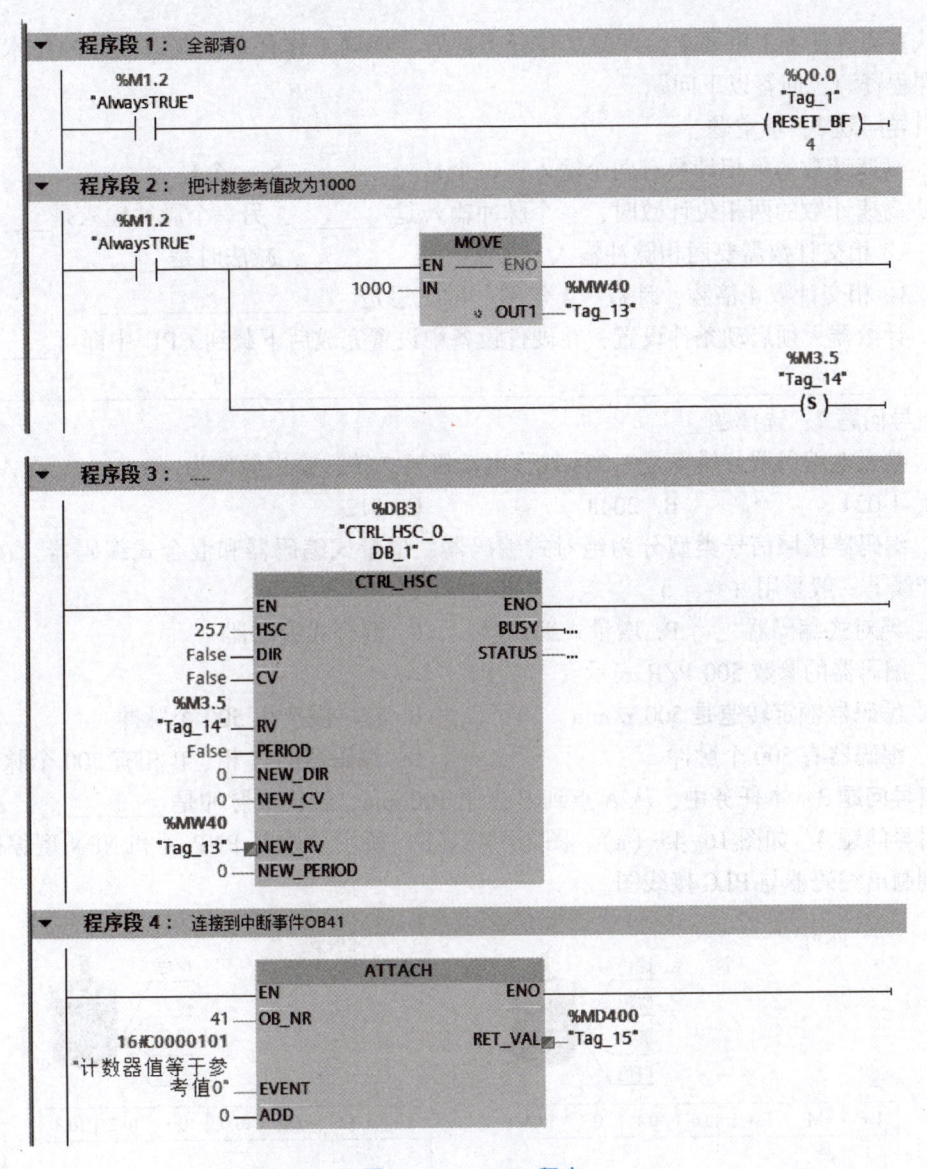

程序段 1：全部清 0

```
%M1.2                                          %Q0.0
"AlwaysTRUE"                                   "Tag_1"
────┤ ├──────────────────────────────────────( RESET_BF )──
                                                    4
```

程序段 2：把计数参考值改为 1000

```
%M1.2              MOVE
"AlwaysTRUE"    ┌────────┐
────┤ ├────────┤ EN  ENO ├─────────────────────────
         1000 ─┤ IN       │          %MW40
               │     OUT1 ├──────── "Tag_13"
               └──────────┘
                                                %M3.5
                                               "Tag_14"
                                              ─( S )─
```

程序段 3：……

```
                        %DB3
                    "CTRL_HSC_0_
                        DB_1"
                    ┌────────────┐
                    │  CTRL_HSC  │
                    │ EN     ENO │──
              257 ──┤ HSC   BUSY ├── …
            False ──┤ DIR STATUS ├── …
            False ──┤ CV         │
            %M3.5   │            │
           "Tag_14"─┤ RV         │
            False ──┤ PERIOD     │
                0 ──┤ NEW_DIR    │
                0 ──┤ NEW_CV     │
            %MW40   │            │
           "Tag_13"─┤ NEW_RV     │
                0 ──┤ NEW_PERIOD │
                    └────────────┘
```

程序段 4：连接到中断事件 OB41

```
                      ATTACH
                   ┌──────────┐
                   │ EN   ENO ├──
              41 ──┤ OB_NR     │         %MD400
        16#C0000101│   RET_VAL ├──────── "Tag_15"
       "计数器值等于参│          │
          考值 0"  ─┤ EVENT     │
               0 ──┤ ADD       │
                   └──────────┘
```

图 16-44 OB43 程序

工作准备页

认真阅读任务工单要求，理解工作任务内容，明确工作任务，获取任务的技术资料，学习课程资源，回答以下问题。

引导问题 1：填空题。

1. 高速计数的单相计数有两个输入，一个是_____，另一个是_____。
2. 高速计数的两相位计数时，一个脉冲输入是_____，另一个脉冲输入是_____。
3. AB 相交计数需要两相脉冲输入，加法时是_____，减法时是_____。
4. AB 相交计数 4 倍频，计数"4 倍频"的意思是_____。
5. 计数器无须启动条件设置，在硬件设备中设置完成后下载到 CPU 中即可_____
_____。

引导问题 2：选择题。

1. 某光电编码器分辨率是 1 024 线，电动机转 2 转，输出脉冲为（   ）。

   A. 1 024　　　　B. 2048　　　　C. 512

2. 编码器按照信号类型分为绝对式编码器、增量式编码器和混合式编码器，在自动化生产线上一般采用（   ）。

   A. 绝对式编码器　　B. 增量式编码器　　C. 混合式编码器

3. 编码器的参数 500 P/R 表示（   ）。

   A. 编码器额定转速是 500 r/min　　　B. 转一圈产生 500 个脉冲
   C. 编码器有 500 个脉冲　　　　　　　D. 编码器的 A 相、B 相有 500 个脉冲

引导问题 3：本任务中，从 A 点到 B 点是 100 mm，转换成脉冲是_____。

引导问题 4：如图 16-45（a）、图 16-45（b）所示分别是 PNP 型和 NPN 型编码器，请分别画出编码器与 PLC 接线图。

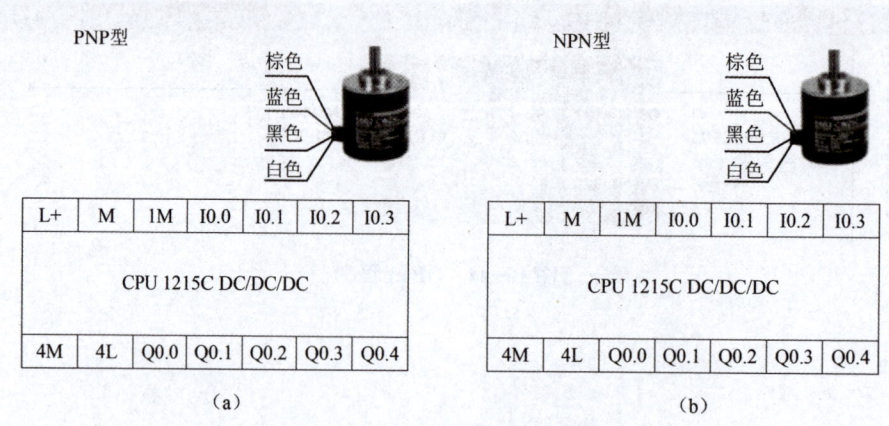

图 16-45　编码器与 PLC 接线
（a）PNP 型编码器；(b) NPN 型编码器

设计决策页

1. 列出 PLC 的 I/O 分配表。

进行 PLC 控制系统设计的首要环节是为输入/输出设备分配 I/O 地址,列出表 16-6 的 I/O 分配输入/输出点。

表 16-6 PLC 的 I/O 分配表

输入端口			输出端口		
元件名称	元件符号	输入地址	元件名称	元件符号	输出地址

2. 画出 PLC 的 I/O 接线图。

根据 PLC 的 I/O 分配表,结合如图 16-46 所示 PLC 的接线端子,画出 PLC 的 I/O 接线图。

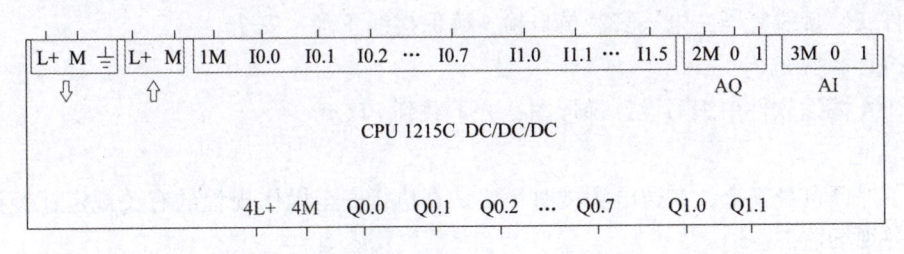

图 16-46 PLC 的 I/O 接线图

3. 高速计数器组态。

4. 设计 PLC 的梯形图。

5. 方案展示。
 (1) 各小组派代表阐述设计方案。
 (2) 各组对其他组的设计方案提出不同的看法。
 (3) 教师结合大家完成的方案进行点评,选出最佳方案。

任务实施页

1. 领取工具

按工单任务要求填写表 16-7 并按表领取工具。

表 16-7　工具表

序号	工具或材料名称	型号规格	数量	备注

2. 电气安装

（1）硬件连接。

按图纸、工艺要求、安全规范和设备要求，安装完成 PLC 与外围设备的接线。

（2）接线检查。

硬件安装接线完毕，电气安装员自检，确保接线正确、安全。

3. PLC 程序编写

在 TIA 博途软件中编写设计梯形图，并下载到 PLC。

4. 通电调试

为了保证自身安全，在通电调试时，要认真执行安全操作规程的有关规定，经指导老师检查并现场监护。

记录调试过程中出现的问题和解决措施。

出现问题：　　　　　　　　　　　　　解决措施：

_____　　_____

_____　　_____

问题探究：S7-1200 PLC 高速计数器有时候计不到数的原因：

_____

_____

5. 技术文件整理

整理任务技术文件，主要包括控制工艺要求、I/O 分配表、I/O 接线图、调试记录表等。

小组完成工作任务总结以后，各小组对自己的工作岗位进行"整理、整顿、清扫、清洁、安全、素养"的 6S 处理，归还所借的工具和实训器件。

检查评价页

1. 展示评价

各组展示作品，进行小组自评、组间互评及教师考核评价，完成任务考核评价表（表 16-8）的填写。

表 16-8 任务考核评价表

评价项目	评价标准	分值	自评 30%	互评 30%	师评 40%	合计
职业素养 （30 分）	分工合理，制订计划能力强，严谨认真	5				
	爱岗敬业、安全意识、责任意识、服从意识	5				
	团队合作、交流沟通、互相协作、分享能力	5				
	遵守行业规范、现场 6S 标准	5				
	保质保量完成工作页相关任务	5				
	能采取多种手段收集信息、解决问题	5				
专业能力 （60 分）	电气图纸设计正确、绘制规范	10				
	施工过程精益求精，电气接线合理、美观、规范	10				
	程序设计合理、上机操作熟练	10				
	项目调试步骤正确	5				
	完成控制功能要求	20				
	技术文档整理完整	5				
创新意识 （10 分）	创新性思维和精神	5				
	创新性观点和方法	5				

2. 任务复盘

（1）重点、难点问题检测。

（2）是否完成学习目标。

（3）谈谈完成本次实训的心得体会。

_____

_____

_____

任务 17　PLC 控制工作台步进定位

任务信息页

学习目标

1. 识别步进电机原理、术语、参数等。
2. 能正确连接 S7-1200 PLC 与步进驱动器的线路。
3. 在 TIA 博途软件中会组态轴运动参数。
4. 理解常用运动控制指令，运用运动指令对步进电机的定位控制进行编程。

工作情景

在许多自动生产线上工作的机械手，根据工艺要求，需要在几个不同的位置进行工作。这就要求驱动机械手的机械机构能够精确、可靠地定位在预定的位置上。步进电机控制系统通过检测编码器的脉冲可使机械机构精确实现定位控制。

步进电机控制系统一般采用开环控制，这使得电机的结构可以比较简单，且控制成本较低。

项目五　智能产线运动定位控制

知识图谱

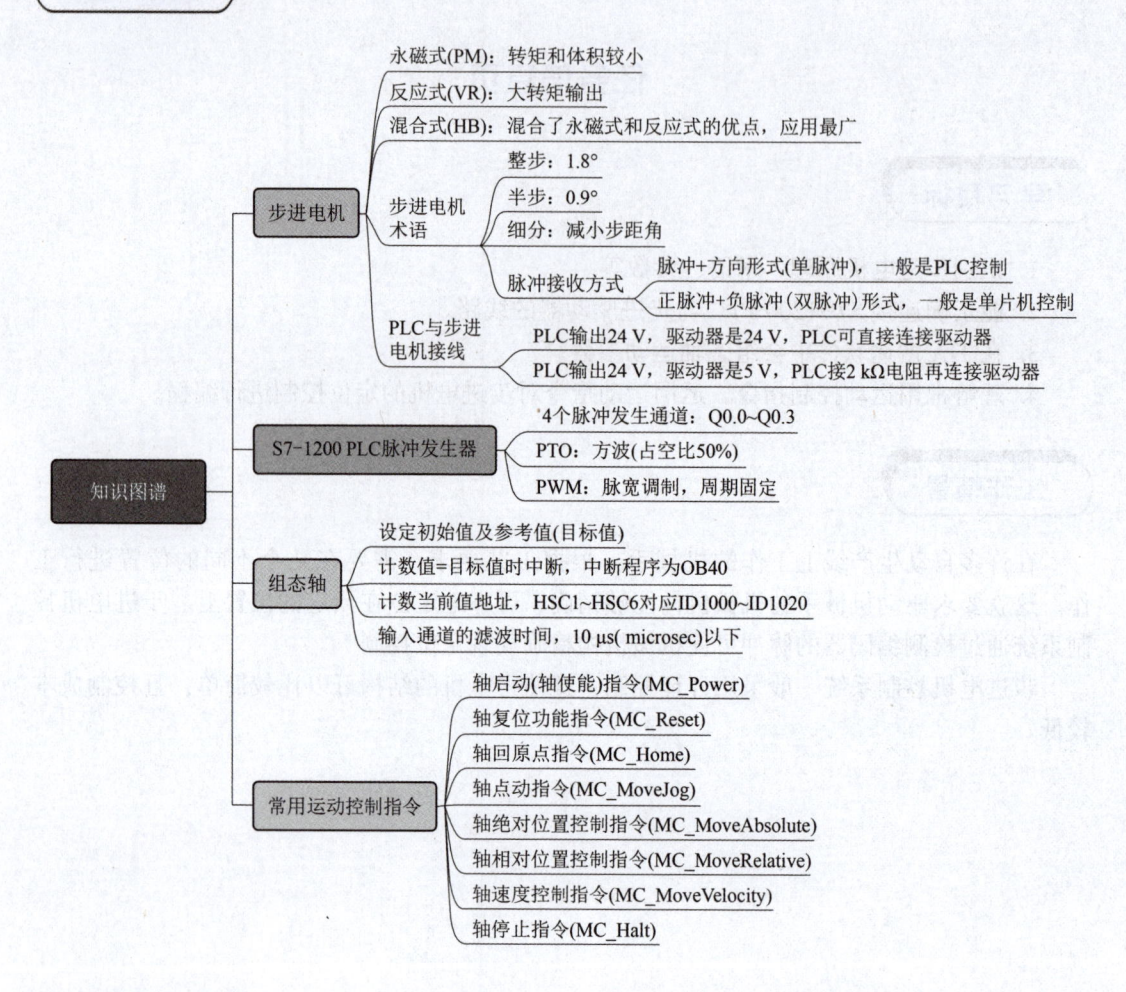

- **知识图谱**
  - **步进电机**
    - 步进电机分类
      - 永磁式(PM)：转矩和体积较小
      - 反应式(VR)：大转矩输出
      - 混合式(HB)：混合了永磁式和反应式的优点，应用最广
    - 步进电机术语
      - 整步：1.8°
      - 半步：0.9°
      - 细分：减小步距角
    - PLC与步进电机接线
      - 脉冲接收方式
        - 脉冲+方向形式(单脉冲)，一般是PLC控制
        - 正脉冲+负脉冲(双脉冲)形式，一般是单片机控制
      - PLC输出24 V，驱动器是24 V，PLC可直接连接驱动器
      - PLC输出24 V，驱动器是5 V，PLC接2 kΩ电阻再连接驱动器
  - **S7-1200 PLC脉冲发生器**
    - 4个脉冲发生通道：Q0.0~Q0.3
    - PTO：方波(占空比50%)
    - PWM：脉宽调制，周期固定
  - **组态轴**
    - 设定初始值及参考值(目标值)
    - 计数值=目标值时中断，中断程序为OB40
    - 计数当前值地址，HSC1~HSC6对应ID1000~ID1020
    - 输入通道的滤波时间，10 μs(microsec)以下
  - **常用运动控制指令**
    - 轴启动(轴使能)指令(MC_Power)
    - 轴复位功能指令(MC_Reset)
    - 轴回原点指令(MC_Home)
    - 轴点动指令(MC_MoveJog)
    - 轴绝对位置控制指令(MC_MoveAbsolute)
    - 轴相对位置控制指令(MC_MoveRelative)
    - 轴速度控制指令(MC_MoveVelocity)
    - 轴停止指令(MC_Halt)

问题图谱

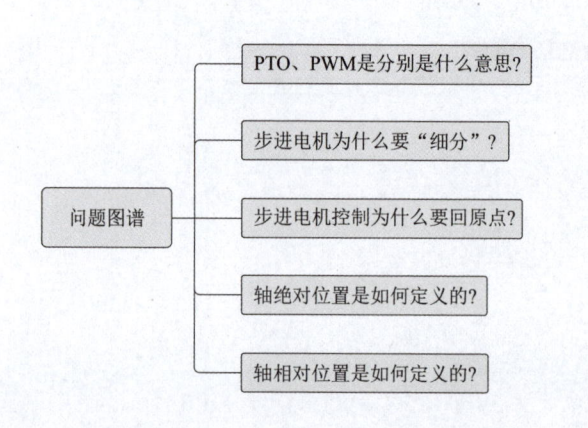

- **问题图谱**
  - PTO、PWM是分别是什么意思?
  - 步进电机为什么要"细分"?
  - 步进电机控制为什么要回原点?
  - 轴绝对位置是如何定义的?
  - 轴相对位置是如何定义的?

任务工单页

控制要求

职业技能大赛项目要求
（335B 装置输送单元视频）

近年来教育部在全国开展的职业技能比赛在各个院校中得到高度重视，技能大赛是教学改革的风向标，已经成为职业院校培养学生的一个重要载体。学生可以通过大赛检验自己的水平，找到自己所处的位置，达到以赛促学的目的。

技能大赛是弘扬一丝不苟的工匠精神和吃苦耐劳的劳模精神的重要载体，不仅要求选手技艺精益求精、操作严谨规范，而且能够培养团结协作的团队意识，强化综合能力和创新能力考核，同学们要主动投入到各级技能竞赛的活动中，亲身体会技能的宝贵、劳动的光荣、创造的伟大。

《自动线安装与调试》和《现代电气控制系统安装与调试》是全国高职院校技能竞赛的两个赛项，适合高职机电类专业学生参赛。其中《自动线安装与调试》赛项用的 YL-335B 型自动生产线实训装备是一套集成了 PLC、变频器、触摸屏、伺服驱动、步进驱动、气动、传感器和工业网络等先进控制器件的综合实训设备。YL-335B 型自动生产线实训装备由机械手、供料站、加工站、装配站和分拣站 5 个部分组成。其外观如图 17-1 所示，示意图如图 17-2 所示。

本任务不进行供料站、加工站、装配站和分拣站程序的编写，只完成机械手 X 方向（O 点-A 点-B 点）步进定位移动程序编写，具体设计要求如下。

1）按下启动按钮，机械手进行回原点操作。

2）回原点完成，接着在供料站执行抓取搬运工件到加工站；加工 4 s，然后取件，搬运至装配站；装配 3 s，然后再取件，机械手旋转 90°后搬运工件至分拣站；完成操作后，返回原点，重复前面动作。

3）按下停止按钮，完成一个工作循环再停止工作。

4）按下急停按钮，停止在当前位置；按下复位按钮，回到初始位置，等待按下启动按钮，然后开始前面动作。

图 17-1 自动生产线实训装备

项目五 智能产线运动定位控制

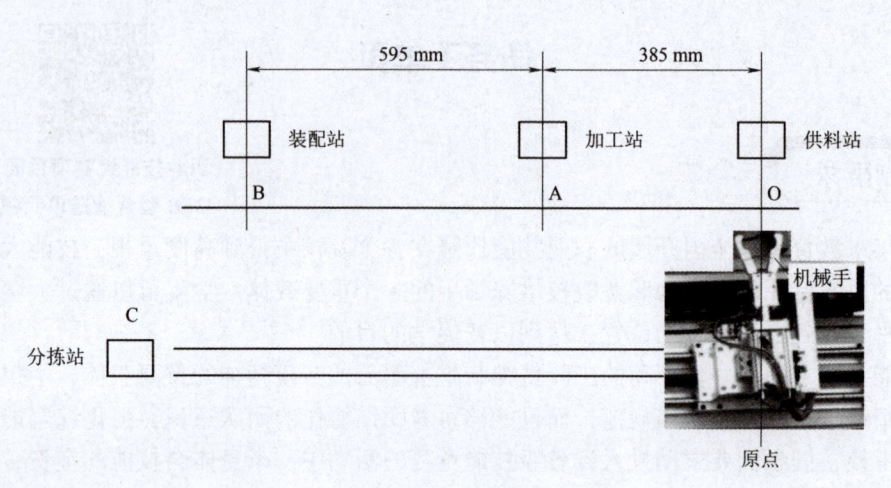

图 17-2 示意图

任务要求

1. 请列出 PLC 的 I/O 表，画 I/O 接线图。
2. 组态轴。
3. 设计梯形图。
4. PLC 联机调试程序。
5. 技术文件资料整理。

知识学习页

CPU 有两个脉冲发生器（PTO/PWM），如图 17-3 所示。S7-1200 CPU 提供了 4 个输出通道用于高速脉冲输出，分别组态为 PTO 或 PWM，通过 Q0.0~Q0.3 输出。

PWM：周期固定，脉冲宽度可调。在很多方面类似于模拟量，比如它可以控制电动机的转速、阀门的位置等。

PTO：占空比（50%）固定的方波。

PTO 的功能只能由运动控制指令来实现，PWM 功能使用 CTRL_PWM 指令块实现，当一个通道被组态为 PWM 时，将不能使用 PTO 功能，反之亦然。

如图 17-4 所示，利用 PLC 内部的高速计数器发出的脉冲控制步进电机或伺服电机。控制高速计数器脉冲频率可控制步进电机的转速，控制高速计数器脉冲个数可控制步进电机前进的位置。

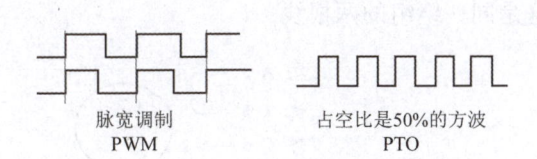

图 17-3　PTO/PWM 脉冲波形

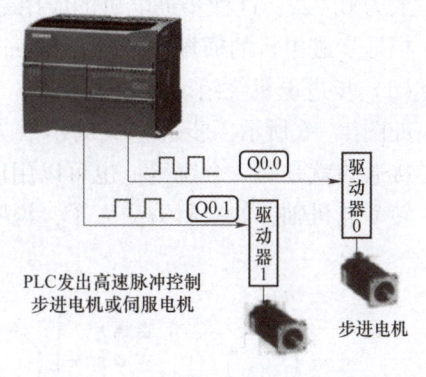

图 17-4　PLC 脉冲控制步进电机

1. 认识步进电机

（1）步进电机基本原理。

步进电机是一种将电脉冲转换为角位移的执行机构，步进电机外形如图 17-5 所示。当步进驱动器接收到一个脉冲信号，它就驱动步进电机按设定的方向转动一个固定的角度，称为"步距角"。

PPT 课件

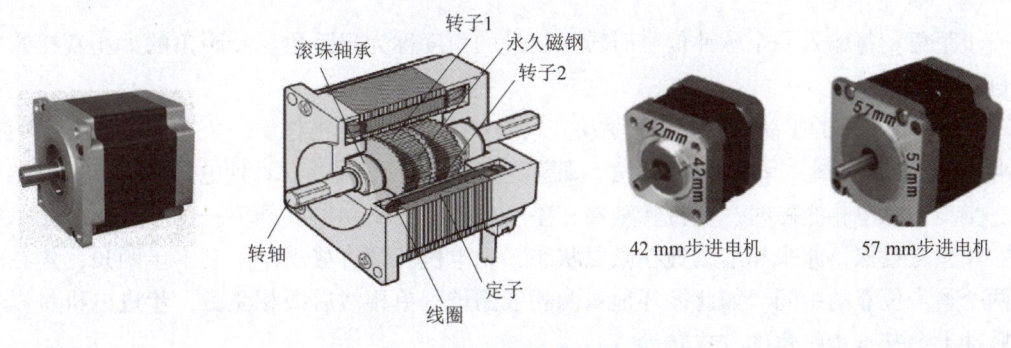

图 17-5　步进电机外形图

1)通过控制脉冲个数来控制位移量,达到准确定位的目的;
2)通过控制脉冲频率来控制电机的速度和加速度,达到调速的目的。
步进电机特点:步进电机必须加驱动才可以运转,驱动信号必须为脉冲信号。
步进电机应用:打印机,绘图仪,机器人、绣花机等。

(2)步进电机种类。

1)永磁式(PM)。

永磁式步进电机一般为两相,转矩和体积较小,步距角一般为 7.5°或 15°。

2)反应式(VR)。

反应式步进电机一般为三相,可实现大转矩输出,步距角一般为 1.5°,但噪声和振动大。

3)混合式(HB)。

混合了永磁式和反应式的优点,分为两相和五相,两相步距角一般为 1.8°,五相步距角一般为 0.72°,这种步进电机的应用最为广泛。

根据步进电机的横截面可分为 42 mm、57 mm、86 mm、110 mm 等电机。

(3)步进电机绕组。

如图 17-6 所示,步进电机的出线方式有 4 线、6 线、8 线。电机绕组可用万用表测量,接通的就是同一个绕组;也可以用以下方法判断绕组,把步进电机的任意两根绕组短接,转动电机轴,如果阻力变大了,说明这是同一绕组的两根线。

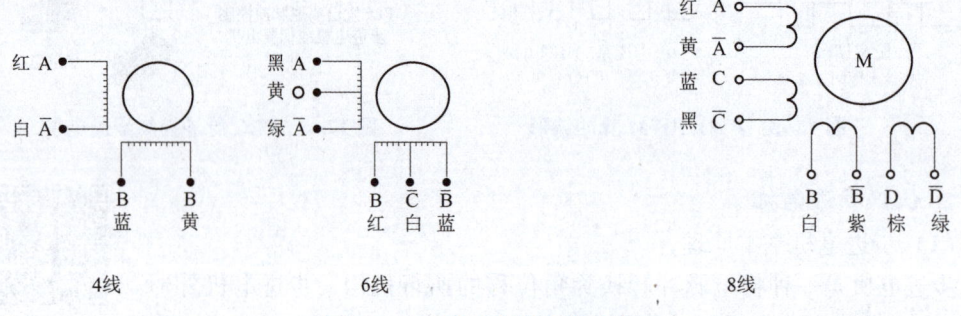

图 17-6 步进电机的出线方式

(4)常用术语。

步距角:每输入一个脉冲信号时转子转过的角度称为步距角。步距角的大小直接影响电机的运行精度。

整步:最基本的驱动方式,这种驱动方式的每个脉冲使电机移动一个基本步距角。例如:标准两相电机的一圈共有 200 个步距角,则整步驱动方式下,每个脉冲使电机移动 1.8°。

半步:在单相激磁时,电机转轴停在整步位置上,驱动器收到下一个脉冲后,如果给另一相激磁且保持原来相继续处在激磁状态,则电机转轴将移动半个基本步距角,停在相邻两个整步位置的中间。如此循环地对两相线圈进行单相然后两相激磁,步进电机将以每个脉冲半个基本步距角的方式转动。

细分:细分就是指电机运行时的实际步距角是基本步距角的几分之一。例如:驱动器工作在 10 细分状态时，其步距角只为电机固有步距角的十分之一，也就是说当驱动器工作在不细分的整步状态时，控制系统每发一个步进脉冲，电机转动 1.8°，而用细分驱动器工作在 10 细分状态时，电机只转动了 0.18°。细分功能完全是由驱动器靠精度控制电机的相电流所产生的，与电机无关。

细分驱动方式不仅可以减小步进电机的步距角，提高分辨率，而且可以减少或消除低频振动，使电机运行更加平稳均匀。

3S57Q-04056 步进电机步距角为 1.8°，即在无细分的条件下 200 个脉冲电机转一圈（通过驱动器设置细分精度最高可以达到 10 000 个脉冲电机转一圈）。

（5）步进电机的选型。

1）驱动器的电流。电流是判断驱动器能力大小的依据，是选择驱动器的重要指标之一，通常驱动器的最大额定电流要略大于电机的额定电流，驱动器有 2.0 A、3.0 A、6.0 A 和 8.0 A。

2）驱动器的供电电压。供电电压是判断驱动器升速能力的标志，常规电压供给有 24 V（DC）、40 V（DC）、60 V（DC）、80 V（DC）、110 V（AC）、220 V（AC）等。

3）驱动器的细分。细分是控制精度的标志，通过增大细分能改善精度。步进电机都有低频振荡的特点，如果电机需要在低频共振区工作，细分驱动器是很好的选择。此外，细分和不细分相比，输出转矩对各种电机都有不同程度的提升。

4）脉冲信号：一种为脉冲+方向形式（单脉冲），一般是由 PLC 控制；另一种为正脉冲+负脉冲形式（双脉冲），一般是由单片机控制。可通过驱动器内部的跳线端子进行选择。

（6）驱动器。

步进电机的运行要由电子装置进行驱动，这种装置就是步进电机驱动器，如图 17-7 所示。它是把控制系统发出的脉冲信号，加以放大以驱动步进电机。步进电机的转速与脉冲信号的频率成正比，控制步进电机脉冲信号的频率，可以对电机精确调速；控制步进脉冲的个数，可以对电机精确定位。

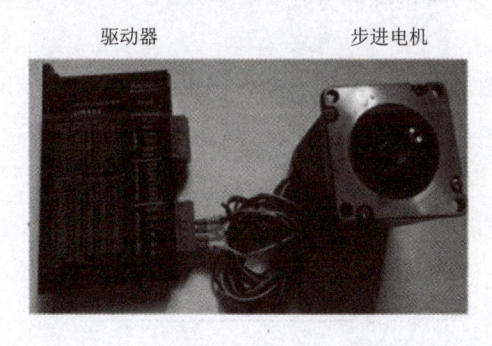

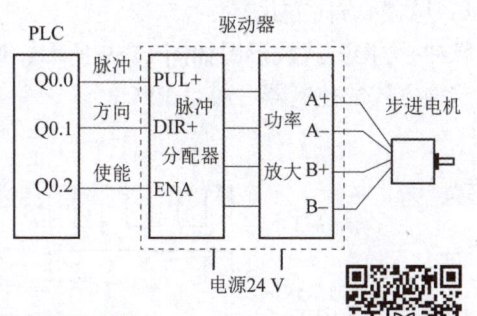

图 17-7 步进电机驱动器

驱动器设定如图 17-8 所示，细分表如表 17-1 所示。

1）设定输出到电机的电流。

2）设定细分（每转的脉冲数量），细分太小，步进电机容易振动，细分太大，步进电机容易发热。

3）设定脉冲接收方式：单脉冲（脉冲+方向）、双脉冲（正脉冲+负脉冲）。

OFF：脉冲+方向
ON：正向脉冲+反向脉冲

例：步距角1.8°，10细分后，每个脉冲转0.18°

图17-8 驱动器设定

表17-1 细分表

细分	1	2	4	5	8	10	20	25	40	50	100	200	200	200	200	200
D6	ON	OFF	ON	OFF	ON	OFF	ON	OFF	ON	OFF	ON	OFF	ON	OFF	ON	OFF
D5	ON	ON	OFF	OFF	ON	ON	OFF	OFF	ON	ON	OFF	OFF	ON	ON	OFF	OFF
D4	ON	ON	ON	ON	OFF	OFF	OFF	OFF	ON	ON	ON	ON	OFF	OFF	OFF	OFF
D3	ON	ON	ON	ON	ON	ON	ON	ON	OFF	OFF	OFF	OFF	OFF	OFF	OFF	OFF
D2	ON	\multicolumn{15}{c}{ON，双脉冲：PU为正向脉冲信号，DR为反向脉冲信号}
	OFF	\multicolumn{15}{c}{OFF，单脉冲：PU为步进脉冲信号，DR为方向脉冲信号}
D1	\multicolumn{16}{c}{无效}

（7）步进脉冲接收方式。

步进脉冲接收方式有脉冲+方向方式和正脉冲+负脉冲方式。

1）脉冲+方向方式。

脉冲+方向方式波形图如图17-9所示，通过方向端子的通断来决定步进电机转动的方向，这种方式的控制器一般是PLC。

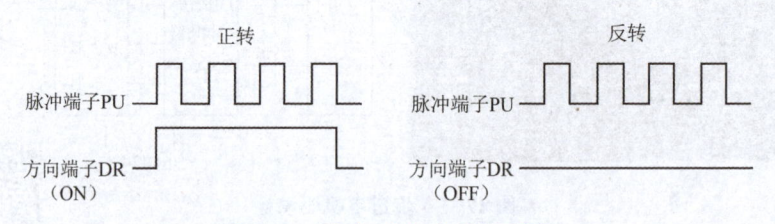

图17-9 脉冲+方向方式波形图

2）正脉冲+负脉冲方式。

正脉冲+负脉冲方式波形图如图17-10所示，脉冲端子有脉冲，正转；方向端子有脉冲，反转。这种方式的控制器一般是单片机。

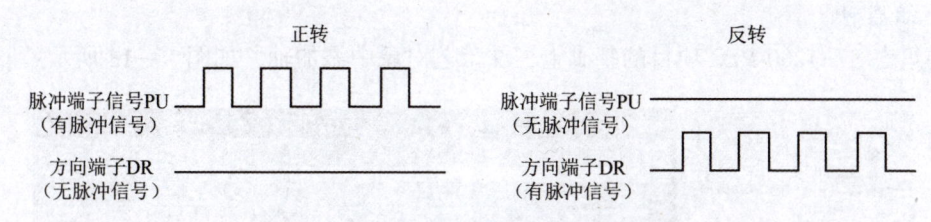

图 17-10 正脉冲+负脉冲方式波形图

（8）S7-1200 PLC 与步进驱动器的接线。

S7-1200 PLC 与步进驱动器的接线有两种，PLC 输出是 24 V 时，如步进驱动器电源是 24 V，PLC 输出可直接连接驱动器，如图 17-11 所示；PLC 输出是 24 V 时，如步进驱动电源是 5 V，PLC 输出接 2 kΩ 电阻再连接到驱动器，如图 17-12 所示。

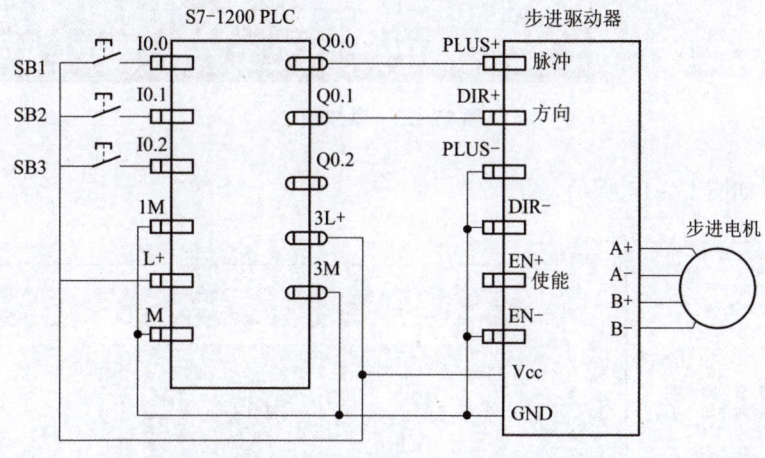

图 17-11 步进电机驱动器输入是 24 V 时，直接连接

步进电机驱动器接线

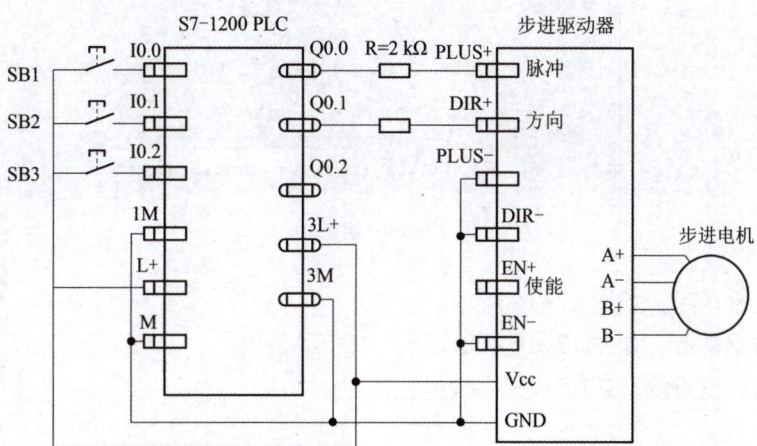

图 17-12 步进电机驱动器输入是 24 V 时，接 2 kΩ 电阻

2. 组态轴

在组态 S7-1200 PLC 项目的基础上，在工艺对象中添加轴，如图 17-13 所示。

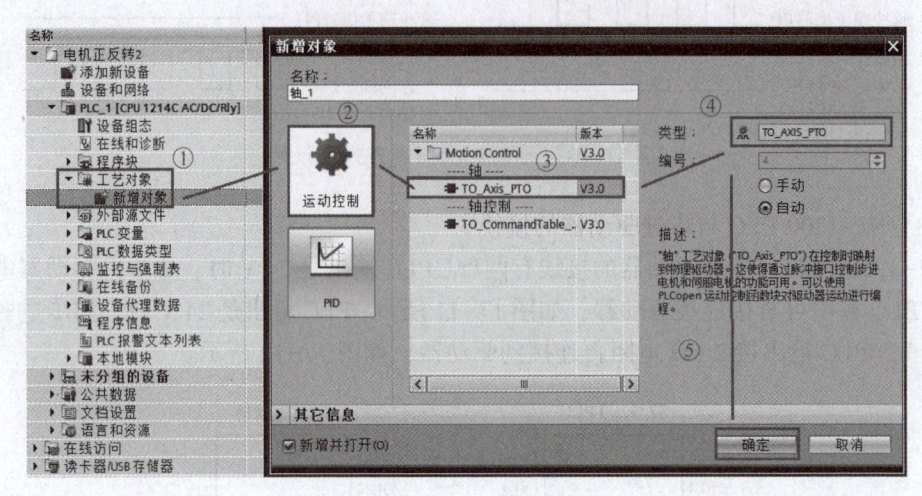

图 17-13 添加轴

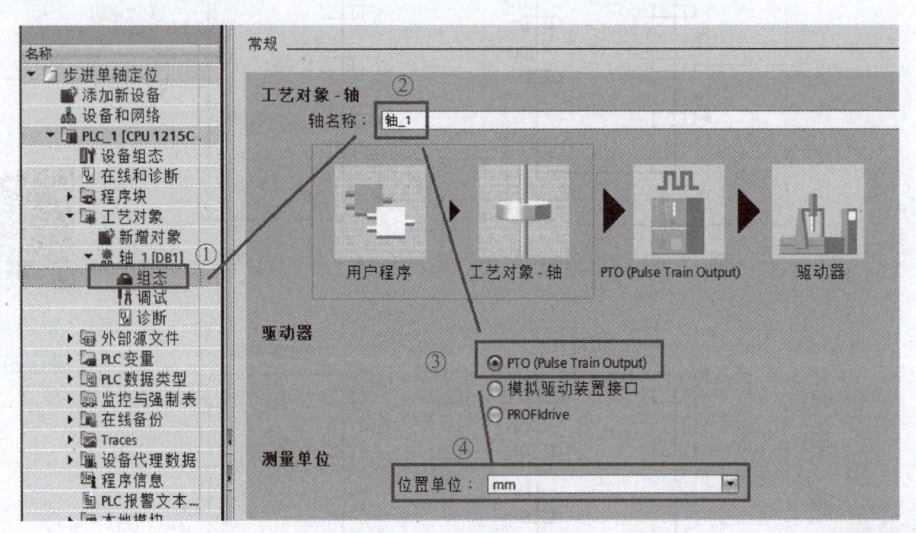

组态轴，如图 17-14 所示。

图 17-14 组态轴

组态轴的常规项，如图 17-15 所示。
组态轴的驱动器，如图 17-16 所示。
组态轴的机械参数，如图 17-17 所示。

步进轴组态

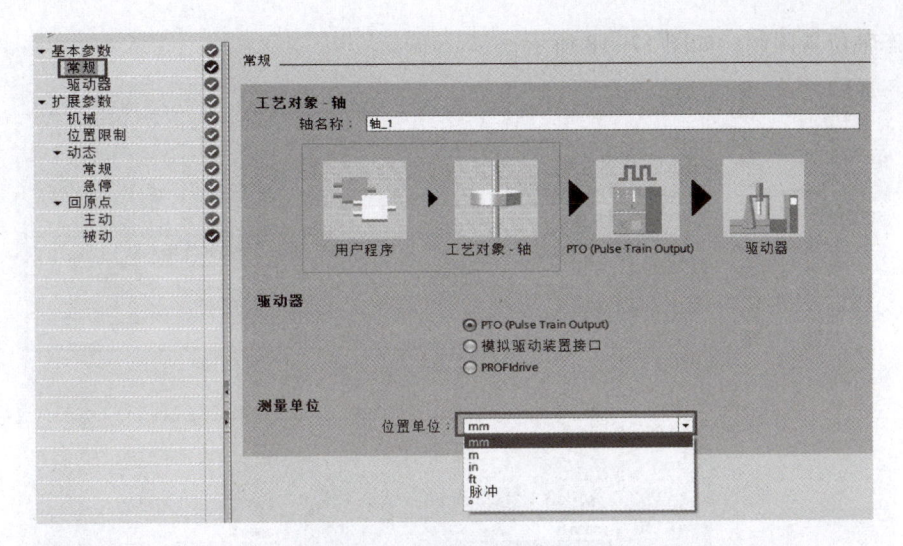

图 17-15　组态轴的常规项

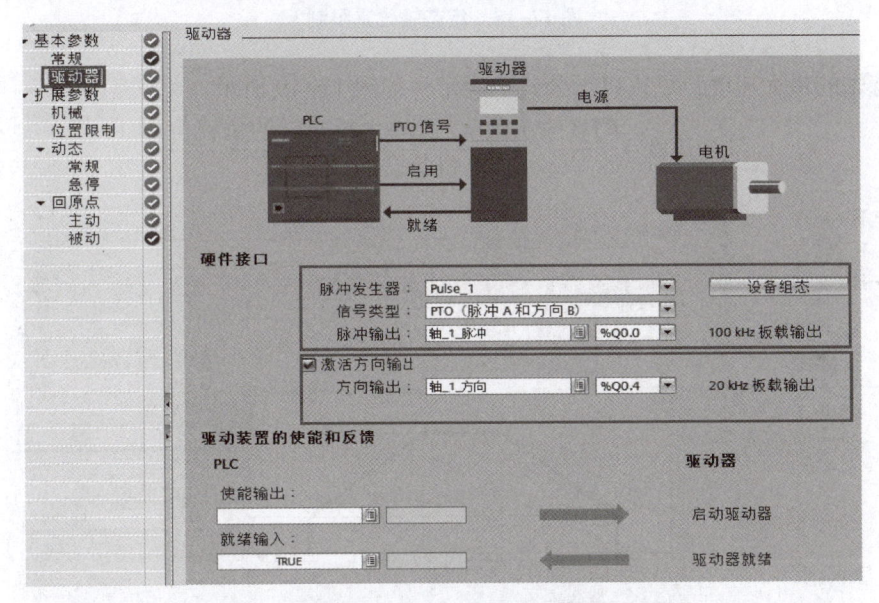

图 17-16　组态轴的驱动器

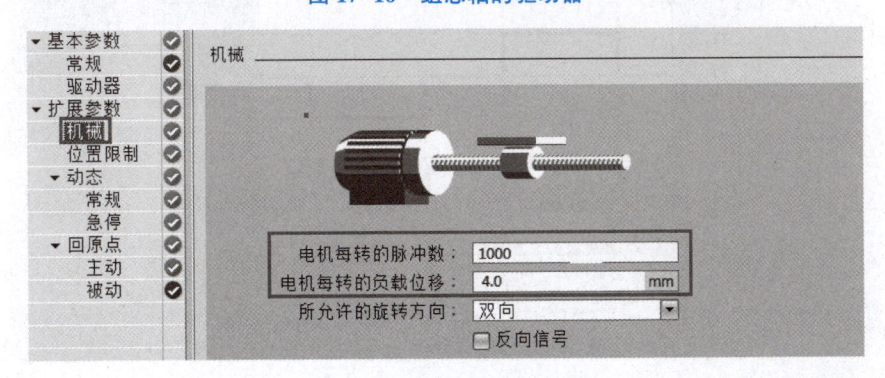

图 17-17　组态轴的机械参数

组态轴位置限制，如图 17-18 所示。

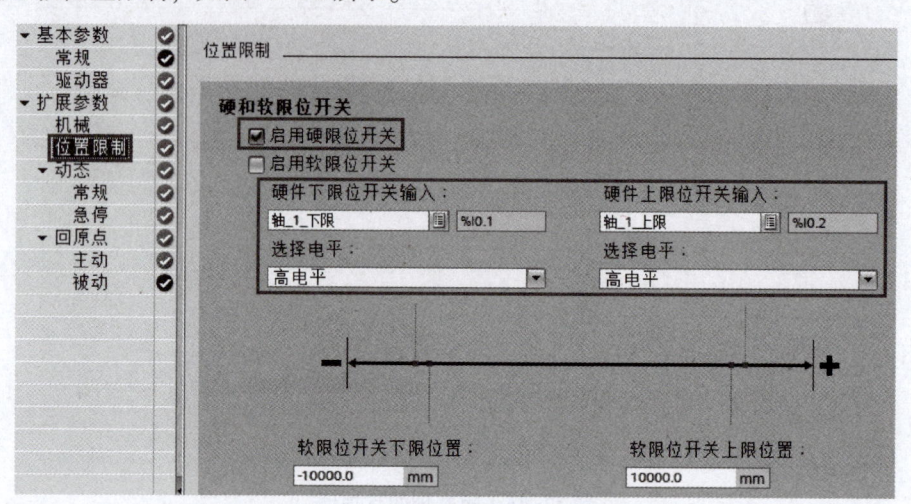

图 17-18 组态轴位置限制

组态轴的最大速度，可按以下公式来确定，如图 17-19 所示。

$$最大速度 = \frac{\text{PTO 输出最大频率} \times \text{电机每转的负载位移}}{\text{电机每转的脉冲数}}$$

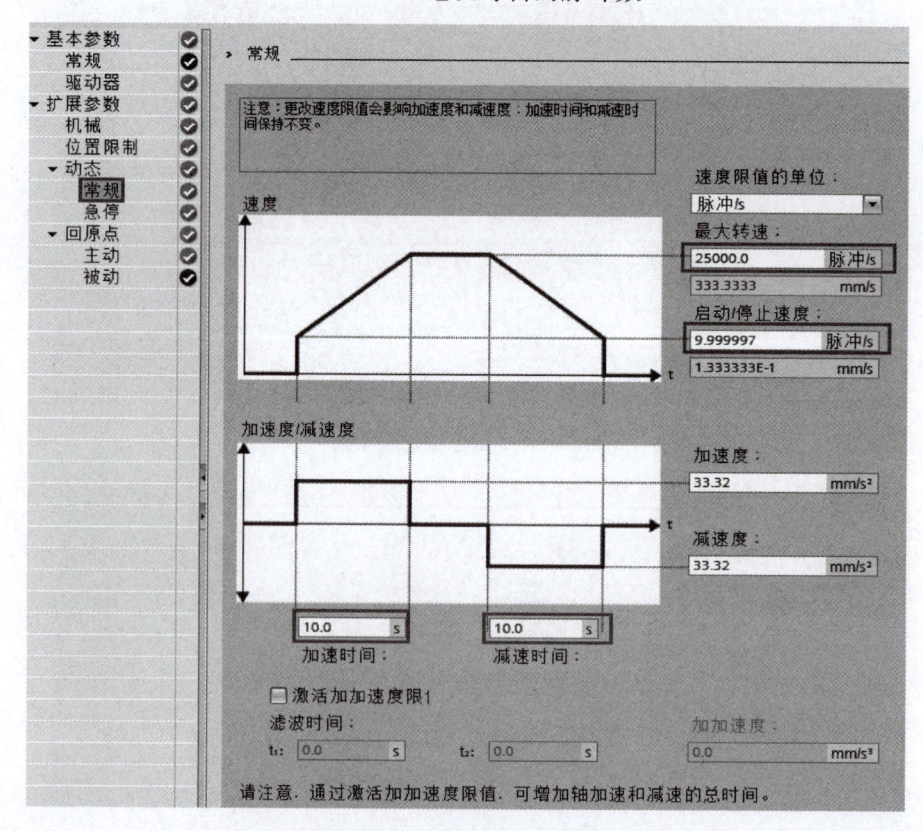

图 17-19 组态轴的最大速度

组态轴的急停，如图 17-20 所示。

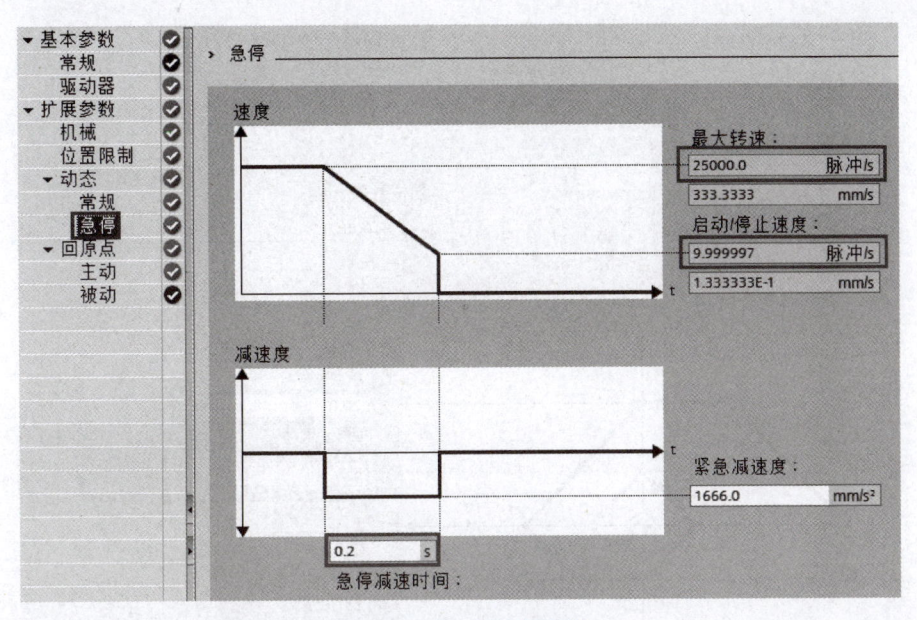

图 17-20　组态轴的急停

组态轴回原点，如图 17-21 所示。

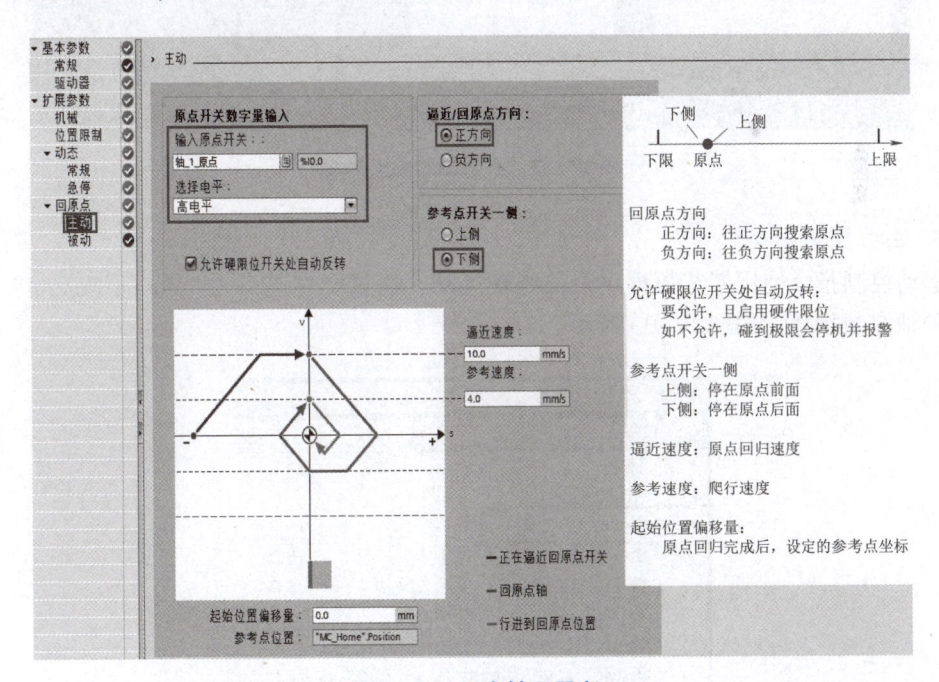

图 17-21　组态轴回原点

组态轴回原点速度，如图 17-22 所示。

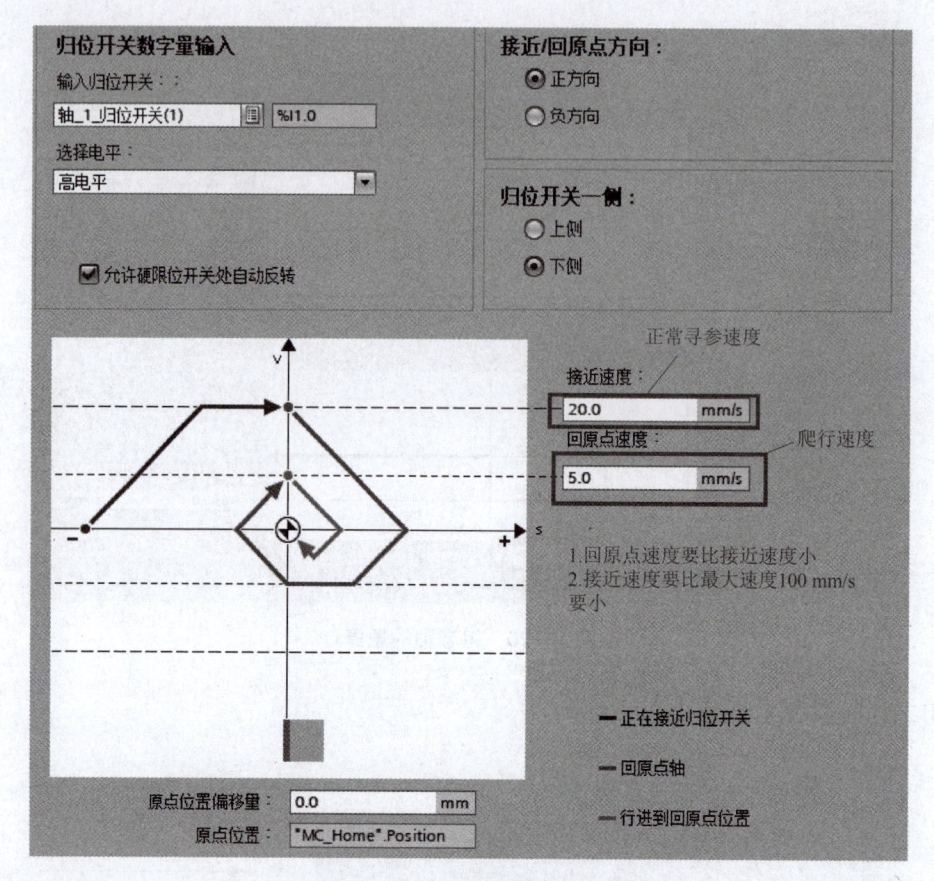

图 17-22　组态轴回原点速度

3. 运动控制指令

运动控制指令使用工艺数据块来控制轴运动，通过"工艺"/"Motion Control"来获得各种轴控制指令，如图 17-23 所示。

图 17-23　轴控制指令

(1) 轴启动（轴使能）指令（MC_Power），如图 17-24 所示。

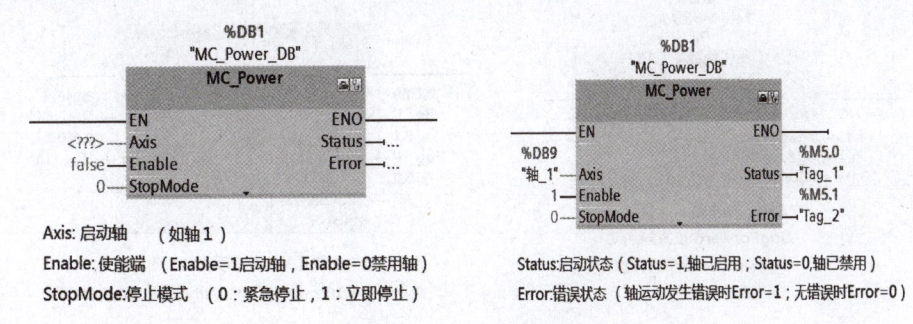

图 17-24　轴启动指令

(2) 轴复位功能指令（MC_Reset），如图 17-25 所示。

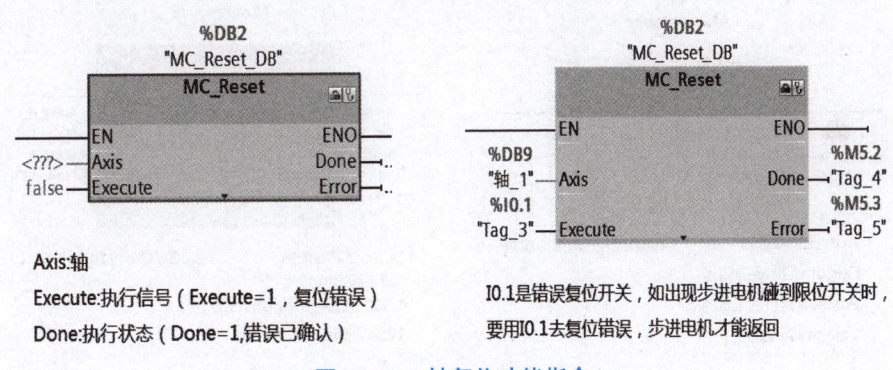

图 17-25　轴复位功能指令

(3) 轴回原点指令（MC_Home），定位需要有一个基准点或原点，如图 17-26 所示。

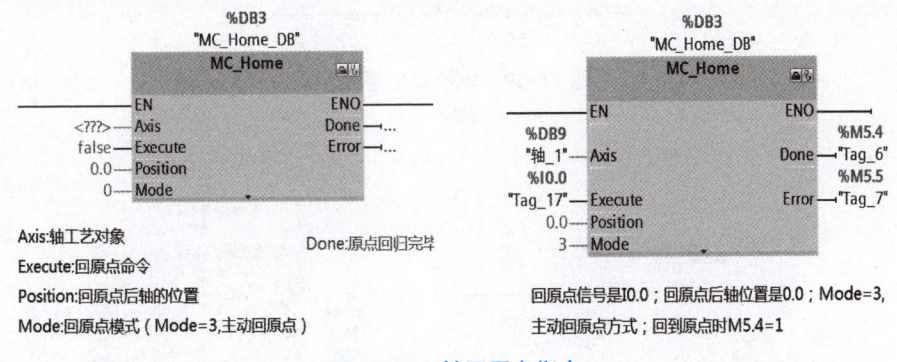

图 17-26　轴回原点指令

(4) 轴点动指令（MC_MoveJog），如图 17-27 所示。
(5) 轴绝对位置控制指令（MC_MoveAbsolute），如图 17-28 所示。
绝对位置控制是走到坐标点，如图 17-29 所示，从原点 O 走到 15 000 处，必须进行回原点操作。
(6) 轴相对位置控制指令（MC_MoveRelative），如图 17-30 所示。

项目五 智能产线运动定位控制

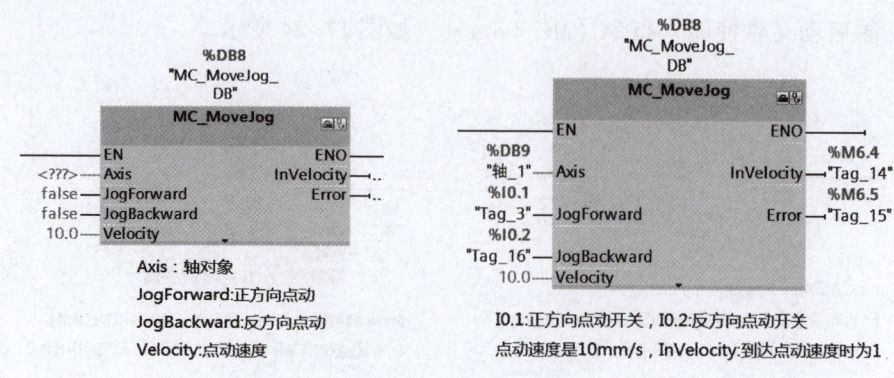

```
         %DB8                                    %DB8
     "MC_MoveJog_                            "MC_MoveJog_
          DB"                                     DB"
      MC_MoveJog                              MC_MoveJog
    — EN        ENO —                %DB9  — EN        ENO —    %M6.4
<???>— Axis     InVelocity —..       "轴_1"— Axis     InVelocity —"Tag_14"
false — JogForward  Error —..        %I0.1                          %M6.5
false — JogBackward                 "Tag_3"— JogForward  Error —"Tag_15"
 10.0 — Velocity                     %I0.2
                                    "Tag_16"— JogBackward
    Axis：轴对象                       10.0 — Velocity
    JogForward：正方向点动
    JogBackward：反方向点动           I0.1:正方向点动开关，I0.2:反方向点动开关
    Velocity：点动速度                点动速度是10mm/s，InVelocity:到达点动速度时为1
```

图 17-27　轴点动指令

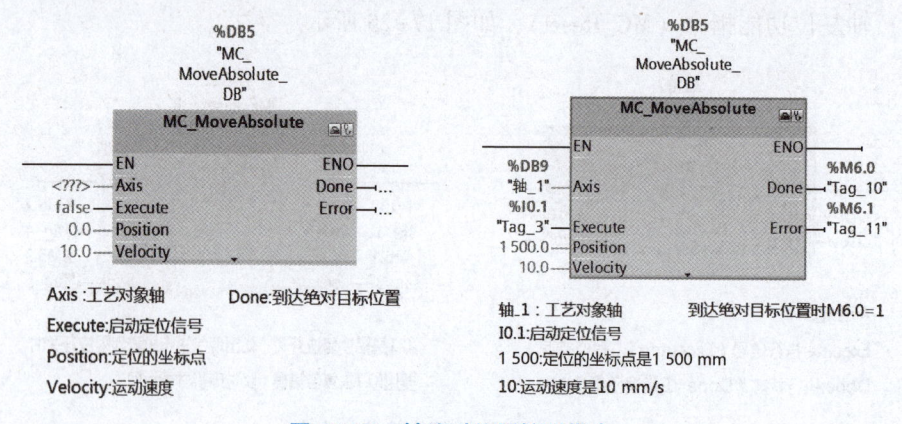

```
          %DB5                                      %DB5
          "MC_                                      "MC_
       MoveAbsolute_                             MoveAbsolute_
           DB"                                       DB"
      MC_MoveAbsolute                          MC_MoveAbsolute
    — EN           ENO —               %DB9  — EN           ENO —    %M6.0
<???>— Axis       Done —..             "轴_1"— Axis         Done —"Tag_10"
false — Execute  Error —..             %I0.1                          %M6.1
  0.0 — Position                      "Tag_3"— Execute     Error —"Tag_11"
 10.0 — Velocity                       1500.0— Position
                                        10.0 — Velocity

Axis：工艺对象轴   Done：到达绝对目标位置    轴_1:工艺对象轴   到达绝对目标位置时M6.0=1
Execute：启动定位信号                       I0.1:启动定位信号
Position：定位的坐标点                      1 500:定位的坐标点是1 500 mm
Velocity：运动速度                          10:运动速度是10 mm/s
```

图 17-28　轴绝对位置控制指令

```
  原点         小车
   ●─────●────□────●──────→
   O    5 000    15 000
```

图 17-29　轴绝对位置控制

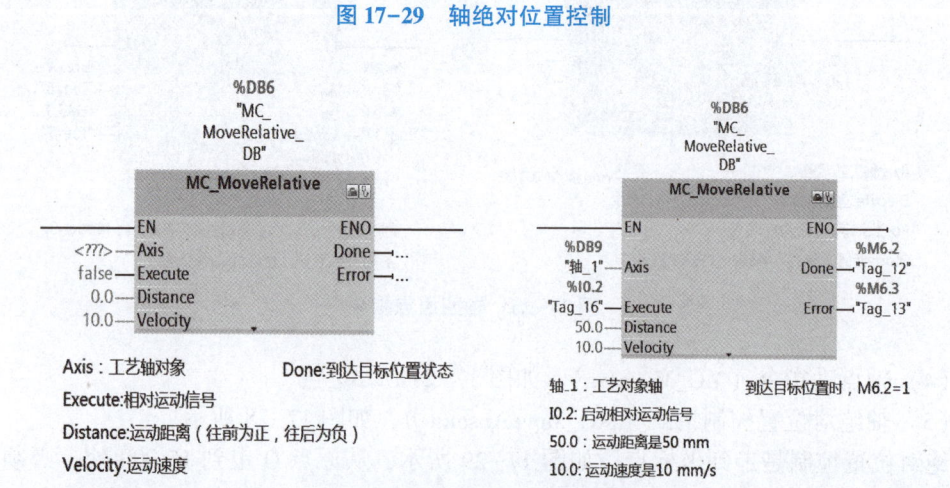

```
         %DB6                                      %DB6
         "MC_                                      "MC_
      MoveRelative_                             MoveRelative_
          DB"                                       DB"
      MC_MoveRelative                          MC_MoveRelative
    — EN          ENO —                %DB9  — EN          ENO —    %M6.2
<???>— Axis      Done —..              "轴_1"— Axis        Done —"Tag_12"
false — Execute  Error —..             %I0.2                         %M6.3
  0.0 — Distance                      "Tag_16"— Execute   Error —"Tag_13"
 10.0 — Velocity                        50.0 — Distance
                                        10.0 — Velocity

Axis：工艺轴对象   Done:到达目标位置状态      轴_1：工艺轴对象    到达目标位置时，M6.2=1
Execute：相对运动信号                       I0.2:启动相对运动信号
Distance：运动距离（往前为正，往后为负）     50.0：运动距离是50 mm
Velocity：运动速度                          10.0：运动速度是10 mm/s
```

图 17-30　轴相对位置控制指令

轴相对位置控制不需要定坐标，不需要回原点操作，只需要定义运动距离、方向和速度。

（7）轴速度控制指令（MC_MoveVelocity），如图17-31所示。

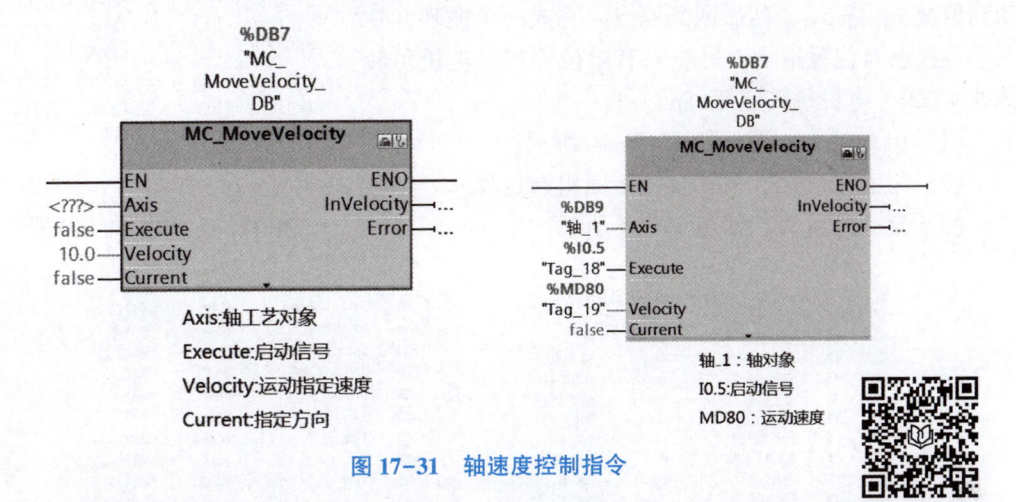

图 17-31 轴速度控制指令

（8）轴停止指令（MC_Halt），如图17-32所示。
轴速度控制指令使轴运动后不能停止，必须用轴停止指令才能停止。

PLC控制步进定位页

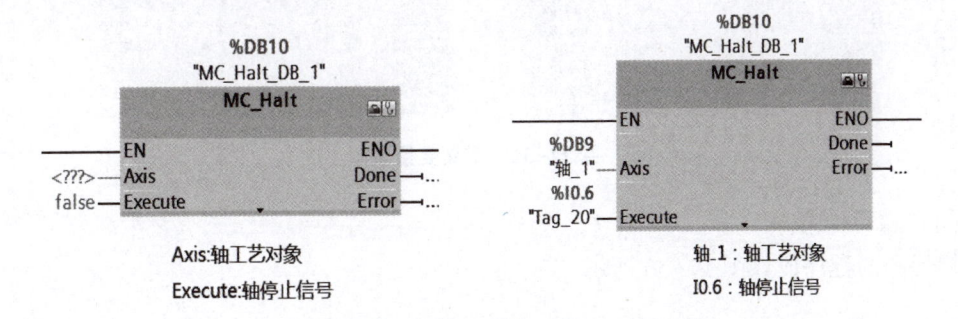

图 17-32 轴停止指令

4. 步进电机定位控制案例

如图17-33所示是步进电机带领工作台进行定位控制，系统有手动和自动切换。

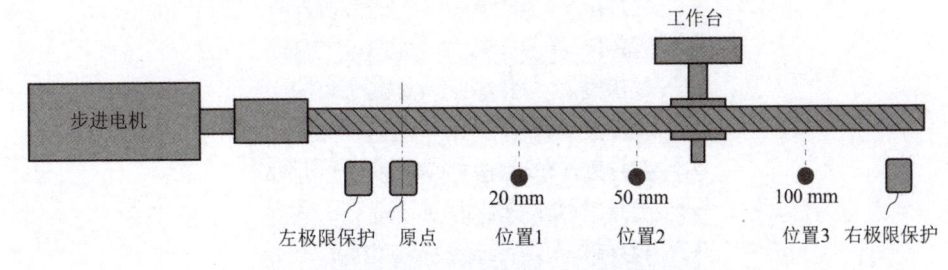

图 17-33 步进电机带领工作台进行定位控制

①手动时，可通过点动按钮实现前进和后退调整。

②自动时，上电工作台先回原点，按下启动按钮，工作台运动到位置1，停3 s，运动到位置2，停4 s，运动到位置3，停5 s，然后回到原点，完成一个循环，在三个位置点有位置指示，另左右有限位保护。电机每转脉冲4 000，电机每转走4 mm。

(1) PLC 的 I/O 图，如图 17-34 所示。

(2) 组态轴（略，具体参考上面组态过程）。

(3) 定义变量表，如图 17-35 所示。

	S7-1200 PLC		
右限位	I0.0	Q0.0	脉冲信号
左限位	I0.1	Q0.1	方向信号
原点	I0.2	Q0.2	
手动/自动	I0.3	Q0.3	
点动前进	I0.4	Q0.4	
点动后退	I0.5	Q0.5	位置1
自动启动	I0.6	Q0.6	位置2
自动停止	I0.7	Q0.7	位置3
回原点	I1.0		

图 17-34　PLC 的 I/O 图

序号	名称	数据类型	地址
1	轴_1_脉冲	Bool	%Q0.0
2	轴_1_方向	Bool	%Q0.1
3	轴_1_下限	Bool	%I0.0
4	轴_1_上限	Bool	%I0.1
5	轴_1_原点	Bool	%I0.2
6	手动/自动	Bool	%I0.3
7	点动前进	Bool	%I0.4
8	点动后退	Bool	%I0.5
9	自动启动	Bool	%I0.6
10	自动停止	Bool	%I0.7
11	手动回原点	Bool	%I1.0
12	位置1	Bool	%Q0.5
13	位置2	Bool	%Q0.6
14	位置3	Bool	%Q0.7
15	Tag_1	Bool	%M2.0
16	原点回归	Bool	%M10.0
17	手动前进	Bool	%M10.1
18	手动后退	Bool	%M10.2
19	回归完毕	Bool	%M12.0
20	定位启动	Bool	%M10.3
21	定位完毕	Bool	%M12.1
22	System_Byte	Byte	%MB1
23	FirstScan	Bool	%M1.0
24	DiagStatusUpdate	Bool	%M1.1
25	AlwaysTRUE	Bool	%M1.2
26	AlwaysFALSE	Bool	%M1.3
27	Tag_2	Bool	%M2.1
28	Tag_3	Bool	%M2.2
29	Tag_4	Bool	%M20.0
30	Tag_5	Bool	%M3.0
31	Tag_6	Bool	%M20.1
32	Tag_7	Bool	%M3.1
33	Tag_8	Bool	%M3.2
34	Tag_9	Bool	%M20.3
35	Tag_10	Bool	%M3.3
36	Tag_11	Bool	%M3.4
37	Tag_12	Bool	%M20.4
38	Tag_13	Bool	%M3.5
39	Tag_14	Bool	%M3.6
40	Tag_15	Bool	%M20.5
41	Tag_16	Real	%MD60

图 17-35　定义变量表

(4) 编写梯形图。

梯形图的程序段如图 17-36 所示。

- 程序段 1：上电初始化
- 程序段 2：上电原点回归
- 程序段 3：手动状态
- 程序段 4：自动就绪
- 程序段 5：自动第一步：往前定位20 mm
- 程序段 6：自动第二步：停止3 s，灯1亮
- 程序段 7：自动第三步：向前定位30 mm
- 程序段 8：自动第四步：停止4 s，灯2亮
- 程序段 9：自动第五步：向前定位50 mm
- 程序段 10：自动第六步：停止5 s
- 程序段 11：自动第七步：回到原点
- 程序段 12：定位数据

图 17-36　程序段

编写 OB1 程序如图 17-37 所示。

程序段 1： 上电初始化

```
  %M1.0                                    %M2.0
"FirstScan"                                "Tag_1"
───┤ ├───┬────────────────────────────( RESET_BF )───
         │                                   20
         │                                 %M2.0
         │                                "Tag_1"
         └────────────────────────────────( S )───
```

程序段 2： 上电原点回归

```
  %M2.0                                    %M10.0
 "Tag_1"                                  "原点回归"
───┤ ├───┬────────────────────────────────( S )───
         │
         │   %M12.0                        %M10.0
         │  "回归完毕"                      "原点回归"
         └───┤ ├──────┬─────────────────( R )───
                     │
                     │                     %M2.0
                     │                    "Tag_1"
                     ├─────────────────( R )───
                     │
                     │                     %M2.1
                     │                    "Tag_2"
                     └─────────────────( S )───
```

程序段 3： 手动状态

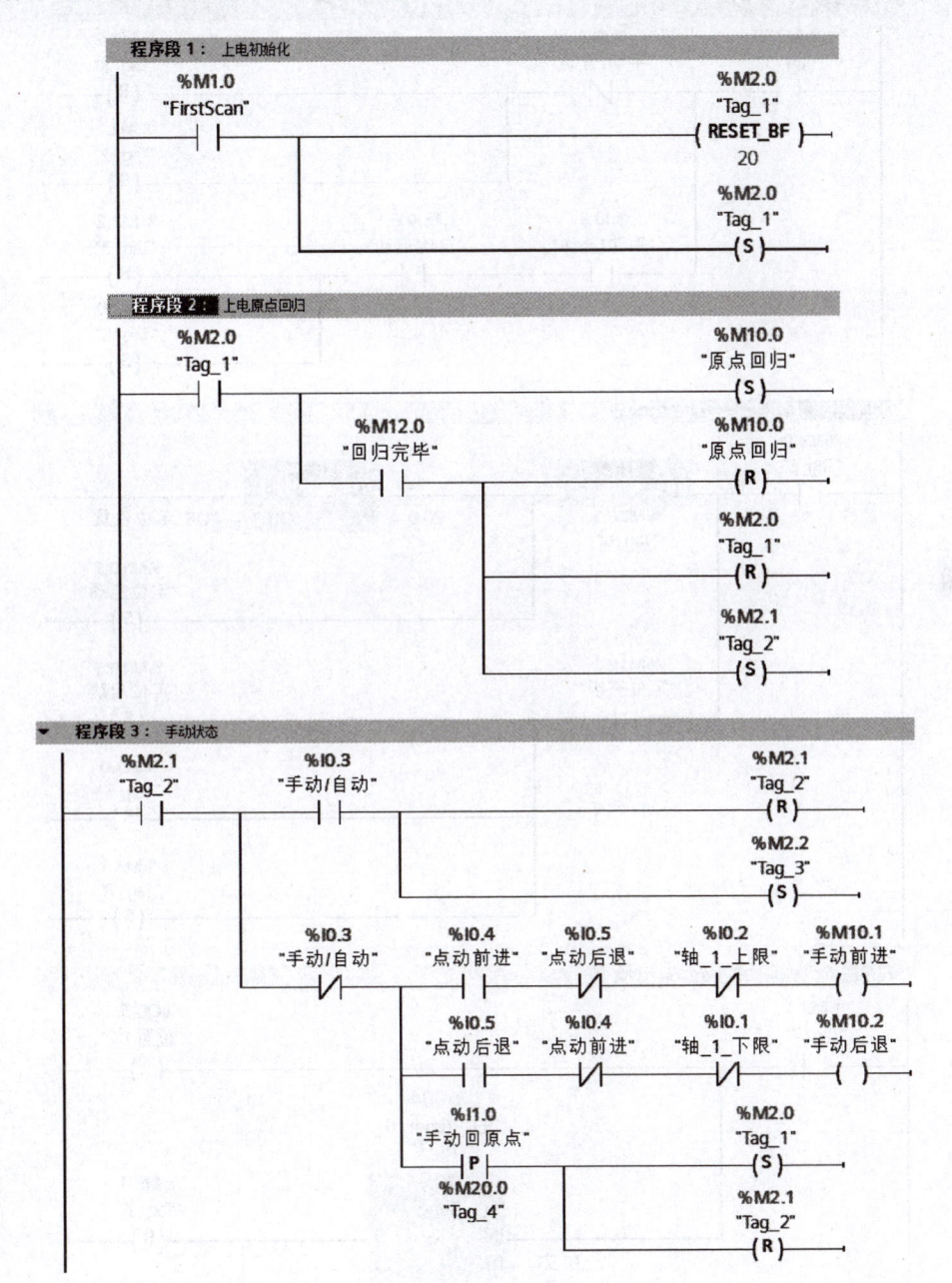

```
  %M2.1      %I0.3                          %M2.1
 "Tag_2"  "手动/自动"                       "Tag_2"
───┤ ├──────┤ ├──────┬─────────────────( R )───
                    │                      %M2.2
                    │                     "Tag_3"
                    └─────────────────( S )───

   %I0.3    %I0.4     %I0.5     %I0.2     %M10.1
"手动/自动" "点动前进" "点动后退" "轴_1_上限" "手动前进"
───┤/├──────┤ ├──────┤/├──────┤/├────────( )───

            %I0.5     %I0.4     %I0.1     %M10.2
           "点动后退" "点动前进" "轴_1_下限" "手动后退"
           ──┤ ├──────┤/├──────┤/├────────( )───

            %I1.0                         %M2.0
          "手动回原点"                    "Tag_1"
           ──┤P├──────┬─────────────────( S )───
            %M20.0   │                    %M2.1
            "Tag_4"  │                   "Tag_2"
                     └─────────────────( R )───
```

图 17-37　OB1 程序

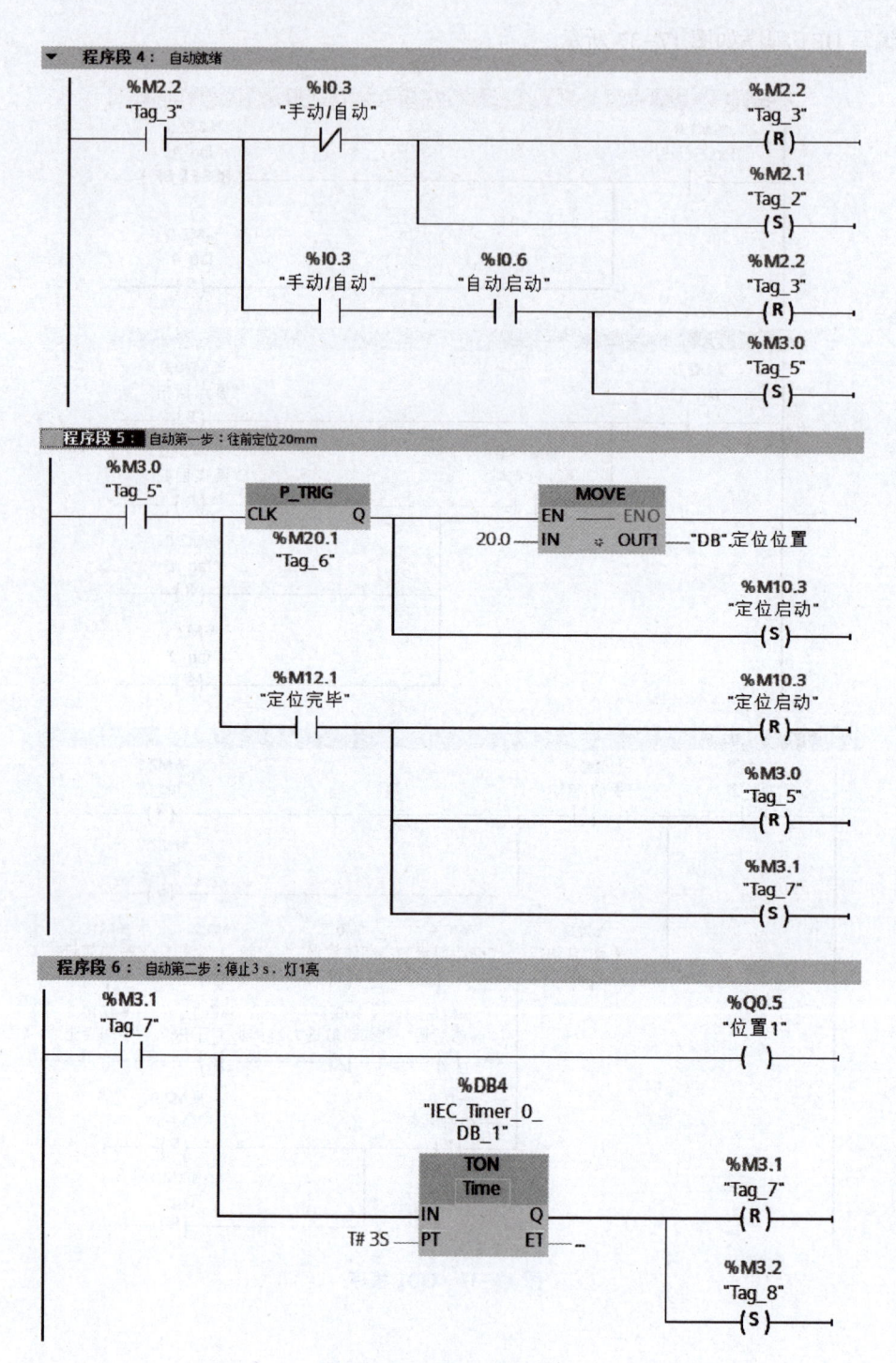

图 17-37　OB1 程序（续）

任务 17　PLC 控制工作台步进定位

程序段 7：自动第三步：向前定位 30mm

```
  %M3.2         P_TRIG                  MOVE
  "Tag_8"     CLK     Q              EN    ENO
  ──┤├────────┤      ├─────────  30.0─IN  OUT1─── "DB".定位位置
              %M20.3
              "Tag_9"                              %M10.3
                                                  "定位启动"
                                                    ─(S)─

               %M12.1                              %M10.3
              "定位完毕"                            "定位启动"
              ──┤├──────────────────────────────── ─(R)─

                                                   %M3.2
                                                   "Tag_8"
                                                    ─(R)─

                                                   %M3.3
                                                   "Tag_10"
                                                    ─(S)─
```

程序段 8：自动第四步：停止 4s，灯 2 亮

```
  %M3.3                                             %Q0.6
  "Tag_10"                                         "位置 2"
  ──┤├─────────────────────────────────────────── ─( )─

                     %DB3
                 "IEC_Timer_0_DB"
                      TON                          %M3.3
                      Time                        "Tag_10"
                  ──IN       Q──                   ─(R)─
             T#4S─PT      ET── ...
                                                   %M3.4
                                                  "Tag_11"
                                                   ─(S)─
```

程序段 9：自动第五步：向前定位 50mm

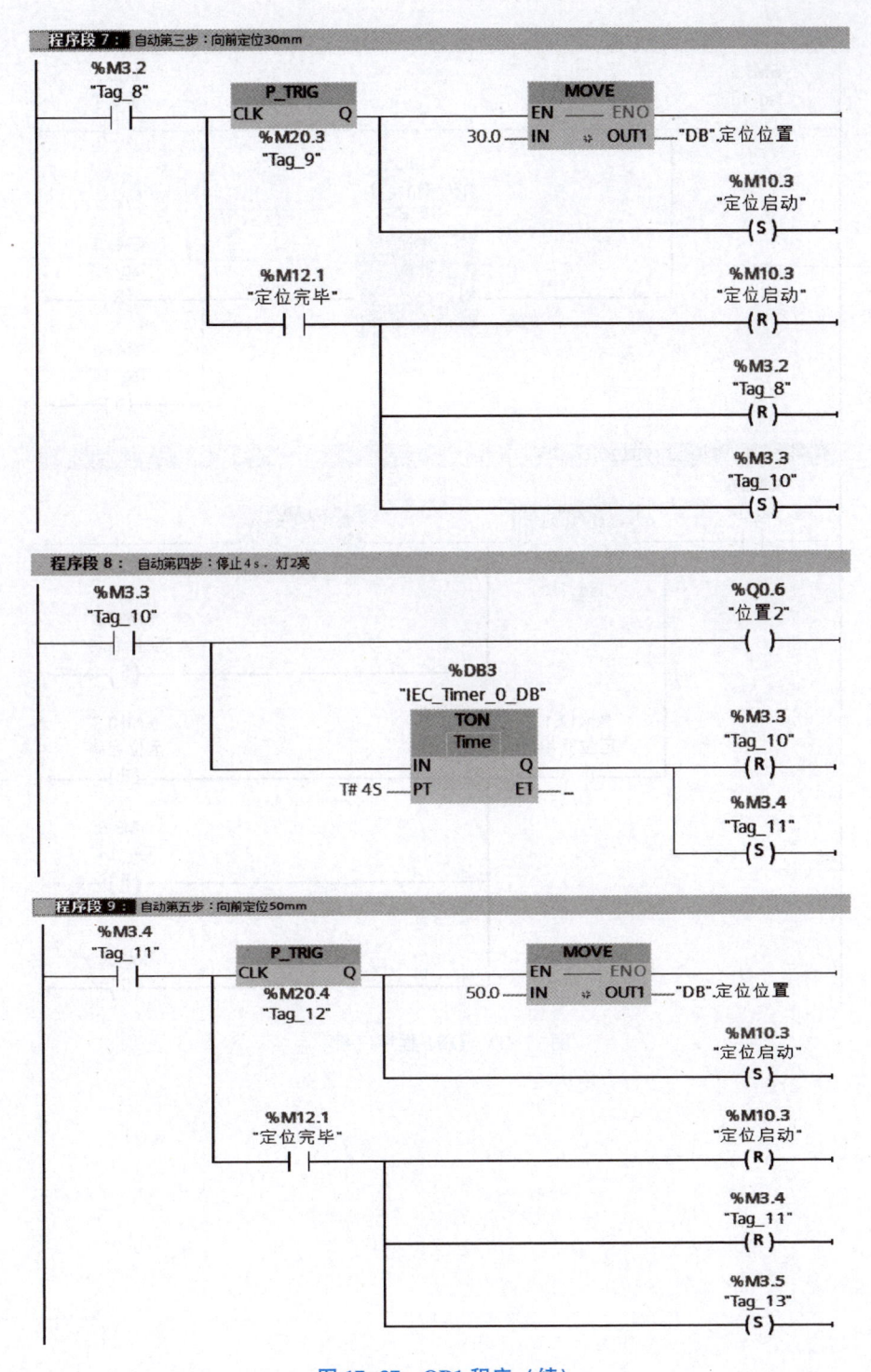

```
  %M3.4         P_TRIG                  MOVE
  "Tag_11"    CLK     Q              EN    ENO
  ──┤├────────┤      ├─────────  50.0─IN  OUT1─── "DB".定位位置
              %M20.4
              "Tag_12"                              %M10.3
                                                   "定位启动"
                                                    ─(S)─

               %M12.1                              %M10.3
              "定位完毕"                           "定位启动"
              ──┤├──────────────────────────────── ─(R)─

                                                   %M3.4
                                                  "Tag_11"
                                                    ─(R)─

                                                   %M3.5
                                                  "Tag_13"
                                                    ─(S)─
```

图 17-37　OB1 程序（续）

项目五　智能产线运动定位控制

程序段 10： 自动第六步：停止5秒

```
    %M3.5                                                              %Q0.7
   "Tag_13"                                                           "位置3"
─────┤ ├──────┬─────────────────────────────────────────────────────────( )─
              │                %DB5
              │            "IEC_Timer_0_
              │                DB_2"
              │              ┌─────────┐
              │              │   TON   │                               %M3.5
              │              │   Time  │                              "Tag_13"
              └──────────────┤IN     Q ├──────────────────────────────(R)─
                      T# 5S ─┤PT    ET ├─ ...
                             └─────────┘                               %M3.6
                                                                      "Tag_14"
                                                                       (S)
```

程序段 11： 自动第七步：回到原点

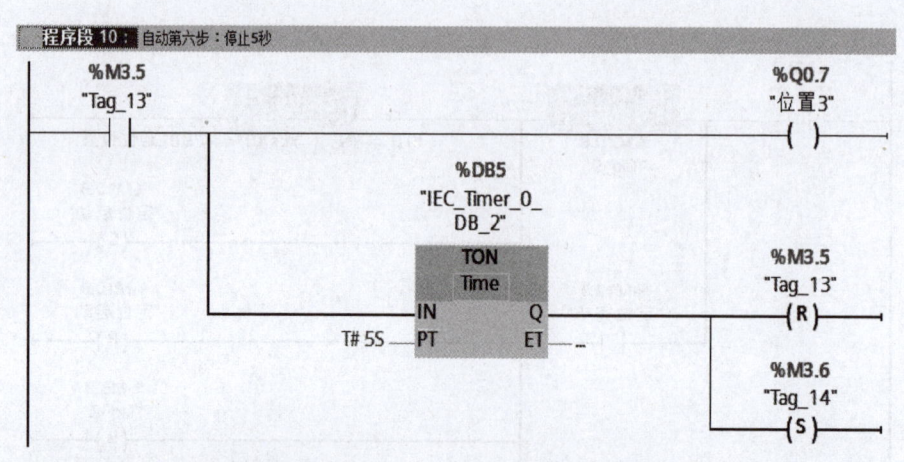

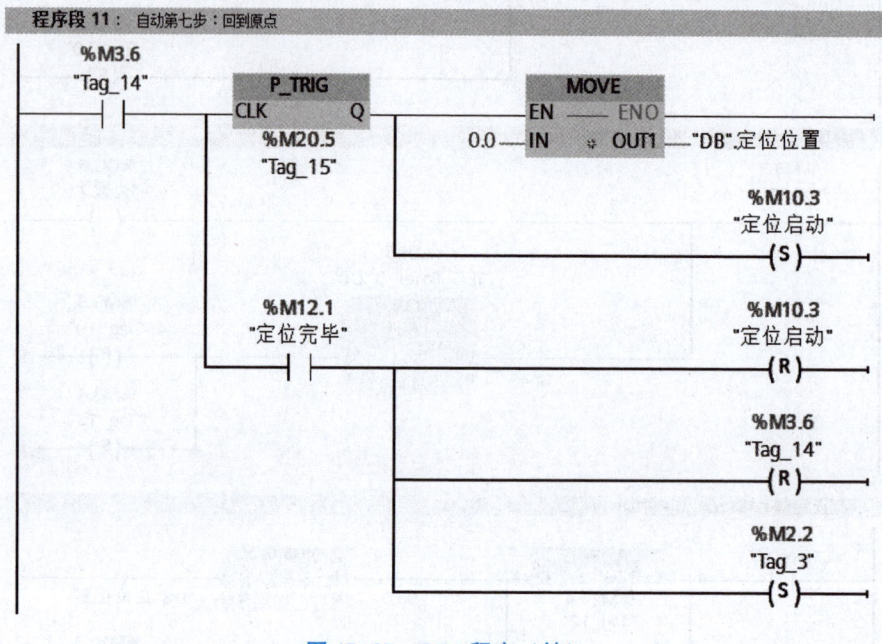

```
    %M3.6              P_TRIG                MOVE
   "Tag_14"         ┌─────────┐           ┌─────────┐
─────┤ ├───────────┤CLK    Q ├───────────┤EN    ENO├─────────────────
                   └─────────┘       0.0─┤IN  *OUT1├──"DB".定位位置
                     %M20.5              └─────────┘
                    "Tag_15"                                          %M10.3
                                                                     "定位启动"
                                                                       (S)

                     %M12.1                                           %M10.3
                    "定位完毕"                                        "定位启动"
                  ─────┤ ├──────────────────────────────────────────────(R)─

                                                                       %M3.6
                                                                      "Tag_14"
                                                                       (R)

                                                                       %M2.2
                                                                      "Tag_3"
                                                                       (S)
```

图 17-37　OB1 程序（续）

任务 17　PLC 控制工作台步进定位

程序段 12：定位数据

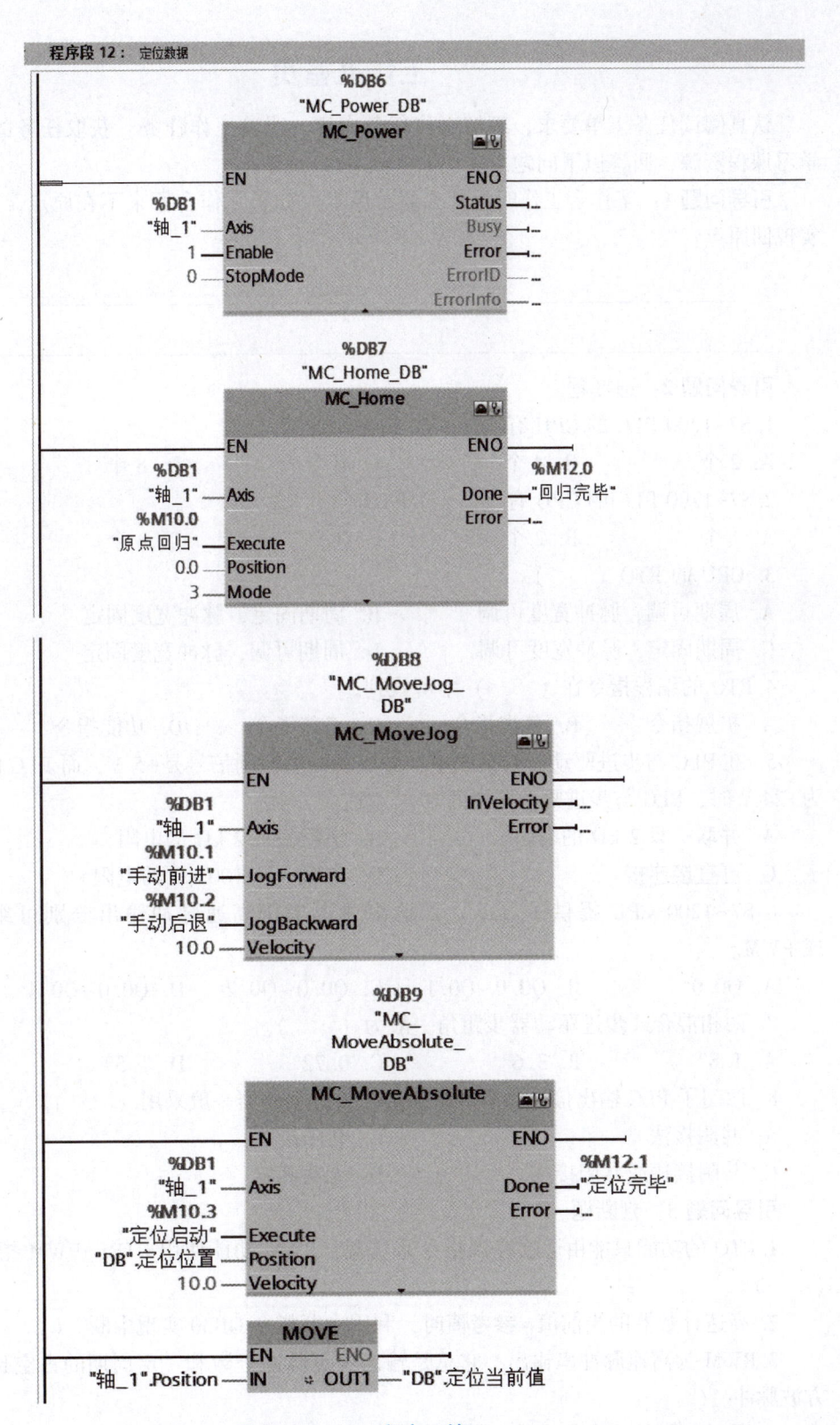

```
                    %DB6
                 "MC_Power_DB"
                   MC_Power
        ┌─────────────────────────┐
        │ EN                  ENO │
%DB1 ───┤ Axis             Status ├── …
"轴_1"   │                    Busy ├── …
   1 ───┤ Enable            Error ├── …
   0 ───┤ StopMode        ErrorID ├── …
        │                ErrorInfo├── …
        └─────────────────────────┘

                    %DB7
                 "MC_Home_DB"
                   MC_Home
        ┌─────────────────────────┐
        │ EN                  ENO │
%DB1 ───┤ Axis                    │         %M12.0
"轴_1"   │                    Done ├──── "回归完毕"
%M10.0───┤                   Error ├── …
"原点回归"│ Execute                 │
   0.0───┤ Position                │
     3───┤ Mode                    │
        └─────────────────────────┘

                    %DB8
                "MC_MoveJog_
                     DB"
                  MC_MoveJog
        ┌─────────────────────────┐
        │ EN                  ENO │
%DB1 ───┤ Axis          InVelocity├── …
"轴_1"   │                   Error ├── …
%M10.1───┤ JogForward              │
"手动前进"│                         │
%M10.2───┤ JogBackward             │
"手动后退"│                         │
  10.0───┤ Velocity                │
        └─────────────────────────┘

                    %DB9
                    "MC_
                 MoveAbsolute_
                     DB"
                MC_MoveAbsolute
        ┌─────────────────────────┐
        │ EN                  ENO │
%DB1 ───┤ Axis                    │         %M12.1
"轴_1"   │                    Done ├──── "定位完毕"
%M10.3───┤                   Error ├── …
"定位启动"│ Execute                 │
"DB".定位位置─┤ Position            │
  10.0───┤ Velocity                │
        └─────────────────────────┘

                    MOVE
             ┌──────────────┐
             │ EN       ENO │
"轴_1".Position ─┤ IN   OUT1 ├── "DB".定位当前值
             └──────────────┘
```

图 17-37　OB1 程序（续）

373

工作准备页

认真阅读任务工单要求，理解工作任务内容，明确工作任务，获取任务的技术资料，学习课程资源，回答以下问题。

引导问题1：工作台工作时为什么要回原点？如果工作台原来不在原点，用什么指令实现回原点？

_____

_____

引导问题2：选择题。

1. S7-1200 PLC 的 CPU 有（　　）高速计数器。
   A. 2个　　　　B. 4个　　　　C. 6个　　　　D. 8个
2. S7-1200 PLC 的 CPU 有（　　）PTO。
   A. 1个　　　　B. 2个　　　　C. 3个　　　　D. 4个
3. CPU 的 PTO（　　）。
   A. 周期可调，脉冲宽度可调　　　B. 周期固定，脉冲宽度固定
   C. 周期固定，脉冲宽度可调　　　D. 周期可调，脉冲宽度固定
4. PTO 的编程指令在（　　）中可找到。
   A. 扩展指令　　B. 基本指令　　C. 工艺指令　　D. 功能指令
5. 在 PLC 与步进驱动器的接线中，如驱动器的控制信号是+5 V，而 PLC 的输出信号为+24 V 时，PLC 与步进驱动器之间（　　）。
   A. 并联一只 2 kΩ 的电阻　　　　B. 串联一只 2 kΩ 的电阻
   C. 可直接连接　　　　　　　　　D. 串联一只 100 kΩ 的电阻
6. S7-1200 CPU 提供了（　　）输出通道用于高速脉冲输出分别可组态为 PTO 或 PWM。
   A. Q0.0　　　B. Q0.0~Q0.1　　C. Q0.0~Q0.2　　D. Q0.0~Q0.4
7. 两相混合式步进驱动器步距角一般为（　　）。
   A. 1.8°　　　　B. 3.6°　　　　C. 0.72°　　　　D. 1.5°
8. 西门子 PLC 输出信号为高电平信号，步进驱动器一般采用（　　）。
   A. 共阴接法　　　　　　　　　　B. 共阳接法
   C. 共阴接法或共阳接法　　　　　D. 无法确定

引导问题3：判断题。

1. PTO 的功能只能由运动控制指令来实现，PWM 功能使用 CTRL_PWM 指令块实现。（　　）
2. 高速计数器的当前值=参考值时，利用中断指令 OB30 实现中断。（　　）
3. PWM 为高速脉冲串输出，它总是输出一定脉冲个数和一定周期的占空比为 50%的方波脉冲。（　　）
4. 通过控制脉冲个数来控制位移量，达到准确定位的目的；通过控制脉冲频率来控

制电机的速度和加速度，达到调速的目的。（　　）

5. 细分驱动方式不仅可以减小步进电机的步距角，提高分辨率，而且可以减少或消除低频振动，使电机运行更加平稳均匀。（　　）

设计决策页

1. 列出 PLC 的 I/O 分配表。

进行 PLC 控制系统设计的首要环节是为输入/输出设备分配 I/O 地址。列出如表 17-2 所示的 I/O 分配表。

表 17-2　PLC 的 I/O 分配表

输入端口			输出端口		
元件名称	元件符号	输入地址	元件名称	元件符号	输出地址

2. 画出 PLC 与步进驱动器接线图。

根据驱动器端子，结合 PLC 的接线图，画出 PLC 与步进驱动器接线图。

3. 轴组态。

4. 设计 PLC 的梯形图。

5. 方案展示。
（1）各小组派代表阐述设计方案。
（2）各组对其他组的设计方案提出不同的看法。
（3）教师结合大家完成的方案进行点评，选出最佳方案。

任务实施页

1. 领取工具

按工单任务要求填写表 17-3 并按表领取工具。

表 17-3　工具表

序号	工具或材料名称	型号规格	数量	备注

2. 电气安装

（1）硬件连接。

按图纸、工艺要求、安全规范和设备要求，安装完成 PLC 与外围设备的接线。

（2）接线检查。

硬件安装接线完毕，电气安装员自检，确保接线正确、安全。

3. PLC 程序编写

在 TIA 博途软件中编写设计的梯形图，并下载到 PLC。

4. 通电调试

为了保证自身安全，在通电调试时，要认真执行安全操作规程的有关规定，经指导老师检查并现场监护。

记录调试过程中出现的问题和解决措施。

出现问题：　　　　　　　　　　　　解决措施：

5. 技术文件整理

整理任务技术文件，主要包括控制工艺要求、I/O 分配表、I/O 接线图、调试记录表等。

小组完成工作任务总结以后，各小组对自己的工作岗位进行"整理、整顿、清扫、清洁、安全、素养"的 6S 处理，归还所借的工具和实训器件。

项目五　智能产线运动定位控制

检查评价页

1. 展示评价

各组展示作品，进行小组自评、组间互评及教师考核评价，完成任务考核评价表（表17-4）的填写。

表17-4　任务考核评价表

评价项目	评价标准	分值	自评 30%	互评 30%	师评 40%	合计
职业素养（30分）	分工合理，制订计划能力强，严谨认真	5				
	爱岗敬业、安全意识、责任意识、服从意识	5				
	团队合作、交流沟通、互相协作、分享能力	5				
	遵守行业规范、现场6S标准	5				
	保质保量完成工作页相关任务	5				
	能采取多种手段收集信息、解决问题	5				
专业能力（60分）	电气图纸设计正确、绘制规范	10				
	施工过程精益求精，电气接线合理、美观、规范	10				
	程序设计合理、上机操作熟练	10				
	项目调试步骤正确	5				
	完成控制功能要求	20				
	技术文档整理完整	5				
创新意识（10分）	创新性思维和精神	5				
	创新性观点和方法	5				

2. 任务复盘

（1）重点、难点问题检测。

（2）是否完成学习目标。

（3）谈谈完成本次实训的心得体会。

_____
_____
_____

任务 18 PLC 控制工作台伺服定位

任务信息页

学习目标

1. 理解伺服驱动系统结构框图。
2. 认识 V90 PN 伺服驱动器的版本及通信口。
3. 知晓 S7-1200 PLC 的三种运动控制方式及特点。
4. 能安装 SINAMICS V-ASSISTANT 软件和 V90 PN 的 GSD 软件。
5. 根据说明书能画出 S7-1200 PLC 与 V90 PN 伺服驱动器的接线图。
6. 能使用 SINAMICS V-ASSISTANT 软件设置 V90 PN 伺服驱动器参数（控制模式、报文、IP 地址等），调试与诊断功能测试。
7. 能用轴运动指令设计编写工作台定位程序，实现控制要求。

工作情景

步进电机控制系统是一个开环控制系统，步进电机一般的调速范围在 0~1 000 r/min，伺服电机采用闭环控制方式，而且伺服电机可以达到 20 000 r/min；步进电机无过载能力，一旦负载超过额定力矩便会失步，而伺服电机具有非常强的转速和转矩过载能力。

伺服驱动系统从控制方式、定位精度、低频特性、调速能力、过载能力、速度响应能力等方面比步进驱动系统优秀得多，故在精确定位的运动控制中伺服驱动系统得到广泛的应用。

知识图谱

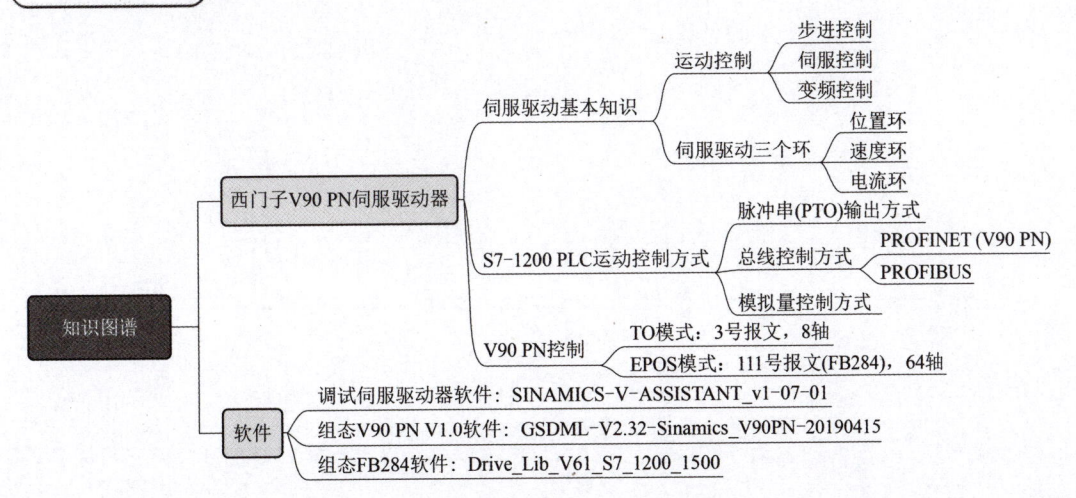

知识图谱
- 西门子V90 PN伺服驱动器
  - 伺服驱动基本知识
    - 运动控制
      - 步进控制
      - 伺服控制
      - 变频控制
    - 伺服驱动三个环
      - 位置环
      - 速度环
      - 电流环
  - S7-1200 PLC运动控制方式
    - 脉冲串(PTO)输出方式
    - 总线控制方式
      - PROFINET (V90 PN)
      - PROFIBUS
    - 模拟量控制方式
  - V90 PN控制
    - TO模式：3号报文，8轴
    - EPOS模式：111号报文(FB284)，64轴
- 软件
  - 调试伺服驱动器软件：SINAMICS-V-ASSISTANT_v1-07-01
  - 组态V90 PN V1.0软件：GSDML-V2.32-Sinamics_V90PN-20190415
  - 组态FB284软件：Drive_Lib_V61_S7_1200_1500

项目五 智能产线运动定位控制

问题图谱

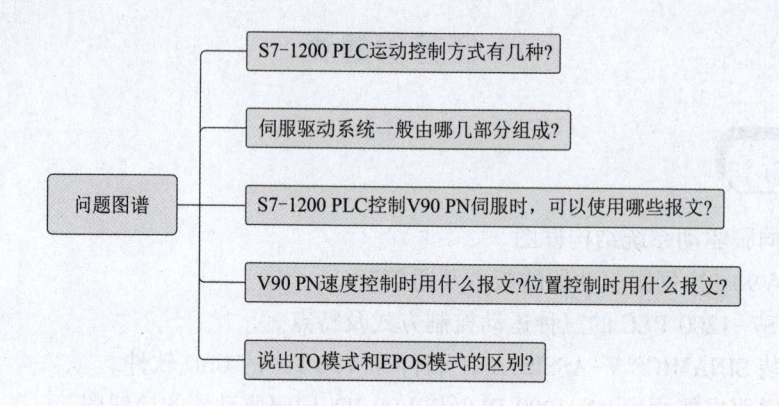

- 问题图谱
  - S7-1200 PLC运动控制方式有几种?
  - 伺服驱动系统一般由哪几部分组成?
  - S7-1200 PLC控制V90 PN伺服时，可以使用哪些报文?
  - V90 PN速度控制时用什么报文?位置控制时用什么报文?
  - 说出TO模式和EPOS模式的区别?

任务工单页

控制要求

如图 18-1 所示，伺服电机控制工作台按 O-A1-A2-B1-B2-O 路径运行。

1. O 点为原点，用接近开关 I0.0 检测，A、B 是限位点，分别用 I0.1、I0.2 接近开关检测，A1、A2、B1、B2 均是工作位置点。

2. 要求分手动（点动：8 m/s）控制与自动控制两种模式，用手动/自动切换开关 I0.3 控制。

手动模式：I0.4 为前进按钮，I0.5 为后退按钮。

自动模式：按下回原点按钮 I1.0，工作台回原点 O，按下启动按钮 I0.6 伺服电机启动，工作台从 O 点以 10 mm/s 的速度向 A1 点运行，到达 A1 点后延时 2 s，再继续向 A2 点以 8 mm/s 的速度运行，到了 A2 后延时 1 s，继续以 15 mm/s 速度向 B1 移动，到了 B1 后延时 3 s，再以 8 mm/s 速度向 B2 移动，到达 B2 后延时 1 s，以 10 mm/s 的速度返回原点 O 处，一个循环完成，并开始下一个循环；循环工作过程中按下停止按钮 I0.7，工作台完成当前次循环后回到原点处停止。

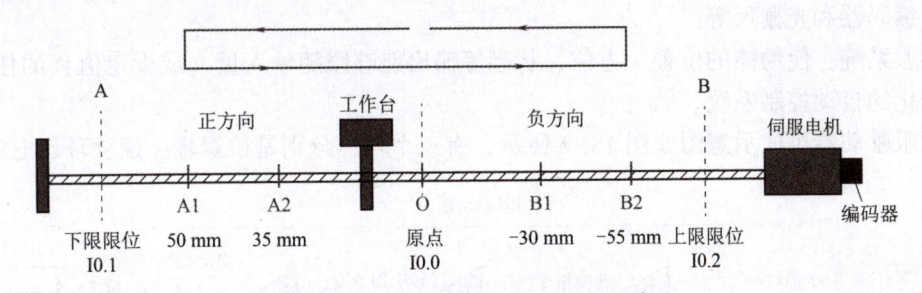

图 18-1 伺服电机控制工作台运动

任务要求

1. 请列出 PLC 的 I/O 表，画 I/O 接线图。
2. 项目硬件组态。
3. 在 V-ASSISTANT 调试软件设置 V90 PN 参数。
4. 组态工艺对象。
5. 设计梯形图。
6. PLC 联机调试程序。
7. 技术文件材料整理。

项目五　智能产线运动定位控制

知识学习页

1. 认识西门子 V90 PN 伺服器

（1）伺服驱动控制基本知识。

1）伺服系统构成。

运动控制系统主要实现对机器的位置、速度、加速度和转矩等的控制。运动控制技术广泛应用于包装、印刷、纺织和机械装配等设备中。

运动控制分为调速控制和位置控制。调速控制用变频器，位置控制用步进或伺服电机系统。运动控制主要有伺服控制、步进控制、变频控制三大部分。

运动控制系统中的基本构成有控制器、驱动器、电机及反馈装置等设备。

控制器：用于发送控制命令，如指定运动位置和运行速度等。例如，PLC 和运动控制卡等。

驱动器：用于将来自控制器的控制信号转换为更高功率的电流或电压信号，实现信号的放大。例如，伺服驱动器或者步进驱动器。

电机：用于带动机械装置以指定的速度移动到指定的位置。例如，伺服电机和步进电机等。

反馈装置：用于将驱动器的位置等信息反馈到控制器中，实现速度监控和闭环控制，例如，编码器和光栅尺等。

伺服系统：使物体的位置、方位、状态等输出能够跟随输入量（或设定值）的任意变化而变化的自动控制系统。

伺服驱动器组成示意图如图 18-2 所示，有三个环，分别是位置环、速度环、电流环。

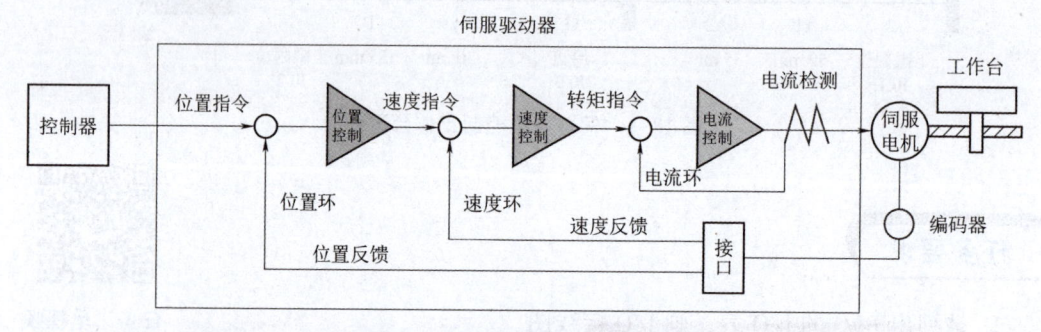

图 18-2　伺服驱动器组成示意图

"电流环的输入值"是速度环 PID 调节后的输出值，"电流环的设定值"和"电流环的反馈值"进行比较后的差值在电流环内做 PID 调节输出给电机，"电流环的输出值"就是电机每相的相电流，"电流环的反馈值"不是编码器的反馈，而是在驱动器内部安装在每相的霍尔元件反馈给电流环的。

"速度环的输入值"就是位置环 PID 调节后的输出，我们称为"速度设定值"，这个"速度设定值"和"速度环反馈值"进行比较后的差值在速度环做 PID 调节（主要是比例和积分处理）后输出就是上面讲到的"电流环的设定值"。速度环的反馈是编码器反馈的值经过"速度运算器"得到的。

"位置环的输入值"就是外部的脉冲（通常情况下，是 PLC 输出脉冲），外部的脉冲经过平滑滤波处理和电子齿轮计算后作为"位置环的设定值"，设定值和来自编码器反馈的脉冲信号经过偏差计数器的计算后的数值再经过位置环的 PID 调节后输出。

2）变频与伺服区别。

①过载能力不同。

伺服驱动器一般具有 3 倍过载能力，可用于克服惯性负载在启动瞬间的惯性力矩，而变频器一般允许 1.5 倍过载。

②控制精度不同。

伺服系统的控制精度远远高于变频，通常伺服电机的控制精度是由电机轴后端的旋转编码器保证。有些伺服系统的控制精度甚至达到千分之一，如图 18-3 所示。

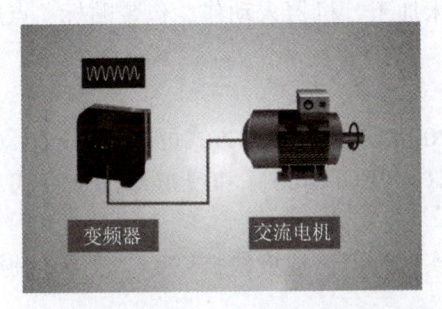

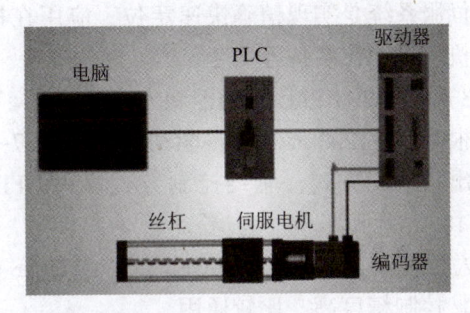

图 18-3　变频与伺服控制精度比较

③应用场合不同。

如图 18-4 所示，变频控制与伺服控制是两个范畴的控制。前者属于传动控制领域，后者属于运动控制领域。一个是满足一般工业应用要求，对性能指标要求不高的应用场合，如传送带运动速度控制，追求的是低成本。另一个则是追求高精度、高性能、高响应，如位置控制、转矩控制等。

图 18-4　变频与伺服应用场合

④加减速性能不同。

在空载情况下伺服电机从静止状态加速到 2 000 r/min，用时不会超 20 ms。电机的加速时间跟电机轴的惯量以及负载有关系。通常惯量越大加速时间越长。

⑤伺服系统和变频器的市场竞争。

由于变频器和伺服系统在性能和功能上的不同，所以应用也不大相同，主要的竞争集中在：

技术含量竞争。在相同的领域中，若采购方对机械的技术要求较高并较为复杂，则会选择伺服系统。反之则会选择变频器产品。如一些数控机床、电子专用设备等高科技机械均会首选伺服产品。

价格竞争。大多数采购方会顾虑成本，常常把技术忽略而首选价格较低的变频器。众所周知，伺服系统的价格差不多是变频器产品的几倍。

变频器目的是调速节能，使用编码器可实现闭环控制，但定位精度不是很高。风机、水泵属于变频控制。

伺服系统是实现精确快速定位，应用在机床加工、机器人动作、包装贴标、点胶机、雕刻机、自动化装备等场合。

3）S7-1200 PLC 运动控制方式概述。

根据 S7-1200 PLC 连接驱动的方式，S7-1200 PLC 运动控制方式可以分为 PTO（脉冲串输出）控制方式、总线控制方式（PROFINET、PROFIBUS）和模拟量控制方式 3 种，如图 18-5 所示。

总线控制方式（PROFINET、PROFIBUS）实时性好、速度快，V90 PN PTO（脉冲串输出）控制精度高，比较通用。

①PTO 控制方式是目前 S7-1200 PLC 所有版本的 CPU 都支持的一种控制方式，该控制方式通过 CPU 向驱动器发送高速脉冲信号，来实现对伺服驱动器的控制。一个 S7-1200 PLC 最多可以控制 4 台驱动器。

②PROFINET 控制方式。S7-1200 PLC 可以通过 PROFINET 方式连接驱动器，PLC 和驱动器之间通过 PROFIdrive 报文进行通信。硬件版本为 4.1 以上的 CPU 都支持 PROFINET 控制方式。

③模拟量控制方式。S7-1200 PLC 模拟量输出信号作为驱动器的速度设定，实现驱动器速度控制。

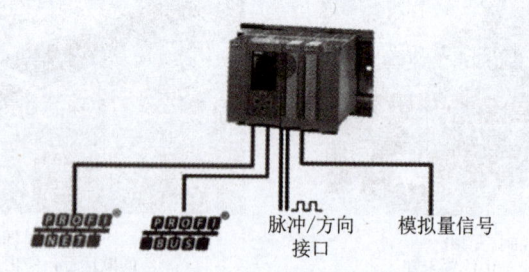

图 18-5　S7-1200 PLC 运动控制方式

V90 驱动器 1

（2）西门子 V90 PN 伺服驱动器简介。

伺服驱动器是用来控制伺服电机的一种驱动器，其功能类似于变频器作用于普通交流电机。伺服驱动器一般通过位置、速度和力矩 3 种方式对伺服电机进行控制，实现高精度的速度控制和定位控制。

西门子驱动产品有 V90、S210、S120，性能从基础到高级，如表 18-1 所示。

表 18-1 西门子驱动产品比较

基础	中级	高级
操作简单，功能实用，基础性能	结构简单，功能丰富，高性能	高度灵活，功能丰富，超高性能
V90（0.1~7 kW）	S210（0.1~7 kW）	S120（0.12~250 kW）

西门子 V90 伺服驱动器分为两类，一个是 V90 PTI（脉冲型），一个是 V90 PN（总线通信型），如图 18-6 所示。

1）V90 PTI（脉冲型）。

①PLC 向驱动器发送脉冲控制驱动器，一般是脉冲+方向模式，占用 PLC 两个输出点。

②接线复杂、脉冲计算较为麻烦，是传统型运动控制。

③S7-1200 PLC 本体最多 4 路 PTO 输出，如控制多轴必须添加模块。

2）V90 PN（总线通信型）。

①PLC 通过总线控制伺服驱动器，PTI/PN 驱动器的电机通用。

②V90 PN 伺服系统主要有两种模式进行运动控制。

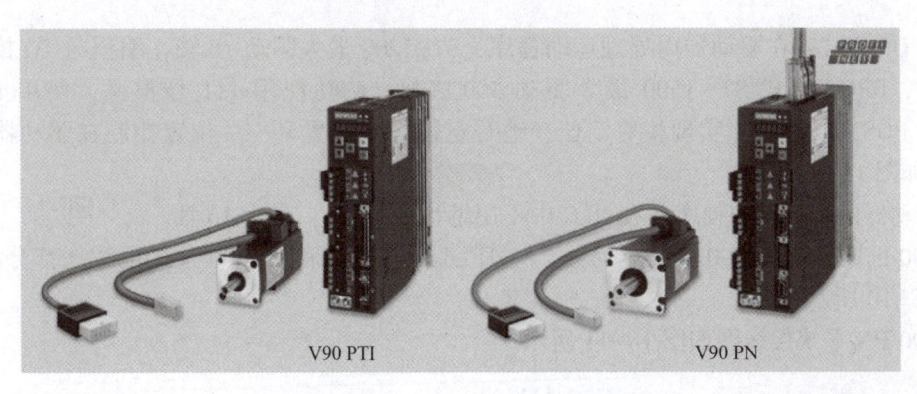

图 18-6 西门子 V90 伺服驱动器分类

V90 伺服驱动器有脉冲控制方式和总线控制，如图 18-7 所示。

TO 模式：在 PLC 内处理运动程序，最大 8 轴，编程与 PTI 脉冲高度相似，V90 使用 3 号报文，在 PLC 中组态位置轴工艺对象（工艺组态 8 轴），通过 MC_Power、MC_MoveAbsolute 等 PLC Open 标准程序块进行控制，这种控制方式属于中央控制方式（速度控制 TO）（位置环——位置控制在 PLC 中计算），如图 18-8 所示。

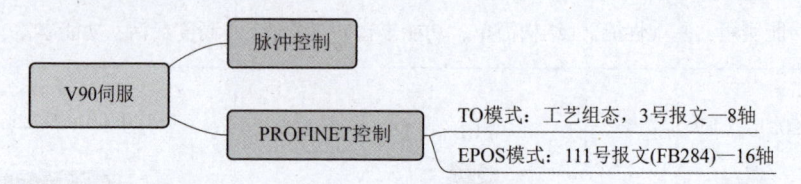

图 18-7　V90 伺服有脉冲控制方式和总线控制

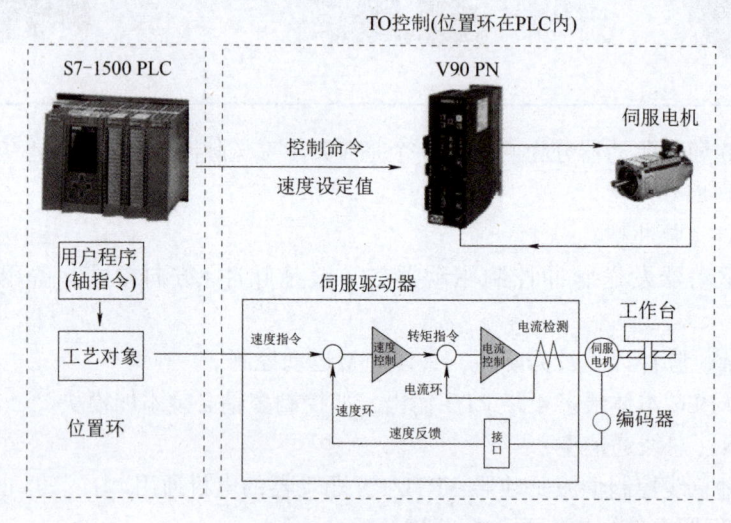

图 18-8　速度控制 TO 模式

EPOS 模式：在驱动器内处理运动程序，S7-1200 最大驱动 16 轴，编程与 TO 模式相差较大，EPOS 模式 S7-1500 最大驱动 300 多轴。V90 使用 111 号报文，使用 FB284（SINA_POS）功能块，实现相对定位、绝对定位等（位置环——位置控制在驱动器中计算），如图 18-9 所示。

驱动器内处理运动程序（在 PLC 中不用编写轴指令），最大 16 轴。

V90 伺服系统由 V90 伺服驱动器、S-1FL6 伺服电机和 MC300 连接电缆 3 部分组成，如图 18-10 所示。

V90 PN 系统接线图如图 18-11 所示。

任务 18　PLC 控制工作台伺服定位

图 18-9　位置控制 EPOS 模式

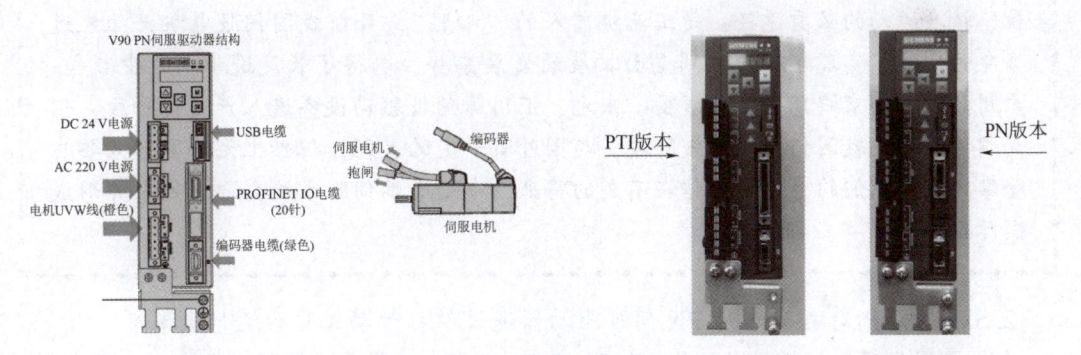

图 18-10　V90 伺服系统组成

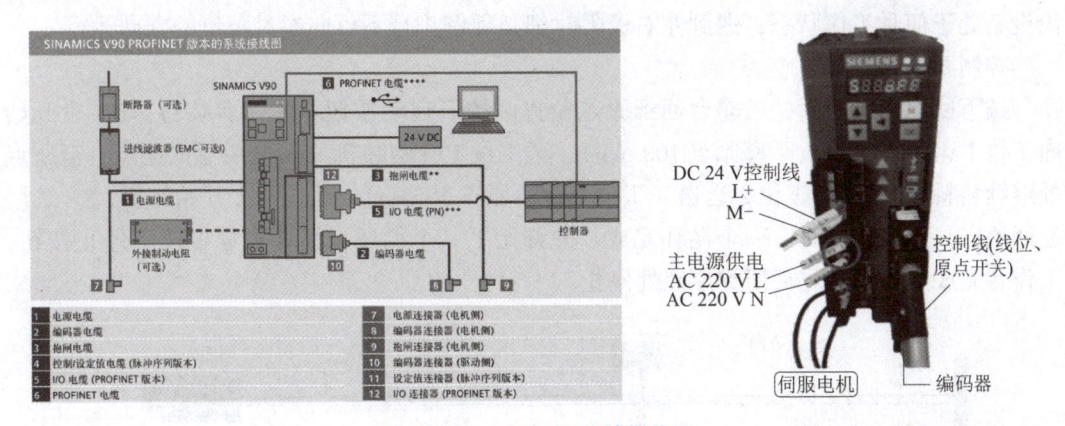

图 18-11　V90 PN 系统接线图

使用 V90 PN 进行伺服控制时需要在计算机中安装三个软件，一个是安装 GSDML-V2.32-Sinamics_V90 PN-20190415 文件后才能在 TIA 博途中找到 V90 PN V1.0；安装 SINAMICS-V-ASSISTANT_v1-07-01 才能在 TIA 博途中找到设置和调试伺服 V90 PN 参数；安装 Drive_Lib_V61_S7_1200_1500 才能在 TIA 博途中找到 FB284（本任务是采用 TO 控制，用不到 FB284），如图 18-12 所示。

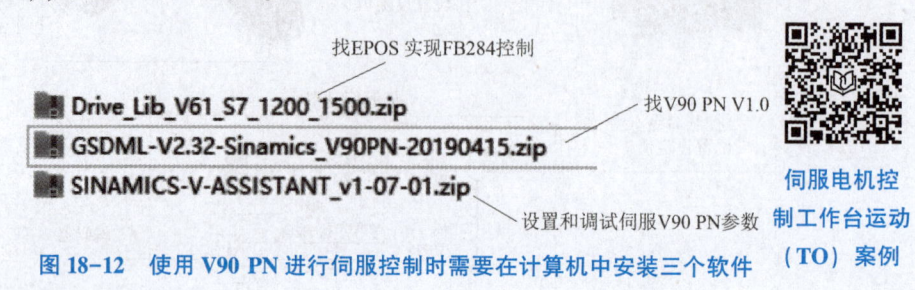

图 18-12 使用 V90 PN 进行伺服控制时需要在计算机中安装三个软件

> **小贴士**：伺服系统是工业自动化的重要组成部分，是自动化行业中实现精确定位、精准运动的必要途径，是工业机器人的"心脏"，目前我国伺服电机产业经过多年的发展，实现了从起步到全面扩展的发展态势，取得了长足进步，华中数控、广州数控、南京埃斯顿、英威腾、东元、汇川等伺服驱动设备进入产业化阶段，但高端伺服系统我国仍处于研发阶段，与国外有一定的差距，但世上无难事，只要肯登攀，经过我们的努力，相信在不久的将来，中国高端伺服系统会迎头赶上并形成国际品牌。

2. S7-1200 PLC 控制 V90 PN 伺服驱动器通过丝杠带动工作台运行案例

伺服驱动器通过丝杠带动工作台如图 18-13 所示，工作台由伺服电机控制，图中所示设备的丝杠丝距为 2 mm，工作台下方左右各有一个光电接近开关作为左右限位保护，无论设备处于何种工作状态，遇到左右极限时都必须停止且不可向超过限位的方向运行。

控制要求：

按下回原点按钮后，工作台回到原点位置。按下启动按钮，工作台装料，3 s 后开始向工位 1 运送（工位 1 距离原点 100 mm），至工位 1 开始卸料，5 s 之后返回原点，至原点处继续装料，3 s 后向工位 2 运送（工位 2 距离原点 50 mm），至工位 2 开始卸料，5 s 之后返回原点，至原点处时，一个循环完成，并开始下一个循环；循环过程中按下停止按钮，工作台完成当前次循环后回到原点处停止。

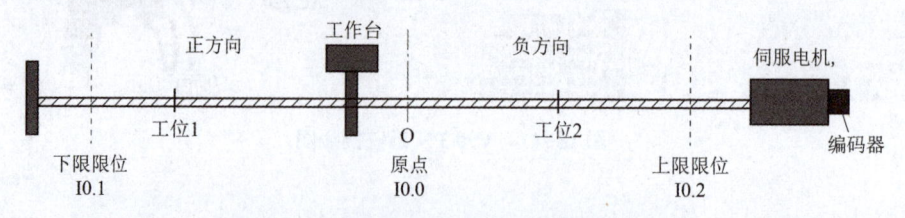

图 18-13 伺服驱动器通过丝杠带动工作台

(1) PLC 与伺服驱动器接线图。

PLC 与伺服驱动器接线图如图 18-14 所示。

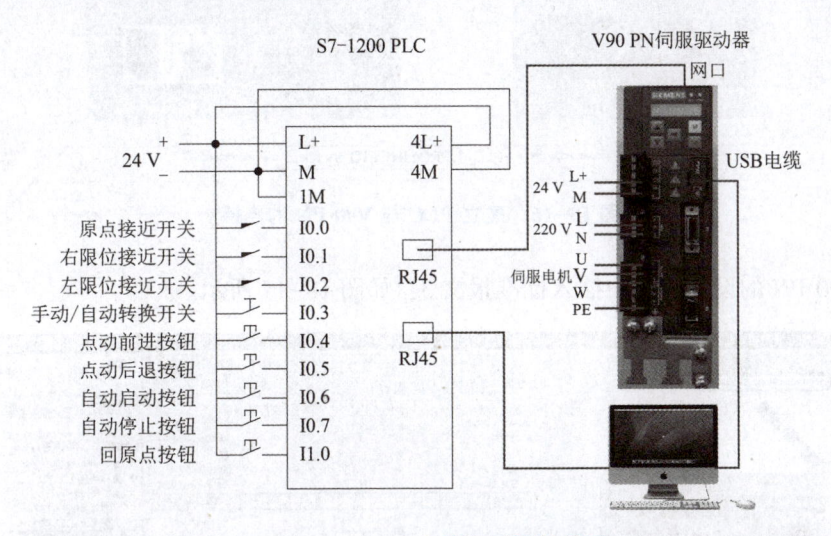

图 18-14　PLC 与伺服驱动器接线图

(2) 项目硬件组态。

在 TIA 博途中安装 V90 PN 的 GSD 文件 GSDML-V2.32-Sinamics_V90 PN-20190415 软件，才能在"网络视图"/"目录"中找到"SINAMICS V90 PN V1.0"，组态 PLC 后，在网络视图中添加 V90 PN 设备并创建与 PLC 的网络连接，V90 PN 的 GSD 文件在硬件目录中的路径如图 18-15 所示。

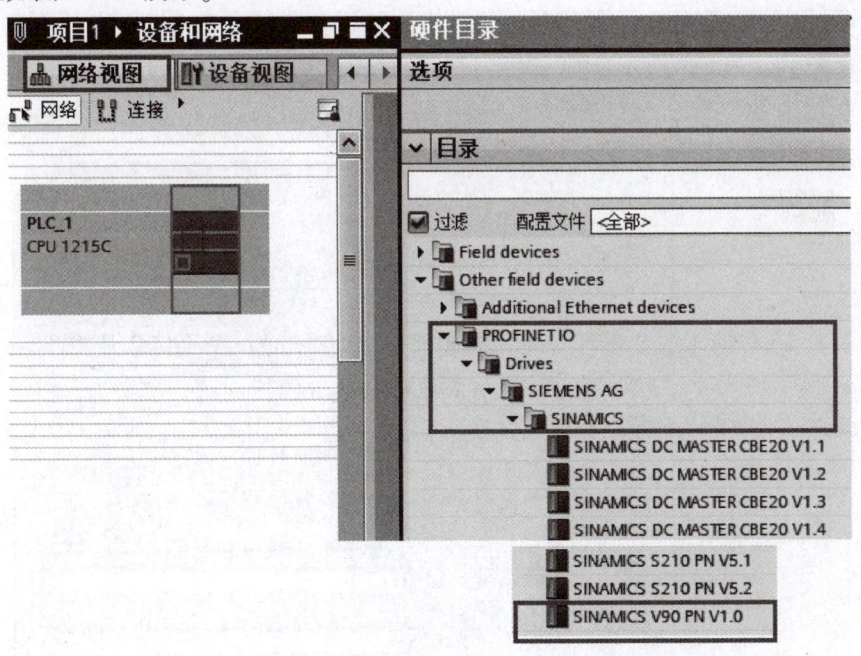

图 18-15　"V90 PN V1.0" 路径

建立 PLC 与 V90 PN 的连接，如图 18-16 所示。

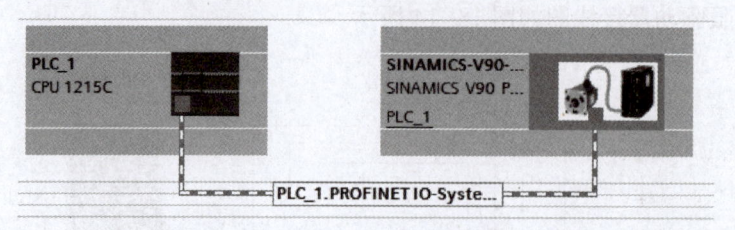

图 18-16 建立 PLC 与 V90 PN 的连接

在 V90 PN 的设备视图中插入标准报文 3，如图 18-17 所示。

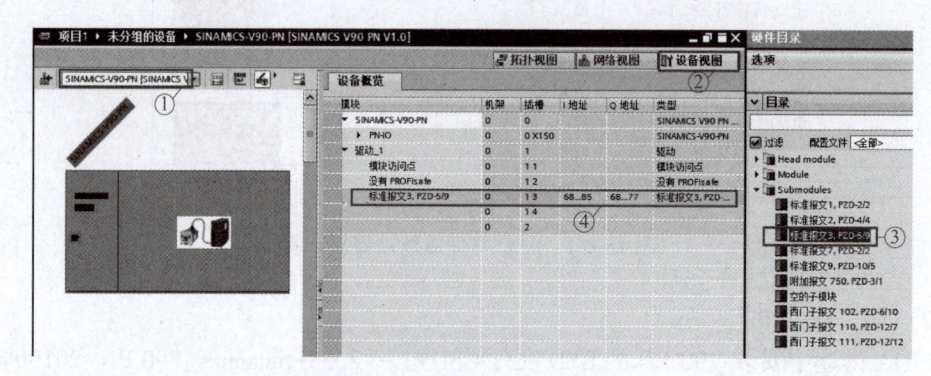

图 18-17 插入标准报文 3

在 V90 PN 中设置以太网地址和设备名称，如图 18-18 所示。

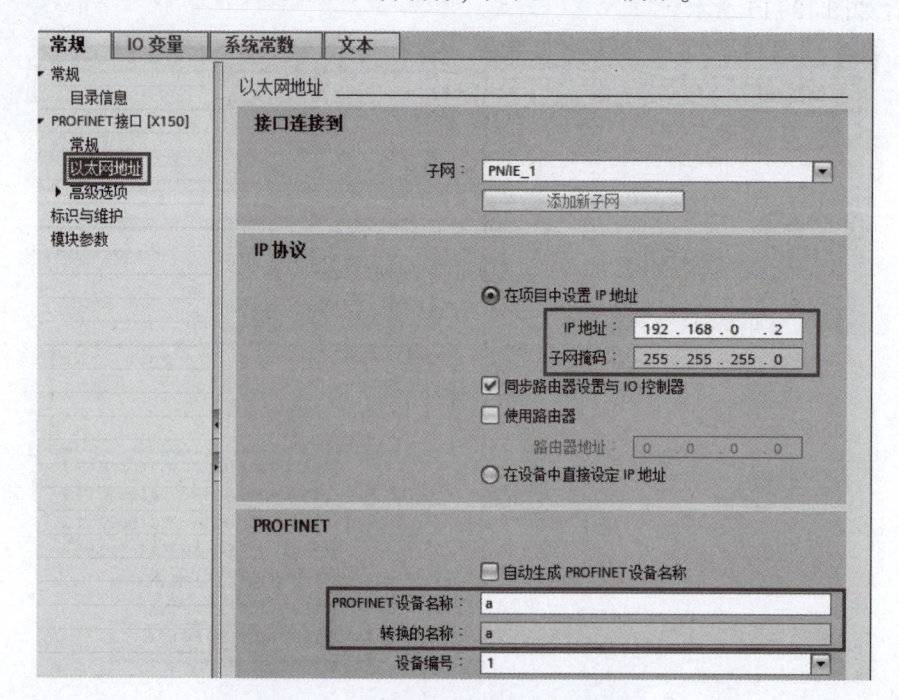

图 18-18 设置以太网地址和设备名称

（3）V-ASSISTANT 调试软件设置 V90 PN 参数。

1）安装 SINAMICS-V-ASSISTANT_v1-07-01 软件调试 V90 PN 参数。

2）使用 V-ASSISTANT 调试软件，在线后检查 V90 的控制模式为"速度控制（S）"。

①选择速度控制（S），如图 18-19 所示。

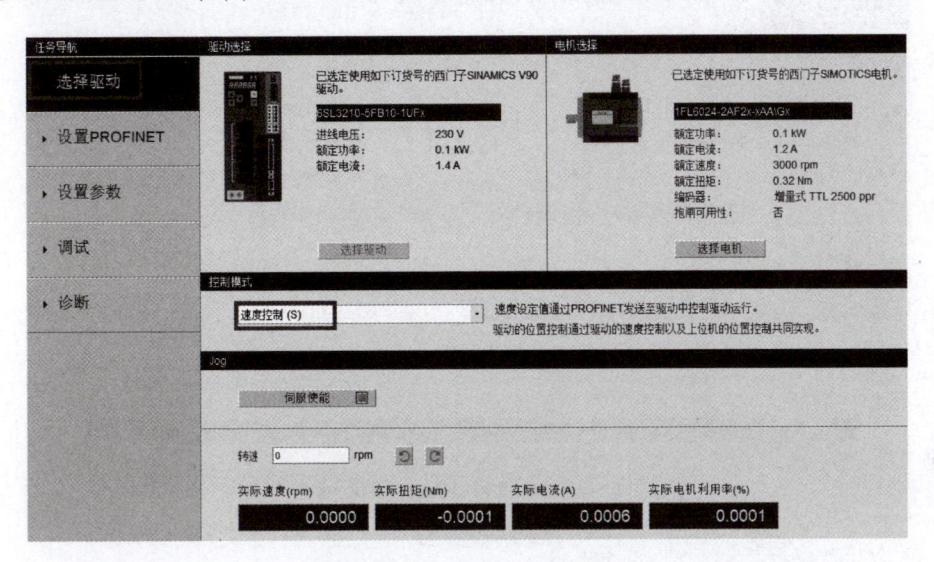

图 18-19　选择速度控制（S）

②选择标准报文 3，如图 18-20 所示。

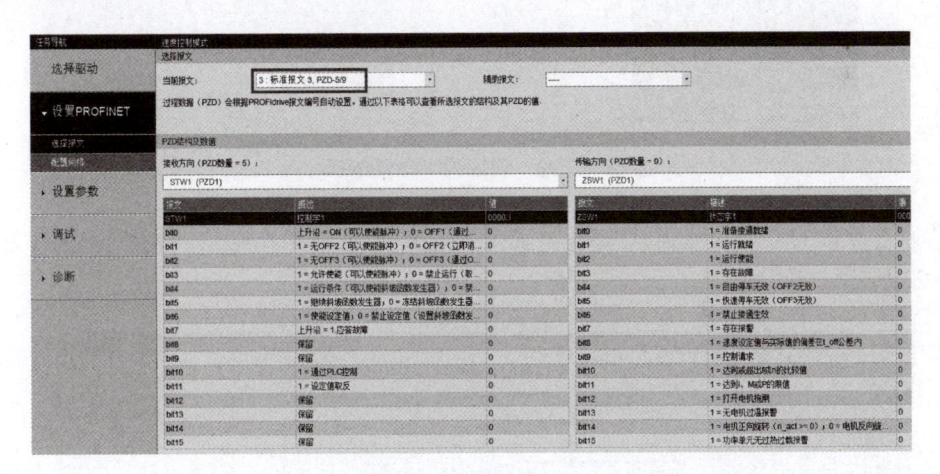

图 18-20　选择标准报文 3

③"设置 PROFINET"/"配置网络"，设置 V90 的 IP 地址及 PN 站名（设备名称），如图 18-21 所示，注意设备名和地址要与 TIA 博途中组态的一致。参数保存后需重启驱动器才能生效。

如需要连接现场急停按钮，可以将 DI1~DI4 中的某个数字量输入端口定义为"EMGS"功能，如图 18-22 所示。

图 18-21 设置 V90 的 IP 地址及 PN 站名

图 18-22 连接现场急停按钮

④通过软件的点动功能运行 V90 驱动电机，如能正常工作则说明硬件连接正常，如图 18-23 所示。

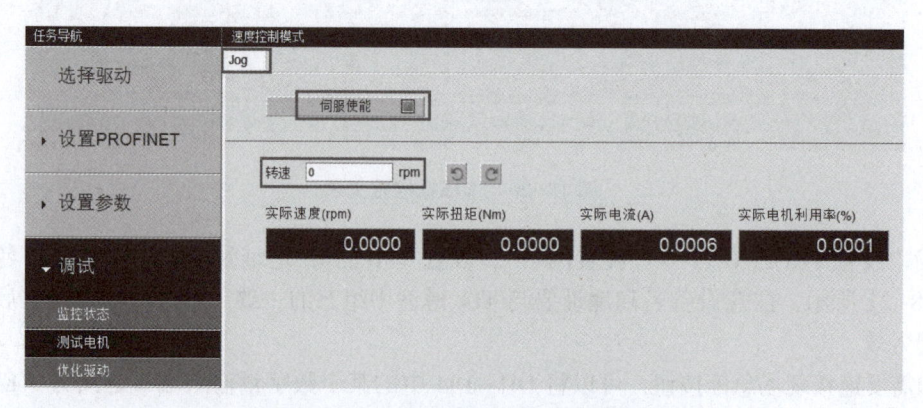

图 18-23 点动功能运行 V90 驱动电机

（4）工艺对象组态。

1）组态轴对象，如图18-24所示。

图18-24　组态轴对象

2）基本参数设置。

①常规组态，设置轴名称为轴_1，驱动器选择PROFIdrive，测量单位是mm，如图18-25所示。

V90 PN 在 TO 模式下的轴组态

图18-25　基本参数——常规组态

②驱动器组态，如图18-26、图18-27所示，选择驱动_1，标准报文3。

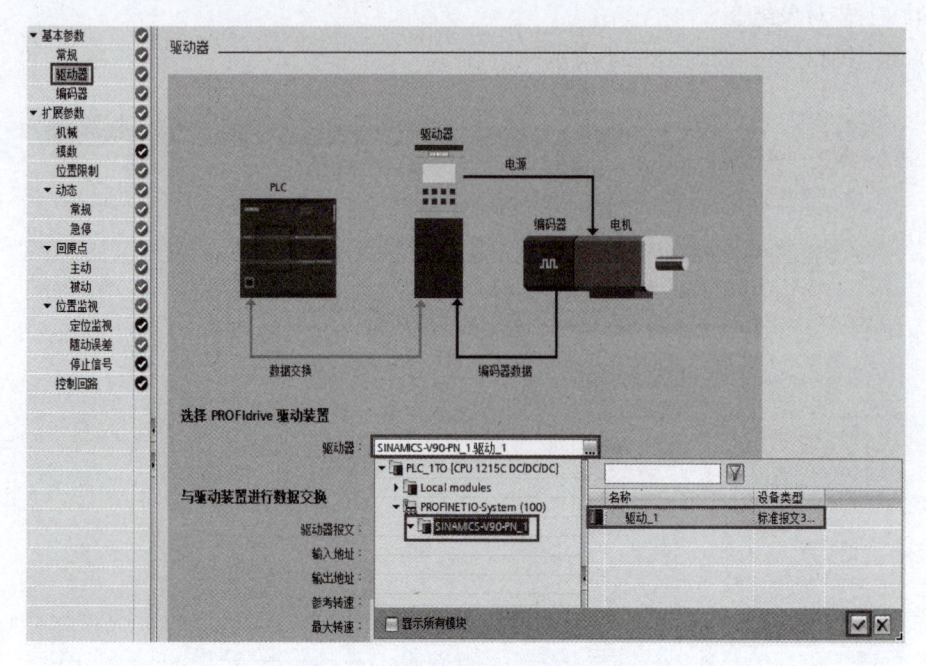

图 18-26　基本参数——驱动器组态 1

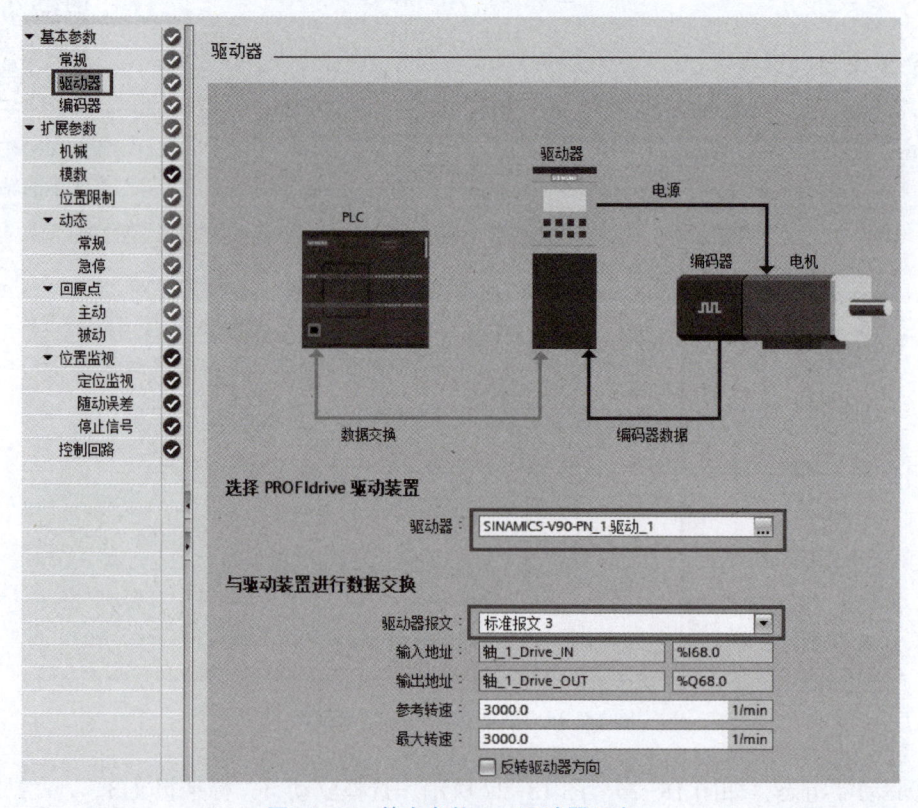

图 18-27　基本参数——驱动器组态 2

③组态编码器，如图18-28所示。

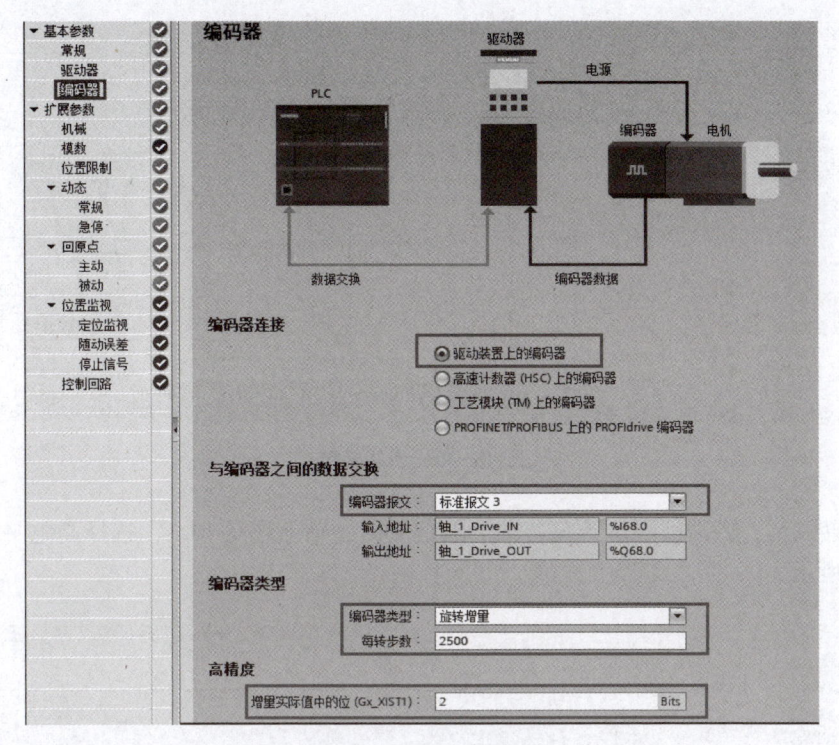

图18-28 组态编码器

3）扩展参数。
①组态机械参数，如图18-29所示。

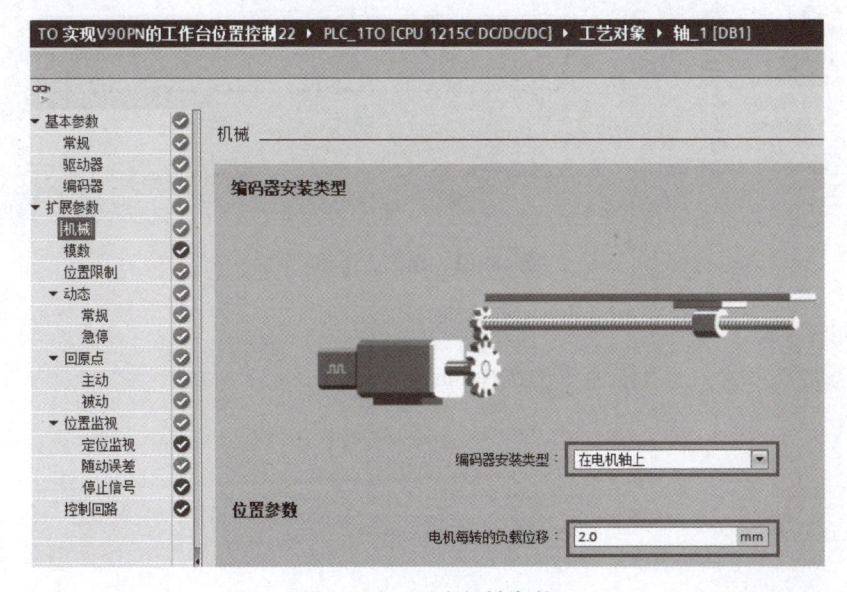

图18-29 组态机械参数

②组态模数，圆周运动时启用模数，直线运动时不启用，如图 18-30 所示。

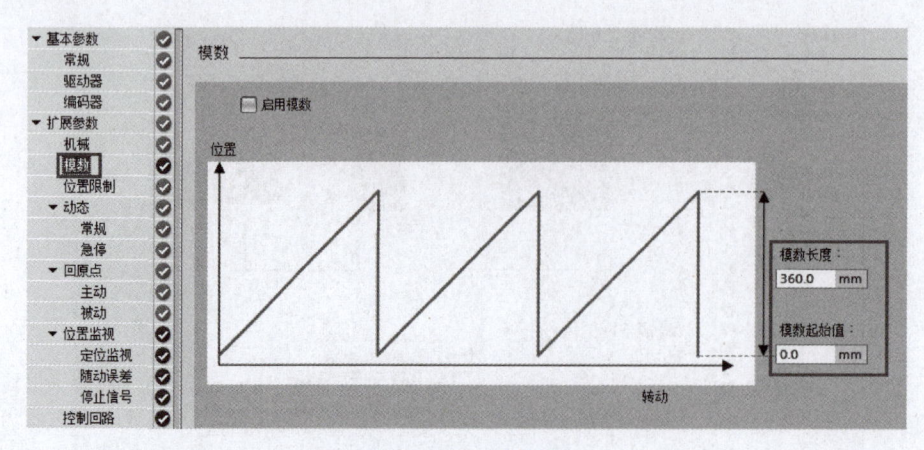

图 18-30　组态模数

③位置限制，启用硬限位开关，轴下限是 I0.1，轴上限是 I0.2，选择高电平有限，如图 18-31 所示。

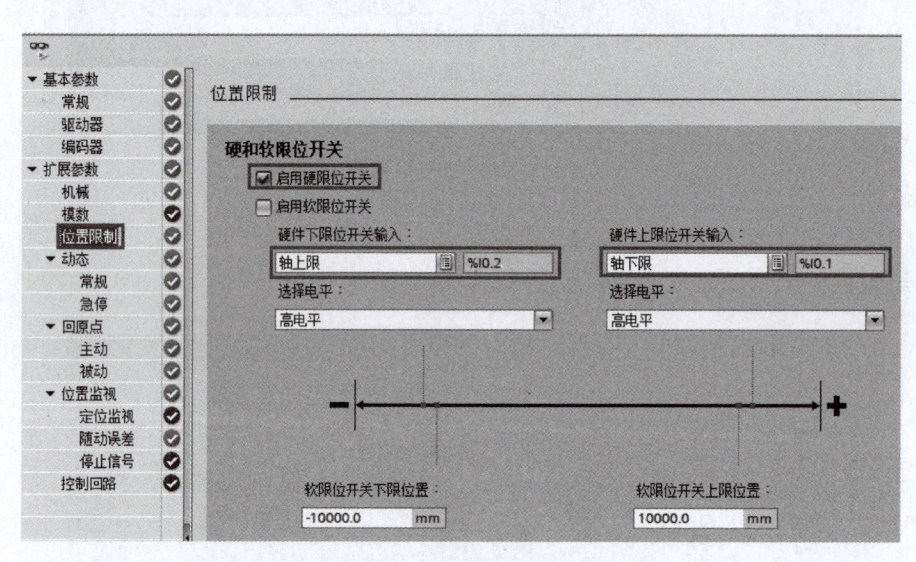

图 18-31　组态上下限

4）动态参数。
①组态常规参数，速度限值单位选择 mm/s，如图 18-32 所示。

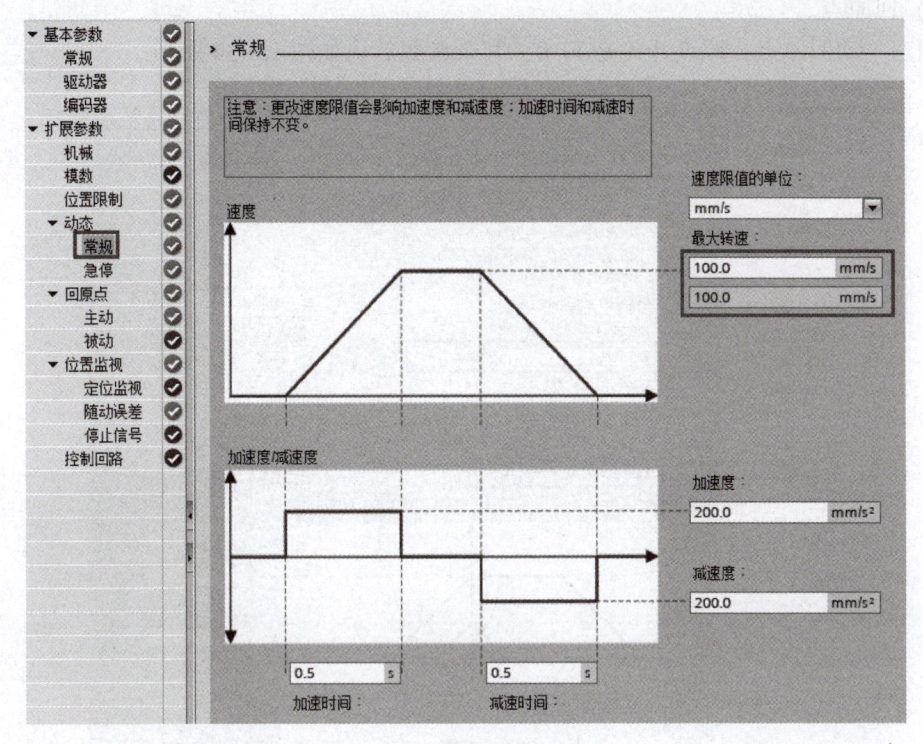

图 18-32　组态常规参数

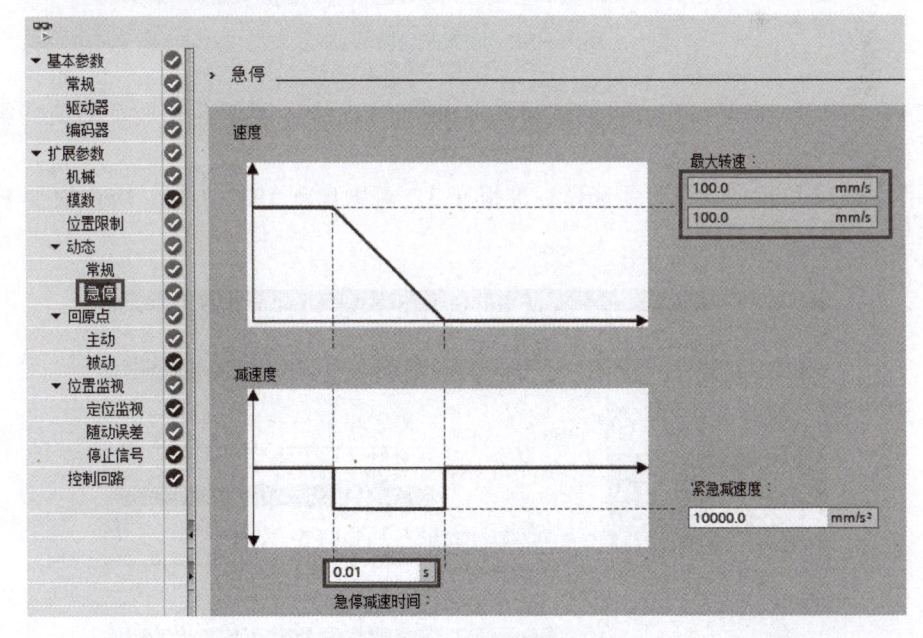

②组态急停，如图 18-33 所示。

图 18-33　组态急停

5) 回原点。

组态主动回原点，原点开关是 I0.0，其余参数默认如图 18-34 所示。

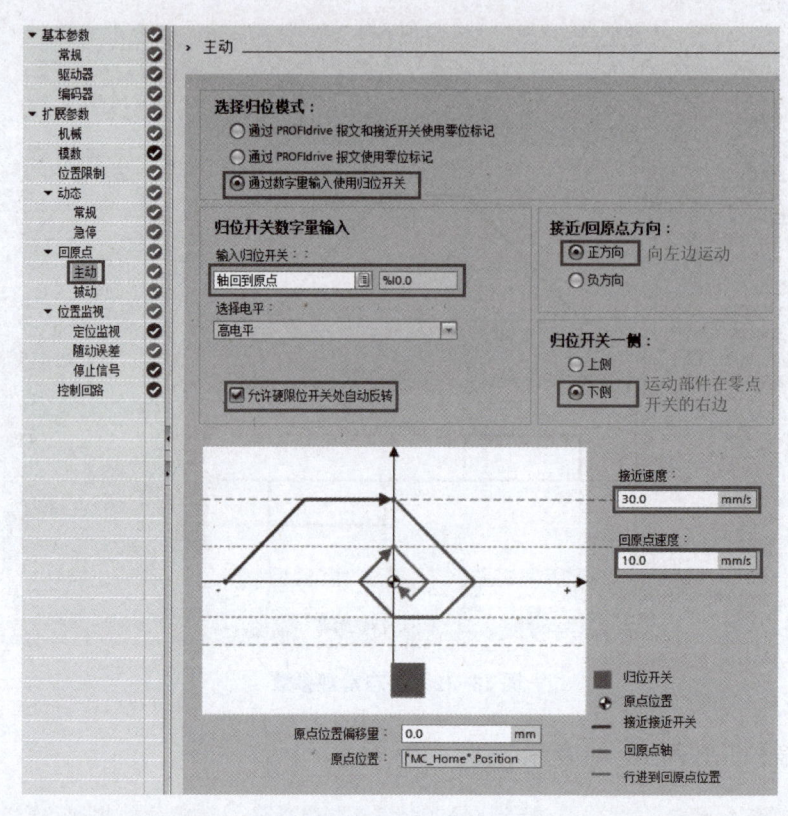

图 18-34　组态主动回原点

在 V-ASSISTANT 软件中，可调试伺服驱动器的正反转，验证伺服驱动器与伺服电机连接是否正确。

如图 18-35 所示，调试时要选择标准报文 3，否则出现 1932 告警，DSC 缺少 PB/PN 等时同步，如图 18-36 所示。

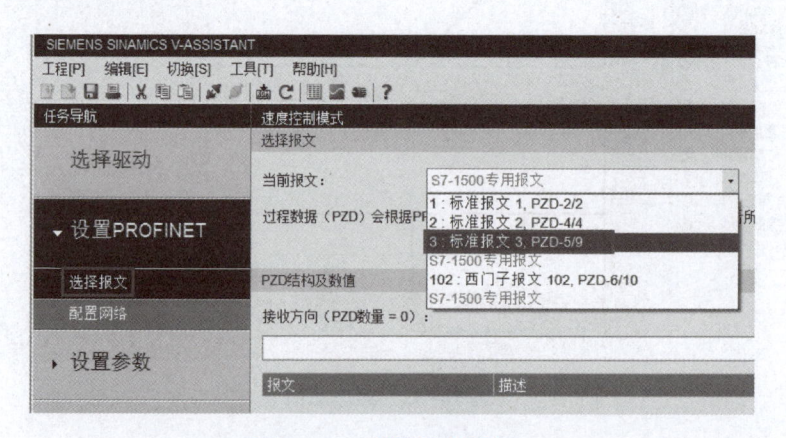

图 18-35　选择标准报文 3

图 18-36　警告

使能伺服，测试伺服电机正反转，如图 18-37 所示。

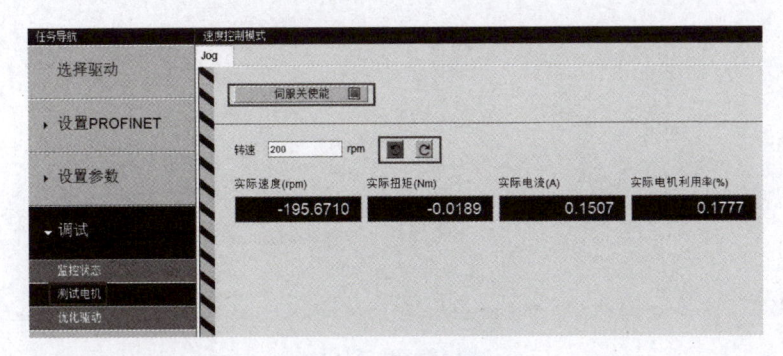

图 18-37　使能伺服

编写运动指令之前，先进行运动调试，可进行点动、回原点、定位操作，调试上限、下限行程开关，回原点是否正确，速度是否合适，双击"调试"/"激活"/"启用"，如图 18-38、图 18-39 所示。正反向测试如图 18-40 所示，回原点测试如图 18-41 所示。

图 18-38　测试伺服电机

图 18-39　启用

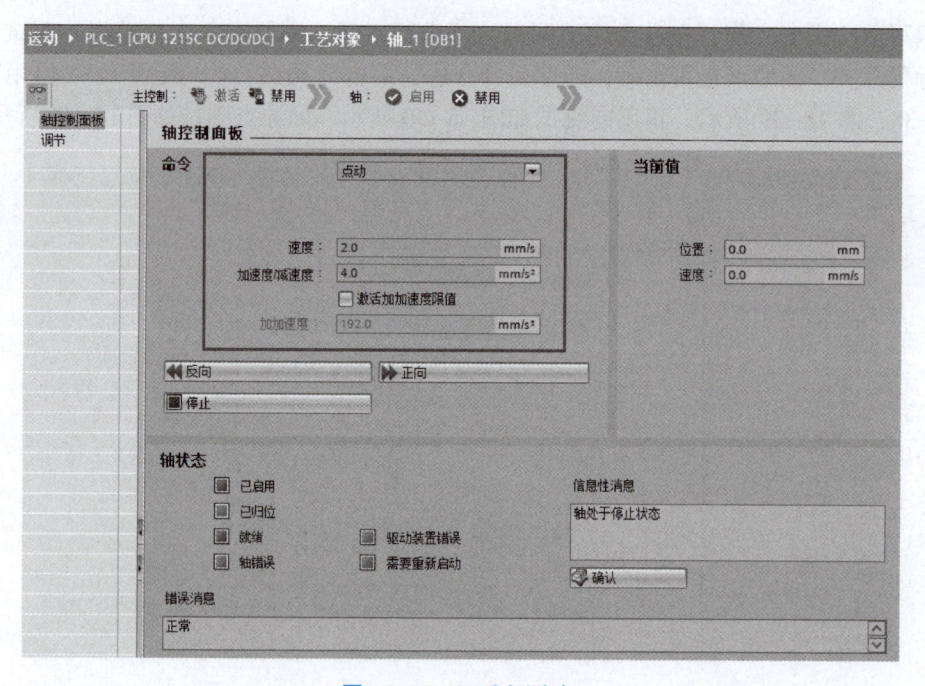

图 18-40　正反向测试

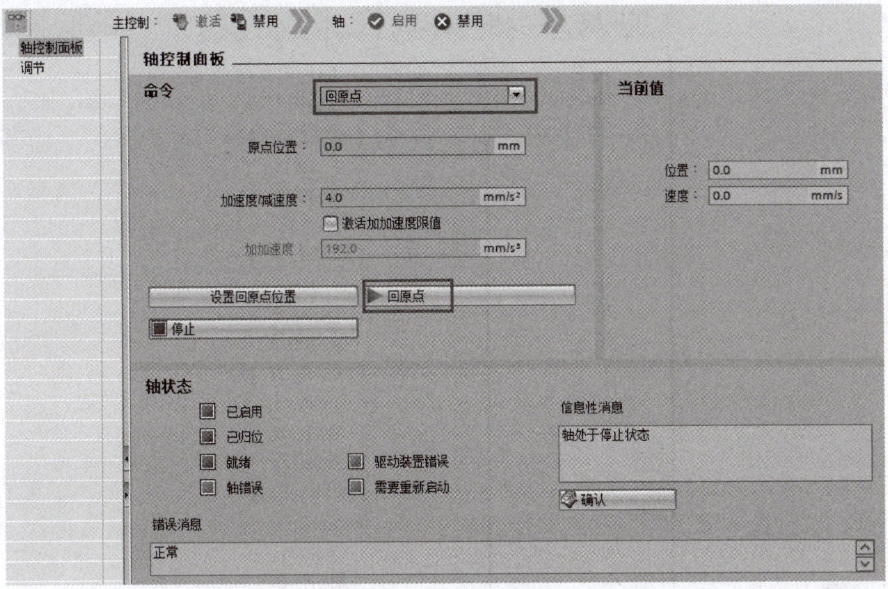

图 18-41　回原点测试

（5）变量表。

变量表如图 18-42 所示。

PLC 变量

	名称	变量表	数据类型	地址
13	启动标志	默认变...	Bool	%M2.0
14	原点回归到位	默认...	Bool	%M12.0
15	手动标志	默认变...	Bool	%M2.1
16	手动/自动	默认变...	Bool	%I0.3
17	自动标志	默认变...	Bool	%M2.2
18	点动前进	默认变...	Bool	%I0.4
19	点动后退	默认变...	Bool	%I0.5
20	轴上限	默认变...	Bool	%I0.2
21	轴下限	默认变...	Bool	%I0.1
22	自动启动	默认变...	Bool	%I0.6
23	第一步	默认变...	Bool	%M3.0
24	定位启动	默认变...	Bool	%M10.3
25	定位完毕	默认变...	Bool	%M12.1
26	定位的当前值	默认变...	Real	%MD100
27	第二步	默认变...	Bool	%M3.1
28	第三步	默认变...	Bool	%M3.2
29	第四步	默认变...	Bool	%M3.3
30	Tag_15	默认变...	Bool	%M20.1
31	原点回归	默认变...	Bool	%M10.0
32	手动前进	默认变...	Bool	%M10.1
33	手动后退	默认变...	Bool	%M10.2
34	手动回原点	默认变...	Bool	%I1.0
35	Tag_17	默认变...	Bool	%M20.0
36	Tag_16	默认变...	Bool	%M20.2
37	第五步	默认变...	Bool	%M3.4
38	第六步	默认变...	Bool	%M3.5
39	Tag_20	默认变...	Bool	%M20.3
40	第七步	默认变...	Bool	%M3.6
41	第八步	默认变...	Bool	%M3.7
42	Tag_11	默认变...	Bool	%M20.4
43	轴回到原点	默认变...	Bool	%I0.0
44	System_Byte	默认变...	Byte	%MB1
45	FirstScan	默认变...	Bool	%M1.0
46	DiagStatusUpdate	默认变...	Bool	%M1.1
47	AlwaysTRUE	默认变...	Bool	%M1.2
48	AlwaysFALSE	默认变...	Bool	%M1.3
49	停止	默认变...	Bool	%I0.7
50	停止标志	默认变...	Bool	%M4.0
51	Tag_10	默认变...	Bool	%M30.0
52	错误复位	默认变...	Bool	%M12.2
53	Tag_12	默认变...	Bool	%M20.5

图 18-42　变量表

（6）程序。

编写程序如图 18-43 所示。

项目五 智能产线运动定位控制

程序段 1： 上电初始化清0

```
%M1.0                    %M2.0
"Tag_9"                 "启动标志"
  ├─┤ ├─────────────────( RESET_BF )
  │                          10
  │                        %M3.0
  │                        "第一步"
  ├─────────────────────( RESET_BF )
  │                          10
  │                       %M10.0
  │                       "原点回归"
  ├─────────────────────( RESET_BF )
  │                          10
  │                       %M20.0
  │                       "Tag_17"
  ├─────────────────────( RESET_BF )
  │                          10
  │                        %M2.0
  │                       "启动标志"
  └─────────────────────────( S )
```

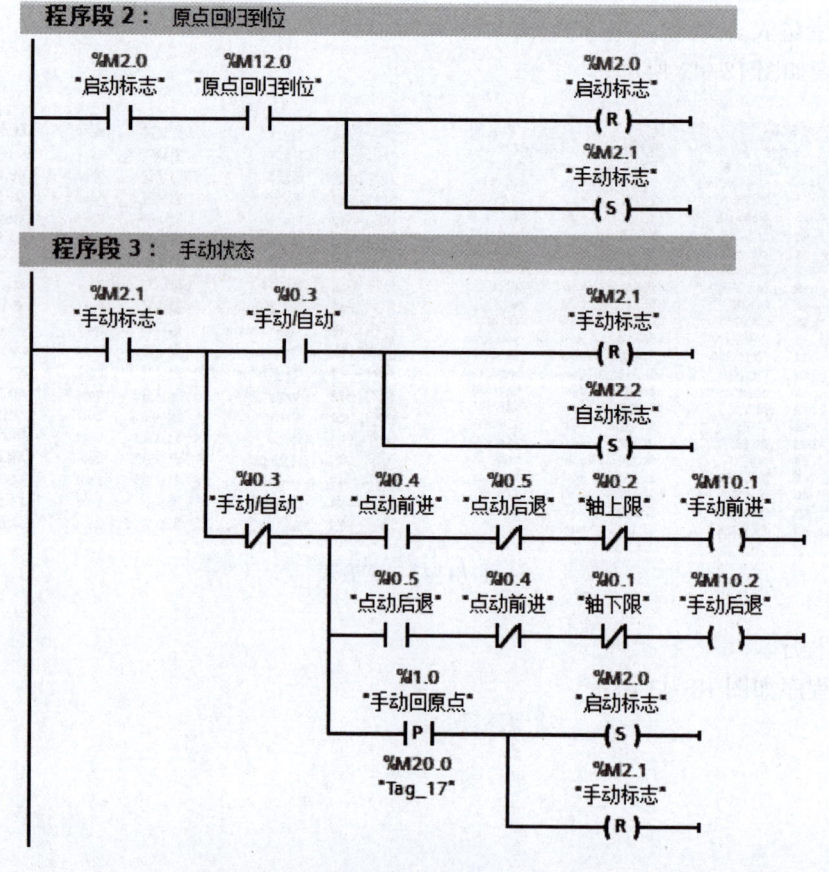

程序段 2： 原点回归到位

```
%M2.0      %M12.0              %M2.0
"启动标志"  "原点回归到位"      "启动标志"
  ─┤ ├──────┤ ├──────┬────────────( R )
                     │            %M2.1
                     │           "手动标志"
                     └────────────( S )
```

程序段 3： 手动状态

```
%M2.1       %I0.3                    %M2.1
"手动标志"  "手动/自动"              "手动标志"
  ─┤ ├──────┤ ├──────┬────────────────( R )
                     │                %M2.2
                     │               "自动标志"
                     └────────────────( S )

          %I0.3      %I0.4    %I0.5    %I0.2    %M10.1
        "手动/自动" "点动前进" "点动后退" "轴上限" "手动前进"
          ─┤/├──────┤ ├──────┤/├──────┤/├────────( )

                   %I0.5    %I0.4    %I0.1    %M10.2
                  "点动后退" "点动前进" "轴下限" "手动后退"
                   ─┤ ├──────┤/├──────┤/├────────( )

                            %I1.0              %M2.0
                          "手动回原点"        "启动标志"
                            ─┤P├────────────────( S )

                           %M20.0               %M2.1
                           "Tag_17"            "手动标志"
                                                ─( R )
```

图 18-43 程序

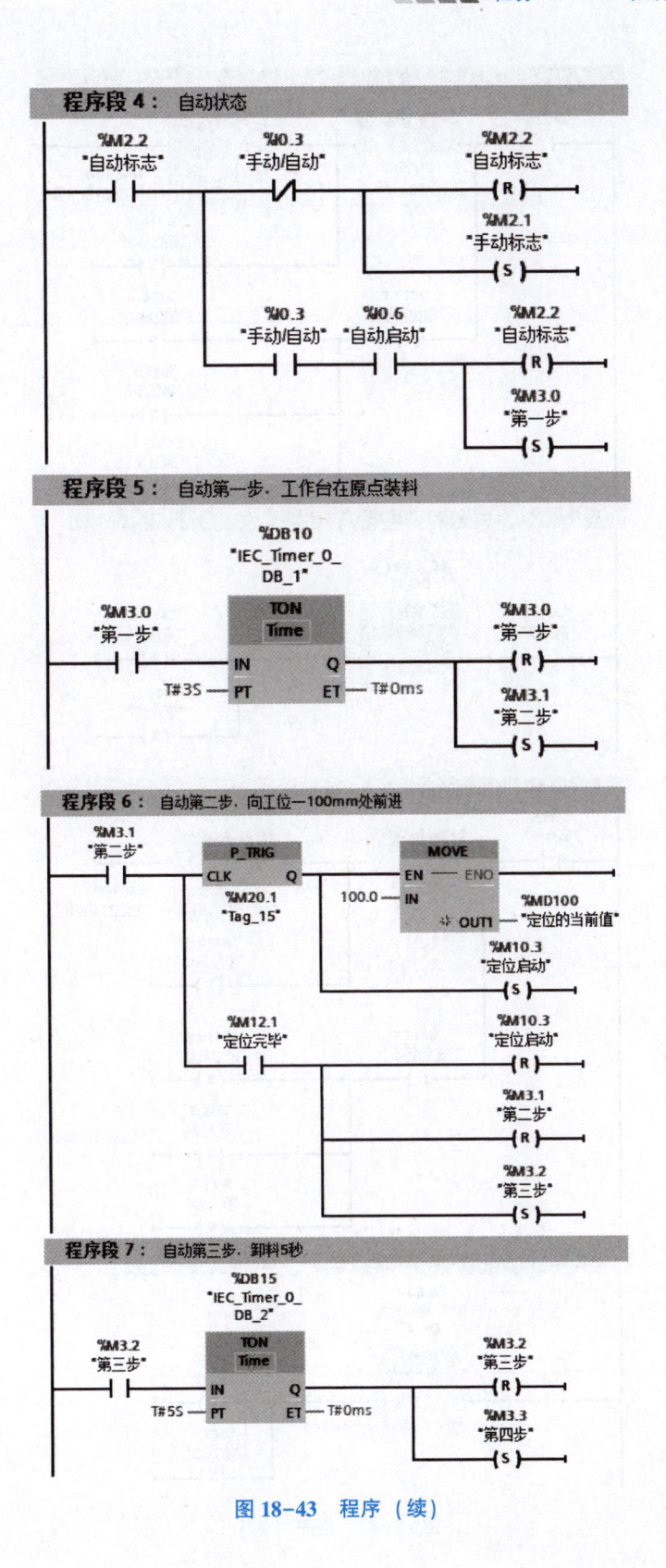

任务 18 PLC 控制工作台伺服定位

程序段 4： 自动状态

```
  %M2.2      %I0.3              %M2.2
"自动标志"  "手动/自动"        "自动标志"
   ┤├────────┤/├──────────────( R )

                                %M2.1
                              "手动标志"
                               ( S )

              %I0.3    %I0.6    %M2.2
           "手动/自动" "自动启动" "自动标志"
              ┤├───────┤├────────( R )

                                 %M3.0
                               "第一步"
                                ( S )
```

程序段 5： 自动第一步，工作台在原点装料

```
                  %DB10
              "IEC_Timer_0_
                  DB_1"
   %M3.0         TON              %M3.0
 "第一步"        Time            "第一步"
   ┤├──────────IN      Q──────────( R )
         T#3S──PT      ET──T#0ms
                                  %M3.1
                                "第二步"
                                 ( S )
```

程序段 6： 自动第二步，向工位—100mm处前进

```
  %M3.1        P_TRIG            MOVE
 "第二步"    CLK     Q        EN ── ENO
   ┤├─────────┤├──────┬──────────────────
                    %M20.1    100.0─IN
                    "Tag_15"       OUT1──%MD100
                                       "定位的当前值"
                                       %M10.3
                                      "定位启动"
                                       ( S )

              %M12.1            %M10.3
            "定位完毕"          "定位启动"
              ┤├────────────────( R )

                                 %M3.1
                               "第二步"
                                ( R )

                                 %M3.2
                               "第三步"
                                ( S )
```

程序段 7： 自动第三步，卸料5秒

```
                  %DB15
              "IEC_Timer_0_
                  DB_2"
   %M3.2         TON              %M3.2
 "第三步"        Time            "第三步"
   ┤├──────────IN      Q──────────( R )
         T#5S──PT      ET──T#0ms
                                  %M3.3
                                "第四步"
                                 ( S )
```

图 18-43 程序（续）

程序段 8： 自动第四步．返回原点

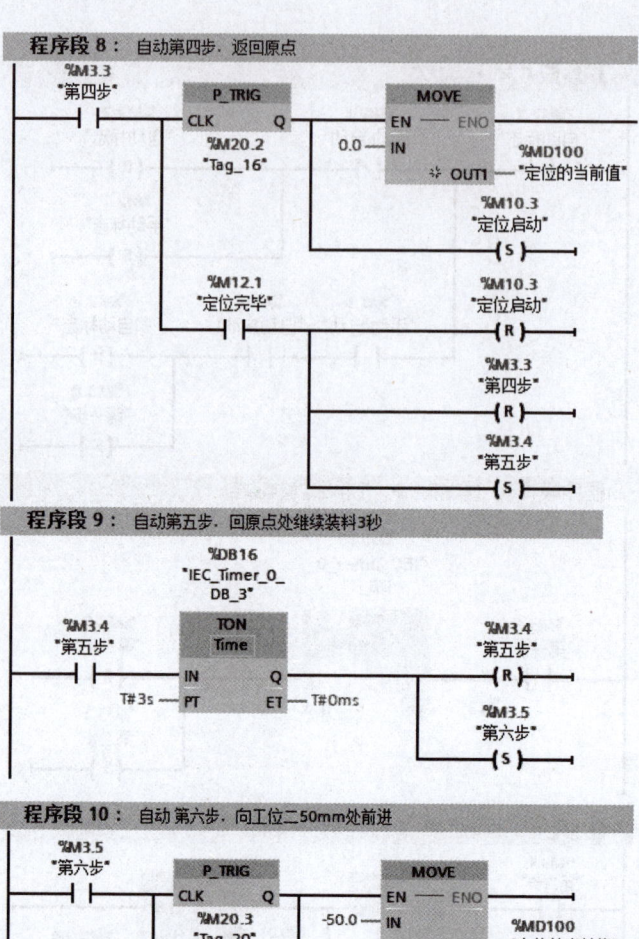

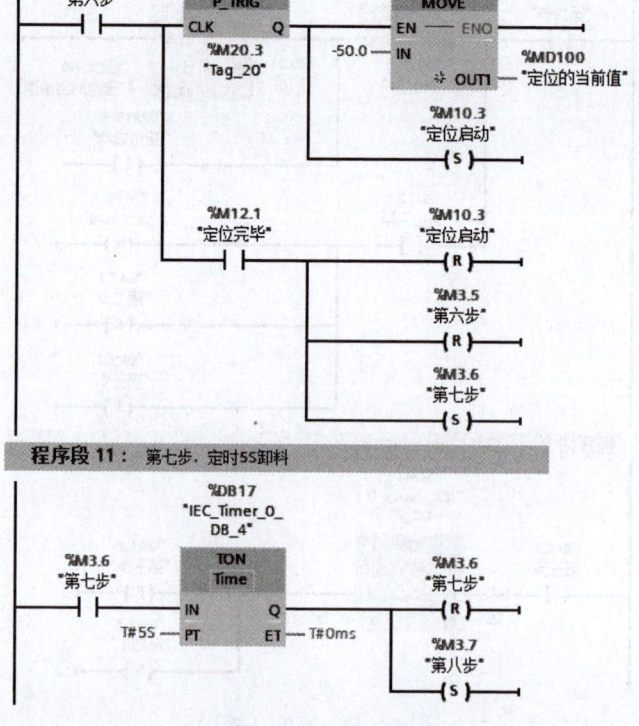

程序段 9： 自动第五步．回原点处继续装料3秒

程序段 10： 自动 第六步．向工位二50mm处前进

程序段 11： 第七步．定时5S卸料

图 18-43　程序（续）

程序段 12： 第八步，再次返回原点

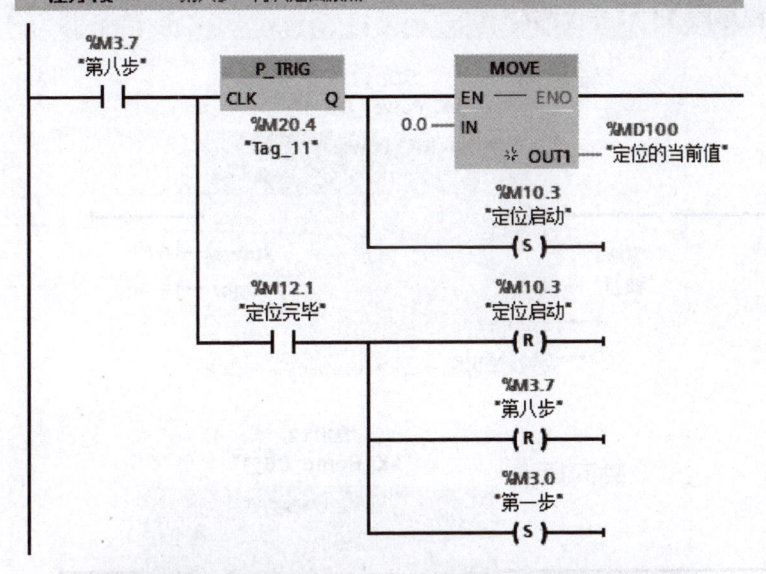

```
%M3.7        P_TRIG              MOVE
"第八步"      CLK   Q           EN    ENO
──┤ ├────────┤   ├──────┬─────┤         ├──
                        │  0.0─┤IN       │
              %M20.4    │      │    OUT1 ├── %MD100
              "Tag_11"  │      └─────────┘   "定位的当前值"
                        │
                        │      %M10.3
                        │      "定位启动"
                        └──────( S )──

              %M12.1           %M10.3
              "定位完毕"        "定位启动"
         ├────┤ ├──────┬───────( R )──
                       │
                       │       %M3.7
                       │       "第八步"
                       ├───────( R )──
                       │
                       │       %M3.0
                       │       "第一步"
                       └───────( S )──
```

程序段 13： 停止

```
%I0.7                          %M4.0
"停止"                         "停止标志"
──┤ ├──────────────────────────( S )──

%M4.0     %M3.0                %M3.0
"停止标志" "第一步"             "第一步"
──┤ ├──────┤ ├──────┬──────────[RESET_BF]──
                    │                8
                    │          %M20.0
                    │          "Tag_17"
                    ├──────────[RESET_BF]──
                    │                8
                    │          %M10.3
                    │          "定位启动"
                    ├──────────( R )──
                    │
                    │          %M12.0
                    │          "原点回归到位"
                    ├──────────( R )──
                    │
                    │          %M12.1
                    │          "定位完毕"
                    ├──────────( R )──
                    │
                    │          %M4.0
                    │          "停止标志"
                    ├──────────( R )──
                    │
                    │          %M2.2
                    │          "自动标志"
                    └──────────( S )──
```

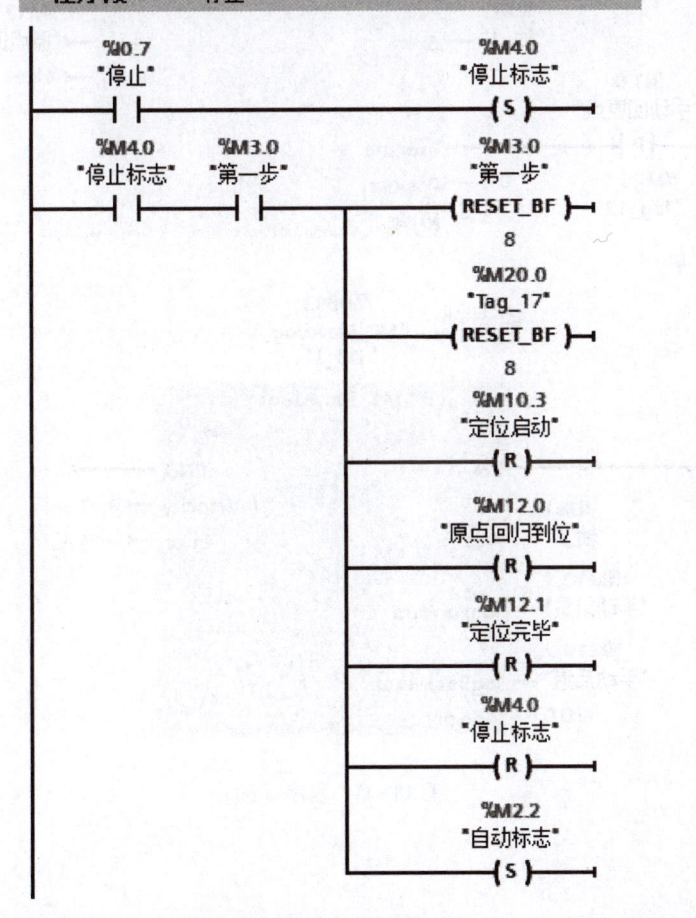

图 18-43　程序（续）

程序段 14： 定位程序

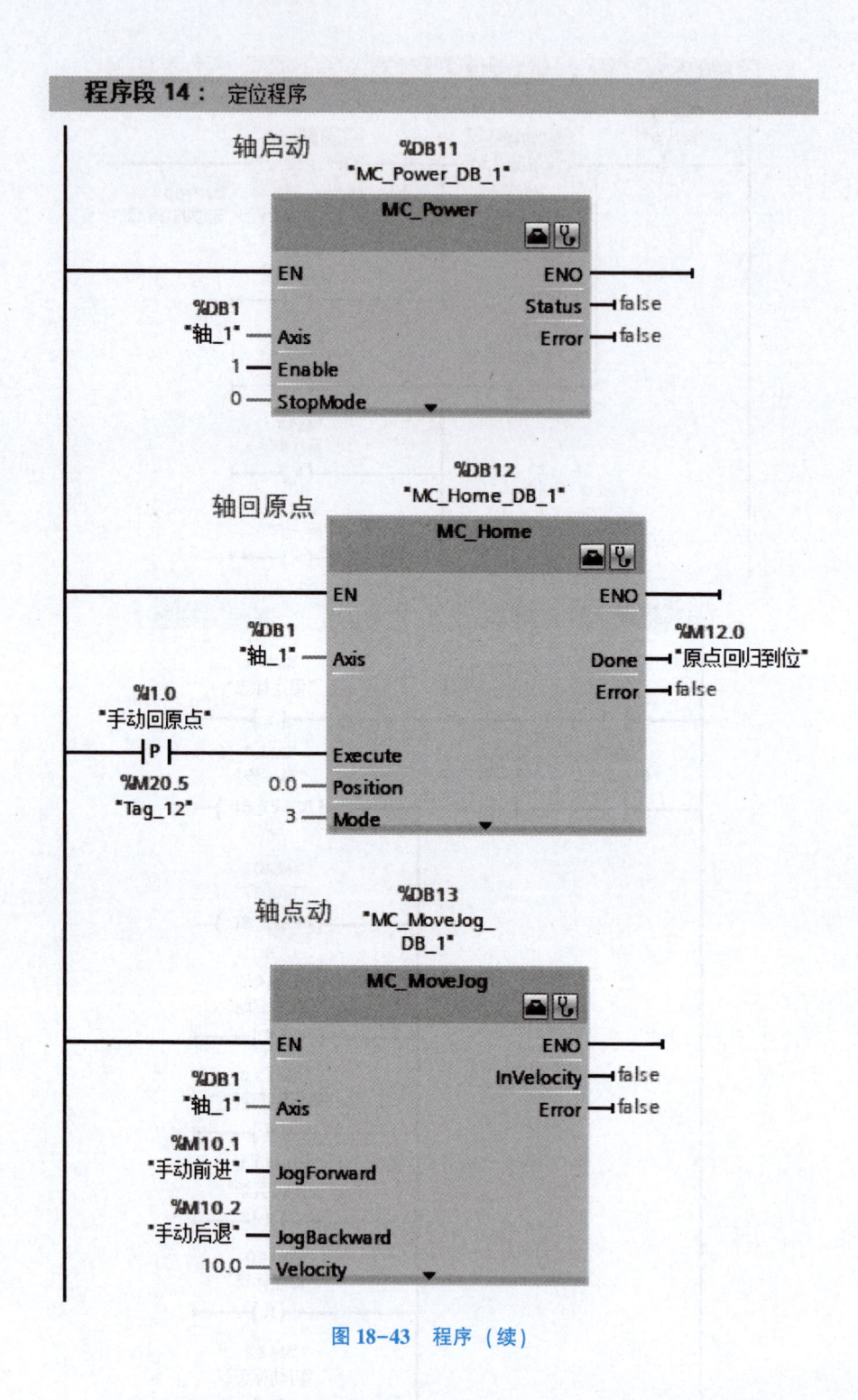

轴启动

%DB11
"MC_Power_DB_1"

MC_Power
- EN — ENO
- %DB1 "轴_1" — Axis
- 1 — Enable
- 0 — StopMode
- Status — false
- Error — false

轴回原点

%DB12
"MC_Home_DB_1"

MC_Home
- EN — ENO
- %DB1 "轴_1" — Axis
- %I1.0 "手动回原点" —|P|—
- %M20.5 "Tag_12" — Execute
- 0.0 — Position
- 3 — Mode
- Done — %M12.0 "原点回归到位"
- Error — false

轴点动

%DB13
"MC_MoveJog_DB_1"

MC_MoveJog
- EN — ENO
- %DB1 "轴_1" — Axis
- %M10.1 "手动前进" — JogForward
- %M10.2 "手动后退" — JogBackward
- 10.0 — Velocity
- InVelocity — false
- Error — false

图 18-43　程序（续）

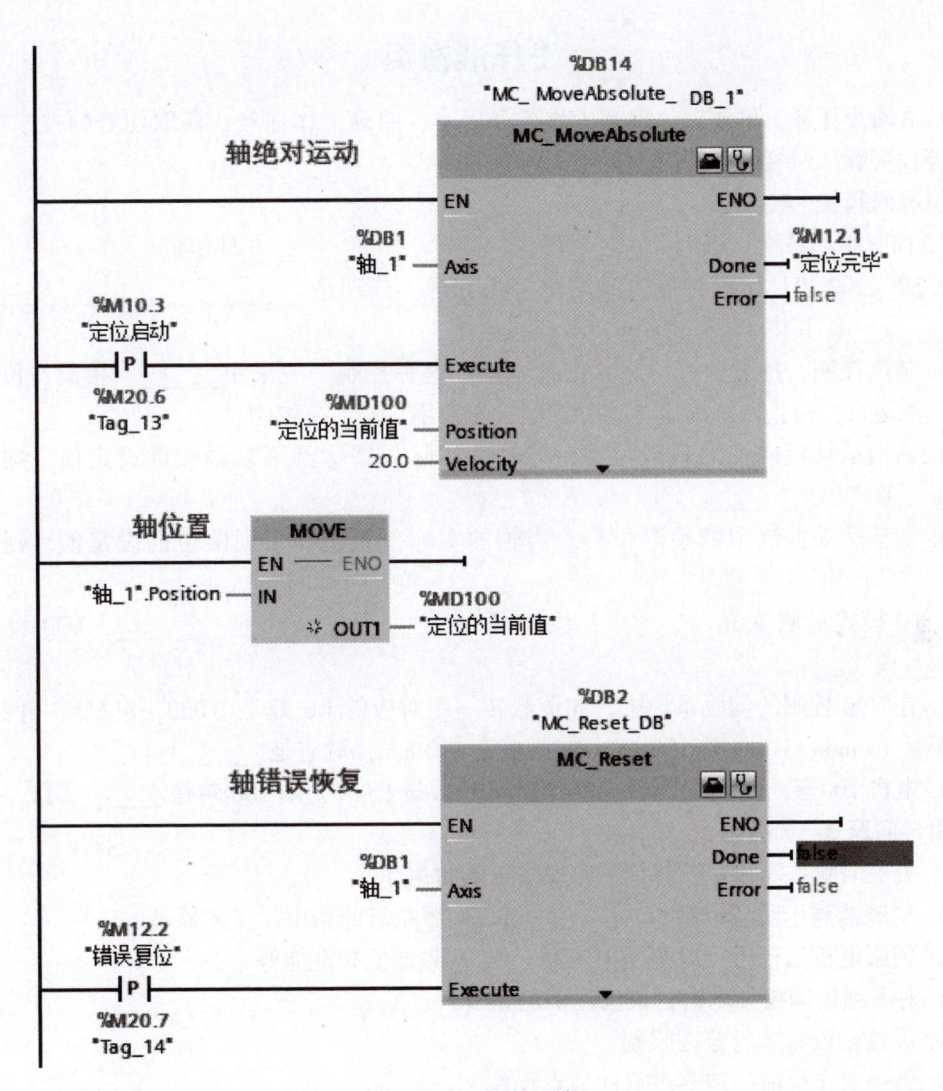

任务 18　PLC 控制工作台伺服定位

图 18-43　程序（续）

工作准备页

认真阅读任务工单要求，理解工作任务内容，明确工作任务，获取任务的技术资料，学习课程资源，回答以下问题。

引导问题1：填空题。

1. 伺服驱动系统一般由_____环、_____环和_____环组成。

2. S7-1200 PLC 运动控制方式可以分为三种，分别是_____，_____，_____。其中 TO 模式和 EPOS 模式属于_____通信。

3. 速度控制：持续运行，运动位置未定，这种控制一般采用_____控制；位置控制：间隙运行，停止位置确定，这种控制一般采用_____控制。

4. 激活运动控制中的软限位后，当轴的实际位置达到了软限位的设定值，则轴会_____并产生_____。

5. 激活运动控制中的硬限位后，当轴的实际位置达到了硬限位的设定值，则轴会_____并产生_____。

6. TO 模式的报文是_____，位置环在_____，指令是_____，V90 设置成_____模式。

7. 在 V90 控制的伺服系统中，如负载转一圈对应的 LU 数是 1 000，电机转一圈对应的螺距是 10 mm，1 mm 是 100 LU，如要求走 100 mm，对应是_____LU。

8. 电机 100 转/分，负载转一圈对应的 LU 数是 1 000，则 100 转是_____LU。

引导问题2：选择题。

1. 关于伺服系统和变频器，下面说法正确的是（   ）。
   A. 变频器属于闭环控制   B. 伺服系统的精度比变频器高
   C. 伺服电机运行时可以不用编码器   D. 变频器低频性能好

2. 对下列运动控制术语，说法正确的是（   ）。
   A. 线性轴没有运行范围限制
   B. 做绝对定位前一定要进行回原点操作
   C. 相对定位是基于原点位置的距离偏移
   D. 模数轴有运行范围限制

3. 对 V90 伺服驱动，下列说法正确的是（   ）。
   A. V90 伺服定位要比 S120 高端   B. V90 PTI 支持以太网通信
   C. 高惯量伺服电机运行更加平稳   D. V90 PN 版的 I/O 连接电缆是 50 芯

4. 以下哪种控制模式不属于 V90 PN（   ）。
   A. 速度控制   B. 转矩控制
   C. 位置控制   D. 外部脉冲控制

设计决策页

1. 列出 PLC 的 I/O 分配表。

进行 PLC 控制系统设计的首要环节是为输入输出设备分配 I/O 地址，列出表 18-2 的 I/O 变量。

表 18-2　PLC 的 I/O 分配表

输入端口			输出端口		
元件名称	元件符号	输入地址	元件名称	元件符号	输出地址

2. 画出 PLC 与 V90 PN 接线图。

根据 V90 PN 端子，结合 PLC 的接线端子，画出 PLC 与 V90 PN 的接线图。

3. 项目硬件组态。

4. 在 V-ASSISTANT 调试软件设置 V90 PN 参数。

5. 组态工艺对象。

6. 设计 PLC 的梯形图。

7. 方案展示。
（1）各小组派代表阐述设计方案。
（2）各组对其他组的设计方案提出不同的看法。
（3）教师结合大家完成的方案进行点评，选出最佳方案。

任务实施页

1. 领取工具

按工单任务要求填写表18-3并按表领取工具。

表18-3　工具表

序号	工具或材料名称	型号规格	数量	备注

2. 电气安装

（1）硬件连接。

按图纸、工艺要求、安全规范和设备要求，安装完成PLC与V90 PN的接线。

（2）接线检查。

硬件安装接线完毕，电气安装员自检，确保接线正确、安全。

3. 组态工艺、设置V90 PN参数

4. PLC程序编写

在TIA博途软件中编写自己设计的梯形图，并下载到PLC。

5. 通电调试

为了保证自身安全，在通电调试时，要认真执行安全操作规程的有关规定，经指导老师检查并现场监护。

记录调试过程中出现的问题和解决措施。

出现问题：　　　　　　　　　　　　解决措施：

6. 技术文件整理

整理任务技术文件，主要包括控制工艺要求、I/O分配表、I/O接线图、调试记录表等。

小组完成工作任务总结以后，各小组对自己的工作岗位进行"整理、整顿、清扫、清洁、安全、素养"的6S处理，归还所借的工具和实训器件。

检查评价页

1. 展示评价

各组展示作品，进行小组自评、组间互评及教师考核评价，完成任务考核评价表（表18-4）的填写。

表18-4 任务考核评价表

评价项目	评价标准	分值	自评 30%	互评 30%	师评 40%	合计
职业素养（30分）	分工合理，制订计划能力强，严谨认真	5				
	爱岗敬业、安全意识、责任意识、服从意识	5				
	团队合作、交流沟通、互相协作、分享能力	5				
	遵守行业规范、现场6S标准	5				
	保质保量完成工作页相关任务	5				
	能采取多种手段收集信息、解决问题	5				
专业能力（60分）	电气图纸设计正确、绘制规范	10				
	施工过程精益求精，电气接线合理、美观、规范	10				
	程序设计合理、上机操作熟练	10				
	项目调试步骤正确	5				
	完成控制功能要求	20				
	技术文档整理完整	5				
创新意识（10分）	创新性思维和精神	5				
	创新性观点和方法	5				

2. 任务复盘

（1）重点、难点问题检测。

（2）是否完成学习目标。

FB284 指令功能测试

PLC 通过 EPOS 实现 V90 PN 的位置控制

任务18 拓展提高页

（3）谈谈完成本次实训的心得体会。

项目六　智能产线设备通信控制

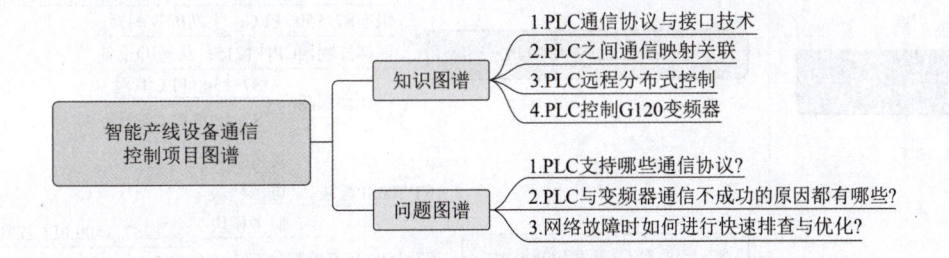

```
                          ┌─ 1.PLC通信协议与接口技术
                 ┌─ 知识图谱 ─┤ 2.PLC之间通信映射关联
                 │         │ 3.PLC远程分布式控制
                 │         └─ 4.PLC控制G120变频器
智能产线设备通信 ─┤
控制项目图谱      │         ┌─ 1.PLC支持哪些通信协议?
                 └─ 问题图谱 ─┤ 2.PLC与变频器通信不成功的原因都有哪些?
                           └─ 3.网络故障时如何进行快速排查与优化?
```

任务 19　S7-1500 PLC 与 S7-1200 PLC 以太网 PROFINET IO 通信

任务信息页

学习目标

1. 认知 PLC 通信种类及基本参数。
2. 理解 PLC 通信原理及基本格式。
3. 识别 S7-1500 与 S7-1200 之间三种通信方式，分清 IO 控制器、IO 设备、IO 监视器作用。
4. 能正确配置 S7-1500 PLC 与 S7-1200 PLC 数据交换区，组态 S7-1500 PLC 与 S7-1200 PLC。
5. 知晓 S7-1500 PLC 与 ET 200SP 的分布式控制含义和应用场合。
6. 理解 ET 200SP 模块组成和特点，会组态 ET 200SP 模块设备。

工作情景

近年来随着信息技术的发展，工厂自动化通信网络得到迅速发展，相当多企业用到 PLC、变频器（伺服）、HMI 和视觉等设备控制机器人组成柔性自动化生产线，将这些设备构成一个网络，相互通信，交换数据，进行集中管理；学习 PLC 通信知识，构建一个 PLC 与周边设备通信的工业控制自动化网络是学习自动化技术的标配。

项目六　智能产线设备通信控制

知识图谱

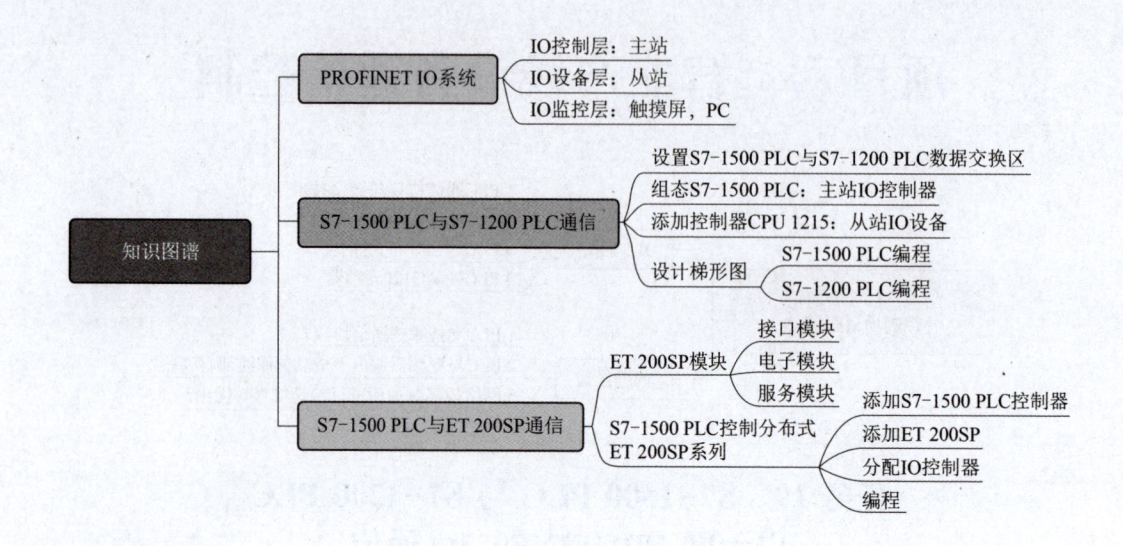

- 知识图谱
  - PROFINET IO系统
    - IO控制层：主站
    - IO设备层：从站
    - IO监控层：触摸屏，PC
  - S7-1500 PLC与S7-1200 PLC通信
    - 设置S7-1500 PLC与S7-1200 PLC数据交换区
    - 组态S7-1500 PLC：主站IO控制器
    - 添加控制器CPU 1215：从站IO设备
    - 设计梯形图
      - S7-1500 PLC编程
      - S7-1200 PLC编程
  - S7-1500 PLC与ET 200SP通信
    - ET 200SP模块
      - 接口模块
      - 电子模块
      - 服务模块
    - S7-1500 PLC控制分布式ET 200SP系列
      - 添加S7-1500 PLC控制器
      - 添加ET 200SP
      - 分配IO控制器
      - 编程

问题图谱

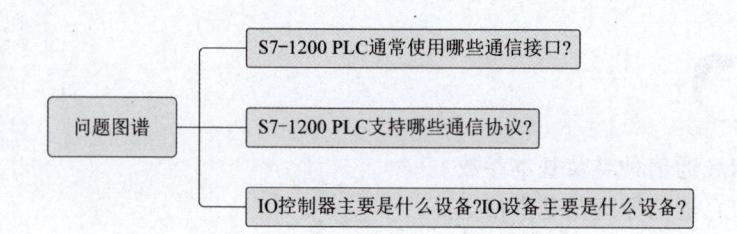

- 问题图谱
  - S7-1200 PLC通常使用哪些通信接口？
  - S7-1200 PLC支持哪些通信协议？
  - IO控制器主要是什么设备？IO设备主要是什么设备？

任务19　S7-1500 PLC 与 S7-1200 PLC 以太网 PROFINET IO 通信

任务工单页

控制要求

有 3 台 PLC，S7-1500（PLC1）作为 IO 控制器，另 2 台 S7-1200（PLC2）、S7-1200（PLC3）作为 IO 设备，如图 19-1 所示；当 S7-1200（PLC2）、S7-1200（PLC3）准备好后，S7-1500（PLC1）向 S7-1200（PLC2）发出启/停信号，S7-1200（PLC2）启动 1#电机，同时 PLC2 向 PLC1 反馈电机的运行状态；延时 5 s 后 S7-1200（PLC3）启动 2#电机，PLC3 向 PLC1 反馈电机的运行状态，停止时，先停 2#电机，延时 6 s 再停 1#电机。

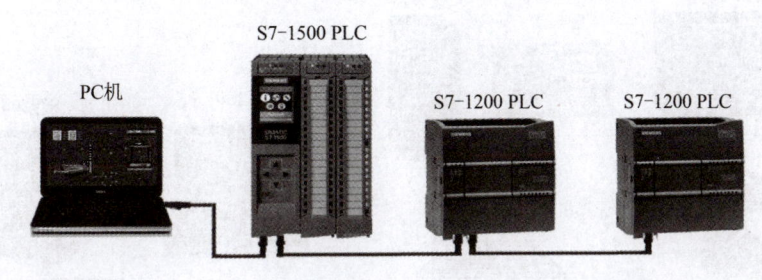

图 19-1　S7-1500 PLC 与 2 台 S7-1200 PLC 通信

任务要求

1. 请列出 PLC 的 I/O 表。
2. 画 I/O 接线图。
3. 能辨认 FC 与 FB 异同点，厘清 FC 接口和 FB 接口参数。
4. 规划 PLC 程序结构，设计 PLC 程序。
5. 三台 PLC 联机调试程序。
6. 技术文件材料整理。

知识学习页

1. 西门子 PLC 通信

通信：解决数据从哪里来到哪里去的问题。

当任意两台设备之间有信息交换时，它们之间就产生了通信。

PLC 通信的实质是使得相互独立的控制设备构成一个控制工程整体。

PLC 通信的任务就是将地理位置不同的 PLC、计算机、各种现场设备等，通过通信介质连接起来，按照规定的通信协议，以某种特定的通信方式高效率地完成数据的传送、交换和处理，如图 19-2 所示。

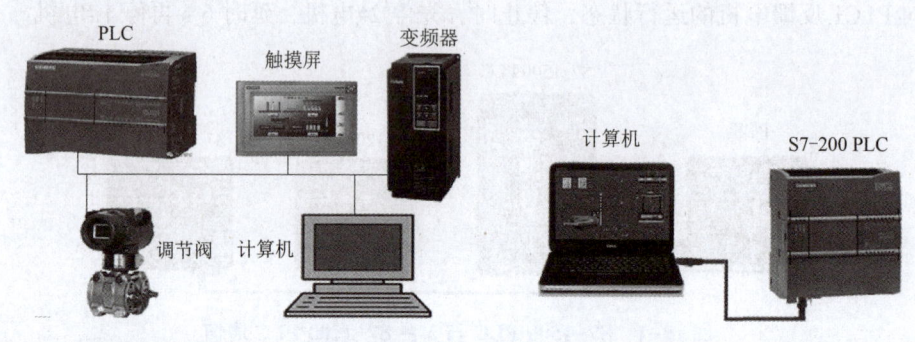

图 19-2 PLC 与计算机通信

（1）PLC 通信种类。

1）PLC 与计算机间的通信。

PLC 与计算机的通信如图 19-2 所示，计算机主要是编程、监控调试程序。

2）PLC 与通用外部设备的通信。

PLC 与具有通用通信接口（如 RS-232、RS-224）的外部设备之间的通信，如触摸屏、变频器等，如图 19-3 所示。

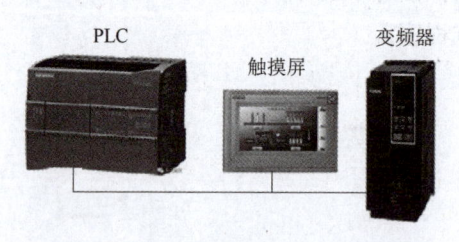

图 19-3 PLC 与通用外部设备的通信

任务 6-1 PLC 的通信基础

3）PLC 与内部设备间的通信。

①PLC 与远程 I/O 之间的通信，如图 19-4 所示。

②PLC 与 PLC 之间的通信，如图 19-5 所示。

任务 19 S7-1500 PLC 与 S7-1200 PLC 以太网 PROFINET IO 通信

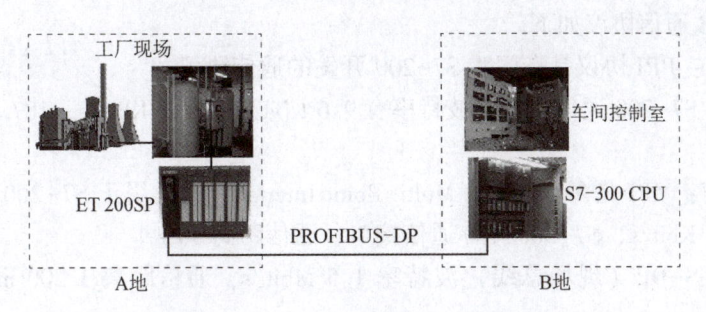

图 19-4 PLC 与远程 I/O 之间的通信

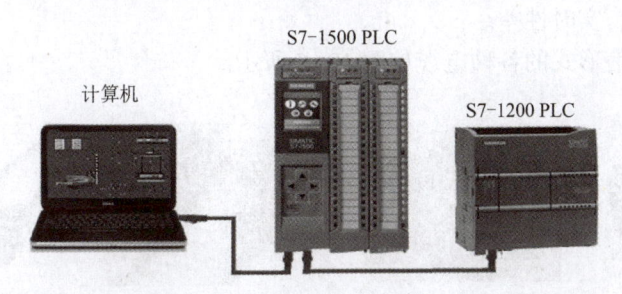

图 19-5 PLC 与 PLC 之间的通信

（2）PLC 通信主要参数。

通信协议、波特率、通信端口、主站和从站地址、奇偶校验、数据位、停止位是 PLC 通信几个重要参数。

1）通信协议。

通信协议说白了就是一种语言，一种通信双方都能听得懂的语言，如图 19-6 所示，就好比我们和别人讲话时，我们用汉语别人也要用汉语，双方才能听得懂，如果我们用汉语别人用英语，那么谁也听不懂对方说的是什么，通信也就无法进行。PLC 常用的通信协议有 MODBUS RTU、PPI、MPI、PROFIBUS-DP、工业以太网等。

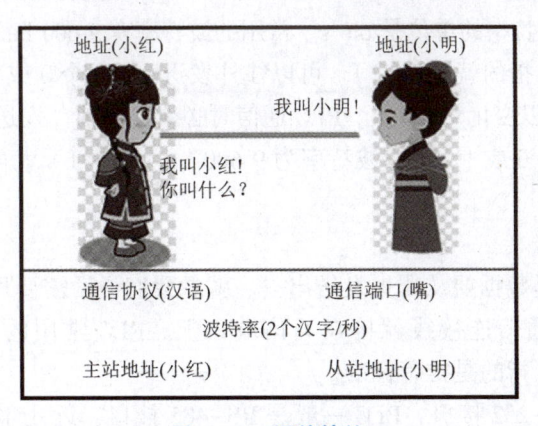

图 19-6 通信协议

417

西门子PLC通信协议如下。

①PPI通信：PPI协议是专门为S7-200开发的通信协议。

主从协议，S7-200通信接口，波特率有9.6 Kbit/s、19.2 Kbit/s、187.5 Kbit/s，通信距离50 m。

②MPI通信：MPI是多点接口（Multi-Point Interface），适用于S7-200/300/400 PLC，波特率是187.5 Kbit/s，S7-300/400通信接口，通信距离50 m。

③PROFIBUS-DP（现场总线）波特率1.5 Mbit/s，通信距离1 200 m，属于设备层控制。

④以太网（PROFINET）波特率100 Mbit/s，1 Gbit/s，控制网络连接到互联网，数据量大，传输距离远，实时性差。

西门子不同通信形式的各种电缆如图19-7所示。

PPI电缆　　　MPI电缆　　　PROFIBUS-DP电缆　　　以太网接口

图19-7　西门子不同通信形式的各种电缆

PROFINET和PROFIBUS是PNO（PROFIBUS用户组织）推出的两种现场总线，PROFINET基于工业以太网，而PROFIBUS基于RS-485串行总线，两者协议上由于介质不同完全不同，没有任何关联。

2）波特率。

波特率就好比我们说话的频率，嘴慢的1 s说1个字，嘴快的1 s可以说3个字，并且这个快慢我们还能自己调节。那么PLC的波特率的意思就是1 s可以往外发送多少个0或1，结合我们上面讲的，就是PLC通信端口的高低电压1 s可以变化多少次，并且这个1 s变化的次数也可以调节。波特率的单位是bit/s。常用的波特率有9 600 bit/s，19 200 bit/s等。

举例：9 600 bit/s指的就是PLC 1 s可以往外发送9 600个0或1，也就是PLC的通信端口的高低电压1 s可以变化9 600次。PLC通信时必须按"帧"发送数据，1"帧"=12位，也就是1"帧"=12个0或1。所以波特率为9 600 bit/s时，1 s就可以发送800帧的数据（9 600/12=800）。

3）通信端口。

通信端口指的就是数据要从哪里发送出去。就像我们说话需要用嘴，PLC通信就用通信端口，两个设备的通信连接线就接在通信端口上。PLC常用的通信端口有RS-232、RS-485、RJ45等，RS指的是推荐标准。

计算机一般是RS-232接口，PLC一般是RS-485接口，近几年PLC大部分采用了以太网接口RJ45。

RS-485接口与以太网的区别：RS-485是用来传输控制信号的，以太网是通过互联网

任务 19　S7-1500 PLC 与 S7-1200 PLC 以太网 PROFINET IO 通信

获得网络数据的。

RS-485 用 2 芯线就可以传输，而以太网必须使用 8 芯屏蔽线，而且最少有 4 芯接通。

RS-232、RS-485 通信时要接一个转换器，如图 19-8 所示；同理 RS-232、RS-485 串口和 RJ45 以太网网口需要通信时也要接一个转换器，这样的转换器有许多种：比如 USB 转 RS-485 的，USB 转 RS-232 的，RS-485 转以太网的，RS-232 转 RS-485 的等等。

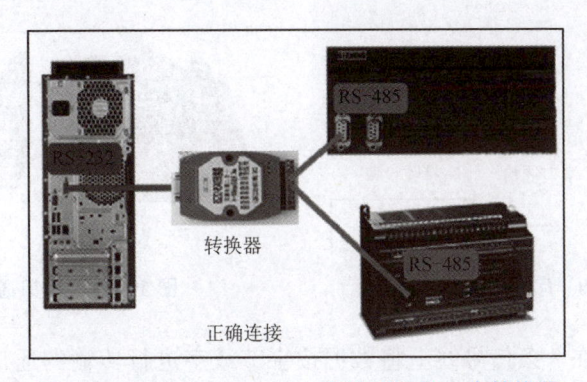

图 19-8　RS-232、RS-485 通信时要接一个转换器

4）主站和从站的地址。

指的是通信双方要有各自的名字，也可以叫地址，这个地址不能乱写，并且不能相同。

例：一台 PLC 和一台变频器通信时，双方需要各自设定的通信参数列表如图 19-9 所示。下面做一下说明，通信协议（MODBUS）：双方设置必须相同，不能一个说英语，另一个讲汉语。波特率（9 600 bit/s）：双方设置必须相同，不能一个说得快，另一个说得慢。通信接口（RS-485）：双方通信端口必须相同，不能一个用嘴说，另一个递眼神。奇偶校验（偶校验）：双方设置必须相同。数据位（8 位）：双方设置必须相同。停止位（2 位）：双方设置必须相同。主站地址（2）：双方设置不能相同，地址重复了，发出的信息就不知道发给谁。

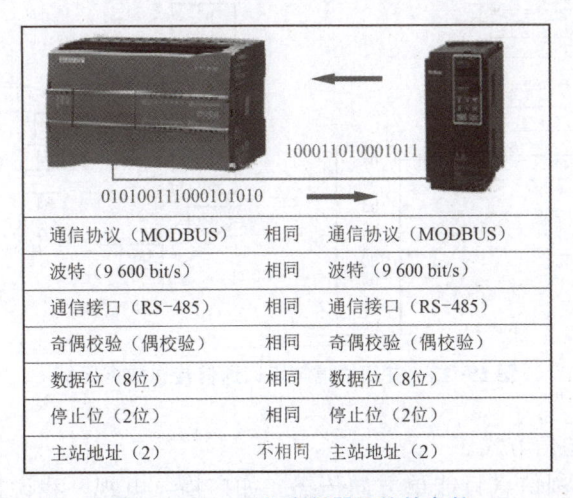

图 19-9　PLC 与变频器通信的参数

(3) PLC 通信工作方式。

1）串口通信。在一条信号线上将数据按位进行传输的通信模式，如图 19-10 所示。其通信速度慢，线间干扰小，适用于计算机与计算机、计算机与外设之间的远距离通信。常用的串口接头有两种，一种是 9 针串口（简称 DB-9），一种是 25 针串口（简称 DB-25），如图 19-11 所示。

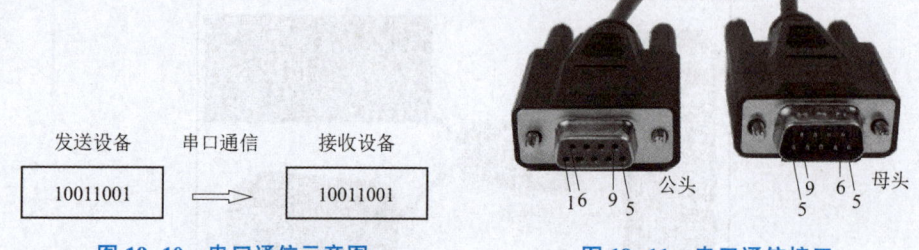

图 19-10　串口通信示意图

图 19-11　串口通信接口

2）并口通信。在一条信号线上将数据按字节或字进行传输的通信模式，如图 19-12 所示。通信速度快，易受到干扰，只适合近距离传输。并口与串口通信传送数据区别如图 19-13 所示。

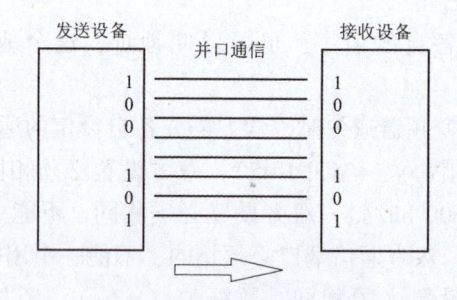

图 19-12　并口通信示意图

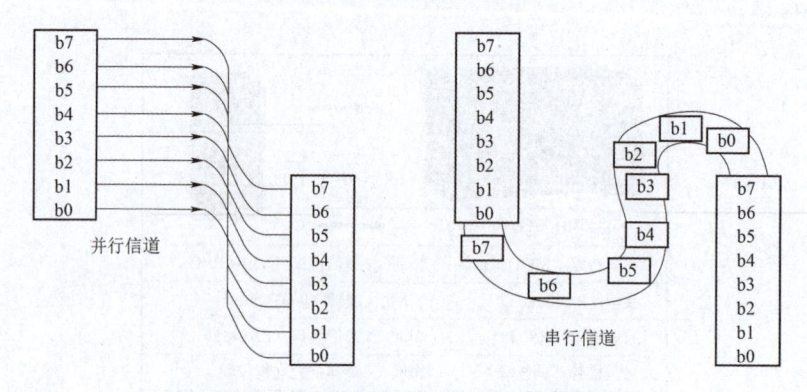

图 19-13　并口通信与串口通信传送数据区别

3）单工与双工通信方式。

①单工：同一时刻信息只能单方向传播，如广播、电视，我说你听，你说我听，如

图 19-14（a）所示。

② 半双工：允许数据在两个方向上传输，但是在某一时刻，只允许数据在一个方向上传输，如图 19-14（b）所示。它实际上是一种切换方向的单工通信。举个简单例子，一条窄窄的马路，同时只能有一辆车通过，目前有两辆车相向行驶，这种情况下只能一辆先过，等到头后另一辆再开，这个例子就形象地说明了半双工的原理。早期的对讲机、集线器等设备都是基于半双工的产品。随着技术的不断进步，半双工会逐渐退出历史舞台。

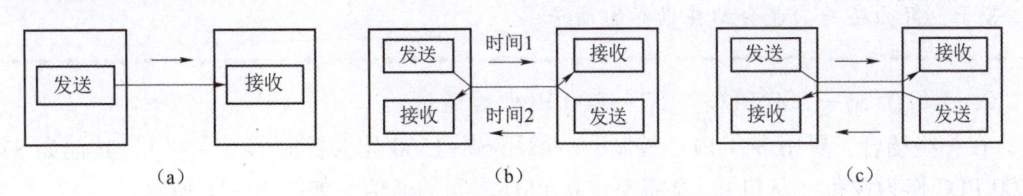

图 19-14　单工、半双工和全双工通信方式
（a）单工；（b）半双工；（c）全双工

③ 全双工：通信双方同一时刻接收和发送信息，双方向传播，如图 19-14（c）所示，手机、电话就属于全双工通信。

对于 PROFIBUS，数据传输的方式为半双工，对于 PROFINET，数据传输的方式为全双工。

（4）S7-1200 PLC 通信。

S7-1200 PLC 通信分为 S7-1200 PLC 之间通信和 S7-1200 PLC 与外部设备（如伺服、变频器、触摸屏、智能仪表等）通信，有两大类：基于 DP 串口通信和基于 PN 以太网通信，如图 19-15 所示。现在 S7-1200 PLC 主要是采用基于 PN 的以太网通信；当 S7-1200 PLC 与 S7-200/300/400 通信时，也可以用基于 DP 串口的 RS-485 通信，但要加通信模块。

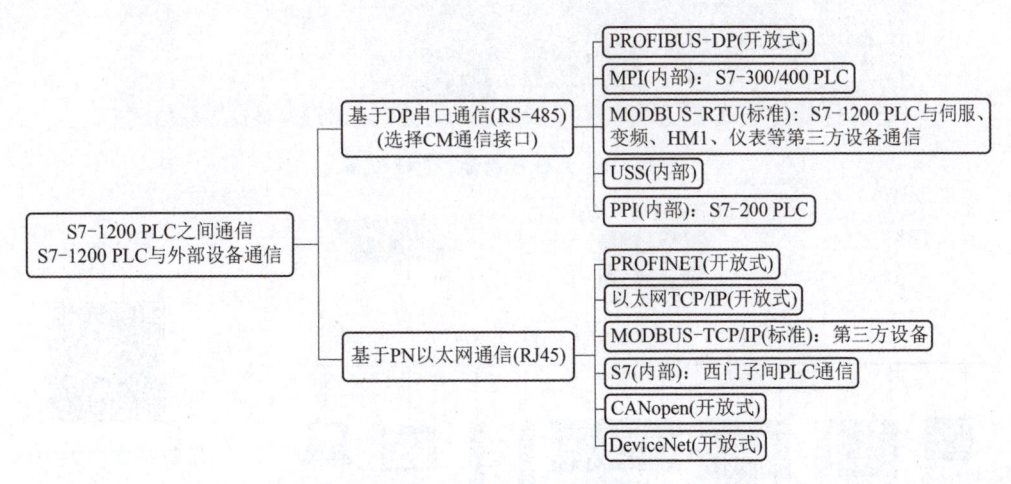

图 19-15　S7-1200 PLC 之间通信 DeviceNet

项目六　智能产线设备通信控制

> **小哲理**：说到通信特别是中国通信产业，我们就会想起一个响亮的世界品牌——华为。华为公司在 5G 移动通信网络中的卓越表现，为中国制造树立了一个典范。华为公司成立于 1987 年，经过 30 多年的超高速发展，已成为中国企业创新发展标杆。华为员工的敬业精神家喻户晓，也正是由于华为人没日没夜的艰苦奋斗才塑造了"华为精神"，成了全球实力强劲的 5G 通信巨头，这说明只要我们埋头苦干，努力奋斗，也会站在世界的顶峰。

2. 西门子 S7-1500 PLC 与 S7-1200 PLC 的通信

在一些场合，要用多台 PLC 控制，一般用 S7-1500 作为控制器（主机），其他如 S7-1200 PLC 作为设备（从机），就需要建立 PLC 之间的通信，如图 19-16 所示。

西门子 S7-1500 PLC 与 S7-1200 PLC 有 3 种通信方式：智能设备分布式通信、利用开放式用户通信、S7 通信，下面主要介绍智能设备分布式通信。

PROFINET I/O 系统是一种分布式的控制系统，它采用生产者/消费者模型进行数据交换，包括三种角色：I/O 控制器（I/O Controller）、I/O 设备（I/O Device）和 I/O 监视器（I/O Supervisor），如图 19-17 所示。

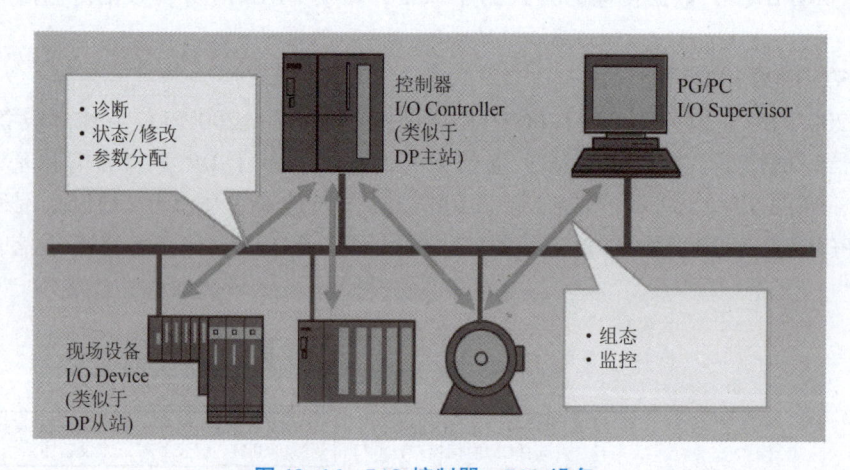

图 19-16　I/O 控制器、I/O 设备

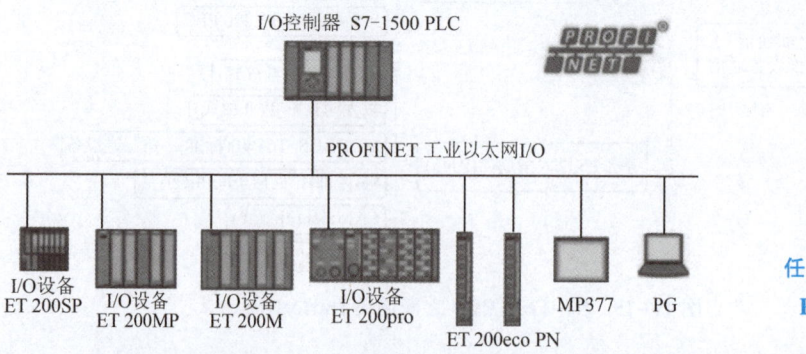

图 19-17　分布式的控制系统 PROFINET I/O

任务 6-2　S7-1500 PLC 与 S7-1200 PLC 通信

(1) I/O 控制器：PROFINET I/O 系统的主站，一般来说是 PLC 的 CPU 模块。I/O 控制器执行各种控制任务，包括执行用户程序、与 I/O 设备进行数据交换、处理各种通信请求等。

(2) I/O 设备：PROFINET I/O 系统的从站，由分布于现场的、用于获取数据的 I/O 模块组成。

(3) I/O 监视器：I/O 监视器用来组态、编程，并将相关的数据下载到 I/O 控制器中，还可以对系统进行诊断和监控，最常见的 I/O 监视器是用户的编程计算机。

I/O 控制器既可以作为数据的生产者，向组态好的 I/O 设备输出数据；也可以作为数据的消费者，接收 I/O 设备提供的数据。对于 I/O 设备也与此类似，它消费 I/O 控制器的输出数据，也作为生产者，向 I/O 控制器提供数据。一个 PROFINET I/O 系统至少由一个 I/O 控制器和一个 I/O 设备组成，通常 I/O 监视器作为临时角色进行调试或诊断。

例子：一个 CPU 1515 和一个 ET 200SP（比如，IM155-6 PN ST）的分布式子站就可以构成一个 PROFINET I/O 系统，其中 CPU 1515 是 I/O 控制器，ET 200SP 是 I/O 设备；一个 PROFINET I/O 系统可以有多个 I/O 控制器，如果多个 I/O 控制器要访问同一个 I/O 设备的相同数据，则必须将 I/O 设备组态成共享设备。

S7-1500 PLC 与 S7-1200 PLC 之间通信除了通过上面的 PROFINET I/O 系统通信外，还有两种方法：S7 通信和开放式用户通信。

3. 西门子 S7-1500 PLC 与 S7-1200 PLC 的通信案例

有两台 PLC，S7-1500（PLC1）作为 I/O 控制器，另一台 S7-1200（PLC2）作为 I/O 设备，当 S7-1200（PLC2）准备好后，S7-1500（PLC1）向 S7-1200（PLC2）发出启/停信号，S7-1200（PLC2）以星三角启/停一台电动机；PLC2 向 PLC1 反馈电动机的运行状态，网络连接如图 19-18 所示。

图 19-18　S7-1500 与 S7-1200 通信

本任务使用 PROFINET I/O 系统，S7-1500 PLC 作为 I/O 控制器（主站），S7-1200 PLC 作为 I/O 设备（从站），进行数据交换。

(1) 设计 I/O 接线图。

S7-1500 PLC 和 S7-1200 PLC 的 I/O 接线图如图 19-19 所示。

设置 S7-1500 PLC 与 S7-1200 PLC 数据交换区，如图 19-20 所示。

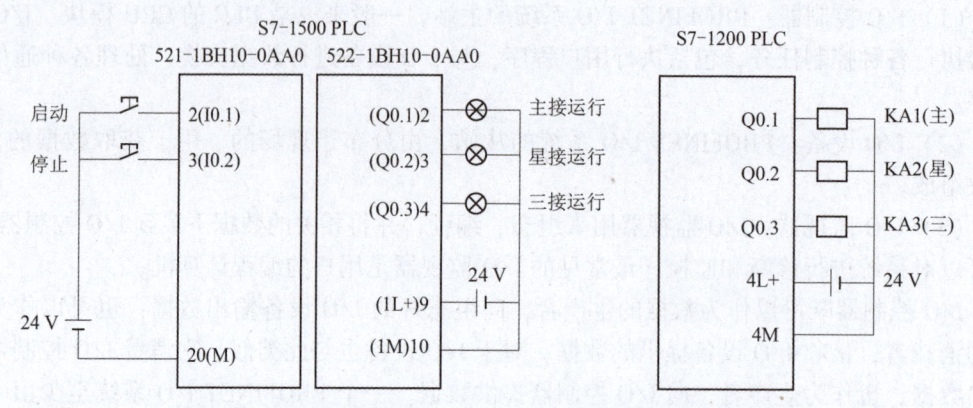

图 19-19 S7-1500 PLC 和 S7-1200 PLC 的 I/O 接线图

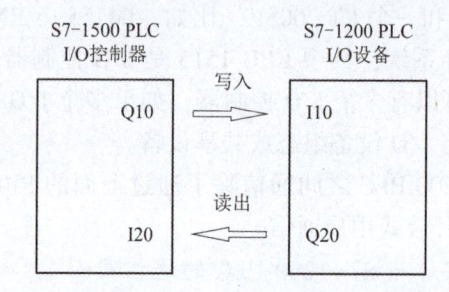

图 19-20 S7-1500 PLC 与 S7-1200 PLC 数据交换区

(2) 组态 S7-1500 PLC。

1) 新建项目，添加设备，订货号：6ES7 511-1AK01-0AB0，版本 V1.8，如图 19-21 所示。

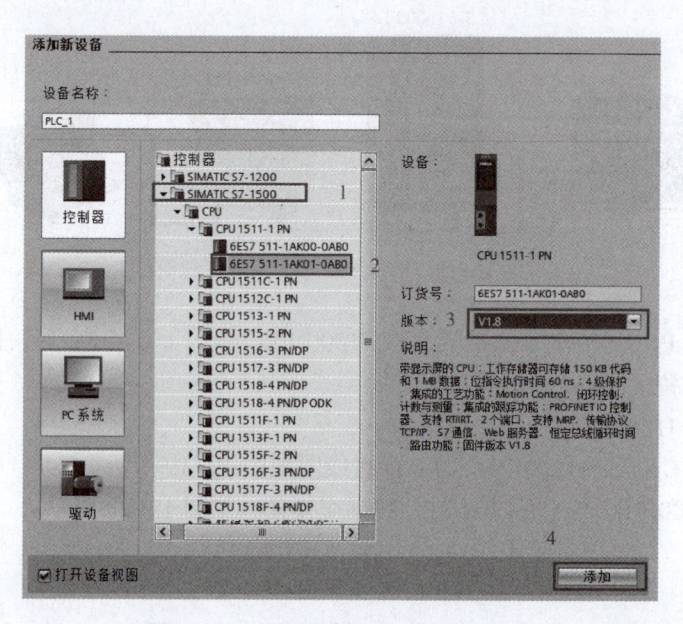

图 19-21 添加设备 S7-1500 的 CPU

2) 添加输入、输出模块，如图 19-22 所示。图 19-23 所示是组态后的设备概览。

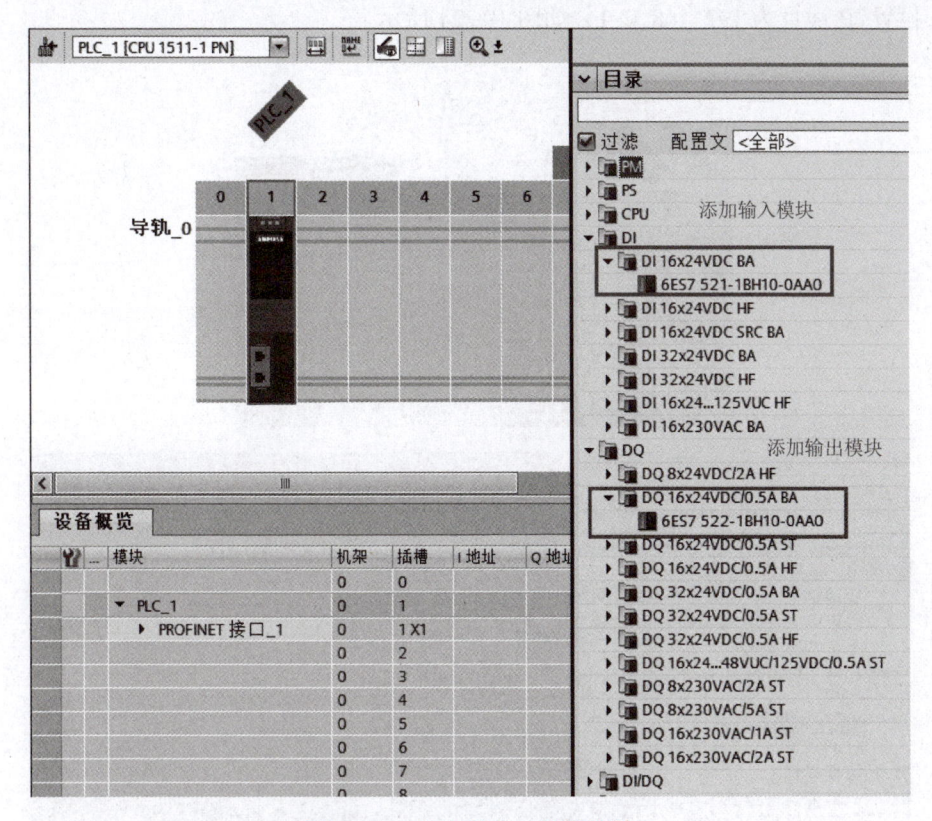

图 19-22 添加输入、输出模块

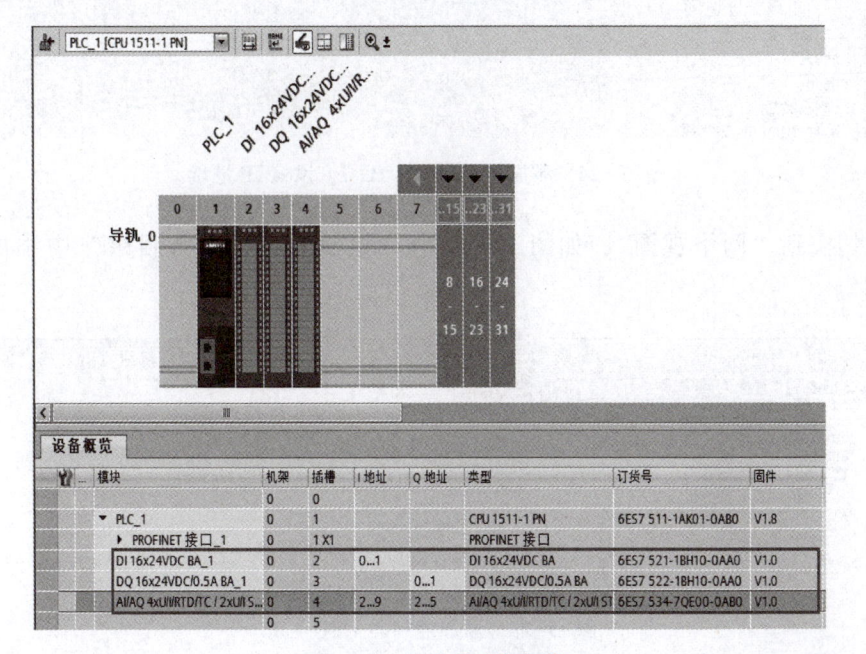

图 19-23 组态后设备概览

3）在 PLC"属性"/"常规"中添加 CPU 1511-1 PN（I/O 控制器），添加新子网 PN/IE_1，设置 IP 地址为 192.168.0.1，如图 19-24 所示。

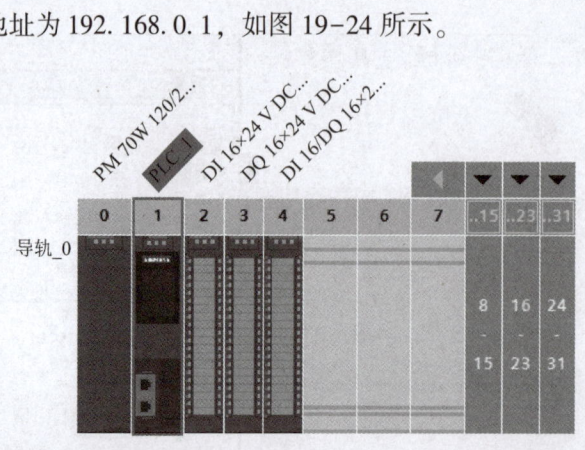

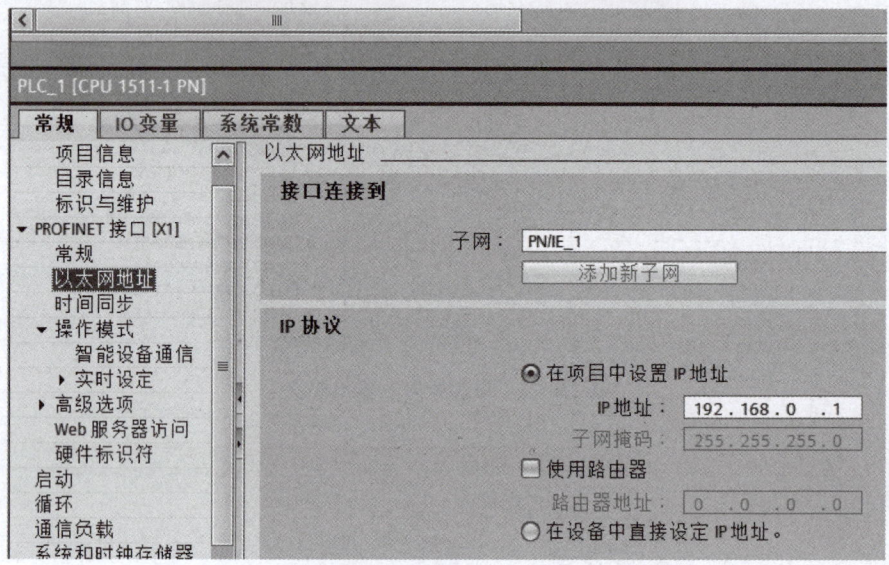

图 19-24 添加新子网 PN/IE_1，设置 IP 地址

4）切换到"网络视图"，如图 19-25 所示，从右边"硬件目录"中添加控制器 CPU 1215。

图 19-25 添加控制器 CPU 1215

任务 19 S7-1500 PLC 与 S7-1200 PLC 以太网 PROFINET IO 通信

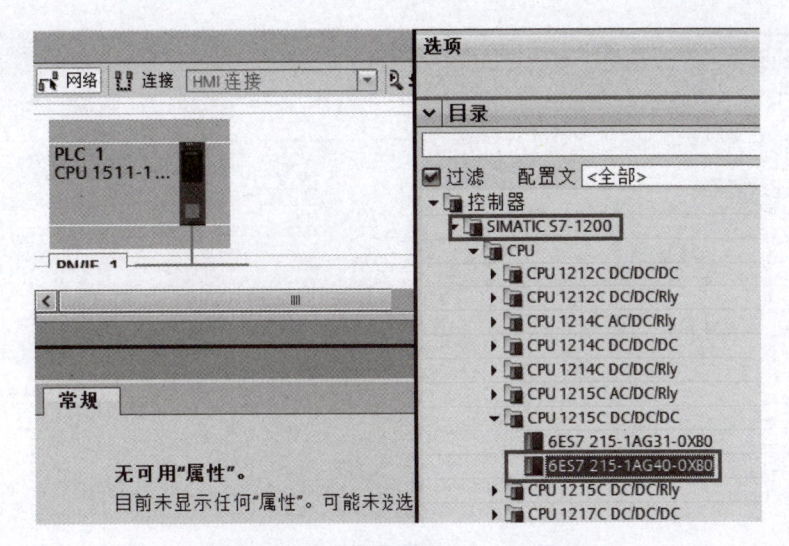

图 19-25 添加控制器 CPU 1215（续）

5）选中 CPU 1215，切换到"网络视图"，如图 19-26 所示。双击 CPU 1215C 网口，选中"以太网地址"，在"子网"中选择"PN/IE_1"，设置 IP：192.168.0.2，如图 19-27 所示。选中"操作模式"，勾选"I/O 设备"，在"已分配的 I/O 控制器"中选择"PLC_1.PROFINET 接口_1"，如图 19-28 所示。

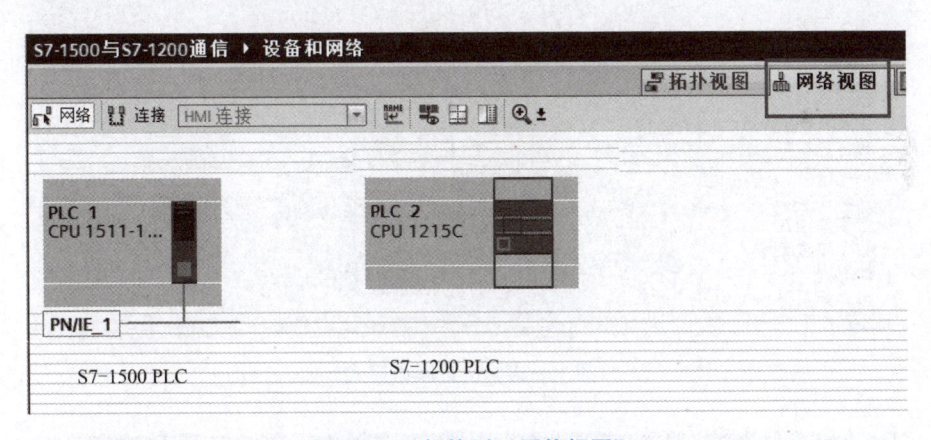

图 19-26 切换到"网络视图"

6）切换到"网络视图"，发现已建立好"PLC_1.PROFINET IO"连接，如图 19-29 所示。

7）设置数据交换传输区，如图 19-30 所示。

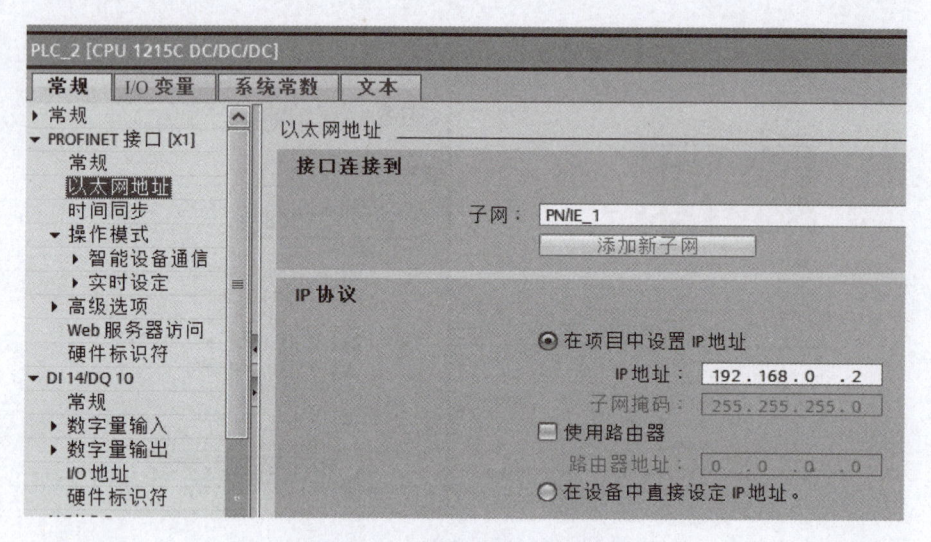

图 19-27 设置子网和 IP 地址

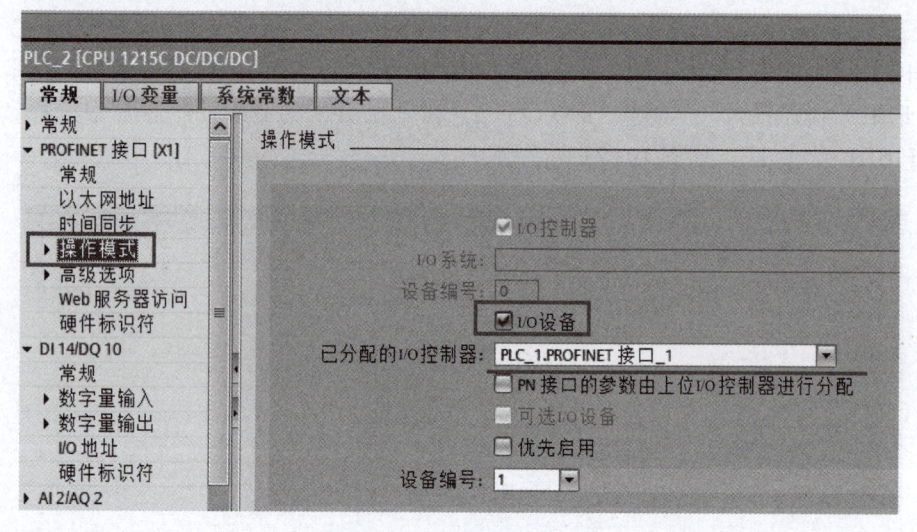

图 19-28 设置操作模式

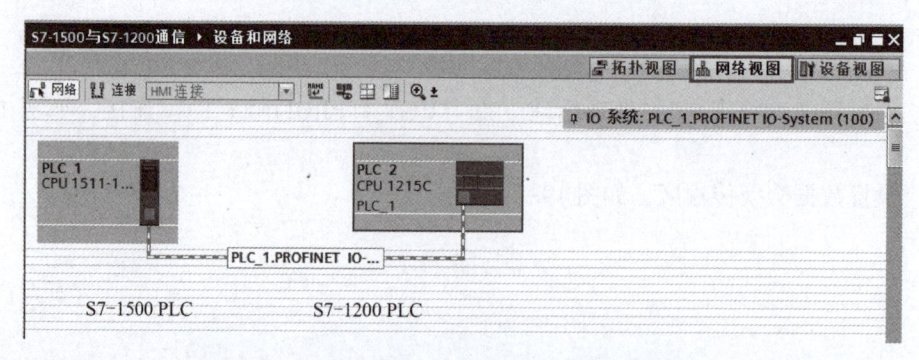

图 19-29 S7-1500 PLC 与 S7-1200 PLC 建立连接

任务 19　S7-1500 PLC 与 S7-1200 PLC 以太网 PROFINET IO 通信

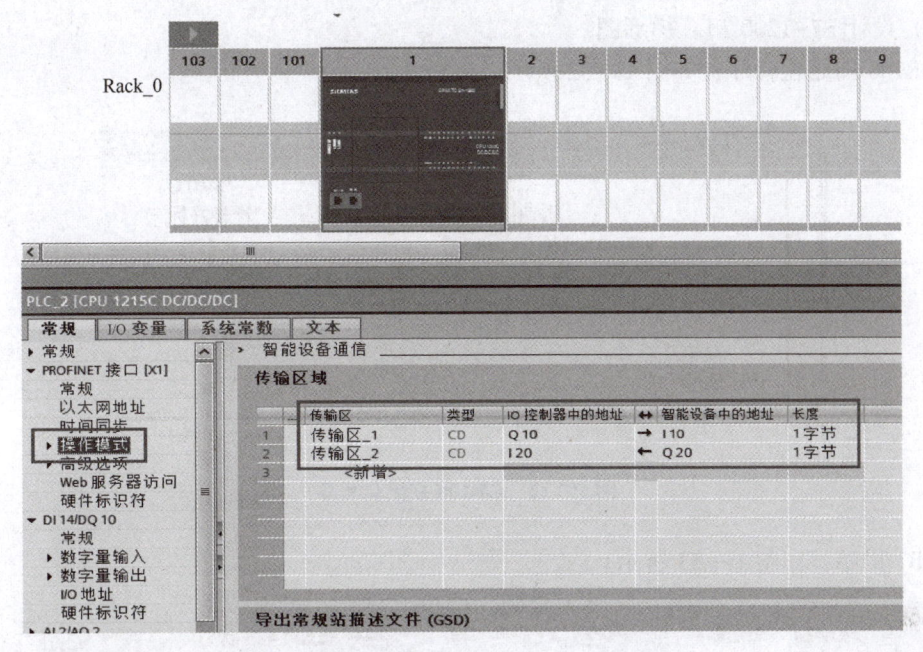

图 19-30　设置两台 PLC 的数据交换传输区

（3）设计程序。

1）设计 S7-1500 PLC 梯形图，如图 19-31 所示。

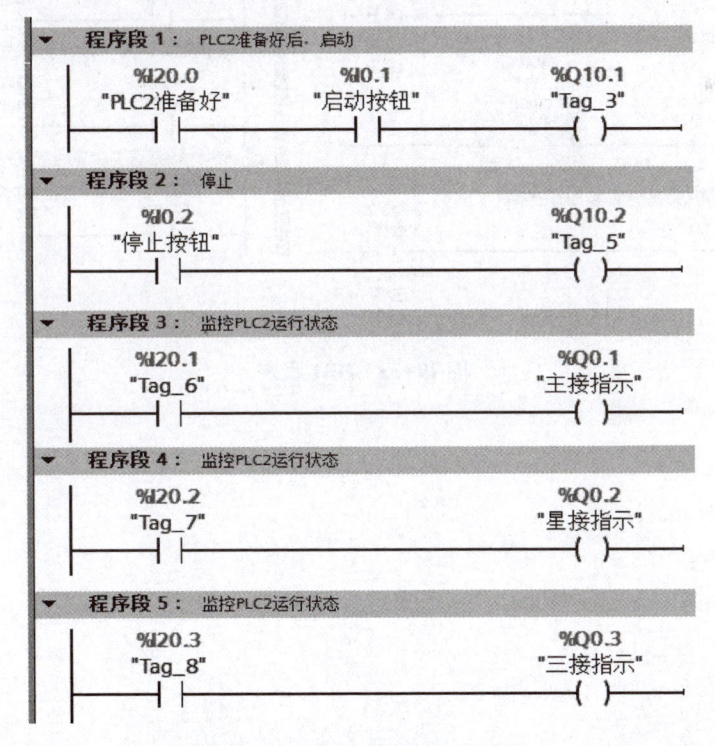

图 19-31　S7-1500 PLC 梯形图

429

2）设计 S7-1200 PLC 梯形图。

OB100 初始化程序，如图 19-32 所示。

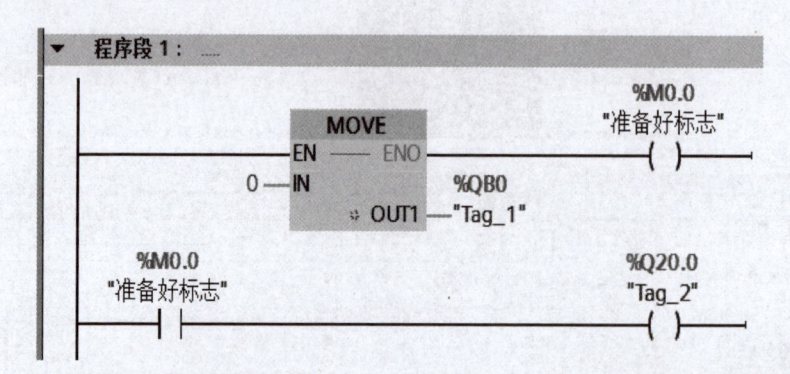

图 19-32　OB100 初始化程序

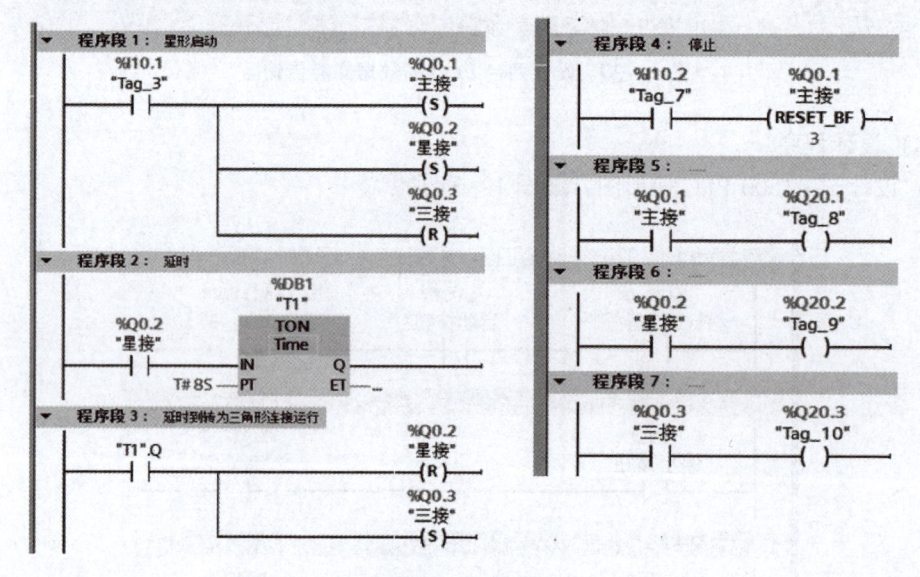

OB1 程序，如图 19-33 所示。

图 19-33　OB1 程序

任务 19　S7-1500 PLC 与 S7-1200 PLC 以太网 PROFINET IO 通信

工作准备页

认真阅读任务工单要求，理解工作任务内容，明确工作任务目标，为顺利完成工作任务，回答引导问题，做好充分的知识准备、技能准备和工具耗材的准备，同时拟订任务实施计划，回答以下问题。

引导问题 1：西门子 PLC 通信协议有_____，_____，_____。

引导问题 2：西门子 S7-1500 PLC 与 S7-1200 PLC 的三种通信方式：_____、_____、_____。

引导问题 3：PROFINET I/O 系统是一种分布式的控制系统，有三个角色：_____、_____、_____。

引导问题 4：在 S7-1500 PLC 与 S7-1200 PLC 通信中，S7-1500 PLC 作为 I/O_____，相当于_____站；S7-1200 PLC 作为 I/O_____，相当于_____站。

问题讨论：如图 19-34 所示有两座高山（高山 A 和高山 B），在两座山之间往来必须通过缆车（缆车 C 和缆车 D），如果把缆车来回比喻成通信，那么：

单工就相当于从_____。

半双工就是同一时间点_____。

全工就是同一时间点_____。

图 19-34　两座高山缆车运动示意图

设计决策页

1. 三台 PLC 的接线。

根据任务工单的控制系统要求，画出三台 PLC 的 I/O 接线图，如图 19-35 所示，请在三台 PLC 里面填写相关 I/O 地址。

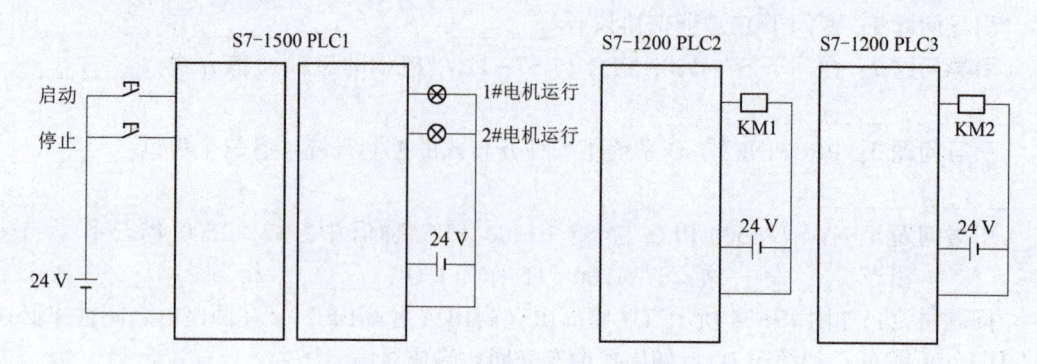

图 19-35　三台 PLC 的 I/O 接线图

2. 设置三台 PLC 的数据交换区。

如图 19-36 所示，填写三台 PLC 的数据交换区。

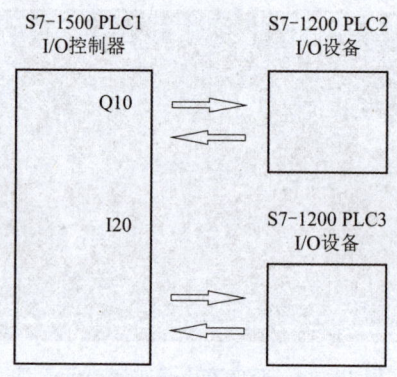

PLC1 与 PLC2、PLC3 数据交换区

图 19-36　三台 PLC 的数据交换区

3. 设计 PLC 的梯形图。

（1）S7-1500 PLC1 梯形图。

（2）S7-1200 PLC2 梯形图。

（3）S7-1200 PLC3 梯形图。

4. 方案展示。
（1）各小组派代表阐述设计方案。
（2）各组对其他组的设计方案提出不同的看法。
（3）教师结合大家完成的方案进行点评，选出最佳方案。

任务实施页

1. 领取工具
按工单任务要求填写表 19-1 并按表领取工具。

表 19-1 工具表

序号	工具或材料名称	型号规格	数量	备注

2. 电气安装
（1）硬件连接。
按图纸、工艺要求、安全规范和设备要求，安装完成 PLC 与外围设备的接线。
（2）接线检查。
硬件安装接线完毕，电气安装员自检，确保接线正确、安全。

3. PLC 程序编写
在 TIA 博途软件中编写自己设计的梯形图，并下载到 PLC。

4. 通电调试
为了保证自身安全，在通电调试时，要认真执行安全操作规程的有关规定，经指导老师检查并现场监护。
记录调试过程中出现的问题和解决措施。
出现问题：　　　　　　　　　　　　　　解决措施：

5. 技术文件整理
整理任务技术文件，主要包括控制工艺要求、I/O 分配表、I/O 接线图、调试记录表等。
小组完成工作任务总结以后，各小组对自己的工作岗位进行"整理、整顿、清扫、清洁、安全、素养"的 6S 处理，归还所借的工具和实训器件。

检查评价页

1. 展示评价

各组展示作品，进行小组自评、组间互评，教师考核评价，完成任务考核评价表（表 19-2）的填写。

表 19-2　任务考核评价表

评价项目	评价标准	分值	自评 30%	互评 30%	师评 40%	合计
职业素养（30 分）	分工合理，制订计划能力强，严谨认真	5				
	爱岗敬业、安全意识、责任意识、服从意识	5				
	团队合作、交流沟通、互相协作、分享能力	5				
	遵守行业规范、现场 6S 标准	5				
	保质保量完成工作页相关任务	5				
	能采取多种手段收集信息、解决问题	5				
专业能力（60 分）	电气图纸设计正确、绘制规范	10				
	施工过程精益求精，电气接线合理、美观、规范	10				
	程序设计合理、上机操作熟练	10				
	项目调试步骤正确	5				
	完成控制功能要求	20				
	技术文档整理完整	5				
创新意识（10 分）	创新性思维和精神	5				
	创新性观点和方法	5				

2. 任务复盘

（1）重点、难点问题检测。

（2）是否完成学习目标。

（3）谈谈完成本次实训的心得体会。

任务 6-3　S7-1500 PLC 与 ET 200SP 的分布式控制

任务 19　拓展提高页

任务 20　S7-1200 PLC 通过 PROFINET 通信控制 G120 变频器

任务信息页

学习目标

1. 厘清西门子变频器家族类别和结构。
2. 弄清 G120 标准报文控制字和状态字的内涵，记住电机正转、反转、停止等控制字。
3. 理解 G120 变频器读写指令并能正确配置参数。
4. 能用 Gsd 和 Hsp 正确组态和配置 G120 变频器，会用 PLC 编写控制 G120 变频器程序。
5. 能正确组态触摸屏画面。
6. 能综合运用 PLC、G120、HMI 知识调试混合搅拌灌和反应釜控制系统，实现控制要求。

工作情景

如图 20-1 所示，PLC、触摸屏、变频器（伺服）是工业控制的三大件，用 S7-1200 PLC 和触摸屏控制 G120 变频器实现电机启停及调速，同时读取变频器状态和转速已成为工业网络控制通信的常用方法。

图 20-1　PLC 与变频器通信

项目六 智能产线设备通信控制

知识图谱

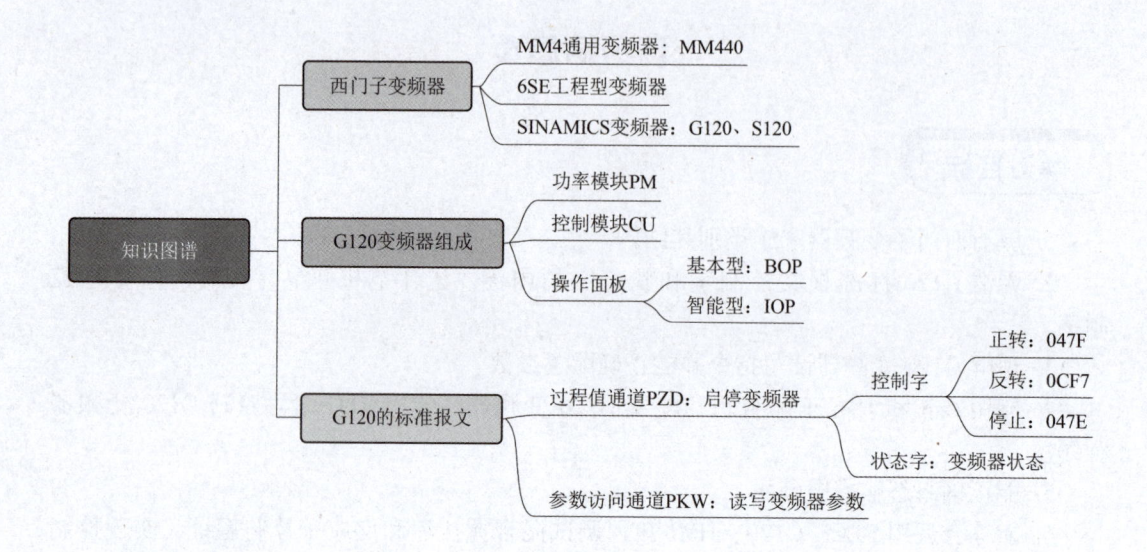

- 知识图谱
  - 西门子变频器
    - MM4通用变频器：MM440
    - 6SE工程型变频器
    - SINAMICS变频器：G120、S120
  - G120变频器组成
    - 功率模块PM
    - 控制模块CU
    - 操作面板
      - 基本型：BOP
      - 智能型：IOP
  - G120的标准报文
    - 过程值通道PZD：启停变频器
      - 控制字
        - 正转：047F
        - 反转：0CF7
        - 停止：047E
      - 状态字：变频器状态
    - 参数访问通道PKW：读写变频器参数

问题图谱

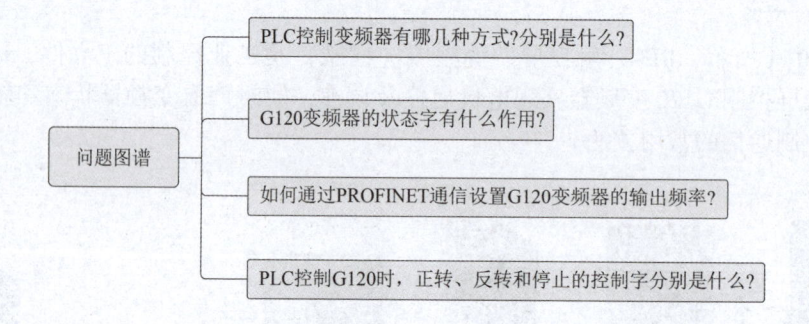

- 问题图谱
  - PLC控制变频器有哪几种方式?分别是什么?
  - G120变频器的状态字有什么作用?
  - 如何通过PROFINET通信设置G120变频器的输出频率?
  - PLC控制G120时，正转、反转和停止的控制字分别是什么?

任务工单页

控制要求

某化工企业的反应车间某一工段由混合灌和反应釜组成,如图 20-2 所示,液体 A 和液体 B 按一定比例在混合灌混合,并由搅拌器搅拌一定时间后,送到下一级的反应釜,蒸汽由管道进入反应釜加热,达到一定温度后形成产品输出。

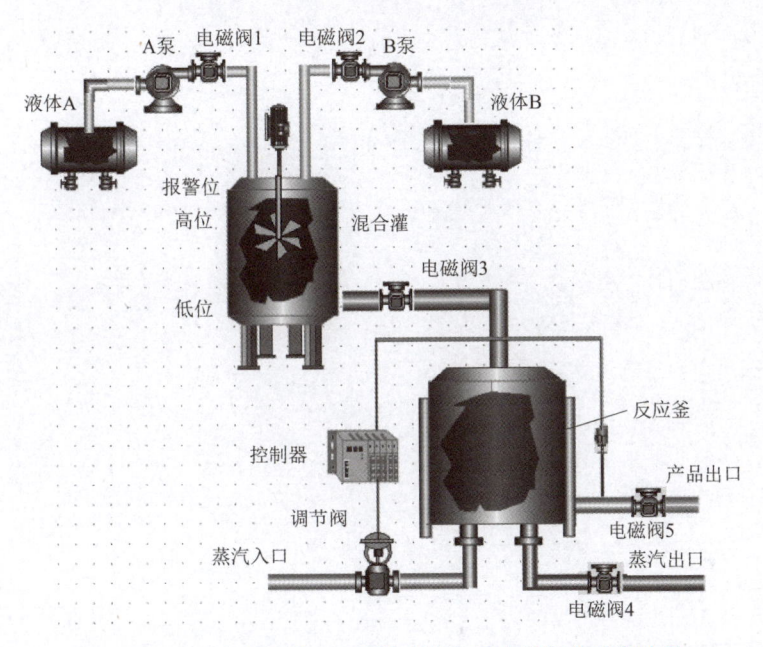

图 20-2 反应车间某一工段混合灌和反应釜混合反应过程

1. 按下启动按钮,电磁阀 1、电磁阀 2 打开,A 泵和 B 泵同时启动(A、B 泵分别由一台变频器驱动),液体 A 和液体 B 同时进入混合灌内。

2. 液体 A 和液体 B 按一定比例混合,A 泵与 B 泵运行频率的比例为 3∶2,A 泵频率由触摸屏设定,采用 PN 方式通过 PLC 控制变频器。

3. 混合搅拌灌内的混合液液位达到 4.5 m 时 A 泵和 B 泵运行停止,同时电磁阀 1、电磁阀 2 关闭,搅拌器开始工作,搅拌时间由触摸屏设定,灌内液位高于 4.8 m 时要报警。

4. 搅拌完毕,排液电磁阀 3 打开,混合液进入反应釜,当混合灌内的液位低于低液位时(0.1 m),延时 2 min,排液电磁阀 3 关闭。

5. 混合液进入加热反应釜与热蒸汽进行热量交换,加热后得到合格产品,要求加热反应釜采用 PID 控制使温度维持 80 ℃,温度高于 90 ℃ 时要报警,通过电磁阀 5 排出产品。

6. 系统分触摸屏控制和按钮控制。

设液位传感器测量范围是 0~10 m,输出电流 4~20 mA;温度传感器测量范围是 0~

100 ℃，输出电压 0~10 V，用 PT100 进行温度检测。

> **任务要求**

1. 画出 PLC、HMI 和 G120 控制系统接线原理图。
2. 在 TIA 博途中组态 PLC、HMI 和 G120。
3. 触摸屏组态。
4. 设计 PLC 程序。

任务 20　S7-1200 PLC 通过 PROFINET 通信控制 G120 变频器

知识学习页

PLC 控制变频器有端子接口控制和通信接口控制两种形式，如图 20-3 所示，下面主要讲 S7-1200 PLC 通过 PROFINET 通信控制 G120 变频器。

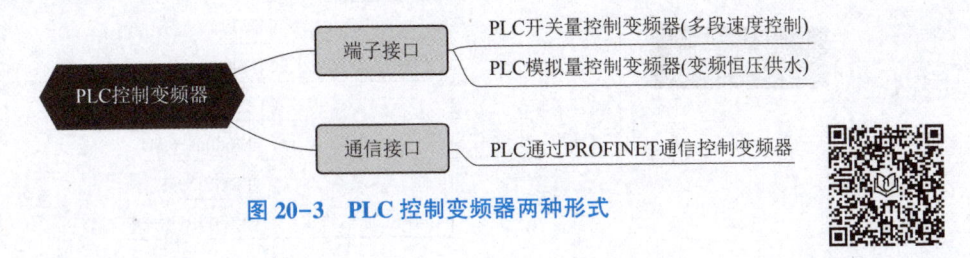

图 20-3　PLC 控制变频器两种形式

任务 6-5　S7-1200 PLC 控制 G120 变频器

1. 西门子变频器简介

（1）西门子变频器（伺服）家族。

西门子变频器系列产品如图 20-4 所示，其外形图如图 20-5 所示。西门子伺服驱动产品有 V90、S210、S120 等，西门子变频驱动产品有 MM4 通用系列（MM440）、6SE 工程系列（6SE70）、SINAMICS 系列（G120）等。

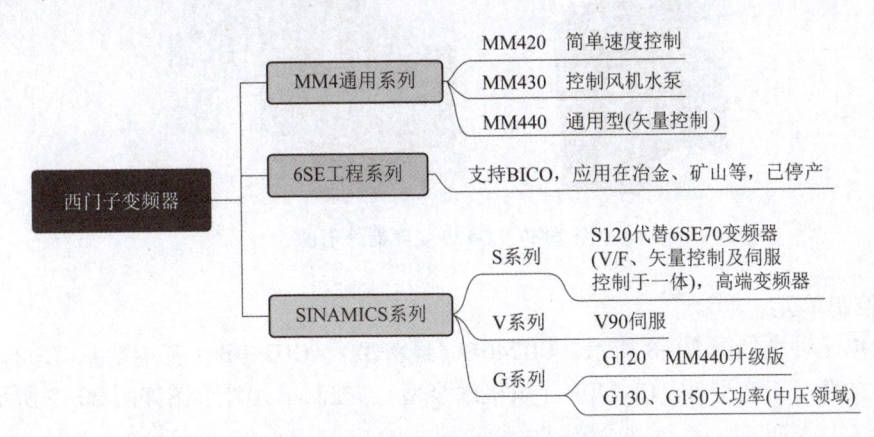

图 20-4　西门子变频器系列产品

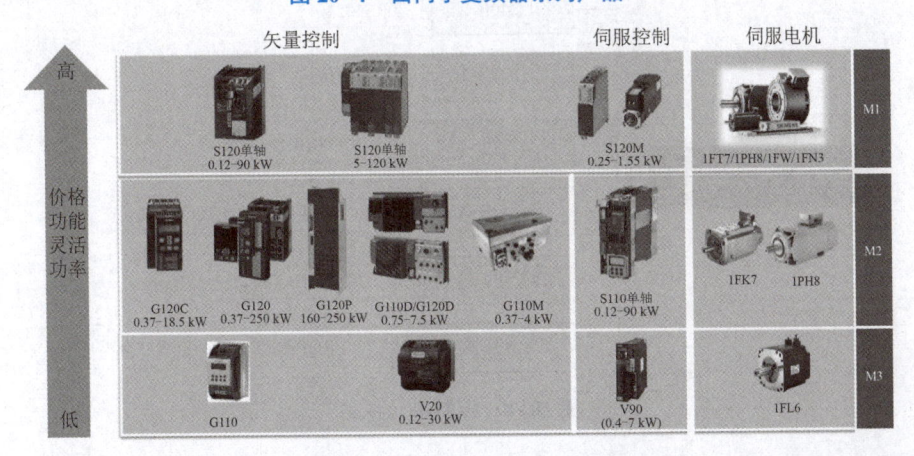

图 20-5　西门子变频器系列外形图

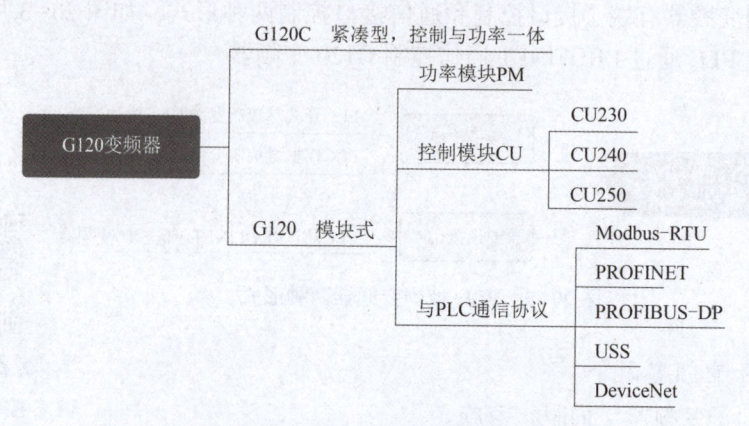

(2) G120 变频器结构。

G120 变频器结构如图 20-6 所示,外形图如图 20-7 所示。

图 20-6　G120 变频器结构

图 20-7　G120 变频器外形图

1) 控制单元。

控制单元种类如图 20-8 所示:CU240E(经济型),CU240B(基本型),CU240S(高级),CU240T(工艺型),CU240P(风机水泵型),控制单元外形图如图 20-9 所示。

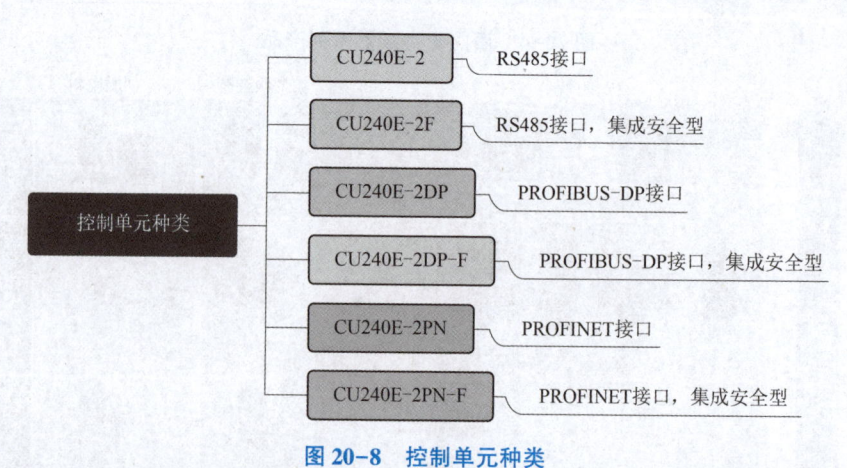

图 20-8　控制单元种类

图 20-9　控制单元外形图

2）功率模块。

G120 的功率模块有 PM230、PM240、PM250，如图 20-10 所示，功率模块外形图如图 20-11 所示。

图 20-10　功率模块

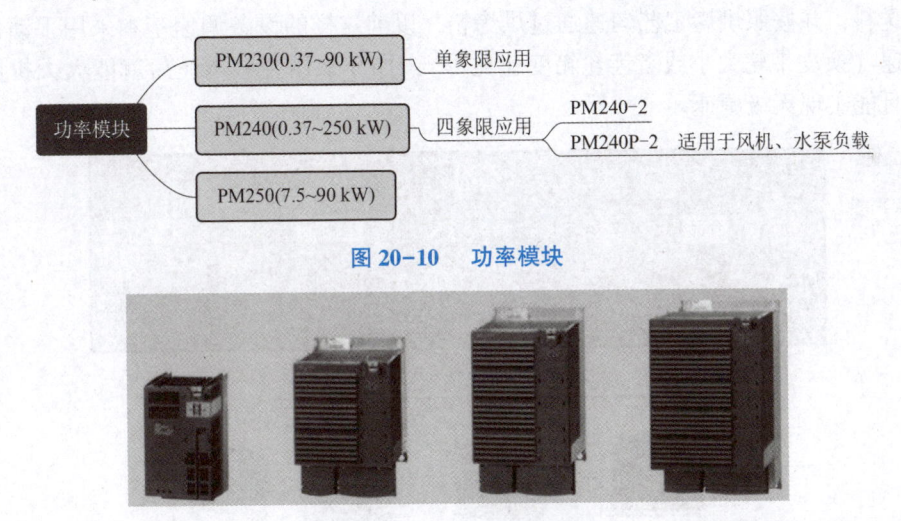

图 20-11　功率模块外形图

3）操作面板。

BOP：基本操作面板，设置参数和诊断功能等，如图 20-12（a）所示。

IOP：智能操作面板，采用图形和文本显示，界面提供参数设置、调试向导、诊断及上传下载功能等，如图 20-12（b）所示。

图 20-12　操作面板
(a) BOP；(b) IOP

> **小贴士**：我国变频器行业与欧洲老牌工业国家相比起步较晚，直到20世纪90年代初才开始使用变频器，30多年来，中国变频器的研发和生产制造也在艰辛中向前发展，诞生了台达、汇川、英威腾、安邦信、惠丰、利德华福、佳灵、普传等变频器生产企业，国产变频器厂家生产的国产变频器在质量和技术方面已经能够和进口的变频器媲美了，在变频器性价比方面优于进口变频器，部分产品成功实现了逆袭。众多国产变频器品牌通过对行业的深耕，以及提供多样、个性化的服务，赢得了越来越广阔的市场。

2. 应用案例：S7-1200 PLC+HMI 触摸屏+G120 变频器控制食品烘烤产线

在食品工程机械中，传输系统被大量使用，如图 20-13 所示，蛋糕烘烤前必须由传输带进行送料，并按照烘烤工艺匀速通过烘烤箱，以前这样的设备调速基本采用手动机械式有级变速（换皮带轮大小或者齿轮箱变速比等），如今采用变频调速后就能大大扩展调速范围，且能实现无级调速。

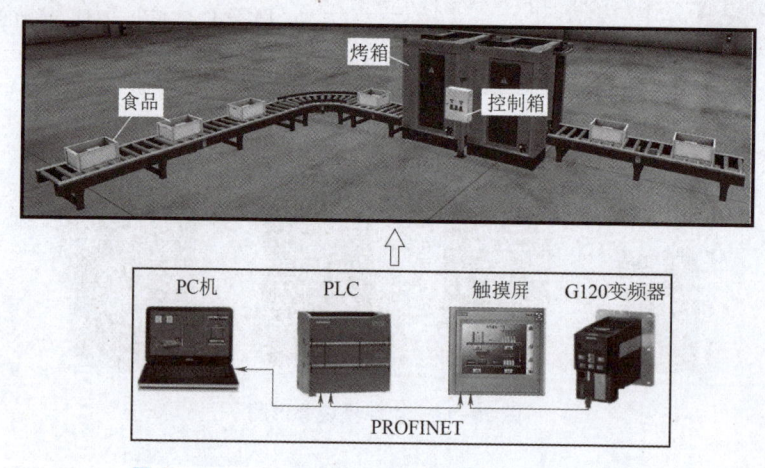

图 20-13　PLC+HMI+G120 控制的蛋糕烘烤产线

现在要求对该输送带进行控制系统设计：
① 传动采用变频器控制，其启动与停止通过与 PLC 连接的启动与停止按钮来进行；
② 变频器的速度控制分为本地和远程两种，以选择开关来进行切换；
③ 当选择开关置于"本地"时，其速度分别由三个速度开关来设定；
④ 当选择开关置于"远程"时，通过 PROFINET 通信控制 G120 变频器，在触摸屏 HMI 上控制启停和设定速度，并显示电机运转频率。

（1）硬件和软件准备。
1）S7-1200 PLC。
2）G120 变频器。
① 功率模块 PM240-2。
② 控制模块 CU240E-2PN。

③操作面板 BOP 或 IOP。

3) 触摸屏 TP900。

4) 计算机（TIA PORTAL+START DRIVE）。

（2）TIA Portal 硬件组态。

1) 组态 S7-1200 PLC 站。

创建新项目，并命名为"S7-1200 与 G120 通信"，添加新设备，设备名称为 PLC-1，如图 20-14 所示；设置以太网 IP 地址为 192.168.0.1，如图 20-15 所示。

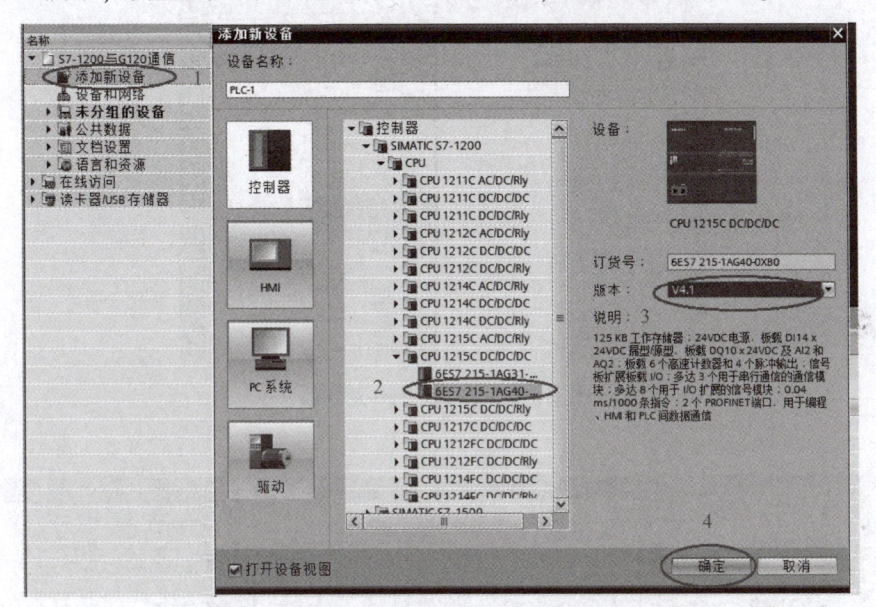

图 20-14　添加新设备

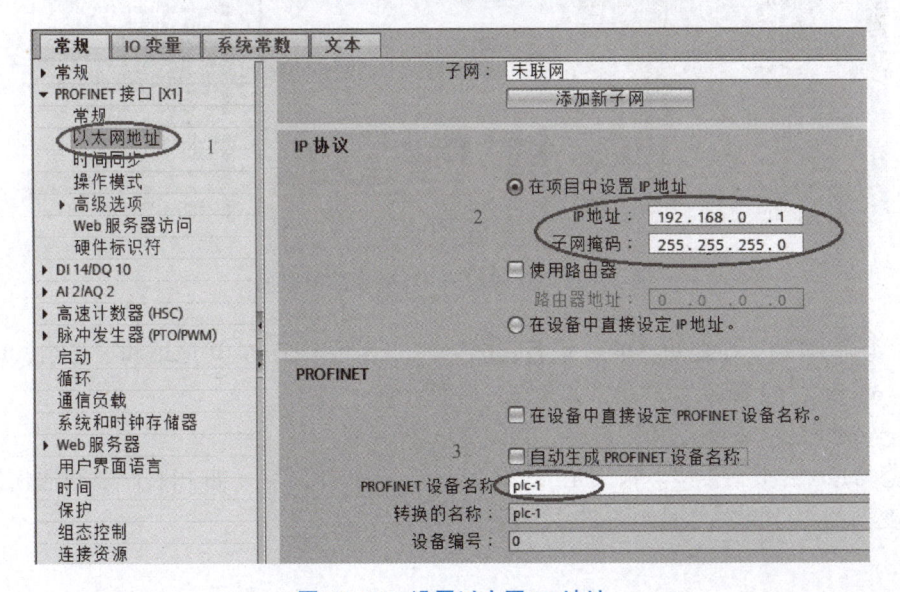

图 20-15　设置以太网 IP 地址

2) 添加 G120 变频器并分配主站接口，完成与 I/O 控制器网络连接。

在"设备和网络"/"网络视图"/"硬件目录"/"其他现场设备"找到"SINAMICS"，如图 20-16 所示。在 SINAMICS 中找到"SINAMICS G120 CU240E-2 PN(-F) V4.7"拖到网络视图中，把 PLC-1 CPU 1215C 与 SINAMICS G120 CU240E-2PN(-F) V4.7 连网，如图 20-17 所示。

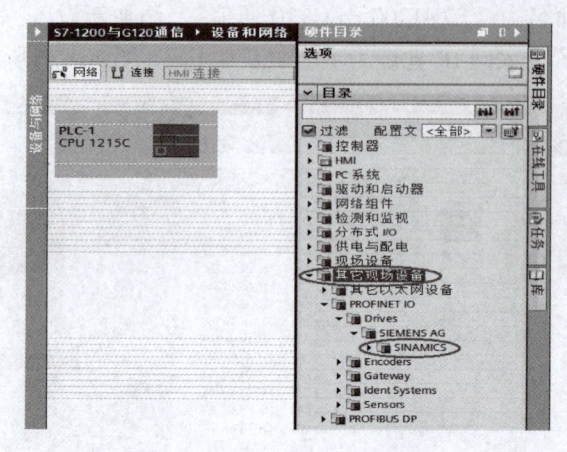

图 20-16 添加 G120 变频器

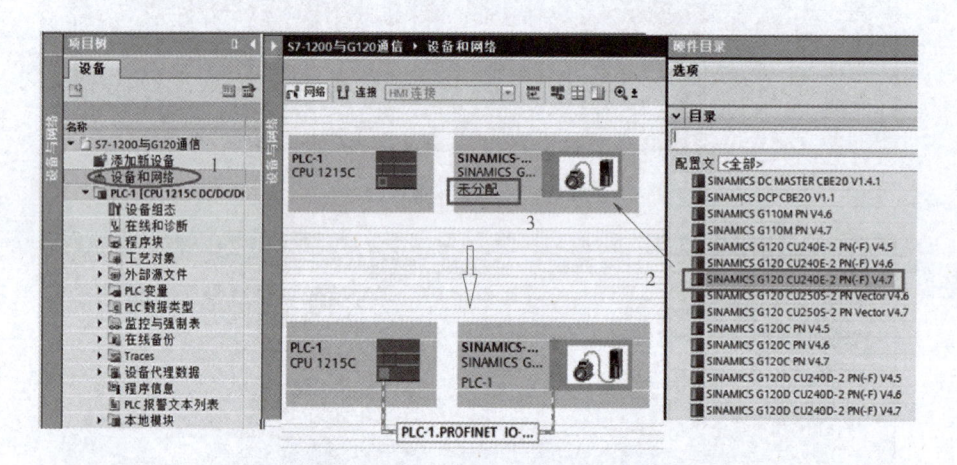

图 20-17 把 PLC 和 G120 变频器联网

3) 组态 G120，在变频器的"设备视图"中"属性"命名 IP 地址和设备名，IP 地址为 192.168.0.2，设备名为 g120，如图 20-18 所示。

4) 连接 PLC、变频器和触摸屏，如图 20-19 所示。

组态 G120 的报文类型。报文是 G120 变频器与外部设备（如 PLC）之间通信发送的数据。变频器部分报文类型如图 20-20 所示。

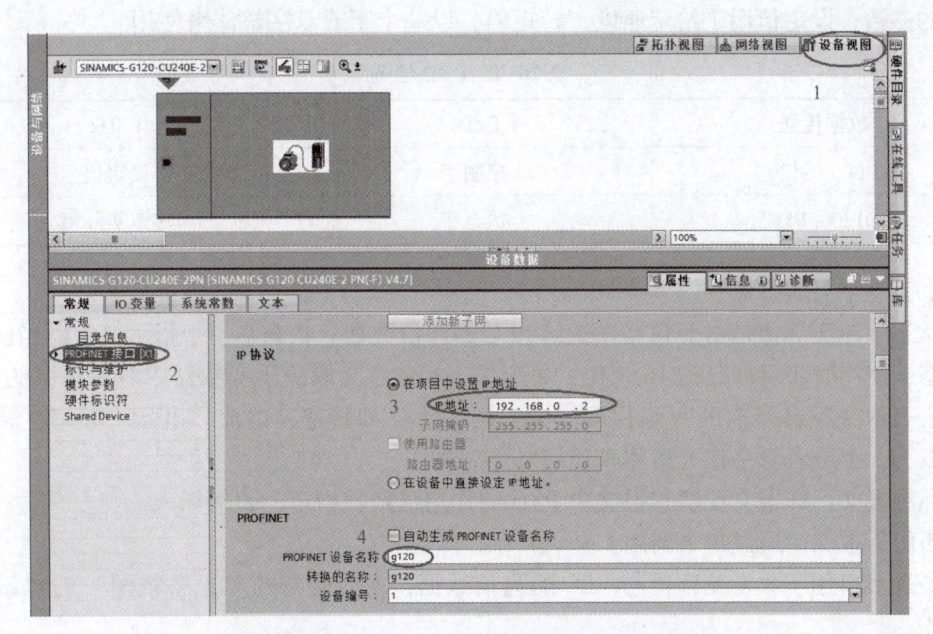

图 20-18　设置 G120 变频器 IP 地址和设备名

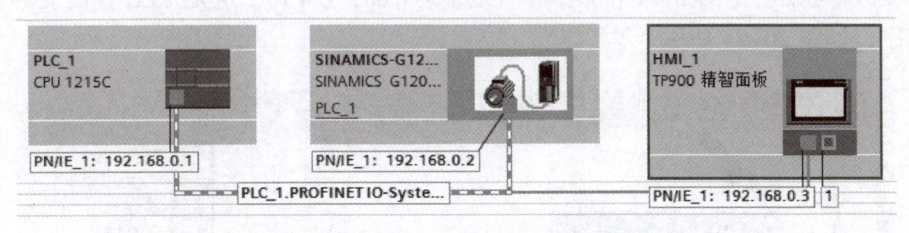

图 20-19　连接 PLC、变频器和触摸屏

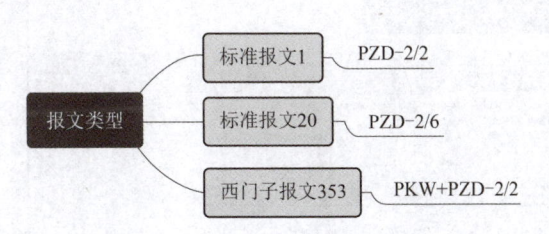

图 20-20　变频器部分报文类型

报文结构：过程值通道 PZD+参数访问通道 PKW。
过程值通道 PZD 主要用于控制变频器启停、调速、读取实际值、状态信息等功能。PKW 通道用于读写变频器参数，每次只读写一个参数，PKW 通道长度固定为 4 个字。下面先学习过程值通道 PZD。PZD 通道分为 PZD1 和 PZD2。
① 控制字与设定值。
控制字与设定值是由 PLC 发送给变频器的通信数据，如表 20-1 所示。其中，控制字用于控制设备的启停，使用时将控制字拆分成 16 个位，分别 BICO 互连到变频器启停控制

447

相关的参数；设定值用于给定速度、转矩等，以一个字或双字整体来使用。

表 20-1 PZD 通道

数据传送	PZD1	PZD2
PLC→G120	控制字	设定值
G120→PLC	状态字	转速实际值

②状态字与实际值。

状态字与实际值是由变频器发送给 PLC 的通信数据。状态字用于指示变频器当前的运行状态，使用时将字拆分为 16 个位，每个位表示的意义取决于变频器中对状态字的定义。实际值表示变频器当前的一些物理量的实际大小，如转速、电流、电压、频率、转矩等等，以一个字或者双字作为整体来使用。

标准报文：即报文长度和报文中 PZD 的作用已经被指定，直接插入。

西门子报文：通过指令调用。

PZD 接口用于收发变频器与 PLC 的通信数据，在变频器的"设备视图"的"设备概览"中。

本任务选择"标准报文 1，PZD-2/2"，输入两个字，输入地址 IW68、IW70，这是 PLC 读变频器状态字；输出两个字，输出地址 QW68、QW70，这是 PLC 控制变频器启停及调速字，如图 20-21 所示。

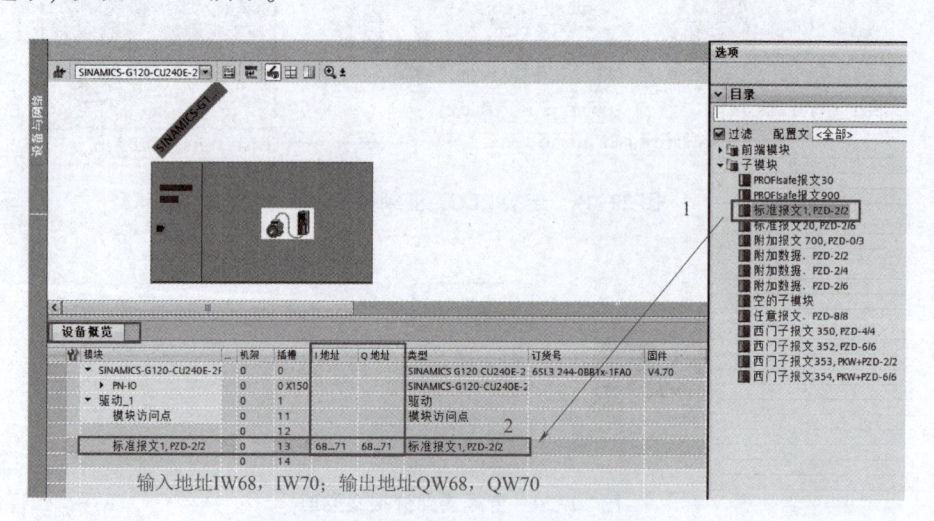

图 20-21 标准报文的 I 地址和 Q 地址

5）保存编译，下载 PLC 硬件配置，如图 20-22 所示。

任务 20　S7-1200 PLC 通过 PROFINET 通信控制 G120 变频器

图 20-22　下载 PLC 硬件配置

(3) G120 变频器的配置。

在完成 S7-1200 的硬件配置下载后，S7-1200 PLC 与 G120 还无法进行通信，必须为实际 G120 分配设备名和 IP 地址，保证实际 G120 实际分配的设备名和 IP 地址与硬件组态中为 G120 分配的设备名和 IP 地址一致。

1) 为 G120 分配设备名称和 IP 地址，如图 20-23 所示。

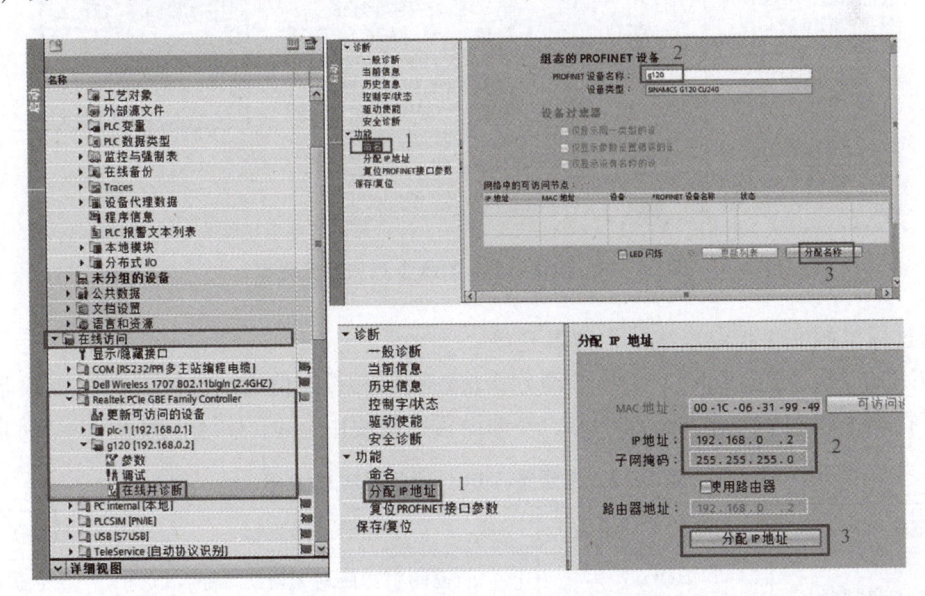

图 20-23　为 G120 分配设备名和 IP 地址

449

①选择"更新可访问的设备",并点击"在线并诊断"。
②点击分配 IP 地址和设备名。
2)变频器断电再上电。

分配完成后,变频器面板的 RED 红灯亮,变频器硬件停电重新启动一次,软件才能辨识变频器 G120 设备,否则所组态硬件及程序控制无效,此时 PLC 和变频器面板的 RED 灯变绿灯,表示 PLC 与变频器通信成功,如图 20-24 所示。

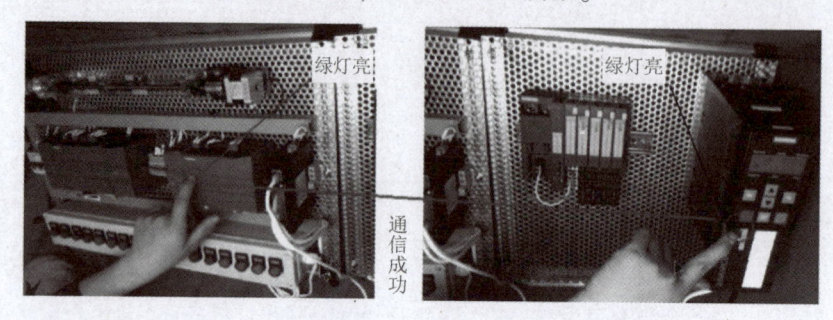

图 20-24 变频器断电再上电,绿灯亮,通信成功

3)设置 G120 的命令源和报文类型。
①在线访问 G120,选择"参数"进入参数视图页面,如图 20-25 所示;
②选择"通迅"/"配置";
③设置 P15=7,选现场总线控制,P922=1,选择"标准报文 1,PZD-2/2"。

设置 P0015-7(需要先更改 P0010),设置 P922,选择"标准报文 1,PZD-2/2"。

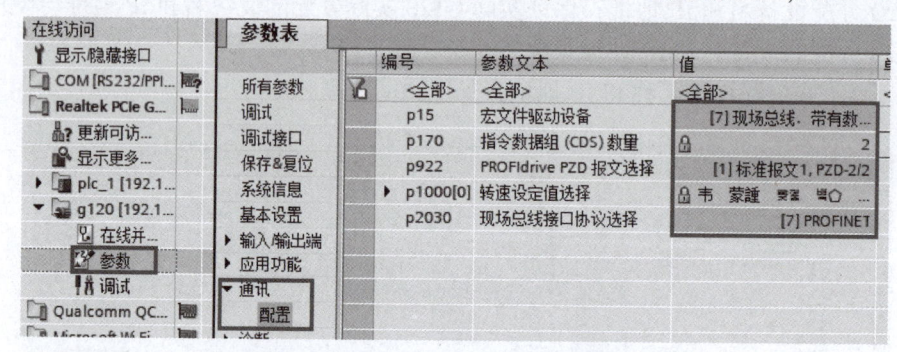

图 20-25 设置 G120 的命令源和报文类型

通过标准报文 1 控制电机的启停及速度。

S7-1200 通过 PROFINET PZD 通信方式将控制字和设定值周期性地发送至变频器,变频器将状态字和实际转速发送到 PLC,外部设备通信使用 I 区、Q 区,如表 20-2 所示。

表 20-2 变频器与 PLC 设备通信 PZD 区

数据方向	PLC 的 I/O 地址	变频器过程数据	数据类型
PLC→变频器	QW68	控制字:控制变频器启停	十六进制
	QW70	设定值:设置变频器转速	有符号整数

续表

数据方向	PLC 的 I/O 地址	变频器过程数据	数据类型
变频器→PLC	IW68	状态字：变频器当前状态	十六进制
	IW70	实际转速	有符号整数

控制字：对变频器的工作运行进行控制。控制字是由各个控制位组成常用控制字，示例如下。

- 正转启动：16#047F，启动反转：16#0C7F。
- 停车：OFF1：16#047E。OFF2：16#047C，OFF3：16#047A。
- 故障恢复：16#04FE。

设定值：速度设定值要经过标准化，变频器接收十进制有符号整数 16 384（十进制）或 4000H（十六进制）对应于 100% 的速度，参数 P2000 中设置 100% 对应的参考转速。

反馈状态字：十六位，它表示的是变频器处于哪种状态，是运行还是停机，是报警还是故障等，每一位表示不同的功能，每一位的 0 和 1 表示这个功能的不同状态。

反馈实际转速：反馈实际转速同样需要经过标准化，方法同设定值。

变频器控制字和状态字如图 20-26 所示。

```
输出Q点，第一个字QW68控制启停
    停止：16#047E，正转：16#047F，反转：16#0C7F

输出Q点，第二个字QW70设定速度
    PLC设置：0……16384
    变频器：0……1 500转

输入I点，第一个字IW68，读取变频器当前状态
    变频器状态(频率、电压、电流、功率、转速等)

输入I点，第二个字IW70，读取当前转速
```

图 20-26 变频器控制字和状态字

控制字、状态字的每个状态位是如何定义的，在变频器手册中有详细说明。

PLC 设定值 M 与实际值 N（如转速）之间的关系为

$$N = P200X \times M / 16\ 384$$

其中，P200X 为变量（参考变量表），变频器电机参数表如表 20-3 所示。

例如：设 P2000 中的参考转速为 1 500 r/min，我们如果想达到的转速值 N 为 750 r/min，那么我们需要在 PLC 输入的设定值为 $M = 750 \times 16\ 384 / 1\ 500 = 8\ 192$，1 000 r/min 设定值是 10 923，1 500 r/min 设定值是 16 384，转速与数字量关系如图 20-27 所示。

表20-3 变频器电机参数表

参数表	
参数	含义
P2000	转速
P2001	电压
P2002	电流
P2003	转矩
P2004	功率
P2005	角度
P2006	温度
P2007	加速度

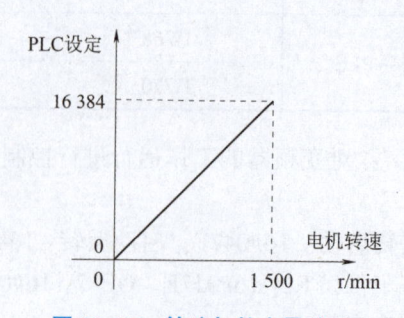

图20-27 转速与数字量关系

（4）PLC程序。

1）OB1程序如图20-28所示。

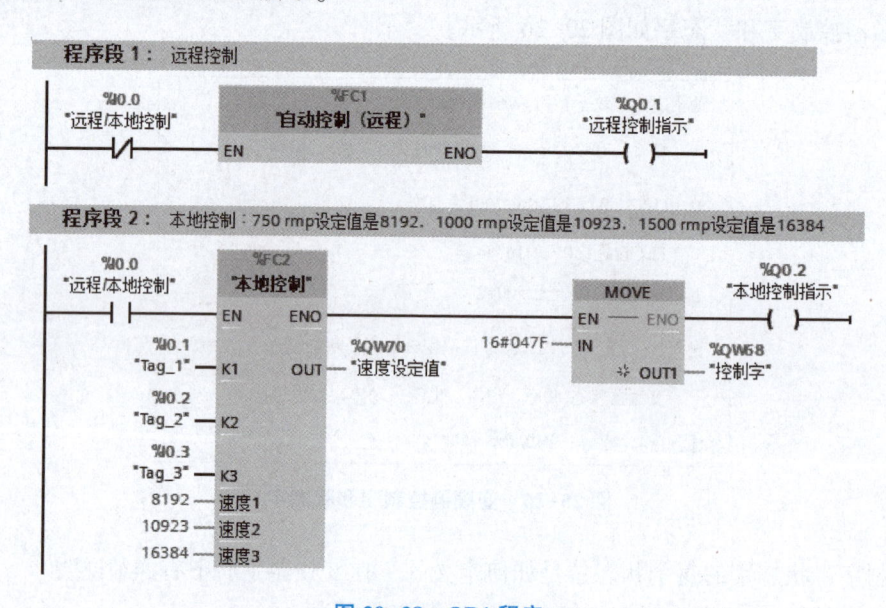

图20-28 OB1程序

2）FC1程序（远程控制）如图20-29所示。

任务 20 S7-1200 PLC 通过 PROFINET 通信控制 G120 变频器

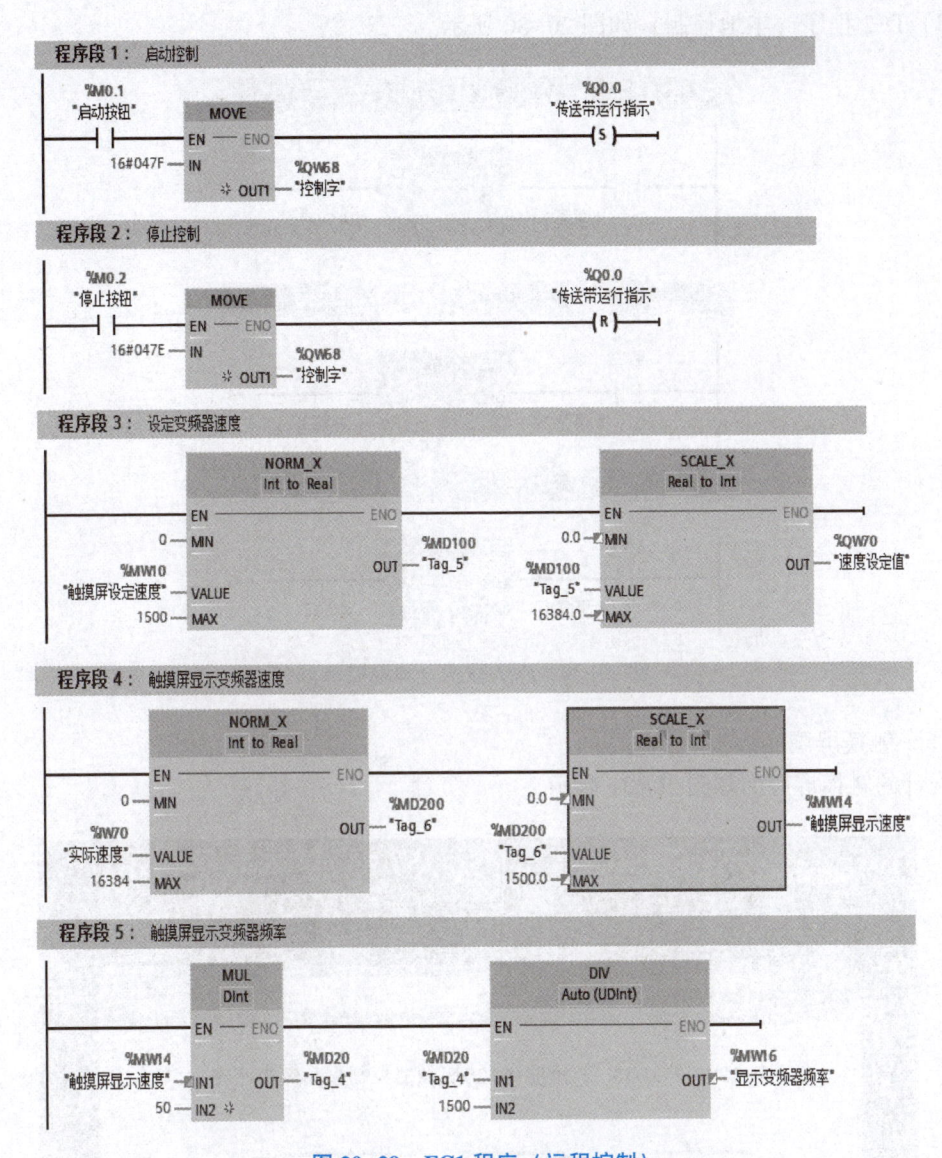

程序段 1：启动控制

```
%M0.1                              %Q0.0
"启动按钮"      MOVE              "传送带运行指示"
  ─┤├──────── EN — ENO ───────────────(S)──
         16#047F — IN
                   ✧ OUT1 — %QW68
                             "控制字"
```

程序段 2：停止控制

```
%M0.2                              %Q0.0
"停止按钮"      MOVE              "传送带运行指示"
  ─┤├──────── EN — ENO ───────────────(R)──
         16#047E — IN
                   ✧ OUT1 — %QW68
                             "控制字"
```

程序段 3：设定变频器速度

```
         NORM_X                       SCALE_X
         Int to Real                  Real to Int
       ─ EN — ENO ─                 ─ EN — ENO ─
     0 ─ MIN                    0.0 ─ MIN
  %MW10         %MD100        %MD100              %QW70
"触摸屏设定速度"─ VALUE OUT ─"Tag_5"  "Tag_5"─ VALUE OUT ─"速度设定值"
  1500 ─ MAX                 16384.0 ─ MAX
```

程序段 4：触摸屏显示变频器速度

```
         NORM_X                       SCALE_X
         Int to Real                  Real to Int
       ─ EN — ENO ─                 ─ EN — ENO ─
     0 ─ MIN                    0.0 ─ MIN
  %IW70         %MD200        %MD200              %MW14
"实际速度"─ VALUE OUT ─"Tag_6"   "Tag_6"─ VALUE OUT ─"触摸屏显示速度"
  16384 ─ MAX                 1500.0 ─ MAX
```

程序段 5：触摸屏显示变频器频率

```
         MUL                          DIV
         DInt                       Auto (UDInt)
       ─ EN — ENO ─                 ─ EN — ENO ─
  %MW14           %MD20         %MD20             %MW16
"触摸屏显示速度"─IN1 OUT─"Tag_4"  "Tag_4"─IN1 OUT─"显示变频器频率"
    50 ─ IN2 ✧                  1500 ─ IN2
```

图 20-29 FC1 程序（远程控制）

453

3) FC2 程序（本地控制）如图 20-30 所示。

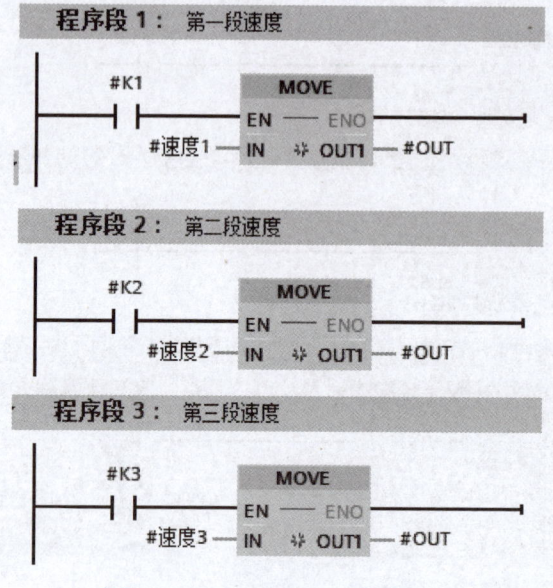

图 20-30　FC2 程序（本地控制）

（5）触摸屏画面。

设计的触摸屏画面如图 20-31 所示。

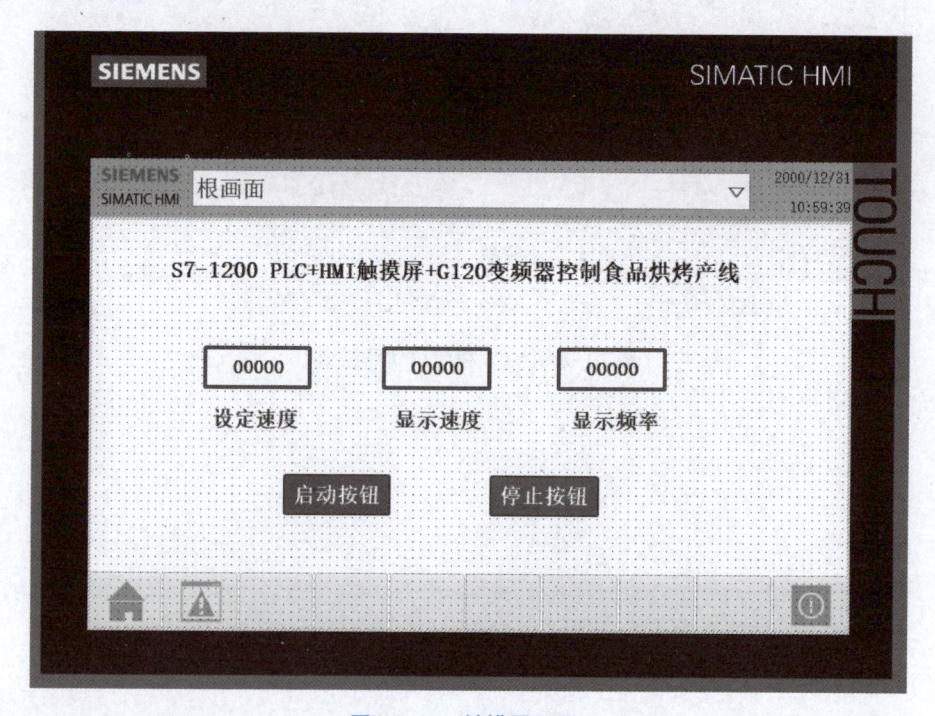

图 20-31　触摸屏画面

(6) 程序运行监控。

1) OB1 监控程序如图 20-32 所示。

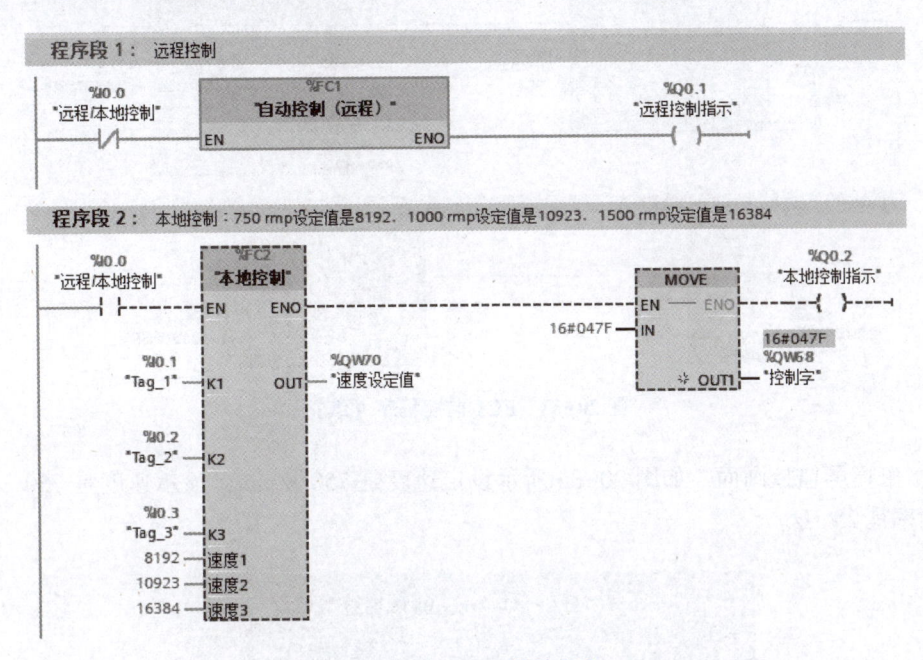

图 20-32　OB1 监控程序

2) FC1 监控程序如图 20-33 所示。

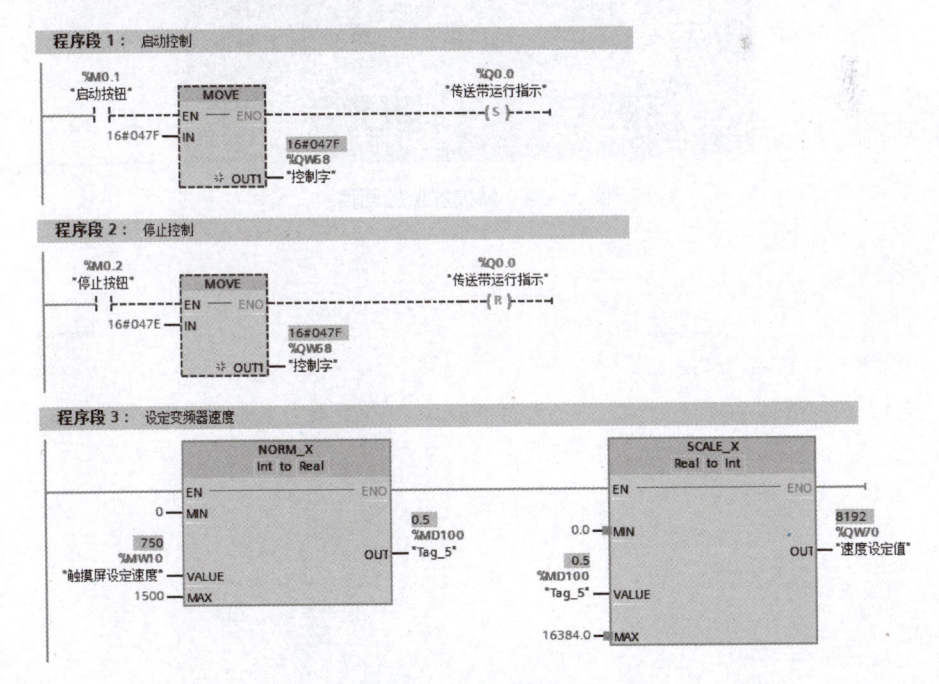

图 20-33　FC1 监控程序

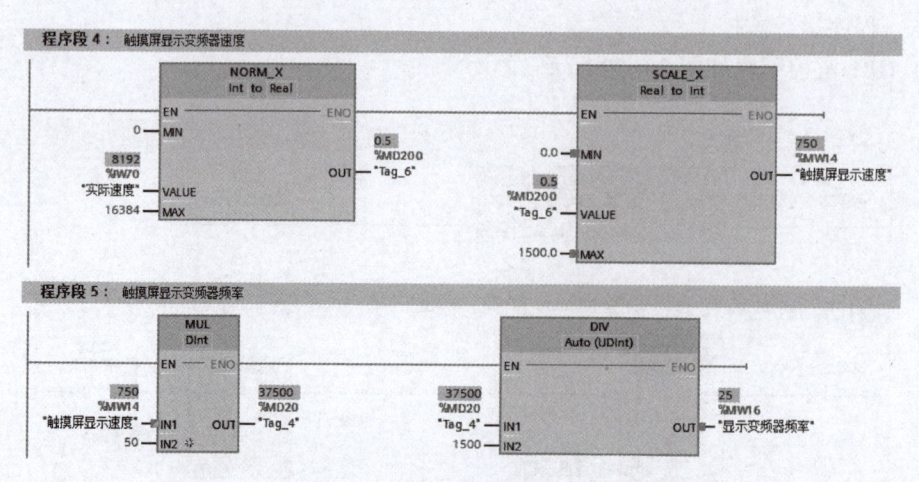

图 20-33　FC1 监控程序（续）

3）触摸屏监控画面。如图 20-34 所示设定速度是 750 r/min，显示速度是 750 r/min，显示频率是 25 Hz。

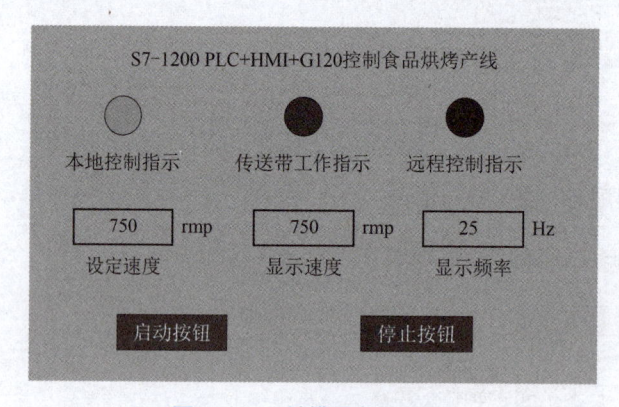

图 20-34　触摸屏监控画面

工作准备页

认真阅读任务工单要求,理解工作任务内容,明确工作任务目标,为顺利完成工作任务、回答引导问题,做好充分的知识准备、技能准备和工具耗材的准备,同时拟订任务实施计划,回答以下问题。

引导问题 1:G120C 是属于_____型变频器,G120 是属于_____型变频器,G120 变频器由_____和_____组成。

引导问题 2:G120 变频器的报文中,控制字和设定值是由_____发送至_____;状态字由_____发送至_____。

引导问题 3:在 G120 变频器中,变频器接收十进制有符号整数(十进制)是_____或(十六进制)_____对应于100%的速度。

引导问题 4:PLC 控制变频器有端子接口控制和通信接口控制两种形式,端子接口控制是通过 PLC 的_____量和_____量来控制变频器;通信接口控制是 PLC 通过_____或_____来控制变频器。

引导问题 5:填写 PLC 通过 PROFINET 控制变频器的控制字控制命令,停止:_____,启动:_____,反转:_____,复位:_____。

引导问题 6:判断题。

(1) G120 变频器在组态中不需要加入订货号。( )

(2) G120 变频器与 S7-1200 在组态中必须都要在一个 IP 段。( )

(3) G120 变频器与 S7-1200 在组态参数设置下载后必须重启变频器。( )

(4) S7-1200 PLC 与 G120 及触摸屏的 PROFINET 通信时,每一个设备都需要唯一的 PROFINET 名称及地址。( )

引导问题 7:选择题。

(1) 组态 G120 的报文是 PZD-2/2,输入地址为 90-93,则控制字是( )。

A. IW90　　　B. QW90　　　C. QW92　　　D. IW92

(2) 组态 G120 的报文是 PZD-2/2,输入地址为 90-93,则状态字是( )。

A. IW90　　　B. QW90　　　C. QW92　　　D. IW92

(3) 基于以太网 PLC 控制 G120 变频器正转控制字和停止控制字是( )。

A. 047E 和 047F　　　　　B. 0C7F 和 047E

C. 047F 和 047E　　　　　D. 047E 和 0C7F

(4) 基于以太网 PLC 控制 G120 变频器时,变频器接收十进制有符号整数最大值是( )。

A. 4 000　　　B. 256　　　C. 32 767　　　D. 16 384

(5) S7-1200 PLC 与 G120 的 PROFINET 通信中,组态 G120 变频器时,必须为 G120 和 S7-1200 分配( )。

A. 设备名和 IP 地址　　　B. 设备

C. IP 地址　　　　　　　D. 用户名

(6) S7-1200 PLC 与 G120 的 PROFINET 通信中,组态 G120 变频器时,必须为 G120

添加（   ）。

A. RS232 通信 B. 通信报文   C. RS485 通信   D. USS 通信协议

（7）S7-1200 PLC 与 G120 的 PROFINET 通信时，如 PLC 地址是 192.168.2.2，那么 G120 变频器的地址正确的是（   ）。

A. 192.168.0.4   B. 192.168.2.4
C. 192.168.2.2   D. 192.178.2.4

（8）S7-1200 PLC 与 G120 的 PROFINET 通信时，组态 G120 路径，下面说法正确的是（   ）。

A. 设备视图/其他现场设备/其他以太网设备/Drives/SIEMENSAG

B. 设备视图/其他现场设备/PROFINETIO/Drives/SIEMENSAG

C. 网络视图/其他现场设备/PROFINETIO/Drives/SIEMENSAG

D. 网络视图/其他现场设备/PROFIBUSDP/Drives/SIEMENSAG

任务 20 S7-1200 PLC 通过 PROFINET 通信控制 G120 变频器

设计决策页

1. 列出 PLC 的 I/O 分配表。

进行 PLC 控制系统设计的首要环节是为输入输出设备分配 I/O 地址。列出表 20-4 中的输入输出量。

表 20-4 PLC 的 I/O 分配表

输入端口			输出端口		
元件名称	元件符号	输入地址	元件名称	元件符号	输出地址

2. 查阅 G120 变频器、触摸屏和 CPU 1215C DC/DC/DC 资料，根据图 20-35 画出 PLC、G120、HMI 之间的连线图。

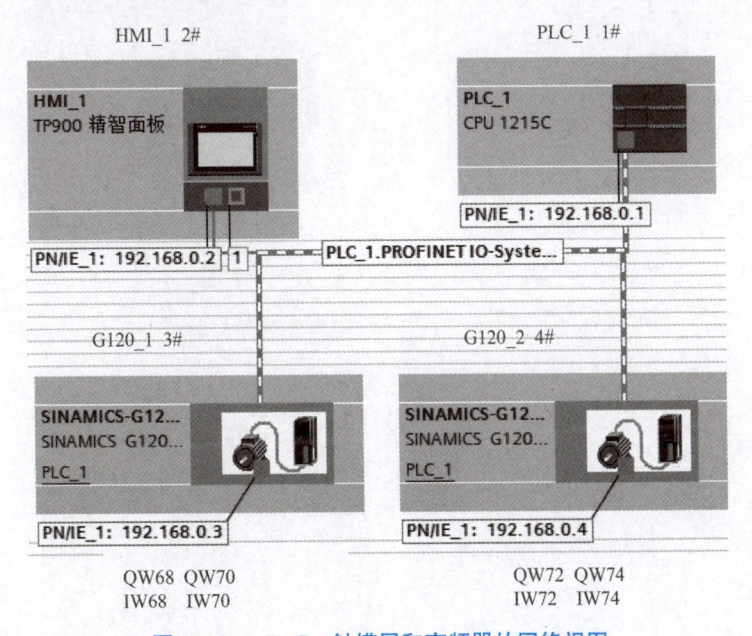

图 20-35 PLC、触摸屏和变频器的网络视图

3. 设计 PLC 的梯形图。

4. 方案展示。
(1) 各小组派代表阐述设计方案。
(2) 各组对其他组的设计方案提出不同的看法。
(3) 教师结合大家完成的方案进行点评，选出最佳方案。

任务实施页

1. 领取工具

按工单任务要求填写表 20-5 并按表领取工具。

表 20-5 工具表

序号	工具或材料名称	型号规格	数量	备注

2. 硬件列表

根据表 20-6 中设备名称列出订货号和版本。

表 20-6 硬件列表

设备	订货号	版本
S7-1200 PLC		
控制单元 CU240E-2PN		
功率单元 PM240-2		
IOP		
触摸屏		

3. 连接 S7-1200 PLC 与 G120 变频器、HMI 触摸屏

根据 PLC 的电气原理图，按工艺要求、安全规范要求，完成 PLC、G120 变频器和触摸屏 HMI 的连接任务。

4. 硬件接线检查

安装完毕，同学们自检或互检，确保接线正确、安全。

5. TIA Portal 硬件组态

（1）组态 S7-1200 PLC 站。

（2）添加 G120 变频器并分配主站接口，完成与 I/O 控制器网络连接。

（3）组态 PLC 设备名称和分配 IP 地址。

（4）组态 G120 设备名称和分配 IP 地址。

（5）组态 G120 报文类型。

（6）保存编译、下载。

（7）在完成 S7-1200 的硬件配置下载后，S7-1200 与 G120 还无法进行通信，必须为实际 G120 分配设备名和 IP 地址，保证实际 G120 分配的设备名和 IP 地址与硬件组态中为

G120 分配的设备名和 IP 地址一致。步骤是：

① _____。
② _____。
③ _____。

引导问题 1：PLC 控制变频器的命令源：P15 = _____，选现场总线控制；报文类型：P922 = _____，选择_____。

（8）变频器断电再上电，原因是：_____。

引导问题 2：在_____的工作区中，可修改设备名称和 IP 地址。

引导问题 3：在_____视图中，才能在硬件目录中找到"子模块"标准。

6. 组态触摸屏画面

根据如图 20-36 所示组态触摸屏画面。

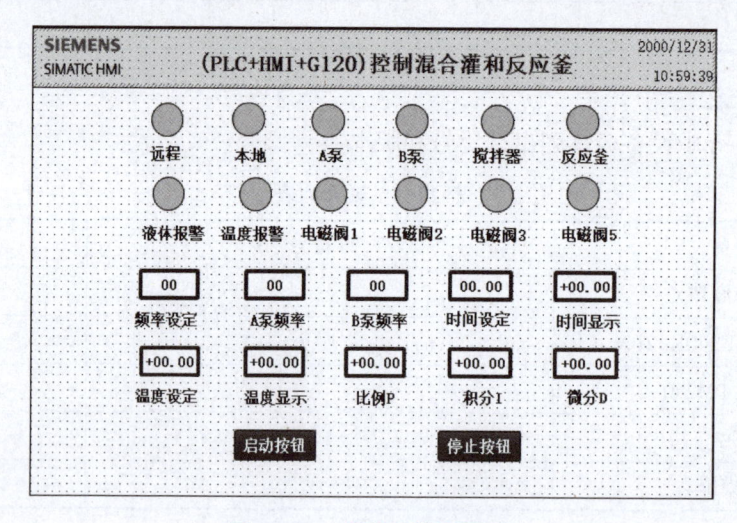

图 20-36 组态触摸屏画面

7. PLC 程序编写

在 TIA 博途软件中编写自己设计的梯形图，并下载到 PLC。

8. 根据联机调试过程中的经验，回答以下问题：

引导问题：P2000 是 G120 变频器设定转速的参数，设 P2000 中的参考转速为 1 500 r/min，我们如果想达到的转速值 N 为 750 r/min，那么我们需要在 PLC 的 QW70 设定值为_____。

问题讨论：分析 PLC 与变频器通信不成功的原因：_____
_____。

9. 技术文档整理

小组完成工作任务以后，各小组对自己的工作岗位进行"整理、整顿、清扫、清洁、安全、素养"6S 处理，归还所借的工具和实训器件。

检查评价页

1. 展示评价

各组展示作品，进行小组自评、组间互评，教师考核评价，完成任务考核评价表 20-7 的填写。

表 20-7 任务考核评价表

评价项目	评价标准	分值	自评 30%	互评 30%	师评 40%	合计
职业素养（30 分）	分工合理，制订计划能力强，严谨认真	5				
	爱岗敬业、安全意识、责任意识、服从意识	5				
	团队合作、交流沟通、互相协作、分享能力	5				
	遵守行业规范、现场 6S 标准	5				
	保质保量完成工作页相关任务	5				
	能采取多种手段收集信息、解决问题	5				
专业能力（60 分）	电气图纸设计正确、绘制规范	10				
	施工过程精益求精，电气接线合理、美观、规范	10				
	程序设计合理、上机操作熟练	10				
	项目调试步骤正确	5				
	完成控制功能要求	20				
	技术文档整理完整	5				
创新意识（10 分）	创新性思维和精神	5				
	创新性观点和方法	5				

2. 任务验收

引导问题 1：写出验收任务时自己的调试步骤。

任务 20 拓展提高页

引导问题 2：请你编写一份技术资料，交给客户。

参 考 文 献

[1] 陶权. PLC 控制系统设计、安装与调试 [M]. 4 版. 北京：北京理工大学出版社，2019.
[2] 陶权. PLC 控制系统设计、安装与调试 [M]. 5 版. 北京：北京理工大学出版社，2023.
[3] 吴繁红. 西门子 S7-1200 PLC 应用技术项目教程 [M]. 北京：电子工业出版社，2019.
[4] 赵秋玲，丁晓玲，牟海春，等. PLC 高级应用与人机交互 [M]. 北京：北京理工大学出版社，2021.
[5] 侍寿永. 西门子 S7-1200 PLC 编程及应用教程 [M]. 2 版. 北京：机械工业出版社，2022.
[6] 李方园. PLC 电气控制精解 [M]. 北京：化学工业出版社，2010.
[7] 杨锐. 西门子 PLC 通讯大全 [M]. 北京：机械工业出版社，2013.
[8] 文杰. 深入理解西门子 S7-1200 PLC 及实践应用 [M]. 北京：中国电力出版社，2020.
[9] 吴志敏. 西门子 S7-1200/1500 PLC 编程与调试教程 [M]. 北京：中国电力出版社，2021.
[10] 向晓汉. PLC 工业通信完全精通教程 [M]. 北京：化学工业出版社，2013.
[11] 姚福来. PLC、现场总线及工业网络实用技术速成 [M]. 北京：电子工业出版社，2011.
[12] 陶飞. 一步一步学 PLC 编程（西门子 STEP7）[M]. 北京：中国电力出版社，2013.
[13] 向晓汉. PLC 工业通信完全精通教程 [M]. 北京：化学工业出版社，2013.
[14] 蔡杏山. 图解西门子 S7-300/400 PLC 技术快速入门与提高 [M]. 北京：化学工业出版社，2013.